Die Arabische Halbinsel

Thomas Demmelhuber • Nadine Scharfenort
Hrsg.

Die Arabische Halbinsel

Geographie und Politik

Hrsg.
Thomas Demmelhuber
Institut für Politische Wissenschaft
Friedrich-Alexander-Universität Erlangen
Erlangen, Deutschland

Nadine Scharfenort
Berlin, Deutschland

ISBN 978-3-662-70216-1   ISBN 978-3-662-70217-8 (eBook)
https://doi.org/10.1007/978-3-662-70217-8

Die Deutsche Nationalbibliothek verzeichnet diese Publikation in der Deutschen Nationalbibliografie; detaillierte bibliografische Daten sind im Internet über http://dnb.d-nb.de abrufbar.

© Der/die Herausgeber bzw. der/die Autor(en), exklusiv lizenziert an Springer-Verlag GmbH, DE, ein Teil von Springer Nature 2025

Das Werk einschließlich aller seiner Teile ist urheberrechtlich geschützt. Jede Verwertung, die nicht ausdrücklich vom Urheberrechtsgesetz zugelassen ist, bedarf der vorherigen Zustimmung des Verlags. Das gilt insbesondere für Vervielfältigungen, Bearbeitungen, Übersetzungen, Mikroverfilmungen und die Einspeicherung und Verarbeitung in elektronischen Systemen.
Die Wiedergabe von allgemein beschreibenden Bezeichnungen, Marken, Unternehmensnamen etc. in diesem Werk bedeutet nicht, dass diese frei durch jedermann benutzt werden dürfen. Die Berechtigung zur Benutzung unterliegt, auch ohne gesonderten Hinweis hierzu, den Regeln des Markenrechts. Die Rechte des/der jeweiligen Zeicheninhaber*in sind zu beachten.
Der Verlag, die Autor*innen und die Herausgeber*innen gehen davon aus, dass die Angaben und Informationen in diesem Werk zum Zeitpunkt der Veröffentlichung vollständig und korrekt sind. Weder der Verlag noch die Autor*innen oder die Herausgeber*innen übernehmen, ausdrücklich oder implizit, Gewähr für den Inhalt des Werkes, etwaige Fehler oder Äußerungen. Der Verlag bleibt im Hinblick auf geografische Zuordnungen und Gebietsbezeichnungen in veröffentlichten Karten und Institutionsadressen neutral.

Planung/Lektorat: Simon Shah-Rohlfs; Bettina Saglio

Kartographie © Erwin Vogl 2024

Einbandfotos: Nizwa Fort und Dubai Metro © Nadine Scharfenort

Springer ist ein Imprint der eingetragenen Gesellschaft Springer-Verlag GmbH, DE und ist ein Teil von Springer Nature.
Die Anschrift der Gesellschaft ist: Heidelberger Platz 3, 14197 Berlin, Germany

Wenn Sie dieses Produkt entsorgen, geben Sie das Papier bitte zum Recycling.

Inhaltsverzeichnis

1	**Einleitung – Geographie und Politik der Arabischen Halbinsel**..............	1
	Thomas Demmelhuber und Nadine Scharfenort	
1.1	Eine Region und der „Sprung nach vorne"?	3
1.2	Jemen als kein(!) Sonderfall	4
1.3	Ziele, Grenzen und „Fallstricke" des Handbuchs	5
1.4	Inhaltlicher Überblick	6
	Literatur..	7

I Räume und Ressourcen

2	**Arabische Halbinsel als historischer Handelsraum**...........................	11
	Ulrike Freitag	
2.1	Einführung	12
2.2	Kamele, Weihrauch und Monsun: Handel im ersten vorchristlichen Jahrtausend......	12
2.3	Handel im Zeichen von Christentum und Islam	14
2.4	Rivalisierende Imperien im Kontext des Welthandels.........................	16
2.5	Fazit: Die Arabische Halbinsel im 20. Jahrhundert	17
	Literatur..	18
3	**Arabische Halbinsel im fossilen Zeitalter: Herausbildung von Petrostaatlichkeit**	21
	Martin Beck	
3.1	Einführung	22
3.2	Der Übergang von der Ära vor dem Erdöl zum fossilen Zeitalter.......	22
3.3	Die Arabische Halbinsel im fossilen Zeitalter......................................	23
3.4	Fazit	30
	Literatur..	30
4	**Rentierstaatlichkeit und Rohstoffförderung: Anpassungsstrategien in Zeiten der Energiewende**..	33
	Thomas Richter	
4.1	Einführung	35
4.2	Rohstoffproduktion und fiskalische Verwundbarkeit	35
4.3	Anpassungsstrategien als Reaktion auf den Rückgang der Ölpreise....	39
4.4	Fazit: Zukunft von Rentierstaatlichkeit und Rohstoffförderung auf der Arabischen Halbinsel...	42
	Literatur..	42
5	**Klimapolitik und „Greenwashing"**	45
	Tobias Zumbrägel	
5.1	Einführung	46
5.2	Arabische Halbinsel unter Klimastress	47
5.3	Dilemma zwischen wirtschaftlicher Entwicklung und Nachhaltigkeit	48
5.4	Suche nach politischer Relevanz in einer klimagestressten Welt........	49
5.5	Fazit: Weder genuine Klimapolitik noch Greenwashing.....................	50
	Literatur..	51

II Politische Ordnungsparameter

6 Dynastische Herrschaft im Spiegel der Geschichte............ 57
Frauke Heard-Bey
6.1 Einführung: Von der Stammesführung zur Dynastie 59
6.2 Transformation unter britischem Einfluss 62
6.3 Dynastien der Trucial States (Vertragsstaaten)......................... 63
6.4 Oman... 64
6.5 Saudi-Arabien... 65
6.6 Konsolidierung der Stammesherrscher und ihrer Dynastien durch die wachsenden Beziehungen mit der Ölwirtschaft 65
6.7 Bild der „Vaterfigur".. 66
6.8 Fazit: Zum Zusammenspiel von Dynastien und Autokratien 67
Literatur... 68

7 Monarchien: Nation, Legitimation und Herrschaftssicherung............ 71
Katharina Nicolai
7.1 Einführung 72
7.2 Monarchien: Forschungstrends und Traditionen 72
7.3 Monarchie und Nation: Trajektorien der Staats- und Nationenbildung 73
7.4 Legitimation und Herrschaftssicherung................................... 76
7.5 Fazit 77
Literatur... 78

8 Konstruktion von „Wir-Identitäten"................................... 79
Antonia Thies
8.1 Einführung 81
8.2 Identität als politischer Ordnungsparameter 82
8.3 Historiographie von Identitäten der Arabischen Halbinsel............ 82
8.4 Back to the Future – Re-Interpretation kollektiver Wir-Identitäten 85
8.5 Ausblick 86
Literatur... 87

9 Digitalisierung von Mensch und Umwelt 89
Laura Schuhn
9.1 Einführung 90
9.2 Digitale Transformation von Wirtschaft und Umwelt................... 91
9.3 Digitale Transformation von Herrschaft und Gesellschaft............. 93
9.4 Cybersecurity... 95
9.5 Ausblick 96
Literatur... 97

III Mensch und Gesellschaft

10 Gesellschaft und Stammeszugehörigkeit: Tradition, Wandel und Erbe 101
Stefan Leder
10.1 Einführung 103
10.2 Stämme und Gesellschaft in Arabien..................................... 104
10.3 Funktionen der Stammesgruppen 107
10.4 Fazit: Wandel und Erbe 109
Literatur... 110

11	**Identität und Religion**...	113
	Thomas Würtz	
11.1	Einführung	114
11.2	Blick in die islamische Religionsgeschichte	114
11.3	Islam in den Ländern der Arabischen Halbinsel.........................	116
11.4	Übergreifende Entwicklungen seit den 1970er-Jahren................	119
11.5	Fazit	120
	Literatur...	120
12	**Bevölkerung, Migration & Arbeitsmarkt**...........................	123
	Sebastian Sons	
12.1	Einführung	124
12.2	Entwicklung von Arbeitsmigration in die Golfmonarchien: Eine historische Konstante	124
12.3	Charakteristika des golfarabischen Arbeitsmarkts: Ein duales System.................	126
12.4	Auswirkungen auf die Lebenswirklichkeiten der Arbeitsmigrantinnen und -migranten: Strukturelle Ausbeutung und asymmetrische Machtverhältnisse	128
12.5	Fazit	130
	Literatur...	130
13	**Empowerment**	133
	Nora Derbal	
13.1	Einführung	134
13.2	Empowerment aus historischer Perspektive	135
13.3	Empowerment heute	137
13.4	Fazit	139
	Literatur...	140

IV Arabische Halbinsel im Wandel

14	**Ölabhängigkeiten und die Diversifizierung der Wirtschaft**	145
	Eckart Woertz	
14.1	Einführung	146
14.2	Stand der wirtschaftlichen Diversifizierung nach Ländern...........	146
14.3	Petrochemie, Schwerindustrien und die Rolle von Erdgas	147
14.4	Dubaimodell und die Entwicklung des Nicht-Öl-Sektors: Handel, Tourismus und Finanzen	148
14.5	Wirtschaftskrisen...	149
14.6	Zukunftsvisionen...	150
14.7	Fazit	152
	Literatur...	152
15	**Moderne und zeitgenössische Kunst**	155
	Melanie Sindelar	
15.1	Einführung	157
15.2	Forschungsstand	157
15.3	Geschichte...	158
15.4	Infrastruktur..	159
15.5	Namhafte Künstlerinnen und Künstler der Arabischen Halbinsel.................	160
15.6	Kunstmarkt...	162
15.7	Unfreie Kunstszene und Zensur?	164
15.8	Fazit	165
	Literatur...	165

16	**Chancen und Herausforderungen der Tourismusentwicklung**	167
	Hans Hopfinger und Nadine Scharfenort	
16.1	Einführung	169
16.2	Wirtschaftliche Relevanz der Tourismuswirtschaft	169
16.3	Ökologische Nachhaltigkeit	177
16.4	Tourismus, Arbeitsmarkt und Arbeitslosigkeit unter jungen GKR-Staatsangehörigen	177
16.5	Fazit und Ausblick	180
	Literatur	181
17	**Großereignisse: „Place Branding"**	183
	Anton Escher und Marie Johanna Karner	
17.1	Einführung	184
17.2	Imagewandel am Golf: Vom traditionellen Märchenland zum modernen Stammesstaat?	184
17.3	Regionaler Überblick: Die Golfmonarchien und sportliche Großereignisse	185
17.4	Großereignisse und Place Branding in Dubai (VAE), Doha (Katar) und Abu Dhabi (VAE)	187
17.5	Fazit und Ausblick	193
	Literatur	193

V Arabische Halbinsel in der Welt

18	**Religiöse Knotenpunkte und ihre politische Relevanz**	197
	Philipp Bruckmayr	
18.1	Einführung	198
18.2	Wallfahrtsorte als transregionale Knotenpunkte religiösen Lebens	198
18.3	Transnationale muslimische Organisationen, Bewegungen und Netzwerke	200
18.4	Religiöse Bildungsinstitutionen der arabischen Welt	205
18.5	Fazit: Funktion religiöser Knotenpunkte in der Region	206
	Literatur	206
19	**Regionale Kooperation auf der Arabischen Halbinsel**	209
	Leonie Holthaus	
19.1	Einführung	210
19.2	Theoretische Perspektiven auf regionale Kooperation im GKR	210
19.3	Institutioneller Aufbau des GKR	211
19.4	Wirtschaftskooperation	212
19.5	Sicherheitskooperation	213
19.6	Fazit	215
	Literatur	216
20	**Geopolitische Konflikte I: Innerhalb der Halbinsel**	219
	Marius Bales	
20.1	Einführung	220
20.2	Klare Grenzen? Nicht im arabischen Raum!	220
20.3	Die Blockade Katars	222
20.4	Konflikt im Jemen: Mehr als ein Stellvertreterkrieg	223
20.5	Drohnen und Raketen auf Saudi-Arabien und die VAE	226
20.6	Ausblick: Annäherung am Golf: Auf dem Weg zu einer neuen Sicherheitsarchitektur?	227
	Literatur	228

21	**Geopolitische Konflikte II:**	
	Iran und das Narrativ des „Sunni-Schia-Konflikts"	231
	Alexander Weissenburger	
21.1	Einführung	232
21.2	Schiitentum und seine Verbreitung auf der Arabischen Halbinsel	232
21.3	Narrativ des „Sunni-Schia-Konflikts"	233
21.4	Saudi-Arabien und Iran in der Region	235
21.5	Saudi-Arabien, der Iran und der Konflikt im Jemen	238
21.6	Fazit	240
	Literatur	240
22	**Geopolitische Konflikte III: Afrika**	243
	Jens Heibach	
22.1	Einführung	244
22.2	Afrika und die Arabische Halbinsel	244
22.3	Stellenwert Afrikas im Zuge des Nahostkonflikts	246
22.4	Afrika im Kontext aktueller Konflikte im Nahen Osten	247
22.5	Fazit und Ausblick	249
	Literatur	249

VI Alte und neue Allianzen

23	**Rolle der USA im MENA-Raum**	253
	Stefan Fröhlich	
23.1	Einführung	254
23.2	US-amerikanische Außenpolitik unter veränderten globalen Rahmenbedingungen	254
23.3	Aufkündigung der Grundprinzipien amerikanischer Nahostpolitik unter Obama	255
23.4	Neue strategische Unsicherheit im MENA-Raum und Rückkehr der Großmächtepolitik	257
23.5	Neue regionale Machtkämpfe	258
23.6	Fazit	260
	Literatur	261
24	**Indien als aufsteigender Akteur in der Golfregion**	263
	Stefan Lukas und Leo Wigger	
24.1	Einführung	264
24.2	Indiens Beziehungen zur Golfregion	264
24.3	Neue Bereiche wirtschaftlicher Vernetzung	267
24.4	Indien als sicherheitspolitischer Akteur in der Region	268
24.5	Ausblick: Indien im neuen Großmachtduell am Golf	271
	Literatur	272
25	**China-Golf Beziehungen: Eine Partnerschaft auf Augenhöhe?**	273
	Julia Gurol-Haller	
25.1	Einführung	274
25.2	Bedeutung der Golfmonarchien für Chinas Seidenstraßeninitiative	274
25.3	Energie als Eckpfeiler der China-Golf-Beziehungen	275
25.4	Smarte Partner? China-Golf-Technologiekooperation	276
25.5	China als möglicher Sicherheitsakteur in der Region: Eine Trendwende?	277
25.6	Implikationen für regionale Ordnung	277
25.7	Fazit	278
	Literatur	279

26	**„Abraham Accords": Israel und die Arabische Halbinsel**........................	281
	Jan Busse und Anna Reuß	
26.1	**Einführung**..	282
26.2	**Krieg und Frieden: Beziehungen zwischen Israel und arabischen Staaten seit 1948**...	282
26.4	**Fazit und Ausblick**..	288
	Literatur...	288

Serviceteil

Stichwortverzeichnis.. 292

Autorenverzeichnis

Marius Bales Bonn International Centre for Conflict Studies, Bonn, Deutschland

Martin Beck University of Kurdistan Hewler, School of Social Sciences, Erbil, Irak

Philipp Bruckmayr Institut für Orientalistik, Otto-Friedrich-Universität Bamberg, Bamberg, Deutschland

Jan Busse Universität der Bundeswehr München, Neubiberg, Deutschland

Thomas Demmelhuber Institut für Politische Wissenschaft, Friedrich-Alexander-Universität Erlangen-Nürnberg, Erlangen, Deutschland

Nora Derbal Asien-Afrika-Institut, Abteilung Geschichte und Kultur des Vorderen Orients, Universität Hamburg, Hamburg, Deutschland

Anton Escher Geographisches Institut, Johannes Gutenberg-Universität Mainz, Mainz, Deutschland

Ulrike Freitag Leibniz-Zentrum Moderner Orient, Berlin, Deutschland

Stefan Fröhlich Friedrich-Alexander-Universität Erlangen-Nürnberg, Institut für Politische Wissenschaft, Erlangen, Deutschland

Julia Gurol-Haller GIGA Hamburg, Leibniz-Institut für Globale und Regionale Studien, Hamburg, Deutschland

Frauke Heard-Bey National Archive, Centre for Documentation Abu Dhabi, Abu Dhabi, Vereinigte Arabische Emirate

Jens Heibach GIGA Hamburg, Leibniz-Institut für Globale und Regionale Studien, Hamburg, Deutschland

Leonie Holthaus Institut für Politikwissenschaft, Technische Universität Darmstadt, Darmstadt, Deutschland

Hans Hopfinger Katholische Universität Eichstätt-Ingolstadt, Eichstätt, Deutschland

Marie Johanna Karner Geographisches Institut, Johannes-Gutenberg-Universität Mainz, Mainz, Deutschland

Stefan Leder Orientalisches Institut, Arabistik und Islamwissenschaft, Martin-Luther-Universität Halle-Wittenberg, Halle, Deutschland

Stefan Lukas Middle East Minds, Berlin, Deutschland

Katharina Nicolai Institut für Politische Wissenschaft, Friedrich-Alexander-Universität Erlangen-Nürnberg, Erlangen, Deutschland

Anna Reuß Universität der Bundeswehr München, Neubiberg, Deutschland

Thomas Richter GIGA Hamburg, Leibniz-Institut für Globale und Regionale Studien, Hamburg, Deutschland

Nadine Scharfenort Berlin, Deutschland

Laura Schuhn Institut für Politische Wissenschaft, Friedrich-Alexander-Universität Erlangen-Nürnberg, Erlangen, Deutschland

Melanie Sindelar Charles University, Department of Social and Cultural Anthropology, Faculty of Humanities, Prag, Tschechische Republik

Sebastian Sons CARPO – Center for Applied Research in Partnership with the Orient, Bonn, Deutschland

Antonia Thies Institut für Politische Wissenschaft, Friedrich-Alexander-Universität Erlangen-Nürnberg, Erlangen, Deutschland

Alexander Weissenburger Institut für Sozialanthropologie, Österreichische Akademie der Wissenschaften, Wien, Österreich

Leo Wigger Candid Foundation, Berlin, Deutschland

Eckart Woertz GIGA Hamburg, Leibniz-Institut für Globale und Regionale Studien, Hamburg, Deutschland

Thomas Würtz Orient-Institut Beirut, Beirut, Libanon

Tobias Zumbrägel Universität Heidelberg, Geographisches Institut, Heidelberg, Deutschland

Einleitung – Geographie und Politik der Arabischen Halbinsel

Thomas Demmelhuber und Nadine Scharfenort

© Anton Balazh / Stock.adobe.com

Inhaltsverzeichnis

1.1 Eine Region und der „Sprung nach vorne"? – 3

1.2 Jemen als kein(!) Sonderfall – 4

1.3 Ziele, Grenzen und „Fallstricke" des Handbuchs – 5

1.4 Inhaltlicher Überblick – 6

    Literatur – 7

© Der/die Autor(en), exklusiv lizenziert an Springer-Verlag GmbH, DE, ein Teil von Springer Nature 2025
T. Demmelhuber, N. Scharfenort (Hrsg.), *Die Arabische Halbinsel*,
https://doi.org/10.1007/978-3-662-70217-8_1

Die Forschung zur Arabischen Halbinsel hat erst in den vergangenen zwei Jahrzehnten an Dynamik gewonnen. Auf den ersten Blick überrascht das: Die Region galt bis Mitte des vergangenen Jahrhunderts als unterentwickelt und geopolitisch unbedeutend – mit Ausnahme der Küstenregionen des Roten Meers und Persischen Golfs sowie geostrategischen Knotenpunkten (z. B. Aden), die für den europäischen Imperialismus ab dem 19. Jahrhundert von Bedeutung waren. Ab den 1960er-Jahren folgte im Lichte der Erschließung von Rohstoffreserven und entsprechender Kapitalzuflüsse ein beispielloser ökonomischer und gesellschaftlicher Umbruch, der in den meisten Fällen mit der Bildung von unabhängigen Staaten einherging. Gleichzeitig führte dieser durch die Einnahmen aus dem Export von Rohstoffen finanzierte Aufbau von Infrastruktur und Staatsbürokratien zu einem dauerhaften, strukturbildenden demographischen Wandel. Die hohe Nachfrage nach ausländischen Arbeitsmigrantinnen und -migranten führte – mit Ausnahme des Jemens – zu einer bis in die Gegenwart wirkmächtigen demographischen Besonderheit, in welcher die Staatsbürgerinnen und Staatsbürger zahlenmäßig zumeist in der Minderheit sind. Lediglich in Saudi-Arabien und Oman liegt der Anteil der Staatsbürgerpopulation bei über 50 % (Scharfenort, 2020). Und dennoch hat es gedauert, bis diese politische und gesellschaftliche Transformation auf der Arabischen Halbinsel, die in der Literatur als „historischer Unfall" (Anderson, 1991) bezeichnet wurde, hinreichende Aufmerksamkeit in der wissenschaftlichen Debatte fand.

Die Ursachen für diese Unterbeleuchtung von Geographie und Politik der Region – im Folgenden die sechs Golfmonarchien und Jemen – sind vielschichtig. Trotz unterschiedlicher Feinheiten der dynastischen Ordnungen sehen wir zunächst das dynastische Prinzip in einem breiten stammespolitischen Kontext als vereinigendes Element, sodass wir fortan immer wieder vereinfachend von den sechs Golfmonarchien (Saudi-Arabien, Kuwait, Bahrain, Katar, Vereinigte Arabische Emirate [VAE] und Oman) sowie Jemen sprechen, ohne dabei deren Vielfalt in Abrede zu stellen. Geographisch haben wir es bei der Arabischen Halbinsel mit einer großen und heterogenen Region zu tun. Sie grenzt im Norden an die Länder Jordanien und Irak und ist im Westen durch das Rote Meer, das Arabische Meer im Süden und den Persischen Golf im Osten begrenzt (vgl. Abb. 1.1). Mit einer Fläche von über drei Millionen Quadratkilometern umfasst die Arabische Halbinsel in Relation ein Drittel der Fläche Europas, bei einer Bevölkerungszahl, die ungefähr jener Deutschlands entspricht und sich vor allem in urbanen und küstennahen Zentren organisiert. Die Arabische Halbinsel eint ein arides Klima vor allem in den Wüstenregionen, zum Beispiel gilt die Rub al-Khali („das leere Viertel") im Südosten von Saudi-Arabien mit 780.000 Quadratkilometern als die größte Sandwüste der Welt. Parallel zum Roten Meer im Westen (Hijaz-Gebirge) und im Südwesten von Saudi-Arabien (Asir-Gebirge), aber auch im Osten der Arabischen Halbinsel mit dem Hajar-Gebirge im Oman, finden sich Hochgebirgsketten mit knapp über 3000 Metern über dem Meeresspiegel.

Aufgrund der geopolitisch besonderen Lage als historischer und gegenwärtiger Umschlagplatz des globalen Handels zwischen Asien und Europa, des Zugangs zum Roten Meer über das Bab al-Mandab und der strategisch wichtigen Meeresenge an der Straße von Hormus hat die Arabische Halbinsel eine besondere Bedeutung für den internationalen Handel und gilt spätestens seit den 1970er-Jahren als geostrategische Projektionsfläche von zahlreichen externen Akteurinnen und Akteuren, unter anderem von den USA. Die US-amerikanische Akteursqualität, die sich in der Region zunehmend durch weitere externe Einflusskräfte herausgefordert sieht (u. a. China, Indien und Russland), manifestiert sich unter anderem in der Stationierung der Fünften Flotte der US-amerikanischen Navy im Persischen Golf und der Stationierung von US-Soldaten in Katar mit der vorgeschobenen Kommandobasis von CENTCOM (das für den Nahen Osten, Ostafrika und Zentralasien zuständige Regionalkommando mit Sitz in Tampa, Florida) auf der al-Udeid-Luftwaffenbasis in der Nähe von Doha (Katar).

Die jahrelange Unterbeleuchtung der Region scheint auch mit den Beharrungskräften eines eurozentrischen und damit essenzialistischen Blicks auf eine Region zusammenzuhängen, der man lange eine Statik und bestenfalls eine Stagnation zuschrieb. Die Protestbewegungen in den Jahren nach 2010 und die präzedenzlose Ansteckung auf weite Teile der Region haben zunächst die Aufmerksamkeit für die Region des Nahen Ostens und Nordafrikas erhöht und mit etwas Verzögerung auch die Arabische Halbinsel verstärkt in den Fokus gerückt, galt es doch, neben den Gründen für den Zusammenbruch zahlreicher autokratischer Regime (allesamt Republiken), auch die Resilienz der Monarchien zu verstehen und zu erklären. Vorschnelle Beiträge, die in den strukturellen Besonderheiten der rohstoffreichen Golfmonarchien (hier vor allem die Rentenökonomien) die Antwort für die Resilienz sahen, wurden rasch als zu eindimensional wahrgenommen (Derichs & Demmelhuber, 2014).

Diese Debatte legte sodann auch einen weiteren Grund frei, der die Resilienz der Monarchien zu erklären versuchte und gleichzeitig indirekt die jahrzehntelange Vernachlässigung veranschaulicht: Mit der Herausbildung und Konsolidierung des nahöstlichen Staatensystems in der zweiten Hälfte des 20. Jahrhunderts verfestigte sich ein Narrativ, das den Monarchien in der Region keine großen Chancen auf ein politisches Überleben zuschrieb. Es war die Rede von einem „Königsdilemma" (Huntington, 1966) und dem „Verschwinden traditioneller Gesellschaften" (Lerner, 1958) in Zeiten progressiver Gesellschafts- und Politikentwürfe, die vor allem durch Protagonisten wie den ägyptischen Präsidenten Gamal Abdel Nasser vorangetrieben wurden. Es dauerte einige

Einleitung – Geographie und Politik der Arabischen Halbinsel

Abb. 1.1 Geographie der Arabischen Halbinsel

Zeit, bis die Forschung unterschiedliche Spezifika im Baukasten der politischen Dauerhaftigkeit in der Region erkannte, diese auf der Suche nach ausdifferenzierten Legitimationsstrategien berücksichtigte und als wichtiges Forschungsdesiderat verstärkt unter die Lupe nahm. Und dennoch, inspiriert von den Umbrüchen der Jahre ab 2010, war immer wieder vom baldigen Zusammenbruch der Golfmonarchien (Davidson, 2013) die Rede, als ob die politischen Ordnungen auf der Arabischen Halbinsel auf Sand gebaut wären: ein Befund, der aus Sicht des Jahres 2025 und den Erkenntnissen des vorliegenden Handbuchs mehr als unwahrscheinlich wirkt.

1.1 Eine Region und der „Sprung nach vorne"?

Mittlerweile dominieren Analysen, die in den aktuellen Veränderungsprozessen auf der Arabischen Halbinsel robuste Hinweise auf eine hohe politische Halbwertszeit der aktuellen politischen Ordnungen mit Fokus auf die sechs Golfmonarchien sehen. Die Zukunftsforscherin Gaube sieht hier eine neue Form der Zukunftserzählung, die eine kollektive Wir-Identität im Hier und Jetzt stärkt (Gaube, 2024) und selektiv auf Vergangenheitsrepertoires zurückgreift (Demmelhuber & Thies, 2023). Die Robustheit der Ordnungen schlägt sich auch in Datensätzen zur Kapazität von Staatlichkeit nieder, die eine Stabilisierung beziehungsweise Verbesserung der Staatskapazität in jenen Ländern sehen, die keine oder nur wenige Proteste seit 2010 durchliefen und diese mit einem hohen Maße an Responsivität abfederten (Varieties of Democracy, 2024). Das ist ein interessanter Befund im Lichte der Debatte zur zunehmenden Schwäche des Nationalstaats als Ordnungskategorie in der Region, unter anderem verstärkt durch zahlreiche nichtstaatliche Akteure, die den Staat in seinen Kernfunktionen herausfordern und am Fallbeispiel des Jemens empirische Evidenz aufzeigen (Demmelhuber, 2017).

Es steht außer Frage: Die Arabische Halbinsel befindet sich in einem tiefgreifenden Transformationsprozess. Der jahrzehntelang tradierte, informelle Gesellschaftsvertrag, der die politische Exklusion der Staatsbürgerinnen und Staatsbürger mit großzügigen Sozial- und Subventionsleistungen sowie einer De-facto-Steuerbefreiung (ermöglicht durch den Rohstoffreichtum) erkaufte, stößt an seine Grenzen auch aufgrund demographischen Wachstums und damit einhergehender fiskalpolitischer Zwänge sowie ganz grundlegend aufgrund von Verwerfungen der Angebots- und Nachfrageseite auf den internationalen Energiemärkten (Beck & Richter, 2021). Aktuelle Entwicklungen in der Steuergesetzgebung lassen erkennen, vor welchen budgetären Herausforderungen sich die Golfstaaten befinden. Lange Zeit undenkbar, einigten sich 2016 die Staaten des GKR auf die Einführung einer Mehrwertsteuer von fünf Prozent. Saudi-Arabien führte diese 2018 ein und verdreifachte sie sogleich im Jahr 2020. Die Grenzen des früheren Gesellschaftsvertrags werden nicht nur durch die länderspezifischen demographischen Entwicklungen bedingt. Der Megatrend der globalen Klimakrise ist einerseits ein zusätzlicher Stressfaktor für Staaten, deren Haushalt immer noch von Einnahmen aus dem Verkauf klimaschädlicher fossiler Energieträger abhängig ist. Andererseits schicken sich die rohstoffreichen Golfstaaten mit Kreativität an, in der Klimakrise eine verantwortungsvolle Rolle einzunehmen, sich als Vorreiter im Kampf gegen die Klimaerwärmung zu inszenieren und dabei aber auch auf die eigenen Rohstoffressourcen zu setzen. Hier ist es sodann kein Widerspruch mehr, weiter Rohstoffe zu erschließen, sofern es in ein Narrativ der klimaneutralen Erschließung eingepackt werden kann. Die Rolle des Vorstandsvorsitzenden des staatlichen Energiekonzerns ADNOC (Abu Dhabi National Oil Company) als Präsident der Weltklimakonferenz in Dubai (COP28) im Jahr 2023 mag hier als anschauliches Beispiel dienen.

Die Golfstaaten befinden sich auch innenpolitisch in einem Prozess struktureller Veränderungen. In vielen Familiendynastien stand in jüngerer Vergangenheit oder steht der Sprung in eine neue Herrschergeneration unmittelbar bevor. So wird der zukünftige neue König und Nachfolger von König Salman in Saudi-Arabien zum ersten Mal kein Sohn des Staatsgründers sein, sondern der Enkelgeneration entstammen. Länder wie Katar oder die VAE haben diesen Sprung schon längst durchlaufen. Nachfolgende Herrschergenerationen können sich indes – so zeigt die lebhafte Geschichte in der Region und darüber hinaus – nicht per se auf die gleichen Begründungsressourcen für ihren Herrschaftsanspruch verlassen. Neben robusten Umbauten innerhalb der ausdifferenzierten Melange von unterschiedlichen Familienzweigen der Herrschaftsfamilien braucht die neue Herrschergeneration – eingedenk fehlender demokratischer Legitimationsstrategien – eine neue Erzählung, die den normativen Kitt für die nationale Gemeinschaft liefert. Hier wird der Bezugspunkt zu aktuellen Debatten um futuristische Entwicklungsvisionen greifbar. Es ist das Versprechen an eine bessere Zukunft, ein Versprechen, mit der Welt gleichauf zu sein und selbstbewusst gestaltende Akteurinnen und Akteure in der Region und der Welt zu sein. Letzteres umfasst auch Erzählungen, die nationale Gemeinschaft durch alle Unsicherheiten, Gefahren und traumatischen Erfahrungen der Gegenwart zu navigieren und sie in eine bessere Zukunft zu führen. Der Emir von Katar hat dieses Narrativ einer von ihm geführten, wehrhaften nationalen Gemeinschaft während der Blockade des Landes von 2017 bis 2021 anschaulich zum Ausdruck gebracht. Es ist mittlerweile Teil eines kollektiven Gedächtnisses der Nation, zur Schau gestellt in umfassender Weise im Nationalmuseum von Doha.

Das alles fügt sich ein in regionale Stressfaktoren und eine regionale Nachbarschaft voller Konflikte und geopolitischer Risiken. Es ist nicht nur der seit Oktober 2023 wütende Krieg zwischen Israel und der Hamas, auch der Kampf um regionale Hegemonie zwischen Saudi-Arabien und dem Iran fordert die Region heraus und gefährdet manch ein visionäres Versprechen für eine bessere Zukunft. Der Angriff jemenitischer Huthi-Milizen auf Jiddah zum Zeitpunkt der Austragung des Großen Preises von Saudi-Arabien der Formel 1 ist ein Beispiel, das auf die volatile Gemengelage hindeutet und darauf, wie eng Wunsch und Wirklichkeit in den Transformationsprozessen auf der Arabischen Halbinsel beieinanderliegen.

1.2 Jemen als kein(!) Sonderfall

In zahlreichen Arbeiten zur Region bleibt der Jemen oft außen vor, da sich das Land – so das Argument – in vielerlei Hinsicht, vor allem politisch und sozioökonomisch, von den anderen sechs Golfmonarchien unterscheidet. Dies führt zumeist auch zu einer terminologischen Exklusion, indem nicht mehr von der Arabischen Halbinsel gesprochen wird, sondern von den (arabischen) Golfstaaten oder den Monarchien der Arabischen Halbinsel. Die Republik Jemen ist als einziger Staat der Halbinsel

Einleitung – Geographie und Politik der Arabischen Halbinsel

nicht Mitglied des Golfkooperationsrats (GKR), hat lediglich einen Beobachterstatus und schaut auf einen unterschiedlichen Entwicklungspfad in den vergangenen Jahrzehnten zurück. Mit einem Pro-Kopf-Einkommen von etwa 2500 US-Dollar zählt der Jemen weltweit zu den ärmsten Ländern, wobei der aktuelle Krieg und die Intervention Saudi-Arabiens 2015 die Situation verschlimmerte, eine eskalierende humanitäre Notlage mit sich brachte und den Konflikt zu einem Stellvertreterkrieg zwischen dem Iran und Saudi-Arabien machte. Aktuell bestünde gar Grund für die Frage, wer überhaupt das Völkerrechtssubjekt Jemen repräsentiert, im Lichte konkurrierender Ordnungsakteure und staatlicher beziehungsweise nichtstaatlicher Konfliktparteien mit variierenden regionalen Allianzen. Und dennoch ist es zu einfach gedacht, den Jemen als Sonderfall zu deklarieren. Trotz aller variierenden Entwicklungen und strukturellen Unterschiede ist der Jemen sehr eng mit der Politik, Wirtschaft, Gesellschaft und Kultur der Region und der internationalen Ordnung verwoben. Er muss mitgedacht werden, wenn es darum geht, ein Verständnis für Politik und Geographie der Arabischen Halbinsel, deren historische Ausdifferenzierung und ihre Einbettung in die Funktionssysteme der Weltgesellschaft zu entwickeln. Dieser Prämisse folgend, wird der Jemen in den Beiträgen dieses Handbuchs berücksichtigt und hinsichtlich seiner Relevanz untersucht. Einzig die Aufarbeitung einer Binnenperspektive, die Begründung der unterschiedlichen Entwicklungspfade und Analyse konkurrierender Ordnungsakteurinnen und -akteure werden aus Platzgründen in diesem Handbuch nicht beziehungsweise nur am Rande berücksichtigt.

1.3 Ziele, Grenzen und „Fallstricke" des Handbuchs

Dieses Handbuch hat das Ziel, die Leserinnen und Leser in die politischen und geographischen Besonderheiten einer Region einzuführen, um mit historischen Hintergründen die Komplexitäten der Gegenwart erklären zu können. Wir haben uns bewusst dafür entschieden, diesen Band – entgegen dem robusten Trend in der Academia – auf Deutsch zu editieren, um damit die Gelegenheit zu haben, die vielstimmige und hochkompetente Forschung von deutschsprachigen Wissenschaftlerinnen und Wissenschaftlern zur Arabischen Halbinsel zusammenzubringen, um ihnen damit eine diskursive Bühne zu geben. Die deutschsprachige, interdisziplinäre Nahostforschung ist immer noch in die disziplinären Räume zerfasert und wird dies trotz wiederkehrender Rufe nach mehr Interdisziplinarität auch weiterhin bleiben, unser Buch verschreibt sich dennoch dem Ziel, diese Disziplinen zusammenzuführen. Mit dem vorliegenden Schwerpunkt auf Politik und Geographie der Arabischen Halbinsel sind es nicht nur die üblichen Fächer der Politikwissenschaft und der Geographie. Die Islamwissenschaft, Arabistik, Kunstgeschichte, Ökonomie und Geschichte ergänzen dieses Feld unterschiedlichster Zugänge für den gleichen Gegenstand.

Die geographische Bezeichnung Arabische Halbinsel verdeckt zunächst den Blick auf eine weitere wesentliche Prämisse, derer wir uns verpflichtet sehen. Ausgehend von der global rezipierten Orientalismus-Debatte Edward Saids (1978) – in der er die westlichen „Konstruktionen des Orients" kritisierte und die postkoloniale Theoriebildung maßgeblich initiierte – sind wir geleitet von der Überzeugung, dass Räume und Regionen soziale Konstruktionen sind. Wir sind uns der Grenzen unserer Analysekraft bewusst und dennoch lassen wir uns von der Annahme leiten, dass Regionen als dynamische Gebilde verstanden werden müssen, die weder homogen noch in sich geschlossen sind („Container"). Sie sind kontinuierlichen ökonomischen, politischen und kulturellen Einflüssen ausgesetzt, die durch intra- und interregionale Verflechtungen zwischen den Regionen deutlich werden.

Daran anschließend lässt sich auch begründen, warum in dem Handbuch oftmals konkurrierende Begriffe vorzufinden sind. Waren die Massenproteste ab 2010 ein frühlingshaftes Erwachen, ein Arabischer Frühling, eine Revolte, eine Revolution oder gar eine Arabellion? All diese Begriffe tragen eingeschriebene Narrative und damit auch Normativitäten mit sich, die es zu bedenken gilt. Trotzdem haben sie alle eine Gültigkeit, sofern die terminologischen Historien und Hintergründe begriffssensibel mitgedacht werden. Gleiches gilt für die Begriffe der MENA-Region (Middle East and North Africa) beziehungsweise Naher Osten und Nordafrika, deren eingeschriebener Eurozentrismus und historischer Ballast mit kulturhermeneutischer Vorsicht mitzudenken ist und damit eine Verwendung möglich, aber auch begründungspflichtig macht. Alternativen wie WANA-Region (West Asia and North Africa) werden zunehmend verwendet, überwinden aber ebenso nicht eine Form von regionaler Zentriertheit, was bedeutet, dass WANA einem sinozentrierten Weltbild folgt.

In vielen Beiträgen wird von arabischen Umbrüchen die Rede sein, ein „schwächerer" Begriff, der viel Raum für Varianz der Veränderung und Nichtveränderung mitbringt und eines zum Ausdruck bringt, was sich ebenso in diesem Handbuch wiederkehrend zeigt: Die weitere Region des Nahen Ostens und Afrikas im Allgemeinen, und die Arabische Halbinsel im Besonderen, befinden sich in einem ergebnisoffenen und fortdauernden Prozess der Rekonfiguration, der auch vor traditionellen Analysekategorien von Staat, Herrschaft, Ordnung und Territorien keinen Halt macht. Auch Letztere sind Gegenstand einer fortdauernden Aushandlung und müssen als solche geprüft werden.

Auch bei der Verwendung arabischer Termini haben wir uns entschlossen, einerseits größtmögliche Kohärenz zwischen den Beiträgen und andererseits eine bestmögliche Lesbarkeit für alle Leserinnen und Leser herzustellen. So haben wir uns weitgehend an den Vorgaben des International Journal of Middle East Studies (2019) orientiert, dabei aber an im Deutschen etablierten Begriffen und international eingeführten Begrifflichkeiten sowie Schreibweisen festgehalten.

1.4 Inhaltlicher Überblick

Unser Handbuch gliedert sich in sechs Abschnitte, die wiederum jeweils vier bis fünf Beiträge zu einem thematischen Cluster zusammenführen. Der erste Abschnitt zum Thema „Räume und Ressourcen" dient der historischen und geographischen Aufarbeitung einer Region, um strukturbildende politökonomische Besonderheiten abzuleiten. Über den Beitrag von *Ulrike Freitag*, der eine Längsschnittanalyse der Arabischen Halbinsel als historischen Handelsraum präsentiert und hierbei die Leserinnen und Leser bis in die vorislamische Zeit mitnimmt, entsteht die Grundlage, um im Beitrag von *Martin Beck* die Arabische Halbinsel in ihrem Sprung in die Moderne, das heißt im fossilen Zeitalter, zu dekonstruieren. Es folgen in diesem Abschnitt noch Beiträge zur Rohstoffförderung in Zeiten der klimapolitischen Trendwende und jüngerer Aktivitäten in das Bespielen von Klimapolitik zum Zwecke der Reputationssteigerung. Treffend zeigt *Thomas Richter* zunächst auf, wie die Rohstoffreserven auch in Zeiten der Klimakrise eine strategische Herrschaftsressource sind. Komplementär und bei Weitem nicht konkurrierend ist dabei das Bespielen von Klimapolitik zu verstehen, wie der Beitrag von *Tobias Zumbrägel* am Beispiel von Greenwashing zeigt; ein Phänomen, das seit der Weltklimakonferenz in Dubai (VAE) Ende 2023 noch eine zusätzliche mediale und gesellschaftliche Sichtbarkeit bekam.

Schwerpunkt im zweiten Abschnitt des Handbuchs ist der „politische Baukasten" der Staaten auf der Arabischen Halbinsel. *Frauke Heard-Bey* macht den Anfang und reflektiert über die Familiendynastien als politische Ordnungen mit langer vorstaatlicher Herrschaftstradition, die immer noch als normative Inspiration für den Aufbau der modernen Staatsbürokratie dient. „A Nation without a past is a nation without a present and a future", dieser Slogan, der auf den Staatsgründer der VAE zurückgeht, ist sinnstiftend für den Beitrag von *Katharina Nicolai*. Sie zeigt, wie der Übergang zu Nationalstaaten im Zusammenspiel von Nation und Monarchie holprig war und die unvollendete Nationenbildung – so der Folgebeitrag von *Antonia Thies* – die Konstruktion von kollektiven Wir-Identitäten vorantreibt. Es sind diskursive Ordnungsangebote, die mit den politischen, wirtschaftlichen und gesellschaftlichen Entwicklungsnarrativen disseminiert werden. Diese Aushandlung findet zunehmend auch in digitalen Räumen statt: *Laura Schuhn* zeigt, wie unterschiedliche Formen der Digitalisierung die Klaviatur von Staat-Gesellschaft-Beziehungen beeinflussen und mitnichten als Einbahnstraße zu verstehen sind, sondern auch Varianten der Einflussnahme, Resonanz und Responsivität bedingen.

Der dritte Abschnitt des Handbuchs verschreibt sich einer Bottom-up-Perspektive und nimmt das Zusammenspiel von Mensch und Gesellschaft unter die Lupe. Beginnend mit einer grundsätzlichen Reflexion und wissenschaftshistorischen Aufarbeitung des Zusammenspiels von Erbe und Moderne und sich ändernden Bedeutungsmustern von Stämmen in dem Beitrag von *Stefan Leder*, folgt der Beitrag von *Thomas Würtz* mit einem Blick auf das Zusammenspiel von Identität und Religion in den Staaten der Arabischen Halbinsel, gestern wie heute. Die demographischen Besonderheiten der Staaten auf der Arabischen Halbinsel sind enorm. Es liegen sehr junge Bevölkerungen vor, hohe Jugendarbeitslosigkeit bei weiterhin exorbitanter Arbeitsmigration in die Golfstaaten aus der nahöstlichen Region selbst und ferner aus Süd-, Südost- und Ostasien. *Sebastian Sons* zeigt hier unterschiedliche Modi, Motivationen und Stressfaktoren im Umgang mit den demographischen Herausforderungen und arbeitsmarktrelevanten Notwendigkeiten auf. Der politische und gesellschaftliche Umbruch in den Golfstaaten bringt auch tradierte Geschlechterpraktiken ins Wanken. Über unterschiedliche Formen und Varianten erkennen wir tektonische Verschiebungen und Emanzipationen von Frauen in den Gesellschaften, die immer noch von den Beharrungskräften patriarchalischer Strukturen durchgerüttelt werden. *Nora Derbal* präsentiert schwerpunktmäßig für Saudi-Arabien beeindruckende Befunde zu einer Gesellschaft im Umbruch.

Im vierten Abschnitt nehmen wir den Wandel in den Blick und schauen dabei vor allem aus einer regionalen und innenpolitischen Perspektive auf Phänomene der Veränderung in den Staaten der Halbinsel. Den Auftakt macht *Eckart Woertz* mit einer Aufarbeitung der Diversifizierungsbemühungen in den Golfstaaten, die die Treiber fortdauernder Staats- und Stadtentwicklungen sind und ohne die diese urbanen Umbauten nicht finanzierbar wären. *Melanie Sindelar* präsentiert im Anschluss einen faszinierenden Blick in die Kunst- und Kulturszene der Golfstaaten, ein weiteres Feld der Diversifizierung, Mittel zum Zweck auch hier, zu einem Gravitationszentrum des Austauschs und der Begegnung zu werden. Folgerichtig präsentieren *Hans Hopfinger* und *Nadine Scharfenort* im Folgebeitrag die zentrale Bedeutung von Tourismus, eingebettet in strategische Investitionen als globales Drehkreuz des Handels. Letzteres braucht aber permanente Werbebotschaften und Transmissionsriemen, um sich selbst als attraktiven Hub zu inszenieren. Großereignisse, so *Anton Escher* und *Marie Karner*, erfüllen hier ein breites Portfolio an Aufgaben. Die Attraktivität des Standorts ist das eine, das Narrativ, das Unmögliche möglich zu machen, ist das andere. Nur so lässt sich erklären, dass 2029 die asiatischen Winterspiele in Saudi-Arabien stattfinden.

Der fünfte Abschnitt des Handbuchs weitet den Blick und fragt nach der Verflechtung der Arabischen Halbinsel mit der Weltgesellschaft. *Philipp Bruckmayr* beginnt mit religiösen Knotenpunkten und zeigt hier bereits deutlich die komplexe Verflechtung der Arabischen Halbinsel mit transregionalen Räumen auf. Dennoch ist diese Verdichtung kein Selbstläufer, trotz struktureller Ähnlichkeiten der Staaten auf der Arabischen Halbinsel ist zum Beispiel monarchische Solidarität kein Automatismus. *Leonie Holthaus* zeigt hier Chancen und Grenzen regionaler Kooperation am Beispiel des GKR auf und leitet sodann auch nahtlos in eine dreiteilige Konfliktnarration über. *Marius Bales* fokussiert gegenwartsbezogen geopolitische Konflikte innerhalb der Halbinsel, *Alexander Weissenburger* richtet den Blick auf den Iran, seine regionalpolitischen Interessen und reflektiert dessen Rolle im Jemenkrieg, wohingegen *Jens Heibach* konkurrierende Konfliktlinien mitsamt ihrer unterschiedlichen geschichtlichen Hintergründe auf dem afrikanischen Kontinent unter die Lupe nimmt.

Sind diese Veränderungen losgelöst von der internationalen Ordnung zu verstehen? Nein, keineswegs. Eine sich verändernde Struktur der internationalen Ordnung nimmt Einfluss auf den Erhalt und die Modifizierung von Allianzen und Bündnissen der Staaten der Arabischen Halbinsel mit internationalen Akteurinnen und Akteuren. Die vielfach beschworene strategische Vernachlässigung der Region durch die US-Nahostpolitik trifft auf materielle Realitäten, die in den Blick zu nehmen sind, so der Beitrag von *Stefan Fröhlich*. Sie fügen sich ein in eine an Dynamik gewinnende Kooperation mit Indien (*Stefan Lukas* und *Leo Wigger*) und strukturelle Pfadabhängigkeiten chinesischer Bemühungen um eine neue Seidenstraße (*Julia Gurol-Haller*). All das schafft Räume der Neuordnung und der Konfiguration von vorher nicht denkbaren Allianzen. Die Annäherung der Golfstaaten mit Israel im Rahmen der Abraham Accords waren hierbei, so *Jan Busse* und *Anna Reuß*, ein Gamechanger mit unsicherem Ausgang, unsicherer denn je seit dem 7. Oktober 2023.

Wir erheben mit diesem Handbuch keinen Anspruch auf Vollständigkeit. Zahlreiche weitere thematische Aspekte wären denkbar gewesen und mussten am Ende der Pragmatik eines „handhabbaren" Handbuchs weichen. Wir haben uns von einem zunächst bescheiden anmutenden Ziel leiten lassen, das in der Umsetzung umso herausfordernder war und ist. Das Handbuch soll Zugänge schaffen für eine Region, die weit davon entfernt ist, „anders" zu sein. Nein, sie ist nicht eine Projektionsfläche von einem „Märchen aus 1001 Nacht". Der Nahe Osten und damit die Arabische Halbinsel als Teil dessen ist die Fiktion einer Region, die schon immer aufs Engste mit einer Weltgesellschaft verwoben und mit den gleichen Herausforderungen und Rahmenbedingungen wie in anderen Regionen konfrontiert war. Die politische, ökonomische und gesellschaftliche Relevanz ist weiterhin hoch, sodass unser Handbuch auch die Rolle eines Impulsgebers einnehmen soll, und zwar für eine kohärente und glaubwürdige Politik gegenüber der Region, eine europäische und deutsche Außenpolitik, die sich in der Vergangenheit zu häufig selbst im Wege stand.

Literatur

Anderson, L. (1991). Absolutism and the resilience of monarchy in the Middle East. *Political Science Quarterly*, *106*(1), 1–16.

Beck, M., & Richter, T. (2021). *Oil and the political economy in the Middle East: Post-2014 adjustment policies of the Arab Gulf and beyond*. Manchester: Manchester University Press.

Davidson, C. M. (2013). *After the sheikhs. The coming collapse of the Gulf monarchies*. London: Hurst.

Demmelhuber, T. (2017). Der Nahe Osten oder Region aus den Fugen. *Frankfurter Allgemeine Zeitung*, 12. Juni 2017, 6.

Demmelhuber, T., & Thies, A. (2023). Autocracies and the temptation of sentimentality: repertoires of the past and contemporary meaning-making in the Gulf monarchies. *Third World Quarterly*, *44*(5), 1003–1020.

Derichs, C., & Demmelhuber, T. (2014). Monarchies and republics, state and regime, durability and fragility in view of the Arab spring. *Journal of Arabian Studies*, *4*(2), 180–194.

Gaube, F. (2024). Wer Angst hat, kann nicht nach vorne denken. *Die Zeit*, 7, 27.

Huntington, S. P. (1966). The political modernization of traditional monarchies. *Daedalus*, *95*(3), 763–788.

International Journal of Middle East Studies (2019). IJMES transliteration system for Arabic, Persian, and Turkish consonants. https://www.cambridge.org/core/services/aop-file-manager/file/57d83390f6ea5a022234b400/TransChart.pdf. Zugegriffen: 12. Aug. 2024.

Lerner, D. (1958). *The passing of traditional societies. Modernizing the Middle East*. Glencoe: Free Press.

Said, E. (1978). *Orientalism*. London: Routledge.

Scharfenort, N. (2020). Die Arabische Halbinsel. Zwischen Wohlstand, wirtschaftlicher Diversifizierung und sozioökonomischen Herausforderungen. *Praxis Geographie*, *50*, 4–9.

Varieties of Democracy (2024). *Democracy report 2023. Defiance in the phase of autocratization*.

Räume und Ressourcen

Inhaltsverzeichnis

Kapitel 2   **Arabische Halbinsel als historischer Handelsraum – 11**
Ulrike Freitag

Kapitel 3   **Arabische Halbinsel im fossilen Zeitalter: Herausbildung von Petrostaatlichkeit – 21**
Martin Beck

Kapitel 4   **Rentierstaatlichkeit und Rohstoffförderung: Anpassungsstrategien in Zeiten der Energiewende – 33**
Thomas Richter

Kapitel 5   **Klimapolitik und „Greenwashing" – 45**
Tobias Zumbrägel

Arabische Halbinsel als historischer Handelsraum

Ulrike Freitag

© Sergey Pesterev / Wikimedia Commons / CC BY-SA 4.0
https://commons.wikimedia.org/wiki/File:Caravan_in_the_desert.jpg

Inhaltsverzeichnis

2.1 Einführung – 12

2.2 Kamele, Weihrauch und Monsun: Handel im ersten vorchristlichen Jahrtausend – 12

2.3 Handel im Zeichen von Christentum und Islam – 14
2.3.1 Arabien zwischen Rom und Aksum – 14
2.3.2 Die Kontroverse um die Historizität Mekkas – 15
2.3.3 Handel auf der Arabischen Halbinsel unter muslimischer Herrschaft – 15

2.4 Rivalisierende Imperien im Kontext des Welthandels – 16

2.5 Fazit: Die Arabische Halbinsel im 20. Jahrhundert – 17

Literatur – 18

© Der/die Autor(en), exklusiv lizenziert an Springer-Verlag GmbH, DE, ein Teil von Springer Nature 2025
T. Demmelhuber, N. Scharfenort (Hrsg.), *Die Arabische Halbinsel*,
https://doi.org/10.1007/978-3-662-70217-8_2

2.1 Einführung

Die Geschichte des (überregionalen) Handels auf der Arabischen Halbinsel lässt sich einerseits in den Küsten- und Seehandel, andererseits in den Handel über Land unterteilen. Der Seehandel verband sowohl verschiedene Küstenabschnitte miteinander als auch die Halbinsel mit anderen Regionen am Roten Meer, dem Persisch-Arabischen Golf sowie dem Indischen Ozean. Der Überlandhandel nahm insbesondere nach der Einführung des domestizierten, einhöckrigen Kamels (Dromedar), die auf der Arabischen Halbinsel in etwa gegen Ende des zweiten vorchristlichen Jahrtausends stattfand, einen erheblichen Aufschwung und wurde vor allem entlang des schwer zu navigierenden Roten Meers eine Konkurrenz für den Seehandel.

Insbesondere für die vor-, aber auch die frühislamische Zeit besteht eine wesentliche Herausforderung für die Forschung in der Quellenlage, insbesondere was archäologische Belege anbelangt. Während europäische Reisende im 19. und frühen 20. Jahrhundert häufig archäologische Funde und Inschriften dokumentierten, oft auf der Suche nach Orten, welche in griechischen und römischen Schriften erwähnt sind, begann eine wirklich systematische Erforschung der Archäologie der Arabischen Halbinsel erst in den 1960er-Jahren (Al-Rashid, 2005). Inzwischen gilt als gesichert, dass durch Schwankungen der Reichweite des Monsuns Arabien im Altpaläolithikum sehr viel feuchter war als heute. In der jetzigen Nefud-Wüste gibt es Sedimente großer Seen, an deren Ufern sich menschliche Werkzeuge finden, welche zwischen 1,8 Mio. und 250.000 Jahre alt sind. Es wird vermutet, dass hier eine der frühen Migrationsrouten von Afrika nach Asien verlief (Daley, 2017). Die letzte derartige Feuchtzeit im Norden der Arabischen Halbinsel existierte etwa zwischen 8800 und 7900 vor Christus (Vieweg, 2022). Nachdem diese Seen ausgetrocknet waren, blieben Oasen, die vor allem im südlichen Najd verbreitet sind, dauerhafte Siedlungsgebiete und wichtige Anlaufstationen auf den späteren Handelsstraßen.

Schon im dritten vorchristlichen Jahrtausend lässt sich auch nachweisen, dass die Arabische Halbinsel in Fernhandelsverbindungen zwischen dem Balkan und dem Indusbecken eingebunden war. Sumerische Texte und archäologische Funde aus dieser Zeit belegen den Export von Kupfer aus dem heutigen Oman (Lawler, 2010). Da der Überlandtransport vor allem mit Eselkarawanen stattfand, die auf regelmäßige Wasser- und Nahrungsversorgung angewiesen sind, betraf diese Einbindung in überregionale Handelsnetze vor allem küstennahe Regionen an der Golfküste, im Oman und Jemen. Zudem brach dieser Handel im späten dritten oder frühen zweiten Jahrtausend vor Christus möglicherweise aufgrund politischer Unruhen ein (Altaweel & Squitieri, 2018, S. 162 ff.; Boivin & Fuller, 2009).

Trotz dieser vielfältigen Frühgeschichte, deren Kenntnis sich durch neue Grabungen ständig fortentwickelt, beschränkt sich dieser Beitrag auf die Zeit nach der Einführung des Kamels, das bis in die 1940er-Jahre für die Fortbewegung auf der ariden Halbinsel eine zentrale Rolle spielte. Die Einführung von Automobilen und Lastwagen in den 1930er- und 1940er-Jahren markiert das Ende seiner Bedeutung und stellt damit einen guten Endpunkt für dieses Kapitel dar. Nicht alle Perioden und insbesondere alle politischen Entwicklungen, welche für die Rahmenbedingungen der Handelsbeziehungen ausschlaggebend waren, können im Rahmen eines Überblicks gleichberechtigt behandelt werden. Insofern wird im Folgenden vieles eher exemplarisch angerissen.

2.2 Kamele, Weihrauch und Monsun: Handel im ersten vorchristlichen Jahrtausend

Die Domestizierung des Kamels zu Transportzwecken scheint nicht nur den innerarabischen Handel sowie die Entstehung von Stadtstaaten befördert zu haben, sondern auch die Einbindung der Halbinsel in den internationalen Handel. Dies geschah einerseits durch die Etablierung von Karawanenrouten, welche die Halbinsel über Syrien und Mesopotamien an die Seidenstraße anschlossen, andererseits durch die noch systematischere Nutzung des Monsuns in der Schifffahrt. Dies intensivierte vor allem den Austausch mit Indien (Abb. 2.1).

Kamele eröffneten erstmalig die Möglichkeit, regelmäßige, wenn auch je nach politischen und wirtschaftlichen Umständen variable Routen durch die Wüsten der Arabischen Halbinsel zu etablieren. Dies liegt vor allem an ihrer Fähigkeit, bis zu zwei Wochen ohne Wasser und einen Monat ohne Nahrung auszukommen. Zusätzlich können sie ihre Körpertemperatur variieren, sodass sie ideal an das Wüstenklima angepasst sind.

Die wohl bekannteste Route, die so entstand, ist die sogenannte Weihrauchstraße (Staubli, 2013). Sie verdankt ihre Entstehung wohl teilweise dem Niedergang ägyptischer Macht und damit auch der Seefahrt im Roten Meer, teilweise dem Aufstieg des Persischen Reichs (550–330 v. Chr.). Die Weihrauchstraße verband Dhofar, den Jemen und die somalische Küste sowie Eritrea und Äthiopien, ein Gebiet, das vermutlich dem sagenumwobenen Punt entspricht, wo Weihrauch und Myrrhe geerntet wurden. Entlang der Route von Dhofar bis Aden und Richtung Norden in die Oase Najran bis in den Hijaz entstanden die Königreiche von Hadramaut, Saba, Qataban und Ma'in, welche die Gewinnung und den Handel mit den wertvollen Harzen kontrollierten. Ausgehend von Qataban eroberten die Himyariten diese Reiche zwischen 25 vor und 300 nach Christus, sie wurden durch eine Invasion des christlichen Königreichs von Aksum (ausgehend vom nördlichen Äthiopien) abgelöst. Dieses kontrollierte

Arabische Halbinsel als historischer Handelsraum

Abb. 2.1 Handels- und Pilgerrouten

seit dem dritten Jahrhundert den Hafen Adulis nördlich des heutigen Massauas (Schlicht, 2021, S. 21 ff.). Nach Norden hin etablierten sich im sechsten vorchristlichen Jahrhundert die Nabatäer in Mada'in Salih und Petra. Sie kontrollierten die Route nordwärts in Richtung Damaskus und Palmyra sowie durch den Negev nach Alexandria. Hierfür legten sie entlang der Wüstenpfade große Zisternen an (Erickson-Gini & Israel, 2013, S. 24).

Weihrauch wurde allerdings auch ostwärts transportiert, einerseits in Richtung Gerrha (heute al-Hufuf), andererseits, teils direkt, teils entlang der Küste, in Richtung des heutigen Basra. Dort, ebenso wie in Palmyra,

wurde die große Ost-West-Verbindung der Seidenstraße erreicht (van Beek, 1958, S. 166–174; Beeston, 2005). Diese Ostroute scheint vor allem im letzten Drittel des ersten Jahrtausends vor Christus an Bedeutung gewonnen zu haben (Edens & Bawden, 1989, S. 87). Ebenso wie in Aden und Omana, einem bislang nicht identifizierten Weihrauchhafen, bestand in Basra auch Anschluss an die Seeroute nach Indien (Toral-Niehoff, 2006).

Vermutlich besteht ein Zusammenhang zwischen der wachsenden Bedeutung der Ostroute und dem Wachstum des Indienhandels, der zunehmend auch die indische Malabarküste erreichte. Dies hängt mit Entwicklungen im Schiffbau zusammen, welche es erlaubten, den Südostmonsun besser auszunutzen (Boivin & Fuller, 2009, S. 161). Insbesondere Pfeffer, aber auch andere Gewürze und Edelsteine, wurden nun nach Arabien importiert, ebenso wie beispielsweise Baumwolle und Bronzen. Um den Beginn der christlichen Ära begann auch im Roten Meer wieder verstärkte Schifffahrt, die zu den Karawanen in Konkurrenz trat. Fest steht, dass in dieser Periode jene Staaten im Vorteil waren, welche Häfen am Golf, an der arabischen Süd- und Westküste kontrollierten, wie beispielsweise Qana (Bir Ali), Aden oder Muza (Mokka). Unklar bleibt, inwieweit die Importe etwa europäischer Tuche und hellenistischer Bronzen auf dem Land- oder auf dem Seeweg stattfanden (Boivin & Fuller, 2009, S. 161 f.; Altaweel & Squitieri, 2018, S. 165).

Um die Zeitenwende herum beziehungsweise relativ kurz danach verdichten sich auch die Hinweise auf die vermutlich ältere Perlenfischerei im Golf. Der Perlenhandel scheint im Wesentlichen seitens der Sasaniden organisiert worden zu sein und auch unter islamischer Herrschaft bis ins neunte nachchristliche Jahrhundert floriert zu haben (Carter, 2005, S. 144 f.). Die Rivalität um die Kontrolle des Handels mit Indien und dem Mittelmeerraum zwischen Sasaniden (und ihren Nachfolgern) einerseits und dem mit dem christlichen Aksum verbündeten Byzanz andererseits erklärt auch die Präsenz von persischen Händlerkolonien entlang der Küsten des Golfs, Indischen Ozeans und bis nach Jiddah am Roten Meer in der vorislamischen Periode, ebenso wie die persische Eroberung des Jemens im Jahr 570 (Fiaccadori, 2010, S. 975; Hawting, 1984, S. 321).

2.3 Handel im Zeichen von Christentum und Islam

2.3.1 Arabien zwischen Rom und Aksum

In den frühen Jahrhunderten des ersten christlichen Jahrtausends lassen sich einige Veränderungen in den Handelsbeziehungen auf beziehungsweise aus der Arabischen Halbinsel erkennen. Insbesondere der Weihrauchhandel, der seine absolute Blüte wohl zwischen 100 und 200 nach Christus erlebte, brach stark ein (Beeston, 2005). Dies mag einerseits mit sinkender Nachfrage zusammenhängen, da die frühen Christen die Verwendung von Weihrauch zunächst ablehnten, es mag andererseits aber auch eine Folge von Dürren gewesen sein, welche zwischen dem dritten und sechsten Jahrhundert das Verbreitungsgebiet des Weihrauchbaums erheblich einschränkten (Groom, 1977, S. 86 f.). Gleichzeitig nahm der Indienhandel einen deutlichen Aufschwung und auch die Nachfrage nach Sklavinnen und Sklaven sowie Elfenbein insbesondere aus Aksum stieg im Römischen Reich an. Damit ging die teilweise Ablösung des Karawanenhandels durch den Seehandel einher. In diesem Kontext wurden die Nabatäer erst römische Vasallen (63 n. Chr.) und verloren 106 nach Christus ihre Unabhängigkeit. Der seit dem frühen dritten Jahrhundert zeitweilig von Aksum kontrollierte nördliche Jemen (inkl. Najran) hingegen wurde 570 zu einer persischen Provinz. Zwischen den beiden Machtblöcken lag das von Zusammenschlüssen vorwiegend nomadisch lebender Stämme dominierte Zentralarabien, wo sich beispielsweise zwischen 450 und 550 das zuvor vom Jemen abhängige Königreich Kinda etablierte.

Obwohl der Weihrauchhandel stark nachließ und der Indienhandel in den Mittelmeerraum zunehmend über See stattfand, so bedeutet dies nicht das Erlöschen des innerarabischen Karawanenhandels in den zwei Jahrhunderten vor dem Auftauchen des Islams (ab 610, 622 Auswanderung Muhammads von Mekka nach Medina und Beginn der islamischen Zeitrechnung). So existierte ein regelrechter zirkularer Handel mit festen Handelssaisons. Er begann im Norden bei Dumat al-Jandal, wo sich die Route aus dem Süden nach Damaskus mit der Ost-West-Route Ägypten-Irak kreuzte. Von dort zogen die Händler nach Hajar al-Yamama im Najd sowie nach al-Mushaqqar in Ostarabien (Bahrain), wo intensiver Austausch mit persischen Händlern herrschte. Weiter ging es Richtung Südosten nach Sohar (Oman) an der Batina-Küste. Hier endete einerseits eine der Weihrauchrouten, andererseits landeten hier indische Händler, die Kupfer, Sandelholz und Teak verkauften. Perlen, Gold, Datteln sowie Sklavinnen und Sklaven wurden hier ebenfalls gehandelt. Auch andere Häfen an der omanischen Küste wurden besucht, bevor Händler nach al-Shihr an der Küste des Hadramaut weiterzogen. Von hier wurde insbesondere Bernstein und Weihrauch exportiert, während Gewürze und Tuche für den regionalen Bedarf importiert wurden. Anschließend suchten die Händler Aden auf, das als wichtige Schnittstelle zwischen Seehandel in Richtung Indien und Ostafrika sowie Landhandel nach Jemen fungierte. Von hier aus wurden Sanaa oder al-Hubasha angesteuert. Letzteres galt als Markt von Najran und war aufgrund der großen jüdischen Gemeinschaft dort über längere Zeit als jüdisch geprägt. Ein von den dortigen Juden begangenes Massaker an den Christen in Najran war für eine erneute Eroberung der Oase durch Aksum ca. 518 ausschlaggebend, dessen Herrscher in Absprache mit Byzanz die Glaubensgenossen rächte (Bausi, 2007). Als letzte Station werden drei Märkte in der Nähe Mekkas genannt, nämlich Ukaẓ, Dhu al-Majaz und Majanna (Ḥaq, 1968, S. 214–221). Hier wurde insbesondere mit Juwelen, Parfüms, Häuten und Textilien gehandelt (Finster, 2011, S. 225).

Bei den genannten Märkten handelt es sich teilweise um dauerhaft bewohnte Städte, in denen Handel getrieben wurde. Teilweise waren es jedoch rein saisonale Märkte, die auf Territorien lagen, welche nicht von bestimmten Stämmen beansprucht waren und damit den gewissermaßen extraterritorialen Austausch zwischen

Angehörigen verschiedener Stämme erlaubten. Diese Neutralität wurde durch heilige Orte abgesichert. Die Marktsaison wurde häufig mit Pilgerfahrten zu diesen Schreinen kombiniert, wofür in der Regel Landfrieden galt (Ḥaq, 1968, S. 210 ff.). Die Sicherheit der Karawanen wurde zumindest teilweise durch das (religiöse) Prestige derer gesichert, welche sie organisierten und leiteten, teilweise durch die Zahlung von Schutzgeldern an jene, deren Territorien durchquert wurden (Serjeant, 1981, S. 55).

2.3.2 Die Kontroverse um die Historizität Mekkas

Spielte Mekka, die Geburtsstadt des islamischen Propheten Muhammad, in diesem Kontext eine Rolle? Die Kontroverse hierüber wurde durch eine provokante Publikation von Crone (1987) initiiert, sie wird bis heute gerade zwischen religiös geprägten Autorinnen und Autoren erbittert geführt (Amari, 2017; Aboul-Enein, 2021). Ihre Bedeutung gewinnt sie nicht zuletzt daraus, dass gerade westliche, säkular orientierte Wissenschaftlerinnen und Wissenschaftler dem Handel eine zentrale Rolle für die Entstehung des Islams und die Ausbreitung der Religion zuwiesen (z. B. Watt, 1953).

Hierauf basiert Crone, die den arabischen Quellen grundsätzlich misstraut, ihr Argument, dass der mekkanische Handel im Wesentlichen lokaler Natur war. Sie bezweifelt zusätzlich, dass dieser tatsächlich im heutigen Mekka stattfand und vermutet, dass das Mekka den Quellen nach eher in Nordwestarabien zu finden ist (Crone 149, S. 170–199). In Anlehnung an Crone betonen auch Autorinnen und Autoren, die die Historizität Mekkas am heutigen Standort nicht bezweifeln, die geringe Bedeutung eines Orts, der nicht durch vorislamische Quellen belegt ist, ausgesprochen ungeeignet für Landwirtschaft war sowie fernab der Haupthandelsrouten lag (vgl. Lindstedt, 2017, S. 164).

Folgt man hingegen den muslimischen Quellen, so hatten die Kuraischiten, der Stamm, aus dem Muhammad stammte, etwa im fünften Jahrhundert nach Christus die Kontrolle über Mekka übernommen. Möglicherweise waren sie die ersten, die an diesem ungastlichen Ort eine dauerhafte Siedlung etablierten. Ihre Rolle als Hüter des Heiligtums der Kaaba würde auch erklären, warum Kuraischiten, und in der islamischen Überlieferung auch Muhammad, den Karawanenhandel nach Norden zu dominieren begannen. Dieser nun nahm um 600 nach Christus sprunghaft zu, weil aufgrund der persisch-byzantinischen Handelsrivalität die Landroute durch Westarabien gegenüber jener durch den Golf (und möglicherweise auch gegenüber der Seeroute über das Rote Meer) weniger anfällig erschien (Ibrahim, 1990, S. 34–56; Watt et al., 2012).

Die Beurteilung der Kontroverse hängt letztlich davon ab, inwieweit die Bereitschaft besteht, den frühen arabisch-islamischen Quellen zu vertrauen, wie dies zum Beispiel Serjeant (1990) grundsätzlich tut. Denn trotz der rapiden Entwicklung archäologischer Forschung auf der Arabischen Halbinsel ist aufgrund der religiösen Bedeutung Mekkas und Medinas, aber auch aufgrund der massiven Bauarbeiten der letzten Jahrzehnte die Archäologie gerade dieser beiden Stätten besonders schwierig (Petersen, 2014a, S. 298; Schick, 2001). Allerdings gibt es detaillierte frühislamische Aufzeichnungen über vermutlich vorislamische Fundamente der Kaaba in Mekka (Petersen, 2014b, S. 6270).

Eine wirtschaftshistorische Betrachtung schlägt eine Art Mittelposition vor: Vermutlich sei die Annahme Watts (1953), dass Mekka plötzlich in die Route der Weihrauchstraße aufgenommen wurde und diese weiterhin in großem Umfang Weihrauch und Luxusgüter transportierte, falsch. Allerdings zeigten die arabischen Quellen, dass es durchaus aktiven Karawanenhandel gab: Aus Syrien und dem Irak brachten Karawanen vor allem Öle, Getreide, Wein, Tuche und Waffen, aus Persien Eisenprodukte, Moschus, Ambra und Juwelen sowie Sklavinnen und Sklaven, Elfenbein und Weihrauch aus Abyssinien und Tuche und Parfüms aus dem Jemen. Umgekehrt habe der Hijaz insbesondere in der Gegend um Taif, aber auch in Medina Getreide, Datteln und Parfüms produziert. Vieh und Lederprodukte sowie Textilien seien weitere lokale Exporte gewesen. Gold und Silber wurden in arabischen Minen gewonnen, was auch einer lokalen Schmuckindustrie die nötigen Rohstoffe gesichert habe (Heck, 2003). Eine solche Betrachtungsweise relativiert auch die Bedeutung der faszinierenden Frage danach, inwieweit es sich bei dem historischen Mekka um eine Stadt handelte oder ob „Mekka" vielmehr die Bezeichnung für ein nur dünn oder gar temporär besiedeltes Gebiet ist. Denn auch in der islamischen Tradition verliert der Ort durch die Hijra Muhammads nach Medina sehr schnell wieder an politischer Bedeutung, auch wenn er seine hohe Symbolkraft bis heute bewahrt hat. Relativ sicher ist jedoch, dass Mekka spätestens in frühislamischer Zeit eine Stadt mit einer Reihe bemerkenswerter, stattlicher Bauwerke war, was sicherlich die zeitweilige politische, aber auch die anhaltende religiöse und vermutlich auch die wirtschaftliche Rolle der Stadt belegt (Finster, 2011, S. 226).

2.3.3 Handel auf der Arabischen Halbinsel unter muslimischer Herrschaft

Ebenso wie in vorislamischer Zeit muss man auch für die islamische Zeit davon ausgehen, dass der Binnen- und der Außenhandel der Region zumindest teilweise verknüpft waren, sobald es um Güter jenseits des täglichen Bedarfs ging. Hier spielte nach dem Aufkommen des Islams vermutlich insbesondere die Pilgerfahrt die Rolle einer regelmäßigen Handelsverbindung, da sie von den Kalifen als Ausdruck ihrer Legitimation propagiert wurde (Sijpestein, 2014). Aufgrund der klimatischen Bedingungen mussten zur Versorgung der Pilgernden, aber auch zur Sicherung der Pilgerwege erhebliche Mengen an Nahrungsmitteln, aber auch an anderen Gütern auf die Halbinsel gebracht werden. Dafür, ebenso wie für die Pilgernden, wurden vorislamische Handelswege nach Ägypten, Syrien, den Irak und Jemen genutzt. Diese wurden zu unterschiedlichen Zeiten – in Abhängigkeit von den politischen Zentren und der Sicherheitslage – mit Wegmarken, Zisternen, Unterkünften, Moscheen und Forts ausgebaut (Gierlichs, 2011). Die vielleicht bekannteste Route ist der Darb Zubaida. Sie ist benannt nach Zubaida, Tochter des Jafar und Frau des abbasidischen Kalifen Harun al-Raschid (reg. 787–809) in Bagdad, die viel in ihren Ausbau investiert haben soll. Zur Zeit der Mamluken übernahm dann Ägypten die Kontrolle über die Pilgerfahrt ebenso wie die Verantwortung für die Versorgung der Pilgernden (Labib, 1965, S. 86–89).

Womit wurde gehandelt? Vermutlich gab es keine großen Veränderungen gegenüber der vorislamischen Periode. Allerdings dürfte die Expansion des islamischen Reichs unter den Umayyaden den Austausch insbesondere in den Küstenregionen noch stark intensiviert haben, da auf beziehungsweise entlang der Halbinsel wichtige Handelsrouten zwischen dem neu islamisierten Mittelmeerraum und dem Indischen Ozean verliefen. Selbst Güter wie Weihrauch und Parfüms, für die die Nachfrage im Mittelmeerraum in dieser Periode sank, wurden weiter im- und exportiert, wobei sich der Handel stärker in Richtung Südosten (Indien, China) orientierte (Le Maguer, 2015). Ein anderes „Importgut", das es wohl auch in vorislamischer Zeit bereits gab, waren Sklavinnen und Sklaven, wobei die konkrete Geschichte des Sklavenhandels vor dem 19. Jahrhundert nur sehr lückenhaft rekonstruiert werden kann. Allerdings scheint es insbesondere in der Landwirtschaft eine sehr alte Tradition des Imports von Sklavinnen und Sklaven gegeben zu haben, die sich in muslimischer Zeit fortsetzte (Reilly, 2015). Ebenso wurden Sklavinnen und Sklaven in vorislamischer Zeit sowie nach dem Aufkommen des Islams in lokalen Milizen wie auch in zentralen muslimischen Heeren eingesetzt (Pipes, 1980). Das Zusammentreffen der Pilgernden aus den unterschiedlichen Reichsteilen bedeutete, dass Mekka auch als bedeutender Sklavenmarkt fungierte.

Die Vielfalt der Handelsgüter wird deutlich, wenn man beispielsweise betrachtet, womit die als Pfeffer- und Gewürzhändler bekannten Karimihändler in Kairo handelten. Sie waren sowohl in Syrien als auch am Roten Meer, insbesondere im Jemen, zwischen dem 12. und 15. Jahrhundert aktiv. Viele der im Jemen erstandenen Güter wurden aus Indien von dortigen Händlern nach Aden gebracht, von wo die Karimi sie nach Ägypten und in den Mittelmeerraum transportierten. Landwirtschaftliche Produkte, Textilien, Holz und Waffen gehörten ebenso in ihr Portfolio wie die genannten Gewürze (Fischel, 1958, S. 161). Die Etablierung eines mamlukischen Staatsmonopols auf den Gewürzhandel im frühen 15. Jahrhundert ebenso wie die Erschließung der Seeroute um das Kap der Guten Hoffnung durch die Portugiesen (für die Vasco da Gamas Expedition nach Indien 1497–1499 steht), trugen wesentlich zum Niedergang dieser Händlergruppe bei (Fischel, 1958, S. 173). Sie stehen aber auch emblematisch für die politischen Wandlungen, die auch in vorherigen Zeiten immer wieder zur Verlagerung von Handelsrouten beigetragen hatten.

2.4 Rivalisierende Imperien im Kontext des Welthandels

Der europäische Versuch, die Seewege im Indischen Ozean zu kontrollieren – auf Portugal folgten im 17. Jahrhundert die Niederlande, Großbritannien und Frankreich – stand im weiteren Kontext der europäischen Expansion. Er führte zu dem – bis ins späte 18. Jahrhundert erfolglosen – Versuch, das Rote Meer zu kontrollieren. Jedoch gelang es Portugal 1507, die omanischen Küstenstädte zu erobern und in der Folge insbesondere den Hafen von Maskat zu befestigen. Allerdings provozierte dieses Vordringen die Osmanen, welche 1517 die Mamluken in Ägypten besiegt und deren Herrschaft über das Rote Meer und die Provinz Hijaz mit Mekka übernommen hatten. Sie besetzten 1538 und bis 1636 die jemenitische Küste, Teile des Hochlands und Aden und griffen wiederholt die portugiesischen Stellungen im Oman an. Ihr Versuch, die Portugiesen aus Indien zu verdrängen, scheiterte jedoch (Casale, 2010, S. 53–83).

Auch wenn es den Osmanen gelang, das angestrebte portugiesische Gewürzmonopol zu verhindern, so brach der Gewürzhandel doch Ende des 16. Jahrhunderts ein. Allerdings wurde dies kompensiert durch ein neues Produkt, nämlich Kaffee. Die Kaffeebohne kam vermutlich im 14. oder 15. Jahrhundert von Äthiopien in den Jemen. Als Getränk gewann Kaffee wohl erst im 15. Jahrhundert an Bedeutung. Im frühen 16. Jahrhundert verbreitete er sich im Osmanischen Reich, die dort entstandene Mode der Kaffeehäuser erreichte im 17. Jahrhundert Europa (Hathaway, 2006; Krieger, 2011, S. 73–151). Weit über das späte 18. Jahrhundert hinaus, als Kaffeeanbau in den niederländischen und französischen Kolonien dem jemenitischen Kaffee Konkurrenz machte, blieb er ein wesentliches Exportgut des Jemens auf der Halbinsel und im Osmanischen Reich. International verlor der jemenitische Kaffee im Vergleich zu den in den Kolonien angebauten Varianten zunehmend an Bedeutung.

Die Kontrolle über die Schifffahrt im Roten Meer war bis ins 19. Jahrhundert eine Möglichkeit der Osmanen, zumindest über Zollabgaben vom Kaffee- ebenso wie vom Durchgangshandel zu profitieren. Mit der westlichen imperialen Expansion, die sich seit der napoleonischen Besetzung Ägyptens (1798–1803) verschärfte, nahm auch der internationale Wettkampf um die Kontrolle der Seewege und Häfen entlang der Halbinsel zu. In deren Innerem etablierte sich seit 1744 ein islamisches Emirat, geführt von Emiren der Al-Saud-Familie. Im späten 18. und frühen 19. Jahrhundert expandierte es bis an die Golfküste, in den südlichen Irak und an die Küste des Hijaz. Im Auftrag der Osmanen besetzte der Gouverneur Ägyptens daraufhin die Küstenregion des Hedschas und zerstörte 1818 den saudischen Herrschaftssitz Diriyah, nicht zuletzt, um die osmanische Kontrolle über Mekka und die Pilgerfahrt wiederherzustellen. 1839 besetzte Großbritannien, das in der Region durch die East India Company (EIC) auftrat, den Hafen Aden. Damit wollten die Briten einer osmanischen Rückeroberung zuvorkommen. Daraufhin kaprizierten sich die Osmanen ab 1848 auf die erneute Besetzung des Jemens. Im Verlauf des 19. Jahrhunderts wurde Aden zu einer der wichtigsten Drehkreuze im Handel zwischen dem Indischen Ozean und dem Mittelmeer.

Der Handel der nördlichen Golfküste, insbesondere von Kuwait und der südlich angrenzenden Region, war stark mit jenem des osmanisch kontrollierten Iraks sowie mit der gegenüberliegenden iranischen Küste verbunden. Hier fand bis ins frühe 20. Jahrhundert ein erbitterter Kampf um Einflussnahme zwischen den Osmanen und Briten statt (Anscombe, 1997). An der südlichen Golfküste hatten sich im Verlauf des 18. Jahrhunderts kleinere tribale Siedlungen gebildet, deren Bevölkerung sich neben dem Perlenhandel, der bis zur Entwicklung von Zuchtperlen Ende der 1920er-Jahre einen Boom erlebte, der Piraterie widmeten (Carter, 2005). Diese beeinträchtigten unter anderem das benachbarte omanische Reich, welches sich seit dem späten 17. Jahrhundert in Ostafrika eine für den Handel mit Gewürzen, Elfenbein sowie Sklavinnen und Sklaven wichtige Dependance geschaffen hatte. Deshalb schloss es 1798 einen Freundschaftsvertrag mit der EIC (East India Company), der im Laufe des 19. Jahrhunderts zu verstärkter britischer Einflussnahme führte. Der Piraterie traten die Briten teils mit Waffengewalt, teils mit seit 1820 jährlich erneuerten Friedensverträgen entgegen (Onley, 2007).

Die gesteigerte Präsenz der EIC ermutigte vor allem indische Händler, ihre ohnehin existierenden Verbindungen zur Golfküste, aber auch nach Aden und ins Rote Meer auszudehnen. Umgekehrt bot die durch die britische Herrschaft in Indien, Malaya und Ostafrika, aber auch die niederländische Expansion in Südostasien wachsende internationale Wirtschaft auch einzelnen Gruppen auf der Arabischen Halbinsel Anreize zur Migration. Exemplarisch seien hierfür Araber aus dem Hadramaut im südlichen Jemen genannt. All dies beförderte die Integration der Halbinsel in den internationalen Warenaustausch, der sich beispielsweise in dem verstärkten Import von Konsum- und Luxusgütern wie Tee, Reis, Porzellan oder kostbaren Tuchen auch in die zuvor weniger berührten Regionen des Inlands (Hadramaut, aber auch Oasen im zentralarabischen Najd) niederschlug. Neue Technologien wie die ab den 1830er-Jahren eingesetzte Dampfschifffahrt und die 1908 eröffnete Hedschasbahn von Damaskus nach Medina beförderten den internationalen Austausch weiter und führten insbesondere zu einer deutlichen Zunahme der Pilgerströme.

2.5 Fazit: Die Arabische Halbinsel im 20. Jahrhundert

Die Umbrüche des 20. Jahrhunderts erreichten auch die Arabische Halbinsel. Zu erwähnen ist der Erste Weltkrieg mit dem Zerfall des Osmanischen Reichs, das seine Besitzungen entlang des Roten Meers bis in den Jemen an den aufsteigenden saudischen Staat und den Imam des Jemens verlor. Die unabhängigen Golfemirate sind das Ergebnis des Niedergangs der entlang der Ost- und Südküste der Halbinsel bis in die frühen 1970er-Jahre andauernden britischen Herrschaft. Die Frage, wie sich tribale, islamische und arabische Identitäten in den sich herausbildenden neuen politischen Entitäten – nun als „Nationalstaaten" – zueinander verhielten, und welche politische Verfasstheit am besten zu den lokalen Bedingungen passt, ist noch keineswegs abgeschlossen, wie sich vielleicht am deutlichsten im Jemen zeigt, der 1990 das Wagnis einer Vereinigung mit der ehemaligen britischen Kolonie Südjemen einging.

Mehr als ideologische Fragen hat vermutlich die Entdeckung der fossilen Rohstoffe Öl und Gas die Entwicklung auf der Halbinsel geprägt. Im Gegensatz zur Perlenwirtschaft insbesondere entlang der Golfküste, die mit der Weltwirtschaftskrise und der Verbreitung japanischer Zuchtperlen in den späten 1920er-Jahren kollabierte, hat sie auch das Innere der Halbinsel grundlegend transformiert und eine autoritäre Modernisierung ermöglicht (▶ Kap. 3). Allerdings hat die sehr ungleiche Verteilung der Ressourcen zu erheblichen und konfliktträchtigen Ungleichheiten zwischen den einzelnen Staaten geführt (▶ Kap. 4).

1908 wurde das erste Ölfeld der Region im Iran gefunden, aber erst nach dem Ersten Weltkrieg begann der unaufhaltsame Aufstieg des Erdöls – und später des Erdgases – als Energiequelle. Insbesondere in den 1930er-Jahren wurden in der ganzen Region geologische Untersuchungen durchgeführt, was in kommerziell relevanten Funden in Bahrain (1932), Kuwait und Saudi-Arabien (1938), Katar (1939), Oman (1960), den Emiraten (1962) und im Jemen (1984) resultierte.

Die Entdeckung der Ölreserven und das damit verbundene Einkommen revolutionierten insbesondere in der Zeit nach dem Zweiten Weltkrieg nicht nur die lokale Exportwirtschaft. Es ermöglichte eine vor allem ab den

1960er-Jahren rapide beschleunigte Modernisierung. In deren Verlauf entwickelten die Golfstaaten eine petrochemische Industrie, welche den Ölexport ergänzte. Die Modernisierung initiierte eine immense Nachfrage nach Industrie- und Konsumgütern aller Art in großen Teilen der Arabischen Halbinsel. Auch wenn heute die Diversifizierung der Wirtschaft in fast allen Staaten der Halbinsel die Agenda dominiert, so zeugen die Projekte von der Weiterentwicklung der petrochemischen Industrie bis hin zum Ausbau der internationalen Transportinfrastruktur sowie von Tourismus und Unterhaltungsindustrie doch von einer fortbestehenden Abhängigkeit von diesen Ressourcen (▶ Kap. 14). Gerade für die Flächenstaaten Saudi-Arabien und Oman ermöglichte dies auch eine verstärkte Integration unterschiedlicher Landesteile, die durch Straßen, Bahn- und Flugverbindungen in stärkeren Austausch miteinander sowie durch die stärkere staatliche Präsenz unter immer engere Kontrolle der Zentralregierungen kamen (▶ Kap. 16).

Im Hinblick auf die Arabische Halbinsel als Handelsraum hat das fossile Rohstoffzeitalter eine Potenzierung des Außenhandels, aber auch der Arbeitsmigration auf die Halbinsel eingeleitet (▶ Kap. 12). Der interne Austausch hingegen orientiert sich an den neuen Nationalstaatsgrenzen, selbst wenn beispielsweise 1981 mit dem Golfkooperationsrat (GKR) der Versuch einer stärkeren politischen und wirtschaftlichen Integration gemacht wurde.

Literatur

Aboul-Enein, H. (2021). *Glimpses into the archaeological history of Makkah*. 2 Bde.
Al-Rashid, S. (2005). The development of archaeology in Saudi Arabia. *Proceedings of the Seminar for Arabian Studies, 35*, 207–214.
Altaweel, M., & Squitieri, A. (2018). *Revolutionizing a world. From small states to universalism in the pre-Islamic Near East*. London: UCL Press.
Amari, R. (2017). What history and archaeology of Arabia tell us about the existence of Mecca. http://rrimedia.org/Resources/Articles/the-history-and-archaeology-of-arabia-show-that-mecca-did-not-exist-before-the-advent-of-christianity. Zugegriffen: 12. Jan. 2024.
Anscombe, F. (1997). *The Ottoman Gulf. The creation of Kuwait, Saudi Arabia, and Qatar*. New York: Columbia University Press.
Bausi, A. (2007). Naǧrān. In S. Uhlig (Hrsg.), *Encyclopaedia Aethiopica 3* (S. 1114–1116). Wiesbaden: Harrassowitz.
van Beek, G. W. (1958). Frankincense and myrrh in ancient south Arabia. *Journal of the American Oriental Society, 78*(3), 141–152.
Beeston, A. F. L. (2005). The Arabian aromatics trade in antiquity. *Proceedings of the Seminar for Arabian Studies, 35*, 53–64.
Boivin, N., & Fuller, D. (2009). Shell middens, ships and seeds: Exploring coastal subsistence, maritime trade and the dispersal of domesticates in and around the ancient Arabian peninsula. *Journal of World Prehistory, 22*(2), 113–180.
Carter, R. (2005). The history and prehistory of pearling in the Persian Gulf. *Journal of the Economic and Social History of the Orient, 48*(2), 139–209.
Casale, G. (2010). *The Ottoman age of exploration*. New York, Oxford: Oxford University Press.
Crone, P. (1987). *Meccan trade and the rise of Islam*. Princeton: Princeton University Press.
Daley, J. (2017). Human artifacts found at 46 ancient lakes in the Arabian desert. Smithsonian Magazine 03.08.2017. https://www.smithsonianmag.com/smart-news/human-artifacts-found-46-ancient-lakes-arabian-desert-180964303/. Zugegriffen: 12. Jan. 2024.
Edens, C., & Bawden, G. (1989). History of Taymā' and Hejazi trade during the first millennium B.C. *Journal of the Economic and Social History of the Orient, 32*(1), 48–103.
Erickson-Gini, T., & Israel, Y. (2013). Excavating the Nabataean incense road. *Journal of Eastern Mediterranean Archaeology & Heritage Studies, 1*(1), 24–53.
Fiaccadori, G. (2010). Trade in antiquity. In S. Uhlig & A. Bausi (Hrsg.), *Encyclopaedia Aethiopica 4* (S. 974–976). Wiesbaden: Harrassowitz.
Finster, B. (2011). Mekka und Medina in frühislamischer Zeit. In U. Franke, A. Al-Ghabban, J. Gierlichs & S. Weber (Hrsg.), *Roads of Arabia. Archäologische Schätze aus Saudi-Arabien* (S. 224–234). Berlin: Wasmuth.
Fischel, W. J. (1958). The spice trade in Mamluk Egypt: a contribution to the economic history of medieval islam. *Journal of the Economic and Social History of the Orient, 1*(2), 157–174.
Groom, N. (1977). The Frankincense region. *Proceedings of the Seminar for Arabian Studies, 7*, 79–89.
Gierlichs, J. (2011). Frühe Pilgerrouten nach Mekka und Medina. In U. Franke, A. Al-Ghabban, J. Gierlichs & S. Weber (Hrsg.), *Roads of Arabia. Archäologische Schätze aus Saudi-Arabien* (S. 211–223). Berlin: Wasmuth.
Ḥaq, Z. (1968). Inter-regional and international trade in pre-Islamic Arabia. *Islamic Studies, 7*(3), 207–232.
Hathaway, J. (2006). The Ottomans and the Yemeni coffee trade. *Oriente Moderno, 86*(1), 161–171. Nuova serie, Anno 25.
Hawting, G. R. (1984). The origin of Jedda and the problem of al-Shu'ayba. *Arabica, 31*(3), 318–326.
Heck, G. W. (2003). „Arabia without spices": an alternate hypothesis. *Journal of the American Oriental Society, 123*(3), 547–576.
Ibrahim, M. (1990). *Merchant capital and Islam*. Austin: University of Texas Press.
Krieger, M. (2011). *Kaffee: Geschichte eines Genussmittels*. Köln: Vandenhoeck & Ruprecht.
Labib, S. Y. (1965). *Handelsgeschichte Ägyptens im Spätmittelalter (1171–1517)*. Wiesbaden: Steiner.
Lawler, A. (2010). A forgotten corridor rediscovered. *Science, 328*(5982), 1092–1097. https://www.jstor.org/stable/40656294. Zugegriffen: 12. Januar 2024.
Le Maguer, S. (2015). The incense trade during the Islamic period. *Proceedings of the Seminar for Arabian Studies, 45*, 175–183.
Lindstedt, I. (2017). Pre-Islamic Arabia and early Islam. In H. Berg (Hrsg.), *Routledge handbook on early Islam* (S. 159–176). London, New York: Routledge.
Onley, J. (2007). *The Arabian frontier of the British Raj. Merchants, rulers, and the British in the nineteenth-century Gulf*. Oxford: Oxford University Press.
Petersen, A. (2014a). Arabian peninsula: Islamic archaeology. In C. Smith (Hrsg.), *Encyclopedia of global archaeology* (S. 296–305). New York: Springer.
Petersen, A. (2014b). Religion in Islamic archaeology. In C. Smith (Hrsg.), *Encyclopedia of global archaeology* (S. 6268–6276). New York: Springer.
Pipes, D. (1980). Black soldiers in early Muslim armies. *The International Journal of African Historical Studies, 13*(1), 87–94.
Reilly, B. (2015). *Slavery, agriculture, and malaria in the Arabian peninsula*. Ohio: Ohio University Press.
Schick, R. (2001). Archaeology and the Qur'ān. In J. D. McAuliffe (Hrsg.), *Encyclopaedia of the Qur'ān* (Bd. 1, S. 148–157). Leiden: Brill.

Schlicht, A. (2021). *Das Horn von Afrika. Äthiopien, Dschibuti, Eritrea und Somalia: Geschichte und Politik*. Stuttgart: Kohlhammer.

Serjeant, R. B. (1981). Ḥaram and ḥawṭah, the sacred enclave in Arabia. In R. B. Serjeant (Hrsg.), *Studies in Arabian History and civilisation* (S. 41–58). Aldershot: Ashgate Variorum Reprints. 1962.

Serjeant, R. B. (1990). Meccan trade and the rise of Islam: misconceptions and flawed polemics. *Journal of the American Oriental Society*, *110*(3), 472–486.

Sijpestein, P. M. (2014). An early umayyad papyrus invitation for the Ḥajj. *Journal of Near Eastern Studies*, *73*(2), 179–190.

Staubli, T. (2013). Karawane. In M. Bauks & M. Pletsch (Hrsg.), Das wissenschaftliche Bibellexikon im Internet. https://www.bibelwissenschaft.de/stichwort/23196/. Zugegriffen: 12. Jan. 2024.

Toral-Niehoff, I. (2006). Omana. In H. Cancik, H. Schneider & M. Landfester (Hrsg.), *Der Neue Pauly*. https://doi.org/10.1163/1574-9347_dnp_e830820.

Vieweg, M. (2022). Vertrockneter See erzählt Klimageschichte. Bild der Wissenschaft. https://www.wissenschaft.de/erde-umwelt/vertrockneter-see-erzaehlt-klimageschichte/. Zugegriffen: 12. Jan. 2024.

Watt, W. M. (1953). *Muhammad at Mecca*. Oxford: Oxford University Press.

Watt, W. M., Wensinck, A. J., Bosworth, C. E., Winder, R. B., & King, D. A. (2012). Makka. In P. Bearman, T. Bianquis, C. E. Bosworth, E. van Donzel & W. P. Heinrichs (Hrsg.), *Encyclopaedia of Islam* 2. Aufl. Leiden: Brill.

Arabische Halbinsel im fossilen Zeitalter: Herausbildung von Petrostaatlichkeit

Martin Beck

© ImageKing / Generated with AI / Stock.adobe.com

Inhaltsverzeichnis

3.1 Einführung – 22

3.2 Der Übergang von der Ära vor dem Erdöl zum fossilen Zeitalter – 22

3.3 Die Arabische Halbinsel im fossilen Zeitalter – 23
3.3.1 Ära zwischen Nachkriegszeit und Erdölrevolution – 23
3.3.2 Erdölrevolution und Ära des Überflusses: 1970er- bis 2010er-Jahre – 25
3.3.3 Krisenakkumulation: Vom Überfluss zur Knappheit – 29

3.4 Fazit – 30

Literatur – 30

© Der/die Autor(en), exklusiv lizenziert an Springer-Verlag GmbH, DE, ein Teil von Springer Nature 2025
T. Demmelhuber, N. Scharfenort (Hrsg.), *Die Arabische Halbinsel*,
https://doi.org/10.1007/978-3-662-70217-8_3

3.1 Einführung

Nach dem Zweiten Weltkrieg wurde die Arabische Halbinsel in rasantem Tempo zu einer Region von strategischer Bedeutung für die politische Ökonomie des globalen Kapitalismus aufgebaut. Um ihre avisierte Rolle als neue Hegemonialmacht ausfüllen zu können, benötigten die USA nachhaltigen Einfluss auf das wichtigste internationale Handelsgut, das als Treibstoff jedweder modernen Industrieproduktion und zur Ausübung militärischer Macht unverzichtbar geworden war: Erdöl. Da die Region über sehr hohe Vorkommen an fossilen Energieträgern mit außerordentlich niedrigen Förderkosten verfügt, war sie bereits deutlich vor der Kapitulation Deutschlands und Japans ins Visier US-amerikanischer Planungen der Nachkriegsära geraten. Allerdings wartete die Integration der Arabischen Halbinsel in die globale Ökonomie mit gravierenden Herausforderungen auf, denn die USA waren weder fähig noch willens, die Region qua eines klassischen imperialen Kolonialprojekts in das Weltwirtschaftssystem einzubinden. Vielmehr arrangierten sich die USA beim Aufbau eines internationalen Regimes zur Wahrung energiepolitischer Interessen mit den großen multinationalen Erdölkonzernen, den Erdölkonzernen im eigenen Land und dem Vereinigten Königreich als der seit Mitte des 19. Jahrhunderts dominanten imperialen Macht in der Region. Wie nirgendwo sonst sollte geballte staatliche und privatwirtschaftliche Macht des Globalen Nordens auf eine seit den 1920er-Jahren abgehängte, verarmte Region treffen, deren politische Ökonomien infolgedessen völlig umgekrempelt wurden. Der vorliegende Beitrag setzt es sich zur Aufgabe, rententheoretisch fundiert zentrale Entwicklungslinien der politischen Ökonomien der Arabischen Halbinsel ab der Entdeckung von Rohstoffressourcen bis in die Gegenwart zu diskutieren.

Rohstoffrenten
Rohstoffrenten – konkret Kohlenwasserstoffrenten, im Folgenden der Einfachheit halber als Erdölrente bezeichnet – fallen auf der Arabischen Halbinsel eine zentrale Rolle zu, und zwar sowohl für die politischen Ökonomien im Inneren als auch die Einbindung der Region in das Weltwirtschaftssystem. Renten sind hier als Einkommen definiert, denen keine Arbeits- und Investitionsleistungen gegenüberstehen. Unter sonst gleichen Bedingungen stehen diese der Empfängerin oder dem Empfänger zur freien Verfügung, denn im Gegensatz zu Gewinnen, die unter kapitalistischen Konkurrenzbedingungen angeeignet werden, müssen sie nicht reinvestiert werden, um auch zukünftig erzielt werden zu können.

Der Aufbau des Kapitels lässt sich von drei Phasen leiten, in die sich das fossile Zeitalter der Arabischen Halbinsel unterteilen lässt: (1) die durch das Wirken imperialer Kräfte geprägte Ära der Genese von Petrostaaten nach dem Zweiten Weltkrieg bis Anfang der 1970er-Jahre, (2) die durch die Erdölrevolution eingeleitete Etappe des Überflusses und (3) die krisenbedingt seit den 2010er-Jahren eingeläutete Periode der Knappheit. Besonderes Augenmerk soll daraufgelegt werden, wie sich Außen(wirtschafts)politiken mit der Entwicklung nach Innen verzahnen und wie sich dies in wissenschaftlichen Debatten spiegelt.

3.2 Der Übergang von der Ära vor dem Erdöl zum fossilen Zeitalter

Abgesehen von Bahrain, wo die Ausfuhr von Kohlenwasserstoffen bereits 1934 aufgenommen wurde, konnte in Kuwait, Saudi-Arabien und Katar – trotz teilweise bedeutender Funde um 1940 – kommerziell bedeutender Erdölexport bedingt durch den Zweiten Weltkrieg erst nach dessen Ende aufgenommen werden. In Abu Dhabi und Dubai, die zusammen mit fünf anderen Scheichtümern 1971 die Vereinigten Arabischen Emirate (VAE) gründeten, und Oman begann der Erdölexport in den 1960er-Jahren (Ramos, 2010). Kuwait sowie Bahrain, Katar, die VAE und bis zu einem gewissen Grad auch Oman, die ihre formale Unabhängigkeit erst 1961 beziehungsweise 1971 erhielten, erlangten durch den Bezug der Erdölrente viele der mit Staatlichkeit verbundenen Handlungsspielräume zum Teil lange vorher.

Einzig der Jemen, wo erst 1984 – und damit nach der Gründung des Golfkooperationsrats (GKR) durch die sechs Petrostaaten der Arabischen Halbinsel – Erdöl gefunden wurde, ist nicht vollumfänglich zu einem Petrostaat ausgebaut worden. Gleichwohl geriet auch dessen politische Ökonomie über Arbeitsmigration und politische Hilfszahlungen Saudi-Arabiens in den Orbit des Petrolismus (Bordón & Alrefai, 2023). Dieser sollte seit den 1970er-Jahren auch weite Teile des Maschrek – insbesondere Ägypten, Jordanien und Libanon – erfassen (Beck & Richter, 2021c, S. 10).

Während in Lateinamerika Erdöl bereits in der Zwischenkriegszeit zum Schauplatz des Kampfs zwischen transnationalen Konzernen und nationalstaatlichem, teilweise dezidiert antiimperialistischem Widerstand geworden war (Odell, 1968), verlief die massive Durchdringung der transnationalen Erdölindustrie auf der Arabischen Halbinsel ohne unmittelbare physische Gewaltausübung (Beck, 2022). Wichtigste Ursache hierfür war, dass am Ende des Zweiten Weltkriegs die mächtigsten staatlichen und kapitalkräftigsten privatwirtschaftlichen Akteure des Globalen Nordens – die USA, das Vereinigte Königreich und die großen transnationalen Erdölkonzerne – mit der Arabischen Halbinsel auf eine Region trafen, die als Resultat tiefgreifender Krisen zu den ärmsten der Welt gehörte und kaum moderne politische und soziale Institutionen hervorgebracht hatte.

So war das saudische Königshaus am Vorabend der Genese zum Ölrentierstaat von einer traditionellen Form der Tourismusrente abhängig: Einnahmen aus der Pilgerfahrt nach Mekka waren kriegsbedingt jedoch rückläufig. Die auf Perltauchen basierenden Ökonomien Bahrains, Katars und Kuwaits durchliefen bereits seit der japanischen Innovation der Zuchtperle in den 1920er-Jahren eine strukturelle Krise, die auch die von diesem Rentensektor abhängigen produktiven Branchen – insbesondere den Bootsbau – in Mitleidenschaft zog. Besonders drastisch kann der Niedergang am katarischen Fall abgelesen werden: Da das Land über keinen von der Perlenökonomie unabhängigen Binnenmarkt verfügte, wanderte ein großer Teil der Bevölkerung ab. Zählte Katar zu Beginn des 20. Jahrhunderts noch ca. 27.000 Sesshafte, waren es im Jahr 1949 höchstens noch 16.000. Dieser sozioökonomische Verfall blockierte auch den Anschluss an moderne Technologien: Das erste Fernmeldeamt wurde erst 1953 eröffnet und es sollte bis 1957 dauern, ehe ein Elektrizitätswerk fertiggestellt wurde (Crystal, 1990, S. 117, 129).

Unter diesen Umständen vermochten Akteure des Globalen Nordens bereits vor Beginn des Erdölexports durch auf den ersten Blick spärlich erscheinende Zahlungen Politik und Gesellschaft der Arabischen Halbinsel nachhaltig zu prägen. Ein beredtes Beispiel liefert Dubais Herrscher Scheich Said Al Maktoum, der 1937 – gut 30 Jahre vor der Aufnahme von Erdölexporten – durch Zahlungen für die Vergabe einer Konzession in den Stand gesetzt wurde, die Machtbalance im Emirat zulasten der traditionellen herrschenden Klasse, der Händlerfamilien, zu verschieben (Ramos, 2010, S. 9 f.).

Die von Akteuren des Globalen Nordens induzierte Erdölrentierstaatlichkeit erfolgte in weiten Teilen des Arabischen Golfs bereits in der Übergangsphase zum fossilen Zeitalter. Deren Aufbau und Einbettung in die internationale politische Ökonomie waren ungeachtet extrem hoher Gewinne für die großen Erdölkonzerne allerdings nicht einfach das Resultat einer Instrumentalisierung staatlicher Akteure durch Kapitalinteressen, wie dies in populären Darstellungen sowohl liberaler als auch marxistischer Provenienz erscheint. Wie Krasner (1979, S. 83 ff.) zeigt, konfrontierten relativ autonome Teile der amerikanischen Staatsbürokratie die Erdölindustrie mit Plänen für die Arabische Halbinsel, deren Umsetzung staatlichen Akteuren eine sehr weitreichende Rolle zugewiesen hätten, so der Kauf der saudischen Konzession durch die USA, der Bau einer amerikanischen Pipeline quer durch die Halbinsel oder ein amerikanisch-britisches Ölabkommen. All diese Projekte scheiterten zwar am Widerstand verschiedener Segmente der fragmentierten amerikanischen Erdölindustrie. Es gelang der US-Regierung – unter Hintanstellung liberaler Normen – dennoch, ein internationales Regime aufzubauen, das die einzelnen Kapitalinteressen ausbalancierte (Tétreault, 1985, S. 10–21; Pawelka, 1993, S. 40–43). Eine zentrale Rolle sollte dabei der 1946 gegen britische Kapitalinteressen erfolgten Transformation Saudi-Arabiens in ein rein amerikanisches Konsortium – Aramco – zukommen. Im Gegenzug für dieses von Washington geschaffene Bonanza verpflichteten sich die großen Konzerne informell, den amerikanischen Markt nicht mit billigem Öl aus der Region zu fluten und so die Interessen der heimischen Erdölindustrie zu schützen. Weiterhin akzeptierten sie 1950/51 die Anwendung des sogenannten Fifty-Fifty, nachdem der US-Fiskus ihnen massive Steuervergünstigungen zugesichert hatte (Schneider, 1983, S. 30; Mommer, 2002, S. 107–118, 125 f.). Das als gerecht verbrämte Rentenverteilungsschema des Fifty-Fifty hatte die erdölpolitisch hochkompetente venezolanische Staatsbürokratie den transnationalen Konzernen in zähen Verhandlungen 1948 abgerungen.

Aus eigener Kraft wären die Akteure der Arabischen Halbinsel zum damaligen Zeitpunkt chancenlos gewesen, das Fifty-Fifty durchzusetzen. Dies wird auch daran deutlich, dass die amerikanische Privilegierung Saudi-Arabiens im ältesten und ungleich höher entwickelten Erdölland des Golfs – dem Iran – eine politische Revolution auslöste: Da sich das Vereinigte Königreich außerstande sah, British Petroleum, das den iranischen Erdölsektor monopolitisch kontrollierte, in ähnlicher Weise zu privilegieren, wie das die USA im Falle von Aramco getan hatten, nationalisierte Premierminister Mossadegh den Erdölsektor. Diese nichtintendierte Konsequenz ihrer Politik gegenüber Saudi-Arabien stellte die USA vor schwer lösbare Probleme. Da absehbar war, dass eine erfolgreiche Nationalisierung im Iran die mühsam errichteten Konsortiensysteme auf der Arabischen Halbinsel infrage gestellt hätte, waren die USA nicht bereit, das in anderen Kontexten durchaus akzeptierte Prinzip der nationalen Verfügungsgewalt über Ressourcen gelten zu lassen. Gleichwohl bemühten sie sich um eine diplomatische Lösung, aber eine mit einer Revision der Nationalisierung verbundene, nachträgliche Gewährung des Fifty-Fifty war für Mossadegh nicht akzeptabel (Mejcher, 1990, S. 330 f.). Von einer direkten Beteiligung an einem von den transnationalen Konzernen organisierten Boykott iranischen Erdöls sah Washington freilich ab. Erst als das nationalistische Regime, an den Rand eines Staatsbankrotts getrieben, seiner sozialen Unterstützung beraubt war und die USA eine Annäherung Teherans an Moskau befürchteten (Schneider, 1983, S. 32 f.), sponserte die CIA im Jahr 1953 einen Coup, kriminalisierte die Herrschaft von Mossadegh und übertrug das auf dem Fifty-Fifty basierende Konsortiensystem auf den Iran zugunsten des reinstallierten Schah-Regimes.

3.3 Die Arabische Halbinsel im fossilen Zeitalter

3.3.1 Ära zwischen Nachkriegszeit und Erdölrevolution

3.3.1.1 Einbindung in die internationale politische Ökonomie

Die Staaten der Arabischen Halbinsel wurden über langfristige Konzessionen in Konsortien eingebunden, die Entscheidungen über Produktionsmengen und Preisfestlegungen den transnationalen Konzernen, den sogenannten Majors, überließen. Da diese am Golf horizontal integriert sind, das heißt an mehreren Konsortien beteiligt waren, konnten sie die Staaten gegeneinander ausspielen. Wartete eine Regierung mit „radikalen" Forderungen auf, konnten die Konzerne ihre Produktion dort drosseln und jene in „kooperativen" Staaten erhöhen. Darüber hinaus waren die Majors vertikal integriert, das bedeutet, sie kontrollierten die Produktion, den Transport, die Raffinierung und die Distribution an den Endverbraucher. Die Richtpreise (Posted Prices), an denen sich die Rentenzahlungen orientierten, waren damit fiktive Preise, die die Konzerne einseitig festlegen konnten. Zwar hatten die US-Konzerne mit der Einführung des Fifty-Fifty durchaus ein Interesse daran, diese hochzuhalten, bekamen von den Staaten aber etliche Discountregelungen gewährt und konnten sich so einen hohen Anteil an den Renten sichern (Penrose, 1968, S. 43–52, 87–149; Schneider, 1983, S. 30 f.).

Die institutionellen Kapazitäten und ökonomischen Potenziale der arabischen Golfstaaten waren jenen der Akteure des Globalen Nordens – den USA, dem Vereinigten Königreich und den transnationalen Konzernen – in extremer Weise unterlegen. Angesichts dieser Asymmetrien überrascht nicht, dass die Ausgestaltung der Konsortiensysteme den Akteuren auf der Arabischen Halbinsel so gut wie keine autonomen Handlungsspielräume eröffnete und deren entwicklungspolitischen Ziele, die sie allerdings nur in rudimentärer Form zu artikulieren vermochten (vgl. Mejcher, 1990, S. 237), ignorierte. Dass die regionalen Akteure gleichwohl relativ hohe Rentenzahlungen erhielten, lag neben dem von den USA gewährten Fifty-Fifty zum einen an den außerordentlich niedrigen Produktionskosten: Ein auf der Arabischen Halbinsel geförderter Fass Erdöl erzielte bereits Anfang der 1950er-Jahre einen Preis, der über dem Zehnfachen der Produktionskosten lag (Schneider, 1983, S. 44). Zum anderen profitierten sie vom „Wohlverhalten" gegenüber den Erdölkonzernen: Während sich die Ölproduktion Saudi-Arabiens in den 1960er-Jahren mehr als verdreifachte, stieg jene des revolutionären Iraks nicht einmal um das Doppelte; gleichzeitig sanken aufgrund geringer Investitionen die nachgewiesenen Reserven im Irak, während sie in allen anderen Golfstaaten deutlich stiegen (Krasner, 1979, S. 83; Schneider, 1983, S. 39, 88–92).

Die Erdölrente, die die Akteure der Arabischen Halbinsel erhielten, war kein „Geschenk der Natur". Ursprünglich war sie vielmehr das Resultat eines von den USA und den transnationalen Ölkonzernen getragenen, hochgradig illiberalen internationalen Regimes. Daraus lässt sich zwar durchaus folgern, dass den Golfstaaten die Erdölrente zu Beginn in den Schoß fiel. Als sie im Laufe der 1950er-Jahre und verstärkt im darauffolgenden Jahrzehnt aber versuchten, ihren Anteil an der Rente gegenüber den Konzernen zu erhöhen, stießen sie auf hartnäckigen Widerstand. Von den Konzernen unabhängige Unternehmen (Independents) aus den USA, Europa und Asien versuchten teilweise, in der Region Fuß zu fassen, indem sie wie insbesondere die japanische Arabian Oil seit 1957 Konditionen boten, die die Majors strikt ablehnten, so beispielsweise die Option, Unternehmensanteile von bis zu zehn Prozent zu erwerben (Penrose, 1968, S. 136 f., 217). Gegen die Übermacht der Majors vermochten die Independents auf der Arabischen Halbinsel letztlich aber nichts auszurichten.

Die von Kuwait und Saudi-Arabien 1960 mitbegründete Organisation erdölexportierender Länder (OPEC) führte im ersten Jahrzehnt ihres Bestehens mit mäßigem Erfolg einen Abwehrkampf gegen sinkende Ölpreise. Auch beim Zustandekommen der Erdölrevolution Anfang der 1970er-Jahre spielten weder die OPEC noch die arabischen Golfstaaten eine bedeutende Rolle (Pawelka, 1993, S. 44 f.). Allerdings trugen Saudi-Arabien und Kuwait als Mitglieder der Organisation arabischer erdölexportierender Länder (OAPEC), die das Ölembargo 1973/74 initiierte, mit zur Rasanz der damaligen Preiserhöhungen bei. Als langfristig sehr viel gewichtiger sollte sich jedoch herausstellen, dass sich die Organisation zu einem erdölpolitischen Kompetenzzentrum in der globalen Ökonomie entwickelt hatte (Penrose, 1968, S. 298–303). Darüber hinaus gelang es Saudi-Arabien, sich durch eine behutsame, schrittweise Nationalisierung von Aramco zwischen 1973 und 1976 Sachverstand des US-Unternehmens einzuverleiben.

OPEC
Die OPEC wurde 1960 in Bagdad von Saudi-Arabien, Kuwait, Irak, Iran und Venezuela gegründet. Katar und die Vereinigten Arabischen Emirate traten 1961 beziehungsweise 1967 bei, Katar trat allerdings 2018 wieder aus. Heute umfasst die Organisation 13 Mitgliedsstaaten. Ende 2017 gelang es der OPEC, kooperative Beziehungen mit großen Produzenten außerhalb der formalen Organisation – insbesondere Russland, aber auch Mexiko – zu etablieren. Dieser OPEC+ haben sich auch Bahrain und Oman angeschlossen (▶ Kap. 4).

3.3.1.2 Die Entwicklung von Petrostaatlichkeit

Sieht man von einigen Pionierarbeiten wie jenen von Mahdavy (1970) und Delacroix (1980) ab, sollte es bis weit in die 1980er-Jahre hinein dauern, ehe es den Sozialwissenschaften gelang, mit der Rentierstaatstheorie ein Konzept vorzulegen, mit dem sich grundlegende Fragen nach Entwicklungen der Staaten auf der Arabischen Halbinsel bearbeiten ließen. Im Unterschied zu den bis dato dominierenden Ansätzen der „Orientwissenschaften" suchte die Rentierstaatstheorie Anschluss an die methodisch anspruchsvolle vergleichende Systemanalyse und theoretisch versierte Forschungen zur politischen Ökonomie (Beck, 2007a).

Im Klassiker der Rentierstaatstheorie arbeiten Beblawi (1987) und Luciani (1987) heraus, dass ein westfälisches System und moderne Staatlichkeit auf der Arabischen Halbinsel erst durch den Zufluss der Erdölrente entstanden. Der Staat wurde nicht nur deshalb zum dominanten Akteur in Politik und Ökonomie, weil er höhere Einkommen erzielte als privatwirtschaftliche Akteure, sondern vor allem aufgrund des Charakters des staatlichen Einkommens: Ceteris paribus erfreuen sich Rentiers hoher Autonomie, da sie keinen unmittelbaren ökonomischen Zwängen zur Reinvestition unterliegen. Gerade zu Beginn des fossilen Zeitalters genossen die Erdölrentierstaaten – im folgenden Petrostaaten genannt – auf der Arabischen Halbinsel faktisch hohe Autonomie, da privatwirtschaftliche Kräfte geschwächt waren und sich noch keine Verteilungskoalitionen herausgebildet hatten. So konnten die Staaten sich qua Verteilungspolitik Legitimität gleichsam erkaufen. Da deren Einnahmen nicht auf Steuern beruhten, geriet die Gesellschaft in Abhängigkeit vom Staat. Damit sieht die klassische Rentierstaatstheorie die Entwicklung autoritärer Herrschaften und die Herausbildung aus entwicklungspolitischer Perspektive schwacher, nicht konkurrenzfähiger, privater Ökonomien als hinreichend erklärt an.

Lange wurde die klassische Rentierstaatstheorie als einziges ernstzunehmendes sozialwissenschaftliches Konzept für die Analyse der Petrostaaten gehandelt, was ungeachtet der Verdienste von Beblawi (1987) und Luciani (1987) der Forschungsliteratur allerdings nicht gerecht wird. Die Plausibilität einiger Kritikpunkte an der Rentierstaatstheorie ergibt sich auch daraus, dass fast zeitgleich entstandene, rententheoretisch fundierte Arbeiten nur mangelhaft zur Kenntnis genommen wurden. Insbesondere ist der Vorwurf an Beblawi und Luciani berechtigt, dass sie von einer uniformen Wirkung des Rentenzuflusses ausgehen und damit historisch bedingte Differenzen zwischen den Petrostaaten der Region aus dem Blick geraten. Allerdings hat bereits Crystal (1990, S. 1–14) in ihrer vergleichenden Studie zu Kuwait und Katar gezeigt, dass die Ölrente zwar die mit Abstand wichtigste Variable zur Erklärung der politischen Ökonomien und Herrschaftssysteme repräsentiert, historisch bedingte Unterschiede aber dennoch Wirkmächtigkeit für die Gegenwart erzeugt haben. Da am Vorabend der Erdölära in Kuwait die Händlerfamilien eine sehr viel stärkere Rolle innehatten als in Katar, sahen sich die al-Sabah veranlasst, ihnen den Privatsektor zu überlassen, während in Katar Familienmitglieder der Al Thani nicht nur im Staatssektor eine wichtige Rolle spielen. Außerdem zeigt Crystal, dass aufgrund unterschiedlicher Institutionalisierungsgrade der politischen Systeme die Herrschaftsnachfolge in Kuwait geordnet verlief, während es in Katar mehrfach zu erzwungenen Abdankungen kam.

3.3.2 Erdölrevolution und Ära des Überflusses: 1970er- bis 2010er-Jahre

Waren die Erdölpreise in den 1960er-Jahren unter ständigem Druck, standen im darauffolgenden Jahrzehnt die Zeichen von Anfang an auf Preiserhöhungen. Zweimal – 1973/74 und 1979/80 – kam es zu Preisspiralen, die von Schneider (1983, S. 101) als „Ölpreisrevolution" beschrieben werden (◘ Abb. 3.1). Wie indes Tétreault (1985, S. 47) überzeugend darlegt, manifestiert sich in den Preiserhöhungen eine vollumfängliche „Erdölrevolution", denn mit den Nationalisierungen Anfang der 1970er-Jahre gingen die bis dato faktisch von den Konzernen kontrollierten Erdöllagerstätten in staatliches Eigentum über.

In den letzten beiden Jahrzehnten des 20. Jahrhunderts sorgten Marktmechanismen zwar für eine deutliche Korrektur des Preisniveaus nach unten, aber durch individuelle Anstrengungen und kollektive Maßnahmen im Rahmen der OPEC gelang es den Petrostaaten, das Preisniveau über dem vorrevolutionären Level zu halten. Im Zeitraum zwischen 2000 und 2014 zogen die Preise aufgrund deutlich steigender Nachfrage vor allem aus Asien wieder stark an. Aufgrund ihrer außerordentlich

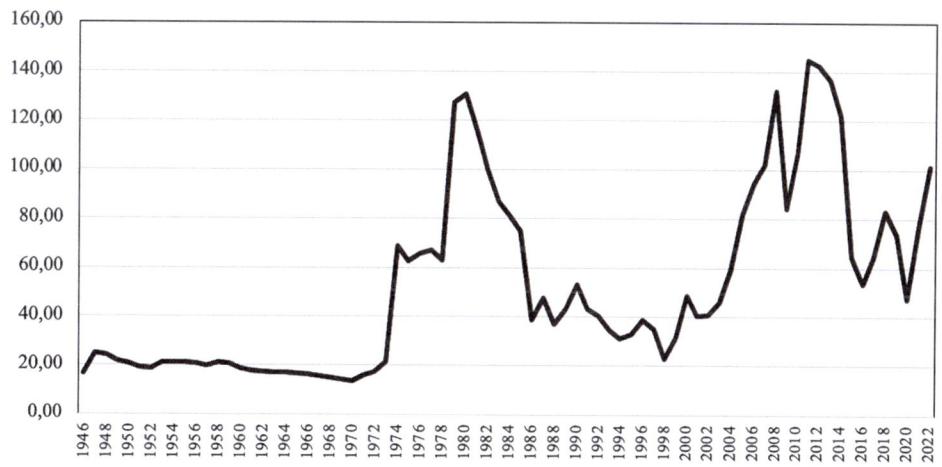

◘ **Abb. 3.1** Rohölpreise pro Fass in US-Dollar pro Barrel, 1946–2022 (inflationsbereinigt auf der Basis des US-Dollar-Werts von 2022 und gemäß Verbraucherpreisindex für die USA). (Quelle Daten: Energy Institute, 2023)

Tab. 3.1 Rohstoffrenten pro Kopf der Länder des GKR in nominellen US-Dollar. (Quelle: Gulf Research Center, 2023; World Bank, 2023a; World Bank, 2023b; World Bank, 2023c)

		Bahrain	Kuwait	Oman	Katar	Saudi-Arabien	VAE
1980	Bevölkerung insgesamt	6045	13.006	3259	19.660	11.399	18.199
	Inländische Bevölkerung	–	–	–	–	–	–
1990	Bevölkerung insgesamt	3341	4348	3269	8525	3469	9767
	Inländische Bevölkerung	–	–	–	–	–	–
2000	Bevölkerung insgesamt	2881	10.013	3864	12.804	3753	7131
	Inländische Bevölkerung	5147	23.015	5095	–	5425	–
2010	Bevölkerung insgesamt	4335	19.146	7932	23.680	6983	8124
	Inländische Bevölkerung	9212	49.073	11.678	–	10.825	–
2020	Bevölkerung insgesamt	2508	7115	3155	10.581	3533	4505
	Inländische Bevölkerung	5196	21.252	5467	88.178	5934	34.654

hohen Renten pro Kopf, wie sie in ◘ Tab. 3.1 dokumentiert sind, erwiesen sich für die Staaten der Halbinsel in diesem Zeitraum die Anreize, die Abhängigkeit von Renteneinkommen durch Strukturreformen zu überwinden, als nicht ausreichend (Beck & Richter, 2021c).

3.3.2.1 Die arabischen Golfstaaten und die OPEC als erdölpolitisch signifikante Akteure

Auf internationaler Ebene manifestierte sich die Erdölrevolution in einer tiefgreifenden Transformation des internationalen Ölregimes (Beck, 1994). Erstmals in der Geschichte der internationalen politischen Ökonomie zeigten sich Akteure des Globalen Südens imstande, in einem wichtigen Bereich Regelungsmechanismen federführend zu gestalten. Intensiv debattiert wird in diesem Zusammenhang die Rolle der OPEC, aber auch jene führender Ölproduzenten am Golf, insbesondere Saudi-Arabiens. Colgan (2014) spricht der OPEC (und Saudi-Arabien) nur einen geringen Einfluss auf den Erdölpreis zu. Zwar ist die OPEC in der Tat kein (perfektes) Kartell, Colgan vernachlässigt aber, dass die OPEC als Reaktion auf den seit 1980 stark sinkenden Erdölpreis Produktionsquoten eingeführt hat, die phasenweise wirksam waren und mit dazu beigetragen haben, dass der Erdölpreis in den letzten beiden Jahrzehnten des 20. Jahrhunderts stets weit über den Produktionskosten im Arabischen Golf lag. Dass der Erdölpreis aus marktwirtschaftlicher Sicht deutlich überhöht ist, lässt sich auch daran ablesen, dass die Staaten der Arabischen Halbinsel trotz weltweit geringster Produktionskosten einen sehr viel größeren Anteil ihrer Reserven im Boden belassen als Produzenten in anderen Weltregionen (Beck, 2019). Dieses Resultat ist bemerkenswert, erschien doch die Prognose des seinerzeit führenden Experten Adelman (1972, S. 250–262) plausibel, dass der Zusammenbruch des alten Ölregimes in einen liberalen Ölmarkt münden werde. Stattdessen haben es die OPEC beziehungsweise einzelne Mitglieder unter Führung Saudi-Arabiens vermocht, ein internationales Erdölregime zu schaffen, das den Preis des Erdöls selbst in widrigen Zeiten oberhalb des Niveaus hielt, das die Majors durch ihre Marktmanipulationen vor der Erdölrevolution zu erzielen imstande waren.

Dass es der OPEC und den großen Produzenten auf der Arabischen Halbinsel im Unterschied zu allen anderen Versuchen von Rohstoffkartellen des Globalen Südens gelang, hohe Kooperationshürden zu überwinden, lag daran, dass sie institutionelle Kompetenzen aufzubauen beziehungsweise solche des alten Regimes in das von ihnen geführte einzubauen vermochten. Darüber hinaus machten die Petrostaaten am Golf Gegenmachtbildung der USA obsolet, indem sie darauf beharrten, den Ölhandel in US-Dollar abzuwickeln (Momani, 2008), und große Teile der Petrodollars in Ländern des Globalen Nordens recycelten (Higgins et al., 2006). Auch wenn die Charakterisierung der OPEC als antikapitalistischer Rent-Seeker einen gewissen Sinn ergibt (Morse & Jaffe, 2005), so haben die Staaten der Arabischen Halbinsel doch effektiv Sorge dafür getragen, dass der Globale Norden, in Sonderheit die USA, sich mit dem neuen Ölregime gut arrangieren konnte.

3.3.2.2 Staatsklassenregime

Auf innenpolitischer Ebene spiegelt sich die Erdölrevolution auf der Arabischen Halbinsel in der vollendeten Genese der Staatsbürokratien unter Führung der Herrscher(häuser) zu Staatsklassenregimen (Elsenhans, 1996, S. 1–28). Die Staatsklasse ist die herrschende Klasse, weil sie mithilfe ihrer organisatorischen Fähigkeiten per Rent-Seeking materielle Werte aus der globalen politischen Ökonomie bezieht, mit der sie im Inneren alle anderen gesellschaftlichen Gruppen inklusive der Bourgeoisie dominiert (Beck & Richter, 2021b, S. 247–250). Aus dieser Perspektive handelt es sich bei den Regimen der Arabischen Halbinsel nicht um staatskapitalistische Systeme, wie dies von Gray (2011) aus liberaler und von Hanieh (2011, S. 2–14) aus marxistischer Perspektive konzeptualisiert wird, sondern um Rentiersysteme, deren Handlungslogik sich nicht per se an entwicklungspolitischen Zielen oder der Förderung eines kapitalistischen Systems ausrichtet, sondern sich am Ziel orientiert, die eigene privilegierte Herrschaftsposition aufrechtzuerhalten.

Bereits in den 1990er-Jahren, verstärkt aber nach dem Millennium, ist die Rentierstaatstheorie Gegenstand intensiver sozialwissenschaftlicher Debatten geworden und hat sich dadurch zu einem differenzierteren Ansatz des Rentierismus fortentwickelt (Gray, 2011; Beck & Richter, 2021b, c). Zu den für das Verständnis der Entwicklungen in der Region wichtigsten Innovationen des Rentierismus gehören die Anschlüsse an Debatten zu Geschlechterbeziehungen, Klassenbeziehungen, die Bedeutung von Repression sowie die Relevanz von Institutionen und Ideen.

Ross (2008) widerspricht der verbreiteten Forschungsmeinung, dass die ausgeprägte Ungleichheit zwischen den Geschlechtern auf der Arabischen Halbinsel auf den Islam zurückzuführen sei, und setzt dem entgegen, dass in Petrostaaten die Frauenerwerbsquote gering ist, weil sich angesichts der Dominanz des Ölsektors keine exportorientierten, arbeitsintensiven Industrien entwickeln können. Damit gibt es in Petrostaaten kaum Arbeitgeber, die der Konkurrenz auf dem Weltmarkt ausgesetzt sind und deshalb eine große Nachfrage nach Frauen als den gegenüber Männern billigeren Arbeitskräften entwickeln. Ross hat mit seinem Beitrag eine lebhafte Debatte ausgelöst, die unter anderem in der renommierten Zeitschrift „Politics & Gender" (2009) ausgetragen worden ist.

Beblawi (1987) beschäftigt sich zwar mit den durch das Kafala-System geprägten Arbeitsbeziehungen in der Region, hat dabei aber vor allem den Kafil im Blick, also jene Person, die die Bürgschaft für ausländische Arbeitskräfte übernimmt (▶ Kap. 12). Der Fortschritt gegenüber traditioneller Literatur, die sich nicht selten ausschließlich mit Khaliji – jene auf der Arabischen Halbinsel lebende Minderheit, die die Staatsbürgerschaft besitzt – beschäftigt, erscheint damit begrenzt (◘ Tab. 3.2). Erst AlShehabi (2021) hat eine historisch-kritische Analyse des Kafala-Systems vorgelegt, die auch die traditionelle Forschungsmeinung, britischer Imperialismus in der Region sei auf die Sphäre der Außenpolitik begrenzt gewesen, infrage stellt. Um die Kosten seiner imperialen Herrschaft niedrig zu halten, hat London ausgehend von Bahrain ab den 1930er-Jahren das Kafala-System als dominantes System der Regulierung von Arbeitsbeziehungen zunächst in der Perlenfischerei und dann im Erdölsektor institutionalisiert und damit tief in die politischen Ökonomien eingegriffen. Paradoxerweise wurde dieser Zusammenhang weitgehend ausgeblendet, als Kafala im Zusammenhang mit der Vergabe der FIFA-Männerfußballweltmeisterschaft 2022 an Katar insbesondere in Westeuropa einer Politisierung unterzogen wurde (Beck, 2022).

Kafala und die Fußballweltmeisterschaft 2022 in Katar
Die Vergabe der Fußballweltmeisterschaft 2022 an Katar hat in Teilen Europas zu einer massiven Politisierung des Kafala-Systems geführt. Da die Praxis von Kafala auf der Arabischen Halbinsel qua erzwungener Arbeit zu Verstößen gegen die sozialen Menschenrechte beigetragen hat, erscheint dies angemessen. Die vor allem auch in Deutschland betriebene Skandalisierung ist allerdings aus vier Gründen problematisch. Erstens missachtet auch Europa systematisch die sozialen Menschenrechte, beispielsweise das Recht auf Wohnung, und versäumt es, erzwungene Arbeit zu eliminieren, insbesondere per Menschenhandel organisierte sexuelle

◘ Tab. 3.2 Zusammensetzung der Bevölkerung in den Ländern des GKR. (Quelle: Gulf Research Center, 2023)

		2000	2005	2010	2015	2020
Saudi-Arabien	Inländisch	73	72	69	64	61
	Ausländisch	27	28	31	36	39
Kuwait	Inländisch	38	33	32	31	31
	Ausländisch	62	67	68	69	69
Bahrain	Inländisch	62	55	54	47	48
	Ausländisch	38	45	46	53	52
Oman	Inländisch	74	73	71	56	59
	Ausländisch	26	27	29	44	41
Katar	Inländisch	–	–	–	–	12
	Ausländisch	–	–	–	–	88
VAE	Inländisch	–	–	–	–	13*
	Ausländisch	–	–	–	–	87*
Gesamt	Inländisch	–	–	–	–	48
	Ausländisch	–	–	–	–	52

*Zahlen von 2019

Ausbeutung von Frauen und Kindern. Es zeugt also von Doppelmoral, wenn Sportveranstaltungen auf der Arabischen Halbinsel skandalisiert werden, dies aber nicht mit derselben Vehemenz bei Veranstaltungen geschieht, die auf europäischem Boden ausgetragen werden. Zweitens ignoriert skandalisierende Kritik an Katar die historische Mitverantwortung des Westens an der Dominanz des Kafala-Systems durch imperiale Politik des Vereinigten Königreichs. Drittens besteht insofern eine aktuelle Mitverantwortung des Globalen Nordens, als Arbeitsmigrantinnen und Arbeitsmigranten aus dem Globalen Süden trotz schwieriger Arbeitsbedingungen und hohem Ausbeutungsgrad Arbeitsplätze auf der Arabischen Halbinsel nachfragen, weil die Arbeitsbedingungen in ihren Heimatländern aufgrund neoliberaler Politiken, für deren Umsetzung der Globale Norden mitverantwortlich ist, sie noch deutlich schlechter ausnehmen und weil Europa seine Arbeitsmärkte systematisch für sogenannte unqualifizierte Arbeit abgeschottet hat. Auch gibt es keine Hinweise darauf, dass Unternehmen aus dem Globalen Norden, die in Katar investiert haben, das Kafala-System arbeitnehmerfreundlicher gestalten. Viertens ignoriert die Skandalisierung der Fußballweltmeisterschaft 2022 die durchaus signifikanten Reformanstrengungen der katarischen Staatsklasse. So ist das Kafala-System unter anderem durch die Einführung eines Mindestlohns reformiert worden. Auch hat Katar als einziges Land der Arabischen Halbinsel der Eröffnung eines Büros der Internationalen Arbeitsorganisation (ILO) zugestimmt.

Mit wenigen Ausnahmen wird die Arbeiterschaft auf der Arabischen Halbinsel per Arbeitsmigration vor allem aus Ostasien rekrutiert, wobei Arbeitsmigrantinnen häufig in Privathaushalten beschäftigt sind, während bei Arbeitsmigranten der Privatsektor eine überragende Rolle spielt (Tab. 3.3). Da in den Staaten der Region das Gehalts-

Tab. 3.3 Zusammensetzung der erwerbstätigen Bevölkerung in den Ländern des GKR ohne Arbeitslose. (Quelle: für 1975 und 1990: N.M. Shah, 1995; für 2020: Gulf Research Center, 2023)

		1975	1990	2020	% Frauen 2020
Saudi-Arabien	Inländisch	–	–	3.249.762	22,4
	Ausländisch	–	–	10.068.936	9,1
	Insgesamt	–	–	13.318.698	14,7
	% Ausländisch	32,0	59,8	75,6	
Kuwait	Inländisch	–	–	407.252	57,5
	Ausländisch	–	–	2.254.531	22,4
	Insgesamt	–	–	2.661.784	27,3
	% Ausländisch	70,2	86,1	84,7	
Bahrain	Inländisch	–	–	152.669	30,7
	Ausländisch	–	–	535.031	16,7
	Insgesamt	–	–	687.700	20,4
	% Ausländisch	45,8	51,0	77,8	
Oman	Inländisch	–	–	431.440	33,3
	Ausländisch	–	–	1.428.216	12,8
	Insgesamt	–	–	1.859.657	17,3
	% Ausländisch	53,7	70,0	76,8	
Katar	Inländisch	–	–	110.696	36,4
	Ausländisch	–	–	2.018.070	12,7
	Insgesamt	–	–	2.128.766	13,9
	% Ausländisch	83,0	91,6	94,8	
VAE	Inländisch	–	–	–	–
	Ausländisch	–	–	–	–
	Insgesamt	–	–	–	–
	% Ausländisch	84,0	89,3	–	
Gesamt	National (000)	1294,3	2485,0		
	Ausländisch (000)	1125,3	5218,0		
	% Ausländisch	46,5	67,7		

niveau nur im öffentlichen Sektor, der weitgehend Einheimischen vorbehalten ist, und in Spitzenpositionen des Privatsektors hoch ist, unterliegt die Arbeiterschaft einem vergleichsweise hohen Grad an Ausbeutung (Beck & Richter, 2021b, S. 247–250).

Frühe sozialwissenschaftliche Forschung zu Petrostaaten misst Repression keine große Rolle bei. Delacroix (1980, S. 12) argumentiert am Beispiel von Kuwait plausibel, dass die Staaten der Arabischen Halbinsel qua Verteilungspolitik genügend Legitimität erwerben, um keine Zwangsmaßnahmen zur Aufrechterhaltung der Herrschaft einsetzen zu müssen. In einer Fallstudie zu Kuwait bestätigt Crystal (2005) zwar, dass das Ausmaß von Repression in Kuwait gegenüber den Khaliji sehr niedrig ist, gegenüber der in Kuwait bedeutenden Gruppe der Staatenlosen aber durchaus nicht immer. Vor allem aber zeigt sie, dass sich Arbeitsmigrantinnen und Arbeitsmigranten starker Kontrolle durch die Polizei, aber auch Arbeitgeber ausgesetzt sehen. Sexueller Missbrauch durch Arbeitgeber betrifft vor allem Arbeitsmigrantinnen. Darüber hinaus weist Crystal (2018) nach, dass die Regime der Arabischen Golfhalbinsel auf Krisen seit den 2010er-Jahren auch mit tendenziell gestiegener Repression reagiert haben.

Die klassische Rentierstaatstheorie ist eine monokausale Theorie, die sich kaum mit Fällen beschäftigt, die von ihren Prognosen abweichen, und es deshalb lange nicht vermocht hat, weitere potenzielle Erklärungsfaktoren wie Institutionen und Ideen als intervenierende Variablen in ihr Konzept zu integrieren (Beck 2007b). Diese mangelnde Kommunikation leistete der Entstehung monokausaler Gegenwürfe Vorschub. So entwickelte Herb (1999) ein Konzept, das die Resilienz der Golfmonarchien im Wesentlichen dem Umstand zuschreibt, dass hochrangige Mitglieder der Herrscherfamilien in die politische Entscheidungsfindung eingebunden sind. In einem methodisch anspruchsvollen Vergleichsdesign, das alle nach 1945 fortbestehenden und zusammengebrochenen arabischen Monarchien miteinbezieht, machen Bank und Richter (2013) hingegen plausibel, dass die sechs Golfmonarchien ihre Resilienz der Kombination eines externen Faktors – der Erdölrente – und eines internen Faktors – der Beteiligung von Familienmitgliedern an der Herrschaft – verdanken.

Hertog (2010) teilt mit der klassischen Rentierstaatstheorie zwar, dass die meisten Staatsunternehmen (und andere staatliche Institutionen) auf der Arabischen Halbinsel ineffizient sind, konfrontiert die Theorie aber mit einem von ihren Prognosen abweichenden Fall, indem er zeigt, dass mit Ausnahme Kuwaits in allen Golfmonarchien die Idee, profitable Staatsunternehmen aufzubauen, in einigen Fällen erfolgreich implementiert worden ist. Mithilfe eines Vergleichs mit der arabischen Welt jenseits der Golfhalbinsel, wo in keinem einzigen Fall ein profitables Staatsunternehmen aufgebaut worden ist, identifiziert Hertog zwei Kontextfaktoren, die den Unterschied zu erklären helfen: Da es auf der Arabischen Halbinsel keine populistische Tradition gibt, durch die wie in anderen Regionen des Nahen und Mittleren Ostens patronageorientierte Akteure Zugriff auf staatliche Institutionen gewinnen können, und weil die Golfmonarchien aufgrund ihrer hohen Renteneinkünfte über eine vergleichsweise hohe Autonomie verfügen, waren einige Herrscher in der Lage, ausgewählte Staatsunternehmen der Verteilungslogik des Rentierstaats zu entziehen. Kuwait ist die Ausnahme, weil dessen ungleich stärkeres Parlament die Autonomie der Staatsklasse entscheidend schwächt.

3.3.3 Krisenakkumulation: Vom Überfluss zur Knappheit

Im 21. Jahrhundert erschütterten drei langfristig wirksame Krisen die auf einem Überfluss an Renteneinkommen basierenden politischen Ökonomien der Arabischen Halbinsel. Den sogenannten Arabischen Frühling überstanden die Petrostaaten zwar politisch weitgehend unbeschadet, dies gelang aber nur durch eine expansive Ausgabenpolitik – insbesondere die Schaffung neuer Stellen und Gehaltserhöhungen im ohnehin aufgeblähten öffentlichen Sektor –, die die Staatsbudgets dauerhaft belasten. Der Rückgang der Erdölpreise 2014 markierte aus Sicht der Golfstaaten eine ernsthafte Gefahr für das auf einen Überfluss an Kohlenwasserstoffrenten basierende Geschäftsmodell, denn Innovationen beim Abbau von unkonventionellen Ölen (Fracking), das vor allem in den Amerikas vorkommt, setzen dem Ölexport der Arabischen Halbinsel strukturelle Grenzen. Mit den ersten Weichenstellungen hin auf eine globale Energiewende baut sich eine weitere Krise auf (▶ Kap. 4).

Der Ölpreisschock 2014 hat jene Segmente der politischen Klasse in der Region gestärkt, die für ihr Überleben weitreichende Anpassungspolitiken für notwendig halten. Dementsprechend hat es an Initiativen „von oben" für Strukturreformen nicht gemangelt, beispielsweise im Bereich der Steuerpolitik. Doch obwohl die Staaten der Halbinsel aufgrund ausgeprägten Autoritarismus beim Programmoutput hohe Autonomie genießen, sind große Würfe bisher eher die Ausnahme geblieben. Erfolgreich bei der Umsetzung schmerzhafter Strukturanpassungen waren die Golfmonarchien primär bei Arbeitsmigrantinnen und Arbeitsmigranten, während sie vor Zumutungen gegenüber den Staatsbürgerinnen und Staatsbürgern zurückschreckten beziehungsweise bei diesen auf effektiven Widerstand stießen (s. Beiträge in Beck & Richter, 2021a).

Deutlich erfolgreicher als bei Strukturanpassungen im Inneren waren die Regime in jenem Bereich, in dem sie sich seit den 1960er-Jahren eine hohe Kompetenz erworben haben: dem Rent-Seeking in der globalen Ökonomie. Der Erdölpreisrückgang 2014 stellte die OPEC unter Führung Saudi-Arabiens vor gewaltige Herausforderungen, denn angesichts von Hochproduktionsstrategien vor allem der USA und Russlands war es unerlässlich, Moskau mit ins Boot zu holen. 2016 gelang dies und OPEC+ bestand auch bereits mehrere Robustheitstests. Erwähnung verdient insbesondere die historisch beispiellose Höhe der Produktionskürzungen, die die OPEC+ als Reaktion auf den durch die Covid-19-Pandemie verursachten Zusammenbruch der Ölpreise umsetzte (Beck & Richter, 2021c, S. 19).

Der Befund, dass sich seit den 2010er-Jahren vor allem Saudi-Arabien, die VAE und Katar verstärkt außenpolitisch engagiert haben, ist unstrittig. Auch besteht weitgehend Einigkeit, dass der Trend eines reduzierten US-Engagements in der Region, wie er unter Präsident Obama eingeläutet wurde, sowie der Arabische Frühling entscheidende Impulse für eine aktivere Außenpolitik gesetzt haben. Jenseits dieses Konsenses hat die theoretisch reflektierte Forschung verschiedene Erklärungen für das veränderte Verhalten gefunden und betont unterschiedliche Aspekte des Wandels sowie Strategien der Akteure. Unter Verwendung des Hedgingkonzepts arbeitet Demmelhuber (2019) heraus, wie das seit Beginn des fossilen Zeitalters auf die USA fixierte Saudi-Arabien seine außenpolitischen Partnerschaften diversifiziert hat. Beck (2015) zeigt mithilfe eines dem Institutionalismus verpflichteten Ansatzes, wie Saudi-Arabien, assistiert von den VAE, die beiden wichtigsten internationalen Organisationen der arabischen Welt – die Arabische Liga und den GKR – instrumentalisiert hat. Ragab (2017) zeigt, wie neue regionale Konstellationen Saudi-Arabien und den VAE die Möglichkeit einer Militarisierung ihrer Außenpolitik eröffnet haben. Richter (2020) analysiert den Aspekt gewaltsamer Machtausübung durch Saudi-Arabien, die auch vor dem Versuch der massiven Eindämmung der benachbarten Golfmonarchie Katar nicht haltmachte, indem er das Konzept der „Petroaggression" mit der Personalisierung des saudischen Herrschaftssystems unter Mohammed bin Salman verknüpft. Ebenfalls innenpolitische Faktoren bringt Watkins (2020) ein: Sie setzt den Omnibalancingansatz in Wert und argumentiert, dass Saudi-Arabien und die VAE sich durch das Erstarken der Muslimbrüder vor allem innenpolitisch herausgefordert sahen, weil sie ein Überschwappen auf die innenpolitische Opposition befürchteten.

3.4 Fazit

Das fossile Zeitalter transformierte die politischen Ökonomien der Arabischen Halbinsel radikal. In einer ersten Phase vollzog sich die Transformation zum Petrolismus unter imperialer Ägide von Akteuren des Globalen Nordens, den großen transnationalen Ölkonzernen und den hegemonialen Zentren des globalen Kapitalismus. Die Herausbildung zentraler Merkmale von Petrostaatlichkeit erfolgte mit Ausnahme von Saudi-Arabien lange vor der formalen Unabhängigkeit. In Bahrain begann dieser Prozess unter imperialer Vorherrschaft des Vereinigten Königreichs bereits in den 1930er-Jahren, während er überall sonst in der Region seinen Ausgang in der Nachkriegsära nahm, als die USA die Führung an sich zogen und das Vereinigte Königreich trotz dessen bis in die 1960er-Jahre fortbestehenden Rolle als „Schutzmacht" zum Juniorpartner degradierten. Nur der Jemen wurde nicht in umfassender Weise zu einem Petrostaat transformiert, geriet aber über Arbeitsmigration und Hilfsgelder dennoch in Abhängigkeit vom Petrolismus der Region.

Zur Erdölrevolution Anfang der 1970er-Jahre leisteten die Akteure der Arabischen Golfhalbinsel zwar nur einen geringen Beitrag, verstanden es aber, ihre in den 1960er-Jahren erworbenen erdölpolitischen Kompetenzen in Wert zu setzen und unter Einbezug wesentlicher Elemente des unter amerikanischer Hegemonie errichteten Nachkriegsregimes ein eigenes internationales Regime zu errichten, das freilich auf die Interessen des Globalen Nordens, in Sonderheit der USA, in starkem Maße Rücksicht nahm. Nach innen vollendeten die Herrscherhäuser der Petrostaaten ihre Selbsttransformation in Staatsklassenregime, die die Verausgabung der Ölrente erfolgreich in den Dienst der eigenen Herrschaftssicherung gestellt hat.

Seit den 2010er-Jahren sehen sich die Petrostaaten der Arabischen Halbinsel allerdings mit einer weitreichenden Krise ihrer politischen Ökonomien konfrontiert. Die Tendenz weist auf die Ablösung des Zeitalters des Überflusses an Renteneinnahmen auf eine Ära der Knappheit hin. Nachdem sich die Staaten der Region gezwungen sahen, der Herausforderung des Arabischen Frühlings durch Verteilungspolitiken zu begegnen, die die Staatshaushalte dauerhaft belasten, markierte der Ölpreisrückgang 2014 weltmarktpolitische Grenzen der Rentenakquirierung. Mit der globalen Energiewende folgt ein weiterer Stressfaktor für die Fundamente der politischen Ökonomien. Bis dato haben die Petrostaaten der Arabischen Halbinsel allerdings ein hohes Maß an Resilienz an den Tag gelegt. Zwar haben die Versuche struktureller Anpassungspolitiken nur mäßige Erfolge gezeigt, in ihrem ureigenen Kompetenzbereich des externen Rent-Seekings haben die Regime der Arabischen Halbinsel bisher aber durchaus Beeindruckendes erreicht, insbesondere haben sie im Rahmen von OPEC+ einen großen Beitrag dazu geleistet, den Ölpreisverfall zu stoppen.

Literatur

Adelman, M. A. (1972). *The world petroleum market*. Baltimore: Johns Hopkins University Press.

AlShehabi, O. H. (2021). Policing labour in Empire. The modern origins of the Kafala sponsorship system in the Gulf Arab states. *British Journal of Middle Eastern Studies, 48*(2), 291–310.

Bank, A., & Richter, T. (2013). Autoritäre Monarchien im Nahen Osten. Bedingungen für Überleben und Zusammenbruch seit 1945. *Politische Vierteljahresschrift, 47*, 384–417. Sonderheft.

Beblawi, H. (1987). The rentier state in the Arab World. In H. Beblawi & G. Luciani (Hrsg.), *The rentier state* (S. 49–62). London: Croom Helm.

Beck, M. (1994). Die erdölpolitische Kooperation der OPEC-Staaten. Eine Erfolgsgeschichte? *Orient, 35*(3), 391–412.

Beck, M. (2007a). Der Rentierstaats-Ansatz. Zum politikwissenschaftlichen Charme eines ökonomisch fundierten Konzepts. In H. Albrecht (Hrsg.), *Der Vordere Orient. Politik, Wirtschaft und Gesellschaft* (S. 101–119). Baden-Baden: Nomos.

Beck, M. (2007b). Der Rentierstaats-Ansatz und das Problem abweichender Fälle. *Zeitschrift für Internationale Beziehungen, 14*(1), 43–70.

Beck, M. (2015). Regional Middle Eastern exceptionalism? The Arab League and the Gulf Cooperation Council after the Arab uprisings. *Democracy and Security, 11*(2), 190–207.

Beck, M. (2019). OPEC+ and beyond. How and why oil prices are high. E-International Relations. https://www.e-ir.info/2019/01/24/opec-and-beyond-how-and-why-oil-prices-are-high/. Zugegriffen: 28. Febr. 2024.

Beck, M. (2022). *Kritik der politischen Ökonomie Katars. Zur Debatte über soziale Menschenrechtsverletzungen im Vorfeld der Fußballweltmeisterschaft 2022*. La Marsa: Friedrich-Ebert-Stiftung. https://www.ssoar.info/ssoar/handle/document/81382. Zugegriffen: 28. Februar 2024.

Beck, M., & Richter, T. (Hrsg.). (2021a). *Oil and the political economy in the Middle East. Post-2014 adjustment policies of the Arab Gulf and beyond*. Manchester: Manchester University Press.

Beck, M., & Richter, T. (2021b). Oil and the political economy in the Middle East. Overcoming rentierism? In M. Beck & T. Richter (Hrsg.), *Oil and the political economy in the Middle East. Post-2014 adjustment policies of the Arab Gulf and beyond* (S. 237–268). Manchester: Manchester University Press.

Beck, M., & Richter, T. (2021c). Pressured by the decreased price of oil. Post-2014 adjustment policies in the Arab Gulf and beyond. In M. Beck & T. Richter (Hrsg.), *Oil and the political economy in the Middle East. Post-2014 adjustment policies of the Arab Gulf and beyond* (S. 1–35). Manchester: Manchester University Press.

Bordón, J., & Alrefai, E. (2023). Saudi Arabia's foreign aid. The singularity of Yemen as a case study. *Third World Quarterly*. https://doi.org/10.1080/01436597.2023.2231899.

Colgan, J. (2014). The emperor has no clothes. The limits of OPEC in the global oil market. *International Organization, 68*(3), 599–632.

Crystal, J. (1990). *Oil and politics in the Gulf. Rulers and merchants in Kuwait and Qatar*. Cambridge: Cambridge University Press.

Crystal, J. (2005). Public order and authority. Policing Kuwait. In P. Dresch & J. Piscatori (Hrsg.), *Monarchies and nations. Globalisation and identity in the Arab states of the Gulf* (S. 158–181). London: I.B. Tauris.

Crystal, J. (2018). The securitization of oil and ramifications in the Gulf. In H. Verhoeven (Hrsg.), *Environmental politics in the Middle East. Local struggles, global connections* (S. 75–97). London: Hurst.

Delacroix, J. (1980). The distributive state in the world system. *Studies in Comparative International Development, 15*(3), 3–21.

Demmelhuber, T. (2019). Playing the diversity card. Saudi Arabia's foreign policy under the Salmans. *The International Spectator, 54*(4), 109–124.

Elsenhans, H. (1996). *State, class and development*. London: Sangam Books.

Energy Institute (2023). Statistical review of world energy. https://www.energyinst.org/statistical-review. Zugegriffen: 13. Aug. 2024.

Gray, M. (2011). A theory of 'late rentierism' in the Arab states of the Gulf. Georgetown University Center for International and Regional Studies, Occasional Paper 7. https://papers.ssrn.com/sol3/papers.cfm?abstract_id=2825905. Zugegriffen: 28. Febr. 2024.

Gulf Research Center (2023). GLMM. https://gulfmigration.grc.net/glmm-database/demographic-and-economic-module/. Zugegriffen: 13. Aug. 2024.

Hanieh, A. (2011). *Capitalism and class in the Gulf Arab states*. New York: Palgrave Macmillan.

Herb, M. (1999). *All in the family. Absolutism, revolution, and democracy in the Middle Eastern monarchies*. Albany: State University of New York Press.

Hertog, S. (2010). Defying the resource curse. Explaining successful state-owned enterprises in rentier states. *World Politics, 62*(2), 261–301.

Higgins, M., Klitgaard, T., & Lerman, R. (2006). Recycling petrodollars. *Current Issues in Economics and Finance, 12*(9), 1–7.

Krasner, S. D. (1979). A statist interpretation of American oil policy toward the Middle East. *Political Science Quarterly, 94*(1), 77–96.

Luciani, G. (1987). Allocation vs. production state. In H. Beblawi & G. Luciani (Hrsg.), *The rentier state* (S. 63–84). London: Croom Helm.

Mahdavy, H. (1970). Patterns and problems of economic development in rentier states. The case of Iran. In M. A. Cook (Hrsg.), *Studies in the economic history of the Middle East from the rise of Islam to the present day* (S. 428–467). New York: Oxford University Press.

Mejcher, H. (1990). *Die Politik und das Öl im Nahen Osten*. Stuttgart: Klett-Cotta.

Momani, B. (2008). Gulf cooperation council oil exporters and the future of the Dollar. *New Political Economy, 13*(3), 293–314.

Mommer, B. (2002). *Global oil and the nation state*. Oxford: Oxford University Press.

Morse, E. L., & Jaffe, M. A. (2005). OPEC in confrontation with globalization. In J. H. Kalicki & D. L. Goldwyn (Hrsg.), *Energy and security. Toward a new foreign policy strategy* (S. 65–95). Baltimore: John Hopkins University Press.

Odell, P. R. (1968). The oil industry in Latin America. In E. Penrose (Hrsg.), *The large international firm in developing countries. The international petroleum industry* (S. 274–300). Cambridge: MIT Press.

Pawelka, P. (1993). *Der Vordere Orient und die Internationale Politik*. Stuttgart: Kohlhammer.

Penrose, E. (1968). *The large international firm in developing countries. The international petroleum industry*. Cambridge: MIT Press.

Politics & Gender (2009). Debate: Oil, Islam, and Women. 5(4). https://www.cambridge.org/core/journals/politics-and-gender/issue/76990A1D12AB980ED8B4CC2BE4CC4F1F. Zugegriffen: 25. März 2025.

Ragab, E. (2017). Beyond money and diplomacy. Regional policies of Saudi Arabia and UAE after the Arab spring. *The International Spectator, 52*(2), 37–53.

Ramos, S. J. (2010). The Blueprint. A history of Dubai's spatial development through oil discovery. Dubai Initiative – Working Paper. https://www.belfercenter.org/sites/default/files/files/publication/Ramos_-_Working_Paper_-_FINAL.pdf. Zugegriffen: 28. Febr. 2024.

Richter, T. (2020). New petro-aggression in the Middle East. Saudi Arabia in the spotlight. *Global Policy, 11*(1), 93–102.

Ross, M. (2008). Oil, Islam and women. *American Political Science Review, 102*(1), 107–123.

Schneider, S. A. (1983). *The oil price revolution*. Baltimore: John Hopkins University Press.

Shah, N. M. (1995). Structural changes in the receiving country and future labor migration – the case of Kuwait. *International Migration Review, 29*(4), 1000–1022.

Tétreault, M. A. (1985). *Revolution in the world petroleum market*. Westport: Praeger.

Watkins, J. (2020). Identity politics, elites and omnibalancing. Reassessing Arab Gulf state interventions in the uprisings from the inside out. *Conflict, Security & Development, 20*(5), 653–675.

World Bank (2023a). World development indicators: Total population. https://databank.worldbank.org/reports.aspx?source=World-Development-Indicators. Zugegriffen: 13. Aug. 2024.

World Bank (2023b). World development indicators: Total natural resources rents (%GDP). https://databank.worldbank.org/reports.aspx?source=World-Development-Indicators. Zugegriffen: 13. Aug. 2024.

World Bank (2023c). World development indicators: GDP per country. https://databank.worldbank.org/reports.aspx?source=World-Development-Indicators. Zugegriffen: 13. Aug. 2024.

Rentierstaatlichkeit und Rohstoffförderung: Anpassungsstrategien in Zeiten der Energiewende

Thomas Richter

© khalid / Stock.adobe.com

Inhaltsverzeichnis

4.1 Einführung – 35

4.2 Rohstoffproduktion und fiskalische Verwundbarkeit – 35

4.3 Anpassungsstrategien als Reaktion auf den Rückgang der Ölpreise – 39
4.3.1 Kürzungen von staatlichen Ausgaben und Subventionen – 39
4.3.2 Gebühren- und Steuererhöhungen – 40
4.3.3 Schuldenaufnahme und Privatisierung – 40
4.3.4 Die Nationalisierung von Arbeitsmärkten und die Diskriminierung von ausländischen Arbeitskräften – 41

© Der/die Autor(en), exklusiv lizenziert an Springer-Verlag GmbH, DE, ein Teil von Springer Nature 2025
T. Demmelhuber, N. Scharfenort (Hrsg.), *Die Arabische Halbinsel*,
https://doi.org/10.1007/978-3-662-70217-8_4

4.3.5	Widerstand gegen Ausgabenkürzungen im öffentlichen Sektor	– 41
4.3.6	OPEC+ und die Stabilisierung des Rohölpreises	– 41
4.4	Fazit: Zukunft von Rentierstaatlichkeit und Rohstoffförderung auf der Arabischen Halbinsel	– 42
	Literatur	– 42

4.1 Einführung

Die Energiewende, das heißt der Ersatz von fossilen durch erneuerbare Energieträger, gleichwie die Klimakrise stellt die Rentierstaaten auf der Arabischen Halbinsel – dazu gehören die sechs Mitgliedsstaaten des Golfkooperationsrats (GKR) Bahrain, Katar, Kuwait, Oman, Saudi-Arabien und die Vereinigte Arabische Emirate – vor existenzielle Herausforderungen (▶ Kap. 3). Global betrachtet ist die Region weiterhin die wichtigste Quelle fossiler Rohstoffe wie Erdöl und Naturgas. Im Jahr 2022 kam etwa ein Drittel des weltweit geförderten Rohöls, ca. 18 % des Naturgases, aber weniger als ein Prozent an erneuerbaren Energien aus der Region (BP, 2023). Für alle Mitgliedsstaaten des GKR sind Einnahmen aus dem Export von Erdöl und Naturgas die wichtigste staatliche Einnahmequelle. Die Höhe der Staatseinnahmen wie auch das wirtschaftliche Wachstum schwanken trotz der bestehenden ökonomischen Diversifizierungserfolge (▶ Kap. 14) und der erfolgreichen Einführung neuer staatlicher Einnahmequellen wie beispielsweise einer Mehrwertsteuer bis heute in Abhängigkeit von der Höhe des Erdöl- oder Naturgaspreises. Bei sinkenden oder im Extremfall vollständig erloschenen Einnahmen aus dem staatlich kontrollierten Export dieser Rohstoffe drohen sich überlappende und gegenseitig verstärkende, fiskalische sowie unter Umständen auch soziale und politische Krisen. Wegen der hohen und mehrheitlich unflexiblen Ausgaben innerhalb des Staatssektors – aus Gründen der politischen Legitimität ist die überwältigende Mehrheit der Staatsbürgerinnen und Staatsbürger in diesem Sektor beschäftigt – drohen hohe Haushaltsdefizite, die aus Mangel an alternativen Einnahmequellen kurzfristig nur mit Devisenreserven oder der Aufnahme von Schulden finanziert werden können. Sollte stattdessen begonnen werden, die massiven staatlichen Subventionen abzubauen, die Gehälter innerhalb des Staatssektors zu senken oder sogar Staatsbürgerinnen und Staatsbürger aus dem Staatsdienst zu entlassen, käme es wohl zu Protesten, welche die existierenden autoritären Herrscherfamilien in eine Legitimitätskrise stürzen und politische Instabilität zur Folge haben könnten. Gleichzeitig droht bei sinkenden Einnahmen aus dem Kohlenwasserstoffsektor eine wirtschaftliche Rezession, da große Teile der existierenden Industrien in staatlicher Hand sind und die Mehrheit des Privatsektors, der sich überwiegend auf verschiedene Dienstleistungssektoren und zunehmend auch auf den Tourismus erstreckt, von staatlichen Ausgaben und Investitionen abhängig ist.

Gleichzeitig deutet sich auf Basis aktueller Klimaszenarien an, dass die Arabische Halbinsel von den negativen Folgen des Klimawandels überdurchschnittlich stark betroffen sein wird. Temperaturen steigen bereits jetzt auf jährlich neue Höchstwerte. Weite Küstenabschnitte drohen aufgrund des zu erwartenden Meeresspiegelanstiegs, unbewohnbar zu werden. Die bereits jetzt knappen Trinkwasservorkommen werden weiter schrumpfen und den Bedarf an Meerwasserentsalzung steigen lassen, mit nachgelagerten ökologischen Folgen. Zudem wird eine immer größer werdende Bevölkerung in der gesamten Region auf weiter steigende Lebensmittelimporte aus anderen Weltregionen angewiesen sein (Al-Olaimy, 2021; Osman, 2024).

In diesem Beitrag werden wichtige Elemente der bereits heute sichtbaren staatlichen Anpassungsstrategien in Bezug auf diese Herausforderungen skizziert und vergleichend diskutiert.

4.2 Rohstoffproduktion und fiskalische Verwundbarkeit

Etwa ein Drittel des weltweit geförderten Rohöls und knapp 20 % des global produzierten Naturgases kommen aus der Region (BP, 2023). In ◘ Tab. 4.1 und 4.2 sind die entsprechenden Produktionszahlen für die sechs Rentierstaaten auf der Arabischen Halbinsel über einen Zeitraum von 2013 bis 2022 dargestellt. Saudi-Arabien ist mit Abstand der größte Produzent von Rohöl, gefolgt von den Vereinigten Arabischen Emiraten (VAE) und Kuwait. Im Oman wird nur etwa ein Zehntel der in Saudi-Arabien geförderten Menge an Rohöl produziert. Bahrain ist der kleinste Ölproduzent unter den sechs GKR-Staaten mit einer täglichen Produktionsmenge von

◘ **Tab. 4.1** Jährliche Produktion von Erdöl in 1000 Barrel täglich. (Quelle: BP, 2023; CEIC, 2024)

	2013	2014	2015	2016	2017	2018	2019	2020	2021	2022
Bahrain	197,56	202,51	202,57	205,00	194,87	193,21	194,34	195,72	192,92	189,72
Saudi-Arabien		11.392,93	11.518,82	11.997,94	12.406,05	11.892,20	12.261,33	11.832,32	11.038,95	10.953,76
Kuwait	3133,56	3105,85	3069,36	3149,83	3009,27	3049,71	2976,16	2721,27	2703,58	3028,40
Oman	941,95	943,48	981,09	1004,26	970,57	978,39	970,94	950,68	971,23	1064,20
VAE	1933,82	3592,49	3875,78	4019,92	3879,60	3893,68	3983,79	3679,46	3640,44	4019,91
Katar	3540,00	1891,80	1844,09	1846,41	1783,48	1798,44	1736,63	1703,11	1735,90	1767,51

□ **Tab. 4.2** Jährliche Produktion von Naturgas in Billionen Kubikmeter. (Quelle: BP, 2023)

	2013	2014	2015	2016	2017	2018	2019	2020	2021	2022
Bahrain	13,96	14,70	14,58	14,44	14,47	14,65	16,27	16,44	17,23	17,11
Saudi-Arabien		95,03	97,26	99,23	105,32	109,25	112,10	111,15	113,05	114,46
Kuwait	15,50	14,28	16,06	16,43	16,25	16,85	13,25	12,24	12,09	13,35
Oman	30,79	29,35	30,75	31,48	32,32	36,33	36,69	36,93	40,23	42,09
Katar	167,89	169,43	175,86	174,77	170,54	175,20	177,15	174,93	176,98	178,41
VAE	53,24	52,89	58,60	59,52	54,26	52,92	56,20	50,55	58,35	58,00
Bahrain	13,96	14,70	14,58	14,44	14,47	14,65	16,27	16,44	17,23	17,11

unter 200.000 Barrel, das sind etwa 1,5 % der Produktionsmenge Saudi-Arabiens und weniger als 20 % des im Oman geförderten Erdöls.

In Bezug auf die Förderung von Naturgas ist Katar der größte Produzent und Exporteur in der Region. Etwa zwei Drittel der geförderten Menge (im Jahr 2022 114 Billionen Kubikmeter) werden von Katar ins Ausland exportiert. Das Land ist damit inzwischen der weltweit größte Exporteur von Flüssigerdgas. Auch in Saudi-Arabien werden große Mengen von Naturgas gefördert, welche dann aber weitestgehend auf dem heimischen Markt verbraucht werden. Die VAE und der Oman sind darauffolgend der dritt- und viertgrößte Produzent von Naturgas. Der Oman exportiert davon etwa ein Drittel, die VAE nur etwa 13 %.

Trotz der theoretisch dafür zur Verfügung stehenden Finanzmittel und im Gegensatz zur vielfach angepriesenen Grünen Revolution, stockt der Ausbau erneuerbarer Energien auf der Arabischen Halbinsel trotz signifikanter Bemühungen (▶ Kap. 5; Zumbrägel, 2022). Im Jahr 2022 lagen diesbezüglich die VAE mit einer Produktion von sieben Terawattstunden an erneuerbarer Energie im Jahr an der Spitze gefolgt vom Oman mit 1,6 Terawattstunden (BP, 2023). Bisher hat die Arabische Halbinsel allerdings nur einen Anteil von weniger als einem Prozent an der weltweiten Produktion auf Basis von nichtfossilen Energieträgern.

Der Rückgang des durchschnittlichen Weltölpreises um mehr als 50 % zwischen 2014 und 2015 hat die strukturelle Verwundbarkeit der Rentierstaaten auf der Arabischen Halbinsel eindrucksvoll deutlich gemacht (Beck & Richter, 2021b). In □ Abb. 4.1 sind dieser Rückgang und die weiteren Fluktuationen des Preises für Erdöl deutlich zu erkennen. Dabei werden Daten des OPEC-Preiskorbs für Erdöl[1] verwendet, um Höhe und Trends über die Zeit darzustellen. Nach einem Höhenflug in den frühen 2010er-Jahren – mit Preisen von über 110 US-Dollar – ist der Ölpreis seit Sommer 2014 deutlich gesunken und erreichte Ende 2015 und Anfang 2016 nur noch durchschnittliche Werte von um die 40 US-Dollar. Nachdem sich der Ölpreis im Jahresverlauf 2017 und 2018 wieder etwas erholt hatte, sank er dann infolge des wirtschaftlichen Abschwungs im Zusammenhang mit der Covid-19-Pandemie erneut auf einen durchschnittlichen Preis von 40 US-Dollar. In den darauffolgenden Jahren pendelte sich der Ölpreis auf ein Niveau zwischen 80 und 100 US-Dollar ein.

Angesichts der bis 2022 – erst dann ist der Ölpreis wieder kurz auf das Niveau vom Jahresbeginn 2014 gestiegen – deutlich reduzierten Einnahmen der Rentierstaaten aus dem Export von Erdöl wurden in diesem Zeitraum die Herausforderungen einer Transformation von Wirtschaft, Gesellschaft und politischem System unter den Bedingungen von gesunkenen und knapper werdenden staatlichen Einnahmen besonders deutlich. Ein guter und einfach zu interpretierender Indikator für die strukturelle Verwundbarkeit der Staatsfinanzen von Rentierstaaten ist der sogenannte Break-even-Ölpreis, der vom Internationalen Währungsfonds für jedes erdölexportierende Land kalkuliert wird. Seine Höhe, die von Land zu Land unterschiedlich ist, gibt an, zu welchem fiktiven Erdölpreis der jeweilige Staatshaushalt ausgeglichen wäre. In □ Abb. 4.1 werden diese Break-even-Preise für die sechs Rentierstaaten der Arabischen Halbinsel dargestellt. Dabei werden deutliche Unterschiede erkennbar. Seit 2015 liegen die jährlichen Break-even-Ölpreise für Bahrain, Oman und Saudi-Arabien deutlich über dem echten durchschnittlichen jährlichen Ölpreis, der in □ Abb. 4.1 als schwarze Linie dargestellt ist. Diese Differenz verdeutlicht ein hohes strukturelles Defizit im Staatshaushalt dieser drei Länder. Für Oman und Saudi-Arabien ist das eine unmittelbare Folge des Anstiegs der vor allem sozialpolitischen Ausgaben aufgrund der arabischen Umbrüche (Richter & Lucas, 2012) einerseits und des seit 2014 einsetzenden Ölpreisverfalls andererseits. In beiden Ländern sind dann in den folgenden Jahren eine Reihe von Anstrengungen unternommen worden, um die ausufernden

---
1 Der OPEC-Preiskorb für Erdöl setzt sich aus den Einzelpreisen der jeweils wichtigsten Erdölsorten der OPEC-Mitgliedsländer zusammen (OPEC, 2024).

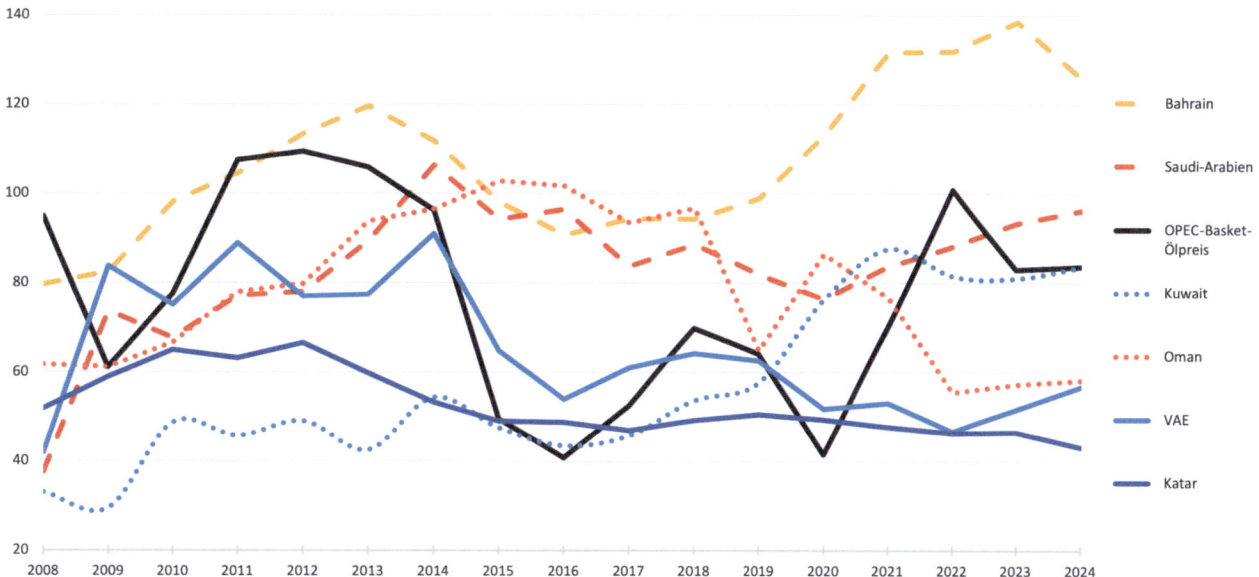

Abb. 4.1 Break-even-Ölpreise in US-Dollar pro Barrel, 2008–2024

Staatsausgaben einzudämmen und neue Staatseinnahmen zu generieren. Das ist im Oman bisher besser als in Saudi-Arabien gelungen (Mogielnicki, 2023). Das Sultanat am Indischen Ozean befindet sich zu Beginn der 2020er-Jahre auf einem strukturellen Niveau, welches mit Katar und den VAE vergleichbar ist. Im Gegensatz dazu lag der Break-even-Preis für Bahrain bereits vor dem Jahr 2014 über dem durchschnittlichen jährlichen Ölpreis. Der Grund dafür ist, dass das Land, welches als Pionier bei der Förderung von Erdöl in der Region gilt, heute nur noch über eine relativ kleine eigene Ölproduktion verfügt. In Bahrain werden daher die bei vielen erdölfördernden Ländern langfristig bestehenbleibenden strukturellen Abhängigkeiten auf der Ausgabenseite (vgl. dazu AlJazeeri, 2021) innerhalb der Gruppe der sechs GKR-Länder am deutlichsten sichtbar. Selbst Katar und die VAE, die oft als „superreiche (Rentier-)Staaten" (Okruhlik, 2016, S. 24) bezeichnet werden, sahen sich gezwungen, seit 2014 eine Reihe von Konsolidierungsmaßnahmen zur Anpassung ihrer Staatsausgaben zu ergreifen. In Katar ist die Abhängigkeit vom Erdöl in den letzten Jahren allerdings weiter gesunken, da das Land mittlerweile zu einem der größten Produzenten von Naturgas weltweit geworden ist. Aufgrund seiner geringen Einwohnerzahl generiert es dadurch einen enorme hohes Pro-Kopf-Einkommen (vgl. dazu beispielsweise Gray, 2021). In Kuwait lag der Break-even-Preis zwischen 2008 und 2017 aufgrund der pro Kopf enorm hohen im Land produzierten Mengen an Erdöl auf dem vergleichsweisen niedrigsten Niveau im Vergleich zu den fünf anderen Ländern. Dieses Bild begann sich spätestens seit 2019 grundsätzlich zu verändern. Aufgrund der für die Arabische Halbinsel einmaligen Stellung des kuwaitischen Parlaments, welches aufgrund seiner hohen politischen Eigenständigkeit in der Lage ist, die meisten der durch die Regierung vorgeschlagenen Reformen zur Anpassung der Staatsausgaben zu blockieren (vgl. dazu Hoetjes, 2021), sowie aufgrund einer tendenziell zurückgehenden Erdölförderung liegt die fiskalische Verwundbarkeit Kuwaits heute deutlich oberhalb von Katar, den VAE und vom Oman.

Weil ein Preisrückgang auf den Weltölmärkten im Regelfall zu einem direkten Rückgang der staatlichen Einnahmen innerhalb von Rentierstaaten führt, haben die zyklischen Veränderungen auf den Weltölmärkten Auswirkungen auf zentrale fiskalische Größen wie das Budgetdefizit, die staatliche Verschuldung und die Höhe staatlicher Devisenreserven. In ◘ Tab. 4.3 sind entsprechende prozentuale Anteile am Bruttoinlandsprodukt (BIP) für alle sechs Mitgliedsstaaten des GKR zwischen 2013 und 2023 dargestellt. Zunächst ist gut zu erkennen, dass zwischen 2015 und 2017 die Haushaltsbilanzen in allen Ländern negativ waren und im Falle von Bahrain, Kuwait, dem Oman und Saudi-Arabien sogar niedrige zweistellige Werte erreichten. Im Jahr 2019 sind die Haushaltsbilanzen dann bei der Mehrheit der Staaten wieder positiv, bevor sie 2020 und in einigen Fällen auch in 2021 erneut ein Defizit ausweisen. Diesbezüglich ist die Korrelation mit der Höhe des Ölpreises sehr gut erkennbar, der im Jahr 2016 und dann erneut im Jahr 2020 seinen jeweiligen Tiefpunkt erreichte (vgl. dazu den OPEC-Preiskorb Ölpreis in ◘ Abb. 4.1). Relativ gut zu erkennen ist ebenfalls, dass auf Basis dieser makrofiskalischen Indikatoren entstandene Haushaltsdefizite auch durch die Aufnahme von neuen Schulden oder den Abbau von Devisenreserven ausgeglichen worden sind. Bei allen Staaten steigt seit 2015 der prozentuale Anteil der öffentlichen Verschuldung am BIP an und sinkt dann bis auf eine Ausnahme ab 2021 wieder ab. Diese eine Ausnahme ist Bahrain,

◘ **Tab. 4.3** Budgetbilanz, Verschuldung und Devisenreserven. (Quelle: IMF, 2022, 2023, 2024)

	2013	2014	2015	2016	2017	2018	2019	2020	2021	2022	2023
Bahrain											
Haushaltsbilanz (in % BIP)	−3,40	−3,60	−13,00	−13,50	−10,00	−5,70	−9,00	−16,30	−11,00	−5,40	−8,30
Öffentliche Verschuldung (in % BIP)	41,70	42,60	60,30	71,80	79,50	82,10	101,60	128,50	127,10	116,90	124,60
Devisenreserven (in % BIP)	15,50	17,26	10,01	6,75	6,63	4,96	9,56	6,36	11,96	10,14	10,74
Kuwait											
Haushaltsbilanz (in % BIP)	26,60	8,10	−13,50	−13,60	−8,70	−0,80	2,90	−11,40	8,90	30,60	29,40
Öffentliche Verschuldung (in % BIP)	6,10	6,50	9,00	9,00	n. a.	n. a.	11,60	11,70	7,60	2,90	3,20
Devisenreserven (in % BIP)	16,91	19,81	24,76	28,45	27,93	26,40	29,30	45,61	31,88	26,37	29,42
Oman											
Haushaltsbilanz (in % BIP)	0,90	−3,40	−17,50	−20,90	−13,80	−7,50	−4,80	−16,10	−3,10	10,10	5,90
Öffentliche Verschuldung (in % BIP)	4,90	4,90	13,00	31,50	48,90	55,80	52,50	69,70	61,30	39,80	36,40
Devisenreserven (in % BIP)	20,25	20,13	25,65	30,94	22,79	21,93	18,96	20,27	22,34	15,34	16,04
Katar											
Haushaltsbilanz (in % BIP)	14,60	14,40	−1,00	−9,20	−5,80	1,30	4,90	1,30	0,20	10,40	5,40
Öffentliche Verschuldung (in % BIP)	32,80	32,50	42,90	55,60	55,70	55,60	62,10	72,60	58,40	42,50	39,40
Devisenreserven (in % BIP)	21,24	21,01	23,04	21,02	8,99	15,86	22,51	28,32	23,48	20,06	21,99
Saudi-Arabien											
Haushaltsbilanz (in % BIP)	6,40	−3,50	−15,80	−12,90	−9,30	−5,30	−4,40	−10,70	−2,20	2,50	−2,00
Öffentliche Verschuldung (in % BIP)	9,40	9,20	14,80	22,40	25,10	27,90	22,50	31,00	28,60	23,90	26,20
Devisenreserven (in % BIP)	97,20	96,82	94,21	83,08	72,30	63,14	61,88	61,79	52,09	41,48	40,58
VAE											
Haushaltsbilanz (in % BIP)	−5,00	−2,40	−6,40	−1,30	−0,20	0,80	0,40	−2,50	4,00	9,90	6,30
Öffentliche Verschuldung (in % BIP)	44,70	43,10	53,10	58,30	59,90	56,40	27,10	41,10	35,90	31,10	30,90
Devisenreserven (in % BIP)	17,49	19,46	26,23	23,92	25,26	24,03	25,91	30,47	30,78	26,68	36,95

wo sich die fiskalische Situation im Verlauf der 2010er-Jahre bis heute dramatisch zugespitzt hat. Zunächst ist Bahrain das einzige Land, welches durchgehend seit 2013 eine negative Haushaltsbilanz aufzuweisen hatte. Weite Teile dieses Defizits mussten spätestens seit 2015 über die Neuaufnahme von Schulden finanziert worden. Mit einer öffentlichen Verschuldung von fast 125 % des BIP hat Bahrain hinter dem Libanon eine Spitzenposition innerhalb des Nahen und Mittleren Ostens erreicht. Eine Ausnahme, hier allerdings bezüglich eines anderen Aspekts, stellt ebenfalls Saudi-Arabien dar. Das saudische Königreich hatte als Ergebnis der Hochpreisphase des Erdölpreises bis 2014 historisch hohe Devisenreserven von fast 100 % des BIP angehäuft. Kein anderes Land verfügte zu Beginn der Ölniedrigpreisphase über mehr liquide Mittel. Kein Wunder, dass am Jahresende 2014 saudische Offizielle davon ausgingen, die bisherige Ausgabenpolitik weiter aufrechterhalten zu können (Carey & Syeed, 2014). Aufgrund dessen und zusätzlich bedingt durch die ambitiösen Pläne der Vision 2023 sind Saudi-Arabiens Devisenreserven bis heute auf ein Niveau von ca. 40 % zusammengeschrumpft.

4.3 Anpassungsstrategien als Reaktion auf den Rückgang der Ölpreise

Für die Rentierstaaten auf der Arabischen Halbinsel existieren unterschiedliche Möglichkeiten, um sich den zentralen Herausforderungen zu stellen, die sich aus dem langfristigen Rückgang der Nachfrage nach fossilen Energieträgern als Konsequenz einer globalen Energiewende ergeben. Als Reaktion auf den drastischen Rückgang der Erdölpreise zwischen 2014 und 2016 und der sich daran anschließenden Niedrigpreisphase bis 2020 war es möglich, eine Reihe von staatliche Reaktionen zu beobachten (vgl. dazu ausführlicher Sommer et al., 2016; Richter, 2017; Beck & Richter, 2021a, 2022), die erste Rückschlüsse darauf erlauben, wie sich die sechs GKR-Staaten auch zukünftig an den langfristigen Trend einer zurückgehenden Nachfrage nach fossilen Rohstoffen anpassen könnten. Die jeweils spezifische Mischung dieser Anpassungsstrategien war in der Vergangenheit von Land zu Land unterschiedlich. Sie ergab sich aus der Kombination länderspezifischer Aspekte wie beispielsweise der Höhe des Öleinkommens, den zur Verfügung stehen Devisenreserven sowie anderem, teilweise im Ausland angelegtem Staatsvermögen und der bisherigen Staatsverschuldung, dem Reformwillen zentraler Entscheidungsträger sowie dem Grad der gesellschaftlichen Polarisierung beziehungsweise des zu erwartenden gesellschaftlichen Widerstands in Bezug auf staatliche Sparmaßnahmen. Grundsätzlich kann zwischen Strategien unterschieden werden, die sich entweder auf staatliche Einnahmen

– wie die Stabilisierung der Weltölpreise durch ein koordiniertes Handeln der OPEC-Mitgliedsländer, den Ausbau der Produktion und den Export anderer Rohstoffe, die Einführung von Steuern und neuen Abgaben – oder auf staatliche Ausgaben – wie die Reduktion von Investitionen, den Abbau von Subventionen, die Kürzung von Löhnen – beziehen. Zudem ist es möglich, zwischen kurz- und langfristig wirksamer Anpassungspolitik zu unterscheiden.

4.3.1 Kürzungen von staatlichen Ausgaben und Subventionen

Als Reaktion auf den stark gesunkenen Ölpreis kam es ab 2015 in einer ersten Welle von kurzfristig orientierten Maßnahmen zu staatlichen Ausgabenkürzungen, die üblicherweise, von den Finanz- oder Planungsministerien vorgegeben, die Budgets so gut wie aller staatlichen Einrichtungen betrafen. So wurde beispielsweise in Saudi-Arabien im Frühjahr 2016 angeordnet, alle staatlichen Ausgaben um fünf Prozent zu reduzieren (Rashad, 2016). Im Oman wurde neben vielen weiteren Maßnahmen für alle staatlichen Einrichtungen angeordnet, nach Verlassen der Büros Licht und Klimaanlagen auszuschalten (Times of Oman, 2016). Gleichzeitig wurden in allen GKR-Mitgliedsstaaten Investitionen in bereits begonnene Großprojekte reduziert oder der Beginn neuer Bau- oder Entwicklungsprojekte verschoben. Bekannte Beispiele dafür waren der Aufschub des Beginns von Arbeiten am GKR-weiten Eisenbahnnetz, die Verzögerungen beim Bau der Kultur- und Tourismusinsel Saadiyat in Abu Dhabi oder der schleppende Fortschritt bei der Fertigstellung des King Abdullah Finanzdistrikts in Riad (Richter, 2017).

Eine zweite, im Jahresverlauf 2015 relativ zügig bekannt gegebene und bis etwa 2016 bei allen GCC-Mitgliedern umgesetzte Maßnahme bestand in der deutlichen Reduktion von Subventionen für Treibstoff, Strom und Wasser. Ausgehend von einem im weltweiten Vergleich extrem niedrigen Preisniveau haben sich zwischen 2015 und 2017 die Benzinpreise in Katar um 45 %, im Oman um 67 %, in Kuwait um 72 %, in Bahrain um 101 % und in Saudi-Arabien sogar um über 200 % erhöht (Krane, 2018). Zudem wurden in so gut wie allen Ländern die staatlichen Subventionen für Strom und Wasser reduziert, was zu teils drastischen Preisanstiegen führte. Während der Anstieg bei Kraftstoffen in der Regel ausnahmslos für alle galt, waren von den Preisanstiegen der meisten anderen staatlichen Leistungen vor allem Ausländerinnen und Ausländer, die Gastarbeiterinnen und Gastarbeiter sowie kommerzielle Nutzende betroffen. Für Staatsbürgerinnen und Staatsbürger wurde hingegen selbst unter den Bedingungen von defizitären Staatsbudgets der Preis von Elektrizität und Wasser größtenteils weiterhin umfassend subventioniert.

4.3.2 Gebühren- und Steuererhöhungen

Gleichzeitig mit dem Abbau von Subventionen wurden in allen GKR-Staaten die Gebühren für staatliche Dienstleistungen erhöht und neue Formen von Abgaben und Besteuerung eingeführt (◘ Tab. 4.4). Während die Erhöhung von Gebühren erneut fast ausschließlich für die in den Ländern arbeitenden Ausländerinnen und Ausländer wirksam wurde (Beck & Richter, 2022), richtete sich die Absicht, neue Steuern einzuführen, an alle Gruppen der Gesellschaft. Im Dezember 2015 wurden Pläne bekannt, ab Januar 2018 eine für alle Mitgliedsländer des GKR identische Mehrwertsteuer von fünf Prozent (MEES, 2015). Bis auf die Abführung von Zakat, der im Islam festgelegten obligatorischen Abgabe an Bedürftige, existierte in den Golfmonarchien bis dahin faktisch keine Besteuerung von persönlichem Einkommen, Vermögen, unternehmerischen Gewinnen oder dem Kauf und Verkauf von Waren. Außerhalb des Kohlenwasserstoffsektors, der vor allem in staatlicher Hand ist – hier existieren teilweise hohe Abgaben, die direkt als Einnahmen in die staatlichen Haushalte fließen – werden lediglich die von ausländischen Unternehmen erzielten Gewinne mit Steuern zwischen zehn und 20 % belegt. Nur für Öl- und Gasunternehmen sowie als einzige Ausnahme im Oman gab es vor 2015 eine Art einheitliche Unternehmensbesteuerung, die nicht zwischen in- und ausländischen Eigentümerinnen und Eigentümern unterschied. Außer Importen (GKR-einheitlicher Zollsatz von fünf Prozent) wurde bis zur Einführung der Mehrwertsteuer zudem im Regelfall – wenige Ausnahmen gelten für den Tourismussektor – keine Form des Warenverkehrs, der Warenproduktion oder des persönlichen Einkommens beziehungsweise Vermögens besteuert (IMF, 2016).

Trotz der gemeinsamen Vereinbarung alle GKR-Mitgliedsstaaten im Dezember 2015 wurde die Mehrwertsteuer von fünf Prozent im Januar 2018 zunächst nur in Saudi-Arabien und den VAE implementiert. Im Juli 2020, das heißt im Sommer des ersten Jahrs der Covid-19-Pandemie, erhöhte Saudi-Arabien seine Mehrwertsteuerrate unilateral auf 15 %. Obwohl Bahrain bereits im November 2017 der Vereinbarung zur GKR-weiten Einführung einer Mehrwertsteuer zugestimmt hat (Mansour, 2017), kam es aufgrund von Bedenken aus den Reihen des bahrainischen Parlaments erst im Januar 2019 zu einer Implementierung. Seit dem Januar 2022 ist die Mehrwertsteuer in Bahrain auf ein Niveau von zehn Prozent angehoben. Allein in zwei der sechs Mitgliedsstaaten des GKR ist bisher keine Mehrwertsteuer implementiert. Während in Katar die Regierung weiterhin Bedenken bezüglich einer möglichen inflationären Wirkung äußert (Asquith, 2023), ist es in Kuwait das Parlament, welches sich aufgrund ähnlicher Bedenken bereits im März 2018 gegen die Einführung einer Mehrwertsteuer ausgesprochen hat (Staff Writer, 2018). Seitdem wurde durch die kuwaitische Regierung eine Einführung auf einen unbestimmten Zeitpunkt verschoben.

Über die Einführung einer Mehrwertsteuer hinaus gab es allerdings bisher nur im Oman eine Erhöhung der Unternehmensbesteuerung von 13 auf 15 %. Zudem wurde dort für Kleinstunternehmen ein Steuersatz von drei Prozent neu eingeführt. Eine individuelle Einkommensbesteuerung oder die Besteuerung von Vermögen wird in allen Rentierstaaten auf der Arabischen Halbinsel trotz der zwischen 2014 und 2020 gemachten Erfahrungen weiterhin kategorisch abgelehnt.

4.3.3 Schuldenaufnahme und Privatisierung

Neben Kürzungen auf der Ausgabenseite und der Einführung von neuen Steuern begannen viele der Rentierstaaten auf der Arabischen Halbinsel ab etwa 2016 zum ersten Mal seit Jahrzehnten wieder, auf den internationalen Kapitalmärkten aktiv zu werden, um Teile ihrer steigenden Budgetdefizite durch die Aufnahme von Krediten oder die Vergabe von Staatsanleihen zu finanzieren. Im April 2016 verkaufte Abu Dhabi Staatsanleihen im Wert von fünf Milliarden US-Dollar. Im Mai platzierte Katar Anleihen in Höhe von neun Milli-

◘ **Tab. 4.4** Einführung der Mehrwertsteuer in den Ländern des GKR (eigene Zusammenstellung)

	Zeitpunkt der Einführung	Rate	Bemerkung
Bahrain	Januar 2019	10 %	0 % für Grundnahrungsmittel und grundständige Gesundheitsversorgung; seit Januar 2022 von 5 auf 10 % angehoben
Katar	–	–	–
Kuwait	–	–	Im März 2018 stimmte die Mehrheit im kuwaitischen Parlament gegen die Einführung einer Mehrwertsteuer
Saudi-Arabien	Januar 2018	15 %	Seit Juli 2020 von 5 auf 15 % angehoben
VAE	Januar 2018	5 %	0 % für grundständige Gesundheitsversorgung
Oman	April 2021	5 %	0 % für Grundnahrungsmittel und grundständige Gesundheitsversorgung

arden US-Dollar (MEES, 2016). Im Juni 2016 legte der Oman seine erste Staatsanleihe im Wert von 2,5 Mrd. US-Dollar auf, der weitere Anleihen in Höhe von fünf Milliarden US-Dollar im Jahr 2017 und 6,6 Mrd. US-Dollar im Jahr 2018 folgten (Ennis & Al-Saqri, 2021, S. 88 f.).

Zudem wurde als Reaktion auf den Rückgang der Ölpreise im Jahresverlauf 2014 verstärkt über den Verkauf von Teilen staatlicher Unternehmen an private Investoren debattiert. So gut wie in allen Staaten war die Privatisierung von Staatsunternehmen ein wichtiger Teil der angekündigten Reformmaßnahmen (Stevens, 2016). Allerdings ist bis heute keine großflächige und systematische Privatisierung von staatlichen Unternehmen in die Wege geleitet worden. Ein prominentes Beispiel dafür ist die als Teil des saudischen Reformprogramms, der Saudi Vision 2023, angekündigte Privatisierung der nationalen Ölfirma Aramco. Ursprünglich sollten bis zu fünf Prozent an internationale Investoren verkauft werden, bis dann im Dezember 2019 aufgrund vielfältiger Probleme nur 1,5 % des Unternehmens an die Börse in Riad gebracht werden konnten (Woertz, 2019).

4.3.4 Die Nationalisierung von Arbeitsmärkten und die Diskriminierung von ausländischen Arbeitskräften

Parallel zu den seit 2015 implementierten Anpassungsmaßnahmen kam es zu einer neuen Welle der Nationalisierung auf den Arbeitsmärkten der arabischen Golfstaaten, deren Merkmal es ist, dass die überwältigende Mehrheit der Arbeitskräfte im Privatsektor aus dem Ausland kommt und dass Staatsbürgerinnen und Staatsbürger zu über 90 % in Ministerien, Behörden oder staatlichen Unternehmen beschäftigt sind. Darüber hinaus werden im Staatssektor deutlich höhere Löhne gezahlt als im Privatsektor. Zunächst wurden als direkte Folge des Rückgangs der Ölpreise in den Jahren 2015 und 2016 vor allem ausländische Arbeitskräfte im Privatsektor, aber auch aus staatlichen Unternehmen entlassen (vgl. Mukrashi, 2015; Carvalho, 2016). Gleichzeitig wurden in vielen Staaten neue sektorale Quoten für ausländische Arbeitskräfte und höhere Gebühren für deren Beschäftigung eingeführt (Mogielnicki, 2020). Durch das sogenannte Kafala-System (▶ Kap. 3 und 12) ist die Schlechterstellung von ausländischer Arbeitsmigration in allen Rentierstaaten auf der Arabischen Halbinsel strukturell manifestiert. In der Ölniedrigpreisphase zwischen 2014 und 2020 hat sich der Ruf nach zusätzlicher Diskriminierung von Arbeitskräften aus dem Ausland sichtbar verstärkt. Öffentlich am prägnantesten wurde dies in Kuwait geäußert, wo beispielsweise im Parlament eine nur von ausländischen Arbeitskräften zu entrichtende separate Steuer gefordert wurde: „for the air they breathe in Kuwait and for walking on the streets" (Hoetjes, 2021, S. 69).

4.3.5 Widerstand gegen Ausgabenkürzungen im öffentlichen Sektor

Bemerkenswert ist, dass in der Phase zwischen 2015 und 2019 die Gehälter der überwiegend im öffentlichen Sektor beschäftigten Staatsbürgerinnen und Staatsbürger von weitgehenden Kürzungen verschont geblieben sind. Versuche, in diesem Bereich einzusparen, wurden entweder nicht in die Tat umgesetzt oder aufgrund von angedrohten beziehungsweise stattgefundenen Protesten wieder zurückgenommen. Im Herbst 2016 beschloss beispielsweise das saudische Kabinett eine Kürzung der Bonuszahlungen im öffentlichen Sektor und machte diese Entscheidung im April 2017 wieder rückgängig, nachdem in mehreren saudischen Städten über die sozialen Medien zu Protesten gegen die Kürzungen aufgerufen worden war (Reuters, 2017). Als Reaktion auf die Pläne der Regierung, das Lohnsystem im öffentlichen Sektor zu reformieren und Teile der staatlichen Ölgesellschaft zu privatisieren, fand in Kuwait im April 2016 der erste Streik der Beschäftigten in der Ölindustrie seit 20 Jahren statt. Nach dreitägigen Protesten wurden die angekündigten Reformen zurückgenommen und kurz darauf gab die Regierung eine Lohnerhöhung von 7,5 % bekannt (ArabianBusiness.com, 2016). Im Oman kam es aufgrund einer Twitter-Kampagne mit mehr als 600.000 Tweets und Retweets im Herbst 2017, bei der Forderungen nach der Schaffung neuer Arbeitsplätze laut wurden (Mukrashi, 2017), zu einer Ankündigung durch die Regierung, insgesamt bis zu 25.000 neue Arbeitsplätze für Staatsbürgerinnen und Staatsbürger im öffentlichen Sektor schaffen zu wollen (Ennis & Al-Saqri, 2021). Aufgrund der schleppenden Umsetzung dieser Versprechen gingen im Januar 2018 erneut Tausende junge Hochschulabsolventinnen und -absolventen in mehreren omanischen Städten auf die Straße. Die zuvor eingegangenen Versprechungen wurden daraufhin eilig von Regierungsmitgliedern bekräftigt und als kurzfristige Maßnahme wurde die Neueinstellung von Arbeitskräften aus dem Ausland für mehrere Monate ausgesetzt (EIU, 2018).

4.3.6 OPEC+ und die Stabilisierung des Rohölpreises

Die koordinierte Absprache von Produktionsmengen ist eine weitere Strategie von Rentierstaaten, um zu versuchen, den Verfall des Ölpreises aufzuhalten. In diesem Zusammenhang fällt Saudi-Arabien aufgrund seiner Stellung als größter Produzent innerhalb des GKR eine

Schlüsselrolle zu (▶ Kap. 3; Beck, 2016). Seit dem Sommer 2014 schien die saudische Politik zunächst darin zu bestehen, die drohende Niedrigpreisphase auf dem Ölmarkt auszusitzen. Bis zum Tod von König Abdullah im Januar 2015 gab es keine ernsthaften saudischen Bemühungen, den Rückgang der Ölpreise abzufedern oder gar zu verhindern. Nach dem Herbsttreffen der OPEC in Wien Ende November 2014, wurden keinerlei Produktionskürzungen bekannt gegeben, im Gegenteil. OPEC-Mitglieder – an der Spitze das saudische Königreich – weiteten ihre Produktion zusätzlich aus, um trotz sinkender Preise eigene Marktanteile zu verteidigen (Claes et al., 2015). Nach der Thronbesteigung von König Salman und unter Mitwirkung seines Sohns Mohammed bin Salman, des späteren Kronprinzen, begann sich die saudische Strategie langsam zu verändern. Allerdings kam es erst zu Beginn des Jahrs 2016 zu öffentlich wahrnehmbaren Bemühungen, das Damoklesschwert des drohenden weiteren Verfalls der Ölpreise durch kollektives Handeln der innerhalb der OPEC zusammengeschlossenen Ölproduzenten zu stabilisieren. Auf dem Treffen der OPEC im November 2016 wurde dann zum ersten Mal eine sechs Monate gültige Produktionsbeschränkung bekannt gegeben, der sich wenige Tage später zudem elf Nicht-OPEC-Länder, darunter Russland, anschlossen (MEES, 2017). Inzwischen ist dieser Zusammenschluss als OPEC+ bekannt und hat in mehreren Runden von koordinierten Aushandlungen die Produktionsquoten wichtiger erdölexportierender Staaten angepasst und damit den Ölpreis erfolgreich stabilisiert (Beck & Richter, 2022).

4.4 Fazit: Zukunft von Rentierstaatlichkeit und Rohstoffförderung auf der Arabischen Halbinsel

Seit den 1970er-Jahren wird der Kohlenwasserstoffsektor auf der Arabischen Halbinsel von staatlichen Unternehmen dominiert. Mitglieder der jeweils herrschenden Familien haben nicht nur Schlüsselpositionen in der Regierung und den Sicherheitskräften, sondern auch in diesem Sektor inne. Im Gegensatz dazu war der Privatsektor direkt oder indirekt von staatlichen Aufträgen und Investitionen abhängig. Dieses Muster wurde auch im Rahmen der von den Staaten seit 2014 gewählten Anpassungsstrategien beibehalten und hat sich teilweise sogar noch verstärkt. Zu einer Privatisierung staatlicher Unternehmen im großen Stil ist es nicht gekommen, ganz im Gegensatz zu den Verlautbarungen innerhalb nationaler Entwicklungspläne. Gleichzeitig wird durch die staatliche Kohlenwasserstoffindustrie eine Monetarisierung bestehender Lagerstätten und -anlagen vorangetrieben. Dabei haben asiatische Erdölunternehmen (sowohl öffentliche als auch private) eine deutlich wichtigere Rolle übernommen, während der Einfluss großer, westlicher, multinationaler Unternehmen zurückgegangen ist. Von entscheidender Bedeutung für die strukturelle Anpassung der Rentierstaaten auf der Arabischen Halbinsel in Zeiten der Klimakrise ist allerdings, dass Investitionen in neuen Bereichen und Sektoren ausnahmslos durch staatliche Akteure durchgeführt werden. Dabei spielen Staatsfonds (Sovereign Wealth Funds), die oft von einzelnen Mitgliedern der Herrscherfamilien kontrolliert werden, eine zunehmend wichtigere Rolle.

Insgesamt bleibt festzuhalten, dass trotz der Einführung von neuen staatlichen Einnahmequellen wie zum Beispiel einer Mehrwertsteuer und von Achtungserfolgen bei der wirtschaftlichen Diversifizierung, wie unter anderem im Bereich der petrochemischen Industrien und innerhalb unterschiedlicher Dienstleistungssektoren bisher weite Teile der seit den 1950er-Jahren entstandenen rentierstaatlichen Strukturen, die sich auf der Arabischen Halbinsel mit durch von Familienherrschaft geprägten politischen Entscheidungsstrukturen gepaart haben, erhalten geblieben sind. Einnahmen aus dem Kohlenwasserstoffsektor dominieren fortgesetzt die Staatsfinanzen und eine überwältigende Mehrheit der Staatsbürgerinnen und Staatsbürger ist weiterhin im Staatssektor, der deutlich höhere Gehälter als der Privatsektor zahlt, an den Staat gebunden. Im Privatsektor werden zu niedrigen Löhnen vor allem ausländische Arbeitskräfte eingestellt, welche sich nur auf eingeschränkte soziale und politische Rechte berufen können. Gleichzeitig ist es innerhalb der Systeme autoritärer Familienherrschaft in vielen der GKR-Staaten zu einer weiteren Zentralisierung zum Vorteil von bestimmten Teilen der inzwischen weitverzweigten Herrscherfamilien und einer politischen Personalisierung zugunsten einzelner Familienmitglieder gekommen. Die bereits in der Vergangenheit existierenden Verschiedenheiten bei der Rohstoffausstattung zwischen den sechs Ländern in Kombination mit der jeweils spezifischen politischen Verfasstheit lassen jedoch bereits heute deutlich sichtbare Unterschiede bei der Bewältigung der existierenden Herausforderungen erkennen. Diese Unterschiede werden sich zukünftig weiter verstärken und den Erfolg wie aber vor allem auch den Misserfolg von Anpassungsstrategien als Reaktion auf den Rückgang der Nachfrage nach fossilen Rohstoffen entscheidend prägen.

Literatur

AlJazeeri, S. (2021). pgrading towards neoclassical rentier governance: Bahrain's post-2014 oil price decline adjustment. In M. Beck & T. Richter (Hrsg.), *Oil and the political economy in the Middle East: Post-2014 adjustment policies of the Arab Gulf and beyond* (S. 36–57). Manchester: Manchester University Press.

Al-Olaimy, T. (2021). Climate change impacts in the GCC | EcoMENA. EcoMENA. https://www.ecomena.org/climate-change-gcc/. Zugegriffen: 23. Juli 2024.

ArabianBusiness.com (2016). Oil workers in Kuwait get 7.5 % salary raise after negotiations. ArabianBusiness.com. https://www.arabianbusiness.com/oil-workers-in-kuwait-get-7-5-salary-raise-after-negotiations-632776.html. Zugegriffen: 23. Juli 2024.

Asquith, R. (2023). Qatar VAT implementation. 2025 potential. VAT Calc. https://www.vatcalc.com/qatar/qatar-bides-its-time-on-vat-implementation/. Zugegriffen: 22. Juli 2024.

CEIC (2024). Bahrain crude oil: Production, 1960–2024. https://www.ceicdata.com/en/indicator/bahrain/crude-oil-production. Zugegriffen: 22. Juli 2024.

Beck, M. (2016). Saudi Arabia's foreign policy and the failure of the Doha oil negotiations. E-International Relations. https://www.e-ir.info/2016/06/21/on-the-failure-of-the-doha-oil-negotiations-in-april-2016/. Zugegriffen: 22. Juli 2024.

Beck, M., & Richter, T. (Hrsg.). (2021a). *Oil and the political economy in the Middle East: Post-2014 adjustment policies of the Arab gulf and beyond*. Manchester: Manchester University Press.

Beck, M., & Richter, T. (2021b). Pressured by the decreased price of oil: Adjustment policies in the Arab Gulf and beyond after 2014. In M. Beck & T. Richter (Hrsg.), *Oil and the political economy in the Middle East: Post-2014 adjustment policies of the Arab Gulf and beyond* (S. 1–35). Manchester: Manchester University Press.

Beck, M., & Richter, T. (2022). Whither rentierism following the 2014 oil price decline: Trajectories of policy adjustment in the Arab Gulf. *Energy Research & Social Science, 91*, 102717. https://doi.org/10.1016/j.erss.2022.102717.

BP (2023). Statistical review of world energy 2022. https://www.bp.com/content/dam/bp/business-sites/en/global/corporate/pdfs/energy-economics/statistical-review/bp-stats-review-2022-full-report.pdf. Zugegriffen: 22. Juli 2024.

Carey, G., & Syeed, N. (2014). Age of plenty seen over for Gulf Arabs as oil tumbles. Bloomberg. http://www.bloomberg.com/news/2014-12-21/age-of-plenty-seen-over-for-gulf-arabs-as-oil-tumbles.html?utm_source=Sailthru&utm_medium=email&utm_term=-%2AMideast%20Brief&utm_campaign=2014_The%20Middle%20East%20Daily_1.12.15. Zugegriffen: 22. Juli 2024.

Carvalho, S. (2016). Abu Dhabi lays off staff as Gulf austerity tightens. Reuters. https://www.reuters.com/article/business/abu-dhabi-lays-off-staff-as-gulf-austerity-tightens-idUSKCN0YD0CV/. Zugegriffen: 22. Juli 2024.

Claes, D. H., Goldthau, A., & Livingston, D. (2015). *Saudi Arabia and the shifting geoeconomics of oil*. Washington D.C.: Carnegie Endowment for International Peace.

EIU (2018). *Country report Oman April (Country Report)*. London: Economist Intelligence Unit.

Ennis, C. A., & Al-Saqri, S. (2021). Oil price collapse and the political economy of the post-2014 economic adjustment in the Sultanate of Oman. In M. Beck & T. Richter (Hrsg.), *Oil and the political economy in the Middle East: Post-2014 adjustment policies of the Arab Gulf and beyond* (S. 79–101). Manchester: Manchester University Press.

Gray, M. (2021). Qatar: Leadership transition, regional crisis, and the imperatives for reform. In M. Beck & T. Richter (Hrsg.), *Oil and the political economy in the Middle East: Post-2014 adjustment policies of the Arab Gulf and beyond* (S. 103–123). Manchester University Press.

Hoetjes, G. (2021). Stalled reform: the resilience of rentierism in Kuwait. In M. Beck & T. Richter (Hrsg.), *Oil and the political economy in the Middle East: Post-2014 adjustment policies of the Arab Gulf and beyond* (S. 58–78). Manchester: Manchester University Press.

IMF (2016). Diversifying government revenue in the GCC: Next steps. International Monetary Fund. https://www.imf.org/external/np/pp/eng/2016/102616.pdf. Zugegriffen: 22. Juli 2024.

IMF (2022). Regional economic outlook for the Middle East and Central Asia: Statistical appendix. https://www.imf.org/en/Publications/REO/MECA/Issues/2022/10/13/regional-economic-outlook-mcd-october-2022. Zugegriffen: 22. Juli 2024.

IMF (2023). Regional economic outlook for the Middle East and Central Asia: Statistical appendix. IMF. https://www.imf.org/en/Publications/REO/MECA/Issues/2023/04/13/regional-economic-outlook-mcd-april-2023. Zugegriffen: 22. Juli 2024.

IMF (2024). Regional economic outlook for the Middle East and Central Asia: Statistical appendix. IMF. https://www.imf.org/en/Publications/REO/MECA/Issues/2024/04/18/regional-economic-outlook-middle-east-central-asia-april-2024. Zugegriffen: 22. Juli 2024.

Krane, J. (2018). Political enablers of energy subsidy reform in Middle Eastern oil exporters. *Nature Energy*. https://doi.org/10.1038/s41560-018-0113-4.

Mansour, M. (2017). Bahrain moves closer to VAT. The Daily Tribune – The News of Bahrain. https://www.newsofbahrain.com/bahrain/39482.html. Zugegriffen: 22. Juli 2024.

MEES (2015). VAT's the way to broaden the GCC tax base. *Middle East Economic Survey, 58*(51), 13.

MEES (2016). GCC bonds' bumper year: 1H16 surpasses all previous full-year historic highs. *Middle East Economic Survey, 59*(29), 12–13.

MEES (2017). Opec starts cutting from record annual high. *Middle East Economic Survey, 60*(1), 7–8.

Mogielnicki, R. (2020). Is this time different? The Gulf's early economic policy response to the crises of 2020. Arab Gulf States Institute in Washington. https://agsiw.org/is-this-time-different-the-gulfs-early-economic-policy-response-to-the-crises-of-2020/. Zugegriffen: 22. Juli 2024.

Mogielnicki, R. (2023). Oman gets economic policymaking right – for now. Arab Gulf States Institute in Washington. https://agsiw.org/oman-gets-economic-policymaking-right-for-now/. Zugegriffen: 22. Juli 2024.

Mukrashi, F. A. (2015). Oman takes action to stop mass layoffs in oil sector. https://gulfnews.com/world/gulf/oman/oman-takes-action-to-stop-mass-layoffs-in-oil-sector-1.1619514. Zugegriffen: 22. Juli 2024.

Mukrashi, F. A. (2017). Oman to create 25,000 jobs for nationals. Gulfnews.Com. https://gulfnews.com/world/gulf/oman/oman-to-create-25000-jobs-for-nationals-1.2100971. Zugegriffen: 22. Juli 2024.

Okruhlik, G. (2016). Rethinking the politics of distributive states. In K. Selvik & B. O. Utvik (Hrsg.), *Oil states in the new Middle East: uprisings and stability* (S. 18–38). London: Routledge.

OPEC (2024). OPEC: OPEC basket price. https://www.opec.org/opec_web/en/data_graphs/40.htm. Zugegriffen: 22. Juli 2024.

Osman, S. (2024). Assessing climate adaptation plans in the Middle East and North Africa. Carnegie Endowment for International Peace. https://carnegieendowment.org/2024/04/15/assessing-climate-adaptation-plans-in-middle-east-and-north-africa-pub-92171. Zugegriffen: 22. Juli 2024.

Rashad, M. (2016). Exclusive: Saudi Arabia orders 5 percent cut in contract spending. Reuters. https://www.reuters.com/article/idUSKCN0WG29U/. Zugegriffen: 22. Juli 2024.

Reuters (2017). Saudi Arabia restores perks to state employees, boosting markets. Reuters. https://www.reuters.com/article/us-saudi-economy-idUSKBN17O0NL. Zugegriffen: 22. Juli 2024.

Richter, T. (2017). Structural reform in the Arab Gulf States – Limited influence of the G20. *GIGA Focus Nahost, 03*, 1–11.

Richter, T., & Lucas, V. (2012). Arbeitsmarktpolitik am Golf: Herrschaftssicherung nach dem „Arabischen Frühling". *GIGA Focus Nahost, 12*, 1–8.

Sommer, M., Auclair, M., Fouejieu, A., Lukonga, I., Quayyum, S., Sadeghi, A., Shbaikat, G., Tiffin, A., Trevino, J., & Versailles, B. (2016). *Learning to live with cheaper oil: policy adjustment in oil-exporting countries of the Middle East and Central Asia*. Washington: International Monetary Fund.

Staff Writer (2018). Kuwait's parliament pushes back VAT vote. Gulf Business. https://gulfbusiness.com/kuwaits-parliament-pushes-back-vat-vote/. Zugegriffen: 22. Juli 2024.

Stevens, P. (2016). *Economic reform in the GCC: Privatization as a panacea for declining oil wealth?* London: Chatham House.

Times of Oman (2016). Oman's state budget focuses on austerity, non-oil income. Times of Oman. http://timesofoman.com/article/74722/Oman/Government/Oman-government-unveils-details-of-state-budget-with-major-austerity-measures. Zugegriffen: 23. Juli 2024.

Woertz, E. (2019). Aramco goes public: the Saudi diversification conundrum. *GIGA Focus Nahost, 05*, 1–11.

Zumbrägel, T. (2022). *Political power and environmental sustainability in Gulf monarchies.* London: Palgrave Macmillan.

Klimapolitik und „Greenwashing"

Tobias Zumbrägel

© tanaonte / Stock.adobe.com

Inhaltsverzeichnis

5.1 Einführung – 46

5.2 Arabische Halbinsel unter Klimastress – 47

5.3 Dilemma zwischen wirtschaftlicher Entwicklung und Nachhaltigkeit – 48

5.4 Suche nach politischer Relevanz in einer klimagestressten Welt – 49

5.5 Fazit: Weder genuine Klimapolitik noch Greenwashing – 50

Literatur – 51

© Der/die Autor(en), exklusiv lizenziert an Springer-Verlag GmbH, DE, ein Teil von Springer Nature 2025
T. Demmelhuber, N. Scharfenort (Hrsg.), *Die Arabische Halbinsel*,
https://doi.org/10.1007/978-3-662-70217-8_5

5.1 Einführung

Die Fahrt vom internationalen Flughafen Riad in das Stadtzentrum hat sich innerhalb der letzten Jahre merklich verändert: Wo sich entlang des Straßenrands einst eine eintönige Sandlandschaft erstreckte, zieren inzwischen Hunderte Bäume und weitläufige Wiesen die Autobahn (◘ Abb. 5.1). Zahlreiche Landschaftsgärtnerinnen und -gärtner sind bei schweißtreibenden Temperaturen fortlaufend im Einsatz, um diese Grünflächen zu bewässern oder die noch sandigen Flächen weiter zu begrünen. Nicht unweit vom Zentrum Riads ist derzeit der größte öffentliche Park der Welt in Planung, der nach dem gegenwärtigen König Salman benannt ist. Auf ca. 16 Quadratkilometern sollen neben Hotels, Museen und Sportanlagen (inklusive Golfplätzen) auch ausufernde Grünflächen mit einer Million Bäumen entstehen. Die Aufforstungsmaßnahmen sind Teil des nationalen Klimaplans Saudi-Arabiens (Saudi Green Initiative), der vorsieht, zehn Milliarden Bäume im gesamten Königreich zu pflanzen, um Emissionen zu kompensieren und die Pläne zur Klimaneutralität bis 2060 zu erreichen. Die Idee einer Begrünung der Wüste ist nicht neu, sondern tief in der Staatsentwicklung der arabischen Golfmonarchien verwurzelt (Jones, 2010; Ouis, 2002). Sie hat aber insbesondere in den letzten Jahren eine vermehrte Aufmerksamkeit erfahren. Die größten Produzenten und Exporteure fossiler Energie unternehmen seit einigen Jahren einen Imagewechsel, um sich klimafreundlicher und klimabewusster zu präsentieren.

Die Ankündigungen superlativer Klimamaßnahmen und Umweltinitiativen sind Ausdruck eines neuen Anspruchs der öl- und gasreichen Golfmonarchien, als Vorreiter für den Klimaschutz wahrgenommen zu werden. In der Realität bleiben viele dieser visionären Ankündigungen hinter den Erwartungen zurück und beschränken sich vorwiegend auf den nationalen Kontext. Gleichzeitig bleiben zahlreiche ökologische Probleme wie der Anstieg der Emissionen, ein hohes Konsumverhalten und flächendeckende, unkontrollierte Verschmutzung bestehen.

Dieser Beitrag beleuchtet die Beweggründe, die hinter der ausgerufenen Klimawende in den arabischen Golfmonarchien stehen. Dabei wird argumentiert, dass die Hauptmotive dieser Trendwende vielmehr in strategischen ökonomischen und politischen Handlungen der Herrschaftseliten begründet liegen als in dem genuinen Interesse, eine drohende Klimakatastrophe abzuwenden. Zeitgleich greift der von außenstehenden Beobachterinnen und Beobachtern teilweise reflexhaft vorgebrachte Vorwurf eines Greenwashings zu kurz. Hierbei analysiert das Kapitel zunächst den stetig wachsenden Umfang an Studien, die ein besseres Verständnis über die klimatologischen Implikationen am Golf liefern. Im Anschluss erfolgt eine Auseinandersetzung mit einem weiteren dominanten Forschungszweig, der die Notwendigkeit und Rahmenbedingungen einer kohlenstoffarmen Transformation in den Fokus setzt. Ein Großteil der bisherigen Studien beschäftigt sich mit den Chancen und Möglichkeiten einer nachhaltigen Entwicklung in der Region. Einzelfallstudien zu sogenannten Vorreiterländern wie den Vereinigten Arabischen Emiraten (VAE), Saudi-Arabien (Al Yousif, 2020), mitunter auch zu Katar, diskutieren diese Rahmenbedingungen vorwiegend aus einer technischen und ökonomischen Perspektive, übersehen aber häufig vor- und nachgelagerte Prozesse wie Ressourcenausschöpfung/-management oder Abfallströme oder soziale Auswirkungen. Zuletzt wird auf einen neuen und wachsenden Literaturstrang verwiesen, der die soziopolitischen Konsequenzen stärker in den Blick nimmt. Anhand der Literaturschau von klimatologischen, öko-

◘ **Abb. 5.1** Begrünung der Flughafenstraße

nomischen und zuletzt soziopolitischen Betrachtungen wird gleichzeitig deutlich, dass es bisher noch an einem grundsätzlich besseren Verständnis der politischen und gesellschaftlichen Auseinandersetzung mit dem Thema fehlt.

5.2 Arabische Halbinsel unter Klimastress

Bereits jetzt spüren die Golfstaaten zunehmend die direkten Auswirkungen des anthropogenen Klimawandels. Naturwissenschaftliche Studien unterstreichen die langfristigen Folgen des Klimawandels für die Arabische Halbinsel. Hierbei lassen sich im Wesentlichen zwei drohende Klimarisiken unterscheiden: langsame und schnell einsetzende Naturgefahren. Einer der größten langfristigen Klimaeffekte auf der Arabischen Halbinsel ist sicherlich der kontinuierliche Temperaturanstieg (Almazroui, 2019). Die Wüstenbildung schreitet voran, wird sich negativ auf die landwirtschaftliche Produktivität auswirken und das Problem der Wasserknappheit weiter verschärfen (Kumetat, 2012; Odhiambo, 2017). Klimabasierte Modelle prognostizieren, dass die Landoberflächentemperatur bis zum Ende des Jahrhunderts um über sechs Grad Celsius steigen könnte, wenn die Emissionen bis dahin nicht drastisch gesenkt werden (Pouran & Hakimian, 2019; Safieddine et al., 2022; Schär, 2016).

Gleichzeitig wird auch die Luftfeuchtigkeit auf der Arabischen Halbinsel als Folge der Erwärmung sowie einer zunehmenden Bewässerung zunehmen (Safieddine et al., 2022). Im Sommer kommt es vor allem in dicht besiedelten Stadtgebieten immer häufiger zu extremen Hitzewellen und Dürren (Almazroui, 2019; Schär, 2016; Varela et al., 2020). Dieser Hitzestress birgt erhebliche Gesundheitsrisiken. Bereits 2015 wurde prognostiziert, dass die Menschen mittel- bis langfristig „Temperaturniveaus erleben werden, die für den Menschen unerträglich sind" (Pal & Eltahir, 2015, S. 1). Aktuelle Studien bestätigen diese Entwicklungen, die dazu führen könnten, dass Teile der Arabischen Halbinsel bis zum Ende des 21. Jahrhunderts unbewohnbar sein werden (Safieddine et al., 2022).

Ebenso besorgniserregend ist die Erwärmung der Ozeane: Der halb geschlossene, relativ flache Persische Golf ist eines der am stärksten sich erwärmenden Gewässer der Erde und erreichte in den vergangenen Sommermonaten bereits Temperaturen von über 37 °C (Burt et al., 2019; Wabnitz et al., 2018). Es wird prognostiziert, dass sich die Temperatur am Riffboden zwei- bis dreimal schneller erwärmt als im globalen Durchschnitt (Khosravi et al., 2019). Dies wird neben der extremen Verdunstung dramatische Auswirkungen auf die Artenvielfalt im Meeres- und Küstenbereich haben. Trotz der Tatsache, dass die meisten Arten hitzetoleranter sind als in anderen Regionen, wird erwartet, dass ein weiterer Temperaturanstieg eine massenhafte Korallenbleiche befördern und die Lebensräume heimischer und bereits gefährdeter Tier- und Pflanzenarten erheblich einschränken wird (Ben-Hasan & Christensen, 2019; Wabnitz et al., 2018). Gleichzeitig beschleunigen die erhöhten Wassertemperaturen die sogenannte Biofoulingbedeckung (d. h. die unbeabsichtigte Ansammlung von Mikroorganismen, Pflanzen, Algen und Tieren; Khosravi et al., 2019). Neben der Erwärmung der Gewässer birgt auch der Anstieg des Meeresspiegels ein erhebliches Risiko (Hereher, 2020; Wabnitz et al., 2018). Tief liegende Küstengebiete und künstliche Inseln in Bahrain, Katar und den Vereinigten Arabischen Emiraten (VAE) drohen zu versinken. Die Folgen des Klimawandels bedrohen demnach insbesondere die dicht besiedelten, städtischen Zentren, in denen mehr als zwei Drittel aller Bevölkerungen des Golf-Kooperationsrates (GKR) leben (Kumetat, 2012; Raouf, 2009).

Mit dem Klimawandel verändern sich auch die temporären Wetterlagen. Neben gelegentlichen Hitzewellen sind die Golfstaaten durch extreme Wetterereignisse wie Staubstürme, Wirbelstürme und Sturzfluten bedroht, die als Folge des Klimawandels häufiger und schwerwiegender auftreten. In den letzten Jahren wurden Länder wie Saudi-Arabien, Dubai (VAE), Oman und der Jemen von verheerenden Sturzfluten heimgesucht (Rahman et al., 2016). Im Herbst 2021 fegte der Zyklon Shaheen über den Oman hinweg, der auch Sturzfluten und Erdrutsche mit sich brachte, bei denen vier Menschen starben und mehrere Hundert ihr Zuhause verloren. Die Region, die als „eines der wichtigsten Staubquellengebiete der Welt" bekannt ist, hat in letzter Zeit häufigere und stärkere Sand- und Staubstürme erlebt (Al-Dousari et al., 2017; IPCC, 2022, S. 1478). Diese massiven Sand- und Staubbewegungen werden meistens durch starke Winde, mangelnde Vegetation und fehlende Niederschläge verursacht (Keynoush, 2022; Siddiqui, 2022). Diese häufiger auftretenden Klimagefahren führen auch zu wirtschaftlichen Schäden: Sturzfluten beeinträchtigen die Infrastruktur erheblich, während grenzüberschreitende Sand- und Staubstürme wichtige Handelsrouten und Transportsysteme beschränken (z. B. temporäre Flugverbote).

Die vielfältigen Auswirkungen des Klimawandels sind eng mit der vom Menschen verursachten Umweltzerstörung, dem Ressourcenabbau und der sozioökonomischen Entwicklung im Golf verknüpft. Die Öl- und Gasindustrie, die der Region weltweiten Einfluss und wirtschaftlichen Wohlstand bescherte, ist maßgeblich für die globale Erwärmung und ihre schwerwiegenden Auswirkungen verantwortlich. Die Aktivitäten der fossilen Industrien haben zu einer weitreichenden Verschmutzung von Land, Luft und Meer geführt (Al-Said et al., 2018; Naser, 2013; Siddiqi et al., 2021). Ein weiteres Beispiel für eine ungehemmte städtische und industrielle Entwicklung sind die Eutrophierung (ungebremste Nährstoffanreicherung) und die Abwassereinleitung in die umliegenden Gewässer (Al-Said et al., 2018; Hamza & Munawar, 2009). Umweltdumping, das heißt die Schädigung der Umwelt durch den ausbeuterischen oder fehlerhaften Umgang mit natürlichen Ressourcen, ist ein wesentliches, allerdings wenig beachtetes Problem dieser Umweltschädigungen. In den Golfstaaten drückt es sich vorwiegend durch menschliche Aktivitäten wie Öl- und Gasexplorationen, Soleabfälle, häusliche und gewerblich-industrielle Abwässer und Abflüsse sowie Küstenumgestaltungen (z. B. Baggerarbeiten zur Erschaffung künstlicher Inseln) aus. Dieses ist besonders im Persischen Golf zu beobachten, wo sich der negative Einfluss des Menschen und der zunehmende Klimawandel besonders bemerkbar machen. Aufgrund von groß angelegten Staudammprojekten in den flussaufwärts gelegenen Ländern führen Euphrat und Tigris immer weniger Süßwasser. Als Folge des Klimawandels und von Erwärmungsanomalien reduziert sich die Zirkulation von Wasser mit dem Indischen Ozean, was zu einem kontinuierlichen Anstieg von Umweltverschmutzungen und des Salzgehalts im Ozean führt (Ben-Hasan & Christensen, 2019; Lachkar et al., 2019). Kurzum, die Golfstaaten befinden sich in einer Spirale der „Unnachhaltigkeit", wobei sich Elemente von anthropogener Umweltverschmutzung und globaler Klimaerwärmung gegenseitig verstärken (Luomi, 2012).

Die zunehmende Wasserknappheit durch Verdunstung, Umweltverschmutzung und übermäßigen Verbrauch hat gravierende Folgen für die Landwirtschaft und untergräbt eine zukünftige Ernährungssicherheit. Es wird erwartet, dass die zahlreichen Verschmutzungsquellen im Persischen Golf schwerwiegende Auswirkungen auf den Rückgang der Fischbestände haben werden.

5.3 Dilemma zwischen wirtschaftlicher Entwicklung und Nachhaltigkeit

Die arabischen Golfmonarchien stecken in einem Dilemma: Zum einen sind sie in vielerlei Hinsicht besonders anfällig für die Auswirkungen des Klimawandels, zum anderen sind sie abhängig von dem Verkauf fossiler Energieträger, die zwar Wohlstand und Einfluss bringen, aber auch als Treiber des Klimawandels hauptsächlich für den Anstieg von Treibhausgasemissionen verantwortlich sind. Im letzten Jahrzehnt haben die Regime auf der Arabischen Halbinsel daher Strategien zur Vereinbarkeit von Klima und Energie entwickelt, indem sie zukunftsweisende Nachhaltigkeitsprojekte initiierten oder bereits bestehende Großprojekte umweltfreundlicher gestaltet haben, finanziert aus den hohen Renditen des Verkaufs fossiler Energie (Koch, 2022a). Bestandteil dieser „grünen Wende" waren auch erste Meilensteine der Nachhaltigkeit wie die Gründung der Ökostadt Masdar in Abu Dhabi als erste ihrer Art sowie die Entscheidung der Internationalen Agentur für erneuerbare Energien (IRENA) im Jahr 2009, ihren Sitz in der Stadt einzurichten. Nur zwei Jahre später erlangte Katar weltweite Aufmerksamkeit, als es den Zuschlag für die Ausrichtung der ersten globalen Klimakonferenz in der Region erhielt. Fast zeitgleich sagte das Land zu, 2022 die erste klimaneutrale Fußballweltmeisterschaft der Männer des Weltfußballverbands (FIFA) auszurichten. In der Zwischenzeit haben alle GKR-Staaten auch langfristige Entwicklungspläne (sogenannte Visionen) verkündet, die Fahrpläne für eine Zeit nach dem Öl erläutern. Einige beziehen sich dabei auch auf eine ökologische Nachhaltigkeit als Schlüsselkomponente (Al-Saidi et al., 2019). In den letzten zwei bis drei Jahren hat das Thema Nachhaltigkeit in der Golfregion nämlich einen bedeutenden Aufschwung erlebt und es wurden weitere groß angelegte Verlautbarungen und Zusagen gemacht. So kündigte Saudi-Arabien sein futuristisches 500-Milliarden-US-Dollar-Projekt NEOM an, das den Bau einer kohlenstofffreien Stadt namens The Line vorsieht, die sich über 170 km erstrecken und eine Million Menschen beherbergen soll. Vor allem das Jahr 2021 kann als Wendepunkt in der Klimadiplomatie angesehen werden: Saudi-Arabien rief die Middle East and Saudi Green Initiatives aus, die VAE vermarkteten ihre Regional Climate Dialogue Initiative und erhielten den Zuschlag für die Ausrichtung der Klimakonferenz der Vereinten Nationen im Jahr 2023 (COP28 in Dubai).

Angesichts ihrer wirtschaftlichen Diversifizierungsbemühungen zur Verringerung der Abhängigkeit von Öl und Gas haben sich alle Golfstaaten außer Katar dazu verpflichtet, zwischen 2050 und 2060 Netto-Null-Ziele (net zero) zu erreichen – ein Schritt, der vor einigen Jahren noch undenkbar war. Um diese ehrgeizigen Ziele zu erreichen, haben die Länder eine institutionelle Architektur erschaffen, die zur Überwachung und Kontrolle der Fortschritte geeignet ist. Detaillierte Informationen zum Gesamtprozess, einschließlich Einschätzungen zur finanziellen, technischen und wirtschaftlichen Machbarkeit, werden jedoch oft nicht transparent offengelegt. Dies ist insofern besorgniserregend, als dass in der Vergangenheit bei den Entscheidungsträgerinnen und -trägern am Golf eine Diskrepanz zwischen grünen Zusagen und deren Umsetzung zu bemerken war. So kommentiert die Klima- und Energieforscherin Aisha al-Sarihi die aktuelle Entwicklung in der Region: „Die Kluft zwischen dem aktuellen Ausmaß dieser Entwicklungen und dem Ziel, das die Länder in einer Netto-Null-Zukunft erreichen wollen, ist relativ groß" (Al-Sarihi, 2023).

Das Hauptaugenmerk der Golfstaaten liegt auf dem Ausbau sauberer beziehungsweise kohlenstoffarmer Energie (Al-Sarihi & Mansouri, 2022). Dabei wird Klimaschutz vor allem als neue wirtschaftliche Chance betrachtet. Massive Investitionen in grüne Technologien und Projekte sollen neue Wirtschaftszweige erschließen und Arbeitsplätze für die heimische Bevölkerung schaffen. Länder wie Saudi-Arabien, Oman oder die VAE entdecken auch den Ökotourismus als neues Geschäftsfeld. Aktuelle Studien zur Nachhaltigkeit in den arabischen Golfmonarchien greifen diese Aspekte auf und beziehen sich dabei auf die ökonomischen Diversifizierungspläne und den Ausbau von nichtfossilen Industriesektoren als „Strategie[n] zur Abschwächung des Klimawandels" (Al-Ubaydli et al., 2019, S. 217). Begleitet von Schlagwörtern wie „Energieeffizienz" (Alhoweish & Orujov, 2016; Alnatheer, 2006; Alyousef & Varnham, 2010; Al Ansari, 2013), „grüne Ökonomie" (Khoday et al., 2016; Raouf & Luomi, 2016) oder „ökologische Modernisierung" (Al-Saidi & Elagib, 2018; Reiche, 2010) diskutieren zahlreiche Forscherinnen und Forscher sowie Analystinnen und Analysten die Möglichkeiten und Hindernisse einer nachhaltigen Entwicklung auf der Arabischen Halbinsel (Akhonbay, 2019; Al Yousif, 2020; Alhoweish & Orujov, 2016; Al-Sarihi, 2019; Azar & Raouf, 2017; El-Keblawy, 2018; Luciani & Moerenhout, 2021).

Dabei verstärkt dieser populäre Forschungsstrang ein Narrativ, dass Innovation sowie moderne Techniken und Lösungen den bevorstehenden ökologischen Kollaps und die Umweltkrise abwenden können (Koch, 2022c; Sim, 2020). Diese Betrachtung einer technisch-optimistischen und ökologisch-ökonomischen Modernisierungsperspektive, die in neoklassischen Wachstumstheorien verankert ist, ist seit der Staatsbildung auch ein Schlüsselelement der „Modernisierungs-Monarchen" (Derichs & Demmelhuber, 2014, S. 189). Die wachsende Forschungstätigkeit bekräftigt damit auch ein Narrativ, mit dem sich die Herrscher am Golf nur allzu gerne selbst schmücken. Ferner verlagert sich dabei auch der öffentliche und akademische Diskurs hin zu der „Vorstellung des Klimawandels als ein Problem von Emissionen [...], die überwiegend in den Status quo einer globalen kapitalistischen Wirtschaft eingebettet sind" (Nightingale et al., 2020, S. 346); damit zusammenhängende soziale Werte oder politische Dynamiken werden von dieser dominanten Betrachtung immer weiter heruntergespielt. Auch ökologische Probleme geraten dabei aus dem Sichtfeld beziehungsweise können sich unbeabsichtigt noch verstärken, wie an der Wechselwirkung zwischen Wasserknappheit und Klimapolitik zu sehen ist.

Dürre düstere Zukunft: Die Klimapolitik am Golf und ihr Wasserproblem
Zahlreiche Studien verweisen darauf, dass der Klimawandel den Zugang zu Wasser in den ariden Staaten der Arabischen Halbinsel weiter erschweren wird. Bereits jetzt herrscht in den anderen Golfstaaten (mit der Ausnahme des Omans) ein massives Wasserproblem mit einer Wasserarmutsschwelle von 500 Kubikmetern an jährlich pro Kopf verfügbarem Wasser (Abulibdeh et al., 2019; Keulertz & Allan, 2019; Odhiambo, 2017). Der Großteil des Frischwassers wird durch Entsalzungsanlagen bereitgestellt, indem Meerwasser aufbereitet wird oder – wie im Falle von Saudi-Arabien – nichtregenerative Grundwasservorräte angezapft werden. So scheint es nur eine Frage der Zeit zu sein, dass auch die letzten endlichen Wasserspeicher versiegen (Kumetat, 2012; McIlwaine & Ouda, 2020). Allerdings ist auch die Möglichkeit der Entsalzung in ihrer bisherigen Form keine nachhaltige Lösung: Es schlagen nicht nur hohe Kosten für Anlage und Betrieb zu Buche, die Aufbereitung von Meerwasser ist auch ein energieintensiver Prozess, der vorwiegend durch das Verbrennen fossiler Energieträger angetrieben wird, was neue Treibhausgase freisetzt (Abulibdeh et al., 2019; Dawoud, 2012; Rambo et al., 2017). Zudem werden das erhitzte Wasser, die Salzlake und andere chemische Nebenprodukte wieder ins Meer zurückgepumpt, was die bereits beschriebenen Umweltfolgen im Persischen Golf weiter verschlimmert (Dawoud, 2012; Jones et al., 2019; Soliman et al., 2022).

Weniger offensichtliche Wasserprobleme stehen mit klimapolitischen Projekten am Golf in Verbindung. Der drastische Ausbau von Solaranlagen erhöht den Wasserbedarf, da die Panele bei zunehmenden Sand- und Staubstürmen immer häufiger gereinigt werden müssen (Pouran, 2022). Auch die Suche nach neuen, sauberen Energieträgern wie Wasserstoff erhöht den Wasserumsatz. Um ein Kilogramm grünen Wasserstoff mittels Elektrolyseverfahren herzustellen, sind umgerechnet neun Liter Wasser erforderlich; die Produktion von einem Kilogramm blauen Wasserstoffs verschlingt sogar zwischen 13 und 18 l Wasser (Grinschgl et al., 2021). So wird die von einigen Golfstaaten massiv vorangetriebene Wasserstoffwirtschaft zur weiteren Belastungsprobe für die Wassersicherheit in der Region (Beswick et al., 2021; Koch, 2022b). Zuletzt müssen auch die zahlreichen Aufforstungs- und Begrünungsprojekte zur CO_2-Speicherung kritisch betrachtet werden, da große Mengen an Wasser bereitgestellt werden.

5.4 Suche nach politischer Relevanz in einer klimagestressten Welt

Die bisherigen Forschungen zu akuten Klima- und Umweltproblemen am Golf sowie die Implikationen einer nachhaltigen Entwicklung für die ökonomischen Diversifizierungsstrategien vereint, dass sie „unpolitische Antworten auf extrem politische Fragen" liefern (Robbins, 2020, S. 15). Tatsächlich sind soziopolitische Dynamiken und Realitäten in der Klimadebatte bisher kaum betrachtet worden. Während wir also ein immer detaillierteres Verständnis der biophysikalischen Folgen anthropogener Einflüsse und der Wechselwirkung von Nachhaltigkeit und wirtschaftlicher Entwicklung erhalten, gibt es immer noch erhebliche Wissenslücken, was dies letztlich für die politischen Systeme, bestehende Gesellschaftsverträge, Herrschaftspraktiken sowie geopolitischen Implikationen bedeutet.

Eine tiefgreifende empirische Auseinandersetzung mit nationalen Klimaschutzstrategien vereinzelter Golfstaaten ist kaum vorhanden (Ausnahme: Al-Sarihi & Mason, 2020). Hierbei wurde bereits darauf hingewiesen, dass es wenig Koordinierung und Kollaborationen zwischen unterschiedlichen politischen Institutionen und Organisationen gibt, die innerhalb der letzten Jahre vermehrt entstanden sind (Al-Sarihi & Mason, 2020; Luomi, 2012). In dem 2018 gegründeten Umweltausschuss in Saudi-Arabien befinden sich alleine mehr als 20 Institutionen, wodurch es häufiger zu Kompetenzstreitigkeiten und offenen Mandatsfragen kommt. Ähnliche Dynamiken lassen sich auf der regionalen Ebene identifizieren: Obwohl es zahlreiche Anknüpfungspunkte für Zusammenarbeit im Umwelt- und Klimaschutz gäbe, verfolgen die GKR-Staaten ihre eigenen nationalen Pläne (Al-Sarihi & Luomi, 2019; Aman, 2021; Bentley, 2020; Luomi, 2014; Zumbrägel, 2021). Die Rolle einer (unabhängig agierenden) Zivilgesellschaft ist unstritten ein wichtiger Treiber für erfolgreiche Klimapolitik, spielt aber in den autokratischen Golfmonarchien keine wesentliche Rolle.

Dabei würde eine weiterführende Untersuchung der Beziehungen zwischen Umweltbewegungen und deren Kooptation beziehungsweise auch Regulierung durch den Staat ein umfassenderes Verständnis der Klimapolitik in der Region liefern (Sowers, 2018).

An der Schnittstelle zwischen Wirtschaft und Politik haben vereinzelte Arbeiten auf die Implikationen für die rentierstaatlichen Sozialverträge in den öl- und gasexportierenden Ländern verwiesen (Krane, 2019; Mohammed et al., 2022; Sim, 2020; Yamada, 2020). Die Betrachtung aus Sicht der politischen Ökonomie zeigt dabei die begrenzte Aussagekraft von Renten in Bezug auf Klimapolitik und kohlenstoffarmer Transformation auf und betont zunehmend die Relevanz von politischer Führung, Soft-Power-Projektion und die Existenz von einflussreichen Eliten (Al-Sulayman, 2021).

Bisher haben allerdings wenige Arbeiten die Rolle von staatlich gelenkten Akteuren wie den Staatsfonds, lokalen Dienstleisterinnen und Dienstleistern oder dem Einfluss mächtiger Familien analysiert (Luomi, 2012; Sim, 2022; Zumbrägel, 2022). Etwas mehr Aufmerksamkeit hat das strategische Branding grüner Projekte und Initiativen erhalten. Die Herrschaftseliten am Golf wollen nicht länger als Umweltsünder angesehen werden (Luomi, 2012; Reiche, 2010), sondern als Protagonisten einer Grünen Revolution (Sim, 2012). Politisch betrachtet, suggerieren Prestigeprojekte wie NEOM, Masdar oder die Ausrichtung einer grünen FIFA-Fußballweltmeisterschaft eine hohe Anziehungs- und Ausstrahlungskraft (Aly, 2019; Cugurullo, 2013; Koch, 2022c). Bürgerinnen und Bürger sind voller Stolz auf die Regierungserfolge, was zu mehr Unterstützung führt und letztendlich politische Legitimität für die jeweiligen Regime und herrschenden Familien generiert. Gleichzeitig präsentieren sich die politischen Entscheidungsträger als treibende Kräfte und Umsetzer dieser Leuchtturmprojekte. Projekte wie die größte Solarpanelanlage in Dubai oder der weltweit größte Park in Saudi-Arabien tragen nicht zufällig die Namen der jeweiligen Herrschenden (Sowers, 2018). Auch die nationalen Medien helfen dabei, dieses positive Narrativ über umweltfreundliche Performanz am Golf nach innen und außen zu tragen (Zumbrägel, 2022).

Der gescheiterte Traum einer emissionsfreien Stadt
Im Jahr 2006 wurde die von der Regierung Abu Dhabis gegründete Abu Dhabi Future Energy Company (Masdar City) ins Leben gerufen. Ziel war es, bis 2025 eine Stadt für grüne Technologien und erneuerbare Energien fertigzustellen, die keine Emissionen mehr produziert und ca. 50.000 Menschen beheimaten kann. Mit nachhaltiger Architektur und Mobilität, einem innovativen Wasser- und Abfallmanagement sowie einer flächendeckenden Versorgung mit erneuerbaren Energien und Spitzentechnologie sollte Masdar als Vorbild für die „Stadt der Zukunft" gelten. Ihr Vorsitzender ist seit der Gründung der Stadt Sultan al-Jaber, der auch die Klimakonferenz 2023 in Abu Dhabi als Präsident organisierte.
Allerdings blieb das Projekt weit hinter seinen Erwartungen zurück. Zeitfenster der Fertigstellung wurden immer weiter neu angepasst. Auch die ehrgeizigen Ambitionen, keine Emissionen zu produzieren, wurden schnell durch ein Ziel der Netto-Null-Emissionen ausgetauscht.

Die hohen Kosten, das langsame Bevölkerungswachstum und technische Herausforderungen können als Hauptgründe für das Scheitern genannt werden. Viele der grünen Ideen und Technologien waren zudem aus kommerzieller Sicht zu der Anfangszeit nicht so rentabel oder konkurrenzfähig wie erwartet (Cugurullo, 2013; Günel, 2019). Mittlerweile wird die kostspielige Stadt vielmehr als Forschungs- und Entwicklungsprojekt betrachtet, konnte aber in diesem Zusammenhang auch gewisse Erfolge verbuchen. So beherbergt sie neben einer Reihe von Geschäftsstellen von Großfirmen wie Siemens oder General Electric seit 2009 auch die International Renewable Energy Agency (IRENA). Mit Dutzenden Solar- und Windprojekten in den VAE und außerhalb hat sich zudem die dort ansässige Firma Masdar Power zu einem Vorreiter erneuerbarer Energien entwickelt. Weltweit bietet Masdar Power einen der kostengünstigsten Tarife für Solarenergie an.

Darüber hinaus erreichen die öl- und gasreichen Staaten mit dieser neuen Klimapolitik auch einen besseren Ruf auf der internationalen Bühne (Reiche, 2010). Klimadiplomatie wird in den arabischen Golfmonarchien mittlerweile großgeschrieben. Während die Ausrichtung der Klimakonferenz in Katar 2012 noch vorwiegend im Kontext einer größeren Brandingstrategie der Ausrichtung von Großereignissen zu betrachten war (Luomi, 2012; Zumbrägel, 2019), haben insbesondere Saudi-Arabien und die VAE Klimadiplomatie strategisch genutzt, um ihren politischen Einfluss auszuweiten (Al-Saidi et al., 2019). So hat das saudische Königreich seine Middle East Green Initiative während der Klimakonferenz im ägyptischen Sharm el-Sheikh (2022) lautstark propagiert und auch die VAE haben als Ausrichter der COP28 im Dezember 2023 ihr technooptimistisches und autokratisches Verständnis einer Dekarbonisierung verbreitet – was die Abkehr von fossiler Energie nicht zwangsläufig beinhaltet.

5.5 Fazit: Weder genuine Klimapolitik noch Greenwashing

Dieses Kapitel hat das Zusammenspiel von Klimapolitik und Greenwashing in den arabischen Golfmonarchien beleuchtet. Dabei wurden zahlreiche Widersprüche zwischen Anspruch und Wirklichkeit aufgedeckt und modernistisch-technikgläubige Interpretationen von Klimapolitik skizziert, die vor allem auf wirtschaftlichen Erwägungen beruhen (▶ Kap. 14). Führt man sich die vielschichtigen und drastischen Folgen des Klimawandels vor Augen, dann irritiert der dominante und kommerzielle Fokus auf grüne Fortschrittstechnologie und Innovation als vorrangige klimapolitische Maßnahme. Anstelle von Erhalt und Schutz der Ökosysteme wird nahezu exklusiv auf menschliche Eingriffe gesetzt, um eine drohende Klimakrise abzuwenden. Gegenwärtige Experimente des Klimaengineerings (z. B. um künstliche Regenwolken zu erschaffen) sind lediglich eine weitere Facette des unbeirrbaren Fortschrittsglaubens und Ansatzes eines nicht umfassenden Nachhaltigkeitskonzepts am Golf. Eine tiefgreifende ökologische und soziale Transformation wird hierbei vernachlässigt. Eine stärkere Partizipation und Einbindung der Gesellschaft für eine größere Sensibilisierung über die Gefahren des Klimawandels ist nicht erwünscht und auch Fragen der Klimagerechtigkeit spielen in den nachhaltigen Visionen der Herrschaftseliten keine Rolle.

In Anbetracht dieser Klimapolitik und der zahlreichen gescheiterten klimafreundlichen Großprojekte am Golf ist es leicht, den gegenwärtigen Trend um Nachhaltigkeit (*al-istidama*) als rein kosmetische Anpassung, Schönheitsreparatur und Greenwashing einzuordnen. Bei näherer Betrachtung lassen sich allerdings ökonomische und politische Erklärungen für diesen Ansatz identifizieren. Anhand dieser Interpretation lässt sich auch der weit verbreitete Vorwurf eines reinen Greenwashings entkräften, da die arabischen Golfmonarchien in den letzten Jahren Klimapolitik als strategisches Element für sich entdeckt haben (Zumbrägel, 2020). Für sie stellt die drohende Klimakrise nicht nur eine Frage des buchstäblichen Überlebens und der wirtschaftlichen Relevanz dar; es gilt aus dieser fundamentalen Transformation auch politisch Kapital zu schlagen. Die wichtigste Frage lautet dabei: Wie gewährleisten wir unsere über Jahrzehnte aufgebaute politische und wirtschaftliche Relevanz in einer klimagestressten Welt? Eine schnelle Ablehnung der gegenwärtig aggressiv vorangetriebenen Klimapolitiken der Golfmonarchien als reines Greenwashing verkennt, Nachhaltigkeit als ein breiteres Phänomen zu verstehen, wie Länder am Golf ihre Vorstellungen von Fortschritt und Autokratie vermarkten (▶ Kap. 7).

Literatur

Abulibdeh, A., Zaidan, E., & Al-Saidi, M. (2019). Development drivers of the water-energy-food nexus in the Gulf Cooperation Council region. *Development in Practice, 29*(5), 582–593.

Akhonbay, H. M. (Hrsg.). (2019). *The economics of renewable energy in the Gulf*. London: Routledge.

Al Yousif, M. A. (2020). Renewable energy challenges and opportunities in the kingdom of Saudi Arabia. *International Journal of Economics and Finance, 12*(9), 1–11.

Al-Dousari, A., Doronzo, D., & Ahmed, M. (2017). Types, indications and impact evaluation of sand and dust storms trajectories in the Arabian Gulf. *Sustainability, 9*(9), 1526.

Alhoweish, B., & Orujov, C. (2016). Promoting an effective energy efficiency programme in Saudi Arabia: Challenges and opportunities. In M. A. Raouf & M. Luomi (Hrsg.), *The green economy in the Gulf* (S. 100–122). New York: Routledge.

Almazroui, M. (2019). Climate extremes over the Arabian peninsula using RegCM4 for present conditions forced by several CMIP5 models. *Atmosphere, 10*(11), 675.

Alnatheer, O. (2006). Environmental benefits of energy efficiency and renewable energy in Saudi Arabia's electric sector. *Energy Policy, 34*(1), 2–10.

Al-Said, T., Naqvi, S. W. A., Al-Yamani, F., Goncharov, A., & Fernandes, L. (2018). High total organic carbon in surface waters of the northern Arabian Gulf: Implications for the oxygen minimum zone of the Arabian Sea. *Marine Pollution Bulletin, 129*(1), 35–42.

Al-Saidi, M., & Elagib, N. A. (2018). Ecological modernization and responses for a low-carbon future in the Gulf Cooperation Council countries. *WIREs Climate Change, 9*(4), 1–12.

Al-Saidi, M., Zaidan, E., & Hammad, S. (2019). Participation modes and diplomacy of Gulf Cooperation Council (GCC) countries towards the global sustainability agenda. *Development in Practice, 29*(5), 545–558.

Al-Sarihi, A. (2019). Climate change and economic diversification in Saudi Arabia: Integrity, challenges, and opportunities. Arab Gulf States Institute in Washington. https://agsiw.org/climate-change-and-economic-diversification-in-saudi-arabia-integrity-challenges-and-opportunities/. Zugegriffen: 17. Juli 2023.

Al-Sarihi, A. (2023). The GCC and the road to net zero. Middle East Institute. https://www.mei.edu/publications/gcc-and-road-net-zero. Zugegriffen: 17. Juni 2023.

Al-Sarihi, A., & Luomi, M. (2019). Climate change governance and cooperation in the Arab region. Emirates Diplomatic Academy. https://www.agda.ac.ae/docs/default-source/Publications/eda-insight_gear-i_climate-change_en_web-v2.pdf. Zugegriffen: 17. Juli 2023.

Al-Sarihi, A., & Mansouri, N. (2022). Renewable energy development in the Gulf Cooperation Council countries: Status, barriers, and policy options. *Energies, 15*(5), 1923.

Al-Sarihi, A., & Mason, M. (2020). Challenges and opportunities for climate policy integration in oil-producing countries: the case of the UAE and Oman. *Climate Policy, 20*(10), 1226–1241.

Al-Sulayman, F. (2021). The rise of renewables in the Gulf States: Is the ‚rentier effect' still holding back the energy transition? In R. Mills & L.-C. Sim (Hrsg.), *Low carbon energy in the Middle East and North Africa* (S. 93–119). Singapur: Springer.

Al-Ubaydli, O., Abdullah, G., & Yaseen, L. (2019). Forging a more centralized GCC renewable energy policy. In H. M. Akhonbay (Hrsg.), *The economics of renewable energy in the Gulf* (S. 216–234). London: Routledge.

Aly, H. (2019). Royal dream: city branding and Saudi Arabia's NEOM. *Middle East – Topics & Arguments, 12*(1), 99–109.

Alyousef, Y., & Varnham, A. (2010). Saudi arabia's national energy efficiency programme: description, achievements and way forward. *International Journal of Low-Carbon Technologies, 5*(4), 291–297.

Aman, F. (2021). Finding common ground: Fostering environmental cooperation in the Persian Gulf. Middle East Institute. https://www.mei.edu/publications/finding-common-ground-fostering-environmental-cooperation-persian-gulf. Zugegriffen: 17. Juli 2023.

Al Ansari, M. S. (2013). Climate change policies and the potential for energy efficiency in the Gulf Cooperation Council (GCC) economy. *Environment and Natural Resources Research, 3*(4), 106–117.

Azar, E., & Raouf, A. M. (2017). *Sustainability in the Gulf: challenges and opportunities*. London: Taylor & Francis.

Ben-Hasan, A., & Christensen, V. (2019). Vulnerability of the marine ecosystem to climate change impacts in the Arabian Gulf. An urgent need for more research. *Global Ecology and Conservation, 17*, e556. https://doi.org/10.1016/j.gecco.2019.e00556.

Bentley, E. (2020). What could environmental cooperation between Iran and the GCC look like? Middle East Institute. https://www.mei.edu/publications/what-could-environmental-cooperation-between-iran-and-gcc-look. Zugegriffen: 17. Juli 2023.

Beswick, R. R., Oliveira, A. M., & Yan, Y. (2021). Does the green hydrogen economy have a water problem? *ACS Energy Letters, 6*(9), 3167–3169.

Burt, J. A., Paparella, F., Al-Mansoori, N., Al-Mansoori, A., & Al-Jailani, H. (2019). Causes and consequences of the 2017 coral bleaching event in the southern Persian/Arabian Gulf. *Coral Reefs, 38*(4), 567–589.

Cugurullo, F. (2013). How to build a sandcastle: An analysis of the genesis and development of Masdar City. *Journal of Urban Technology, 20*(1), 23–37.

Dawoud, M. A. (2012). Environmental impacts of seawater desalination: Arabian Gulf case study. *International Journal of Environment and Sustainability*. https://doi.org/10.24102/ijes.v1i3.96.

Derichs, C., & Demmelhuber, T. (2014). Monarchies and republics, state and regime, durability and fragility in view of the Arab spring. *Journal of Arabian Studies*, 4(2), 180–194.

El-Keblawy, A. (2018). Greening Gulf landscapes: economic opportunities, social trade-offs, and sustainability challenges. In H. Verhoeven (Hrsg.), *Environmental politics in the Middle East* (S. 99–120). Oxford: Oxford University Press.

Grinschgl, J., Pepe, J. M., & Westphal, K. (2021). A new hydrogen world. Geotechnological, economic, and political implications for Europe. SWP comments, 58. https://www.swp-berlin.org/publications/products/comments/2021C58_HydrogenWorld.pdf. Zugegriffen: 17. Juni 2023.

Günel, G. (2019). *Spaceship in the desert. Energy, climate change, and urban design in Abu Dhabi*. Durham: Duke University Press.

Hamza, W., & Munawar, M. (2009). Protecting and managing the Arabian Gulf: Past, present and future. *Aquatic Ecosystem Health & Management*, 12(4), 429–439.

Hereher, M. E. (2020). Assessment of climate change impacts on sea surface temperatures and sea level rise. The Arabian Gulf. *Climate*. https://doi.org/10.3390/cli8040050.

IPCC (2022). Climate change 2022: impacts, adaptation and vulnerability. Contribution of working group II to the sixth assessment report of the intergovernmental panel on climate change. https://www.ipcc.ch/report/ar6/wg2/. Zugegriffen: 17. Juli 2023.

Jones, E., Qadir, M., Van Vliet, M. T. H., Smakhtin, V., & Kang, S. (2019). The state of desalination and brine production: a global outlook. *Science of the Total Environment*, 657, 1343–1356.

Jones, T. C. (2010). *Desert kingdom: how oil and water forged modern saudi arabia*. Cambridge: Harvard University Press.

Keulertz, M., & Allan, T. (2019). The water-energy-food nexus in the MENA region. In A. Jägerskog, M. Schulz & A. Swain (Hrsg.), *Routledge handbook on Middle East security* (S. 157–168). New York: Routledge.

Keynoush, B. (2022). The surge in sand and dust storms in the Middle East: drivers and mitigation strategies. TRENDS Research & Advisory. https://trendsresearch.org/insight/the-surge-in-sand-and-dust-storms-in-the-middle-east-drivers-and-mitigation-strategies/. Zugegriffen: 17. Juli 2023.

Khoday, K., Perch, L., & Scott, T. (2016). Green economy pathways in the Arab Gulf: global perspectives and opportunities. In M. A. Raouf & M. Luomi (Hrsg.), *The green economy in the Gulf* (S. 238–257). London: Routledge.

Khosravi, M., Nasrolahi, A., Shokri, M. R., Dobretsov, S., & Pansch, C. (2019). Impact of warming on biofouling communities in the northern Persian Gulf. *Journal of Thermal Biology*, 85, 102403.

Koch, N. (2022a). Greening oil money: the geopolitics of energy finance going green. *Energy Research & Social Science*, 93, 102833. https://doi.org/10.1016/j.erss.2022.102833.

Koch, N. (2022b). Gulf hydrogen horizons. Why are Gulf oil and gas producers so keen on hydrogen? https://publications.iass-potsdam.de/rest/items/item_6002525_1/component/file_6002526/content. Zugegriffen: 17. Juli 2023.

Koch, N. (2022c). Sustainability spectacle and ‚post-oil' greening initiatives. *Environmental Politics*, 32(4), 708–731.

Krane, J. (2019). *Energy kingdoms: oil and political survival in the Persian Gulf*. New York: Columbia University Press.

Kumetat, D. (2012). Climate change on the Arabian peninsula: regional security, sustainability strategies, and research needs. In J. Scheffran, M. Brzoska, H. G. Brauch, P. M. Link & J. Schilling (Hrsg.), *Climate change, human security and violent conflict* (S. 373–386). Heidelberg: Springer.

Lachkar, Z., Lévy, M., & Smith, K. S. (2019). Strong intensification of the Arabian Sea oxygen minimum zone in response to Arabian Gulf warming. *Geophysical Research Letters*, 46(10), 5420–5429.

Luciani, G., & Moerenhout, T. (Hrsg.). (2021). *When can oil economies be deemed sustainable?* Singapur: Springer.

Luomi, M. (2012). *The Gulf monarchies and climate change: Abu Dhabi and Qatar in an era of natural unsustainability*. London: Hurst Company.

Luomi, M. (2014). Mainstreaming climate policy in the Gulf Cooperation Council states. Oxford Institute for Energy Studies. https://www.oxfordenergy.org/publications/mainstreaming-climate-policy-in-the-gulf-cooperation-council-states/. Zugegriffen: 30. Nov. 2023.

McIlwaine, S. J., & Ouda, O. K. M. (2020). Drivers and challenges to water tariff reform in Saudi Arabia. *International Journal of Water Resources Development*, 36(6), 1014–1030.

Mohammed, S., Desha, C., & Goonetilleke, A. (2022). Investigating low-carbon pathways for hydrocarbon-dependent rentier states: economic transition in Qatar. *Technological Forecasting and Social Change*, 185, 122084. https://doi.org/10.1016/j.techfore.2022.122084.

Naser, H. A. (2013). Assessment and management of heavy metal pollution in the marine environment of the Arabian Gulf: a review. *Marine Pollution Bulletin*, 72(1), 6–13.

Nightingale, A. J., Eriksen, S., Taylor, M., Forsyth, T., Pelling, M., Newsham, A., Boyd, E., Brown, K., Harvey, B., Jones, L., Bezner, K. R., Mehta, L., Naess, L. O., Ockwell, D., Scoones, I., Tanner, T., & Whitfield, S. (2020). Beyond technical fixes: climate solutions and the great derangement. *Climate and Development*, 12(4), 343–352.

Odhiambo, G. O. (2017). Water scarcity in the Arabian peninsula and socio-economic implications. *Applied Water Science*, 7(5), 2479–2492.

Ouis, P. (2002). Greening the Emirates': the modern construction of nature in the United Arab Emirates. *Cultural Geographies*, 9(3), 334–347.

Pal, J. S., & Eltahir, E. A. B. (2015). Future temperature in southwest Asia projected to exceed a threshold for human adaptability. *Nature Climate Change*. https://doi.org/10.1038/nclimate2833.

Pouran, H. (2022). The Middle East's worsening dust storms are making it harder to deploy solar energy. Middle East Institute. https://www.mei.edu/publications/middle-easts-worsening-dust-storms-are-making-it-harder-deploy-solar-energy. Zugegriffen: 16. Juli 2023.

Pouran, H., & Hakimian, H. (Hrsg.). (2019). *Environmental challenges in the MENA region: the long road from conflict to cooperation*. Chicago: Gingko Library.

Rahman, M. T., Aldosary, A. S., Nahiduzzaman, K. M., & Reza, I. (2016). Vulnerability of flash flooding in Riyadh, Saudi Arabia. *Natural Hazards*, 84(3), 1807–1830.

Rambo, K. A., Warsinger, D. M., Shanbhogue, S. J., Lienhard, S. H., & Ghoniem, A. F. (2017). Water-energy nexus in Saudi Arabia. *Energy Procedia*, 105(L), 3837–3843.

Raouf, M. A. (2009). Climate change in the Arab world: threats and responses. In D. Michel & A. Pandya (Hrsg.), *Troubled waters* (S. 45–64). Henry L. Stimson Center. https://research.fit.edu/media/site-specific/researchfitedu/coast-climate-adaptation-library/middle-east/regional---middle-east/Hamid.-2009.-CC-Threats--Responses-in-the-Arab-World.pdf. Zugegriffen: 16. Juli 2023.

Raouf, M. A., & Luomi, M. (Hrsg.). (2016). *The green economy in the Gulf*. London: Routledge.

Reiche, D. (2010). Energy policies of Gulf Cooperation Council (GCC) countries: possibilities and limitations of ecological modernization in rentier states. *Energy Policy*, 38(5), 2395–2403.

Robbins, P. (2020). *Political ecology: a critical introduction*. Hoboken: Wiley.

Safieddine, S., Clerbaux, C., Clarisse, L., Whitburn, S., & Eltahir, E. A. B. (2022). Present and future land surface and wet bulb temperatures in the Arabian peninsula. *Environmental Research Letters*, 17(4), 1–9.

Schär, C. (2016). The worst heat waves to come. *Nature Climate Change*, 6(2), 128–129.

Siddiqi, S. A., Al-Mamun, A., Baawain, M. S., & Sana, A. (2021). Groundwater contamination in the Gulf Cooperation Council (GCC) countries: a review. *Environmental Science and Pollution Research*, *28*(17), 21023–21044.

Siddiqui, S. (2022). A transboundary threat: The prevalence of sandstorms in the GCC pose a severe climate risk. https://www.newarab.com/features/prevalence-sandstorms-gcc-pose-severe-climate-threat (Erstellt: 18.07.). Zugegriffen: 16. Juli 2023.

Sim, L.-C. (2012). Re-branding Abu Dhabi: From oil giant to energy titan. *Place Branding and Public Diplomacy*, *8*(1), 83–98.

Sim, L.-C. (2020). Low-carbon energy in the Gulf: upending the rentier state? *Energy Research & Social Science*, *70*, 101752. https://doi.org/10.1016/j.erss.2020.101752.

Sim, L.-C. (2022). Renewable power policies in the Arab Gulf states. Middle East Institute. https://www.mei.edu/publications/renewable-power-policies-arab-gulf-states. Zugegriffen: 15. Juli 2023.

Soliman, M. N., Guen, F. Z., Ahmed, S. A., Saleem, H., & Zaidi, S. J. (2022). Environmental impact assessment of desalination plants in the Gulf region. In V. Naddeo, K.-H. Choo & M. Ksibi (Hrsg.), *Water-energy-nexus in the ecological transition* (S. 173–177). Basel: Springer.

Sowers, J. (2018). Environmental activism in the Middle East and North Africa. In H. Verhoeven (Hrsg.), *Environmental politics in the Middle East* (S. 27–52). Oxford: Oxford University Press.

Varela, R., Rodríguez-Díaz, L., & de Castro, M. (2020). Persistent heat waves projected for Middle East and North Africa by the end of the 21st century. *PLOS ONE*. https://doi.org/10.1371/journal.pone.0242477.

Wabnitz, C. C. C., Lam, V. W. Y., Reygondeau, G., Teh, L. C. L., Al-Abdulrazzak, D., Khalfallah, M., Pauly, D., Palomares, M. L. D., Zeller, D., & Cheung, W. W. L. (2018). Climate change impacts on marine biodiversity, fisheries and society in the Arabian Gulf. *PLOS ONE*. https://doi.org/10.1371/journal.pone.0194537.

Yamada, M. (2020). Can a rentier state evolve to a production state? An ‚institutional upgrading' approach. *British Journal of Middle Eastern Studies*, *47*(1), 1–18.

Zumbrägel, T. (2019). Being green or being seen green? Strategies of eco regime resilience in Qatar. In H. Pouran & H. Hakimian (Hrsg.), *Environmental challenges in the MENA region* (S. 49–71). Chicago: Gingko Library.

Zumbrägel, T. (2020). Beyond greenwashing: sustaining power through sustainability in the Arab Gulf monarchies. *Orient*, *61*(1), 28–35.

Zumbrägel, T. (2021). Environmental cooperation in the Gulf region: why it matters and why it is failing. In L. Narbone & A. Divsallar (Hrsg.), *Stepping away from the abyss: a gradual approach towards a new security system in the Persian Gulf* (S. 175–185). Florenz: European University Institute.

Zumbrägel, T. (2022). *Political power and environmental sustainability in Gulf monarchies*. London: Palgrave Macmillan.

Politische Ordnungsparameter

Inhaltsverzeichnis

Kapitel 6   Dynastische Herrschaft im Spiegel der Geschichte – 57
Frauke Heard-Bey

Kapitel 7   Monarchien: Nation, Legitimation und Herrschaftssicherung – 71
Katharina Nicolai

Kapitel 8   Konstruktion von „Wir-Identitäten" – 79
Antonia Thies

Kapitel 9   Digitalisierung von Mensch und Umwelt – 89
Laura Schuhn

Dynastische Herrschaft im Spiegel der Geschichte

Frauke Heard-Bey

© PicturePast / stock.adobe.com

Inhaltsverzeichnis

6.1 Einführung: Von der Stammesführung zur Dynastie – 59
6.1.1 Kuwait – 60
6.1.2 Bahrain – 60
6.1.3 Katar – 61

6.2 Transformation unter britischem Einfluss – 62

6.3 Dynastien der Trucial States (Vertragsstaaten) – 63
6.3.1 Al Nahyan (Abu Dhabi) – 63
6.3.2 Al Maktoum – 63
6.3.3 Al-Qawasim: al-Mualla, al-Naimi, al-Sharqi – 64

© Der/die Autor(en), exklusiv lizenziert an Springer-Verlag GmbH, DE, ein Teil von Springer Nature 2025
T. Demmelhuber, N. Scharfenort (Hrsg.), *Die Arabische Halbinsel*,
https://doi.org/10.1007/978-3-662-70217-8_6

6.4	Oman	– 64
6.5	Saudi-Arabien	– 65
6.6	Konsolidierung der Stammesherrscher und ihrer Dynastien durch die wachsenden Beziehungen mit der Ölwirtschaft	– 65
6.7	Bild der „Vaterfigur"	– 66
6.8	Fazit: Zum Zusammenspiel von Dynastien und Autokratien	– 67
	Literatur	– 68

6.1 Einführung: Von der Stammesführung zur Dynastie

In der Bezeichnung „Königreich Saudi-Arabien" wird der Name des Gründers der Al Saud-Dynastie tradiert. Warum bezieht sich in allen arabischen Golfstaaten die staatstragende Macht jeweils auf den Namen einer Familie – deren zentrale Stellung im Falle von Kuwait, Bahrain und Katar sogar in der Verfassung festgeschrieben ist? Auch in den Teilstaaten der Vereinigten Arabischen Emirate (VAE) werden prominente Mitglieder der sieben Dynastien – seien es die Al Nahyan in Abu Dhabi oder die al-Qawasim in Ras al-Khaimah – als die nicht unumstrittenen, aber von der Bevölkerung getragenen, autokratischen Staatslenker wahrgenommen.

Der folgende Beitrag soll verdeutlichen, warum diese Dynastien, deren Status als oberste Entscheidungsträger auf die patriarchalischen Familienstrukturen nomadisierender Stämme zurückreicht, das Übergreifen europäischer Interessen und kapitalistischer Wirtschaftsbedingungen nicht nur überdauert, sondern das Wohlergehen der gesamten Gesellschaft befördert und die Dauerhaftigkeit der politischen Ordnungen geprägt haben.

Eine Dynastie ist das über einen langen Zeitraum bestehende Regierungssystem, bei dem aufeinanderfolgende Macht- oder Regierungsinhaber immer einer Familie angehören. Eine Dynastie entsteht, wenn es einem Vater gelingt, seinen Sohn als Erben seiner Position einzusetzen – und diese Macht wiederum durch die Kinder und Enkel weitergetragen wird. Dynastien hat es in vielen Teilen der Welt und in allen Zeitaltern gegeben. Beispiele sind die europäischen Königshäuser mit festgeschriebener Thronfolge, die Ming-Dynastie in China oder im übertragenen Sinne die Kennedy-Dynastie in den USA. Dynastische Herrschaft wird oft mit autokratischer Herrschaft gleichgesetzt, obwohl sie eine demokratische Grundstruktur gar nicht ausschließen muss. Viele Staaten der MENA-Region – vor allem die wirtschaftlich bedeutendsten – werden von Dynastien regiert. Warum gibt es gerade in den arabischen Golfstaaten diese wenig zeitgemäße Regierungsform – und warum immer noch?

Die Bevölkerung der Arabischen Halbinsel bestand vor allem aus Beduinen, die in große Stammesverbände und räumlich verstreute Zweigstämme gegliedert sind. In vorkolonialer Zeit waren ihre Wanderrouten von jahreszeitlichen und klimatischen Veränderungen bestimmt. Von Beginn der Ausdehnung des Osmanischen Reichs an zwangen externe Mächte den halbnomadischen Bewegungen die Grenzen auf, in deren Folge ab dem frühen 20. Jahrhundert feste Staatsgrenzen den gesamten Raum machtpolitisch und rechtlich aufteilten. Die Suche nach Futter für die Tiere war häufig Anlass für Konflikte zwischen den Stämmen. Ein Stammesverband brauchte einen starken Anführer, denn es galt, Weideflächen und Wasserstellen zu verteidigen und einem nachbarlichen Stamm ein paar Kamele streitig zu machen. Ein Stammesscheich war daher nicht nur ein kampferprobter Anführer, sondern auch ein weiser Schlichter und gerechter Richter, ein freigebiger Nachbar, ein weithin gerühmter Gastgeber und bekannt als wahrer Muslim. Auch gaben ihm die Anführer von wichtigen Familien gern ihre Töchter zur Heirat.

Historischer Längsschnitt
Die Wüstengebiete der Arabischen Halbinsel ermöglichten kein sesshaftes Leben. Die Bewohner dieser Regionen legten weite Strecken zurück, um den jahreszeitlich wechselnden Weidemöglichkeiten zu folgen und die spärlichen Wasservorkommen zu nutzen. Kamele und in geringerem Umfang auch Schafe und Ziegen garantieren den Lebensunterhalt der Beduinen (*badawi*). In großen Stammesverbänden querten diese Vollnomaden wasserlose Dünenlandschaften und angrenzende Halbwüsten (Scholz, 1995). Der einzelne Beduine definiert sich als Sohn (*bin*) des Vaters, der seinerseits nur als Familienmitglied in der Abfolge von Generationen seinen bestimmten Status in der Gesellschaft hat. Dies gilt ebenso für die Töchter (*bint*, Pl. *banat*), deren Dasein immer mit der väterlichen Familie verbunden bleibt. Einzelne Familien und ganze Beduinenstämme führen den Namen eines – oft mythischen – Stammvaters in ihrem Namen fort, wie zum Beispiel die Bani Yas sich als die Söhne von Urvater Yas verstanden wissen wollen. Seit Anfang des 20. Jahrhunderts beeinträchtigten Staatengründungen und Grenzziehung die weiträumigen Wanderungen großer Stammesverbände. Die Aufteilung des arabischen Raums unter den Siegermächten infolge des Ersten Weltkriegs bedeutete für viele Beduinenstämme den Verlust ihrer traditionellen Routen und Weidemöglichkeiten. Wahhabitische Siedlungspolitik und später das Vordringen der Erdölgesellschaften in die Wüste marginalisierten schließlich auch die Beduinen des innerarabischen Raums der Halbinsel. Die gesellschaftliche Verknüpfung durch die väterliche Linie ist in gleichem Maße gegeben, wo die wirtschaftlichen Bedingungen eine teilweise sesshafte Lebensweise erforderten, wie zum Beispiel saisonbedingte Feldbestellung oder Viehhaltung. Solche sogenannten Halbnomaden bevölkern die Wüstenrandgebiete. Sie wandern nur kurze Strecken und schlagen ihre Zelte in der Nähe von landwirtschaftlich genutztem Ackerland auf – was über Generationen zu Auseinandersetzungen zwischen diesen Nomaden und der Landbevölkerung führte. Die Stämme, die zwischen der Wüste von Innerarabien und dem Persischen Golf beheimatet sind, passten ihre Lebensweise den geographischen Bedingungen an, die sie auf ihrem Vordringen nach Osten vorfanden. Diese Halbnomaden besaßen Häuser aus Palmwedeln im Hinterland oder lebten zeitweise in Lehmhütten am Strand und versorgten ihre Dattelgärten. Zu gegebener Zeit zogen kleine Gruppen von Familienmitgliedern mit den Kamelherden dem seltenen Regen nach. Diese auch genannten „versatile tribesmen" (Heard-Bey, 1982, S. 24 ff.) ergriffen außerdem die wirtschaftlichen Möglichkeiten des nahen Meers und arbeiteten als Perlenfischer während der Saison (Mai bis Oktober) im südlichen Golf. Der Begriff „bidun" hat inhaltlich nichts mit dem Begriff Beduine zu tun, sondern stammt aus dem Arabischen und bedeutet „ohne" (hier: ohne Pass oder andere offizielle Dokumente). In den Staaten des Golfkooperationsrats (GKR) – vor allem in Kuwait und Bahrain – handelt es sich um Einwohnerinnen und Einwohner, die entweder vor langer Zeit von außerhalb der Region in das Territorium der heutigen Staaten eingewandert sind und es versäumt haben, ihre Zugehörigkeit zu den (damals) neu gegründeten Staaten beglaubigen zu lassen oder die zu einer nicht willkommenen Minderheit gehören – und somit auch keine Stammeszugehörigkeit nachweisen können.

Allen Araberinnen und Arabern ist gemeinsam, dass sie sich über die väterliche Familienzusammengehörigkeit definieren (Scholz, 1995, S. 88). Das Andenken eines illustren Vorfahren zählt mehr als gegenwärtiger Reichtum. Deshalb vertraut die Gemeinschaft der Stammesmitglieder der Führung einer Familie, deren Vorfahren sich in den oben genannten Tugenden bewährt haben. Daraus erklärt sich, dass in einigen Teilen der Arabischen Halbinsel die Machthaber schon über Generationen den Familien angehörten, die zu Dynastien wurden. Es war nicht notwendigerweise der älteste Sohn, der eine solche Stammesdynastie weiterführte. Vielmehr wählen die Mitglieder der Scheichfamilie – wenn nicht sogar alle wichtigen Stammesmitglieder – den Nachfolger eines verstorbenen oder abgesetzten Stammesfürsten. Das neue Oberhaupt kann ein Sohn, Bruder, Onkel oder Neffe seines Vorgängers sein. Wesentlich ist, dass er seine Führungsqualität schon vorher unter Beweis gestellt hat.

Abb. 6.1 Geschichte des Perlenhandels dargestellt auf kuwaitischen Banknoten (20 Dinar, eingeführt 2014)

6.1.1 Kuwait

Unter der Führung eines solchen Stammesscheichs nahmen die Utub, eine Untergruppe des innerarabischen Stamms der Bani Khalid, im 18. Jahrhundert die Bucht am nordwestlichen Ende des Golfs in Besitz. Viele Mitglieder wurden Karawanenhändler, Fischer oder Seeleute. Im Jahr 1752 wählten sie einen prominenten Stammesscheich, Sabah bin Jabir, zu ihrem Anführer. Er wurde der Begründer der al-Sabah-Dynastie, die auch heute noch die Geschicke von Kuwait bestimmend beeinflusst (Abu-Hakima, 1983).

Die wirtschaftlich wichtigen, zunehmend urbanisierten Familien Kuwaits gestatteten den Nachkommen von Sabah bin Jabir, Zölle und andere Abgaben zu erheben. Sie erwarteten im Gegenzug, dass der militärische und politische Schutz des städtischen Territoriums von den al-Sabah garantiert wurde. Berichten zufolge hatte Kuwait mindestens seit 1770 eine Stadtmauer aus Lehmziegeln. Als Umschlagplatz zwischen der aufblühenden Perlenindustrie am Golf und den Bedürfnissen der rivalisierenden Stämme des Hinterlands wurden viele lokale Familien reicher als die al-Sabah-Familie selbst (Abb. 6.1). Oft musste der Scheich von Händlern Geld leihen, um sich politisch zu behaupten. Scheich Mubarak al-Sabah (1896–1915) spielte seinen osmanischen Titel und russische wie deutsche Annäherungsversuche wegen der Bagdadbahn gegen britische Garantien seiner und Kuwaits Unabhängigkeit aus.

Während seine Nachfolger sich immer mehr Privilegien aneigneten, formierte sich die Händlerschaft zur Bürgerschaft. Sie bemängelte die unzulängliche Verwaltung des Gemeinwesens und ungenügende Gesundheits- und Bildungseinrichtungen. Außerdem hatte sich das Verhältnis zwischen reichen Händlern und dem politischen Machtmonopol der al-Sabah rasch in sein Gegenteil verwandelt, als in den 1930er-Jahren dem Herrscher die Zahlungen für Ölkonzessionen und nach 1946 für die kontinuierlich steigenden Ölexporte zuflossen. Dadurch wurde das interne Machtgefüge infrage gestellt.

Dem wachsenden Ruf der Bevölkerung nach Konsultation mit dem Regenten wurde erstmals 1921 Rechnung getragen, als ein Gremium geschaffen wurde, in das der Scheich zwölf Vertreter der Händlergemeinschaft berief. Dieser Anfang scheiterte schnell. Der wiederholte Versuch, eine Verfassung zu erzwingen, war erst erfolgreich, nachdem Kuwait 1961 aus der politischen und militärischen Obhut Großbritanniens entlassen und 1962 eine konstitutionelle Verfassung beschlossen wurde. Die darin verbriefte dynastische Herrschaft der al-Sabah muss sich seitdem gegen das häufig gespaltene Parlament und eine an großen Reichtum gewöhnte einheimische Bevölkerung behaupten.

6.1.2 Bahrain

Im Vergleich zu den al-Sabah in Kuwait waren die Anfänge der Al Khalifa-Dynastie in Bahrain ein Stück weiter entfernt von den Wurzeln beduinischer Stammestraditionen. Kuwaitische Familien, die nach günstigen geographischen Bedingungen für Perlenhandel und Seefahrt suchten, nahmen 1766 die Halbinsel Katar in Besitz. Unter der Führung der Al Khalifa-Familie eroberten sie von dort aus 1783 die Inselgruppe Bahrain. Es gelang diesen sunnitischen Einwanderern unter der nunmehr dynastischen Führung der Al Khalifa, ihre Herrschaft auszubauen und bis auf den heutigen Tag zu bewahren. Bahrain war im 18. Jahrhundert von einer landwirtschaftlich geprägten Bevölkerung besiedelt, den in vorislamischer Zeit eingewanderten Baharna, die seit den Anfängen des Islams der schiitischen Lehre folgten und als die indigene schiitische Bevölkerung Bahrains gelten.

Damit waren die Wurzeln für politische Reibung zwischen den sunnitischen Al Khalifa und der Mehrheit der Bevölkerung gegeben. Zur Machtsicherung der Al Khalifa schloss Abdullah bin Ahmad Al Khalifa im Jahr 1816 einen Vertrag mit der East India Company (EIC). Die Dynastie der Al Khalifa war seither in besonderer Weise auf britischen Rückhalt angewiesen. Ähnlich wie in Kuwait wurde die Autorität der Al Khalifa im 20. Jahrhundert zunehmend infrage gestellt. Der Ruf nach einer Verfassung, um der Macht der Al Khalifa Grenzen zu setzen, verstummte seit einem ersten gescheiterten Versuch im Jahr 1938 nicht mehr (Al-Tajir, 1987, S. 38 ff.).

Die Ankündigung der britischen Labour-Regierung im Jahr 1968, bis Ende 1971 den militärischen und diplomatischen Schutz Großbritanniens aus dem Persischen Golf abzuziehen, war der Anlass, konstruktiv über Gewaltenteilung zu verhandeln. Nachdem der Schah das iranische Parlament veranlasst hatte, von den historischen Forderungen iranischer Souveränität über Bahrain abzusehen, erklärte Bahrain im Sommer 1971 umgehend seinen Austritt aus der sich gerade bildenden „Föderation der neun Staaten" (Bahrain, Katar und die sieben Vertragsstaaten) und am 15. August 1971 einen unabhängigen Staat. Im Juni 1973 trat eine verfassungsgebende Versammlung von 22 gewählten und acht nominierten Mitgliedern und zwölf Ministern zusammen. Im Dezember fanden Wahlen für eine beschränkte Anzahl männlicher bahrainischer Staatsbürger statt. Das Parlament wurde jedoch schon bald von Scheich Isa bin Salman aufgelöst.

Ähnlich wie in Kuwait, dessen Verfassung Bahrain als Modell diente, wurden Parlament und Wahlen zum ständigen Zankapfel zwischen der von der Verfassung verbrieften dynastischen Macht und einem Großteil der Bevölkerung. Die Opposition, der die Bildung von normalen Parteien nicht gestattet ist, rekrutierte sich mal aus dem sunnitischen Bildungsbürgertum und mal vor allem aus der schiitischen Bevölkerungsmehrheit. Unter Hamad bin Isa wurde Bahrain 2002 zum Königreich erklärt, wodurch die Al Khalifa-Dynastie eine bedeutende Aufwertung erfuhr.

6.1.3 Katar

Das Scheichtum Katar formierte sich erst im späteren 19. Jahrhundert. Im Jahr 1766 kolonisierten die Al Khalifa die Halbinsel und machten Zubarah im Norden zu einem Umschlagplatz für die Perlenwirtschaft. Ein Jahrhundert lang stand Katar unter dem herrschaftlichen Einfluss der Al Khalifa in Bahrain. Ein Zwischenfall auf See erregte 1868 die Aufmerksamkeit der britischen maritimen Machthalter. Dies führte dazu, dass der Anführer des wichtigsten der regionalen Stämme, Muhammad Al Thani, mit der britischen Regierung in Indien einen Vertrag schloss – ähnlich denen, die seit 1820 andere arabische Oberhäupter der Region geschlossen hatten. Damit wurde auf dem Hoheitsgebiet des heutigen Staats Katar die Al Thani-Dynastie etabliert, der es gelang, die Oberherrschaft und territorialen Ansprüche der Al Khalifa abzuschütteln.

Muhammads Sohn und späterer Nachfolger Jasim gestattete im Juli 1871 den Türken, die kürzlich das nachbarliche al-Qatif besetzt hatten, eine Garnison in Doha zu etablieren. Jasim nahm 1888 einen türkischen Titel an, sah sich aber später infolge des Konflikts zwischen der Funktion als osmanischer Statthalter und der Position als Oberhaupt der arabischen Stämme der Halbinsel Katar veranlasst, zeitweise seinem Bruder Ahmad die türkischen Geschäfte zu übertragen – bis dieser 1905 ermordet wurde. Zahlreiche Auseinandersetzungen mit der osmanischen Obrigkeit führten dazu, dass auch Jasim 1893 die Nähe der britischen Ordnungsmacht suchte. In der anglo-osmanischen Konvention von 1913 verzichtete die osmanische Regierung schließlich auf territoriale Ansprüche in Katar. Jasims Sohn Abdullah begrüßte den Abzug der Garnison und stellte im Jahr 1916 Katar unter britische Protektion. Infolge der Aufkündigung der britischen Vorherrschaft am Golf erlangten Katar ebenso wie Bahrain und die Vertragsstaaten 1971 ihre Unabhängigkeit. Katar verkündete am 3. September 1971 nur zwei Wochen später als Bahrain seine Unabhängigkeit.

Einige der Scheichs der Al Thani-Familie erreichten ein hohes Alter von 80 Jahren und mehr. So konnte die jeweilige Nachfolge noch zu Lebzeiten der Familienoberhäupter entschieden werden. In acht Machtwechseln folgte nur einmal, 1972, ein Vetter, Khalifa bin Hamad, seinem Vorgänger.

Erst im Jahr 1996 wurde von Scheich Hamed bin Khalifa das Prinzip der Nachfolge vom Vater auf einen der Söhne festgesetzt. Zuvor dankte diverse Male der Vater zugunsten eines Sohns ab – was 1960 erstmals mit einem öffentlichen Festakt gefeiert wurde. In anderen Fällen nutzte die Al Thani-Familie die Abwesenheit des Oberhaupts, um einem vermeintlich kompetenteren Sohn zur Macht zu verhelfen. Der gegenwärtige Emir, Tamim bin Hamad, ist der achte in der Linie der Al Thani-Dynastie. Gemäß der Verfassung von 2004 (Battaloğlu, 2018, S. 117) sind die Familienmitglieder gesetzlich verpflichtet, das neue Oberhaupt aus der Abstammungslinie von Al Hamed bin Khalifa zu wählen.

Alle drei Dynastien, die al-Sabah, die Al Khalifa und die Al Thani formierten sich im Zuge der Sesshaftwerdung von ursprünglich beduinischen, halbnomadisch lebenden Stämmen (Abb. 6.2). Die im 18. Jahrhundert aufblühende Perlenindustrie und der Seehandel boten ihnen neue wirtschaftliche Möglichkeiten. Die Gründung neuer maritimer Siedlungen, die sich teilweise zu einflussreichen Handelsstädten entwickelten, begünstigte die Machtentwicklung dieser Dynastien.

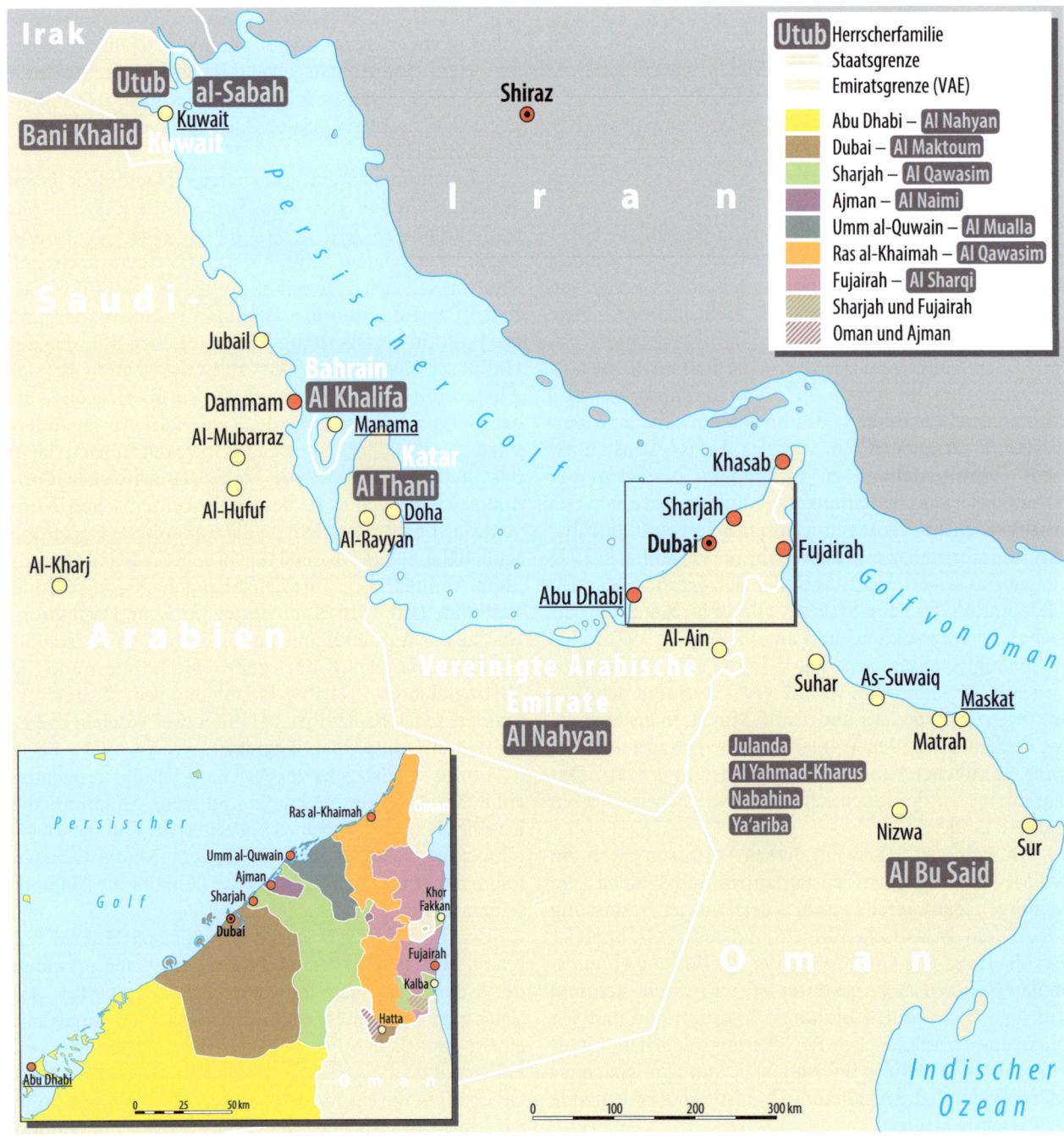

Abb. 6.2 Ausbreitung der Stammesverbände nach den Staatsgründungen im 20. Jahrhundert

6.2 Transformation unter britischem Einfluss

Die Dynastien, die heutzutage auf der arabischen Seite des Persischen Golfs die politische Führung innehaben, entstammen überwiegend den traditionellen Gesellschaftsgefügen beduinischer Stämme und Familien, die häufig mit inneren Verwerfungen kämpften. So kam es vor, dass der Anführer eines Zweigstamms die oberste Herrschaft anstrebte, indem er versuchte, benachbarte Stämme abzuwerben und damit seine Hausmacht an kampffähigen Männern oder steuerlichen Einnahmen zu verbessern, oder es gab Wettstreit um die Vorherrschaft in einer Region.

Spätestens seit dem frühen 19. Jahrhundert wurde dieses natürliche interne Machtgefüge durch fremde Einmischung beeinflusst. Die East India Company (EIC) kam immer häufiger in Konflikt mit den arabischen Anrainern am Golf. 1819 wurden die Verbündeten der al-Qawasim vor Ras al-Khaimah vernichtend geschlagen, woraufhin elf arabische maritime Stammesscheichs ein Stillhalteabkommen (Truce) unterschrieben. Von 1820 an dienten diese Verträge zwischen den Scheichs am Golf – einer wechselnden Anzahl der Trucial States – und der EIC auch der Befriedung der Seefahrt. Das Austragen von Stammesfehden während der sommerlichen Perlensaison wurde zunächst für ein Jahr, dann auf Dauer geächtet.

Ende des 19. Jahrhunderts verpflichtete die britische Regierung diese Scheichs (als Ruler betitelt), keiner fremden Macht Zugang zu ihren Territorien zu gewähren, um eigene Handelsniederlassungen und Konsulate zu gründen, Konzessionen zu sichern und exklusiven Zugang zu Erdöl- und -gasvorkommen zu erhalten. Obwohl viele Maßnahmen (z. B. Beflaggung von Hunderten von Perlenschiffen) Tausende Küstenbewohnerinnen und -bewohner betrafen, verhandelten die englischen Vertreter ausschließlich mit den jeweiligen Oberhäuptern in den Hafenstädten. Für die Scheichs war dieser Kontakt mit den Engländern erst eine unangenehme Bürde, bis sie die Aufwertung ihres Prestiges genossen, wenn sie gelegentlich mit Geschenken und Saluten der Kanonenboote geehrt wurden.

Die Tatsache, dass die Golfdynastien schon zur Mitte des 19. Jahrhunderts ihren Hauptsitz an der Küste hatten, war eine direkte Folge des Umstands, dass sie durch ihre Beziehungen mit der britischen Macht ihre vorherrschende Rolle gegenüber den Stämmen im Hinterland ausbauen konnten. So wurde die Führungsposition einer aus dem Hinterland zur Küste gewanderten beduinischen Dynastie erst durch britische Anerkennung zur Rolle des Trucial Rulers gefestigt (Onley, 2007).

Im Vertragsverhältnis mit der britischen Macht zu stehen, bedeutete von Kuwait bis Maskat und Sansibar, zu den anerkannten Rulern zu gehören, von denen neuerdings staatstragende Funktionen erwartet wurden. Das konnte auch Auswirkungen auf die Nachfolge haben: Welches Mitglied innerhalb einer solchen Dynastie zum Ruler wurde – oder blieb – wurde gegebenenfalls nicht mehr nur traditionell durch die Familie, sondern zusätzlich durch Vertreter der britischen Schutzmacht (mit Sitz in Bushire, Bombay oder London) bestimmt. Dies traf nur zeitweise für den Oman und gar nicht für Saudi-Arabien zu.

6.3 Dynastien der Trucial States (Vertragsstaaten)

Die Formierung der sieben Dynastien, die heute Politik und Wirtschaft der Vereinigten Arabischen Emirate (VAE) bestimmen, verlief aufgrund der Beeinflussung von externen Kräften weniger gradlinig (Heard-Bey, 2004 [1982]). Im Folgenden werden sie jeweils kurz vorgestellt.

6.3.1 Al[1] Nahyan (Abu Dhabi)

Die formativen Stationen der Al Nahyan-Dynastie gehen mindestens in das 16. Jahrhundert zurück. Zu dieser Zeit strebten viele der beduinischen Stämme vom Inneren der Arabischen Halbinsel nach Osten – wahrscheinlich gefördert durch eine klimabedingte Verknappung der Weidemöglichkeiten. Eine Gruppe dieser Stämme und Familien entdeckte nördlich der Rub al-Khali, der riesigen, nahezu unzugänglichen Sandwüste (▶ Kap. 1), in einem Gebiet der Liwa-Oase, nahe der Oberfläche Wasser, das für Menschen, Tiere und den Anbau von Palmen nutzbar gemacht werden konnte. Dort entstanden etwa 60 verstreute Ansiedlungen in einem Halbkreis von etwa 100 Kilometern Durchmesser. Die Liwa-Oase wurde zur „nationalen" Heimat dieser Stämme, die sich wohl schon früher unter ihrem Anführer aus einem der kleineren Stämme, den Al Bu Falah, zum Verband der Bani Yas zusammengeschlossen hatten.

Wesentlich für die spätere Inbesitznahme der Küste war 1761 die Entdeckung von Trinkwasser auf der küstennahen Insel Abu Dhabi. Bald darauf machte Scheich Shakhbut bin Dhiyab mit einem Fort Abu Dhabi zum Zentrum seiner internen und regionalen Machtentfaltung. Von Abu Dhabi und der wasserreicheren Insel Dalma aus wurden die Bani Yas im 19. Jahrhundert zu einer wichtigen maritimen Macht in der Perlenindustrie. Die Scheichs der Al Bu Falah gaben jedoch nie ihre Wurzeln in der Wüste im Hinterland auf. Das erklärt, dass heutzutage 87 % des Territoriums der VAE zum Emirat Abu Dhabi gehören. Teile der östlichen Buraimi-Oase wurden zudem Ende des 19. Jahrhunderts Abu Dhabi zugeführt.

Die Dynastie der Al Bu Falah wurde im Jahr 1964 von Scheich Shakhbut bin Sultan auf die Nachkommen von Nahyan bin Isa, einem Vorfahren im späten 17. Jahrhundert, reduziert. Es war ihm nicht entgangen, dass sich im nachbarlichen Katar inzwischen Tausende einheimischer Kataris als Nachfahren von Muhammad Al Thani „Scheich" nennen konnten und er somit der Ausweitung der zu finanzierenden Familie vorgreifen wollte.

6.3.2 Al Maktoum

Als im Jahr 1820 elf Scheichs der arabischen Küste und von Bahrain den ersten Vertrag mit der EIC unterschrieben, war das Fischerdorf Dubai unter der Oberherrschaft von Abu Dhabi. 1833 wanderte dann einer der Bani-Yas-Stämme – die Al Bu Falah unter der Führung von Obaid bin Said und Maktoum bin Buti – nach Dubai

---

1 Die variierende Schreibung „Al" (Āl) versus „al" (mit Bindestrich) ist der unterschiedlichen Bedeutung im Arabischen geschuldet. „Āl" bedeutet Sippe, Familie, wohingegen „al-" für den bestimmten Artikel (der, die, das) steht. Deshalb erfolgt in diesem Handbuch die variierende Schreibweise al-Sabah (Herrscherfamilie in Kuwait) und z. B. Al Thani (Herrscherfamilie in Katar).

aus (Heard-Bey, 2010, S. 261 ff.). Seit 1852 ist Maktoum der Stammvater der gleichnamigen Dynastie. Um ihr Gemeinwesen gegenüber Abu Dhabi oder den Qawasim im Norden zu schützen, hielten sich die Ruler der Al Maktoum meistens nahe an die britische Obrigkeit. Eine liberale Steuerpolitik während der ertragreichsten Jahre im späten 19. und frühen 20. Jahrhundert bewog auch Händler von anderen Häfen im Persischen Golf, zum Beispiel Bandar Abbas, Lingah und Khamir, in Dubais Perlenwirtschaft zu investieren – zum Beispiel in den Import von Holz für Bau und Ausstattung der Schiffe. Im Jahr 1902 ließ sich eine Gruppe arabischer Händler vom iranischen Ufer, die schon länger geschäftlich in Dubai aktiv waren, in Dubai nieder. Sie hinterließen nicht nur wirtschaftlich, sondern auch architektonisch eine nachhaltige Handschrift: Die nach dem Vorbild der in der ebenfalls feucht-heißen Küste der Provinz Lar errichteten Windturmhäuser (Badgir) mit einem ausgeklügelten Kühlungssystem haben sich zu einem Wahrzeichen Dubais entwickelt und prägen noch heute die älteren Stadtteile Bastakiya und Bur Dubai beziehungsweise das moderne Dubai (z. B. Madinat Jumeirah).

6.3.3 Al-Qawasim[2]: al-Mualla, al-Naimi, al-Sharqi

Die Dynastie der al-Qasimi (Pl. Qawasim) hatte als ursprünglich maritime, arabische Macht einen anderen Werdegang (Al-Qasimi, 2016). Die Anfänge sind in den Häfen auf beiden Seiten des nördlichen Golfs und auf den Inseln zu suchen. Sie waren dem Seehandel verschrieben und tolerierten keine Konkurrenz, die sich in den zahlreichen Buchten und Creeks hätte heranbilden können. Deshalb bemühten sich die Scheichs der al-Qasimi-Familie seit Ende des 18. Jahrhunderts, die Bevölkerung nördlich des Creeks von Dubai und Teile der Halbinsel Musandam unter ihre Herrschaft zu bringen, indem sie diese in ihre Handelsverbindungen integrierten.

Unter der Ägide der Qawasim wurden Güter innerhalb des Golfs, nach Indian, Ostafrika und bis China transportiert. Dies brachte sie zwangsläufig in Konflikt mit den Omanis und der Seefahrt der EIC und ab 1874 der Regierung von Britisch-Indien. Diese Rivalität führte zu handfesten Auseinandersetzungen auf See und schließlich im November 1819 zu einem Überfall auf Ras al-Khaimah und benachbarte Ansiedlungen, wobei viele Menschen ums Leben kamen und die gesamte Flotte in den von den Qawasim regierten Häfen verbrannt wurde. Im folgenden Jahr schlossen elf der Scheichs der arabischen Küste einen Vertrag, der die von der EIC diktierten Bedingungen für die Seefahrt im Golf festlegte. Zeitweise bildeten einzelne Mitglieder der al-Qasimi-Dynastie auch separate Dynastien, zum Beispiel in Sharjah und Kalba. Zu anderen Zeiten herrschten sie in Personalunion über alle Handelsstandorte in der Region nördlich des Creeks von Dubai.

Seit Anfang des 19. Jahrhunderts beteiligten sich immer mehr Beduinen aus dem Hinterland am lukrativen Handel mit Perlen und die Bevölkerung der einzelnen Häfen und Küstensiedlungen wuchs ständig – fluktuierte jedoch saisonal mit Höchstständen während der Perlensaison (Mai bis September). In einigen Fällen siedelten auch die Stammesscheichs dieser beduinischen Gruppen an der Küste und forderten ihrerseits die Anerkennung als dynastische Herrscher. So wurde die Dynastie der al-Naimi mit Verbindungen zu Stämmen in Buraimi schließlich als die herrschende Familie des Staats Ajman anerkannt, zugleich wurden in Umm al-Quwain die al-Mualla zu einer regierenden Dynastie. Namen wie Khan, Hamriyah oder Hierah, die heute Stadtteile von Sharjah bezeichnen, waren auch einmal Anwärter darauf, als eigenständige Staaten von Großbritannien anerkannt zu werden. Die al-Qasimi-Dynastie von Kalba am Indischen Ozean, das 1936 als möglicher Notlandeplatz für die Flugroute nach Indien und wegen der Unterzeichnung einer Ölkonzession zum Staat erhoben wurde, starb 1951 aus. Das benachbarte Fujairah, das bis 1951 Teil von Sharjah war, wurde 1952 durch britisches Eingreifen zum siebten der Trucial States erhoben. Die Dynastie der al-Sharqi von Fujairah erwuchs aus dem nach den Bani Yas volkreichsten Stamm der Sharqiyin, die zuvor ausschließlich an der Ostküste lebten. Der Name al-Qasimi wird weiterhin von den Herrscherfamilien und ihren Mitgliedern von Sharjah und Ras al-Khaimah geführt. Als wichtigster Hafen und Stammsitz der Qawasim seit dem 18. Jahrhundert ist Ras al-Khaimah ein geschichtsträchtiger Staat an der nördlichen Grenze zu der omanischen Exklave von Musandam.

Alle sieben Dynastien, die auch heute noch die Politik und Gesellschaft der VAE maßgeblich prägen, verdanken ihren derzeitigen Status der Rolle, die sie in der Vergangenheit als die maritimen „Türöffner" für den Zugang zum Hinterland und zu potenziellen Ölvorkommen gespielt haben. Drei der sieben Emirate, nämlich Dubai, Ajman und Umm al-Quwain, sind heute sogenannte Stadtstaaten. Doch die historisch-familiären Verbindungen zu diversen Stämmen im Hinterland werden von der einheimischen Bevölkerung noch immer gepflegt – nicht zuletzt durch Eigentum von Grundstücken in Abu Dhabis östlicher Stadt al-Ain oder im Grenzland nach Oman. Die Al Nahyan betonen ihre ursprünglich beduinischen Wurzeln und die lokale Bevölkerung (Staatsbürgerinnen und -bürger) des Flächenstaats Abu Dhabi pflegt bis heute enge politische und kulturelle Verbindungen zur Liwa-Oase und dem westlichen Hinterland.

6.4 Oman

Im Oman gehen die Wurzeln von aufeinander folgenden Dynastien weder auf das oben beschriebene Muster der

---

2 Siehe Fußnote 1.

beduinischen Scheichfamilien noch auf handeltreibende Eliten zurück. Im ersten islamischen Jahrhundert bildete sich in Basra die Sekte der Ibaditen, die vor allem im Oman missionierte. Geographisch und politisch isoliert, hat die omanische Gesellschaft an einem wesentlichen Bestandteil dieser Lehre festgehalten, wonach als weltlicher Anführer ein Imam gewählt werden muss, der für überragende religiöse Gelehrsamkeit und zugleich für militärische Führungsqualitäten bekannt ist.

Die Stämme im Oman griffen in Krisenzeiten immer wieder auf diese seit Jahrtausenden existierende Praxis des Ibadismus zurück (Wilkinson, 1987). Die Begründer aller fünf namhaften omanischen Dynastien, die vorislamischen Julanda, die Al Yahmad-Kharus, die Nabahina, die Yaariba und die Al Bu Said kamen durch diesen religiös-demokratischen Prozess erstmalig zur Macht – etablierten aber dann jeweils einen Sohn oder ein Familienmitglied als Nachfolger und gründeten dadurch eine neue vererbbare Dynastie.

Der Aufstieg der Yaariba-Dynastie ist dafür ein Beispiel: Im 17. Jahrhundert war der vorherigen Dynastie die Herrschaft über die Stämme in den Tälern des Hajar-Gebirges entglitten, während gleichzeitig die Küstenorte einschließlich Maskat fest in portugiesische Hand kamen. Eine Versammlung von ibaditischen Stammesführern kam 1624 im küstennahen Fort von Rustaq zusammen und wählte einstimmig Scheich Nasir bin Murshid zum Imam. Er starb 1649, ohne einen Sohn zu hinterlassen, und so wurde sein Vetter Sultan bin Saif (ebenfalls in Rustaq) zum Imam erkoren. Es gelang der Dynastie nicht nur, bis 1650 alle Portugiesen aus der Region zu vertreiben, sondern sie machte den Oman zu einer maritimen Macht mit kolonialen Besitzungen an der ostafrikanischen Küste.

Für den nächsten dynastischen Wachwechsel war eine Gefahr von außen, der persische Übergriff auf die Küste, der entscheidende Anstoß: Der omanische Gouverneur Ahmad bin Said verteidigte die geostrategisch bedeutende Hafenstadt Sohar so erfolgreich, dass er 1744 als Retter und Einiger zum Imam gewählt wurde. Nach seinem Tod 1783 war sein Sohn Said der letzte der Al Bu Said-Dynastie, der den islamischen Titel Imam führte – mit dem Führungsanspruch auch in religiösen Belangen. Sein Enkel Hamed bin Said und alle Nachfolger bevorzugten den Ehrentitel Sayyid und die weltliche Funktion eines Sultans. Die säkulare Machtentfaltung der nachfolgenden Sultane war von da an auf die maritime Wirtschaftsmacht vor allem in Ostafrika gestützt. Nach innerdynastischen Kämpfen wurde ab 1832 unter Said bin Sultan (hier Eigenname, nicht Titel) zeitweise sogar Sansibar zur Hauptstadt des Omans.

Die Al Bu Said-Dynastie suchte meistens eine enge Verbindung mit Britisch-Indien – was ein Ärgernis für manche Omanis darstellte, denn der Ibadismus verlor unter den Stämmen im bergigen Landesinneren nicht an Boden. Vielmehr wählten ihre streng religiösen Führer im Jahr 1913 Salim bin Rashid al Kharusi zum Imam und erklärten den Sultan für abgesetzt. Nach Salims Tod 1920 wurde Muhammad al-Khalili, der Vertreter eines rivalisierenden Stamms, zum Imam gewählt. Britische Truppen unterstützten die weltliche Al Bu Said-Dynastie gegen die imamtreuen, konservativen, nach Saudi-Arabien tendierenden Stämme im Hinterland. Jahrzehntelang versuchten diese Stämme, die Ölgesellschaft, die seit 1937 vom Sultan die Konzession für den gesamten Oman erhalten hatte, bei ihrer Suche zu behindern.

Erst Sultan Qabus, der 1970 in einem unblutigen, von britischer Seite unterstützten Putsch seinen Vater Said bin Taimur ablöste, konnte alle Teile des Omans unter seiner modernisierenden Herrschaft vereinen – außer der zunächst abtrünnigen Provinz Dhofar. Die Inthronisierung des heutigen Sultans, Haitham bin Tarik Al Bu Said, erfolgte 2020 gemäß der vorherigen Bestimmung seines kinderlosen Vetters und Vorgängers Qabus (1970–2020).

6.5 Saudi-Arabien

Die einflussreichste Dynastie der Arabischen Halbinsel hängt auch nach dem Ableben des Begründers Abdul Aziz Al Saud (Ibn Saud) im Jahr 1953 noch direkt von ihm ab. Bisher waren alle dynastischen Nachfolger seine Söhne (Holden & Johns, 1981). Die Nachfolge wird unter den zahlreichen Söhnen nach gelegentlichen internen Machtkämpfen innerhalb der riesigen Familie geregelt. Ibn Saud begründete das Reich (seit 1932 Königreich) nach der Eroberung von Riad im Jahr 1902 durch Unterwerfung der zahlreichen Stämme, durch Verpflichtung der Beduinen auf die wahhabitische Version des Islams und durch Usurpation der Herrschaft über die beiden heiligsten Stätten des Islams, Mekka und Medina, die er 1924 den Haschemiten entriss.

Während voraussichtlich die Macht erstmalig auf einen Enkel, Mohammed bin Salman, übergehen wird, erleben die Vertreter des Klerus eine unerwartete Schwächung ihres großen Einflusses – dank der von oben gewollten, rasanten Öffnung zur Außenwelt (▶ Kap. 13, 14, 15, 16 und 17).

6.6 Konsolidierung der Stammesherrscher und ihrer Dynastien durch die wachsenden Beziehungen mit der Ölwirtschaft

Im Jahr 1925 erhielt die Iraq Petroleum Company (IPC), bestehend aus je einer britischen, holländischen, französischen und zwei amerikanischen Ölfirmen, die Lizenz, im Irak nach Petroleum zu suchen. Sie wurde 1927 fündig und damit begann die Jagd nach Ölkonzessionen in allen arabischen Anrainerstaaten am Golf.

Als Ansprechpartner für die Unterhändler dieser Firmen kam in jedem Fall nur der Ruler, Sultan oder König infrage. Es ist bezeichnend für das Verhältnis der meisten der Ruler zu der stammesgebundenen Bevölkerung, dass sie sich anfänglich von den Geologen der Ölfirmen vor allem Hilfe bei der Suche nach (Trink-)Wasser versprachen. Das hätte in den Augen einer oft fremdenfeindlichen lokalen Bevölkerung den Kontakt mit diesen nichtmuslimischen Spezialisten mehr als gerechtfertigt. Wie schon die anfänglichen Zahlungen für Optionen einem Ruler die Möglichkeit gaben, mit dem Reichtum mancher Händler Schritt zu halten, eröffnete sich durch die jährlichen Konzessionszahlungen nun auch die Möglichkeit, ihr politisches Gewicht zu sichern.

Im Jahr 1934 unterschrieb Scheich Ahmad al-Jaber al-Sabah eine Ölkonzession mit der amerikanisch-britischen Kuwait Oil Company (KOC). Die jährlichen Zahlungen machten die dynastische Familie unabhängiger von den Zuwendungen der Händler. Nun, da die Bürgerinnen und Bürger die Bittsteller waren, erwarteten sie aber auch Modernisierung der Verwaltung und des Gemeinwesens. Der Ruf nach einer Verfassung zur Begrenzung der Macht der al-Sabah-Dynastie wurde dringlicher, die aber erst 1962 nach Staatsgründung eingerichtet wurde (▶ Kap. 10).

Auch in anderen Herrschaftsgebieten am Golf erlangten die Ruler finanzielle Unabhängigkeit – zugleich gab es auch Missgunst seitens der Familienmitglieder oder der Bürgerinnen und Bürger, weil er in ihren Augen zu viel im eigenen Interesse handelte. Zum Beispiel wurde Said bin Maktoum Al Maktoum von Dubai zwischen 1936 und 1939 deshalb fast das Opfer eines Umsturzes. In allen De-facto-Hauptstädten der arabischen Golfdynastien, auch dort wo letztlich keine Erdöl- oder Erdgaslagerstätten gefunden wurden, bewirkten die anfänglichen Konzessionszahlungen – die in Ermanglung eines anderen Systems in die Hände der Herrschenden gegeben wurden – eine finanzielle, politische und gesellschaftliche Verschiebung im Verhältnis der Bevölkerung zu ihren Scheichs.

Eine Tochter der IPC mit Sitz in London hatte im Jahr 1935 mit dem katarischen Scheich Abdullah Al Thani einen Konzessionsvertrag geschlossen. Der Mangel an finanziellen Möglichkeiten, Stahl und notwendigen Spezialisten während der Zeit des Zweiten Weltkriegs verzögerte die Produktion, bis 1949 erstmalig Erdöl von dem dafür gebauten Hafen Umm Said verschifft werden konnte. Diese Firma benutzte Bahrain als Verwaltungsstandort auch für ihre Unternehmungen in den Trucial States. Im Jahr 1934 nahm ein Vertreter der Petroleum Development Trucial Coast (PDTC) erstmalig Kontakt mit den dortigen Scheichs auf (Heard, 2011). Obwohl das Interesse der Geologen eigentlich dem Landesinneren, vor allem den Bergen galt, war es geboten, direkt mit den Oberhäuptern der von der britischen Regierung in Bombay anerkannten maritimen Dynastien zu verhandeln.

In den 1930er-Jahren waren es sieben Staaten – Sharjah (Sitz eines lokalen Vertreters für Britisch-Indien), Dubai, Ras al-Khaimah, Ajman, Umm al-Quwain, Kalba und Abu Dhabi –, mit deren Herrschern teilweise jahrelange Verhandlungen geführt wurden. Im Januar 1939 setzte schließlich auch Scheich Shakhbut bin Sultan, der Ruler von Abu Dhabi, seine Unterschrift unter einen Vertrag, der, wie zur damaligen Zeit üblich, über einen Zeitraum von 75 Jahren Gültigkeit hatte.

Der Zweite Weltkrieg und andauernde Knappheiten setzten der Nutzung aller dieser Konzessionen ein vorläufiges Ende. Erst im Winter 1949/50 wurde die erste Bohrung in einem Teil von Abu Dhabi begonnen, wo keine saudischen territorialen Ansprüche im Weg standen (Heard, 2019). Diese und viele weitere kostspielige Bohrungen auch beispielsweise in Dubai und Sharjah blieben erfolglos, bis endlich in Abu Dhabi im Jahr 1960 zu Land und im Meer Öl in kommerziell relevanten Mengen gefunden wurde. Da die Firma in keinem der anderen der Trucial States fündig geworden war, wurden diese Konzessionen zurückgegeben und an andere internationale Firmen neu vergeben.

6.7 Bild der „Vaterfigur"

Die Entwicklung der einzelnen arabischen Ölexportstaaten zu wirtschaftlicher Macht ist hinlänglich bekannt. Es bleibt die Frage, was diese Epoche des finanziellen Überflusses den jeweiligen Gesellschaften gebracht hat – und noch bringt: Hat der Reichtum, der aus oben dargestellten Gründen direkt in die Hände der Oberhäupter ihrer Dynastien floss, die Staatsform beeinflusst? Förderte der Reichtum die Entwicklung zu Autokratien? Hat er die Entwicklung zu demokratischen Formen verhindert? Warum wurden Militärdiktaturen vermieden?

Ein Blick auf die ersten Jahre der für Kuwait stetig wachsenden Einkommen aus dem Öl kann eine Orientierung aufzeigen. Die al-Sabah, als eine aus den Wurzeln der beduinischen Stammessolidarität entstammende Dynastie, waren sich im 20. Jahrhundert mehr denn je bewusst, dass ihre Führungsposition von dem Fortbestand des traditionellen Einverständnisses mit den Stämmen, und nun auch zunehmend von der freiwilligen Kooperation mit Kuwaits Händlern und dem erstarkenden Bürgertum, abhing. Als in den 1950er-Jahren das unerwartet viele Geld aus den Exporten von Erdöl (und Erdgas) dem Ruler die Möglichkeit gab, Loyalität der Bevölkerung zu erkaufen, modernisierte Scheich Abdullah al-Salim mit britischer Unterstützung die Stadt Kuwait und schuf eine umfassende technische und soziale Infrastruktur, die die Versorgung der Bürgerinnen und Bürger sicherstellte (Said Zahlan, 1998, S. 39 ff.). Während von dem Geldsegen noch reichlich für außenpolitische Zuwendungen und die eigenen Familienmitglieder übrigblieb, wollten die al-Sabah sich als „Vaterfigur" sehen, der die Untertanen in die „Moderne und ein besseres Leben führt" – eine Rolle, die sich aus dem gesellschaftlichen Verständnis des beduinischen Stamms ableiten lässt.

Damit erfüllte Kuwait eine Vorbildfunktion (Hermann, 2011, S. 286), sodass auch andernorts am Golf die stammesverwandte Bevölkerung ein gutes Maß an Teilhaberschaft als selbstverständlich erwartete. Nach diesem Beispiel wurden deshalb auch in Bahrain und Katar ab den 1950er-Jahren moderne Häuser, Schulen, Krankenhäuser und moderne Verwaltungen aufgebaut. Solche Entwicklungen – die urbane Transformation sowie wirtschaftliche Entwicklung – wurden alsbald zum Anziehungspunkt für stammesverwandte Migrantinnen und Migranten aus den Trucial States, die zu dieser Zeit noch unter den wirtschaftlichen und somit existenziellen Folgen des Zusammenbruchs der Perlenindustrie und des Zweiten Weltkriegs litten.

Die ersten Ölexporte (1963 offshore, 1964 onshore) versprachen endlich auch für Abu Dhabi den erhofften Durchbruch. In den sechs anderen Trucial States blieb die intensive Suche so gut wie erfolglos (Heard, 2019), nur Dubai konnte ab 1967 einige Jahrzehnte lang gut am Export von Erdöl verdienen. In Abu Dhabi wurden zwar ein paar Schulen, eine Wasserleitung, Stromversorgung und ein behelfsmäßiges Krankenhaus schnell in Angriff genommen, aber Scheich Shakhbut bin Sultan Al Nahyan (1928–1966) hatte in der Zeit, als er schon Ruler war, den wirtschaftlichen Niedergang der Region miterlebt. Ihm waren die damaligen Visionen einer atomaren Energiewende nicht unbekannt und so fürchtete er, dass – genau wie zuvor beim Perlenboom – nach einem kurzlebigen Ölboom der Markt wegbrechen könnte.

Im Einvernehmen mit London beschlossen die wichtigen Familienmitglieder der Al Nahyan im Juli 1966, dass Shakhbuts jüngster Bruder Zayed bin Sultan zum Nachfolger ausgerufen werden sollte. Diese unblutige Palastrevolte gab Zayed die Möglichkeit, seine weitreichenden Transformationspläne für das gesamte, von den Al Nahyan beherrschte Territorium umzusetzen, die er bereits als Gouverneur der östlichen Provinz al-Ain entwickelt hatte. Während seiner 38-jährigen Herrschaftszeit (1966–2004) sowie 33 Jahre andauernden Präsidentschaft der 1971 gegründeten Föderation der Vereinigten Arabischen Emirate (VAE; 1971–2004) bewirkte er, dass das Land insbesondere durch Abu Dhabis Einkommen aus dem Erdölexport zu beispielhafter wirtschaftlicher Blüte gelangte. Sein Titel „Vater der Nation" drückt aus, was die stammesgebundene Bevölkerung der Emirate auch noch heute empfindet.

In der zweiten Hälfte des 20. Jahrhunderts entwickelten sich viele arabische Golfstaaten zu reichen Exporteuren von Erdöl und Erdgas. Wie konnten diese ungeahnten Finanzströme verwaltet werden, wenn sie von Vertrags wegen gar nicht in etablierte Staatskassen, sondern in die Hände der jeweiligen Herrscher flossen? Für die damals noch vorwiegend illiterate Bevölkerung der arabischen Golfregion war ein solches Verfahren gängige Norm. Aus heutiger Sicht ist bemerkenswert, dass weder die Ölfirmen noch die britische und amerikanische Regierung dies als unproblematisch empfanden. Erst allmählich wurden Banken ins Land geholt, Verträge neu verhandelt und jeweils Systeme zur sinnvollen Umverteilung des Reichtums geschaffen (▶ Kap. 3). An dem Prinzip, dass der Herrscher mithilfe seiner dynastischen Familie alle Kardinalentscheidungen trifft und die Entwicklung des Landes bestimmt, wurde jedoch nicht gerüttelt. So kann es als besonderer Umstand gewertet werden, dass diese mit so viel zusätzlicher Macht ausgestatteten Staatsoberhäupter dem traditionellen System des Stammesführers treu blieben und sich als der Stammesbevölkerung verbundene „Vaterfiguren" verstanden wissen wollten.

6.8 Fazit: Zum Zusammenspiel von Dynastien und Autokratien

Als essenzielles Bindeglied in den stammesgebundenen Gesellschaften wurden einzelne Dynastien unentbehrlich für die britische Regionalpolitik am Golf. In der zweiten Hälfte des 20. Jahrhunderts konsolidierte sich ihre Position im Zusammenspiel mit den Ölgesellschaften, während ihre Einflussgebiete zu international anerkannten Staaten wurden. Dabei verwandelte sich die Autorität der Entscheidungstragenden einer Stammesdynastie zur Machtfülle autokratischer Staatslenker. In ihrer Form sind diese Staaten de jure konstitutionelle Monarchien. Der autokratischen Macht dieser Dynastien wurde jeweils durch eine Verfassung oder ein Basic Law – meistens als Antwort auf Druck von der einheimischen Bevölkerung – festgeschriebene Grenzen gesetzt (Kuwait 1962, Bahrain 1971, Katar 2004, Oman 1996). Die Verfassung der VAE wurde aus der Notwendigkeit geboren, der zu gründenden Föderation der sieben oben genannten Emirate 1971 eine Ordnung zu geben. In jedem Fall wurde dabei festgeschrieben, dass die jeweilige Dynastie die staatstragende oberste Macht im Staat ist und bleibt. Die Möglichkeiten zur Mitgestaltung durch gewählte Parlamente oder bestellte Beratungsgremien (wie in Saudi-Arabien) werden unterschiedlich gehandhabt. In Kuwait gab es bisher die kritischsten Konfrontationen zwischen dem Parlament und der al-Sabah-Herrscherfamilie – gefolgt von Bahrain. Anderswo beschränken sich die gewählten oder berufenen Gremien weitgehend auf ihre intendierten beratenden Funktionen.

Nach sieben Jahrzenten Investitionen in Bildung – im eigenen Land oder im Ausland – sind immer mehr Absolventinnen und Absolventen befähigt, an den Veränderungen des öffentlichen Lebens sowie der Politik und Wirtschaft ihrer Länder mitzuwirken. Schon lange ersetzten Staatsbürgerinnen und Staatsbürger ausländische Entscheidungsträger in Ministerien, in der (Erdöl-)

Industrie, im Militär, in Banken und in der Privatwirtschaft. Derartiger Zuwachs an Mitsprache bedeutet jedoch nicht notwendigerweise auch Mitentscheidung in den hierarchisch geprägten Gesellschaften, wo die Mitglieder der Dynastien Entscheidungen gerne in eigenen Kreisen fällen.

Es wird häufig darauf verwiesen, dass in diesen sogenannten Rentierstaaten (Mayer, 2006; ▶ Kap. 3) die Regierungen die Zustimmung ihrer einheimischen Bevölkerung mit wertvollen Privilegien und der Fürsorge „von der Wiege bis zum Grab" erkaufen (Battaloğlu, 2018, S. 80). Wo ein Teil von ihnen sich aber nicht adäquat berücksichtigt fühlt – die Schiiten in Bahrain und Saudi-Arabien, ausgegrenzte Gruppen in Kuwait (besonders die *bidun*, die weder eine Staatsbürgerschaft noch offizielle Dokumente haben) und ansonsten religiös oder ideologisch Andersdenkende –, hat es immer wieder Gegenbewegungen gegeben. Oft richteten sie sich weniger gegen die regierende Dynastie selbst als gegen den Umstand, dass diese als Handlanger der britischen Macht galt oder später mit den USA kooperierte. Keine der hier behandelten Dynastien ist seit der Staatswerdung der unter ihrem Einfluss stehenden Territorien zu Fall gekommen.

Das Maß ihrer Tragfähigkeit lässt sich abschließend am Beispiel der VAE darstellen: Die erheblichen Unterschiede in der Ausstattung mit Ressourcen und individuellen Interessen zwischen den sieben Emiraten sind offensichtlich: In Dubai strebt die Al Maktoum-Familie dahin, durch die Umsetzung zukunftsweisender Initiativen ihrer Wirtschafts- und Tourismusmetropole weltweite Sichtbarkeit zu verschaffen. Das benachbarte Sharjah ist von den besonderen Interessen im Bereich Kultur und Bildung des Emirs von Sharjah, Sultan al-Qasimi, geprägt, der zahlreiche Museen, Universitäten und Kulturinstitute in den verstreuten urbanen Zentren des Emirats entstehen lässt. Fujairah schöpft die Vorteile seiner geographischen Lage am Indischen Ozean aus und beheimatet einen der größten Häfen der Welt. Ras al-Khaimah baut auf die Stein- und Zementwirtschaft, Tourismus und eine florierende Pharmaindustrie. Die Bürgerinnen und Bürger eines jeden der Emirate identifizieren sich stark mit diesen Initiativen ihrer „eigenen" Scheichfamilie, erwarten jedoch auch von dieser dann Abhilfe, wenn es im Vergleich zu anderen Emiraten Unterschiede in der Lebensqualität gibt.

Es ist die Aufgabe der föderalen Ministerien und Institutionen, jenseits der Emiratgrenzen für das Wohl der gesamten Föderation zu sorgen. Die Finanzierung der föderalen Verwaltung und Regierung wurde von der ersten Stunde an von Shaikh Zayed bin Sultan Al Nahyan garantiert. Abu Dhabi trägt weiterhin einen nichtveröffentlichten Anteil der föderalen Kosten – und seit 1971 wählten alle fünf Jahre die sechs anderen Ruler einen Al Nahyan zum Präsidenten. Das Weiterbestehen der sieben Dynastien sowie das individuell konzipierte wirtschaftliche Wachstum der einzelnen Emirate im Zusammenspiel mit der föderalen Regierung festigte das anfänglich fragile Staatsgebilde VAE.

Grundsätzlich gilt, dass seit der Staatswerdung die dynastischen Familien in wachsendem Maße zum Nukleus von Nationalbewusstsein und nationaler Identität geworden sind und dabei auch das gemeinsam geteilte Leid und die Traumata der Vergangenheit als nationalen Neuanfang verstehen (Kuwait nach der irakischen Besatzung). Die Herrscherfamilien sind Gegenstand stolzer Teilhaberschaft der Bevölkerung und ihre Mitglieder werden hoch verehrt, wie in den VAE deutlich wird, wo der verstorbene Präsident auch mehr als 20 Jahre nach seinem Tod als „Vater Zayed" verehrt wird. Regimetreue nährt sich auch davon, dass die eigene Familie mit derjenigen der Dynastie durch die gemeinsame Geschichte eng verbunden ist (siehe auch das offizielle Motto von Katar: „Gott, Nation, Emir"). So überrascht es nicht, dass die Staatsbürgerinnen und -bürger (zumeist als Minderheit) an allem festhalten – einschließlich ihrer traditionellen Kleidung –, was sie von der überwältigenden Mehrheit der Migrantinnen und Migranten (▶ Kap. 12) unterscheidet. Die Mehrheit der eigenen Bürgerinnen und Bürger fühlt sich in ihrem Staat gut aufgehoben und glaubt an ein Ordnungsnarrativ für die Gegenwart und einer daraus abgeleiteten Zukunftserzählung (▶ Kap. 8). Letzteres ist neben den nicht zu ignorierenden materiellen Faktoren politischer Macht und Herrschaft (z. B. Repression) die zentrale, immaterielle Quelle von Herrschaftssicherung in den Monarchien auf der Arabischen Halbinsel.

Literatur

Abu-Hakima, A. M. (1983). *The modern history of Kuwait 1750–1965*. London: Luzac.
Al-Qasimi, S. B. M. (2016). *Sharjah – die Geschichte einer Stadt*. Hildesheim: Olms.
Al-Tajir, M. A. (1987). *Bahrain 1920–1945. Britain, the shaikh and the administration*. London: Croom Helm.
Battaloğlu, C. (2018). *Political reforms in Qatar. From authoritarianism to political grey zone*. Berlin: Gerlach Press.
Heard-Bey, F. (2004). *From trucial states to United Arab Emirates. A society in transition*. London: Longman. 1982.
Heard-Bey, F. (2010). *Die Vereinigten Arabischen Emirate zwischen Vorgestern und Übermorgen*. Dubai: Motivate.
Heard, D. (2011). *From pearls to oil. How the oil industry came to the United Arab Emirates*. Dubai: Motivate.
Heard, D. (2019). *Oil men, territorial ambitions and political agents*. Berlin: Gerlach Press.
Hermann, R. (2011). *Die Golfstaaten. Wohin geht das neue Arabien?* München: Dtv.
Holden, D., & Johns, R. (1981). *The house of Saud*. London: Sidgwick & Jackson.
Mayer, F. (2006). Zur Bedeutung von Renteneinnahmen für die politische und ökonomische Entwicklung in der MONA Region. https://library.fes.de/pdf-files/iez/04276.pdf. Zugegriffen: 24. Apr. 2024.
Onley, J. (2007). *The Arabian frontiers of the British Raj. Merchants, rulers, and the British in the nineteenth-Century Gulf*. Oxford: Oxford University Press.

Scholz, F. (1995). *Nomadismus. Theorie und Wandel einer sozio-ökologischen Kulturweise*. Stuttgart: Franz Steiner Verlag.

Wilkinson, J. C. (1987). *The Imamate tradition of Oman*. Cambridge: Cambridge University Press.

Zahlan, S. R. (1998). *The making of the modern Gulf states. Kuwait, Bahrain, Qatar, the United Arab Emirates and Oman*. London: Ithaca Press.

Monarchien: Nation, Legitimation und Herrschaftssicherung

Katharina Nicolai

© swisshippo / Stock.adobe.com

Inhaltsverzeichnis

7.1 Einführung – 72

7.2 Monarchien: Forschungstrends und Traditionen – 72

7.3 Monarchie und Nation: Trajektorien der Staats- und Nationenbildung – 73

7.4 Legitimation und Herrschaftssicherung – 76

7.5 Fazit – 77

Literatur – 78

© Der/die Autor(en), exklusiv lizenziert an Springer-Verlag GmbH, DE, ein Teil von Springer Nature 2025
T. Demmelhuber, N. Scharfenort (Hrsg.), *Die Arabische Halbinsel*,
https://doi.org/10.1007/978-3-662-70217-8_7

7.1 Einführung

Sechs der sieben Staaten der Arabischen Halbinsel werden noch heute monarchisch regiert: Saudi-Arabien, Kuwait, Bahrain, Katar, Oman und die monarchische Föderation der Vereinigten Arabischen Emirate (VAE). In keiner anderen Weltregion ist die Dichte von Monarchien vergleichbar hoch, in wenigen anderen Ländern weltweit ist der monarchische Machtanspruch ähnlich umfassend. Die hohe Anzahl von Königen, Emiren und Sultanen erstreckte sich bis Mitte des letzten Jahrhunderts auch über die erweiterte Region des Mittleren Ostens und Nordafrikas (MENA).[1] Neben den überlebenden Monarchien, dem Königreich Marokko und dem haschemitischen Königreich Jordanien, dominierte die Monarchie als Staatsform auch in Ägypten (bis 1952), im Irak (bis 1958), im Jemen (bis 1962), in Libyen (bis 1969) und im Iran (bis 1979). Trotz deren Niedergang bleibt die hohe regionale Konzentration monarchischer Herrscher ein wichtiger Faktor bei der Betrachtung und Analyse des politischen Geschehens der Region.

Dieser Beitrag präsentiert Erklärungsansätze zur Resilienz monarchischer Staaten, setzt sich mit den vermeintlichen und tatsächlichen Alleinstellungsmerkmalen von Monarchien auseinander und widmet sich dem Zusammenspiel von Monarchie und Nation auf der Arabischen Halbinsel. Ausgangspunkt ist eine kurze Einführung in die zentralen theoretischen Ansätze und Untersuchungstrends der politikwissenschaftlichen Forschung, unter anderem zum sogenannten Königsdilemma, zum monarchischen Exzeptionalismus und zu den unterschiedlichen Entwicklungstrajektorien der Monarchien und Republiken der MENA-Region. Anhand von historischen Längsschnitten werden sodann Staats- und Nationenbildung auf der Arabischen Halbinsel unter Herausarbeitung regionaler Gemeinsamkeiten und Unterschiede nachgezeichnet. Ein besonderer Schwerpunkt liegt dabei auf Mustern der Legitimation und Herrschaftssicherung, welche Rolle Tradition, Religion und gesellschaftliche Ordnungsstrukturen darin innehalten und wie dies den Monarchien ermöglicht, mit den Herausforderungen des 21. Jahrhunderts umzugehen. In diesem Zwischenspiel der Rückbesinnung auf Herkunft und Geschichte und moderner Politikgestaltung befinden sich auch die unterschiedlichen Strategien zur Stabilisierung nationaler Identitätsnarrative. Lange als Auslaufmodell betrachtet, gelten die Monarchien der Arabischen Halbinsel heute als Stabilitätsanker in einer volatilen Region.

---

1 In den Monarchien der MENA-Region liegt die Staatsmacht ausschließlich in den Händen männlicher Monarchen. Entsprechend wird im Haupttext nur die maskuline Form verwendet.

Was ist eine Monarchie?

Kurz gefasst ist die Monarchie eine Staatsform, in der das höchste Amt – jenes des Monarchen oder der Monarchin – durch eine Erbfolge weitergegeben wird. Das Amt hält – anders als zum Beispiel jenes einer Präsidentin oder eines Präsidenten – eine nationale identitätsstiftende Komponente, die etwa auf Tradition oder Religion beruht. Dabei gibt es große Unterschiede sowohl in der Machtfülle des Monarchen als auch in der Regierungsform monarchischer Staaten, die von konsolidierten Demokratien zu absoluten Autokratien reichen kann. Gemeinhin werden Monarchien in drei Kategorien unterteilt. In parlamentarischen Monarchien (z. B. Großbritannien) wird der Staat von einer gewählten Regierung regiert, die Monarchie nimmt nur eine zeremonielle und repräsentative Rolle ein. Auch in konstitutionellen Monarchien liegt die Regierungsgewalt bei dem Monarchen, das Ausmaß seiner Kompetenzen wird jedoch durch eine Verfassung definiert und begrenzt, die zum Beispiel eine Gewaltenteilung vorschreiben kann. Die absolute Monarchie entspricht am ehesten dem altgriechischen Wortursprung der Alleinherrschaft. Der Macht des Monarchen sind jenseits zum Beispiel von internationalen Zwängen oder religiösen Vorschriften keine Grenzen gesetzt, er hat die alleinige Gesetzgebungskompetenz (z. B. Brunei; Thieme, 2017).

7.2 Monarchien: Forschungstrends und Traditionen

Die episodische Welle des monarchischen Niedergangs in den 1950er- und 1960er-Jahren sowie später die anhaltende Stabilität der verbleibenden Monarchien in der MENA-Region – die sogar den Protesten der arabischen Umbrüche 2011 trotzten – sind zwei empirische Beobachtungen, die die Forschung zu Monarchien maßgeblich prägten. Noch zur Mitte des 20. Jahrhunderts war das politikwissenschaftliche Interesse an Monarchien gering. Die Monarchie galt als Anachronismus, eine Staatsform, die dem Sprung in die Moderne nicht gewachsen sei. Politikwissenschaftler Samuel Huntington fasste diesen Befund als Königsdilemma auf (Huntington, 1966). Das Königsdilemma setzt voraus, dass die Modernisierung von (traditionellen) Gesellschaften ein unvermeidbar stattfindender Prozess ist. Es besagt zudem, dass die zentralisierte Machtstruktur in Monarchien eine wichtige Voraussetzung für notwendige sozioökonomische Reformen im Rahmen der Modernisierung sei, aber jene Zentralisierung zugleich verhindert, dass neue, von der Modernisierung hervorgebrachte soziale Gruppierungen in den Machtapparat des Staats eingebunden werden. Ein traditioneller Monarch steht somit vor der Wahl, seine Macht abzugeben und die traditionelle Monarchie aufzulösen, ein politisches Mitbestimmungsrecht der Bevölkerung institutionell zu verankern oder der Modernisierung den Rücken zuzukehren und absolutistisch zu regieren. Alle drei Szenarien führen langfristig durch Reformen oder Revolten zu einem Machtverlust und ultimativ zum Ende der Monarchie. Huntingtons Königsdilemma, das in seinem 1966 erschienenen Werk „Political Order in Changing Societies" erstmals veröffentlicht wurde, ist bis heute ein Schlagwort der Monarchieforschung. Seine These wurde jedoch durch die politischen Entwicklungen der folgenden Jahrzehnte entkräftet. Statt des prognostizierten Dominoeffekts fallender Monarchien profiliert sich eine Vielzahl dieser durch Langlebigkeit und Resilienz in Zeiten politischer und wirtschaftlicher Krisen.

Die Resilienz der verbleibenden Monarchien der MENA-Region überraschte insbesondere, da sie nicht dem größeren empirischen Trend – und dem politikwissenschaftlichen Glauben daran – der rollenden Demokratisierungswelle entsprach (Anderson, 1991; Albrecht & Schlumberger, 2004). Beginnend in den 1970er-Jahren in Westeuropa, in den 1980er-Jahren in Lateinamerika und nach Ende des Kalten Kriegs in den 1990er-Jahren in Osteuropa, fanden zahlreiche autokratische Regime ihr Ende. Und tatsächlich wurde in vielen Fällen dieses Ende von jenen sozioökonomischen Modernisierungsprozessen herbeigeführt, die Samuel Huntington prognostiziert hatte. Ungeachtet dieser globalen Entwicklungen und im Widerspruch zu der teleologischen Ausrichtung auf den Übergang zur Demokratie, die die politikwissenschaftliche Forschung beherrschte (Fukuyama, 1992), überlebten acht Monarchien der MENA-Region die Phase des politischen Umbruchs, eingebettet in einer autokratisch dominierten Region. Diese Tatsache gab in den 1990er-Jahren kulturalistischen Erklärungsansätzen wie dem Middle Eastern Exceptionalism, der nahöstlichen Einzigartigkeit, Raum. Die These der nahöstlichen Einzigartigkeit attestierte der Region eine inhärente Demokratieresistenz. Angeblich würden die Voraussetzungen für Demokratisierung fehlen, da es den Ländern und Gesellschaften des Nahen Ostens und Nordafrikas an entsprechendem Bildungsniveau, demokratischer Kultur und demokratischer geographischer Einbettung sowie an Zivilgesellschaft und ökonomischer Stärke mangeln würde. Rückblickend war die soziale Fiktion der Einzigartigkeit der MENA-Region nicht nur eine grobe Pauschalisierung und ein Lückenbüßer für Fragen, auf die die Politikwissenschaft keine Antworten hatte, sondern auch eine Fortsetzung des Orientalismus, der vermeintlich unerklärliche Entwicklungen im Nahen Osten auf die vermeintliche Inkohärenz, Irrationalität und Unberechenbarkeit der Politik und Gesellschaft zurückführte sowie auf die angebliche Unvereinbarkeit von Islam und Demokratie verwies. Dabei wurde übersehen, dass die sozioökonomischen Defizite, die angeblich für die demokratische Stagnation der Region verantwortlich waren, keineswegs nur für diese Region galten (Gran, 1998; Bellin, 2004).

Im Nachgang dieser kulturalistischen Debatte wurde eine neue Phase der Autokratieforschung eingeläutet. Nunmehr stand die Frage nach autokratischer Resilienz im Zentrum der Forschung. In diesem Kontext lag auch in der Untersuchung von Monarchien als Subtypus autokratischer Herrschaft der neue Fokus auf den Herausstellungsmerkmalen von Monarchien. Es folgten Kategorisierungsversuche und eine Typensuche monarchischer Systeme. Neben dem zentralen Merkmal der vererbbaren Macht zeichnen sich autokratische monarchische Regime durch eingeschränkten Pluralismus, eine staatstragende Mentalität, eine demobilisierte beziehungsweise selektiv mobilisierte Gesellschaft und einen umfassenden, jedoch nicht uneingeschränkten Machtanspruch aus (Lucas, 2004). Im Zentrum der Macht sitzt der Monarch, ein Gebieter, dessen Herrschaftsanspruch auf Basis von Tradition und/oder Religion an die eigene Person, gegebenenfalls als Repräsentant einer herrschenden Familie, gekoppelt ist. Dabei können autokratische Monarchien weiterhin in *linchpin-* und dynastische Monarchien sowie eine hybride Form unterteilt werden.

In sogenannten *linchpin*-Monarchien, zum Beispiel Jordanien oder Marokko, besteht eine klare Trennung zwischen Herrscher und Staatsapparat. Die politische Teilhabe des Königshauses beschränkt sich de jure auf die monarchischen Institutionen, während die staatliche Bürokratie und das politische Tagesgeschehen nicht direkt dem Einfluss des Monarchen unterliegen. Dieser ist somit keinem politischen Wettbewerb ausgesetzt und kann im Hintergrund als Vetospieler agieren. Regimekoalitionen in *linchpin*-Monarchien sind folglich breit und inklusiv gefasst, um möglicher Opposition aus Elitenkreisen heraus vorzubeugen. De facto sind die Gestaltungsmöglichkeiten von *linchpin*-Monarchen nichtsdestotrotz immens, ihr tatsächlicher Einfluss reicht sowohl in Marokko als auch in Jordanien weit über die monarchischen Institutionen hinaus. Dynastische Monarchien zeichnen sich hingegen dadurch aus, dass Mitglieder der herrschenden Familien Spitzenpositionen quer durch den Staatsapparat hindurch besetzen. Die herrschende Familie agiert als eine Unternehmenseinheit, die Entscheidungsträgerinnen und Entscheidungsträger in Politik, Bürokratie und Militär stellt und sich interner Konfliktlösungsmechanismen bedient, um politische Streitfragen zu klären. Das monarchische Oberhaupt agiert somit nicht als Alleinherrscher, sondern als Primus inter Pares. Anders als in der *linchpin*-Monarchie ist ein dynastisch geführtes Regime zu einem geringeren Maße auf eine breite Regimekoalition und die Inklusion gesellschaftlicher Gruppierungen angewiesen (Herb, 1999). Unter den Monarchien der Arabischen Halbinsel werden Saudi-Arabien, Bahrain, Katar, Kuwait und die VAE dynastisch regiert. Das omanische Regime gilt als Hybridform.

7.3 Monarchie und Nation: Trajektorien der Staats- und Nationenbildung

Die Monarchie als Staatsform in der Golfregion ist eine imperiale Schöpfung des 20. Jahrhunderts. Vor der Entstehung moderner Staaten auf der Arabischen Halbinsel lag die politische Macht in den Händen einer Vielzahl mächtiger Familienverbände, die jedoch phasenweise durch das Osmanische Reich und Großbritannien dominiert wurden (▶ Kap. 6). 1914 läutete der Erste Weltkrieg das Ende osmanischer Fremdherrschaft ein. In jener Zeit erstarkte erstmals der panarabische Nationalismus, dessen Ziele zu Anfang mehr kultureller als politischer Natur waren und sich gegen die Vormacht des Osmanischen Reichs richteten, so zum Beispiel mit der Forderung, Arabisch als Amtssprache zuzulassen. Diese Bewegung wurde gegen Ende des Ersten Weltkriegs von den Mächten der Entente – Frankreich, Russland und Großbritannien – zum Zwecke des Widerstands gegen die Mittelmächte – in denen Deutschland, das Osmanische Reich und Österreich-Ungarn gemeinsam kämpften – aufgegriffen. Unter britischer Führung wurde der Scherif Hussein von Mekka dem religiös legitimierten osmanischen Sultan, der zum Jihad gegen die Ententemächte aufgerufen hatte, als politisch-religiöse Führungsfigur entgegengesetzt. Im Gegenzug für militärische Unterstützung durch den Scherif versprach Großbritannien nach Ende des Kriegs, die Entstehung eines unabhängigen arabischen Staats zu unterstützen.

Doch bereits 1916 trafen britische und französische Diplomaten geheime Absprachen, um die noch unter osmanischer Herrschaft stehenden Gebiete des Nahen Ostens zu zerschlagen und zukünftig zwischen Großbritannien und Frankreich aufzuteilen.[2] Das nach den beteiligten Diplomaten benannte Sykes-Picot-Abkommen regelte die Aufteilung von Herrschafts- und Einflusszonen entlang des fruchtbaren Halbmonds zwischen dem heutigen Ägypten und dem Iran. Die Randgebiete, die sich auf die Arabische Halbinsel erstreckten und die Ostküste Saudi-Arabiens umfassten, fielen laut Plan dem britischen Mandatsbereich zu und ergänzten die bereits bestehenden informellen britischen Protektorate, die sich über das heutige Bahrain, Katar, die VAE und den nördlichen Oman erstreckten (Abb. 7.1). Gegenüber dem Scherif von Mekka und den frühen arabischen Nationalisten blieb das Abkommen bis 1918 geheim. Erst nach Ende des Weltkriegs und dem endgültigen Fall des Osmanischen Reichs wurde der europäische Vertragsbruch weithin bekannt (Fromkin, 1989).

Schon im 19. Jahrhundert hatten Vertreter Großbritanniens mit mächtigen Familien, die entlang des Persischen Golfs ansässig waren, Abkommen abgeschlossen, unter anderem um die Piraterie auf der Schiffsroute nach Indien einzuschränken. Diese Familien stärkten durch ihre Kooperation mit Großbritannien ihre lokale Machtposition, wodurch sie gegenüber vormals gleichgestellten Großfamilien der Region Vorherrschaft erlangten. Auf diesen historisch gewachsenen Beziehungen baute die britische Kolonialherrschaft, die nach 1918 die osmanische Kontrolle ersetzte, und etablierte auf der Arabischen Halbinsel eine indirekte Herrschaftsform: Anstatt mit großem Aufwand und unter Einsatz

---

2 Ein Jahr später, im November 1917, wurde durch die Balfour-Deklaration auch der Grundstein für die Gründung des Staats Israel gelegt.

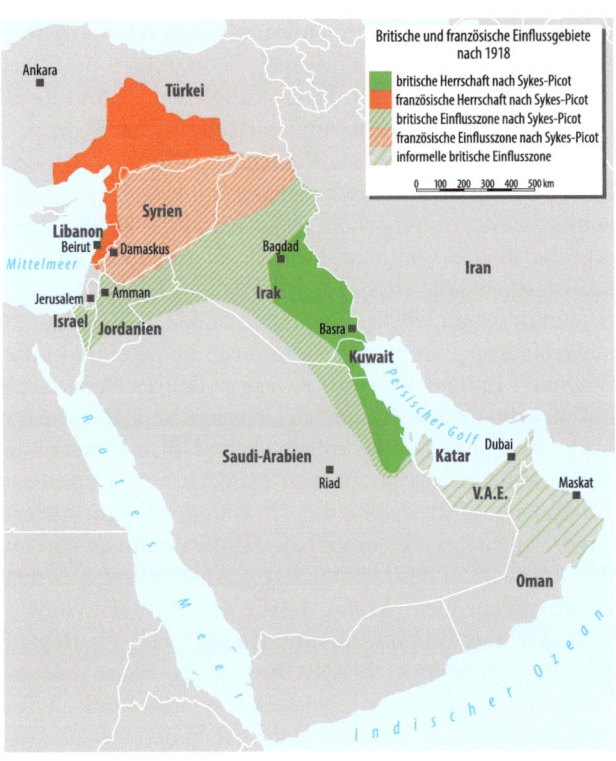

Abb. 7.1 Britische und französische Einflussgebiete nach 1918

großer Ressourcen britische Dominanz vor Ort zu errichten, wurden lokale Eliten zur Ausübung territorialer Kontrolle kooptiert. Unter britischem Einfluss wurden neue Grenzen gezogen und Staaten erschaffen, die als Monarchien Gestalt annahmen. Diese Entwicklung ist kein historischer Zufall, sondern weist auf die besondere Eignung monarchischer Strukturen in der Bildung von Nationen hin. Monarchien verbinden zentralisierte Machtstrukturen, welche zur Kontrolle und Repression besonders geeignet sind, mit dem Anspruch auf ein traditionsbegründetes Herrschaftsrecht und einer vereinenden Nationalidentität, die gesellschaftlichem Pluralismus Raum gibt. Monarchen nehmen dabei die Rolle eines nationalen Patriarchen ein, der über religiösen, ethnischen, tribalistischen oder regionalen Unterschieden und Streitigkeiten steht, als Symbol der vereinten Nation gilt und ein Emblem einer vereinigenden Mentalität liefert, die zentral für autokratische Machtausübung und Herrschaftslogik ist (Lucas, 2004).

Monarchien versus Republiken

Die Staatsform der modernen Staaten im MENA-Raum – ob Monarchie oder Republik – ist ein Relikt der europäischen Kolonialherrschaft des 19. und 20. Jahrhunderts. Sie hängt signifikant davon ab, ob die jeweiligen Gebiete in der Einflusszone Großbritanniens oder Frankreichs lagen. Neben den Monarchien auf der Arabischen Halbinsel installierte Großbritannien Monarchen in Ägypten, Libyen, im Irak und in Jordanien. Frankreich hingegen exportierte das republikanische Ordnungsmodell, etwa in den heutigen Libanon, nach Algerien und Syrien. De facto weisen die Republiken der Region jedoch große

Ähnlichkeiten mit Monarchien auf, zum Beispiel durch die starke Personalisierung und Zentralisierung, die Einbindung der Präsidentenfamilie in den Staatsapparat, Herrschaft auf Lebenszeit und in manchen Fällen die Vererbbarkeit der Macht (Lucas, Demmelhuber und Derichs 2014).

So sind die modernen Monarchien am Persischen Golf tatsächlich Erfindungen des 20. Jahrhunderts. Die Macht der herrschenden Familien hingegen, deren Namen sich mit jenen Monarchien verknüpfen, ist oftmals historisch verwurzelt. Die Herrschaftssicherung in den Scheichtümern der Arabischen Halbinsel folgte schon lange vor dem britischen Einfluss einem dynastischen Prinzip. So wurde die Herrschaftsmacht innerhalb einer Familie oder eines Familienzweigs vererbt. Dabei entsprach die Erbfolge nicht dem Prinzip des Erstgeborenenrechts, sondern das Amt wurde auf den bestgeeigneten männlichen Kandidaten übertragen, der auch Bruder, Neffe, Onkel, Cousin oder Enkel des vorherigen Machthabers sein konnte, sofern sich dieser den Treueschwur (*baya*) wichtiger Gesellschaftsvertreter sichern konnte und bereit war, sich von diesen Vertretern beraten zu lassen (*shura*). Machtwechsel, auch gewaltvolle, fanden fast ausschließlich innerhalb einer Familie statt. Jenen Familienmitgliedern, die sich nicht fürs höchste Amt qualifizierten, wurden Zugeständnisse in Form von materiellen oder immateriellen Gütern gemacht. Dies war ein Brauch, der den Zusammenhalt der Dynastie sicherte und ein Mechanismus, der sich nach der Entdeckung von Erdöl nochmals verstärkte. Großbritannien ließ dieses System der Erbfolge und Machtsicherung gewähren, anstatt eigene Kandidaten gegen den Willen der herrschenden Familien zu fördern, und mischte sich selbst nach Aufforderungen durch unterlegene Kandidaten nicht in interne Politiken ein.

Es entwickelten und konsolidierten sich ab dem frühen 20. Jahrhundert die modernen Staaten der Arabischen Halbinsel und nahmen die Gestalt von Monarchien nach dynastischem Prinzip an (Davidson, 2012; Demmelhuber, 2015). Exemplarisch für die Verwobenheit von Monarchie und Nationenbildung steht die Gründungsgeschichte Saudi-Arabiens, die zugleich dem Machtaufstieg der Familie Al Saud entspricht: Nach der Eroberung Riads in 1902 und erfolgreichen Kampagnen gegen das Osmanische Reich, gelang es der aus der arabischen Zentralregion (Najd) stammenden Familie Al Saud in den 1920er-Jahren unter Führung von Abd al-Aziz, genannt Ibn Saud, die haschemitische Vormacht über die heiligen Städte Mekka und Medina zu brechen und den Clan der Haschemiten aus der westlichen Hijaz-Region zu vertreiben. 1926 erklärte sich Ibn Saud zum Sultan des Najd und König des Hijaz. Es folgten konfliktreiche Jahre, in denen Ibn Saud seine Macht erfolgreich in weiteren Gebieten der Arabischen Halbinsel etablierte und sich schließlich 1932 zum König von Saudi-Arabien ausrufen ließ. Ibn Saud wurde zum Gründungsvater der modernen saudischen Dynastie.

Der Clan der Al Saud umfasst heute ca. 15.000 Personen und ist die königliche Familie Saudi-Arabiens. Ibn Sauds direkte männliche Nachfahren stellen den Pool an Prinzen, die ein Anrecht auf den Thron hätten. Männliche Vertreter weiterer Familienzweige, welche sich nicht in direkter Linie auf Ibn Saud beziehen können, kommen hierfür nicht infrage. Nach dem Tod von Ibn Saud im Jahr 1953 übernahmen nacheinander sechs seiner Söhne das Amt. Der Beginn dieser zweiten Herrschaftsphase des jungen Königreichs fiel in die Anfangszeit des großen Erdölbooms (▶ Kap. 3),[3] der wiederum die dynastische Monarchie in Saudi-Arabien konsolidierte. Zum einen baute der junge Staat seinen Verwaltungsapparat aus, dessen neue Positionen zu einem hohen Grad durch Mitglieder der Familie Al Saud besetzt wurden, zum anderen ermöglichte es die wachsende saudische Rentenökonomie, dass weitere Zweige der Dynastie durch Klientelpolitik, materielle und immaterielle Zugeständnisse an den Herrscher gebunden wurden (Hertog, 2007, 2010). Heute ist Saudi-Arabien nicht nur ein regionales politisches Schwergewicht, sondern auch eine absolutistisch geführte Monarchie. Saudi-Arabien hat keine klassische Verfassung, sondern eine Grundordnung (*an-nizam al-asasi li-l-hukm*), die auf islamischem Recht basiert und Saudi-Arabien als absolute Monarchie unter der Führung der Familie Al Saud ausweist. Die judikative, legislative und exekutive Gewalt ist in der Person des Monarchen gebündelt, wenn auch die Ausübung dieser Gewalten in der Praxis von von Familienmitgliedern geführten staatlichen Institutionen ausgeführt wird.

Der Gründungsverlauf der weiteren fünf Monarchien der Arabischen Halbinsel weist starke Parallelen zur Entstehungsgeschichte des modernen Saudi-Arabiens auf: So beruft sich die Monarchie Katars auf Gründungsvater Scheich Muhammad bin Thani, der Mitte des 19. Jahrhunderts als erster Thani Emir über Katar herrschte. Nach osmanischer Kontrollmacht zwischen 1871 und 1915 wurde Katar 1916 durch ein Abkommen mit dem damaligen Scheich Jassim Al Thani zu einem britischen Protektorat. Auch in Katar, dessen Bevölkerung in den 1930er-Jahren noch aus wenigen Tausend Personen bestand, etablierten sich erst durch die Entdeckung von Erdöl 1938 staatliche Institutionen und Verwaltungsstrukturen. Nach Ende der britischen Protektoratszeit im Jahr 1971 wurde der neue Staat als absolute Monarchie unter der Herrschaft der Familie Al Thani gegründet. Erst 2004 wurde nach einem Referendum eine Verfassung eingeführt, die zwar festlegt, dass zukünftig zwei Drittel des beratenden Gremiums, der Majlis ash-Shura, durch Wahlen bestimmt werden

---

3 Öl wurde in Saudi-Arabien bereits 1938 entdeckt. Gemeinsam mit Iran, Irak, Kuwait und Venezuela gründete Saudi-Arabien 1960 die Organisation erdölexportierender Länder (OPEC). Die erste große Ölpreiskrise, in der arabische Länder Erdölproduktionsmengen als politisches Druckmittel drosselten, fand 1973 statt.

sollten, die allerdings zugleich die umfassenden Machtbefugnisse der Al Thani zementierte.

Auch Bahrains heutige konstitutionelle Monarchie nahm diese Staatsform ab ihrer Unabhängigkeit von Großbritannien im Jahr 1971 an. Als Bahrain 1820 zu einem britischen Protektorat wurde, stärkten die Briten den Machtanspruch der sunnitischen Minderheit, angeführt von den Al Khalifa, gegenüber der schiitischen Mehrheitsgesellschaft. Nach Abzug Großbritanniens 1971 übernahm Saudi-Arabien diese Rolle, die zum Beispiel 2011 in der von Saudi-Arabien geführten Militärintervention des Golfkooperationsrats zur Unterdrückung der Proteste in Bahrain zum Ausdruck kam. Diese Intervention ist zudem ein Beispiel für die politische Solidarität, die unter Monarchien herrscht. Bahrains erste Verfassung von 1973 verankerte die Herrschaft der regierenden Al Khalifa-Familie, die erst als Emire und ab 2002 als Könige die Insel regierte und deren Familienmitglieder stets zentrale Posten in der Regierung, der Verwaltung und dem Militär besetzten. Die Verfassungsänderung von 2002 etablierte einen gewählten Vertreterrat, den Majlis an-Nuwwab.

Der Machtanspruch von Kuwaits al-Sabah-Familie -Familie entstammt ebenfalls der Mitte des 18. Jahrhunderts und beruft sich auf den ersten Herrscher Kuwaits, Sabah. Alle Nachfahren der männlichen Linie gehören heute dem dynastischen Herrscherhaus an, allerdings qualifizieren sich nur männliche Nachkommen eines späteren al-Sabahs, des 1915 verstorbenen Mubarak der Große, für das Amt des Emirs. Nach kurzer osmanischer Vorherrschaft und britischer Protektoratszeit erlangte Kuwait bereits 1961 Unabhängigkeit von Großbritannien (▶ Kap. 6). Zu diesem Zeitpunkt waren nahezu sämtliche tragende Rollen im Staatsapparat von Verwandten des herrschenden al-Sabah-Emirs besetzt. Die Verfassung von 1962 etablierte Kuwait offiziell als weitere konstitutionelle Monarchie, in der der Emir aus der al-Sabah-Familie sowohl Staatsoberhaupt als auch Regierungschef ist, sich jedoch die legislative Gewalt mit einem gewählten Parlament (Majlis al-Umma) teilt.

Das dynastische Prinzip ist auch in den sieben Emiraten etabliert, die sich 1971 nach ihrer Unabhängigkeit von Großbritannien (und nach dem Rückzieher von Bahrain und Katar) zur monarchischen Föderation der Vereinigten Arabischen Emirate zusammenschlossen. Die heute absolut regierenden sieben Herrscherfamilien waren ab 1853 die Vertragspartner der britischen Protektoratsmacht. Als Vertragsstaaten (Trucial States) hatten sie ein Abkommen mit Großbritannien unterzeichnet, in welchem sich die Vertragsstaaten verpflichteten der Piraterie an der Straße von Hormus Einhalt zu gebieten, und erfuhren im Gegenzug die Unterstützung Großbritanniens gegenüber konkurrierenden Machtansprüchen (Davidson, 2008).

Oman ist die einzige Monarchie der Arabischen Halbinsel, in der die heutige Staatsform schon lange vor dem 20. Jahrhundert bestand hatte. Die noch heute herrschende Dynastie der Al Said nahm bereits in den 1740er-Jahren ihre Anfänge und bestand auch während der britischen Protektoratszeit. Sultan Haitham bin Tariq Al Said, der im Januar 2020 nach dem Tod seines Cousins Qabus ibn Said Al Said die Macht übernahm, vereint die Ämter des Staats- und Regierungschefs in seiner Person und regiert als absoluter monarchischer Herrscher durch königliche Erlasse, obwohl seit 1996 eine Art Grundgesetz existiert, welches auch teilgewählte beratende Gremien (Majlis ash-Shura) etablierte.

7.4 Legitimation und Herrschaftssicherung

Trotz der pessimistischen Prognose Huntingtons zur Langlebigkeit von Monarchien als moderne Staaten zeichnet sich die Region durch eine hohe Anzahl politisch stabiler Königreiche aus, die die Jahrtausendwende überdauert haben.[4] Mehr noch, die Proteste, welche 2011 regionsübergreifend stattfanden und zu den arabischen Umbrüchen anschwollen, in den Republiken Tunesien, Ägypten, Libyen und Jemen Regimewechsel auslösten und in Syrien zu einem andauernden Bürgerkrieg führten, konnten die Monarchien der Region nicht destabilisieren. In Katar, den VAE, Saudi-Arabien und dem Oman gab es nur niedrigschwellige Proteste. Die Forderungen der Demonstrierenden in Kuwait waren moderat. Nur in Bahrain eskalierten die Proteste und konnten erst mit ausländischer Unterstützung niedergedrückt werden. Letztlich absorbierten alle acht arabischen Monarchien, unter ihnen die sechs der Arabischen Halbinsel, das politische Beben und sicherten ihre Herrschaft erfolgreich. Doch nicht nur die Reaktion der Staaten, sondern auch inhärente Qualitäten der (Golf-)Monarchien garantierten ihr politisches Überleben. Zentral ist hier die Frage der Rechtmäßigkeit bzw. Legitimität politischer Herrschaft, die zu den „Königsfragen" der Politikwissenschaft gehört (Demmelhuber & Zumbrägel, 2017). Anders als in Demokratien, in denen staatliche Legitimität durch die politische Mitbestimmung des Volks in Form von Wahlen gegeben ist, sind autokratisch regierte Staaten auf alternative Quellen der Legitimation angewiesen. Das trifft umso mehr auf jene vier der sechs Monarchien der Arabischen Halbinsel zu – Katar, Saudi-Arabien, die VAE und Oman –, die noch heute trotz gewählter Beratungsgremien faktisch als absolute Monarchien gelten und politische Teilhabe der Bevölkerung stark begrenzen sowie reglementieren.

---

4 Zu den zentralen Werken, die sich mit diesem Phänomen auseinandersetzen, gehören Kostiner (2000), Schlumberger (2010), Yom & Gause (2012) und Bank et al. (2014).

Herrschaftssicherung allein durch Repression wäre ein riskantes wie kostspieliges Unterfangen. Stattdessen müssen autokratische Regime die (potenzielle) politische Opposition sowie die Bevölkerung durch Anreize an das Regime binden und von der relativen Rechtmäßigkeit überzeugen. Zu den klassischen Quellen autokratischer Legitimation im Allgemeinen und jenseits der begrenzten politischen Mitbestimmungsmöglichkeiten gehören breit angelegte Allianzen mit unterschiedlichen Bevölkerungsgruppierungen, eine großzügige Verteilungspolitik basierend auf den Einnahmen durch fossile Ressourcen (Rentierstaatlichkeit), die Besetzung des Staatsapparats mit loyalen Individuen bzw. mit Familienmitgliedern, die Möglichkeit der schnellen Umsetzung von Reformen bei drohenden Unruhen und der Rückhalt des Systems durch ausländische Mächte.

Weitere Legitimationsfaktoren einer ideellen Dimension kommen hinzu, die besonders in Monarchien verfangen. Dazu gehören Religion und Tradition. Allein die *linchpin*-Monarchien Marokko und Jordanien vereinen politische und religiöse Autorität in der Person ihrer jeweiligen Könige und beziehen ihre religiöse Legitimation durch ihre Abstammung von dem Propheten Muhammad. Die Herrscher der Golfmonarchien hingegen treten als Bewahrer von religiösem Leben und Verwalter religiöser Stätten auf. Religionsgelehrte sind vom Staat angestellt, Liegenschaften und Ländereien werden ebenfalls staatlich verwaltet. Somit wird die legitimationswirksame Verknüpfung von Staat und Religion hervorgehoben. Doch zugleich wird auch sichergestellt, dass religiöse Institutionen weder in Konkurrenz noch in Opposition zu der Herrscherfamilie treten können. Diese Dynamik ist abermals am Beispiel Saudi-Arabiens klar zu erkennen: Erst eine Allianz mit der religiösen, wahhabitischen Reformbewegung ermöglichte es der Al Saud-Familie, das Gebiet des heutigen Saudi-Arabiens in den 1920er-Jahren unter eigene Kontrolle zu bringen. Nachdem Ibn Saud sich 1932 zum König Saudi-Arabiens ausrufen ließ, entstand unter den Verbündeten ein Konflikt um die religiöse Ausrichtung des neuen Staats. Daraufhin unterdrückte Ibn Saud die wahhabitische Reformbewegung, ohne sie auszulöschen. Das saudische Königshaus fördert die religiöse Organisation bis heute, wenn auch wahhabitische Religionsgelehrte strenger staatlicher Kontrolle unterliegen.

Von Sultanen und Königen
Der machtorganisatorische Bruch, den die Entstehung der modernen Monarchien auf der Arabischen Halbinsel markiert, findet sich auch in der Namensgebung der Monarchen wieder. Die Vorgänger der aktuellen Könige begründeten ihre Macht stärker in einem religiösen als in einem weltlichen Führungsanspruch. Dies drückte sich durch die Titel Kalif oder Imam aus, deren Aufgabe es war, die Gemeinschaft der Gläubigen anzuleiten. Auch der Titel des Emirs, des Scheichs oder des Sultans, die jenseits des 20. Jahrhunderts Bestand haben, verweist auf traditionelle Ordnungsmuster und Herrschaftsansprüche. Der Terminus König (*malik*) hingegen ist ein modernes Konstrukt und bindet die Führungsrolle an Besitz und territorialen Machtanspruch.

Tradition und Gründungsmythos sind weitere Legitimationsquellen, die dem Regime als Identitätsanker dienen und die Verbindung zwischen Herrscher und Beherrschten sichern. Die Monarchen nehmen die Rolle der Hüter von Tradition und Brauchtum ein. Sie positionieren sich vor allem heute als jene Akteure, die befähigt sind, Kultur und Volksidentität sowie die Bausteine des nationalen „Wir" ins 21. Jahrhundert zu übersetzen sowie Modernisierung und Tradition in Einklang zu bringen (▶ Kap. 8). Auch hierbei übernimmt der Monarch die Rolle des gesellschaftlichen Bindeglieds, das verschiedene soziale Gruppierungen vereinen kann. Ein besonderer Faktor, der zudem Herausstellungsmerkmal der Monarchien der Arabischen Halbinsel ist, sind die historisch gewachsenen Machterhaltungsmuster, auf denen auch die monarchische Nationengründung fußt. In nur wenigen Jahrzehnten entwickelten sich die heutigen Staaten aus tribal strukturierten Gesellschaften heraus und integrierten besagte Tribalstrukturen in den modernen Staat. Entsprechend den bestehenden politischen Normen und gesellschaftlichen Werten wurden die Anführer der mächtigsten Familien die neuen Könige. So ist die Verwobenheit von Staat und Regime in den Monarchien am Persischen Golf besonders ausgeprägt. Die Legitimität des Staats entspricht der Legitimität des Regimes.

7.5 Fazit

Die Monarchie als dominante Staatsform auf der Arabischen Halbinsel ist sowohl Erklärungsfaktor für soziopolitische Entwicklungen als auch Schablone, um die Begegnung der Region mit den Unwägbarkeiten des 21. Jahrhunderts zu verstehen. Entgegen der These Huntingtons, dass Monarchien Opfer der eigenen Modernisierung werden, bewiesen die Monarchen der MENA-Region große Resilienz trotz mächtiger Krisen. Die hohe institutionelle und politikgestaltende Flexibilität der dynastischen Struktur sowie die Stellung des Monarchen als nationaler Identitätsanker ermöglichten einen dynamischen Umgang mit neuen Herausforderungen. Legitimationsprobleme von Staaten, die sich mit modernen Kommunikationsplattformen (▶ Kap. 9), der globalen Klimakrise (▶ Kap. 5) und langfristig mit einem Rückgang der Rohstoffeinnahmen konfrontiert sehen (▶ Kap. 4), konnten bislang durch diese Herrschafts- und Legitimationsmuster abgefangen werden. Durch zukunftsorientierte Visionen und Reformversprechen werden die Monarchen zu Verwaltern der Modernität, ohne dabei die ursprünglichen Quellen ihres Machterhalts abzustreifen. Monarchien haben einen inhärenten Selbsterhaltungstrieb, da das Ende der Monarchie das Ende der Familie bedeuten würde. Ob sich dies langfristig sichern lässt, werden kommende Krisen zeigen.

Literatur

Albrecht, H., & Schlumberger, O. (2004). „Waiting for Godot": regime change without democratization in the Middle East. *International Political Science Review, 25*(4), 371–392.

Anderson, L. (1991). Absolutism and the resilience of monarchy in the Middle East. *Political Science Quarterly, 106*(1), 1–16.

Bank, A., Richter, T., & Sunik, A. (2014). Durable, yet different: monarchies in the Arab spring. *Journal of Arabian Studies, 4*(2), 163–179.

Bellin, E. (2004). The robustness of authoritarianism in the Middle East: exceptionalism in comparative perspective. *Comparative Politics, 36*(2), 139–157.

Davidson, C. M. (2008). *Dubai: The Vulnerability of Success*. New York: Columbia University Press.

Davidson, C. M. (Hrsg.). (2012). *Power and politics in the Persian Gulf monarchies*. London: Hurst.

Demmelhuber, T. (2015). The Gulf monarchies: State-building, legitimacy, and social order. In E. Kienle & N. Sika (Hrsg.), *The Arab uprisings*. London: Tauris.

Demmelhuber, T., & Zumbrägel, T. (2017). Legitimität und politische Herrschaft. Ein historischer Längsschnitt im Lichte der arabischen Umbrüche seit 2011. *Leviathan Sonderband, 31*, 47–65.

Fromkin, D. (1989). *A peace to end all peace: the fall of the Ottoman empire and the creation of the modern Middle East*. New York: Holt Paperback.

Fukuyama, F. (1992). *The end of history and the last man*. New York: Free Press.

Gran, P. (1998). Contending with Middle East exceptionalism: a foreword. *The Arab Studies Journal, 6*(1), 6–9.

Herb, M. (1999). *All in the family: absolutism, revolution, and democracy in the Middle Eastern monarchies*. Albany: State University of New York Press.

Hertog, S. (2007). Shaping the Saudi state: human agency's shifting role in rentier-state formation. *International Journal of Middle East Studies, 39*(4), 563b.

Hertog, S. (2010). *Princes, brokers, and bureaucrats: oil and the state in Saudi Arabia*. Ithaca: Cornell University Press.

Huntington, S. P. (1966). The political modernization of traditional monarchies. *Daedalus, 95*(3), 763–788.

Kostiner, J. (2000). *Middle East monarchies. The challenge of modernity*. Boulder: Lynne Rienner Publishers.

Lucas, R. E. (2004). Monarchical authoritarianism: survival and political liberalization in a Middle Eastern regime type. *International Journal of Middle East Studies, 36*(1), 103–119.

Lucas, R. E., Demmelhuber, T., & Derichs, C. (2014). Rethinking the monarchy-republic gap in the Middle East. *Journal of Arabian Studies, 4*(2), 161–162.

Schlumberger, O. (2010). Opening old bottles in search of new wine: on nondemocratic legitimacy in the Middle East. *Middle East Critique, 19*(3), 233–250.

Thieme, T. (2017). Die Staatsform Monarchie im 21. Jahrhundert. Typologie, Überblick und Vergleich. *Totalitarianism and Democracy, 14*(2), 309–332.

Yom, S. L., & Gause, G. (2012). Resilient royals: how Arab monarchies hang on. *Journal of Democracy, 23*(4), 74–88.

Konstruktion von „Wir-Identitäten"

Antonia Thies

© Natallia / Stock.adobe.com

Inhaltsverzeichnis

8.1 Einführung – 81

8.2 Identität als politischer Ordnungsparameter – 82

8.3 Historiographie von Identitäten der Arabischen Halbinsel – 82
8.3.1 Anfänge und Grundkonzepte – 83
8.3.2 *al-ʿarab* und *aʿrāb*: Die Rolle von Stämmen und Stammesidentitäten – 83
8.3.3 „Linien im Sand": Politik der Grenzziehung und Aufstieg nationaler Identitäten – 84

8.4 Back to the Future – Re-Interpretation kollektiver Wir-Identitäten – 85
8.4.1 Identität und die Rolle von Emotionen und Affekten – 85

© Der/die Autor(en), exklusiv lizenziert an Springer-Verlag GmbH, DE, ein Teil von Springer Nature 2025
T. Demmelhuber, N. Scharfenort (Hrsg.), *Die Arabische Halbinsel*,
https://doi.org/10.1007/978-3-662-70217-8_8

8.4.2 Von emotionsmobilisierenden Objekten und partizipatorischen Festivals – 86

8.5 **Ausblick** – 86

Literatur – 87

8.1 Einführung

Eine Ode, über 1500 Jahre alt, fasziniert bis heute die Forschenden der interdisziplinären Islam- und Nahostwissenschaften. Sie wurde von Amr ibn Kulthum verfasst, Oberhaupt des Stamms der Taghlib, der einst die Region Najd im heutigen Saudi-Arabien besiedelte. Es ist eine der Oden (*qaṣīdahs*) der vorislamischen Zeit, die bis heute überdauert haben.

„So hütet euch, ihr Banu Bakr, hütet euch nun: Habt ihr noch nicht das wahre Wissen über uns? […] Wir trugen Helme und jemenitische Wams, wir waren mit geraden und gebogenen Schwertern ausgestattet […] wir die Wohltäter, wenn wir es vermögen, wir die Zerstörer, wenn wir bedroht werden, wir die Trinkenden des reinsten Wassers, das andere gezwungen sind besudelt und schlammig zu trinken" (Arberry, 1957, S. 207 f.)

Derartige sogenannte Muʿallaqāt wurden von beduinischen Dichtern aus dem kollektiven Gedächtnis heraus über Generationen hinweg mündlich überliefert. Sie dienten in der altarabischen Dichtung dazu, in poetischer Form Stammesabgrenzungen gegenüber „den anderen" aufzuzeigen (Nasser, 2023). Demnach liefern sie uns wichtige Hinweise auf die sozialen Strukturen, Gruppenbeziehungen und folglich Identitätskonstruktionen der Arabischen Halbinsel in vormoderner Zeit. Amr ibn Kulthums übermäßig arrogante Lobpreisung des eigenen Stamms provozierte dabei eine Gegenrede der rivalisierenden Banu Bakr: „[…] eine einzige Ode, die Amr, Sohn von Kulthum, verfasst hat; sie [die Taghlibiten] rezitieren sie ewig von dem Moment ihrer Geburt an – was sind das für Leute, die eines Gedichts nicht müde werden?" (Arberry, 1957, S. 191 f.)

Die Frage nach Identität ist von wesentlicher Bedeutung, um zu verstehen, wie sich Individuen in Beziehung zueinander sehen und Kollektive bilden. Diese Verbindungen erweisen sich nicht nur generell als fließend, sondern auch im zeitlichen Verlauf als veränderbar. Die Arabische Halbinsel erfährt derzeit einen enormen Kulturerbeboom (▶ Kap. 15). Im Zuge dessen gewinnen Erinnerungspraktiken an Relevanz, die maßgeblich durch die Suche nach gemeinsamen beduinischen Wurzeln geprägt sind. Zeitgleich und dementgegen lassen sich jedoch ebenfalls enorme Nationalisierungsbestrebungen erkennen, die vor allem nationale Identitäten bilden wollen. Die Forschung zu Identitätskonstruktionen in der Region der Arabischen Halbinsel kann indes auf ein breites Tableau an Theorien und Konzepten zurückblicken. Wissenschaftshistorisch scheint dieser Fachbereich so umfangreich untersucht, dass man meinen könnte, Forschende „hätten nur noch wenig zu leisten" (Webb, 2016, S. 1). Doch mit dem Aufkommen postkolonialer und kultursensibler Studien geraten diese althergebrachten, zu Teilen stark stereotypisierten Theorien ins Wanken. So scheint es nun, dass die Forschung ihre Vorstellung „der arabischen Geschichte" und ihrer Identitätskonstellationen überdenken muss (ebd.).

Die beeindruckende Erkenntnis, die wir aus den Überlieferungen der Muʿallaqāt ziehen können, ist, dass die Frage nach Identität und Gruppenzugehörigkeit weit vor der Ausbreitung des Islams und Ausbildung von Nationalstaaten als entscheidende Ordnungsparameter für die gesellschaftliche Zusammensetzung der Region verhandelt wurden. Die Vorstellung, dass sich arabische Gesellschaften auf ein gemeinsames Beduinentum zurückführen lassen – eine Praxis, derer sich ebenfalls die derzeitigen politischen Eliten der Golfmonarchien bedienen – scheint immer mehr umstritten. Die Arabistin Angelika Neuwirth (2017, S. 52) argumentiert, dass das beduinenhafte in der altarabischen Dichtung eher fingiert zu sein scheint. Stattdessen sei es in einem weitaus städtischeren und höflicheren Milieu entstanden. Zeitgleich verstärken sich Theorien, wonach kollektive Identitäten erst durch die Zeit der islamischen Expansion und damit ab dem siebten Jahrhundert nach Christus entstanden (Webb, 2016, S. 1). Hierbei scheint die Vorstellung zu existieren, dass die Idee einer gemeinsamen islamischen Identität den Menschen über verschiedene Regionen hinweg einen Sinn verleiht. Zusätzlich erschwerend ist, dass vor allem die politikwissenschaftliche Forschung dazu neigt, Identitäten im Kontext von Nationalismustheorien übermäßig zu betonen. Tatsächlich dienen nationale Identitäten derzeit als Instrument für Staatsbildung und Legitimation. Ein Staat definiert sich maßgeblich durch seine politische Souveränität, sein Territorium und seinen Staatsapparat. Im Gegensatz dazu ist eine Nation eher eine Kombination verschiedener Faktoren wie einer gemeinsamen kulturellen und historischen Vergangenheit. Demnach können Staaten auch ohne gefestigte nationale Identität mit anderen Loyalitätskategorien entstehen. Im Falle der Golfstaaten werden jedoch vor allem alte Stammesidentitäten wiederbelebt und im Zuge von Nationen neu interpretiert. Stämme sind somit nach wie vor von zentraler Bedeutung für den Aufbau nationaler Identitäten. Im zeitlichen Verlauf waren beduinische Verbindungen zwar durchaus Mittel einer kollektiven Identitätsbildung, jedoch häufig in Form von Abgrenzungsdiskursen, und dienten somit eher einer Konstruktion der vermeintlich „anderen" als einer Selbstzuschreibung.

Um den fließenden Gegenstand kollektiver Identitäten zu untersuchen, bedarf es daher einer historischen Längsschnittanalyse. Dieses Kapitel versucht, über eine Historiographie von Identitätskonstruktionen große geschichtliche Etappen abzudecken, um eine angemessenere, kontextsensiblere Auseinandersetzung mit ehemaligen und heutigen Zugehörigkeiten zu gewährleisten. Zeitgleich wirft es die Frage nach der politischen Relevanz dieser auf.

8.2 Identität als politischer Ordnungsparameter

Die Frage danach, wer wir sind, ist so alt wie die menschliche Geschichte selbst. Sie beschäftigte schon die griechischen Philosophen im fünften Jahrhundert vor Christus. Diese waren zunächst eher auf eine individuelle, personale Identität fokussiert, wie Platons Idee einer metaphysischen Identität unterschiedlicher Ausprägung oder Aristoteles' multiple Identitäten innerhalb des Individuums. Im Schatten der Frage nach der „eigenen" Identität steht jedoch auch eine andere: „Wer sind (dann) die anderen?" Statt Identität als „Gleichheit" zu verstehen, definiert der renommierte Kulturanthropologe Talal Asad (2003) sie als „abhängig von der Anerkennung des Selbst durch andere" (ebd., S. 161). Für die Politikwissenschaft wird die Frage um Identität dann interessant, wenn es um die Ausprägungen eines kollektiven „Wir" geht, beispielsweise in Form von Parteien und Nationen. Im Zuge dessen stellt sich die Frage, wie diese kollektive Machtstrukturen einschließen und reproduzieren und inwieweit diese Vorstellungen (gemeinsamer) Identität einer sozialen Ordnung Stabilität verleihen. Eine Konzeptualisierung des Identitätsbegriffs erweist sich jedoch als komplex und vielschichtig.

Identität und die Sozialwissenschaften

Identität wird von verschiedenen Fachgebieten untersucht und in unterschiedlichen Kontexten betrachtet. Jede Disziplin stellt dabei ihre eigenen Fragen an das Konzept, wodurch Identität verschiedene Lesarten bekommt. Die Psychologie betrachtet Identität als Selbstbild, während die Soziologie und Anthropologie sie als soziale Rolle oder konstruierte Erzählung betrachten. Identität wird oft durch Vergleiche entwickelt, oft auch im zeitlichen Verlauf. Daher ist Identität ebenfalls Gegenstand der Erinnerungs- und Gedächtnisforschung. Die Politikwissenschaft bedient sich vieler dieser Identitätstheorien, da es aufgrund der Komplexität des Themas keine einheitliche „Theorie von Identität" gibt. Frühe Sozialwissenschaften debattierten vorrangig über ethnische Identität und verstanden sie als eine Reihe gemeinsamer Bindungen. Erst in den 1960er-Jahren erfolgte eine feste, interdisziplinäre Verwendung des Identitätsbegriffs.

Durch das Entstehen von Nationalstaaten wurden Nationalismus, Staatsbildung und Nationenbildung zu Schlüsselkomponenten von Identitätstheorien. Dadurch ließen sich kulturelles Erbe und Sprache und andere ähnliche Merkmale zu einer zusammenhängenden (politischen) Gruppe verknüpfen. Hier eröffnet sich bereits ein erstes großes Problemfeld; Nationalstaaten sind geschichtlich gesehen sehr junge Konzepte, auch auf der Arabischen Halbinsel. Historisch betrachtet, stellt der Nationalismus einzelner Staaten keine treibende Kraft in der politischen Ausgestaltung der Staaten der Arabischen Halbinsel dar (Patrick, 2012, S. 62). Bereits in der anthropologischen Forschung der 1990er-Jahre wurde zunehmend klar, dass diese „angenommene Isomorphie von Raum, Ort und Kultur" (Gupta & Ferguson, 1992, S. 7) unzureichend ist. Stattdessen bedarf es Untersuchungen, inwiefern Gemeinschaften aus miteinander verflochtenen Raumstrukturen gebildet wurden, die immer schon existierten und sich im Laufe der Zeit veränderten (ebd., S. 7 ff.). Eine ganzheitliche und interdisziplinäre Betrachtungsweise von Identität ist somit notwendig. Durch verschiedene Ansätze können damit Grundkonzeptionen umrissen werden. Identität als anthropologisches Modell liefert laut Zirfas (2010, S. 14) Rückgriffe auf soziale Bezüge, Erinnerungspraktiken und Gedächtnis(se). Durch die Untersuchung von Identität als strukturelle Form können verschiedene Fassungen des Selbst beispielsweise als Einheiten, Zusammenhänge und Kontinuitäten begriffen werden. Zeitgleich erweisen sich diese jedoch auch als diffus, fragmentiert, flexibel und prozesshaft (ebd.). Vor allem aber enthält Identität stets eine normative Positionierung, da sie der eigenen Einschätzung und Wertung oder der anderer unterliegt (ebd.).

Die nationalen Gesellschaften der Arabischen Halbinsel setzen sich aus komplexen Schichten verschiedener Identitäten zusammen. Kollektive Wir-Identitäten fächern sich hierbei sowohl global als auch transnational arabisch, islamisch oder regional (*khaliji*), national oder (sub)regional auf.

Regionale Identitäten

al-Khalij ist das arabische Wort für „Golf" und umfasst die Region um das Binnenmeer zwischen dem Iran und der Arabischen Halbinsel. Wenn von *khaliji* gesprochen wird, ist daher eine regionale Zugehörigkeit der arabischen Golfstaaten um Saudi-Arabien, VAE, Katar, Kuwait, Oman und Bahrain gemeint. Das Wort impliziert somit gemeinsame kulturelle und historische Gemeinsamkeiten zwischen den arabischen Golfstaaten, aber auch sprachliche Ähnlichkeiten. Somit wird das Wort *khaliji* auch für die dort gesprochenen Dialekte verwendet, wenngleich jedes Land über kleinere unterschiedliche Ausprägungen des arabischen Dialekts verfügt.

Mit Blick auf die vielen verschiedenen Ausfächerungen von Identitäten auf der Arabischen Halbinsel werfen Forscher wie Thompson (2019, S. 18) zu Recht die Frage auf, inwieweit diese als „Schmelztiegel" vielschichtiger Identitätsschichten betrachtet werden können. Jede einzelne davon könnte als Instrument für (unterschiedliche) politische Agenden in den einzelnen Länderkontexten dienen. Im Zuge eines enormen sozialen Wandels profilieren sich am Golf derzeit unverwechselbare nationale Identitäten. Diese seien einerseits tief verwurzelt und ursprünglich stammesgebunden, andererseits jedoch modern, transnational und kosmopolitisch (▶ Kap. 12). Folglich stellt sich die Frage, worauf basierend, von wem und wie genau diese Identitäten konstruiert werden.

8.3 Historiographie von Identitäten der Arabischen Halbinsel

Soziale Strukturen und Zugehörigkeiten auf der Arabischen Halbinsel unterlagen seit jeher vielschichtigen und komplexen Veränderungen. Folglich ist es notwendig, historische Interaktionen verschiedenster Gruppen im zeitlichen Verlauf zu untersuchen. Traditionelle Theorien nehmen an, dass arabische Gesellschaften aus Beduinenstämmen entstanden sind. Diese Theorien zeichnen jedoch eher ein Bild von einem „zyklischen Muster" beduinischer Traditionen, das weniger von Wandel und Entwicklung geprägt ist. Sie versuchen, die (Golf-)Araberinnen und Araber als eine „kollektive demographische Gruppe" zu verstehen, die sich klar von anderen Bevölkerungsgruppen des spätantiken Nahen Ostens abgrenzen lässt (Webb, 2016, S. 2). Dies erweist sich jedoch als ahistorisch und problematisch.

8.3.1 Anfänge und Grundkonzepte

Die Arabische Halbinsel ist seit jeher eine dynamische Region, die durch eine hohe Mobilität von Bevölkerungsgruppen gekennzeichnet ist. Der Golf, wie wir ihn heute kennen, bildete sich im Laufe der Jahrtausende durch ansteigende Wasserspiegel. Katar, Bahrain und die Inseln im Gebiet der Perlenbänke waren zu jener Zeit Teil des Festlands. Heute werden sie massiv für nationale Kulturerbestrategien inszeniert und tragen somit zur nationalen Identität bei. Funde aus den Küstenregionen Kuwaits und Saudi-Arabiens lassen auf eine hohe Zirkulation von Segel- und Schifffahrtstechnologie sowie starke Kommunikationsflüsse zwischen verschiedenen Bevölkerungsgruppen schließen. Für die Forschung zu Identitäten bedeutet dies, dass es sich um fluide Identitätskonstruktionen handelt. Vormoderne Relikte, wie sie in den heutigen Nationalmuseen der einzelnen Staaten ausgestellt sind, könnten daher miteinander verflochten sein und müssen folglich nicht notwendigerweise als nationales Kulturgut an eine der heutigen Nationen gebunden sein (Potts, 2016, S. 20 ff.).

Die Geschichte der Arabischen Halbinsel zeugt von enormen Migrationsmustern und somit einer Verbreitung und Vermischung sozialer und kultureller Praktiken. Diese lassen sich durch wechselnde ökonomische und politische Möglichkeiten, verschiedene Konstellationen von Stammes- und Familienbanden sowie das Fehlen von physischen Grenzen und Grenzkontrollen erklären. Große Stammeswanderungen lassen sich nicht zuletzt im 18. Jahrhundert erkennen, die wahrscheinlich durch klimatische Veränderungen und deren Auswirkungen wie zum Beispiel Dürre beschleunigt wurden und zur Entstehung der heutigen berühmten Perlenstädte führten. Daraus resultierende Metropolen in Bahrain, Kuwait, Dubai und Sharjah führten im 19. Jahrhundert vorrangig zu Arbeitsmigration. Diese prägte hierbei die kulturelle Veränderung der Perlenstädte und hinterließ architektonische und soziale Spuren (Potter, 2016, S. 106 ff.). Folglich ist die Arabische Halbinsel seit jeher eine Region mit einer Vielzahl heterogener Bevölkerungsgruppen unterschiedlichster Identitäten, in der die Menschen leicht und auf multiple Weise miteinander kommunizierten und interagierten. Größere Unterscheidungen finden sich eher zwischen der Küstenregion und dem Landesinneren. Stereotype des vermeintlich „anderen" und damit ein historisches „*othering*" waren Teil der Aushandlungsprozesse um Zugehörigkeiten und erschwerten zunehmend kollektive Identitätsbildungen (ebd., S. 113). Insbesondere die Öl- und Gasfunde und damit der Zugang zu diesen begehrten Ressourcen verstärkten die Notwendigkeit klar trennbarer Territorien und Ausbildungen von nationalen Grenzen. Zwar blieb der flexible Austausch zwischen Gesellschaftsgruppen bestehen, diese wurden jedoch räumlich zunehmend getrennt.

8.3.2 *al-ʿarab* und *aʿrāb*: Die Rolle von Stämmen und Stammesidentitäten

Die frühesten Aufzeichnungen eines gemeinschaftlichen Zugehörigkeitsgefühls der Stämme der Arabischen Halbinsel führen uns in die vorislamische Antike. Diese Stämme werden als *arba-ā* bezeichnet (Webb, 2016, S. 24 ff.), wobei jene vermeintlichen Identitäten von „außen", maßgeblich durch griechische Geographen, persische Verwalter, assyrische Schriftgelehrte und römische Soldaten definiert wurden. Es gibt verschiedene Herkunftsinterpretationen dieses Begriffs. Als derzeit am wahrscheinlichsten gilt jedoch, dass es sich um assyrische Wortschöpfungen handelt, die nach Robin (2010, S. 85) und Dousse (2012, S. 44) Westler, Außenseiter und/oder Steppennomaden bedeuteten. Eine antike kollektive Identität ist somit fremdkonstruiert, mit dem Zweck, das sesshafte assyrische Reich gegenüber den gefährlichen „anderen" – den Nomaden im Westen – abzugrenzen (Webb, 2016, S. 26).

Tatsächlich bezeichneten und verstanden sich die Bevölkerungsgruppen der Arabischen Halbinsel bis ins siebte Jahrhundert nie selbst kollektiv als „Araber". Diese waren zu stark fragmentiert und umschlossen ein viel zu großes geographisches Gebiet, um eine solche einzelne, zusammenhängende Gruppe zu bilden. Vorislamische Stämme auf der Arabischen Halbinsel unterschieden sich durch eigene Zuschreibungen in verschiedene regionale Identitäten wie die Maadd, Ghassan, Ḥimyar, Kinda und Ayyi. Diese Selbstidentifikationen sind vor allem in der vorislamischen Poesie zu finden und wurden folglich mithilfe von Dichtkunst gegeneinander ausgehandelt. Die Maadd bildeten dabei die größte gemeinsame Gruppe und umfassten die Stämme im Norden der Arabischen Halbinsel. Im zeitlichen Verlauf waren diese Gruppenzugehörigkeiten fließenden Prozessen sozialer, intellektueller und politischer Wandlung unterworfen. In deren Verlauf schlossen sich manche Gruppen zusammen, andere spalteten sich ab und erfuhren somit immer wieder neue Sinnstiftungen. Vor allem Verschiebungen der politischen

Landkarte trugen hierzu bei. Die Ghassan (Ghassaniden) pflegten engere Beziehungen zum Oströmischen Reich, die Lakhm dagegen zum sassanidischen Hof. Diese über ein Jahrhundert andauernden abgrenzenden Zugehörigkeiten prägen die Identitätsverständnisse und auch kulturellen und sozialen Praktiken der verschiedenen Gruppen in vielfacher Weise, wodurch sich diese immer weiter voneinander entfernten (Webb, 2016, S. 79). Zusätzlich lassen sich in historischen Quellen zwei ähnlich klingende Begriffe mit unterschiedlicher Bedeutung finden: ʿarabī und aʿrāb. Die vorislamischen semitischen Sprachen verwendeten das Wort aʿrāb, um „nomadische Ausreißer" zu bezeichnen (ebd., S. 120 ff.). Ihre Verwendung veränderte sich im zeitlichen Verlauf. Mal wurden sie genutzt, um eine gemeinsame Identität unter Anerkennung beduinischer Wurzeln zu konstruieren, mal wurden sie verwendet, um bestimmte Personengruppen auszuschließen, je nach politischer Agenda.

Wichtig ist, dass sich Bedeutung der Maadd als Hauptkollektiv in der Golfregion in der vorislamischen Zeit mit dem Aufkommen des Islams veränderte (Webb, 2016, S. 70). Durch die Dichtung der Umayyaden, der ersten dynastischen Herrscherfolge der islamischen Zeit, wurde aus al-ʿarab mehr als nur eine Fremdzuschreibung. Die Bevölkerungsgruppen der Halbinsel bezeichneten sich fortan selbst als „arabisch". Somit können die Bündnisse und Konflikte des ersten Jahrhunderts des Islams tatsächlich das Gefühl einer arabischen Gemeinschaft geschaffen haben, als ehemals ungleiche Gruppen ihren Status aushandelten und im Zuge des Islams – in Ablehnung des Maadd-Kollektivs – neue Sinnstiftung erstrebten. Es folgte eine umfassende Umschreibung der Geschichte des vorislamischen Raums, infolgedessen ʿarabī zum Begriff für die junge, aufstrebende islamische Elite wurde. Alle Personengruppen außerhalb dieser Gemeinschaft, zumeist Beduinen in den Wüsten um die Regionen Hijaz und Najd, verschmolzen zu aʿrāb und bildeten die Gegenkategorie, die vermeintlich „anderen". Gemeinsame Wurzeln verblassten zu altertümlichen Stammbäumen, zum Zweck einer Homogenisierung der ethnischen und kulturellen Karte des spätantiken Nahen Ostens und des entstehenden Islams (Webb, 2016, S. 88). Im Gegensatz zu der bekannten Darstellung, wonach das erste Jahrhundert des Islams den „Übergang von der arabischen Kulturnation zur Staatsnation" markiert, scheint es demnach zutreffender zu sein, „die arabische Identität als retrospektiv konstruiert und die Arabisierung der Vergangenheit als ein bedeutendes Erbe des frühen Islam zu betrachten" (ebd.).

Somit erweist sich die Frage nach beduinischer Identität als spannend. Die koranischen Überlieferungen setzen diese Tradition fort, aʿrāb zur Beschreibung von Beduinentum zu verwenden. Hierbei wird eine Outgroup konstruiert, die sich außerhalb der städtischen Gemeinschaft befindet. ʿArabī wird zur Eigenzuschreibung der ausschließlich muslimischen Gemeinschaft, mit einer strikten Trennung zu aʿrāb, die mit einer Distanzierung und Herabsetzung des Beduinenlebens einhergeht. Es galt fortan als absurd zu glauben, dass die neue arabische Identität aus dem beduinischen Leben entstanden ist (Webb, 2016, S. 120). Dieses sogenannte Zivilisationsparadigma, das im 14. Jahrhundert vom arabischen Historiker und Philosophen Ibn Khaldun beschrieben wurde (1332–1382), besteht bis heute: Zwei markante Formen der sozialen Organisation prägen nach wie vor die Selbstzuschreibung und -wahrnehmung der Golfbevölkerungen: die urbane Zivilisation in den Städten entgegen einer nicht selten herabgewürdigten primitivländlichen Zivilisation (Cooke, 2014, S. 30 f.).

Beduinentum im Wandel
Im Zuge des jüngsten Heritagebooms verweisen die politischen Eliten der Arabischen Halbinsel wieder mehr auf ihre nationalen Wurzeln im Beduinentum. Mit den derzeitigen Forschungserkenntnissen können wir daher einen Wandel dieser Vorstellung sehen. Während das beduinische Leben ein verbindender Identitätsmarker der vorislamischen Zeit war, lehnte die junge muslimische Gesellschaft mit Beginn des siebten Jahrhunderts diese Verbindung nach und nach ab. Im 20. Jahrhundert lösten die Herrscher die Stammesnetzwerke auf, siedelten Nomadinnen und Nomaden um und konstruierten neue Formen von Zugehörigkeit, die für den Aufbau moderner Nationalstaaten akzeptabel galten. Mit der derzeitigen Situation erfolgt dagegen ein Re-Branding des Nomadentums als wichtige Legitimationssäule auf der Arabischen Halbinsel.

8.3.3 „Linien im Sand": Politik der Grenzziehung und Aufstieg nationaler Identitäten

Mit der Ausnahme des Omans sind die heutigen Staaten der Arabischen Halbinsel ein Produkt des 20. Jahrhunderts, von Kolonialmächten beeinflusst oder gezogen. Im Gegensatz zu den fluiden, von Austausch und Migration geprägten vormodernen Grenzen wurden hierbei basierend auf einem westlichen Modell von Nationalstaatlichkeit mit sauber abtrennbaren geographischen Räumen zum Teil sehr vage Grenzen gezogen. Diese beachteten kaum die historische Gewachsenheit von Gruppenzugehörigkeiten, was bis heute zu andauernden Grenz- und Identitätskonflikten führte. Die Politik der Grenzziehung erweist sich als essenzieller Teil des Nationenbildungsprozesses auf der Arabischen Halbinsel. Nicht nur die bloße Existenz und räumliche Trennung von Bevölkerungsgruppen trug zu einer zunehmend nationalen Sinn- und Identitätsstiftung bei. Auch eine Reflexion über diese Praxis der Grenzziehung an sich und im Zuge dessen eine Aufarbeitung von historischen, nachbarlichen Konflikten beeinflussen bis heute die Debatten um Gruppenzugehörigkeiten. Daneben definieren die nationalen Grenzen auch Herrschaftsansprüche, Mittel der Legitimationsgewinnung oder Anfechtung dieser. Die politische Geographie versteht physische Grenzen als dynamische

Entitäten und sieht hierbei zwei parallel stattfindende Praxen: Staatliche, nationale Grenzen beeinflussen die Identitätsbildung, zeitgleich verändern die von Wandel geprägten Konstruktionen von Identitäten ebenfalls das Verständnis von sozialen und politischen Grenzen.

Der Grenzkonflikt um die Hawar-Inseln im Jahr 1936 zwischen Bahrain und Katar, basierend auf der Tatsache, dass die bahrainische Herrscherfamilie ursprünglich aus Katar stammt und identitätsbezogenen Anspruch auf das Gebiet erhob, die irakische Invasion in Kuwait 1990/91 oder der saudisch-katarische Streit um die Khufus-Region im Jahr 1992 sind nur einige Beispiele einer Vielzahl an Grenzkonflikten, die unmittelbar aus der willkürlichen Grenzziehung nach der kolonialen Besatzung resultieren (Guzansky, 2016, S. 544–549). Verschiebungen von Identitäten und Gruppenzugehörigkeiten entwickelten sich zunehmend als Selbstläufer. Der Streit um die Oasenregion Buraimi beispielsweise wurde 1972 durch eine Aufteilung beseitigt, wonach Oman drei Dörfer und die VAE die restlichen sechs Dorfregionen erhielten. Im zeitlichen Verlauf verschmolzen die Dorfregionen jeweils zu den beiden größeren Städten, Buraimi City im Oman und al-Ain in den Emiraten. Diese verfügten jedoch über keine physische Grenze zueinander, weshalb sich Familien auf beiden Seiten über die Städte hinweg verteilten und so von den wirtschaftlichen und politischen Bedingungen des jeweiligen Nachbarlands profitierten. Dies führte im Jahr 2004 zu derartigen Konflikten, dass die VAE begannen, Zäune und Kontrollposten zu bauen, die seither ganze Familien physisch voneinander trennen (ebd., S. 556).

So lässt sich feststellen, dass die Grenzziehung und Ausbildung nationaler Staaten keine historischen Ordnungsparameter der Region der Arabischen Halbinsel darstellen. Diese jungen nationalen Identitäten als Produkt politischer Machtprozesse decken sich nicht unbedingt mit den tatsächlichen, historisch gewachsenen Gruppenzugehörigkeiten der Bevölkerungen. So finden wir eine Situation vor, in der sich ganze Familien an den nationalen Grenzregionen gegebenenfalls nicht mit der geographisch auferlegten Zugehörigkeit identifizieren können. Dies wirft daraufhin die Frage auf, inwiefern diese Bevölkerungsteile auf die derzeit neu aufkommenden Heritageprojekte reagieren. Im Zuge derer versuchen insbesondere die Golfmonarchien mittels Rekonstruktion und Re-Interpretation einer vermeintlichen gemeinsamen Vergangenheit, kulturellem Erbe und Erinnerungspraktiken neue nationale Identitäten zu formen.

8.4 Back to the Future – Re-Interpretation kollektiver Wir-Identitäten

Von einer Historiographie antiker und vorislamischer Identitätsdebatten hin zum Aufstieg des Islams und im Zuge dessen zur Ausformung einer ersten Selbstzuschreibung einer kollektiven arabischen Gemeinschaft über den Einfluss nationaler Grenzziehung im 20. Jahrhundert lässt sich nun eine Brücke zur heutigen Situation in der Region der Arabischen Halbinsel schlagen. Spätestens mit den arabischen Umbrüchen ab 2011 verschwindet die Idee einer arabischen Einheit, einer panarabischen Kulturnation, von den politischen Agenden der Staaten. Im Zuge alter und neu aufkommender multipler Krisen, wie der drohenden Klimakatastrophe, der Covid-19-Pandemie, demographischen Herausforderungen und dem Tauziehen globaler Kräfte wie den USA, China und Russland entwickelt sich eine Art Hypernationalismus, in dem die Interessen einzelner Staaten vor kollektive regionale Lösungen gestellt werden. Insbesondere die Golfmonarchien demonstrieren ein neues Verständnis, wonach sie sich im Zuge des Post-Öl-Zeitalters nicht mehr auf alte Strategien der Rentenökonomien verlassen wollen, sondern neue Formen von Legitimation anstreben. Unter stärkerer Einbeziehung der Zivilgesellschaft spielt hierbei die Politik der Emotionen eine entscheidende Rolle. Im Zuge derer manifestiert sich ein Trend zur Rückbesinnung auf nationale Identitätsdiskurse und Re-Interpretation einer vermeintlich kollektiven Vergangenheit (Hightower, 2018).

8.4.1 Identität und die Rolle von Emotionen und Affekten

Trotz unterschiedlicher Kontexte und Erzählstrategien scheinen sich die Golfstaaten aus ähnlicher Motivation heraus eines Re-Brandings der Beduinenzeit zu bedienen. Sichtbar wird diese Strategie in den aktuellen Entwicklungsprogrammen der Golfautokratien. Indem sich die politischen Akteurinnen und Akteure der Arabischen Halbinsel immer mehr auf die Vergangenheit beziehen, scheinen sie affektive Bindungen zur Zivilgesellschaft stärken zu wollen, denn Erinnerungspraktiken erweisen sich hierbei als durchaus geeignetes Werkzeug (Demmelhuber & Thies, 2023). Diese sind ein essenzieller Teil der Sinnstiftung, indem sie „kognitive Prozesse der Urteils- und Meinungsbildung mit affektiven und emotionalen Dynamiken verknüpfen" (Bens & Zenker, 2019, S. 96 ff.). Bestrebungen zur Förderung von Wir-Identitäten und damit zur Stärkung des nationalen Zugehörigkeitsgefühls deuten auf einen Politikwandel hin, in dessen Verlauf politische Mobilisierung als höchst vorteilhaft für das Regime wahrgenommen wird, statt diese als Bedrohung zu interpretieren (Diwan, 2016, S. 1). Insofern haben die Strategien der Golfeliten das Potenzial, tatsächlich erfolgreich neue kollektive Identitäten zu konstruieren, indem sie die Vergangenheit re-kontextualisieren und re-interpretieren. Hierbei lassen sich multiple Strategien identifizieren.

8.4.2 Von emotionsmobilisierenden Objekten und partizipatorischen Festivals

Narrative sowie materialisierte Ebenen kulturellen Erbes und Identitäten sind hier entscheidend. Partizipative Topdown-Projekte wie Festivals und Kunstmessen und emotionsmobilisierende Objekte in nationalen Museen und Denkmälern schlagen eine Brücke zwischen vergangenen Ereignissen und den gegenwärtigen nationalen Gesellschaften der Arabischen Halbinsel. Sie zielen darauf ab, emotionale Wissensbestände über Symboliken und Aussagen über nationale Zugehörigkeit zu aktivieren und zu beeinflussen (Demaria et al., 2022). Diese kulturelle Repräsentation dient der Konstruktion von Nationalbewusstsein, was – in Anlehnung an Anderson (1983) – imaginierte Gemeinschaften schafft. So erinnert das im März 2019 neu errichtete Nationalmuseum in Doha durch die Form einer Wüstenrose an die Beduinenzeit und ist seither das neue Nationalsymbol. Die Ausstellung zeigt das Erbe einer vergangenen katarischen Kultur, was eine romantische Vorstellung von historischen Zeiten vermittelt. Dadurch werden die Herausforderungen und Erfolge des modernen katarischen Staats verdeutlicht, der maßgeblich durch die Kontinuität und Relevanz der Herrscherfamilie Al Thani geprägt wurde (Bounia, 2020). Vom Staat geförderte Festivals entwickeln sich zu Grassroot-Ereignissen, im Zuge derer die nationalen Bevölkerungen Vergangenheitsnarrative verinnerlichen, die sie auf einer affektiven Ebene ansprechen und so kollektive Emotionen und schließlich Identitäten fördern (Demmelhuber & Thies, 2023, S. 11). Das Jeddah Heritage Festival in Saudi-Arabien nutzt Simulationen von archäologischen Stätten, um alte Folklore aus den Regionen Najd und Hijaz wieder aufleben zu lassen. Deren Bevölkerungen wurden, wie oben beschrieben, im Zuge der islamischen Expansion nicht als Teil der sozialen Zivilisation verstanden. Nun sollen diese aber wieder als Teil der gemeinsamen Geschichte verstanden werden. Mit Blick auf die nationalen Reformprogramme wird deutlich, dass Stammestraditionen zu performativen Akten kollektiver Wir-Identitäten verwendet werden. Al-Sharekh und Freer (2021) legen dar, dass dieses Wiederaufleben der politischen Bedeutung von Stammesidentitäten mit dem Aufkommen von Krisenzeiten zusammenhängen könnte. Folglich stellen diese ein geeignetes Mittel in Zeiten politischer Umbrüche dar und gehen unter, sobald sie ihren politischen Zweck erfüllt haben, ähnlich wie es zu Zeiten der Rentierstaaten der Fall war.

Diese Entwicklungen im Sinne der enormen Anstrengung, eine kollektive Identität zu bilden, werden von den Bevölkerungen in den Golfstaaten als durchaus positiv aufgenommen. Saudi-Arabien verzeichnet eine enorme gesellschaftliche Mobilisierung und ein Aufblühen des sozialen Lebens, vor allem, da diese Bestrebungen mit der lang ersehnten kulturellen Öffnung, maßgeblich Festivals, Kinos und einer florierenden Kunstszene, einhergehen. Auch in Katar reißt die Bewegung nicht nur die einheimische katarische Bevölkerung mit, die tatsächlich eine Minderheit im Land darstellt. Überaschenderweise scheinen die großen Megaevents wie die Fußballweltmeisterschaft auch die vielen migrantischen Gesellschaften einzuholen und mitzunehmen. Das verdeutlicht, dass derzeit unterschiedliche Versionen von „Zugehörigkeit" ausgehandelt werden. Nicht alle kulturellen Angebote erhalten jedoch uneingeschränkten Zuspruch aus der Bevölkerung, manche stoßen sogar regelrecht auf Widerstand. Einige der vermeintlichen Traditionen wie das Kamelrennen in den VAE seien demnach nicht authentisch und schlicht erfunden. In den letzten Jahren wurde vor allem eine „Fetischisierung" von Stammeskultur stark kritisiert. Dies geht einher mit der Kritik an historischen „orientalistischen" Darstellungen der Region, die Beduinenpraktiken und Beduinenaraberinnen und -araber als ursprüngliche und „authentische" Bewohnerinnen und Bewohner darstellen. Dadurch wird die verzerrte Vorstellung reproduziert, dass die Gesellschaften des Golfs relativ homogen seien.

8.5 Ausblick

Die Frage nach Identität und Gruppenzugehörigkeit beschäftigte die Bevölkerungen der Arabischen Halbinsel weit vor der Ausbreitung des Islams und der Ausbildung von Nationalstaaten, wenngleich diese einen enormen Einfluss auf die Ausformung kollektiver Identitäten hatten. Beide Ereignisse zählen zu den großen Treibern identitätspolitischer Veränderungen. Ein roter Faden zieht sich durch die Geschichte: das Beduinentum. Doch gilt es nicht, wie bisher überwiegend angenommen, als unangefochtener Ursprung der Selbstwahrnehmung der Golfbevölkerungen: Mal handelt es sich um eine Selbst- dann wieder um Fremdzuschreibung. Gelegentlich wird eine Abstammung kommuniziert oder sie wird doch wieder strikt verneint. Die Beziehung zum Nomadentum ist also deutlich komplizierter, wie auch schon Hourani (1992) verdeutlicht: Die alten arabischen Königreiche bildeten nicht jene Identitäten, mit der sich spätere Bevölkerungsgruppen identifizieren würden. Tatsächlich werden jene vermeintlichen Wurzeln immer wieder neu interpretiert und sind damit Gegenstand unaufhörlicher Aushandlungsprozesse von Identitäten. Kollektive sind dabei keine homogenen Gruppen. Eine kontext- und kultursensible Erforschung von Identitäten erfordert immer tiefe historische Längsschnittanalysen. Vielschichtige und komplexe Identitätskonstruktionen sind darüber hinaus ein wichtiger politischer Ordnungsparameter, der sozialen Ordnungen Stabilität verleihen kann. Die spannende Frage mit Blick auf die Golfforschung wird sein, inwiefern sich dieser „Schmelztiegel" an Zugehörigkeiten in Zukunft entwickeln wird. Werden Identitäten stärker nationalistisch, *khaliji* oder arabisch verstanden werden und welche Rolle wird das Beduinentum in Zukunft spielen? Möglicherweise erfüllt sich Cookes (2014) Ausblick, wonach „diese verloren gegangenen Beduinen, diese Gespenster aus der Vergangenheit, in Wirklichkeit die Zukunft einer neuen modernen Welt des Arabischen Golfs von morgen" bilden werden (ebd., S. 173).

Literatur

Al-Sharekh, A., & Freer, C. (2021). *Tribalism and political power in the Gulf. State-building and national identity in Kuwait, Qatar and the UAE*. London: Bloomsbury.

Anderson, B. (1983). *Imagined communities: reflections on the origin and spread of nationalism*. London: Verso.

Arberry, A. J. (1957). *The seven odes*. London: Macmillan.

Asad, T. (2003). *Formations of the secular. Christianity, Islam and modernity*. Stanford University Press.

Bens, J., & Zenker, O. (2019). Sentiment. In J. Slaby & C. von Scheve (Hrsg.), *Affective societies. Key concepts* (S. 96–106). London: Routledge.

Bounia, A. (2020). Displaying the nation in museum exhibitions in Qatar. LSE Middle East Centre. https://blogs.lse.ac.uk/mec/2020/05/21/displaying-the-nation-in-museum-exhibitions-in-qatar/. Zugegriffen: 28. Febr. 2024.

Cooke, M. (2014). *Tribal modern. Branding new nations in the Arab Gulf*. Oakland: University of California Press.

Demaria, C., Lorusso, A. M., Violi, P., & Saloul, I. (2022). Spaces of memory. *International Journal of Heritage, Memory and Conflict*, 2, 1–5. https://doi.org/10.3897/ijhmc.2.e78980.

Demmelhuber, T., & Thies, A. (2023). Autocracies and the temptation of sentimentality: repertoires of the past and contemporary meaning-making in the Gulf monarchies. *Third World Quarterly*, 24(5), 1003–1027.

Diwan, K. S. (2016). Gulf societies in transition: national identity and national projects in the Arab Gulf states. The Arab Gulf States Institute in Washington. https://agsiw.org/wp-content/uploads/2016/06/National-Identity_Web-1.pdf. Zugegriffen: 28. Febr. 2024.

Dousse, M. (2012). A few fundamental aspects of Arab identity. In M. Foissy (Hrsg.), *Museum album* (S. 42–45). Paris: Institut du Monde Arabe.

Gupta, A., & Ferguson, J. (1992). Beyond culture. Space, identity, and the politics of difference. *Cultural Anthropology*, 7(1), 6–23.

Guzansky, Y. (2016). Lines drawn in the sand. Territorial disputes and GCC unity. *Middle East Journal*, 70(4), 543–559.

Hightower, V. (2018). Assessing historical narratives of the UAE. LSE Middle East Centre. https://blogs.lse.ac.uk/mec/2018/12/12/assessing-historical-narratives-of-the-uae/. Zugegriffen: 28. Febr. 2024.

Hourani, A. (1992). *A history of the Arab people*. New York: Warner Books.

Nasser, D. (2023). Rupture & continuity: tracing identity across Arabic literature. Fiker Institute. https://www.fikerinstitute.org/publications/rupture-continuity-tracing-identity-across-arabic-literature. Zugegriffen: 28. Febr. 2024.

Neuwirth, A. (2017). *Der Koran als Text der Spätantike. Ein europäischer Zugang*. Berlin: Verlag der Weltreligionen.

Patrick, N. (2012). Nationalism in Gulf states. In D. Held & K. Ulrichsen (Hrsg.), *The transformation of the Gulf. Politics, economics and the global order* (S. 47–65). London: Routledge.

Potter, L. G. (2016). Arabia and Iran. In J. E. Peterson (Hrsg.), *The emergence of the Gulf states. Studies in modern history* (S. 85–99). London: Bloomsbury.

Potts, D. T. (2016). Trends and patterns in the archaeology and premodern history of the Gulf region. In J. E. Peterson (Hrsg.), *The emergence of the Gulf states. Studies in modern history* (S. 19–42). Bloomsbury.

Robin, C. J. (2010). Antiquity. In A. I. al-Ghabban & al (Hrsg.), *Roads of Arabia: Archaeology and history of the kingdom of Saudi Arabia* (S. 81–99). Paris: Somogy Art.

Thompson, M. C. (2019). *Being young, male and Saudi. Identity politics in a globalized kingdom*. Cambridge: Cambridge University Press.

Webb, P. (2016). *Imagining the Arabs. Arab identity and the rise of Islam*. Edinburgh: Edinburgh University Press.

Zirfas, J. (2010). Identität in der Moderne. Eine Einleitung. In J. Zierfas & B. Jörissen (Hrsg.), *Schlüsselwerke der Identitätsforschung* (S. 9–18). Wiesbaden: VS.

Digitalisierung von Mensch und Umwelt

Laura Schuhn

https://commons.wikimedia.org/wiki/File:Artificial-Intelligence.jpg

Inhaltsverzeichnis

9.1 Einführung – 90

9.2 Digitale Transformation von Wirtschaft und Umwelt – 91
9.2.1 Die Tech-Hubs der Zukunft – 91
9.2.2 Smart Cities – 92

9.3 Digitale Transformation von Herrschaft und Gesellschaft – 93
9.3.1 E-Government und E-Partizipation – 93
9.3.2 Social Media – 94

9.4 Cybersecurity – 95

9.5 Ausblick – 96

Literatur – 97

© Der/die Autor(en), exklusiv lizenziert an Springer-Verlag GmbH, DE, ein Teil von Springer Nature 2025
T. Demmelhuber, N. Scharfenort (Hrsg.), *Die Arabische Halbinsel*,
https://doi.org/10.1007/978-3-662-70217-8_9

9.1 Einführung

Digitalisierung ist in den letzten Jahrzehnten weltweit zu einem der Schlagworte schlechthin geworden. Digitalisierung oder, korrekter, digitale Transformation beschreiben soziotechnologische Prozesse, in der digitale Technologien auf Mensch und Umwelt einwirken und in einem reziproken Verhältnis zueinanderstehen (Glasze et al., 2022, S. 7). Die digitale Transformation und die Diskurse und Praktiken, die sie legitimieren, sind oftmals von Chancen und Möglichkeiten für Wirtschaft und Gesellschaft geprägt: Demnach versprechen beispielsweise datenbasierte Prozesse Effizienz, Transparenz und die Beschleunigung einer offenen und vernetzten Welt (Glasze et al., 2023, S. 920). Gleichzeitig werden wachsende Datenströme und deren freier Fluss zunehmend als Bedrohung wahrgenommen: Als Form politischen, wirtschaftlichen, sozialen oder strategischen Einflusses werden Daten gesammelt, kontrolliert und genutzt. Staatliche, halbstaatliche sowie private Akteurinnen und Akteure haben ihre digitalen Fähigkeiten ausgebaut und agieren vermehrt auf internationaler Ebene zum Zweck der Spionage, Destabilisierung oder Überwachung (ebd.).

Es ist wenig verwunderlich, dass die Diskurse rund um die digitale Transformation auch in den Golfstaaten Bahrain, Katar, Kuwait, Oman, Saudi-Arabien und den Vereinigten Arabischen Emiraten (VAE) entlang dieser Linien verlaufen. Die Führungen der Golfstaaten sehen in der digitalen Transformation ihrer Volkswirtschaften große Chancen und Möglichkeiten, sich auf ein postfossiles Zeitalter vorzubereiten und sich international als innovative Tech-Hubs zu etablieren. Zentral sind in diesem Kontext die jeweiligen nationalen Visionen[1], in denen die Regierungen ihre langfristigen Strategien und Maßnahmen formulieren. Diese verfolgen vor allem das Ziel, private Investitionen im digitalen Sektor anzuziehen sowie Entrepreneurships in Branchen wie Banking und Finanzen, Tourismus, Logistik und Informations- und Kommunikationstechnologien (IKTs) zu unterstützen.

Digitization
„Digitization" beschreibt die Umwandlung analoger Daten und Prozesse in digitale Varianten. „Digitalization" hingegen den soziotechnischen Prozess, in dem digitale Technologien im großen Umfang übernommen werden (Legner et al., 2017, S. 301). Beides wird mit Digitalisierung ins Deutsche übersetzt. Digitale Transformation hingegen kann grundlegend als soziotechnischer Umbruch definiert werden, in dem digitale Technologien alle Aspekte des menschlichen Lebens verursachen oder beeinflussen (Stolterman & Fors, 2004, S. 3; Van Veldhoven & Vanthienen, 2022, S. 629).

---
[1] Bahrain Vision 2030 (IGA, 2023a), Qatar National Vision 2030 (GCO, 2008), Kuwait Vision 2035 New Kuwait (Kuwait Ministry of Foreign Affairs, 2020), Oman Vision 2040 (2023), Saudi Vision 2030 (2017) und We the UAE 2031 Vision (We the UAE 2031, 2023).

Der Erfolg ihrer Visionen hängt vor allem von privaten Investitionen ab; um ihre Attraktivität für diese zu steigern, haben die Regierungen der Arabischen Halbinsel in den letzten Jahren massiv ihre digitale Infrastruktur ausgebaut. Dabei sind die Sektoren der IKTs in den autokratisch regierten Golfstaaten mit einem ebenso autokratischen Ökosystem verwoben: Anbieter digitaler Infrastruktur sowie Internet Service Provider (ISPs) sind meist staatseigne Unternehmen und Betreiber von Webseiten oder Servern stehen unter Kontrolle von staatlichen Behörden. Die Regierungen, so argumentieren Keremoglu & Weidmann, kontrollieren damit den Ausbau von IKTs sowie den Zugriff auf produzierte Informationen (Keremoglu & Weidmann, 2020). Insgesamt zeigt sich auf der Arabischen Halbinsel ein hohes Tempo der digitalen Transformation; die Golfstaaten gehören zu den Ländern mit der höchsten Internetverbreitung pro Kopf weltweit (OPG, 2022) und Behörden haben ihre Dienstleistungen weitestgehend auf E-Government-Services umgestellt (Hassib & Shires, 2022, S. 91).

Der rapide Ausbau und Fortschritt in der digitalen Transformation auf der Arabischen Halbinsel führt auch zunehmend zu (cyber-)sicherheitspolitischen Diskursen und Praktiken rund um digitalisierten ermöglichte Bedrohungen. Zentral hierbei sind vor allem wirtschaftliche Treiber zur Sicherung einer digitalisierten Wirtschaft, die oftmals mit geopolitischen Kontroversen verwoben werden: vom Verkauf von Überwachungstechnologien über Cyberangriffe bis hin zum Ausbau neuer Technologien wie künstliche Intelligenz (KI) und 5G oder des Datenroutings (Douzet et al., 2022; Hassib & Shires, 2022, S. 90 f., 97). Entsprechend haben die Regierungen der Golfstaaten in den letzten Jahren ihre nationalen Cybersicherheitsstrategien inklusive Cybersicherheitsgesetzen erarbeitet und erweitert (u.ae, 2023). Die rechtlichen Rahmenbedingungen stehen dabei im Spannungsfeld zwischen notwendigen Schritten zur Erreichung eines sicheren digitalen Raums einerseits und den Risiken für den Schutz der Privatsphäre und der Menschenrechte durch weitgehende Überwachung andererseits (Hassib & Shires, 2022, S. 90). Insbesondere die Gesetzgebung im Bereich der Cybersicherheit in den Golfstaaten steht oftmals in der Kritik, zur digital ermöglichten Überwachung und Unterdrückung von Dissidenten und Oppositionellen eingesetzt zu werden. Im Digital Repression Index 2021 schneiden daher die Staaten der Arabischen Halbinsel, insbesondere Saudi-Arabien und die VAE, für ihren Einsatz digitaler Technologien zur politischen Repression vergleichsweise schlecht ab (Feldstein, 2022). Die fortschreitende digitale Transformation in den Golfstaaten und die herrschaftspolitischen Möglichkeiten, die sich daraus ergeben, wirken damit auch auf die bestehenden Staat-Gesellschaft-Beziehungen in den Golfstaaten.

9.2 Digitale Transformation von Wirtschaft und Umwelt

9.2.1 Die Tech-Hubs der Zukunft

Zentral in ihren Plänen zur wirtschaftlichen Diversifizierung ist für die Führungen der Arabischen Halbinsel die digitale Transformation. Aus diesem Grund wurden aus den jeweiligen Visionen, die die langfristige Planung vorgeben, nationale Strategien abgeleitet (u. a. MTCIT, 2023). Erklärtes Ziel ist es, sich international und regional als innovative Tech-Hubs in verschiedenen Bereichen wie KI, Cloud-Computing oder Kryptowährung zu positionieren. Dabei konkurrieren die in den jeweiligen Strategien gesetzten Schwerpunkte in einigen Aspekten miteinander; in anderen Punkten wiederum scheinen die Führungen ihre Alleinstellungsmerkmale ausbauen zu wollen. Aufgrund ihrer ambitionierten Strategien, des schnellen Ausbaus der digitalen Infrastruktur und der hohen Internetnutzung in den Golfstaaten wird dort ein stark wachsender digitaler Markt erwartet (Hassib & Shires, 2022, S. 92 f.).

Die Führungen in Bahrain und Abu Dhabi setzen seit einigen Jahren Anreize, um sich im Bereich der Kryptowährung, also dezentralen digitalen Währungen, als führende Zentren in der Region zu etablieren. Die Zentralbank Bahrains und die Sonderwirtschaftszone Abu Dhabi Global Market (ADGM) sind führende Akteure in dem sich schnell entwickelnden Sektor: Beide haben in den letzten Jahren rechtliche Rahmenbedingungen für Kryptowährung geschaffen, Börsen und Brokerdienste für Kryptowährungen lizenziert und in Start-ups investiert (Mogielnicki, 2019). Im Jahr 2018 eröffnete in Bahrain mit der FinTech Bay ein Zentrum, das sich zum Ziel gesetzt hat, den Ausbau des FinTech-Sektors zu unterstützen. In dem Zentrum sollen dezidiert relevante Akteurinnen und Akteure wie Behörden, Unternehmen sowie Universitäten zusammengebracht werden (FinTech Bay, 2023). MidChains, eine Kryptoplattform des emiratischen Staatsfonds Mubadala mit Sitz in ADGM, agiert unter der Aufsicht der Finanzaufsichtsbehörde der VAE und kann als Gegenstück zu Bahrains FinTech Bay verstanden werden (Mubadala, 2023).

Die VAE, Saudi-Arabien, Katar und Bahrain setzen ihre politischen Prioritäten auf neue Technologien wie die KI. Bereits während der Covid-19-Pandemie nutzten Behörden der vier Staaten Anwendungen von KI zur Ermittlung der Anzahl von Personen im öffentlichen Raum, zur Vorhersage von Infektionszahlen, zur Beschaffung von medizinischer Ausrüstung oder zur Eindämmung der Verbreitung von Falschnachrichten (Al Khazraji, 2020, S. 4 f.). Während Saudi-Arabien und die VAE mit ihren Strategien ihren globalen Führungsanspruch im Bereich von KI-Technologien bekunden, versucht sich die katarische Führung in Nischenbereichen zu bewähren. Der politische Fokus der katarischen Strategie ist daher die Positionierung im medizinischen Bereich, insbesondere in der KI-gestützten Erkennung und Behandlung von Erbkrankheiten, oder auch die KI-Entwicklung zur Digitalisierung der arabischen Sprache (MCIT, 2023). Die bahrainische Behörde Tamkeen gründete beispielsweise gemeinsam mit Microsoft 2019 eine Akademie zur Ausbildung von KI-Expertinnen und -Experten (Al-Ammal & Aljawder, 2021). Schätzungen zufolge könnte bis zum Jahr 2030 der Ausbau der KI in den vier Staaten einen Wert von bis zu 320 Mrd. US-Dollar erreichen (Hassib & Shires, 2022, S. 93).

Für einen effektiven Betrieb von KI-Systemen sind Daten und damit Cloud-Computing unerlässlich. Cloud-Computing beschreibt eine Technologie, mit deren Hilfe Regierungen und Unternehmen an externen Standorten, also mit dem Internet verbundene Clouds, große Mengen an Daten speichern. Grundsätzlich bilden die Rechenzentren des Cloud-Computings damit das Rückgrat des Internets, indem sie ständig produzierte Informationen speichern, kommunizieren und transportieren (Feldstein, 2019, S. 27). Entsprechend ihrer nationalen Strategien ist es für die Führungen der Golfstaaten von besonderer Bedeutung, sich als Standort anzubieten, an dem große Techkonzerne ihre Daten speichern möchten. Bahrain verfolgt bereits seit 2017 eine Cloud-First-Policy, die Regierungsbehörden dazu auffordert, cloudbasierte Lösungen bei der Beschaffung von IKTs zu berücksichtigen (Hassib & Shires, 2022, S. 93). Auch die Regierungen in Katar, Saudi-Arabien und den VAE haben umfassende Strategien und rechtliche Rahmenbedingungen im Bereich des Cloud-Computings geschaffen (u. a. TDV, 2023). In Saudi-Arabien soll zudem eine ganze Cloud-Computing-Sonderwirtschaftszone entstehen, aus der heraus Cloud-Service-Anbieter unter anderen rechtlichen Auflagen Rechenzentren im ganzen Königreich errichten und betreiben können (CST, 2023a). Internationale Techkonzerne wie der Cloud-Dienst von Amazon (AWS), Google, Meta, Microsoft, Apple, Oracle sowie Huawei und Alibaba-Cloud haben bereits ihre Investitionen und Kooperationen im Rahmen von Cloud-Computing-Diensten in Saudi-Arabien, Katar, VAE und Bahrain angekündigt und ausgebaut (Cochrane, 2023b; Abb. 9.1).

Die Regierungen der Golfstaaten haben in jüngerer Vergangenheit starke Anreize geschaffen, die für ihre ambitionierten Strategien notwendige digitale Infrastruktur auszubauen. Das beinhaltet auch den Ausbau von Internetseekabeln sowie den Ausbau von Hochgeschwindigkeitsbreitband und 5G-Technologien oftmals in Zusammenarbeit mit Unternehmen wie Ericsson, Huawei oder ZTE (Cochrane, 2023a).

◘ Abb. 9.1 Werbefläche für Googles Cloud-Computing in Riad. Der Text lässt sich mit „Willkommen im Königreich Saudi-Arabien, der neue Cloud-Bereich wurde eröffnet" übersetzen

9.2.2 Smart Cities

Die Vereinten Nationen ratifizierten im Jahr 2015 Nachhaltigkeitsziele (SDGs) und im darauffolgenden Jahr die New Urban Agenda, um eine nachhaltige Entwicklung des Wohnraums zu fördern (UN, 2023). Seither hat sich die Verabschiedung eines Plans zur Entwicklung von Smart-City-Projekten zu einem globalen Trend entwickelt (Akbari, 2022). Dieser Trend ist auch an den Golfstaaten nicht vorübergegangen: Alle sechs haben in den letzten Jahren Pläne für eigene Smart-City-Projekte entwickelt. Diese versprechen durch datenbasierte, digitale Prozesse nicht nur die Steigerung von Effizienz und Transparenz in Bereichen wie Wirtschaft oder Mobilität, sondern berücksichtigen eigenen Angaben zufolge auch Aspekte der Nachhaltigkeit und des Klimaschutzes zur Erreichung der SDGs (IGA, 2023b).

Eines der ersten Smart-City-Projekte der Region ist Lusail City nördlich der katarischen Hauptstadt Doha. Als Teil der Vision 2030 begannen bereits 2006 die Bauarbeiten des als „Stadt der Zukunft" beworbenen Projekts (Lemmin-Woolfrey, 2023). Laut der Projektbeschreibung sollen eine integrierte IKT-Infrastruktur, cloudbasierte Dienste sowie die vollständige Automatisierung von Haushalten und Bürogebäuden zur Erreichung der Ziele des Projekts beitragen, nämlich der Verbesserung der Lebensqualität und Stärkung der Wirtschaft durch effiziente und nachhaltige Dienstleistungen (Lusail, 2023). In einem Kontrollzentrum sollen alle Verwaltungs- und Überwachungsvorgänge für jene Dienste zentralisiert werden (ebd.). Im selben Jahr begannen die Bauarbeiten des emiratischen Projekts Masdar City in Abu Dhabi. Das Projekt wurde als Drehscheibe für Innovation, Forschung und Entwicklung konzipiert, um praxisnahe Lösungen in den Bereichen Energie und Wassereffizienz, Mobilität und KI voranzutreiben (Masdar City, 2023). Bis heute befindet sich die Stadt noch in der Bauphase und soll zeitnah fertiggestellt werden (▶ Kap. 5). In der Freihandelszone der Stadt befindet sich ebenso der Hauptsitz der International Renewable Energy Agency.

Auch die Führungen Kuwaits, des Omans und Bahrains haben in den letzten Jahren eigene Pläne für Smart-City-Projekte angekündigt. In Kuwait verspricht, laut den 2022 bekanntgemachten Plänen, die blumenartig angelegte XZERO-Stadt ein Zentrum in den Bereichen Lebensmittel, Energie, Wasser und Abfalltechnologie zu werden (XZERO CITY, 2023). Auch im Oman wurde eine Initiative für gleich mehrere Smart City Projekte veröffentlicht, inklusive der Sultan Haitham City nordwestlich von Maskat (SOM, 2025). Die Führung in Bahrain wiederum versucht sich in diesem Kontext in der Aufwertung von bestehenden Wohngebieten. Beispielsweise soll die Entwicklung intelligenter und umweltfreundlicher Immobilienprojekte gefördert werden. Sowohl die Telekommunikations-, Elektrizitäts- und Wasserbehörde sowie die Universität Bahrains haben in den letzten Jahren zahlreiche Initiativen entwickelt, um mithilfe digitaler Technologien die wirtschaftlichen und sozialen Bedingungen der Bevölkerung zu verbessern (IGA, 2023b).

Als Teil der Vision 2030 verkündete der saudi-arabische Kronprinz Mohammed bin Salman das Megaprojekt NEOM (◘ Abb. 9.2). In der Sonderwirtschaftszone mit einer Fläche von 26.500 Quadratkilometern sollen insgesamt vier räumlich voneinander getrennte, so genannte smarte Projekte erbaut werden: die Industrie- und Hafenstadt Oxagon, die 170 km lange Stadt The Line, die Winter- und Bergsportanlage Trojena und der Luxustourismusstandort Sindalah. Die Projektbeschreibung verspricht dabei eine digitale Vernetzung der Superlative von insgesamt 14 integrierten Sektoren – darunter Energie- und Wasserversorgung, Logistik oder Mobilität (NEOM, 2023a). Das für die Entwicklung der digitalen Infrastruktur und Technologie verantwortliche Unternehmen TONOMUS, Teil der NEOM-Aktiengesellschaft, beansprucht, eine „hypervernetzte, kognitive" Stadt zu entwickeln. Dafür sollen 90 % der freigegebenen Daten genutzt werden, um Bedürfnisse der Einwohnerinnen und Einwohner auszuwerten (TONOMUS, 2023). Hierfür setzt das Unternehmen unter anderem auf den Ausbau und die Entwicklung von 5G-Technologien, Hochgeschwindigkeitsglasfasern, energieeffiziente Rechenzentren sowie KI und Augmented-

Abb. 9.2 NEOM inklusive des Bauprojektes The Line, basierend auf NEOM (2023b)

Virtual-Reality-Technologien. An der technologischen Umsetzung wird wohl auch das Tech-Unternehmen Huawei beteiligt sein. Im Frühjahr 2022 wurde XVRS angekündigt, ein „kognitives, digitales Zwillingsmetaversum", das ermöglichen soll, sowohl physisch als auch virtuell in NEOM sein zu können (Al Kuwaiti, 2023, S. 3). Im Mai 2023 eröffnete deshalb in Kooperation mit dem Techkonzern Meta eine Metaversumakademie in Riad, die das virtuelle Ökosystem gestalten soll (Birch, 2023). Menschenrechtsorganisationen weisen auf die Vertreibung lokaler Stämme durch saudische Behörden zur Umsetzung dieser Baupläne hin. Gegen Mitglieder dieser Stämme wurde den Berichten zufolge gewaltsam vorgegangen (ALQST, 2023, S. 3).

9.3 Digitale Transformation von Herrschaft und Gesellschaft

9.3.1 E-Government und E-Partizipation

Die digitale Transformation von öffentlichen Dienstleistungen ist ein wesentlicher Aspekt in den wirtschaftlichen Diversifizierungsbemühungen der Golfstaaten (▶ Kap. 14). Die Regierungen sehen darin die Möglichkeit, die Effizienz ihrer Behörden zu steigern und mehr Transparenz gegenüber Unternehmen und Bevölkerungen zu fördern. Erklärtermaßen versprechen sich die Regierungen, dadurch ein wirtschaftlich attraktives Umfeld für die Privatwirtschaft und ausländische Investitionen zu schaffen (u. a. SDAIA, 2023). Gleichzeitig sehen die Führungen in der digitalen Transformation auch die Chance, ihre Bevölkerungen stärker in Entscheidungsprozesse einzubinden, um die Legitimität ihrer Herrschaft zu steigern sowie eine Art der Responsivität zu generieren (Qiaoan & Teets, 2020).

Aus diesem Grund initiierten die Führungen der Golfstaaten frühzeitig umfassende E-Transformationsprozesse von öffentlichen Dienstleistungen. Alle der sechs Golfmonarchien implementierten zentralisierte Plattformen, auf denen das gesamte digitale Angebot öffentlicher Dienstleistungen abrufbar ist, wie zum Beispiel Hukoomi in Katar oder Omanuna im Oman. Hinsichtlich des Zugangs zu Infrastruktur, Bildung und Umsetzung von E-Government-Diensten präsentieren sich die Staaten der Arabischen Halbinsel im internationalen Vergleich allesamt als überdurchschnittlich (UN, 2022b).

Seit einigen Jahren bemühen sich die Regierungen der Golfstaaten zudem, etablierte E-Government-Dienste technologischen Entwicklungen anzupassen. 2021 veröffentlichte die katarische Regierung eine Strategie, die die Möglichkeiten von neuen Technologien wie KI, Datenanalysen, Blockchains sowie Cloud-Computing für den öffentlichen Dienst elaborieren soll. Auch die Führung der VAE zielt mit der Digital Government Strategy 2025 auf eine sektorübergreifende Nutzung digitaler Technologien zur Steigerung der Effizienz etablierter E-Government-Strukturen ab (TDRA, 2023). Im Jahr 2020 wurde deshalb auch eine digitale Identität in den VAE eingeführt, mit der der Zugang zu verschiedenen Dienstleistungen der Regierung, des halbstaatlichen und privaten Sektors über das Internet möglich werden soll (ICP, 2021).

In Saudi-Arabien sind die Digital Government Authority (DGA) sowie SDAIA, die Behörde für Daten und KI, zuständig für eine sektorübergreifende Einbindung von KI und Datenanalysen in das digitale staatliche Angebot. Beispielsweise wurden Plattformen wie Absheer als zentrale Stelle für den Zugang öffentlicher Dienstleistungen entwickelt, über die eine Vielzahl an Transaktionen durchführbar und Informationen einsehbar sind. Absheer wurde 2011 von der Passstelle eingeführt; seit 2015 sind Benutzernamen und Passwörter universalisiert und alle staatlichen Stellen nutzen diese, um die Identität der Nutzerinnen und Nutzer zu überprüfen. Im Rahmen der Initiative wurde Absheer sowohl mit dem 2021 eingeführten elektronischen Rechnungssystem der Zakat, Steuer- und Zollbehörde als auch mit dem Lohnschutzsystem verknüpft, sodass sämtliche Transaktionen wie Steuern, Löhne und Gehälter für Behörden zentral einsehbar und auswertbar sind (Alamer & Brown, 2023, S. 7).

Alle Golfstaaten adressieren zudem Aspekte der E-Partizipation. Mit Blick auf Aspekte wie der Bereitstellung von Informationen oder der Einbindung von gesellschaftlichem Feedback in bestimmten Politikbereichen sind die digitalen Partizipationsangebote der sechs Staaten im internationalen Vergleich im oberen Mittelfeld zu finden. Insbesondere Saudi-Arabien, die VAE, der Oman und Kuwait schneiden laut dem E-Partizipationszindex 2022 überdurchschnittlich ab (UN, 2022a). Während in den Golfstaaten bereits frühzeitig Instrumente der E-Partizipation eingeführt und stetig ausgebaut wurden, wie 2003 in Bahrain oder 2008 in den VAE, scheinen die Regierungen im Rahmen ihrer Visionen und Initiativen zur digitalen Transformation auch digitale Partizipationsmöglichkeiten ihrer Bevölkerung stärker zu betonen. Hierfür haben Bahrain, der Oman, Saudi-Arabien und die VAE eigene E-Partizipationsstrategien entwickelt. Auch Katar betont in seiner E-Government-Strategie partizipatorische Elemente (IGA, 2023c). Ausnahmslos messen die jeweiligen Regierungen digital ermöglichten Formen der gesellschaftlichen Beteiligung in Entscheidungsfindungsprozessen – durch Feedback und Vorschläge aus der Bevölkerung – eine besondere Bedeutung bei. Beispielsweise hat die DGA in Saudi-Arabien eine Reihe an Initiativen und Mechanismen für die Einbindung ihrer Bürgerinnen und Bürger entwickelt: Die Applikation Watani ermöglicht die Evaluierung öffentlicher Dienstleistungen, die Tafaul-Plattform dient der Bewertung der Zufriedenheit mit Dienstleistungen und Informationen und auf der Tawasel-Plattform können Bürgerinnen und Bürger direkt mit den politischen Führungen in Kontakt treten (myGov, 2023).

9.3.2 Social Media

Die wissenschaftliche Debatte rund um soziale Medien bzw. digitale Technologien im Kontext autokratischer Regime war anfangs insbesondere unter dem Eindruck der geopolitischen Verwerfungen in der MENA-Region ab 2011 von Narrativen der „Befreiung" und „Demokratisierung" geprägt (Diamond, 2010). Digitale Technologien ermöglichen jedoch auch politische Kontrolle, Repression, Überwachung und Informationsbeschaffung über Präferenzen in der Bevölkerung sowie zur Identifizierung politischer Oppositioneller (Xu, 2021). Auch wenn umstritten ist, ob digitale Technologien politische Mobilisierungen wirksam entfachen und aufrechterhalten können, haben sie dennoch erhebliche gesellschaftspolitische Auswirkungen in den Staaten der Region.

Sozialen Medien kommt in den jeweiligen Strategien zur digital ermöglichten Partizipation in den Golfstaaten eine wichtige Rolle zu. Über die institutionellen Accounts und Kanäle werden der Bevölkerung zum einen Informationen zu Initiativen und Programmen zur Verfügung gestellt. Zum anderen wird die Bevölkerung explizit dazu angehalten, Feedback, Anregungen und Kritik über die Plattformen an die Regierungen zu richten (CST, 2023b). Damit haben die Führungen der Golfstaaten die Nutzbarmachung sozialer Medien für die Beziehung zu ihren Bevölkerungen erkannt, denn die überwiegend jungen Menschen sind auf den Plattformen besonders aktiv. Große Plattformen wie Instagram, Facebook, TikTok, Snapchat, WhatsApp oder Twitter beziehungsweise X verzeichnen in den Golfstaaten mit die höchsten Nutzerinnen- und Nutzerzahlen weltweit (Radcliffe et al., 2023).

Soziale Medien sind dabei durchdrungen von Einflussname: Neben der tatsächlichen Unterstützung der Regierungen und ihren Reformen sind die Debatten im Netz auch durch artifizielle und korrumpierte Praktiken geprägt (Shires, 2022, S. 1). Befürworterinnen und Befürworter staatlicher Politik verfolgen auf sozialen Medien zunehmend einen „mit uns oder gegen uns"-Ansatz, was einerseits konstruktive Kritik auf den Plattformen einschränkt und andererseits die Zurschaustellung von Nationalismus befördert (The Arab Weekly, 2020). Zudem werden Debatten auf sozialen Medien durch den Einsatz von automatisierten Accounts (Bots) und Trollen, also Accounts, die (bezahlt oder unbezahlt) koordiniert agieren, durch verschiedene, staatliche oder nicht-staatliche Akteure mit unterschiedlichen Interessen, manipuliert. Recherchen zufolge, stehen solche koordinierten Kampagnen in Verbindung zu digitalen Marketingfirmen auch in den Golfstaaten: unzählige Fake-Accounts deuten auf Verbindungen zu Marketingfirmen wie (ehemals) DotDev oder SMAAT in den VAE und Saudi-Arabien hin (Jones, 2022, S. 72; Grossman et al., 2020, S. 3). Diese Manipulationen bestimmen damit, welche Inhalte sich auf den Plattformen verbreiten (oder eben nicht) und wer dabei einflussreich ist.

Die Tech-Unternehmen, die Social-Media-Dienste anbieten, sind in diesem Kontext von zunehmender Bedeutung, indem sie sowohl eigene Community-Richtlinien als auch nationale Gesetzgebungen auf den Plattformen durchsetzen sollen und damit ggf. entsprechende Inhalte entfernen oder filtern (Gillespie, 2018); dem Transparenzbericht von Twitter zufolge, fragten Behörden der VAE zum Beispiel 2022 mit am häufigsten Twitter zum Entfernen von Inhalten an (Twitter, 2023). Auch etablierte Meldesysteme der Plattformen, über die von Accounts Inhalte an die Plattformen gemeldet werden können, können dazu genutzt werden, Kritik gegenüber den Regierungen der Golfstaaten von den Plattformen entfernen zu lassen. Die Führungen am Golf haben scheinbar auch die Bedeutung der Daten der Tech-Unternehmen für sich erkannt: Beispielsweise sah es ein US-amerikanisches Gericht 2021 als erwiesen an, dass zwei ehemalige Twitter-Mitarbeiter private Informationen über anonyme Accounts, die sich kritisch gegenüber Saudi-Arabien äußerten, sammelten und an den persönlichen Berater des Kronprinzen übermittelten. In diesem Kontext sind auch die Möglichkeiten, die sich für Anteilseigner an Social-Media-Konzernen ergeben können, relevant.

Eine Studie von Moreno-Almeida und Banaji (2019) zeigt, dass Vorsicht und Misstrauen hinsichtlich der digitalen Möglichkeiten von Überwachung und Repression unter den Bevölkerungen der Region eher zu einer selektiveren und kritischeren Nutzung dieser Medien führen anstatt zu einem konspirativen Ausstieg. Sie konnten belegen, dass junge Menschen, unter anderem aus den VAE, soziale Medien als einen Raum mit begrenzter Kapazität zur Schaffung von sozialem und gesellschaftlichem Engagement wahrnehmen. Unter dem Eindruck von Misstrauen durch und Angst vor staatlicher Kontrolle und Überwachung haben sich unter den Bevölkerungen neue Praktiken in der Nutzung von Online- und Offlineräumen entwickelt: Während Beiträge oder Hashtags auf sozialen Medien unter minimaler Preisgabe von persönlichen Informationen für eine Öffentlichkeit von Anliegen genutzt werden, dienen private (WhatsApp-)Gruppen zur Koordinierung von politischem Engagement (Moreno-Almeida, 2021, S. 1133 ff.).

Twitter – Von Milliardären und Prinzen
Im Oktober 2022 wurde der Milliardär Elon Musk größter Anteilseigner und CEO an dem Mikrobloggingunternehmen Twitter. Ermöglicht wurde die Übernahme Musks an Twitter durch die Bereitschaft von Twitter-Aktionärinnen und -Aktionären ihre Anteile im Tausch gegen einen Anteil an dem neuen privaten Unternehmen (seit März 2023 X Corp) an Musk zu übertragen (Pollack, 2022). Unter diesen Aktionärinnen und Aktionären und damit Anteilseignerinnen und -eigner des neuen Unternehmens sind unter anderem eine Gesellschaft des katarischen Staatsfonds Qatar Investment Authority und über die Kingdom Holding der saudische Prinz Alwaleed bin Talal (ebd.). Bin Talal, Twitter-Aktionär seit 2011, leistete sich selbst einen medienwirksamen Schlagabtausch mit Elon Musk auf der Plattform über dessen Angebot, bevor er dem Kauf zustimmte und damit zum zweitgrößten Anteilseigner Twitters beziehungsweise X wurde. Alwaleed bin Talals Kingdom Holding wiederum änderte 2022 auch seine Besitzverhältnisse: Der saudische Public Investment Fund (PIF) unter Vorsitz des Kronprinzen erwarb im Mai rund 17 % der Anteile an bin Talals Unternehmen. Alwaleed bin Talal war 2017 Teil der aufsehenerregenden Antikorruptionskampagne des Kronprinzen. Eigenen Aussagen zufolge habe sich seine 83-tägige Inhaftierung „stärkend" auf die einst von Kritik geprägte Beziehung zu Mohammed bin Salman ausgewirkt (Schatzker, 2018).

9.4 Cybersecurity

Die fortschreitende digitale Transformation, die sich in den Staaten der Arabischen Halbinsel vollzieht, bringt auch sicherheitspolitische Diskurse und Praktiken hervor, deren digitalisierte Infrastrukturen sich angesichts von Bedrohungen wie Schad- und Erpressungssoftware, Spionage, Betrug oder „Hacktivismus" einer erhöhten Vulnerabilität ausgesetzt sehen (Hassib & Shires, 2022, S. 94 f.). Dabei besteht ein erhebliches Risiko für solche Bedrohungen im Energiebereich der Golfstaaten: Rund 50 % der versuchten Cyberangriffe zielten auf die digitalisierte Infrastruktur des Öl- und Gassektors ab. Hinzu kommt eine Reihe an oftmals politisch motivierten Offensiven im digitalen Raum wie beispielsweise Cyberspionagekampagnen. Aufgrund der bedeutenden Rolle sozialer Medien scheinen die Führungen der Golfstaaten außerdem manche Debatten im Netz verstärkt als Bedrohung auch für ihre Herrschaft wahrzunehmen. Aus diesem Grund, so argumentieren Hassib & Shires, ist auch die Überwachung und Kontrolle der Plattformen ein wichtiger Aspekt in ihren Strategien zur Cybersicherheit (ebd., S. 97)

Als Reaktion auf diese identifizierten Bedrohungssituationen haben die Regierungen der Staaten der Arabischen Halbinsel erheblich in den Aufbau ihrer Cybersicherheitskapazitäten und Resilienz investiert. Schätzungen zufolge liegen zum Beispiel die Ausgaben der saudi-arabischen Regierung allein für Cybersicherheit bei rund zwei Milliarden US-Dollar mit einer jährlichen Wachstumsrate von 15 % (Hassib & Shires, 2022, S. 93). Alle sechs Golfstaaten haben auf nationaler Ebene Computer Emergency Response Teams (CERTs) sowie ein auf Ebene des Golfkooperationsrats (GKR) agierendes CERT eingerichtet, die die Auswirkungen von Cybersicherheitsrisiken frühzeitig mindern möchten. Ein gemeinsames Projekt des GKR ist die 2020 eröffnete Cybersicherheitsplattform zur Analyse von Schadsoftware. Dieses dient zur Vereinheitlichung und Koordinierung hinsichtlich der Analyse und Erkennung von auf Servern gespeicherter Schadsoftware (Al Kuwaiti, 2023, S. 2). Als Teil ihrer Strategien werden zudem einige Bemühungen im Bereich der Bildungs- und Aufklärungsarbeit verstärkt: Die Führung der VAE hat zum Beispiel die Cyber-Pulse-Initiative eingeführt, die darauf abzielt, eine sichere digitale Transformation durch ein gestärktes Bewusstsein zu schaffen (Al Kuwaiti, 2023, S. 3).

Alle Golfstaaten haben zudem auch Gesetze zur Cyberkriminalität, zum digitalen Geschäftsverkehr und Datenschutz eingeführt oder aktualisiert. Insbesondere die Gesetze zur Bekämpfung von Cyberkriminalität stehen dabei wiederholt in der Kritik, neben wirtschaftlichen Belangen wie Betrug oder Spionage auch auf die Kontrolle politischer Äußerungen im Internet ausgeweitet zu werden. Durch die Ergänzung des rechtlichen Rahmens in den VAE ist die Verbreitung von Falschnachrichten und Gerüchten auf sozialen Medien Teil der Cybersicherheit (Hakmeh & Shires, 2020). Die Führungen der Golfstaaten haben zudem Schutzgesetze von personenbezogenen Daten entwickelt, die sich insbesondere in ihren Geltungsbereichen unterscheiden. Das 2022 aktualisierte Gesetz zum Schutz personenbezogener Daten in Saudi-Arabien wurde 2023 erneut verändert. Mit den Änderungen werden mehrere Aspekte eingeführt, die das Gesetz stärker an internationale Standards wie die der Datenschutzgrundverordnung der EU angleichen sollen.

Die umfassenden Strategien und rechtlichen Rahmenbedingungen dienen den Führungen der Arabischen Halbinsel auch zur Legitimation des enormen Imports von Überwachungs- und Spionagesoftware, die Berichten zufolge auch gegen ihre eigenen Bevölkerungen eingesetzt werden. Die Enthüllungen des Citizen Labs belegen beispielsweise den Einsatz der Spionagesoftware Pegasus der israelischen NSO Group durch Behörden Bahrains, Saudi-Arabiens und der VAE (Marczak et al., 2018). Insbesondere die VAE konnten in den letzten Jahren eines der modernsten Überwachungssysteme weltweit etablieren, das biometrische Daten, Gesichtserkennungskameras und Datenzentren miteinander verbindet und (KI-gestützt) auswertet. Die digitalen Technologien liefern hierfür einerseits große Tech-Unternehmen wie Huawei, SenseTime oder Hikvision sowie emiratische Unternehmen wie beispielsweise Presight AI mit Verbindungen zur politischen Elite des Landes.

9.5 Ausblick

Die Führungen der Arabischen Halbinsel sehen in der digitalen Transformation eine bedeutungsvolle Chance, ihre ambitionierten Diversifizierungsstrategien umzusetzen (▶ Kap. 14). Aus diesem Grund wurden in den letzten Jahren große Anstrengungen durch eine Vielzahl an Initiativen und Strategien unternommen, die darauf abzielen, ihre Attraktivität als innovative Tech-Hubs zu steigern. Die Initiativen und Strategien – inklusive Megaprojekte wie NEOM – folgen dabei vor allem ökonomischen Interessen. Smart Cities, Datenschutz und Cybersicherheit werden fast ausschließlich in wirtschaftlicher Hinsicht interpretiert und dienen insbesondere dazu, ein sicheres und zuverlässiges Wirtschaftsumfeld zu schaffen. Auch wenn alle sechs Golfstaaten umfassende Cybersicherheitsstrategien und rechtliche Rahmenbedingungen entwickelt haben, ist deren Umsetzung bisher noch ausstehend und behördliche Zuständigkeiten bleiben diffus. Die rapide und fortschreitende digitale Transformation der Golfstaaten sowie intensive Internetnutzung haben bei ihren Bevölkerungen, Unternehmen und ausländischen Investoren hingegen hohe Erwartungen geschürt.

Die Bemühungen der digitalen Transformation auf der Arabischen Halbinsel sind zudem von geopolitischen Dynamiken und Wettbewerb geprägt, wie sich beispielsweise beim Kauf von Überwachungstechnologien oder dem Ausbau bzw. Entwicklung von Technologien wie KI oder 5G zeigt. Auf Ebene des GKR scheint im Kontext der digitalen Transformationen nur in den Bereichen ein gemeinsames Vorgehen möglich zu sein, in denen ein minimaler Konsens über eine gemeinsame Bedrohungslage herrscht. Trotz des positiven und einheitlichen Eindrucks, der beispielsweise in den Bemühungen im Cybersicherheitsbereich gezeichnet wird, bleiben die gemeinsamen Anstrengungen oberflächlich und ohne Leitlinien für Einzelpersonen und Organisationen (Hakmeh & Shires, 2020). Die digitalen Transformationen in den Golfstaaten stehen damit in einem Spannungsfeld zwischen Kooperation und Konkurrenz, welches jeher deren Beziehungen prägt. Ein gemeinsames Vorgehen scheitert augenscheinlich an den unterschiedlichen Auffassungen über Bedrohungslagen und dem Widerwillen der Regierungen, (digitale) Souveränitätsrechte abzugeben.

Die fortschreitende digitale Transformation in den Golfstaaten hat dabei auch Implikationen für die Staat-Gesellschaft-Beziehungen. Sie soll die politische Ordnung als besonders leistungsfähig präsentieren und darüber hinaus auch eine Quelle von Herrschaftslegitimation sein. Eine Vielzahl an digital ermöglichten Angeboten wie eigens erstellte Apps oder soziale Medien soll in allen sechs Golfstaaten die Bevölkerung stärker in Entscheidungsfindungsprozesse einbinden und zu Feedback und Austausch mit ihren Regierungen animieren. Der Gebrauch von Überwachungs- und Kontrollmechanismen wie beispielsweise Spionagesoftware sowie die Durchsetzung und Ausweitung von Cybersicherheitsgesetzen hinterlassen indes bei Nutzerinnen und Nutzern der Region einen Eindruck des Misstrauens und der Angst.

Literatur

Akbari, A. (2022). Authoritarian smart city: a research agenda. *Surveillance & Society*, *20*(4), 441–449.

Al Khazraji, R. (2020). Utilizing Artificial Intelligence against Covid-19. https://trendsresearch.org/insight/utilizing-artificial-intelligence-against-covid-19/. Zugegriffen: 21. Dez. 2023.

Al Kuwaiti, M. (2023). Cybersecurity in 2023: shifts and challenges in the age of Artificial Intelligence. https://trendsresearch.org/insight/cybersecurity-in-2023-possible-shifts-and-challenges/. Zugegriffen: 21. Dez. 2023.

Alamer, S., & Brown, N. J. (2023). *How Arab authoritarians are using citizens' data to consolidate control? Disruptions and dynamism in the Arab World*. Washington D.C.: Carnegie Endowment for International Peace.

Al-Ammal, H., & Aljawder, M. (2021). Strategy for Artificial Intelligence in Bahrain. Challenges and opportunities. In E. Azar & A. N. Haddad (Hrsg.), *Artificial Intelligence in the Gulf. Challenges and opportunities* (S. 47–67). Singapur: Springer Nature.

Alhazbi, S. (2020). Behavior-based machine learning approaches to identify state-sponsored trolls on Twitter. *IEEE Access*, *8*, 195132–195141.

Alhussein, E. (2021). Joining the club: New trends in Gulf Social Media. Arab Gulf States Institute in Washington. https://agsiw.org/joining-the-club-new-trends-in-gulf-social-media/. Zugegriffen: 21. Dez. 2023.

ALQST (2023). *The dark side of Neom: Expropriation, expulsion and prosecution of the region's inhabitants*. ALQST for Human Rights.

Arab Weekly, T. (2020). Pro-government Saudi cyber-activists increasingly powerful. https://thearabweekly.com/pro-government-saudi-cyber-activists-increasingly-powerful. Zugegriffen: 21. Dez. 2023.

Birch, K. (2023). Why Meta selected Saudi Arabia for second metaverse academy. https://businesschief.eu/technology/why-meta-has-selected-saudi-for-second-metaverse-academy. Zugegriffen: 21. Dez. 2023.

Cochrane, P. (2023a). Israeli-backed internet cable aims to link country to Saudi Arabia and Gulf states. Middle East Eye. https://www.middleeasteye.net/. Zugegriffen: 21. Dez. 2023.

Cochrane, P. (2023b). Saudi Arabia's digital dream: Silicon Valley for the Middle East. Middle East Eye. https://www.middleeasteye.net/news/saudi-arabia-digital-dream-build-silicon-valley-neom. Zugegriffen: 21. Dez. 2023.

CST (2023a). Cloud computing special economic zone. https://www.cst.gov.sa/en/services/licensing/Pages/Cloud-Computing-Special-Economic-Zone.aspx. Zugegriffen: 21. Dez. 2023.

CST (2023b). E-Participation. https://www.cst.gov.sa/en/Pages/EParticipation.aspx. Zugegriffen: 21. Dez. 2023.

Diamond, L. (2010). Liberation technology. *Journal of Democracy*, *21*(3), 69–83.

Douzet, F., Pétiniaud, L., Salamatian, K., & Samaan, J.-L. (2022). Digital routes and borders in the Middle East: the geopolitical underpinnings of Internet connectivity. *Territory, Politics, Governance*, *11*(6), 1–22.

Feldstein, S. (2019). *The global expansion of AI surveillance [Working Paper]*. Washington D.C: Carnegie Endowment for International Peace.

Feldstein, S. (2022). Digital Repression Index (updated 2021 data). https://doi.org/10.17632/5dnfmtgbfs.3. Zugegriffen: 21. Dez. 2023.

FinTech Bay (2023). Bahrain FinTech. https://www.bahrainfintechbay.com. Zugegriffen: 21. Dez. 2023.

GCO (2008). Qatar National Vision 2030. https://www.gco.gov.qa/en/about-qatar/national-vision2030/. Zugegriffen: 21. Dez. 2023.

Gillespie, T. (2018). *Custodians of the Internet: Platforms, Content Moderation, and the Hidden Decisions That Shape Social Media*. New Haven: Yale University Press.

Glasze, G., Cattaruzza, A., Douzet, F., Dammann, F., Bertran, M.-G., Bômont, C., Braun, M., Danet, D., Desforges, A., Géry, A., Grumbach, S., Hummel, P., Limonier, K., Münßinger, M., Nicolai, F., Pétiniaud, L., Winkler, J., & Zanin, C. (2023). Contested spatialities of digital sovereignty. *Geopolitics*, *28*(2), 919–958.

Glasze, G., Odzuck, E., & Staples, R. (2022). *Was heißt digitale Souveränität? Diskurse, Praktiken und Voraussetzungen „individueller" und „staatlicher Souveränität" im digitalen Zeitalter*. Bielefeld: transcript.

Grossman, S., Khadija, H., DiResta, R., Kheradpir, T., & Miller, C. (2020). *Blame it on Iran, Qatar, and Turkey: an analysis of a Twitter and Facebook operation linked to Egypt, the UAE, and Saudi Arabia*. Stanford: Stanford Internet Observatory.

Hakmeh, J., & Shires, J. (2020). The state of cybersecurity in the GCC: an overview. https://www.chathamhouse.org/2020/03/gcc-cyber-resilient-0/state-cybersecurity-gcc-overview. Zugegriffen: 21. Dez. 2023.

Hassib, B., & Shires, J. (2022). Cybersecurity in the GCC: from economic development to geopolitical controversy. *Middle East Policy*, *29*(1), 90–103.

ICP (2021). UAE Pass. Federal authority for identity, citizenship, customs & port security. https://icp.gov.ae/en/uae-pass/. Zugegriffen: 21. Dez. 2023.

IGA (2023a). Bahrain 2030. https://t1p.de/95fpo. Zugegriffen: 21. Dez. 2023.

IGA (2023b). Smart cities. https://t1p.de/mkiyx. Zugegriffen: 21. Dez. 2023.

IGA (2023c). Electronic participation policy. https://t1p.de/wr906. Zugegriffen: 21. Dez. 2023.

Jones, M. O. (2022). *Digital Authoritarianism in the Middle East: Deception, Disinformation and Social Media*. London: C Hurst & Co Publishers.

Keremoglu, E. & Weidmann, N. B. (2020). How Dictators Control the Internet: A Review Essay. https://kops.uni-konstanz.de/handle/123456789/49260. Zugegriffen: 20. Mrz. 2025.

Kuwait Ministry of Foreign Affairs (2020). Kuwait Vision 2035 „New Kuwait". https://www.mofa.gov.kw/en. Zugegriffen: 21. Dez. 2023.

Legner, C., Eymann, T., Hess, T., Matt, C., Boehmann, T., Drews, P., Maedche, A., Urbach, N., & Ahlemann, F. (2017). Digitalization: opportunity and challenge for the business and information systems engineering community. *Business & Information Systems Engineering*, *59*(4), 301–308.

Lemmin-Woolfrey, U. (2023). Inside Qatar's „city of the future". https://www.cnn.com/travel/article/lusail-qatar/index.html. Zugegriffen: 21. Dez. 2023.

Lusail (2023). Lusail City: Qatar's future city. https://www.lusail.com/. Zugegriffen: 21. Dez. 2023.

Marczak, B., Scott-Railton, J., McKune, S., Razzak, B. A., & Deibert, R. (2018). HIDE AND SEEK: Tracking NSO group's pegasus spyware to operations in 45 countries. Citizen Lab Research Report, 113. https://citizenlab.ca/2018/09/hide-and-seek-tracking-nso-groups-pegasus-spyware-to-operations-in-45-countries/. Zugegriffen: 21. Dez. 2023.

Masdar City (2023). Welcome to Masdar City. https://masdarcity.ae/en. Zugegriffen: 21. Dez. 2023.

MCIT (2023). Qatar's national AI strategy. https://www.mcit.gov.qa/en/about-us/qatar%E2%80%99s-national-ai-strategy. Zugegriffen: 21. Dez. 2023.

Mogielnicki, R. (2019). Bahrain and Abu Dhabi compete to be Gulf's cryptocurrency hub. Arab Gulf States Institute in Washington. https://agsiw.org/bahrain-and-abu-dhabi-compete-to-be-gulfs-cryptocurrency-hub/ (Erstellt: 14.08.). Zugegriffen: 21. Dez. 2023.

Moreno-Almeida, C. (2021). Memes as snapshots of participation: the role of digital amateur activists in authoritarian regimes. *New Media & Society*, *23*(6), 1545–1566.

Moreno-Almeida, C., & Banaji, S. (2019). Digital use and mistrust in the aftermath of the Arab spring: beyond narratives of liberation and disillusionment. *Media, Culture & Society*, *41*(8), 1125–1141.

MTCIT (2023). National program for digital economy. https://t1p.de/skn40. Zugegriffen: 21. Dez. 2023.

Mubadala (2023). MidChains. https://www.mubadala.com/en/what-we-do/midchains. Zugegriffen: 21. Dez. 2023.

myGov (2023). E-Participation in government agencies in the kingdom of Saudi Arabia. https://t1p.de/utugl. Zugegriffen: 21. Dez. 2023.

NEOM (2023a). Changing the future of technology & digital. https://www.neom.com/en-us/our-business/sectors/technology-and-digital. Zugegriffen: 21. Dez. 2023.

NEOM (2023b). NEOM: Made to change. https://www.neom.com/en-us. Zugegriffen: 21. Dez. 2023.

Oman Vision 2040 (2023). Oman Vision 2040. https://www.oman2040.om/vision-en.html. Zugegriffen: 21. Dez. 2023.

OPG (2022). GCC E-Performance Index 2021 examines progress of Arab Gulf countries' digital transformation. https://www.orient-planet.com/index.html. Zugegriffen: 21. Dez. 2023.

Pollack, A. (2022). Musk's Twitter investors include Saudi Prince, Dorsey and Qatar. Bloomberg.Com. https://www.bloomberg.com/news/articles/2022-11-01/musk-s-twitter-investors-include-saudi-prince-dorsey-and-qatar. Zugegriffen: 21. Dez. 2023.

Qiaoan, R., & Teets, J. C. (2020). Responsive Authoritarianism in China -- a Review of Responsiveness in Xi and Hu Administrations. *Journal of Chinese Political Science*, *25*(1), 139–153.

Radcliffe, D., Abuhmaid, H., & Mahliaire, N. (2023). *Social Media in the Middle East 2022: A year in review*. Eugene: University of Oregon.

Saudi Vision (2017). Saudi Vision 2030. https://vision2030.gov.sa/en/governance. Zugegriffen: 21. Dez. 2023.

Schatzker, E. (2018). Prince Alwaleed's 83-day detention in the Riyadh Ritz. Bloomberg.Com. https://www.bloomberg.com/news/features/2018-03-20/alwaleed-reveals-secret-deal-struck-to-exit-ritz-after-83-days. Zugegriffen: 21. Dez. 2023.

SDAIA (2023). Saudi authority for data and artificial intelligence. Saudi Authority for Data and Artificial Intelligence. https://sdaia.gov.sa/en/default.aspx. Zugegriffen: 21. Dez. 2023.

Shires, J. (2022). Introduction. In J. Shires (Hrsg.), *The politics of cybersecurity in the Middle East* (S. 1–16). Oxford: Oxford University Press.

Stolterman, E., & Fors, A. C. (2004). Information technology and the good life. In B. Kaplan, D. P. Truex, D. Wastell, A. T. Wood-Harper & J. I. DeGross (Hrsg.), *Information systems research: relevant theory and informed practice* (S. 687–692). Springer.

SOM (2025). Sultan Haitham City. https://www.som.com/projects/sultan-haitham-city/. Zugegriffen: 20. Mrz. 2025.

TDRA (2023). The UAE digital government strategy 2025. https://t1p.de/c6bwc. Zugegriffen: 21. Dez. 2023.

TDV (2023). Cloud computing Qatar. https://tdv.motc.gov.qa/Investment-Catalogue/cloud-computing. Zugegriffen: 21. Dez. 2023.

TONOMUS (2023). TONOMUS. https://tonomus.neom.com/en-us. Zugegriffen: 21. Dez. 2023.

Twitter (2023). An update on Twitter transparency reporting. https://blog.twitter.com/en_us/topics/company/2023/an-update-on-twitter-transparency-reporting. Zugegriffen: 21. Dez. 2023.

u.ae (2023). Cyber safety and digital security. https://u.ae/en/information-and-services/justice-safety-and-the-law/cyber-safety-and-digital-security. Zugegriffen: 21. Dez. 2023.

UN (2022a). 2022 E-Participation Index. https://publicadministration.un.org/egovkb/Data-Center. Zugegriffen: 21. Dez. 2023.

UN (2022b). E-Government Development Index 2022 Western Asia. https://publicadministration.un.org/egovkb/en-us/Data/Region-Information/id/19-Asia---Western-Asia. Zugegriffen: 21. Dez. 2023.

UN (2023). THE 17 GOALS. https://sdgs.un.org/goals. Zugegriffen: 21. Dez. 2023.

Van Veldhoven, Z., & Vanthienen, J. (2022). Digital transformation as an interaction-driven perspective between business, society, and technology. *Electronic Markets*, *32*(2), 629–644.

We the UAE 2031 (2023). We the UAE 2031. https://wetheuae.ae/en. Zugegriffen: 21. Dez. 2023.

Xu, X. (2021). To repress or to co-opt? Authoritarian control in the age of digital surveillance. *American Journal of Political Science*, *65*(2), 309–325.

XZERO CITY (2023). XZERO CITY. A new benchmark model for the next generation of sustainable cities. https://urb.ae/projects/xzero/. Zugegriffen: 21. Dez. 2023.

Mensch und Gesellschaft

Inhaltsverzeichnis

Kapitel 10   Gesellschaft und Stammeszugehörigkeit:
Tradition, Wandel und Erbe – 101
Stefan Leder

Kapitel 11   Identität und Religion – 113
Thomas Würtz

Kapitel 12   Bevölkerung, Migration & Arbeitsmarkt – 123
Sebastian Sons

Kapitel 13   Empowerment – 133
Nora Derbal

Gesellschaft und Stammeszugehörigkeit: Tradition, Wandel und Erbe

Stefan Leder

HISHAM BINSUWAIF from Sharjah, UAE, CC BY-SA 2.0
<https://creativecommons.org/licenses/by-sa/2.0>, via Wikimedia Commons
https://de.m.wikipedia.org/wiki/Datei:Falconry_Day.jpg

Inhaltsverzeichnis

10.1 Einführung – 103
10.1.1 Begriffe und Hintergründe – 103

10.2 Stämme und Gesellschaft in Arabien – 104
10.2.1 Traditionelles Ordnungsverständnis und seine Grundlagen – 104
10.2.2 Zusammensetzung von Stammesgruppen: Ideologie und Praxis – 105
10.2.3 Wiederentdeckte Abstammungen – 106

© Der/die Autor(en), exklusiv lizenziert an Springer-Verlag GmbH, DE, ein Teil von Springer Nature 2025
T. Demmelhuber, N. Scharfenort (Hrsg.), *Die Arabische Halbinsel*,
https://doi.org/10.1007/978-3-662-70217-8_10

10.3 Funktionen der Stammesgruppen – 107
10.3.1 Stamm und Status – 107
10.3.2 Schutz- und Interessengemeinschaft – 108

10.4 Fazit: Wandel und Erbe – 109
10.4.1 Staat statt Stamm – 109
10.4.2 Beduinen- und Stammestradition im modernen Staat – 110

Literatur – 110

10.1 Einführung

In weiten Teilen der Arabischen Halbinsel und insbesondere für die beduinische Bevölkerung war Stammeszugehörigkeit bis in das 20. Jahrhundert verbunden mit Zugang zu Ressourcen, Gemeinschaft sowie politischer und kultureller Teilhabe. Stammeszugehörigkeit mit dem zugrunde liegenden Konzept der genealogischen Abstammung war Teil der sozialen Realität und eine wichtige – notwendige, aber nicht hinreichende – und flexible Organisationsform, die Solidarität und soziale Beziehungen strukturierte. Auch heute spielen genealogische Abstammung allgemein beziehungsweise die Zugehörigkeit zu einer Stammesgruppe für große Teile der Gesellschaft wieder eine wichtige Rolle in gewandelter Form und in unterschiedlichen Zusammenhängen, und Relikte der traditionellen politischen und sozialen Kultur können in zeitgenössischen Praktiken wiedererkannt werden. Die Abstammung von Beduinen hat soziales Prestige, und die Zugehörigkeit zu der Abstammungsgruppe der jeweiligen Herrscherfamilie ist in den meisten Ländern der Arabischen Halbinsel ein Privileg. Dazwischen liegen der Niedergang der „alten Welt", ihrer Ökonomie, politischen Strukturen, Organisationsformen und der Aufstieg des modernen Staats. In Saudi-Arabien verlief der Wandel zu einem omnipräsenten Zentralstaat besonders markant, vorbereitet und begleitet von einer religiösen, islamisch-reformistischen und politischen Kampagne, in der Beduinen zunächst als Glaubenskrieger eine neue herausgehobene, ihrer angestammten Ordnung – Stammeszugehörigkeit, Beutezüge – teilweise entsprechende Rolle fanden, aber die schließlich auf den Verlust ihrer angestammten Selbstbestimmung hinauslief. Einige Merkmale der Organisation und Interaktion von Stammesgruppen, die im Wandel zu modernen Verhältnissen an Bedeutung verloren beziehungsweise andere Bedeutungen gewannen, sollen hier selektiv und in vorsichtiger Verallgemeinerung benannt und erklärt werden.

10.1.1 Begriffe und Hintergründe

Die traditionelle Gesellschaft der Stammesgruppen war in mancher Hinsicht komplexer, als die Begriffe, mit denen sie beschrieben wird, in ihrer herkömmlichen Bedeutung abbilden. Stämme und Stammesgruppen waren in ihrer Zusammensetzung nicht ausschließlich von Blutsverwandtschaft bestimmt, obgleich der deutsche Begriff „Stamm" das nahezulegen scheint. Die Kenntnis der die eigene Person oder andere betreffenden patrilinearen Abstammungslinien war zwar allgemein verbreitet, auch weil dies relevant war für Rechtsverhältnisse insbesondere im Hinblick auf kollektive Haftung, die im Falle von Gewalteinwirkung mit tödlichen Folgen mehrere Generationen einbeziehen konnte. Allerdings determinierte Stammeszugehörigkeit nicht notwendigerweise das Netzwerk sozialer Beziehungen in allen Zusammenhängen. Auch in die Bildung von Stammesgruppen selbst gingen neben agnatischer Abstammung Formen der Kooptation ein, wobei diese allmählich und rückwirkend in die Genealogie, das heißt in die zumeist mündlich tradierten Abstammungslinien, integriert werden konnten. Man könnte daher, um der Praxis von Gruppenbildung gerecht zu werden, die sich auf reale und konstruierte Abstammung bezog, von „genealogischer Abstammung" sprechen. Gängige arabische Begriffe geben die Dynamik der tribalen Gruppenbildung allerdings auch nicht zu erkennen, sodass wir weiter von „Stammesgruppen" oder von „Stammesverbänden" sprechen, die mehrere jeweils durch genealogische Abstammung verbundene Gruppen umfassten.

Im Umgang mit Genealogie als die Definition von Abstammung sind die Perspektiven der gelehrten arabischen Tradition und mündlichen Tradition zu unterscheiden. Das vormoderne arabische Schrifttum behandelte Abstammung und teilweise auch Verwandtschaft durch Heiratsbeziehungen in einem eigenen genealogischen Genre. Historisch und politisch war dies insofern von Bedeutung, als arabische Stammesgruppen im Nahen Osten, Ägypten und darüber hinaus in Nordafrika nach dem Entstehen des islamischen Gemeinwesens im siebten Jahrhundert auch Territorialherrschaft ausübten und in den folgenden Jahrhunderten bis in die Neuzeit vielfach als halbautonome und staatenassoziierte Gruppen politisch relevant waren. Das Wissen über Stammesgruppen und ihre genealogischen Verbindungen (*nasab*) war daher Teil der Historiographie und aus staatlicher Sicht auch administrativ geboten, weil die in Stammesgruppen organisierte Bevölkerung, welche Weidenutzung, zuweilen mit Landwirtschaft verknüpft, in den ausgedehnten Trockengebieten der Regionen betrieb, die Bevölkerungsmehrheit stellte. Dank ihrer Mobilität, Wehrfähigkeit und Schlagkraft hatten Stammesgruppen zudem teilweise Schlüsselfunktionen inne, wie die Kontrolle über Verkehrswege und Oasen. Kenntnis von Abstammungslinien galt in der Selbstsicht als ein Proprium der Araber, war von der religiösen Tradition sanktioniert und ein Kulturgut. Zweifel an der Korrektheit einzelner historischer Angaben zu Abstammungslinien wurden von Gelehrten vielfach geäußert und zum Beispiel durch das Anführen von Varianten kenntlich gemacht.

Der praktische Gebrauch von Abstammungslinien vor allem im beduinischen Milieu war dagegen eine mündliche Tradition, sowohl fluide als auch wirkmächtig in ihrer – letztendlich durch Konsens bestimmten – Geltung. Im heutigen modernen arabischen Diskurs zu Abstammung, der nach wie vor viel Aufmerksamkeit erhält, wird gelegentlich anerkannt, dass die genealogische Darstellung nicht nur Abstammungslinien abbildet, zumeist aber steht die Bemühung im Vordergrund, Verwandtschaft in der Generationenfolge und die prestigeträchtige Herkunft von Gruppen oder Individuen nachzuweisen. Dieser Diskurs hat in der modernen Gesellschaft eine neue Funktion.

10.2 Stämme und Gesellschaft in Arabien

Aus Stammesgruppen in Arabien sind dynastische Herrscherlinien hervorgegangen, wie die Emire der Al Raschid. Herrscher über Zentralarabien seit dem 18. Jahrhundert, bis sie sich 1921 ihren saudischen Rivalen unterwarfen, entstammten sie einer in Arabien zurückgebliebenen Gruppe der Shammar-Beduinen, die mit ihren Herden nach Nordosten, in den Irak, gewandert waren. Auch das Emirat der Bani Khalid in der Oasenstadt Utaiba und der umliegenden Region des Qasim entwickelte sich aus einer Stammesgruppe. Mit der – offiziell widersprochenen – Behauptung, die Herrscherfamilie der saudischen Herrscherfamilie (Al Saud) sei aus dem ruhmreichen Stammesverband der Anaza hervorgegangen, kommt die politische Bedeutung von Abstammung und Verwandtschaft zum Tragen (Determann, 2014, S. 156).

Die sesshafte Bevölkerung in Städten hatte teilweise keine Verbindung zur Stammeszugehörigkeit, doch fanden die Erinnerung an und der Anspruch auf eine prestigeträchtige Abstammung von stolzen Stammesgruppen auch unter Sesshaften ihren Platz. Von praktischer Bedeutung aber waren Stammesgruppen, die auf dem definierten Ordnungsbegriff der Abstammung fußten und gleichzeitig in der Praxis eine flexible Organisationsform bildeten, besonders für Beduinen, also mobile Hirten, und die ihnen in ländlichen Niederlassungen zugehörige Bevölkerung, die zusammen bis in das 20. Jahrhundert einen Großteil der Bevölkerung bildeten. Mit dem Begriff Beduine verbindet man gewöhnlich vor allem Kamelhirten, die Fernweidewirtschaft betreiben (▶ Kap. 2 und 6). Tatsächlich aber waren in den meisten Teilen Arabiens außerhalb der Städte und Oasenstädte sesshafte und mobile Lebensformen eng verbunden. Dementsprechend galten nicht nur Hirtennomaden als Beduinen. In Anlehnung an den arabischen Sprachgebrauch (*baduw*, Sg. *badawī*) wird die Bezeichnung deshalb hier sowohl für ganzjährig mobil lebende Hirten, die für die Region typische Formen von Fernweidewirtschaft betreiben, als auch für teilweise sesshaft lebende Schafhirten und die mit ihnen durch Abstammung oder kulturelle Zugehörigkeit verbundene sesshafte Bevölkerung verwendet. Die Übergänge zwischen den Lebensformen waren jedoch in beide Richtungen fließend und Stammesgruppen bildeten eine die unterschiedlichen Verhältnisse verbindende Organisationsform. Nicht primär territorial definiert, hatten sie dennoch typischerweise einen temporären Territorialbezug. So wurden zum Beispiel ausgedehnte Weidegründe und Sommerweiden mit ganzjähriger Wasserversorgung von einzelnen Gruppen mobiler Kamelnomaden beansprucht und kontrolliert. Auch die Verlagerung der Nutzungsgebiete arabischer Hirtennomaden im Zuge der über die Jahrhunderte immer wieder erfolgenden Wanderungen nach Norden erfolgte in Stammesgruppen und lose organisierten Stammesverbänden.

Allerdings hat das Interesse an der romantischen Verklärung der „wilden, freien Beduinen" als Inbegriff der für die Region charakteristischen Bevölkerung lange die Aufmerksamkeit abgelenkt von der Bedeutung der Oasenstädte mit ihrem Handwerk und ihren Märkten für Kultur und Wirtschaft, einschließlich der beduinischen Weidewirtschaft. Für Teile der Ansässigen galten die gleichen Stammeszugehörigkeiten wie für Beduinen im Umland. Doch waren die Städter, die sich auf eine beduinische Abstammung beriefen, nicht Angehörige der Stammesgruppen und daher nicht mit deren Organisationsformen und Belangen direkt verbunden (Altorki & Cole, 1989, S. 5 f., 18).

10.2.1 Traditionelles Ordnungsverständnis und seine Grundlagen

Die Sicherung von Lebensgrundlagen durch beduinische, mobile Weidenutzung, die Umverteilung durch Raub, die Bereitstellung von Schutzleistungen, die Strukturierung politischer Entscheidungsmacht in den Stammesgruppen und vieles mehr war stammesübergreifend an Regeln orientiert. Komplexe Aufgaben, wie sie in einer staatlichen Ordnung amtlich reguliert und überwacht werden, zum Beispiel die Regelung von Handels- und Pilgerverkehr, leistete die Gesellschaft auf der Grundlage konventioneller Handlungsweisen. Dabei sind diese in einer weitgehend schriftlosen Gesellschaft als etablierte, formalisierte Praktiken (vgl. „formalized actions"; Sweet, 1969, S. 165) zu verstehen. Legitimiert durch das Tradieren von Vorbild oder Modell und getragen von ihrer konsensbestimmten Anerkennung, wurde ihre Geltung durch soziale Kontrolle gewährleistet. Im Ergebnis war der Sinn für die funktionale Stimmigkeit von Regeln, welche im konkreten Fall die Anpassung an reale Gegebenheiten erforderte und von den Akteuren auch interessengeleitet strategisch eingesetzt und modifiziert wurden (Khalaf, 1990, S. 238), auch verbunden mit dem Anerkennen der unverzichtbaren gemeinschaftsstiftenden Bedeutung akzeptierten Handelns. Zur Wahrung dieses Zusammenhangs trugen kulturelle und soziale Praktiken entscheidend bei.

Zu den kulturellen Praktiken insbesondere der vormodernen Gesellschaft gehörten mündlich tradierte Erzählungen und Poesie, die wichtigsten Medien gemeinschaftlicher Erinnerung an die Vergangenheit und zugleich Register von Normen und Werten. Inwieweit rechtliche Auseinandersetzungen in der Vergangenheit eine so große Rolle spielten, wie von modernen Beobachtern berichtet wird, ist schwer zu fassen, doch kann man davon ausgehen, dass das Gewohnheitsrecht ein zentraler Bestandteil der beduinischen, in Stammesgruppen organisierten Gesellschaften war (Stewart, 2006, S. 239). Gewohnheitsrecht ist bis heute in lokalen Kontexten weit über die Arabische Halbinsel hinaus in

◘ **Abb. 10.1** Der *Majlis* – ein für die „Sitzrunde" bestimmter Raum. (© MSM / Stock.adobe.com)

den Ländern des Fruchtbaren Halbmonds, in Ägypten und bis in den maghrebinischen Westen in vielen Varianten anzutreffen. Auch für die Arabische Halbinsel ist ein komplexes, ausdifferenziertes Rechtswesen bekannt. Das Recht war nicht nur tradierte und im Rechtsspruch zur Anwendung gebrachte Norm, obgleich es natürlich die Autorität von Richtern gab, sondern auch eine gesellschaftliche Praxis, die oftmals langwierige Prozesse der Konsensfindung einschloss. Die Dichte solcher Verfahren konnte den Austausch über die Verhaltensweise von Menschen verstärken und zur sozialen Kontrolle beitragen. Grundlegend für die Bewahrung lebendiger Traditionen war und ist auch heute in veränderter Form die verbreitete soziale Praxis, die man vielleicht als Versammlungsbrauch (*majlis*) bezeichnen kann und im Abhalten informeller Treffen und förmlicher Sitzungen besteht (◘ Abb. 10.1.) In informeller Manier konnten sie dem alltäglichen Austausch von Information, aber auch der Beratung politischer Entscheidungen dienen.

Ende des 19. Jahrhunderts bestand die Bevölkerung der Arabischen Halbinsel größtenteils aus Beduinen im Sinne von mobilen Viehzüchtern (Ibrahim & Cole, 1978, S. 44). Nach Schätzung der Regierung Saudi-Arabiens, das vier Fünftel der Arabischen Halbinsel einnimmt, bildeten mobile Viehzüchter 1965 etwa die Hälfte der sieben bis acht Millionen Einwohnerinnen und Einwohner und 20 Jahre später noch fast ein Drittel (Maisel, 2006, S. 45, 269; Shamekh, 1975, S. 35). Auch wenn der Anteil der überwiegend Weidewirtschaft betreibenden Bevölkerung in einzelnen Regionen unterschiedlich zu veranschlagen ist, waren Beduinen bis in die 1980er-Jahre alles andere als ein marginaler Teil der Bevölkerung, zumal wenn die durch Stammesangehörigkeit, soziale Bindungen und kulturelle Nähe ebenfalls als beduinisch geltende sesshafte Bevölkerung berücksichtigt wird.

10.2.2 Zusammensetzung von Stammesgruppen: Ideologie und Praxis

Genealogisch verbundene, patrilineare Gruppen, die sich als Stämme definieren, werden auch als segmentäre Gruppen bezeichnet (vgl. Sweet, 1969, S. 162 f.). Die mit diesem Begriff verbundene Vorstellung der segmentär gegliederten Gesellschaft zielt darauf, die tribale gesellschaftliche Ordnung als ein Nebeneinander von nominell durch Abstammung definierten, ähnlich strukturierten und durch egalitäre Beziehungen verbundenen Gruppierungen zu verstehen („segmentary-lineage organisation", Gellner, 1990, S. 109 f.). Trotz der unterschiedlichen Größe solcher Gruppen (Bocco, 1995, S. 5) ist die als segmentär verstandene Stammesgesellschaft durch eine relativ niedrige und tendenziell instabile vertikale Gliederung von Machtverhältnissen charakterisiert. Dieses Konzept kann hilfreich sein, um einen wichtigen Aspekt des Wettbewerbs zwischen Stammesgruppen, die keiner hegemonialen Übermacht unterliegen, zu beschreiben. Dies gilt insbesondere für Arabien, da der Wettbewerb zwischen Stammesgruppen besonders ausgeprägt sein konnte. Im Unterschied zu Syrien, dem Irak, Ägypten und Nordafrika, wo einzelne beduinische Stammesgruppen oder Stammesverbände seit Jahrhunderten als Alliierte von Staaten patronisiert und alimentiert waren oder selbst staatliche Herrschaft über Regionen mitsamt ihrer urbanen Zentren errichteten, war hier eine zunächst begrenzte politische Dominanz von Staaten auf die Stammesgruppen erst im 20. Jahrhundert ausgeprägt (▶ Kap. 6).

Gegen das Modell der segmentären Organisation wurde eingewendet, dass damit eine beduinische Darstellung sozialer Beziehungen als genealogische Anordnung von Stammesgruppen aufgegriffen und zur Konstruktion einer umfassenden Gesellschaftsordnung missbraucht werde (Peters, 1967, S. 279 f.). Tatsächlich entspricht diese Vorstellung segmentärer Gruppen im Wesentlichen dem autochthonen Beschreibungs- und Handlungsmodell, das auch schon in der vormodernen arabischen Literatur zu Stammesgruppen begegnet. Auch wurde kritisiert, dass die Theorie der segmentären Struktur ein mechanisches Modell politischen Handelns sei und tatsächliche Prozesse der Gruppenbildung außer Acht lasse, die auch in einer von Stammesgruppen geprägten Gesellschaft nicht notwendig nach genealogischen Regeln erfolge, sondern korporativen Charakter haben könne (Marx, 2006, S. 89 f.).

Tatsächlich sind Kriterien der Gruppenbildung jenseits der Abstammung für das Verständnis von Stammesgruppen zentral. Männliche Abstammungslinien – die mütterliche Abstammung hat in diesem Zusammenhang keine Geltung, allerdings kann bei den Al Murra im Süden der Halbinsel auch der Muttername Bestandteil des Personennamens sein (Mandaville, 2011, S. 47 f.) – bildeten das Idiom, das Stammeszugehörigkeit bezeichnete. Die tradierten Abstammungslinien folgten zwar der tatsächlichen Zusammensetzung der Stammesgruppe, nicht umgekehrt, galten aber durch Blutsverwandtschaft begründet; daher wird die genealogische Ordnung der Stammesgruppen, die auf der Darstellung der Abstammungslinien und ihrer Verzweigungen fußt und Stammeszugehörigkeit ausweist, auch als Ideologie bezeichnet (Al Fahad, 2015b, S. 273; Altorki & Cole, 1989, S. 18; Sweet, 1969, S. 169). Sie legitimierte Zusammengehörigkeit und trug dazu bei, Gemeinschaft zu stiften. Oft wird in diesem Zusammenhang missverständlich auch von Gruppenzusammenhalt gesprochen, ebenfalls ein Konzept, das aus der älteren arabischen Literatur bekannt ist. Dort ist aber nicht gemeint, dass diese Solidarität von der Ordnungsvorstellung bestimmt war, vielmehr wurde sie als interessengeleitet erkannt und als eine Haltung verstanden, die von besonderer Bedeutung für engere Verwandtschaftsgruppen war.

Die Zusammensetzung von Stammesgruppen war ganz offensichtlich nicht nur von agnatischer Deszendenz bestimmt (vgl. Ḥamza, 2002 [1933], S. 139). Die Utaiba zum Beispiel, ein Stammesverband, der im 19. Jahrhundert aus dem Hochland des Hijaz nach Najd wanderte, besaßen keinen gemeinsamen Stammbaum, der die zugehörigen Stammesgruppen zusammenführte, weil diese durch verschiedene Formen von Allianz und Beitritt gebildet waren, wie sich der umgangssprachlichen, mündlich tradierten Poesie entnehmen lässt. Man kann davon ausgehen, dass sich aus verschiedenen Formen förmlicher Allianz und anderen Rechtsbräuchen die Aufnahme von Individuen und der Zusammenschluss von Stammesgruppen ergaben. Diese Vorgänge wurden in der genealogischen Darstellungsform als solche nicht kenntlich gemacht, lassen sich aber aus Beobachtungen zur Geschichte der Stammesgruppen rekonstruieren, wie zum Beispiel für die Harb, die, aus dem Jemen zugewandert, Reste älterer Stammesgruppen aus dem Hijaz enthalten (Al Fahad, 2015b, S. 264 f., 273; 2015a, S. 240 ff.). Selbstverständlich konnten in anderen Regionen andersartige, an die stabilen Verhältnisse der Sesshaftigkeit angepasste Stammesstrukturen gelten, wie in der südarabischen Provinz Aden die Stammeskonföderation, der eine zentrale Stammesgruppe vorstand (Sweet, 1971, S. 219 f.). Unter den beduinischen Stammesgruppen war auch die formelle Nachbarschaftsbeziehung verbreitet, die ein verpflichtendes Schutzverhältnis darstellte; daraus konnte eine Zugehörigkeit zu der aufnehmenden Stammesgruppe erwachsen (Sweet, 1969, S. 165; Maisel, 2006, S. 139). Allgemein galt auch der Rechtsbrauch der an sich zeitlich beschränkten Aufnahme einer schutzsuchenden Person, gleich ob flüchtiger Täter oder schutzloses Opfer eines Delikts (Vassiliev, 1998, S. 45; Hess, 1938, S. 93 f.). Diese sozusagen hoheitliche Autorität stand an sich jedem Zeltherrn zu und hatte gegebenenfalls konventionelle und langwierige Maßnahmen der Konfliktschlichtung zur Folge.

Die Bezugnahme auf Abstammung zur Kennzeichnung von Stammeszugehörigkeit war dominant, auch weil diese Darstellungsform ausreichend Flexibilität besaß, um den praktisch notwendigen Beziehungen zwischen nicht unmittelbar stammesverwandten Individuen und Gruppen Raum zu geben. Daraus konnten sich Veränderungen der Zusammensetzung von Stammesgruppen ergeben, wenn sie retrospektiv in die Konstruktion von Abstammung aufgenommen wurden. Die Gliederung in Stammesgruppen war auch unter der sesshaften, insbesondere bäuerlichen Bevölkerung verbreitet, wenngleich die Kenntnis von Abstammungslinien hier wohl weniger ausgeprägt war (Vassiliev, 1998, S. 35), und sie war unter ansässigen Nachfahren von Beduinen persistent. Dies galt sowohl für die wahhabitischen Ikhwan (Toth, 2006, S. 67) wie auch im zentralen Süden Saudi-Arabiens, im Gebiet der Dawasir, wo Angehörige bestimmter Stammesgruppen zusammen siedelten (Ibrahim & Cole, 1978, S. 53). Im Wadi Fatima östlich vom Jiddah war die monotribale Struktur von Dörfern auffallend und auch Militärlager waren nach Stammesgruppen geordnet (Katakura, 1977, S. 53, 48).

10.2.3 Wiederentdeckte Abstammungen

Eine neue Bedeutung erhielt Abstammung mit der Zunahme genealogischer Literatur zu den Familien der alteingesessenen sesshaften Gesellschaft und zu den ehemals beduinischen Stammesgruppen, die seit Ende der 1970er-Jahre aufkam. Einen wesentlichen Anstoß zu dieser Entwicklung gab der Publizist und Gelehrte Hamad al-Jasir (verst. 2000) mit seinen Publikationen, insbesondere dem „Wörterbuch der Stämme" („Muʿjam al-qabail"), das alle bis 1932 bekannten beduinischen Stammesgruppen in Saudi-Arabien verzeichnet, und seiner „Sammlung der Familiengenealogien" („Jamharat ansab al-usar"), die den sesshaften Einwohner des Najd mit nobler Abstammung gewidmet ist. Das Thema fand insbesondere im Zusammenhang einer neuen, nicht saudisch-dynastisch, sondern auf Stammesgruppen zugeschnittenen Geschichtsschreibung großen Zuspruch. Genealogische Studien, Bücher, Stammbäume wie auch kontroverse Darstellungen einzelner Abstammungslinien und Stammesgeschichten erscheinen in Saudi-Arabien, teilweise auch in den Nachbarländern, in großer Zahl. Die von al-Jasir herausgegebene Zeitschrift „al-Arab" beflügelte und kanalisierte das hohe Interesse an Abstammung (Determann, 2014, S. 158, 167; Al Fahad, 2015b). Ebenfalls spielen Webseiten eine wichtige mediale Rolle.

Schon die mündlich tradierten Abstammungslinien der beduinischen Stammesgruppen waren statusrelevant und verzeichneten und legitimierten soziale Verbindungen; die neue genealogische Literatur leistete außerdem die regionale Zuordnung von Familien mit gleichlautenden Familiennamen, die mit den modernen Erlassen zur Namensgebung entstanden waren. Während die mündliche Tradition sich in einem eher fluiden, lebendigen Prozess und konsensorientiert entwickelt hatte, suchte die genealogische Literatur nun verifizierbare Angaben zur Abstammung zu machen, die in der Öffentlichkeit und im Disput Geltung beanspruchen konnten. Die literarisch-populärwissenschaftliche Bewegung und das Interesse breiter Schichten der Bevölkerung an einer durch Abstammung verbürgten Zugehörigkeit hatten den allgemeinen Zugang zu Bildung und Medien zur Voraussetzung, und sie entstanden zeitgleich mit der Konsolidierung des Staats und seiner allumfassenden administrativen Regulierung der Gesellschaft. Die Interpretation, dass durch schriftlich fixierte Verwandtschaft und die daraus entstehenden Familienvereine die Schwächung der alten Gemeinschaftstradition und ihrer Solidaritätsnetzwerke ersetzt und das Fehlen einer Zivilgesellschaft kompensiert werden sollten, hat Plausibilität (Al Fahad, 2015b, S. 286 f.). Hinzu kommt, und vielleicht wichtiger ist, dass es in diesem Diskurs auch um Statusgerechtigkeit beziehungsweise Statusverbesserung ging, indem ausgehend von der althergebrachten Unterscheidung nobler und niederer Stammesgruppen die als ungerechtfertigt identifizierten Zuordnungen von Individuen oder Gruppen zurückgewiesen und korrigiert wurden. So wurde, und wird bis heute, außerhalb direkter staatlicher Kontrolle ein Wettbewerb um Prestige und Geltung durch Abstammung und die Organisation neu gebildeter Verwandtschaftsverbände ausgetragen. Diese Entwicklung ist mit dem Ansehen verbunden, das eine tatsächliche oder behauptete exklusive Abstammung von beduinischen Stammesgruppen heute besitzt. Beduinische Vorfahren zu haben, ist nun viel wert. So bezeichneten sich zum Beispiel wohlhabende saudische Einwohner der Oasen des Wadi ad-Dawasir als Beduinen (Ménoret, 2005, S. 35), wobei der Begriff offensichtlich nicht auf eine nomadische Lebensweise verwies, sondern Verwurzelung in der arabischen Kultur bedeutete. Mit der Ahnenforschung, die hinter der neuen genealogischen Literatur steht, hat sich der Zugang zur Abstammung von noblen Abstammungslinien verbreitet und popularisiert, und konnte damit zum Gegenstand der öffentlichen Darstellung und Debatte werden.

10.3 Funktionen der Stammesgruppen

10.3.1 Stamm und Status

Ein besonderer Aspekt der Stammeszugehörigkeit war die Statusdifferenzierung zwischen edlen, „reinen" (aṣil) und niederen Stammesgruppen. Im beduinischen Kontext waren edle Stammesverbände nomadische Kamelzüchter. Dementsprechend ging mit dem Bedeutungsverlust des Kamels und der Verbreitung der motorisierten, mobilen Schafzucht die Unterscheidung zwischen aṣil- und Nicht-aṣil-Stämmen verloren (Gari, 2006, S. 222). Unter den unedlen Gruppen gab es auch solche, die selbst nicht zu den genealogisch definierten Stammesgruppen zählten, wie die Sulaib, die als Dienstleister die mobilen Pastoralisten begleiteten, und – überwiegend – andere, die zunächst unter historischen Umständen als schwächere Stammesgruppen angesehen wurden, weil sie zum Beispiel wiederholt oder für längere Zeit Unterstützung benötigten. Mit der Zeit wurde aus diesem Ansehensverlust, sozusagen übersetzt in das Abstammungsidiom und abstrahiert von temporären Machtverhältnissen, eine defekte Abstammung und damit ein Status, welcher Heiratsverbindungen mit noblen Stammesgruppen ausschloss (Al Fahad, 2015a, S. 239). Stammesgruppen, denen dieser soziale Abstieg widerfahren war, konnten sich unter Umständen aber rehabilitieren, wie das Beispiel der nordarabischen Huwaitat zeigt, die besondere militärische Errungenschaften vorweisen konnten (Al Fahad, 2015b, S. 283).

Unter den möglichen Gründen für den Statusverlust dürfte die Unterlegenheit gegenüber mächtigeren Verbänden ausschlaggebend gewesen sein. Die Shararat, eine Stammesgruppe von Kamelzüchtern, waren mächtigeren Stammesverbänden unterlegen, die Interessen an in ihrem Weidegebiet im Wadi Sirhan hatten, und galten als nicht zu den aṣil-Stämmen gehörig. Als kleine, statusniedere Stammesgruppe, deren Streifgebiet im Norden Saudi-Arabiens sich innerhalb der Staatsgrenzen befand, stellten sie sich Anfang der 1920er-Jahre an die Seite der politischen Kampagne von Ibn Saud (Abdalaziz ibn Abdarrahman Al Saud, 1875–1953), die auf die Niederlassung der Angehörigen großer Stammesverbände, ihre Integration in die Ikhwan und schließlich Unterwerfung unter staatliche Kontrolle zielte. Sie waren aber selbst von dieser Entwicklung nicht betroffen und betrieben bis Mitte der 1950er-Jahre mobile Fernweidewirtschaft. Die moderne arabische genealogische Literatur wertete später – das nationale Interesse an der Revision alter Statusunterschiede darf man voraussetzen – ihre Abstammung als gleichwertig zu der von *aṣil*-Stämmen (Al-Radihan, 2006, S. 846 ff.).

Während die Shararat autonom in ihrer Nische agierten, wird von anderen Angehörigen nicht-*aṣil* angesehener Stammesgruppen berichtet, dass sie temporär als Kamelhirten für Mitglieder nobler Gruppen arbeiteten oder mächtigen Gruppen beitraten (Sweet, 1969, S. 172). Auch für die sesshafte beduinenstämmige Bevölkerung Zentralarabiens in kleinen Siedlungen und Städten galt der Sonderstatus von *aṣil*-Familien, die sich auf die Abstammung von noblen beduinischen Stammesgruppen beriefen. Sie stellten in der Regel die politische Führung mit allerdings eng begrenzter Macht, waren aber nicht notwendigerweise ökonomisch bessergestellt (Al Fahad, 2015a, S. 239). Die Flexibilität der beduinischen Verhältnisse im Hinblick auf Mobilität und Zusammensetzung der Stammesgruppen hat der Wirkung der Statusdifferenzierung im Sinne einer gesellschaftlichen Stratifizierung oder Klassenbildung entgegengewirkt.

10.3.2 Schutz- und Interessengemeinschaft

Die Gesellschaft der Stammesgruppen war nicht egalitär. Sklaverei wurde 1966 abgeschafft, die alte, an Abstammung geknüpfte Statusunterscheidung wirkte in ländlichen sesshaften Verhältnissen, sozusagen erstarrt, lange nach (Katakura, 1977, S. 167). Die soziale Differenzierung innerhalb von Stammesgruppen mit den Privilegien ihrer Führer, obgleich von beschränkter Machtbefugnis, konnte gravierend werden, wenn Stammesgruppen in den Genuss staatlicher Subsidien kamen. Begriffe wie „Stammesaristokratie" (Pfullmann, 1996, S. 507) sind in der Verallgemeinerung indes ungenau und ideologisch überfrachtet. Mit der Dominanz des Staats erschien die Stratifizierung von nicht mehr autonom agierenden Stammesgruppen in gewandelter, nun autoritärer Form wieder mit der politischen Staffelung von staatlichen Subsidien für beduinische Stammesgruppen, welche die Unterstützer der Sache Ibn Sauds bevorzugte (Maisel, 2006, S. 266 f.).

Die alte Ordnung der Stammesgruppen, die in den zentralen Regionen der Arabischen Halbinsel mindestens bis zur Gründung des dritten saudischen Staats Geltung besaß (Niblock, 2006, S. 32), bildete ein Regelwerk, das gemeinsames Handeln auf eine interessenorientierte und durch Brauch legitimierte Weise strukturierte und dabei viel Handlungsspielraum zur Anpassung an die Gegebenheiten bot. Stammesgruppen, insbesondere im beduinischen Kontext, bildeten eine in vielfältigen Zusammenhängen wirkende Schutzgemeinschaft. Die personengebundene Rachegruppe „der fünf Generationen" (*khamsa*), die man sich als fluide Verwandtschaftsgruppe vorstellen muss (Sweet, 1969, S. 171 ff.; Khalaf, 1990, S. 226 f.), schützte vor Gewalt durch das im Prinzip abschreckende und ausgleichende Vergeltungsrecht, wobei die Möglichkeit bestand, den aus dieser Struktur leicht resultierenden Kreislauf der Gewalt durch die im Gewohnheitsrecht verankerte Schlichtung (*ṣulḥ*) aufzuhalten (Maisel, 2006, S. 252). Die sich teilweise über Jahre hinziehenden Einigungsprozesse konnten, wie ein detailliert beschriebenes Beispiel aus der nordsyrischen Region Jazira zeigt, das in der Struktur übertragbar ist, zahlreiche formelle Treffen und Personen einbeziehen (Khalaf, 1990).

Einen Schutz und Nutzungsanspruch, der eine zentrale Lebensgrundlage sicherte, boten Stammesgruppen oder -verbände durch die Kontrolle großer, durch Landmarken begrenzter Areale (Raswan, 1930, mit Karten), die sie sich als Weidegebiete (*dira*) vorhielten. Die wichtigste territoriale Festlegung des von der Stammesgruppe reklamierten Areals ergab sich aus der Lokalität der ganzjährig nutzbaren Brunnen, die sie im Sommer mit dem saisonalen Weidewechsel aufsuchten. Die Größe der *dira* entsprach der Größe und Macht des Stamms und konnte auch Territorien alliierter Gruppen einschließen. Die Nutzung des Weideareals erfolgte in der Regel saisonal im Winter und Frühjahr durch kleine Zeltgemeinschaften, nicht selten Mitglieder einer Familie, die im etwa zweiwöchentlichen Rhythmus ihren Aufenthaltsort änderten (Shamekh, 1975, S. 32, 29). Nicht alle Mitglieder einer Stammesgruppe nutzten aber unter allen Umständen das von ihnen kontrollierte Areal, noch wurde es nur von ihnen genutzt. Noble Stammesgruppen organisierten ihre saisonalen Weidezüge zuweilen in Begleitung anderer von niederem Rang. Unter friedlichen Bedingungen war Kooperation üblich, sodass andere, zum Beispiel durchziehende Gruppen, das Areal, auch die Brunnen, zeitweilig nutzen konnten, gegebenenfalls unter Abmachung von Gegenleistungen (Mandaville, 2011, S. 67; Stewart, 2006, S. 250). Die Entfernung zwischen Sommerressort, das Wasserversorgung sicherstellte, und den Winterweiden in trockenem, teilweise sandigem Terrain konnte mehr als 500 km betragen (Sweet, 1969, S. 163), sodass Kooperation erforderlich war, um den selbstständig agierenden Zug- und Zeltgemeinschaften Überleben und eine ertragreiche Zuchtsaison zu garantieren. Wenn Stammesgruppen mächtiger Verbände wie der Rwala ohne Ankündigung in Territorien anderer Gruppen eindrangen, war eine schier endlose Folge von Fehden und Raubüberfällen die Reaktion (Raswan, 1930, S. 494).

Das hochkooperative System kollektiver Nutzung durch selbstständig migrierende Kleingruppen erforderte neben Kenntnis des Terrains, eine Einschätzung auf der Grundlage von Kenntnis und Erfahrung der Bewegungen, Zusammensetzung, Verbindungen anderer Gruppen wie auch der Wetterbedingungen, politischen Umstände und dergleichen. Sie wurden unter anderem durch Befragung Reisender, wohl auch Besucher eingeholt (Wahba, 1935, S. 12; vgl. Lewis, 1987, S. 5). Kommunikation und Austauschbeziehungen erlaubten schnelle Anpassung an sich ändernde Gegebenheiten (Marx, 2006, S. 91). Für die Durchzugsrechte von Karawanen durch die *dira* wurde in der Regel ein Schutzzoll erhoben. Auch jenseits des beanspruchten Weide- und Streifgebiets, teilweise aber auch im Zusammenhang mit den im Sommer genutzten Brunnen, konnten beduinische Stammesgruppen aufgrund ihrer militärischen Überlegenheit, die Raubüberfälle erlaubte, von der ansässigen Bevölkerung, zum Beispiel Oasenbauern, Schutzzölle eintreiben.

Die altarabische Praxis, einzelne Areale für bestimmte Arten der Nutzung oder für bestimmte Nutzer zu reservieren, fand auch Eingang in die Ordnung der Stammesgruppen späterer Zeit. Das zweckbestimmte Areal (ḥima) wurde von der Stammesgruppe, genauer vom Stammesoberhaupt und seinem Rat, verwaltet und konnte verschiedenen Zwecken dienen, wie dem Vorhalten von Futterreserven, und war mit dem System der kollektiven Landnutzung durch Stammesgruppen verbunden. In den 1950er-Jahren gab es auf saudischem Territorium noch 3000 solcher Areale, doch hat sich deren Zahl mit der Abschaffung der Ansprüche von Stammesgruppen auf ein gemeinsam genutztes Weideareal rasch verringert. Heute, im Zuge der Bemühungen um Landschafts- und Naturschutz, versuchen Staaten, auch Saudi-Arabien, auf diese traditionelle Einrichtung zurückzugreifen. Inwieweit dies erfolgversprechend ist, hängt auch von politischen Faktoren ab. Der Zusammenhang von ḥima und traditioneller, kollektiver Landnutzung scheint aber eine Perspektive zu bieten (Gari, 2006; Bocco, 2006, S. 324–328).

Der friedfertigen Koexistenz der Stammesgruppen stand ihr Wettbewerb um Dominanz und Ressourcen entgegen und unterlegene Stammesgruppen mussten sich unter Umständen unterordnen. Der institutionalisierte Brauch, Raubüberfälle zu unternehmen (ghazwa), oft vor der Einführung von Feuerwaffen unter Schonung des Lebens der Angegriffenen ausgeführt und ein fester Bestandteil der Interaktion beduinischer Stammesgruppen (Hess, 1938, S. 95–103), konnte Ungleichgewichte kompensieren. Die Beutezüge, welche Angreifer nicht selten in entfernten Gebieten ausführten, wozu schnelle Reitkamele gebraucht wurden, waren insofern funktional, als Beute, in der Hauptsache Kamele, dazu diente, Verluste durch widrige Witterung wie Dürre oder Niederlagen in Konflikten auszugleichen und Besitz umzuverteilen. Junge Männer organisierten Viehraub, um eigene Herden zu vergrößern und sich von der Vätergeneration unabhängig zu machen (Marx, 2006, S. 87). Die Überfälle forderten zudem bestehende Machtverhältnisse heraus, da auch kleinere Stammesgruppen auf diese Weise zum Zuge kamen, und trugen so dazu bei, den Fortbestand unabhängiger Stammesgruppen zu sichern. Raubüberfälle waren im beduinischen Ethos verwurzelt und konnten dabei auch Anlass und Teil langjähriger Fehden (ḥarb) sein. Beutezüge galten Beobachtern seit alters als ein Proprium beduinischer Lebensverhältnisse. Wenn Hafiz Wahba, seit 1916 Berater und später Diplomat im Dienst Ibn Sauds, erwähnt, Beduinen hätten erbeutete Gegenstände zerteilt und zerstört, um bei der Verteilung Ungerechtigkeit (ẓulm) zu vermeiden (Wahba, 1935, S. 13), hebt er die scheinbar kuriosen Züge einer dysfunktionalen Praxis hervor. Dabei verrät er, ähnlich wie andere arabisch schreibende Autoren der Zeit, einen kolonialen Blick auf das für den werdenden Staat anachronistische Brauchtum.

10.4 Fazit: Wandel und Erbe

10.4.1 Staat statt Stamm

Erklärungen von Beduinen selbst, dass Beutezüge Inbegriff und unerlässlicher Bestandteil ihrer Ordnung und Lebensweise sind, werden aus einer Zeit berichtet, als die Autonomie der Stammesgruppen bereits stark von dominanten Mächten eingeschränkt war. Ende der 1920er-Jahre verdeutlichte eine gemeinsame Deklaration von Oberhäuptern transjordanischer Stammesgruppen, die Opfer saudischer Übergriffe geworden waren, gegenüber Vertretern Großbritanniens, die sie daran hindern wollten, ihrerseits Raubüberfälle auf saudischem Gebiet auszuführen, dass sie niemals daran gehindert werden könnten, Beutezüge zu unternehmen, weil dies zu ihrer Lebensweise gehöre (Toth, 2006, S. 70). Die Auffassung, dass intertribale Beutezüge als wesentlich und auch funktional galten, erscheint noch grundsätzlicher in der Formulierung von Faisal bin Sultan ad-Duwaish, Oberhaupt der Mutair und Anführer einer Gruppe von Rebellen der Ikhwan, die sich der Oberherrschaft Ibn Sauds widersetzten. In einem Brief an Ibn Saud beschwerte er sich über dessen Verbot, auf dem von den Briten kontrollierten irakischen Gebiet Raubzüge durchzuführen sowie Raubzüge gegen Stammesgruppe auf saudischem Staatsgebiet zu unternehmen. „So sollen wir also weder Muslime sein [wörtl. sind], welche die Ungläubigen bekämpfen, noch Araber und Beduinen, um als solche Raubüberfälle gegeneinander ausführen und von dem leben, was wir voneinander bekommen können. Du hältst uns davon ab, unseren religiösen und weltlichen Aufgaben nachzukommen" (Habib, 1978, S. 136 [aus dem Englischen übersetzt]).

Die ab 1927 entstehende Rebellion, an der nicht nur wahhabitische Ikhwan beteiligt waren (Vassiliev, 1998, S. 274), wurde zwei Jahre später durch eine mächtige Armee niedergeschlagen, für die Ibn Saud überwiegend sesshafte Einwohner der Ortschaften und Städte des Najd rekrutiert hatte. Die Angehörigen beduinischer Stammesgruppen, die sich der wahhabitischen Gemeinschaft der Ikhwan angeschlossen und sich in neu errichteten Siedlungen niedergelassen hatten, um sich Studium und Praxis des Islams zu widmen, einfache Landwirtschaft zu betreiben und als Kämpfer für die wahre Religion – oft war damit die wahhabitische Lehre (tauḥid) gemeint – zu dienen, waren fortan der Herrschaft Ibn Sauds unterstellt. Raubüberfälle nach Art der alten Stammesordnung wurden in der Folgezeit immer konsequenter unterdrückt (Mandaville, 2011, S. 82; Maisel, 2006, S. 175), und der

Anspruch von Stammesgruppen auf bestimmte Weideareale wurde 1953 für nichtig erklärt (Shamekh, 1975, S. 44). Damit ging die Unabhängigkeit der beduinischen Stammesgruppen zu Ende (vgl. Al Fahad, 2015b, S. 276).

10.4.2 Beduinen- und Stammestradition im modernen Staat

Wiedererfundene Traditionen, die als Erbe betrachtete Praktiken, Regeln und Bräuche in neuen gesellschaftlichen Verhältnissen mit veränderter Bedeutung und Geltung versehen, sind in Situationen des Umbruchs vielfach zu beobachten. Oftmals, und vor allem in einem direkten oder informellen Kolonialzusammenhang, überlagern sich dabei lokale und als global geltend verstandene Normen und Vorstellungsmuster (Ranger, 2013, S. 237). Die arabische Falknerei, in der vormodernen arabischen Fachliteratur als Wissensgut und Jagdpraxis seit alters belegt, illustriert diese Vorgänge beispielhaft mit ihrer neugewonnenen ikonischen Bedeutung (Krawietz, 2014, S. 136) und Verwendung als emblematische Darstellung einer neu konstruierten lokalen Herrschaftstradition (Hadjinicolaou, 2021, S. 136). Auf die zeitgenössische Falknerei, welche heute als Sport mit einer gewissen Breitenwirkung gefördert wird, verweist auch das für unser Kapitel ausgewählte Bild. Es zeigt wohl besser als es stereotypische Abbildungen alter beduinischer Verhältnisse vermögen, den Bedeutungswandel, welcher auch für die Bezugnahme auf die einstige beduinisch geprägte Gesellschaft Arabiens heute gilt.

Die Wertschätzung der Abkunft von „Beduinen" in gewandelter Bedeutung und der Zugehörigkeit zu – im modernen Sinn – Abstammungsgruppen als Teil neuer Formen von Gemeinschaft und sozialer Geltung wird von vielfältig und subtil akzentuierten Erinnerungspraktiken und -politiken getragen. Entstanden unter der Ägide des in der zweiten Hälfte des 20. Jahrhunderts konsolidierten Staats bieten diese neu gebildeten Traditionen Freiräume für die Konstruktion von Identität (▶ Kap. 8). Sie stellen damit eine eigensinnige Berufung auf Tradition dar, welche die staatstragende ideologische Verbindung von Macht und Religion nicht direkt herausfordert. Ähnlich verhält es sich mit dem Fortleben eines anscheinend besonders authentischen Teils des kulturellen Erbes. Das Medium der regionalsprachigen Überlieferung einschließlich der älteren, bis heute gepflegten Dichtung weist die Besonderheit auf, dass alte Konfliktlinien wie zwischen Stadt und Wüstensteppe, „Bürgern" und Beduinen sozusagen im Originalton zur Darstellung kommen (Al Fahad, 2015a, S. 254; Kurpershoek, 2020, S. 71, 75). Allerdings geht in der Darstellung der ererbten Fehden, des tribal-chauvinistischen Widerstreits und Wettbewerbs zwischen Stammesgruppen und glanzvoller Beispiele von Tugend und Kampfgeist die Kontinuität der Topoi einher mit dem Wandel ihrer Bedeutungen. Der Umgang mit regionalspezifischen Ausdrucksweisen und kulturellen Codes der einstigen, gar nicht fernen Ordnung wird unter Wahrung der Anpassung an die neuen Verhältnisse kultiviert – und teilweise behördlicherseits argwöhnisch beobachtet (Kurpershoek, 1999, 46–51). Gewiss spielt auch eine nostalgische Rückbesinnung auf frühere Zeiten eine Rolle, wie wir es in Gesellschaften mit beduinischen Bevölkerungsanteilen allgemein beobachten können, samt der Projektion von Idealen der Autonomie und des Freiheitssinns auf das einstige beduinische Stammesleben (Leder, 2018, S. 43 f.).

Die zahlreichen Facetten alltagskultureller Anknüpfung an Traditionsgut wie auch offizielle soziale Konventionen, für die der gemeinschaftsorientierte *majlis*-Brauch exemplarische Bedeutung hat, sind als Fortleben alter Handlungsweisen, Werte und Vorstellungen unter neuen Bedingungen zu verstehen. Möglicherweise bilden historische Handlungsmuster wie das Ausbalancieren von Ideologie und Pragmatismus, das für die Regeln der Stammeszugehörigkeit galt, und das informierte, bei aller Zweckbestimmtheit doch anpassungsfähige Agieren der Beduinen, ihre Markorientierung, Ressourcendiversifizierung und Mobilität auch einen Erfahrungsschatz, der dem Umgang mit dem rasanten Wandel der Lebensverhältnisse in der jüngsten Vergangenheit dienlich war.

Literatur

Al Fahad, A. H. (2015a). Raiders and traders: a poet's lament on the end of the Bedouin heroic age. In B. Haykel, T. Hegghammer & S. Lacroix (Hrsg.), *Saudi Arabia in transition: insights on social, economic, and religious change* (S. 231–262). New York: Cambridge University Press.

Al Fahad, A. H. (2015b). Rootless trees: genealogical politics in Saudi Arabia. In B. Haykel, T. Hegghammer & S. Lacroix (Hrsg.), *Saudi Arabia in transition: insights on social, economic, and religious change* (S. 263–291). New York: Cambridge University Press.

Al-Radihan, K. (2006). Adaptation of Bedouin in Saudi Arabia to the 21st century: mobility and stasis among the Shararat. In D. Chatty (Hrsg.), *Nomadic societies in the Middle East and North Africa. Entering the 21th century* (S. 840–864). Leiden: Brill.

Altorki, S., & Cole, D. P. (1989). *Arabian oasis city. The transformation of 'Unayzah*. Austin: University of Texas Press.

Bocco, R. (1995). Asabiyāt tribales et états au Moyen-Orient. Confrontations et connivences. In R. Bocco & Ch Velud (Hrsg.), *Tribus, tribalisme et états au Moyen-Orient. Monde arabe, Maghreb, Machrek* (S. 3–12). Paris: La documentation française.

Bocco, R. (2006). Settlement of pastoral nomads in the Middle East. In D. Chatty (Hrsg.), *Nomadic societies in the Middle East and North Africa. Entering the 21th century* (S. 302–330). Leiden: Brill.

Determann, J. M. (2014). *Historiography in Saudi Arabia. Globalization and the state in the Middle East*. New York: I.B. Tauris.

Gari, L. (2006). A history of the Ḥimā [sic] conservation system. *Environment and History, 12*(2), 213–228.

Gellner, E. (1990). Tribalism and the state in the Middle East. In Ph S. Khoury & J. Kostiner (Hrsg.), *Tribes and state formation in the Middle East* (S. 109–126). Berkeley: University of California Press.

Habib, J. S. (1978). *Ibn Sa'ud's warriors of Islam. The Ikhwan of Najd and their role in the creation of the sa'udi kingdom, 1910–1930*. Leiden: Brill.

Hadjinicolaou, Y. (2021). Kinetic Symbol: Falconry as Image Vehicle in the United Arab Emirates. In I. Baird, H. Yağcioğlu (Hrsg.), *All Things Arabia, Arabian Identity and Material Culture* (S. 127–142). (Series: Arts and archaeology of the Islamic world; volume 16), Leiden: Brill.

Ḥamza, F. (2002). *Qalb ġazīrat al-ʿarab. al-Qāhira: Maktabat aṯ-Ṯaqāfa ad-Dīnīya*. Erstausgabe Makka al-mukarrama, 1352h /1933.

Hess [von Wyss], J. J. (1938). *Von den Beduinen im Inneren Arabiens. Erzählungen, Lieder, Sitten und Gebräuche*. Zürich: Max Niehans.

Ibrahim, S., & Cole, D. P. (1978). *Saudi Arabian Bedouin. An assessment of their needs*. Cairo: American University Cairo.

Katakura, M. (1977). *Bedouin village: a study of a Saudi people in transition*. Tokyo: University of Tokyo Press.

Khalaf, S. N. (1990). Settlement of violence in Bedouin society. *Ethnology*, *29*(3), 225–242.

Habib, J. S. (1978). *Ibn Sa'ud's warriors of Islam. The Ikhwan of Najd and their role in the creation of the sa'udi kingdom, 1910–1930*. Leiden: Brill.

Krawietz, B. (2014). Falconry as a Cultural Icon of the Arab Golf Region. In S. Wippel, K. Bromber, C. Steiner, & B. Krawietz (Hrsg.), *Under Construction: Logics of Urbanism in the Gulf Region* (S. 131–146). Farnham: Ashgate.

Kurpershoek, M. (1999). *Bedouin poets of the Dawāsir tribe: between nomadism and settlement in southern Najd*. Leiden: Brill.

Kurpershoek, M. (2020). *Arabian satire. Poetry from the 18th century Najd*. New York: New York University Press. translation.

Leder, S. (2018). Steppen, Stämme, Strukturen. Beduinen in arabischen Gesellschaften. In G. Wilhelm (Hrsg.), *Die Beduinen. Stammesgesellschaften und Nomadismus im Nahen Osten* (S. 25–49). Wiesbaden: Harrassowitz.

Lewis, N. N. (1987). *Nomads and settlers in Syria and Jordan, 1800–1908*. Cambridge: Cambridge University Press.

Maisel, S. (2006). *Das Gewohnheitsrecht der Beduinen*. Frankfurt: Peter Lang.

Mandaville, J. A. (2011). *Bedouin ethnobotany: plant concepts and uses in a desert pastoral world*. Tucson: The University of Arizona Press.

Ménoret, P. (2005). *The Saudi enigma: a history*. London: Zed Books.

Marx, E. (2006). Political economy of Middle Eastern and North African pastoral nomads. In D. Chatty (Hrsg.), *Nomadic societies in the Middle East and North Africa. Entering the 21th century* (S. 78–97). Leiden: Brill.

Niblock, T. (2006). *Saudi Arabia: power, legitimacy and survival*. London, New York: Routledge.

Peters, E. L. (1967). Some structural aspects of the feud among the camel-herding Bedouin of Cyrenaica. *Journal of the International African Institute*, *37*(3), 261–282.

Pfullmann, U. (1996). *Politische Strategien Ibn Sa'ūd's beim Aufbau des dritten saudischen Staates. Eine historische Studie unter besonderer Berücksichtigung deutschen Archivmaterials*. Frankfurt: Peter Lang.

Ranger, T. (2013). The Invention of Tradition in Colonial Africa. In: Hobsbawm, E., & Ranger T. (Hrsg.), *The Invention of Tradition* (S. 211–262). Cambridge University Press [1983].

Raswan, C. A. (1930). Tribal areas and migration lines of the north Arabian Bedouins. *Geographical Review*, *20*(3), 494–502.

Sweet, L. E. (1969). Camel pastoralism in North Arabia and the minimal company unit. In A. P. Vayda (Hrsg.), *Environment and cultural behavior: ecological studies in cultural anthropology* (S. 156–174). Publ. for the American Museum of Natural History. Austin: Austin University Press 1978.

Sweet, L. E. (1971). The Arabian peninsula. In L. E. Sweet (Hrsg.), *The central Middle East* (S. 199–266). New Haven: HRAF Press.

Shamekh, A. A. (1975). *Spatial patterns of Bedouin settlement in al-Qasim region, Saudi Arabia*. Lexington: University of Kentucky.

Stewart, F. H. (2006). Customary law among the Bedouin of the Middle East and North Africa. In D. Chatty (Hrsg.), *Nomadic societies in the Middle East and North Africa. Entering the 21th century* (S. 239–279). Leiden: Brill.

Toth, A. B. (2006). Last battles of the Bedouin and the rise of modern states in Northern Arabia: 1850–1950. In D. Chatty (Hrsg.), *Nomadic societies in the Middle East and North Africa. Entering the 21th century* (S. 48–57). Leiden: Brill.

Vassiliev, A. (1998). *The history of Saudi Arabia*. London: Saqi.

Wahba, Ḥ. (1935). *Ġazīrat al-ʿarab fī al-qarn al-ʿašrīn. al-Qāhira: Maṭbaʿat Laǧnat al-Taʾlif wa-l-Tarǧama wa-n-Našr.*

Identität und Religion

Thomas Würtz

© Mohamed Reedi / Stock.adobe.com

Inhaltsverzeichnis

11.1 Einführung – 114

11.2 Blick in die islamische Religionsgeschichte – 114

11.3 Islam in den Ländern der Arabischen Halbinsel – 116
11.3.1 Jemen – 116
11.3.2 Oman – 116
11.3.3 Saudi-Arabien – 117
11.3.4 Die neun Emirate am Persischen Golf – 118

11.4 Übergreifende Entwicklungen seit den 1970er-Jahren – 119

11.5 Fazit – 120

Literatur – 120

© Der/die Autor(en), exklusiv lizenziert an Springer-Verlag GmbH, DE, ein Teil von Springer Nature 2025
T. Demmelhuber, N. Scharfenort (Hrsg.), *Die Arabische Halbinsel*,
https://doi.org/10.1007/978-3-662-70217-8_11

11.1 Einführung

Wenn wir von Religion auf der Arabischen Halbinsel sprechen, liegt die Assoziation mit dem Islam nahe. Warum sollte es auch anders sein? Mekka als spirituelles Zentrum des Islams liegt westlich der Mitte der Arabischen Halbinsel, Medina als Zufluchtsort des Propheten Muhammad und Ort seiner letzten Ruhe befindet sich nur etwas weiter im Norden. Die alljährliche Wallfahrt (Hajj) und ihre Riten verbinden die muslimischen Gläubigen auf der ganzen Welt (als Umma bezeichnet) durch persönliche Pilgerschaft oder – wo immer sie leben – durch jährliche Teilhabe am Opferfest stets mit diesen arabischen Stätten im Hijaz-Gebirge. Zudem sind gemäß der politischen Weltkarte sowohl der größte Flächenstaat Saudi-Arabien wie auch der Jemen und der Oman sowie die Vereinigten Arabischen Emirate (VAE) am Persischen Golf im Hinblick auf Religion in erster Linie als von Musliminnen und Muslimen bewohnte und vom Islam geprägte Staaten bekannt.

Islam
Der Islam, „Hingabe an den Willen Gottes", basiert auf dem Glauben, dass sich der Wille Gottes im Leben jedes Gläubigen niederschlagen solle. Die Offenbarung des Korans gibt dazu vor allem zweierlei vor: die Glaubenslehren – später in der Theologie ausgedeutet – und die Handlungsanweisungen – später in Kultus und religiösem Recht formal gefasst. Der Prophet Muhammad (570–632) als Überbringer dieser zunächst nur mündlich rezitierten Offenbarung wird somit zum Religionsstifter des Islams. Insofern er seit der Auswanderung (Hijra) von Mekka nach Medina (622) Oberhaupt eines muslimischen Gemeinwesens wurde, liegt für manche Musliminnen und Muslime eine im Ursprung positiv gewertete Verbindung von Religion und Staatlichkeit vor, die ungeachtet zahlreicher Debatten hierzu insbesondere für die Staaten der Arabischen Halbinsel bis heute relevant ist. Die Ausweitung des Islams weit über die Arabische Halbinsel hinaus löste die Religion von den Stammesprägungen, die auf der Halbinsel aber bis heute deutlich stärker weiterwirken.

Insofern das Ritualgebet weltweit nach Mekka geneigt vollzogen wird und die Wallfahrt die Pilgernden auch körperlich nach Mekka führt, ruhen zwei der fünf Säulen des Islams auch geographisch auf der Arabischen Halbinsel. Der Glaube an nur einen Gott weist ins Jenseits aller vermessbaren Welten, die Bindung des Fastens im Ramadan an das Erscheinen und Verschwinden des Mondes liefert einen Grund für das Interesse der islamischen Kultur an mathematischer Berechnung und Astronomie. Die Abgabe eines Teils des Wohlstands als milde Gabe für Bedürftige kann als Band der Musliminnen und Muslime verstanden werden, gleich wo sie wohnen (Arkoun, 2002, S. 565).

Die Vorstellung, auf der Arabischen Halbinsel habe in vorislamischer Zeit eine kulturelle Wüste geherrscht, gehört heute der Vergangenheit an. Die dichterische Sprache war sehr früh reich entwickelt und zahlreiche altarabische Bräuche und Umgangsformen (Hiya biya oder Garga'un) haben sich von damals bis heute erhalten (Holes, 2016, S. 276 f., 284). Die Bewohnerinnen und Bewohner praktizierten verschiedene Formen von Natur- und Stammesreligionen und Mekka spielte bereits eine Rolle als bedeutender Pilgerort. Ein Mann namens Qusayy, der Vereiniger beziehungsweise Urvater der Quraish, aus dem auch Muhammad hervorgehen sollte, konnte dort die Position des zentralen Priesters im Heiligtum der Kaaba erlangen. In einer Kante des Gebäudes befindet sich ein schwarzer Stein, der wahrscheinlich Teil eines Meteoriten ist. Er ist bis heute materieller Ankerpunkt der spirituellen Zentralität von Mekka, die sich mit monotheistischen Ideen verband und so im Islam fortlebte. Auf der Arabischen Halbinsel wurden auch manch andere Bildnisse, Bäume und Quellorte kultisch verehrt. Im Jemen gab es im ersten vorchristlichen Jahrestausend schon die Reiche der Sabäer und später der Himyariten mit jüdischer Prägung und einer Dynamik hin zum Monotheismus (Eckert, 1996, S. 545) – verstärkt durch die Zuwanderung weiterer jüdischer Stämme. Später zog es auch zum Teil häretische christliche Gruppierungen in den Süden der Halbinsel. Die religiöse Pluralität in vorislamischer Zeit bedeutet aber – trotz der Präsenz kleiner, überwiegend neu zugezogener nichtmuslimischer Minderheiten – keine Relativierung der islamisch-religiösen Identität auf der ganzen Halbinsel (Dostal, 1998, S. 32).

Die Debatte zur Definition von Religion und ihrer Rolle für die menschliche Identität ist breit. In jeder Religion glaubt jeder Mensch immer auch etwas Eigenes und Religion ist immer nur ein Teil dessen, was seine Identität ausmacht. Zudem gibt es zahlreiche berechtigte Differenzierungen zum Begriff Islam, die in den letzten Jahren stark angewachsen sind (Arkoun, 2002, S. 565 f.). Für vorliegenden Kontext reicht aber der Hinweis auf die sehr weitgehende, aber grundsätzlich sensibilisierende Formulierung von Aziz al-Azmeh (geb. 1947), der vor einer „Islamisierung des Islams" warnte. Sie besagt in den Worten des Islamwissenschaftlers Thomas Bauer, dass in der Rede von einer „islamischen Kultur" ein Primat der Religion erhoben werde, der säkulare und dezidiert nicht islamische Verhältnisse wie auch alltägliche Objekte, nur weil sie von einem Muslim hergestellt wurden, „islamisiere" (Bauer, 2011, S. 193 f.). Während also in der beobachtenden Wissenschaft eher die Relativierungen und Differenzierungen unterstrichen werden, ist die Selbstidentifikation vieler muslimischer Bewohnerinnen und Bewohner der Arabischen Halbinsel demgegenüber von einer stärkeren Betonung des Verbindlichen und Homogenen geprägt. Diese Verbindlichkeiten fächern sich jedoch zugleich wieder in rivalisierende konfessionelle Spielarten des Islams auf.

11.2 Blick in die islamische Religionsgeschichte

Wenn wir hier nun einen Blick in die Religionsgeschichte werfen, geschieht dies vor allem, da der Islam ein sehr wesentliches Merkmal mit den monotheistischen Religionen der Spätantike teilt. Dies besteht in der Bindung des individuellen religiösen Glaubens an eine, die materiellen Dinge der Welt übersteigende, also metaphysische Realität. Vorstellungen von der Ausschließlichkeit des einen Gottes im Judentum (Dtn. 5,6) und auch die Aussage im Matthäusevangelium, dass man nur einem Herrn dienen könne, revolutionierten die integrative und kumulative Religionspraxis in Rom (Markschies, 2016, S. 52; Neuwirth, 2010), die es möglich machte, zahlreiche Götter zugleich zu verehren und ihnen abwechselnd oder je nach Art des Anliegens zu opfern. Zudem reichte es für römische Bürgerinnen und Bürger aus, dem Kaiser vor aller Augen zu opfern, ob man nun an ihn glaubte oder nicht. Vor allem die abrahamitischen Religionen der Spätantike erhoben dann aber ein je bestimmtes Glaubensbekenntnis zur Begründung ihrer Ausschließlichkeitslehre. Später schufen die detaillierten Lehren des Monotheismus auch Stoff für zahlreiche Abgrenzungen zwischen den Religionen und bereiteten der Konfessionalisierung den Weg: Der Streit um den genauen Text des christlichen Bekenntnisses vor allem im Hinblick auf die Gottesähnlichkeit oder Gottesgleichheit von Jesus Christus auf dem Konzil von Nicäa (325 n. Chr.) spaltete das Christentum und schwächte das byzantinische Reich. Ebenso verstanden sich frühe Anhänger des Islams als eine Gemeinschaft der Gläubigen in Abgrenzung zu Heiden und als „Reformer" des jüdischen beziehungsweise christlichen Monotheismus, noch bevor für sie die heute übliche Bezeichnung als Muslime gebräuchlich wurde.

Die muslimische Glaubensgemeinschaft schärfte sodann ihre Identität durch den Glauben an die dem Propheten Muhammad offenbarten Verkündigungen, die später im Koran versammelt wurden. Seine Lebensführung und seine Verhaltensweisen und Stellungnahmen, die als Brauch des Propheten (Sunna) den Korpus des Hadith generiert haben, wurden bald zu fast ebensolchen Glaubenslehren, die eine muslimische Identität in gewissen Übereinstimmungen und zugleich auch klaren Abgrenzung von jüdischen und christlichen Lehren hervorbrachten. Gegenüber dem Christentum schuf die metaphysische Aussage, es gebe nur einen Gott und Muhammad sei sein Prophet, eine theologische Differenz zur Trinität und der damit verbundenen Lehre von einer Inkarnation Gottes in Jesus als Sohn Gottes (Elger, 2015, S. 10; Koran: Sure 4, 171). Hinzu kam die Überzeugung von der Rettung des Propheten Jesus vor der Kreuzigung (Koran: 4, 157) als selbstverständlicher Eingriff Gottes zugunsten seines Propheten (Robinson, 2003, 18 f.). Obwohl Juden im Koran als Gläubige angesehen werden, viele islamische Lehren an jüdische Praktiken anschließen und es gestattet ist, von ihnen zubereitete Speisen zu verzehren, erscheint im Koran mehrfach der Vorwurf, die Juden hätten Offenbarungen nicht korrekt überliefert (Koran: 4, 46 und 5, 13) und würden nicht alle Propheten akzeptieren (Rubin, 2003, S. 22 f.). Resultat der Kontroversen war schließlich der Wechsel der Gebetsrichtung von Jerusalem nach Mekka (Koran: 2, 142–4) zwei Jahre nach der Hijra, womit Mekka die muslimische Anbetungsstätte wurde, in die Muhammad vor seinem Tod (632) auch nochmals zurückkehren konnte.

Innerislamisch erhob sich aber sehr bald nach Muhammads Tod die Frage, ob jenseits des prophetischen Vorbilds auch die Familie des Propheten ein glaubensprägendes Charisma über seinen Tod hinaus garantiere. Sie schuf die Grundlage einer innerislamischen Identitätsbildung, insofern jene, die Muhammads Nachkommen über Ali und Fatima dieses Charisma zubilligten, als Alis Partei (Schia) aus der Geschichte des Islams nicht wegzudenken sind. Auch nach den Anfängen des Islams findet sich in der religiösen Tradition ein Fortwirken des spätantiken Grundkonzepts eines Einklangs von individuellem Glauben und einer metaphysischen religiösen Behauptung. In einer Periodisierung der gesamtislamischen Geschichte plädiert Bauer sogar dafür, bis ins elfte teilweise sogar zwölfte Jahrhundert von einer „islamischen Spätantike" zu sprechen, die sich durch die Formung einer neuen Kultur und die Ausbildung neuer Wissenssysteme auszeichne (Bauer, 2018, S. 140). Zwei Beispiele für diese kulturelle Form seien hier genannt: Die islamische Gelehrtenwelt war sich lange uneins, ob Gott und seine Attribute identisch seien oder ob zwischen dem unteilbaren Wesen Gottes und den menschlichen Möglichkeiten, ihn als wissend, lebend oder redend zu beschreiben, noch unterschieden werden müsse (El-Bizri, 2008, S. 122 f.). Solche rein metaphysische Fragen grenzten theologische Schulen voneinander ab, hatten aber auch politische Konsequenzen. Im islamischen Recht sind weder eine kultische Handlung noch eine vertragliche Bindung wirksam, wenn nicht die Absicht dazu vorhanden ist. Die Verankerung äußerer Vollzüge in einem inneren Fürwahrhalten (tasdiq) wird hieran deutlich. Solches spätantike Erbe in Recht und Theologie spielte bei allen immer auch islamisch-konfessionell getragenen Nationenbildungen auf der Arabischen Halbinsel eine Rolle.

Zwischen der Entstehung des Islams und der modernen Nationalstaatsbildung hat sich viel ereignet: Lokale Herrschaften wie die der schiitischen Qarmaten mit dem Zentrum im heutigen Bahrain, denen es Mitte des zehnten Jahrhunderts sogar gelang, den schwarzen Stein von Mekka an den Golf zu verschleppen, erblühten und welkten. Große Reiche wie das der Osmanen griffen auf die Halbinsel aus und machten Zabid in der Tihama im Westen des Jemens zu einem Zentrum der Gelehrsamkeit. Muhammad Murtada al-Zabidi (gest. 1791) verfasste das gewaltige Wörterbuch „Taj al-Arus" (Krone des Bräutigams), das in der gesamten islamischen Welt breit rezipiert wurde.

Die frühe Ausbreitung des Islams
Als Muhammad 632 starb, erlosch nach Stammesbrauch auch die persönliche Loyalitätsbekundung der Stämme, die sich vom Hijaz bis zum Golf mit seiner in Medina zentrierten Herrschaft verbunden hatten. Der erste Kalif Abu Bakr (632–634) zwang diese Stämme in einigen kurzen Kriegen dazu, sich dem Verband wieder anzuschließen und

sich zum Islam als einer fortbestehenden Daseinsordnung zu bekennen. Fraglich ist, ob sich bei jedem Stammesmitglied die gleiche enge Bindung an den Inhalt der Glaubensaussagen ergab, die für die enge Umgebung des Propheten ausschlaggebend war. Schon zu Lebzeiten Muhammads war ebenfalls der Jemen Teil des islamischen Einflussbereichs geworden, in den Jahren 634 und 635 führten Razzien die frühen militärischen Expeditionen, die bei Weitem nicht immer arabisch-muslimische Heere im wahrsten Sinne des Wortes waren, in den Norden der Halbinsel und das südliche Euphrat-Gebiet. 635 wurde Damaskus eingenommen und nach der Schlacht bei Qadisiya fiel das Sassaniden-Reich, das auf dem Territorium des heutigen Irans bestand, unter die neue Kalifatsherrschaft. Als um 642 sogar das Niltal eingenommen wurde, hatte sich die Vorherrschaft von Arabern, die sich zum Islam bekennen, deutlich über die Arabische Halbinsel hinaus ausgedehnt. Begrifflich wurde die Expansion innerislamisch als sogenannte Öffnung für den Islam (*futuh*) gefasst.

11.3 Islam in den Ländern der Arabischen Halbinsel

Die konfessionellen Ausdeutungen des Islams prägten und prägen die religiöse Identität der Bewohnerinnen und Bewohner der Arabischen Halbinsel je nach Region und Zeitabschnitt unterschiedlich. Die heutigen politischen Einteilungen sind zwar jüngeren Datums, bieten sich als Ausgangspunkt aber dennoch an.

11.3.1 Jemen

Auch wenn Saudi-Arabien das größte Land der Halbinsel ist, war der Jemen (al-Yaman – das Land zur Rechten, wenn man aus Zentralarabien zum Sonnenaufgang im Osten blickt) so früh Teil des „Hauses des Islams" geworden, dass der Prophet selbst in Sana oder al-Janad bei Ta'izz einen Freitagsgottesdienst geleitet haben soll. Der erste Freitag im Monat Rabi'a wurde für lange Zeit ein besonderer jemenitischer Feiertag zum Gedenken hieran (Eckert, 1996, S. 546). In jedem Fall lieferte der Jemen auch Truppen für die islamische Expedition nach Norden. Mit der Zaidiya etablierte sich im dritten islamischen Jahrhundert eine Untergruppe der Schia. Gemeinsam ist der Schia die schon erwähnte fortgesetzte, religiös normative Rolle der prophetischen Familie. Sie teilte sich aber ihrerseits in verschiedene Richtungen auf, je nachdem, welcher Nachfahre aus Alis Familie als Imam noch als letzter wirkmächtiger Vertreter der Familie historisch greifbar war beziehungsweise wessen Wiederkehr am Ende der Welt erwartet wird. Die meisten im Iran lebenden Schiiten zählen dabei zwölf prophetische Abkömmlinge, die Ismaeliten allerdings, denen der Agha Khan angehört, nur bis in die siebte Generation. Für die Jemeniten wiederum ist es Zaid, ein Enkel Alis und in der Zählung der Imame der fünfte, der ihnen die identitätsstiftende Vorstellung von Gefolgschaft gab. Die Zaidiya hob stets die Abstammung ihres Oberhaupts von Ali hervor und hat ansonsten keine eigene Lehre hervorgebracht, allenfalls herrscht großer Ernst in der Glaubens- und Rechtspraxis und eine Ablehnung des Gräberkults mit seiner Hoffnung auf Segenskraft im Diesseits oder Fürsprache für das Jenseits. In den Hochlanden des Jemens herrschte über Jahrhunderte hinweg eine dynastische Kontinuität und ungefähr 60 Familien bildeten eine Art Oberschicht mit einem Monopol auf politische und juristische Ämter, von denen die lokalen Stämme ausgeschlossen waren, welche aber auch ihr eigenes Gewohnheitsrecht beibehielten (Glosemeyer, 2005, S. 551). Erst 1962 endete das zaiditische Imamat nach 1000-jähriger Herrschaft, als es in den nördlichen Landesteilen des Jemens zu einer Revolution kam und der letzte Imam seinen Thron trotz saudischer Unterstützung in einem mehrjährigen Bürgerkrieg nicht zurückerlangen konnte. Der Widerstand gegen das alte Emirat kam vor allem aus der Stadt Ta'izz, die ein Zentrum des sunnitischen Islams geworden war. Über die Küstenstadt Aden, die 1839 von der britischen East India Company besetzt und in der Folge zum internationalen Seehafen wurde, strömten auch Ideen der westlichen Moderne ins Land. Auf Seiten dieser jemenitischen Kräfte griff Ägypten unter Gamal Abdel Nasser in den Bürgerkrieg gegen die Vertreter des Imamats ein. Als sich die ausländischen Akteure 1967 zurückzogen, konnte sich im Norden die Jemenitische Arabische Republik formen, die seit 1978 von Ali Abdallah Saleh regiert wurde. Zugleich setzte sich die National Liberation Front (NLF) im Südjemen zum Teil gewaltsam durch und versuchte sich an einem sozialistischen Experiment. Es konnte sich dank Hilfen aus der Sowjetunion und ihrer Alliierten bis 1990 halten, als sich der Süden mit dem Norden vereinigte. Heute finden sich im Jemen zahlreiche islamisch-traditionelle Bewegungen und viele Stämme organisierten sich in der religiös-konservativen Reformpartei (Islah). Der Rückhalt für die sich auf die alte zaiditische Herrschaft berufenden Huthi-Bewegung war auf wenige Regionen im Norden beschränkt und ihre oppositionelle Haltung hatte lange Zeit nur regionale Bedeutung. Das Aufflammen und Ausgreifen dieser Bewegung seit 2011 zeigt, wie alte, verwurzelte religiöse Identitäten die politische Landschaft neuerlich zu prägen vermögen und dabei sogar geopolitisch relevant werden können.

11.3.2 Oman

Im Oman finden wir ebenfalls eine konfessionelle Ausprägung des Islams, die dem Land eine zum Teil auch religiös fundierte Identität verleiht. Ursprünglich Teil der Anhänger Alis, bildeten die Kharijiten die Vorstellung aus, dass die Kalifen aus allen Stämmen gewählt werden können, ein ungerechter Kalif abgesetzt werden könne und die Mehrheit der Muslime als Ungläubige zu betrachten sei. Teile der Gruppe, die sich schon im siebten Jahrhundert im irakischen Basra herausbildete, gingen hierbei gewalttätig vor, doch bei den im Oman heute tonangebenden gemäßigteren Ibaditen, deren Namen auf Abdallah bin Ibad al-Murri at-Tamimi zurückgeht, ging die latent revolutionäre Grundhaltung mit einem politischen Quietismus einher. Das Zusammenleben und Heiraten mit anderen Musliminnen und Muslimen wurde zunehmend akzeptiert (Lewinstein, 2013, S. 230).

Nizwa im Landesinneren war das traditionelle Zentrum der Gelehrsamkeit und Sitz des Imamats. 1749 wurde Ahmad bin Said (gest. 1783) ibaditischer Imam und begründete die bis heute herrschende Said-Dynastie, deren Zentrum bald Maskat wurde. Mit Maskat bestand an der Küste eine Handelsmetropole, die eher am Handel im Indischen Ozean und weniger an religiösen Fragen interessiert war. Die Anhänger der traditionellen Ibadiya fürchteten, hierin den Zaiditen im Jemen ähnlich, fremde Einflüsse von der Küste her. Vor diesem Hintergrund erstarkte ein Beharren auf dem Althergebrachten und es bildete sich ein Imamat unter neuer Führung. Weit bis ins 20. Jahrhundert währte zwischen dem Zentrum um Nizwa und der Said-Dynastie an der Küste ein Ringen um Öffnung oder Rückzug. 1962 setzte sich das Sultanat gegen die religiös konservativen Strömungen im Hinterland durch. Im Falle des Omans gelang es aber – anders als bei den Huthi im Norden des Jemens –, das Land politisch zu befrieden und das ibaditische Bekenntnis zu einem besonderen Merkmal des Omans als Nationalstaat zu machen, das dem Land eine eigene religiöse Prägung verleiht, selbst wenn sich nur 50 % der Omanis zum Ibaditentum bekennen. Sultan Said ibn Taimur (1932–1970) wollte das Land aber nicht weiter modernisieren. Dies geschah erst unter der langen Herrschaft seines Sohns Qabus bin Said, der bis 2020 regierte.

11.3.3 Saudi-Arabien

Seit dem Jahr 2022 ist der 22. Februar in Saudi-Arabien ein Feiertag, da an diesem Tag im Jahr 1727 der Emir Muhammad bin Saud (gest. 1765) die Macht in der kleinen zentralarabischen Stadt Diriyah übernahm. Die Wahl des allerfrühesten möglichen Tags für den symbolischen Beginn der Geschichtsschreibung erscheint zunächst gut vergleichbar mit ähnlichen Bemühungen in anderen Ländern. Im Falle Saudi-Arabiens stellt dieses Datum aber eine geschichtspolitische Wendung dar, da bisher das Jahr 1744/45 als Gründungsjahr Saudi-Arabiens galt, als Sauds Herrschaft in Diriyah durch einen Bund mit dem religiösen Reformer Muhammad bin Abd al-Wahhab (ca. 1704–1792) um eine religiöse Komponente ergänzt wurde (Peters, 1996, S. 95). Der auf Letzteren zurückgehende Wahhabismus ist heutzutage als sehr konservative Strömung im Islam bekannt. Eine Übernahme des in der Tradition entwickelten theologischen Gedankenguts verwarf Abd al-Wahhab jedoch zugunsten einer Neuinterpretation der Grundlagen des Islams (*ijtihad*). Er verstand sich somit selbst eher als Reformer, der den Islam von vielen Aspekten reinigen müsse, die weder im Koran beschrieben sind, noch auf Praktiken des Propheten Muhammad zurückgehen. Hierzu zählten für ihn vor allem der Sufismus mit seinen zahlreichen spirituellen Wegen zu Gott oder eigene Riten bei Begräbnissen sowie Besuche an den Gräbern als heilig verehrter Männer. Insofern die Anerkennung eines einzigen Gottes und dessen alleinige Anbetung den Besuch an Gräbern heiliger Männer unterband und zugleich andere Verhaltensweisen vorschrieb (Peters, 1996, S. 96), bekräftigte Abd al-Wahhab damit im 18. Jahrhundert den Konnex von Glaubensaussage und Lebenspraxis, dessen Ursprung sich in der Spätantike verorten ließ. Paradoxerweise ähnelt er im Rückgriff auf den Igtihad aber auch solchen muslimischen Denkern, die sich auf das gleiche Prinzip beriefen, um die Grundlagen so zu interpretieren, damit sie mit einer stärker säkularen oder pluralistischen Gesellschaft vereinbar wären.

1803 und 1804 besetzten die Armeen dieses ersten saudisch-wahhabitischen Staats Mekka und Medina, womit die beiden zentralen Heiligtümer des Islams erstmals von Anhängern der wahhabitischen Lehre kontrolliert wurden. Dies kollidierte mit dem Machtanspruch der Osmanen über diese Stätten, die mit der Zugänglichkeit von Mekka und Medina für die Hajj-Pilgernden aus der gesamten islamischen Welt schon lange ihre eigene Legitimität untermauerten. Im Auftrag der osmanischen Regierung ging Muhammad Ali, Statthalter in Ägypten, gegen den saudischen Staat vor, eroberte 1813 die beiden heiligen Städte zurück und zerstörte einige Jahre später sogar den Stammsitz der Familie Saud in Diriyah (Steinbach, 2021, S. 45). Der unterlegene saudische Herrscher namens Abdallah wurde vor der Hagia Sophia hingerichtet, was auf die hohe symbolische Bedeutung dieses Siegs für die Osmanen verweist. Doch das wahhabitisch-saudische Bündnis behielt selbst nach dieser Niederlage und Verfolgung seine Dynamik. Schon zwei Jahre später nahm der Onkel des hingerichteten Anführers namens Turki bin Abdallah Al Saud (reg. 1824–1834) Riad wieder ein und im Inneren der Arabischen Halbinsel etablierte sich der zweite saudische Staat. Omanische Stämme entrichteten Tribut und 1850 wurde das heutige Katar erobert, wo der Islam wahhabitischer Prägung bis heute präsent geblieben ist.

Zu Beginn des 20. Jahrhunderts formierte sich dann der dritte saudische Staat, der bis heute existiert. 1902 nahm Abd al-Aziz bin Abd al-Rahman Al Saud Riad wieder in Besitz und sicherte sich 1913 die faktische Herrschaft über die östliche Provinz al-Hasa. Bald konnte sich die Familie Saud auch gegen die haschemitischen Rivalen durchsetzen, die den Hijaz regierten und über ihre Abkunft vom Propheten eine starke Legitimation beanspruchen konnten. Deren Repräsentant Husain Ibn Ali, während des Ersten Weltkriegs Verbündeter der Briten, griff 1924 nach dem Kalifat, das die kemalistische Regierung der neuen türkischen Republik abgeschafft hatte. Dies wurde als Provokation empfunden und gab Abd al-Aziz bin Saud einen offiziellen Grund für den Sturz der rivalisierenden Dynastie (Steinbach, 2021, S. 171). Die Ereignisse, die zugleich zur endgültigen Inbesitznahme der heiligen Stätten führten, waren mit der Rekrutierung strikt auf die wahhabitische Lehre ausgerichteter Kämpfer (genannt Brüder, arab. *ikhwan*) verknüpft, die bei der Formierung des saudischen Staats eine tragende Rolle spielten (Steinberg, 2005, S. 539). Erst diese sesshaft gemachten Beduinen verliehen dem Pakt eines herrschenden Stamms und einer absolut vorherrschenden religiösen Lehre und Praxis erstmals eine räumliche und eine soziale Dimension.

1932 rief sich Ibn Saud zum König aus. Nach seinem Tod stabilisierte König Faisal (1964–1975) das Staatswesen und ermöglichte auch erstmals Schulbildung für Mädchen. In seiner Zeit wurde 1962 auch die Islamische Weltliga gegründet, die nicht nur im Umland, sondern auch nach Asien, Afrika und Europa ausstrahlt und wann immer möglich konservativere Tendenzen in muslimischen Gesellschaften und Milieus zu stärken beabsichtigt (Steinbach, 2021, S. 336). Als 1970 die Organisation der Islamischen Konferenz (OIC) in Jiddah gegründet wurde, erhielt Faisal Einfluss auf eine interstaatliche Organisation, die Zusammenhalt auf Basis des Islams herzustellen beabsichtigte, was in gewisser Weise auch den bisher dominanten, von Ägypten ausgehenden Panarabismus ablöste. Die Arabische Halbinsel und ihre zentrale Herrscherfigur rückten wieder mehr ins Zentrum der islamischen Welt.

So zentral im Blick auf diese Beispiele die Rolle des Königs beziehungsweise des in seinem Auftrag handelnden politischen Machthabers erscheint, kann in Saudi-Arabien rein verfassungsrechtlich nicht von einer absoluten Monarchie gesprochen werden, da das islamische Recht laut der Verfassung (bzw. des Grundgesetzes) über dem Herrscher steht und auch die Grundlage seiner Legitimation ausmacht (▶ Kap. 7). Dennoch lassen sich immer wieder Fälle von herrscherlicher Macht finden, die zum Wohle der Gemeinschaft das Recht außer Kraft setzt (Reissner, 1996, S. 536). Religiöse Legitimation und Realpolitik stehen somit auch in diesem arabischen Königreich seither in einem Spannungsverhältnis. Doch erst in jüngster Zeit sollten der politische Gestaltungswille und wirtschaftlicher Pragmatismus das Übergewicht gegenüber der Bewahrung der religiösen Tradition bekommen – eine Situation, die sich in den kleineren Golfemiraten schon deutlich früher eingestellt hat.

11.3.4 Die neun Emirate am Persischen Golf

Neben dem Jemen, dem Oman und dem Königreich Saudi-Arabien befinden sich auf der östlichen Seite der Arabischen Halbinsel zum Persischen Golf hin neun kleine Emirate, die schon zu Zeiten von Muhammad Teil der ihm verpflichteten Stammeskonföderation wurden. Jahrhunderte lebten die dortigen Beduinen weitgehend abgeschottet von den Zentren der islamischen Welt. Vorläufer der heutigen Golfstaaten waren von Stämmen getragene, politische Gebilde, die sich auch aufgrund von und durch Vertragsschlüsse mit Großbritannien je eigens formierten und entwickelten (Trucial States), ohne eine eigenständige Außenpolitik zu betreiben oder eine Kontrolle über staatliches Militär zu haben (▶ Kap. 6). Diese Staaten haben aber unterschiedliche Wege gefunden, um der religiösen Identität stärker oder weniger stark Ausdruck zu verleihen. Gemeinsam ist ihnen eine wichtige Rolle der etablierten Religionsgelehrten zur Legitimation der jeweiligen Herrscherfamilien bei einer gleichzeitigen pragmatischen Handhabung von Einzelvorschriften des Rechts – vornehmlich bedingt durch die starke Orientierung nach außen in allen wirtschaftlichen Belangen (Koch, 2005, S. 549).

11.3.4.1 Vereinigte Arabische Emirate (VAE)

Sieben dieser Emirate sind zu einem Staat, den Vereinigten Arabischen Emiraten (VAE), zusammengeschlossen, dessen Hauptstadt Abu Dhabi ist. Wie überall auf der Halbinsel ist der Stamm eine zentrale Bezugsgröße (▶ Kap. 10). Die politische Einheit, vor allem das Werk von Scheich Zayid Al Nahyan (1918–2004) aus dem größten einzelnen Emirat Abu Dhabi, bedeutet nicht, dass die Rolle des Islams im gesamten Staat ähnlich ist. Seine staatspolitisch konservative Haltung verband sich mit einer Akzeptanz von Religionsfreiheit und die einzelnen Emirate hatten den Freiraum, das religiöse Feld auf ihrem Territorium eigens zu regeln. So ist in Sharjah der Alkoholgenuss vollkommen verboten und in Dubai eher weit verbreitet. In jüngster Vergangenheit positioniert sich Abu Dhabi selbst auch im interreligiösen Dialog.

11.3.4.2 Katar

Katar wird politisch vom Stamm Al Thani dominiert, der hier Mitte des 18. Jahrhunderts einwanderte. In den 1820er-Jahren gelang es Scheich Thani bin Muhammad eine weitgehende Kontrolle der vorgelagerten Halbinsel zu erlangen. Die Angriffe von der benachbarten Insel Bahrain konnten mit britischer Hilfe abgewehrt werden und auch gegen ein osmanisches Ausgreifen halfen die Briten. Auch wenn die Unabhängigkeit völkerrechtlich erst 1971 eintrat, sieht sich das moderne Katar seit 1878 mit der Machtübernahme von Scheich Jassim grundgelegt (Fromm, 2022, S. 28 f.). Die Kataris sind mehrheitlich Sunniten in der Tradition des aus Saudi-Arabien stammenden Wahhabismus, haben aber der Durchsetzung konservativer religiöser Vorschrift nie die Bedeutung wie in Saudi-Arabien beigemessen. Dennoch führte das Emirat ein gesetzliches Verbot der Blasphemie ein, Ehescheidungen bleiben für Frauen schwierig und das Erbrecht bevorteilt Männer auf der Grundlage klassischer, islamischer Regelungen (Fromm, 2022, S. 55 f.).

Katar trat den VAE nicht bei, entwickelte aber erst seit der Machtübernahme von Scheich Hamad bin Khalifa Al Thani (geb. 1952) im Jahr 1995 ein wirklich eigenständiges politisches Profil, das die kleine Halbinsel vor der Arabischen Halbinsel auch für gesamtislamische Impulse in Stellung bringen sollte.

11.3.4.3 Bahrain

Der britische Rückzug brachte für das Emirat Bahrain eine Bedrohung seiner Eigenständigkeit mit sich, wurde es doch vom Iran wegen seiner mehrheitlich schiitischen Konfession und teilweise iranischer Abstammung seiner Bewohnerinnen und Bewohner für sich beansprucht. Doch nach dem Verzicht Irans im Jahr 1971, was auf Druck der USA erfolgte, war dieses Problem gelöst (Steinbach, 2021, S. 302), obwohl der Iran nach der Islamischen Revolution 1979 erneut Ansprüche erhob. Damit ist Bahrain das einzige Land am Golf mit einer schiitischen Bevölkerungsmehrheit von 70 % gegenüber 30 % Sunniten. Allerdings sind die Sunniten die politisch dominierende Gruppe, da das Herrscherhaus der Al Khalifa, welches die Insel im 18. Jahrhundert eroberte, der sunnitischen Konfession angehört. Führende Positionen im Staat werden so gut wie ausschließlich mit Sunniten besetzt. Diese Situation führte wiederholt zu politischen Spannungen, die sich mehrfach auch gewaltsam entluden. Der Islam gilt als Staatsreligion und die Scharia als Quelle der Gesetzgebung.

11.4 Übergreifende Entwicklungen seit den 1970er-Jahren

Die Entstehungsphase der Nationalstaaten auf der Arabischen Halbinsel ist neben anderen Faktoren oft auch von einer Bezugnahme auf den Islam und dessen eigene Interpretation für das nationale Selbstverständnis geprägt. Ab den späten 1970er-Jahren sind es jedoch eher überregionale Trends, die auf die religiöse Identität der Bewohnerinnen und Bewohner der Arabischen Halbinsel einwirken oder von hier ausgehen. In Böschs viel beachtetem Buch zur „Zeitenwende 1979", dem Jahr „Als die Welt von heute begann", ist das erste Kapitel der Islamischen Revolution im Iran gewidmet (Bösch 2020). In diesem Jahr fing Saudi-Arabien zwar den Ausfall des iranischen Öls durch Produktionssteigerungen ab, doch beeinflusste das schiitische Vorbild konservative und politisch denkende sunnitische Musliminnen und Muslime. In Mekka kam es zur Besetzung der Großen Moschee durch militante Islamisten (Bösch, 2020, S. 52). Als die Rückgewinnung des heiligen Bezirks nur unter Zuhilfenahme französischer Spezialeinheiten gelang, wurde dies mit einem Entgegenkommen gegenüber den Religionsgelehrten erkauft, was die saudische Religionspolitik für die nächsten Jahrzehnte dominieren sollte. Auch den Panislamismus förderte die saudische Führung – fußend auf den schon von Faisal geschaffenen Institutionen – nochmals stärker, womit das Zentrum der Arabischen Halbinsel über Umwege wieder Impulsgeber für religiöse Dynamiken in der islamischen Welt wurde. Khomeini sah hierin allerdings einen „amerikanischen Islam", saudische Behörden untersagten wiederum die Mitnahme von Bildern Khomeinis während der Pilgerfahrt nach Mekka und diskutierten Anfang der 1980er-Jahre sogar einen Ausschluss iranischer Pilgerinnen und Pilger. Die Ereignisse dieses Jahres ließen die Konfessionsgrenze zwischen Sunniten und Schiiten wieder weitaus stärker relevant werden – ein Prozess, der sich bis in die Gegenwart zieht (▶ Kap. 21). In Bahrain, dem Jemen (Huthi-Miliz), dem östlichen Saudi-Arabien und an anderen Stellen auf der Halbinsel brachen blutige Konflikte aus. Die religiöse Frage nach dem alleinigen Vorbild des Propheten oder der Weitergabe seines Charismas in der Familie, die wie oben besprochen die Ursprungsdebatte von Sunna und Schia ausmachte, hat einem geopolitischen Kräftemessen Platz gemacht, dessen Achse der Golf geworden ist.

Doch während anderenorts solch ein Konflikt die produktiven und kreativen Kräfte oft lähmt, sehen wir auf der Arabischen Halbinsel zugleich ein Ausgreifen in spektakuläre Moschee- und Museumsarchitektur (▶ Kap. 15). Auch eine Neuausrichtung der gesamtarabischen Bildungslandschaft auf die Golfemirate zeichnet sich ab. Bei zwei besonders herausragenden Projekten der katarischen Herrscherfamilie spielt dabei auch eine neue Repräsentanz des Islams in der modernen Welt eine wichtige Rolle. 1996 verschaffte sich das Emirat mit der Gründung des Fernsehsenders al-Jazeera in Doha zunächst ein mediales Sprachrohr. Seine politische Bedeutung lag darin, dass islamistische Terrororganisationen wie al-Qaida hier eine Plattform fanden und zugleich erstmals israelische Positionen in einer arabischen Fernsehanstalt Raum bekamen (Fromm, 2022, S. 34). Unter Musliminnen und Muslimen sorgte die Sendung „Die Scharia und das Leben" des ägyptischen Gelehrten Yusuf al-Qaradawi (1926–2022) für Furore. Qaradawi war mit seinem Buch „Das Erlaubte und das Verbotene im Islam", das 1959 erstmals erschien, berühmt geworden. Mitte der 1990er-Jahre erreichte er dann, inzwischen in Doha wohnhaft, bis zu 60 Mio. Zuschauende für seine Auslegungen des islamischen Rechts. Katar bezeichnete er als ein Land, in dem er Meinungsfreiheit habe und das von einer friedlichen Gesellschaft geprägt sei (Gräf, 2007, S. 416). Zwar griff er Fragen aus der gesamten islamischen Welt auf, doch die Tatsache, dass Katar Ausstrahlungsort war und als solcher wahrgenommen wurde, verschob die Gewichte der islamisch-religiösen Aufmerksamkeit in Richtung Golf. Inmitten einer Gesellschaft, die sich am saudischen Wahhabismus orientiert, gab der Staat somit medial ganz anderen Auslegungen des Islams eine Bühne – sogar eine der größten weltweit. Ähnlich groß erscheint die Bruchlinie zwischen der Existenz eines der größten und sicher des weltweit aufwendigsten islamischen Museums (MIA) in Doha, in welchem sich Meisterwerke fast aller Epochen und islamisch beeinflusster Gegenden finden, aber kaum ein Exponat von katarischem Boden. Katar als Bühne islamischer Kunstgeschichte und islamischer Medialität erschuf damit eine neue Erscheinungsform von islamischer Repräsentanz auf der Arabischen Halbinsel (Gierlichs, 2014, S. 213). Die Frage nach dem Bezug dieser Bühne für „Islamisches" zur katarischen Gesellschaft und ihrer religiösen Identität bleibt derzeit noch offen.

Dabei gehen die Staaten am Golf aber weiter jeweils eigene Wege. Zwar wurde 1981 der Golfkooperationsrat (GKR) gegründet (▶ Kap. 19) und es gelang hier, sich sicherheits- und wirtschaftspolitisch in gewissem Maße abzustimmen und beispielsweise die Revolte in Bahrain 2011 gemeinsam niederzuschlagen, doch wäre der Verbund an der Krise um Katar 2017 beinahe zerbrochen (Steinbach, 2021, S. 319), vor allem, da Katar eine zunehmend eigenwillige Außenpolitik betrieb. Katar unterstützte in anderen arabischen Ländern die Muslimbruderschaft, gegen die Saudi-Arabien, Ägypten und die VAE entschlossen vorgehen und die sie als Terrororganisation einstufen. Diese Länder entschlossen sich im Juni 2017 zu einer Blockade des Emirats und stellten weitreichende Forderungen nach einem außenpolitischen Kurswechsel. Katar ließ die damit verbundenen Ultimaten verstreichen und al-Jazeera, dessen Einstellung die anderen Staaten gefordert hatten, blieb auf Sendung. Insofern es Katar gelang, die Blockade seiner Importwege und damit auch die Gefährdung seiner Lebensmittelversorgung durch türkische Hilfe zu überwinden, gewann Katars Position zunehmend an Stärke und 2021 wurde die Blockade aufgehoben. Die Krise zeigt somit, dass trotz aller gemeinsamen Berufung auf die geteilte islamische Identität eine innerislamische Bruchlinie entscheidend sein kann (▶ Kap. 20), wenn stärkere politische Motive und Partikularinteressen die monarchische Solidarität und Kooperationsfähigkeit marginalisieren.

Die Herrschaft über Mekka und Medina macht bis heute einen wesentlichen Teil des saudischen Selbstverständnisses aus und prägt auch die religiöse Identität des Königs, der seit 1986 als Beherrscher der beiden Schreine betitelt wird. Die organisatorisch immer weiter perfektionierte Pilgerfahrt (Hajj) soll dem saudischen Staat auch über sein Herrschaftsgebiet hinaus islamisch fundierte Autorität verschaffen. Das moderne Saudi-Arabien wird seit 2017 de facto von Kronprinz Mohammed bin Salman (MBS) regiert und erlebt neben dem geschichtspolitischen Wandel auch auf anderen Gebieten erstmals eine spürbare Distanzierung von den Vorgaben des wahhabitischen Islams.

Das Emirat Abu Dhabi hat sich indes in den christlich-muslimischen Dialog eingeschaltet. Im Februar 2019 unterzeichneten der Scheich der ägyptischen al-Azhar-Universität, Ahmad al-Tayyib und Papst Franziskus das „Dokument über die Brüderlichkeit aller Menschen für ein friedliches Zusammenleben in der Welt", das als Abu-Dhabi-Abkommen bekannt wurde. Symbolträchtig ist hieran, dass mit dem Scheich der al-Azhar-Universität der Repräsentant aus dem seit Jahrhunderten tonangebenden Kairo anreiste, der verbreitete Name des Dokuments aber nun mit der Residenz der Initiatoren in Abu Dhabi verbunden ist.

11.5 Fazit

Eine über den Islam gestiftete religiöse Identität, beziehungsweise eine seiner Spielarten wie Zaidiya oder Ibadiya, ist auf der Arabischen Halbinsel weit verbreitet und bleibt bis heute aktuell. Religion stand hier im Fokus, ist aber nur ein Teil der Identität. Für den Islam unserer Tage werden auf der Arabischen Halbinsel immer wieder neue Formen entwickelt, sei es die Modernisierung von Mekka, die religiöse Lebensführung, die beim Fernsehsender al-Jazeera eine prominente Rolle spielt, oder eine gänzlich neue Museumskonzeption für im engeren und weiteren Sinne islamische Kunst. Diese moderne Religionsdynamik holt die Deutungshoheit und den Einfluss auf die Weiterentwicklung des Islams zurück, die lange eher in Bagdad, Istanbul oder Kairo zu suchen war.

In jedem Fall entspricht dieses „Zurück" auf die Arabische Halbinsel dem „Zurück" zu den Ursprüngen und zur Anfangszeit des Islams, das die islamische Geistesgeschichte über die letzten knapp 200 Jahre geprägt hat. Offen bleibt, ob es angesichts der politischen Bruchlinien, der absehbaren klima- und demographiebedingten Wandlungen und der wirtschaftlichen Herausforderungen in Form größerer Unabhängigkeit von Öl und Gas gelingt, dieses religiöse Momentum für den geographischen Raum zu erhalten.

Literatur

Al-Zabidi, M., & Farraj, A. (1965). *Taj Al-Arus* (Bd. 31). Kuwait: Kuwait Government Press.

Arkoun, M. (2002). Islam. In *Encyclopaedia of the Qurʾān* (Bd. 2, S. 565–571). Leiden: Brill.

Bauer, T. (2011). *Die Kultur der Ambiguität. Eine andere Geschichte des Islams*. Berlin: Insel.

Bauer, T. (2018). *Warum es kein islamisches Mittelalter gab. Das Erbe der Antike und der Orient*. München: C.H. Beck.

El-Bizri, N. (2008). God: essence and attributes. In T. Winter (Hrsg.), *Classical Islamic theology*. Cambridge: Cambridge University Press.

Bösch, F. (2020). *Zeitenwende 1979. Als die Welt von heute begann*. München: C.H. Beck.

Dostal, W. (1998). Die Araber in vorislamischer Zeit. In A. Noth & J. Paul (Hrsg.), *Der islamische Orient. Grundzüge seiner Geschichte* (S. 25–44). Baden-Baden: Ergon.

Eckert, H. (1996). 22. Jemen. In *Der Islam in der Gegenwart* (S. 543–555). C.H. Beck.

Elger, R. (2015). *Islam. Eine Einführung*. Frankfurt am Main: Fischer.

Gierlichs, J. (2014). A Vision becomes an institution: the Museum of Islamic Art (MIA). In Doha, Q. I. S. Wippel, B. Krawietz & K.

Bromber (Hrsg.), *Under construction: logics of urbanism in the Gulf region*. London: Routledge.

Glosemeyer, I. (2005). Jemen. In W. Ende & U. Steinbach (Hrsg.), *Der Islam in der Gegenwart* (S. 550–559). München: C.H. Beck.

Gräf, B. (2007). Sheikh Yūsuf al-Qaraḍāwī in cyberspace. *Die Welt des Islams, 47*(3/4), 403–421.

Holes, C. (2016). Language, culture and identity. In J. Petersen (Hrsg.), *The emergence of the Gulf states* (S. 263–287). London: Bloomsbury.

Fromm, N. (2022). *Katar. Sand, Geld und Spiele*. München: C.H. Beck.

Koch, C. (2005). Kleinere Golfstaaten. In W. Ende & U. Steinbach (Hrsg.), *Der Islam in der Gegenwart* (S. 547–550). München: C.H. Beck.

Lewinstein, K. (2013). Ibadis. In G. Bowering, P. Crone, W. Kadi, D. J. Stewart, M. Q. Zaman & M. Mirza (Hrsg.), *The Princeton encyclopedia of Islamic political thought* (S. 230–231). Princeton: Princeton University Press.

Markschies, C. (2016). *Das antike Christentum*. München: C.H. Beck.

Neuwirth, A. (2010). *Der Koran als Text der Spätantike. Ein europäischer Zugang*. Berlin: Insel.

Reissner, J. (1996). Saudi-Arabien und die kleineren Golfstaaten. In W. Ende & U. Steinbach (Hrsg.), *Der Islam in der Gegenwart* (S. 531–542). München: C.H. Beck.

Robinson, N. (2003). *Jesus, 7–21 (3) EQ*. Leiden: Brill.

Rubin, U. (2003). *Jews and Judaism, 21–34 (3) EQ*. Leiden: Brill.

Peters, R. (1996). IV. Erneuerungsbewegungen im Islam vom 18. Bis zum 20. Jahrhundert und die Rolle des Islams in der neueren Geschichte: Antikolonialismus und Nationalismus. In W. Ende & U. Steinbach (Hrsg.), *Der Islam in der Gegenwart* (S. 90–128). München: C.H. Beck.

Steinbach, U. (2021). *radition und Erneuerung im Ringen um die Zukunft. Der Nahe Osten seit 1906*. Stuttgart: Kohlhammer.

Steinberg, G. (2005). Saudi-Arabien. In W. Ende & U. Steinbach (Hrsg.), *Der Islam in der Gegenwart* (S. 537–550). München: C.H. Beck.

Bevölkerung, Migration & Arbeitsmarkt

Sebastian Sons

© Marek / Stock.adobe.com

Inhaltsverzeichnis

12.1 Einführung – 124

12.2 Entwicklung von Arbeitsmigration in die Golfmonarchien: Eine historische Konstante – 124

12.3 Charakteristika des golfarabischen Arbeitsmarkts: Ein duales System – 126

12.4 Auswirkungen auf die Lebenswirklichkeiten der Arbeitsmigrantinnen und -migranten: Strukturelle Ausbeutung und asymmetrische Machtverhältnisse – 128

12.5 Fazit – 130

Literatur – 130

© Der/die Autor(en), exklusiv lizenziert an Springer-Verlag GmbH, DE, ein Teil von Springer Nature 2025
T. Demmelhuber, N. Scharfenort (Hrsg.), *Die Arabische Halbinsel*,
https://doi.org/10.1007/978-3-662-70217-8_12

12.1 Einführung

Dieses Kapitel analysiert historische und zeitgenössische Entwicklungen in der golfarabischen Migrations- und Arbeitsmarktpolitik. Vor dem Hintergrund der steigenden Erdöleinnahmen und der fortschreitenden wirtschaftlichen Modernisierung durchliefen die Bevölkerungen auf der Arabischen Halbinsel einen demographischen Wandel, der insbesondere von zwei Merkmalen charakterisiert wurde: Zum einen rekrutierten die Golfmonarchien in den vergangenen Jahrzehnten eine signifikante Anzahl an Arbeitsmigrantinnen und Arbeitsmigranten aus den arabischen Nachbarregionen, um mit deren Expertise nationale Verwaltungsstrukturen und Bildungssysteme zu entwickeln, ehe im Zuge der steigenden Erdöl- und Erdgaseinnahmen verstärkt Arbeitskräfte des Niedriglohnbereichs aus Süd- und Südostasien und Afrika angeworben wurden, um die golfarabische Infra- und Dienstleistungsstruktur aufzubauen. Zum anderen geraten die Wirtschaftssysteme der Golfmonarchien durch die steigende Anzahl von Arbeitsmigrantinnen und Arbeitsmigranten und ein signifikantes Bevölkerungswachstum zunehmend unter Druck und streben nach einer „Nationalisierung" ihrer Arbeitsmärkte: Hohe Jugendarbeitslosigkeit in einigen Golfmonarchien bei sinkenden Möglichkeiten, Arbeitsplätze im öffentlichen Sektor zu schaffen, fordern die traditionellen Rentierstaats- und Alimentierungssysteme der Golfstaaten heraus (▶ Kap. 3). Privatisierung, Lokalisierung, Nationalisierung und Diversifizierung stellen daher Merkmale der aktuellen Migrations- und Arbeitsmarktpolitik in allen Golfmonarchien dar, um den einheimischen Bevölkerungen zukunftsträchtige Perspektiven im Privatsektor zu bieten, während gleichzeitig die Abhängigkeit von ausländischen Arbeitskräften reduziert werden soll (▶ Kap. 14). Diese Dualität des Arbeitsmarkts führt zu asymmetrischen Machtverhältnissen zwischen einheimischen Bevölkerungen und Arbeitsmigrantinnen und Arbeitsmigranten, was eine Situation der dauerhaften prekären Unsicherheit bei und der strukturellen Ausbeutung von ausländischen Arbeitskräften aus dem Niedriglohnbereich schafft.

Das Kapitel stellt dieses Spannungsfeld anhand der historischen Genese von Migrationskorridoren in die Golfregion sowie reziproke Wanderbewegungen dar, um darüber hinaus auf die Charakteristika des dualen Arbeitsmarkts in den Golfmonarchien sowie der strukturellen Ausbeutung von Migrantinnen und Migranten einzugehen, ehe Reformbemühungen und soziokulturelle Implikationen der Arbeitsmigration auf die golfarabischen Gesellschaften dargestellt werden.

12.2 Entwicklung von Arbeitsmigration in die Golfmonarchien: Eine historische Konstante

Translokale Wanderungsbewegungen und reziproke Migration prägen die Arabische Halbinsel seit Jahrhunderten und sorgten bereits vor Beginn der durch die Öl- und Gasproduktion beschleunigten wirtschaftlichen Entwicklung für die Ausprägung von komplexen Handels- und Sklavennetzwerken (Seccombe, 1983, S. 4) und „Zonen des Austauschs" bzw. „Zonen der Verdichtung" (Mann, 2012, S. 31) im Arabischen Meer sowie im Indischen Ozean (Freitag, 2004; Bose, 2006). Im heutigen Saudi-Arabien führte die Pilgerfahrt nach Mekka und Medina zu intensiven Migrationsbewegungen, die durch die Einbindung der östlichen Provinz des Hijaz in historische Handels- und Beduinenwege noch intensiviert wurden (Freitag, 2020; Chalcraft, 2010). Mit dem Beginn der Perlenfischerei, die vor allem an der Ostküste der Arabischen Halbinsel in den Gebieten des heutigen Katars, Kuwaits und Bahrains für Phasen des sozioökonomischen Entwicklungsschubs sorgte, intensivierten sich der wirtschaftliche und kulturelle Austausch; periphere Gebiete an der Küstenregion wuchsen zu Zentren des translokalen Handels an (Commins, 2012, S. 5) und sorgten für wachsende Migrationsströme (Al-Nakib, 2016) zwischen der Arabischen Halbinsel und dem Indischen Subkontinent.

Zwischen dem 17. und dem ersten Drittel des 20. Jahrhunderts dominierte der Perlenhandel die golfarabischen Lebenswirklichkeiten und schuf die Grundlage für den politischen Machtzuwachs der hiesigen Herrscherdynastien. In den 1860er-Jahren betrug die Anzahl der katarischen Perlenfischer bereits 13.000, in Bahrain gar 18.000 und in den heutigen Vereinigten Arabischen Emiraten (VAE) 22.000 (Fromherz, 2012, S. 118), während in Bahrain das Exportvolumen von Perlen zwischen 1873 und 1906 um 600 % stieg (Bishara et al., 2016, S. 191, 196). Dies lockte Einwanderinnen und Einwanderer aus dem Iran, Belutschistan und dem Sindh an, die ihre Heimat verließen und sich an der golfarabischen Ostküste niederließen (Roberts, 2023, S. 148). Dadurch entwickelte sich ein komplexes Migrations- und Handelssystem, in dem die lokalen Perlenfischer monatelange Seefahrten unternahmen, um im Anschluss ihre Austernmuscheln an lokale Stammesführer zu verkaufen, die diese über ihre Kontakte weiterveräußerten (Fromm, 2022, S. 33).

Mit dem Beginn der industriellen Perlenzucht in Japan Anfang des 20. Jahrhunderts (Kechichian, 2008, S. 420) nahm jedoch die Bedeutung der konventionellen Perlenfischerei in der Golfregion rapide ab. Die dort vorherrschende Praxis wurde ineffizient und unrentabel und sorgte in Verbindung mit Naturkatastrophen und der Weltwirtschaftskrise für den Niedergang der Perlenfischerei, was zu einer Phase der wirtschaftlichen Rezession, den sogenannten Jahren des Hungers, führte (Fromherz, 2012,

S. 1), die bis zum Ende des Zweiten Weltkriegs andauerten. Im Zuge dieser Krise nahm zwar die Einwanderung aus Südasien ab, doch die etablierten historischen Migrationsnetzwerke überdauerten und bestehen bis heute.

Im Gebiet des heutigen Omans entwickelte sich ein „maritimes Imperium" (Valeri, 2017, S. 15), welches sich in Phasen der omanischen Geschichte bis nach Afrika und Asien erstreckte und von reziproker Migration charakterisiert wurde. Damals stammten weite Teile der Bevölkerung aus Belutschistan, Indien, Pakistan, Afrika, dem Irak oder dem Iran, da sich bereits im 15. Jahrhundert Händler aus diesen Regionen im Oman angesiedelt hatten (Jones & Ridout, 2015, S. 15). Ab 1650 gründeten aus dem Oman stammende Händlerfamilien eine Handelsenklave auf der 2000 km entfernten Insel Sansibar, die zwischen 1820 und 1840 sogar als omanisches Regierungszentrum fungierte, und sich bis in die Hafenstadt Mombasa im heutigen Kenia, nach Bahrain und Pakistan ausdehnte. Basierend auf Ein- und Auswanderung und einer Kultur des multiethnischen Dialogs positionierte sich der Oman als translokale Handels- und Wirtschaftsmacht. Migration nach und von Afrika dominierte auch nach dem Niedergang der Handelsnetzwerke die soziokulturellen Strukturen des Omans: 1960 kehrten Nachkommen der im 17. Jahrhundert ausgewanderten omanischen Handelsfamilien auf die Arabische Halbinsel zurück und wurden nach einer Phase der Marginalisierung unter dem seit 1970 regierenden Sultan Qabus aufgrund ihrer Verwaltungs- und Englischkenntnisse in den Aufbau der nationalen Administrationsstrukturen eingebunden (Valeri, 2017, S. 17 ff.).

Ähnliche Prozesse der Rekrutierung ausländischer Fachkräfte fanden auch in den anderen Golfmonarchien statt, nachdem in den 1930er-Jahren erste Ölvorkommen entdeckt und entsprechende Konzessionen an britische und US-amerikanische Ölunternehmen vergeben worden waren. Im Zuge der sich entwickelnden Ölindustrie wuchs der Bedarf an ausländischen Arbeitskräften, die auf den Ölraffinerien arbeiteten und im Falle von Saudi-Arabien anfänglich zumeist aus den USA, Italien oder Eritrea (AlShehabi, 2015, S. 7), später auch aus Indien und zu einem geringen Anteil aus Pakistan stammten. Mit dem Anstieg der Öleinnahmen wuchs auch der Bedarf an ausgebildeten Bildungs- und Verwaltungsexpertinnen und -experten, die zunehmend aus anderen arabischen Staaten wie Syrien, dem Irak, Ägypten oder Jordanien rekrutiert wurden. Es begann die erste Phase der golfarabischen Migrationspolitik, die bis in die späten 1960er-Jahre und die frühen 1970er-Jahre andauerte: Arabische Migrantinnen und Migranten arbeiteten als Lehrerinnen und Lehrer, als Beamtinnen und Beamte oder als Regierungsberatende. In Saudi-Arabien stieg der Anteil der ausländischen Arbeitnehmerinnen und Arbeitnehmer in den urbanen Zentren von einem Drittel im Jahr 1964 auf mehr als 70 % Anfang der 1970er-Jahre (Vassiliev, 2000, S. 429). In Kuwait stammten 95 % aller Lehrkräfte, Krankenpflegerinnen und Krankenpfleger sowie Ärztinnen und Ärzte aus dem Ausland (Roberts, 2023, S. 108), im Oman kamen Mitte der 1970er-Jahre mehr als die Hälfte der Lehrkräfte aus Ägypten und ein Fünftel aus Jordanien (Jones & Ridout, 2015, S. 171), während in den VAE vor allem jemenitische Arbeitskräfte angeworben wurden (Dresch, 2013, S. 142).

Mit dem Aufkommen des panarabischen Nationalismus, der durch den ägyptischen Präsidenten Gamal Abdal Nasser (1954–1970) an Strahlkraft in der arabischen Welt gewann, wuchsen jedoch die innenpolitischen Herausforderungen für die golfarabischen Monarchien. Viele in Ägypten verfolgte Dissidentinnen und Dissidenten hatten die Ausreise in die Golfmonarchien genutzt, um der Repression Nassers zu entgehen, und setzten ihr islamistisches Engagement in den Golfmonarchien fort. In der Folgezeit betrachteten einige arabische Herrscherhäuser diese Agitation als Bedrohung ihrer eigenen Machtposition (Foley, 2010, S. 35 f.). In Saudi-Arabien entstand die einflussreiche „islamische Erweckungsbewegung", die as-Saḥwa al-Islamiya (Al-Rasheed, 2015), die das saudische Königshaus als Inbegriff der westlichen Modernisierung diffamierte und kritisierte, nicht ausreichend an den wachsenden Öleinnahmen beteiligt zu werden (Sons, 2020, S. 33). Dies sorgte zunehmend für Spannungen zwischen den ägyptischstämmigen Einwanderinnen und Einwanderern und der saudischen Herrscherfamilie Al Saud. Als Reaktion auf diese „Ägyptisierung" (Graz, 1992, S. 220 f.) reduzierten Saudi-Arabien und andere Golfmonarchien seit den 1970er-Jahren die Anzahl arabischer Arbeitsmigrantinnen und Arbeitsmigranten. Gleichzeitig wuchs durch den massiven Anstieg der Öleinnahmen in den 1970er-Jahren der Bedarf an Niedriglohnarbeiterinnen und -arbeitern, um den Auf- und Ausbau einer nationalen Infrastruktur und eines Dienstleistungsbereichs voranzutreiben. Vor diesem Hintergrund wurden verstärkt Arbeitskräfte aus asiatischen Staaten wie Pakistan, Indien, den Philippinen, Indonesien, Bangladesch oder Nepal rekrutiert, da sie im Gegensatz zu arabischen Migrantinnen und Migranten als „passive Beobachterinnen und Beobachter" (Choucri, 1986, S. 252) und daher als weniger politisch galten. Dieser Prozess führte zu einer „De-Arabisierung" des Arbeitsmarkts und dem Beginn der zweiten Phase der golfarabischen Migrationspolitik. Durch Ausweisungskampagnen sank der Anteil arabischer Arbeitsmigrantinnen und -migranten zwischen 1975 und 2002 von 72 % auf 25 bis 29 % (Fox et al., 2006, S. 46). Auch heute stammen die meisten Migrantinnen und Migranten aus asiatischen Herkunftsländern wie Indien, Pakistan, Bangladesch, Philippinen oder Nepal sowie afrikanischen und anderen arabischen Ländern wie Ägypten oder Jemen.

12.3 Charakteristika des golfarabischen Arbeitsmarkts: Ein duales System

Im Zuge dieser systematischen Anwerbung von asiatischen Arbeitskräften erhöhte sich die Gesamtbevölkerung in den Golfmonarchien von knapp zehn Millionen im Jahr 1970 auf fast 45 Mio. im Jahr 2010, während im selben Zeitraum der Anteil der ausländischen Bevölkerungsanteile von 20,6 % auf 47,3 % anstieg (◘ Tab. 12.1) und zu einem Ungleichgewicht im Verhältnis zwischen einheimischer und ausländischer erwerbstätiger Bevölkerung (◘ Tab. 12.2) führte.

In Kombination mit einem stetigen Wachstum der einheimischen Bevölkerung führte diese Rekrutierungsstrategie zur Ausbildung einer „dualen Gesellschaft" (Fargues, 2011, S. 277): Während im Rahmen der Rentierstaatsökonomie (▶ Kap. 3) golfarabische Staatsangehörige zumeist im öffentlichen Dienst angestellt wurden, wurde die Privatwirtschaft maßgeblich von Arbeitsmigrantinnen und Arbeitsmigranten dominiert. Im Zuge der wachsenden Bevölkerungen führte dies dazu, dass einheimische Arbeitskräfte im öffentlichen Dienst kaum noch absorbiert werden können, was zum Anstieg der nationalen Arbeitslosigkeit geführt hat: Insbesondere die recht hohe Jugendarbeitslosigkeit in Kuwait und Saudi-Arabien fordert die dortigen Systeme heraus – dort lag sie bei 15,4 % (World Bank, 2022a) bzw. 23,8 % (World Bank, 2022b). Dieses Phänomen begann bereits in den 1970er-Jahren und führte im Falle von Saudi-Arabien dazu, im ersten nationalen Entwicklungsplan von 1970 festzulegen (de Bel Air, 2014), den Anteil der Arbeitsmigrantinnen und -migranten zu reduzieren und den Arbeitsmarkt nationalisieren zu wollen (Hertog, 2014). Dieses Vorhaben ließ sich allerdings in den folgenden Jahrzehnten aus mannigfaltigen Gründen nicht verwirklichen: Viele Privatunternehmen konnten und wollten aufgrund der höheren Gehälter keine golfarabischen Arbeitskräfte beschäftigen, während diese zumeist nach einem Arbeitsplatz im öffentlichen Dienst strebten, der besser bezahlt war und familienfreundlichere Arbeitszeiten bot. Die Einführung von Quoten, um den Anteil der ausländischen Beschäftigten staatlich zu kontrollieren und zu reduzieren, führte dazu, dass Unternehmen zwar einheimische Angestellte beschäftigten, um die Vorgaben zu erfüllen, deren Aufgaben allerdings weiterhin von ausländischen Arbeitskräften ausgeführt wurden. Diese „Phantombeschäftigung" (Hertog, 2014, S. 7) intensivierte die Dualität der golfarabischen Arbeitsmärkte, während es viele arbeitssuchende golfarabische Staatsangehörige in Kauf nahmen, sich in die freiwillige Arbeitslosigkeit zu begeben, anstatt einen Job im Privatsektor anzunehmen. Gleichzeitig gingen Privatunternehmen auch das Risiko ein, Strafzahlungen bei Missachtung der Quotenregelungen erbringen zu müssen, da diese im Durchschnitt immer noch geringer ausfielen als die Beschäftigung von nationalen Arbeitskräften (Sons, 2014), sodass es sich vielfach um eine „vorgetäuschte Saudisierung" handelte (Koch, 2014, S. 39).

In Zeiten der voranschreitenden sozioökonomischen Transformation in den meisten Golfmonarchien haben sich jedoch diese Realitäten auf dem Arbeitsmarkt verändert: Da das traditionelle Rentierstaatsmodell zunehmend unter Druck gerät, modifizieren sich auch die Anforderungen an die einheimischen Arbeitskräfte.

◘ **Tab. 12.1** Entwicklung der ausländischen Bevölkerungsanteile in den arabischen Golfmonarchien (1970–2010). (Quelle: GLMM, 2020)

Jahr	Einheimische Bevölkerung	Ausländische Bevölkerung	Bevölkerung (gesamt)	Anteil ausländischer Bevölkerung in %
1970–1975	7.773.395	2.013.837	9.787.225	20,6
1990–1995	15.494.854	8.554.713	24.049.567	35,6
2000–2005	20.576.398	12.216.991	32.793.389	37,3
2010	23.572.744	21.117.842	44.690.586	47,3

◘ **Tab. 12.2** Anteil von inländischer und ausländischer erwerbstätiger Bevölkerung in den arabischen Golfmonarchien 2020. (Quelle: GLMM, 2020)

Land	Anteil Staatsbürgerinnen und Staatsbürger in %	Anteil ausländischer Staatsbürgerinnen und Staatsbürger in %
Bahrain	22	78
Katar	5	95
Kuwait	15	85
Oman	23	77
Saudi-Arabien	24	76

Tab. 12.3 Anteil der ausländischen Bevölkerung im Privatsektor (2015–2021) in Prozent. (Quelle: GLMM, 2022)

Jahr	Bahrain	Kuwait	Oman	Katar	Saudi-Arabien
2015	81,5	95,3	86,8	99,2	83,0
2016	83,3	95,3	87,1	99,4	83,5
2017	82,7	95,7	86,3	99,4	81,7
2018	82,7	95,7	85,1	99,4	80,2
2019	82,4	95,7	83,9	99,4	79,1
2020	81,5	95,3	81,8	99,5	78,2
2021	80,4	95,0	80,9	99,4	76,4

Im Gegensatz zu früheren Generationen stellt ihnen der Staat nicht mehr umfassende Alimentierungsleistungen wie Steuerfreiheit oder kostenlose Gesundheits- und Bildungsversorgung zur Verfügung, was den Gesellschaftsvertrag verändert. Daher sind viele junge Arbeitnehmerinnen und Arbeitnehmer darauf angewiesen, im Privatsektor zu arbeiten. Diese Umgestaltung des Arbeitsmarkts ist integraler Bestandteil der umfangreichen Diversifizierung des Wirtschaftssystems (▶ Kap. 14), was sich in massiven Investitionen in Sektoren außerhalb der Ölindustrie wie auch des Tourismus (▶ Kap. 16), der Unterhaltung (▶ Kap. 17), der Sportindustrie oder Dienstleistungen widerspiegelt, um damit die Abhängigkeit von den Öleinnahmen langfristig zu reduzieren und neue Arbeitsplätze für die einheimische Bevölkerung zu schaffen. Dennoch dominieren ausländische Arbeitskräfte noch immer die Privatwirtschaft, ihr Anteil geht allerdings insbesondere in Saudi-Arabien zurück – ein Ergebnis der intensivierten Nationalisierungsbestrebungen (◘ Tab. 12.3).

Im Zuge dieses Aushandlungsprozesses steigen die Herausforderungen und Ansprüche an die Leistungsbereitschaft der jungen Generation, sich auf einem zunehmend kompetitiven und fordernden Arbeitsmarkt gegen einheimische und ausländische Konkurrenz zu behaupten. Mit umfassenden Bildungsreformen (Oxford Business Group, 2020) und der Einführung von neuen Schulfächern, der Abkehr von religiösen Bildungsinhalten wie in Saudi-Arabien (Al-Otaibi, 2020), der Bereitstellung von Stipendienprogrammen für die Ausbildung im Ausland, den Aufbau von nationalen Bildungseinrichtungen und der Ansiedlung von ausländischen Universitäten sowie der Fokussierung auf „gute Jobs" (Thompson & Almoaibed, 2023), die nicht nur den Lebensunterhalt sichern, sondern auch die Vereinbarkeit mit dem Privatleben oder Gesundheitsvorsorge berücksichtigen sollen, versuchen die Golfmonarchien, diesen Herausforderungen zu begegnen. Insbesondere Frauen werden adressiert, was sich signifikant im Bildungssektor niederschlägt: In Saudi-Arabien lag die Quote der Universitätsabsolventinnen 2019 bei 55,8 %, im Oman sind es 44 %, in Bahrain knapp 59 %, in Kuwait 70 % und in Katar 75 % (Ben Mimoune & Kabbani, 2023). Für Frauen bleibt der Zugang zu den jeweiligen Arbeitsmärkten jedoch weiterhin eine Herausforderung, da patriarchalische Strukturen oder Unterschiede im Gehaltsniveau im Vergleich zu männlichen Arbeitskräften noch immer existieren. Dennoch ist der Anteil der weiblichen Arbeitskräfte deutlich gestiegen: Lag er 1990 in Saudi-Arabien noch bei elf Prozent, erhöhte er sich 2019 bis auf 18,2 % (World Bank, 2022c) und 2022 nochmals auf 35 % (Nihal, 2022). Im Oman beträgt der Anteil der Frauen am Arbeitsmarkt 32 % (World Bank, 2022d), in Bahrain 44 % (World Bank, 2022e), in Kuwait 48 % (World Bank, 2022f), in den VAE 55 % (World Bank, 2022g) und in Katar 60 % (World Bank, 2022h). Dennoch sind im Vergleich zu Männern noch immer Frauen vermehrt von Arbeitslosigkeit betroffen: In Saudi-Arabien war 2020 noch fast ein Drittel der weiblichen Arbeitskräfte ohne Job (Gomez Tamayo et al., 2021). Insbesondere das demographische Geschlechterungleichgewicht stellt sich in allen Golfstaaten aufgrund der Dominanz männlicher Arbeitsmigranten signifikant dar, was sich am Beispiel Katars und der VAE exemplarisch zeigt (◘ Tab. 12.4).

Vor diesem Hintergrund beeinflusst der Wandel auf dem Arbeitsmarkt auch das komplexe Verhältnis zwischen inländischen und ausländischen Bevölkerungs-

Tab. 12.4 Verhältnis von weiblicher und männlicher Bevölkerung (2022) in Prozent. (Quelle: World Bank, 2022c–h)

Land	Weibliche Bevölkerung	Männliche Bevölkerung
Katar	27,0	73,0
Vereinigte Arabische Emirate	31,0	69,0
Bahrain	38,0	62,0
Oman	39,0	61,0
Kuwait	39,0	61,0
Saudi-Arabien	42,4	57,6

gruppen. In Saudi-Arabien sind mittlerweile 95 % aller saudischen Arbeitslosen bereit, einen Job im Privatsektor anzunehmen (General Authority for Statistics, 2023). Gleichzeitig hat die Dichotomie in der demographischen Struktur und die Dominanz der Arbeitsmigrantinnen und -migranten auf dem Arbeitsmarkt zu einem sensiblen Beziehungsgeflecht zwischen einheimischer und ausländischer Bevölkerung geführt, welches von gleichzeitiger Inklusion und Ausgrenzung geprägt wird. Auf der einen Seite werden ausländische Arbeitskräfte Opfer von Marginalisierung und als Symbole der Überfremdung und Bedrohung der nationalen Identität stigmatisiert (Fargues & Shah, 2018, S. 1) und von rechtlicher Gleichstellung oder sozioökonomischen Prozessen ausgeschlossen (AlShehabi, 2015, S. 28). Es gehe „um vorherrschende Zuschreibungen von Fremd- und Selbstbildern, die – bei aller Beharrlichkeit bestimmter Vorstellungen und Stereotype – einem ständigen Prozess der Veränderung und (Re-)Produktion unterworfen und in ihrem jeweiligen historischen Kontext zu verstehen sind" (Falk, 2016, S. 4). So wird Arbeitsmigrantinnen und -migranten im Zuge des „negative othering" (Palik, 2018, S. 106) vorgeworfen, für den Mangel an Arbeitsplätzen und steigende Kriminalität verantwortlich zu sein sowie die eigene Wirtschaft zu belasten (Falk, 2016, S. 172). Während der Covid-19-Pandemie wurden sie als Infektionstreiber diffamiert und von der einheimischen Bevölkerung entweder räumlich isoliert oder vermehrt in ihre Heimatländer abgeschoben (Human Rights Watch, 2021). Auf der anderen Seite haben sich durch die dauerhafte Permanenz der Arbeitsmigrantinnen und -migranten Netzwerke des kulturellen Austauschs, des Dialogs und der Zugehörigkeit entwickelt. Hybride Identitäten sind entstanden, in denen sich Einflüsse der migrantischen Gemeinschaften mit lokalen Kulturmustern verbinden und neue Identitätsformen ausprägen und die Präsenz der Migrantinnen und Migranten als Realität akzeptieren und wertschätzen. Da viele der Migrantinnen und Migranten bereits seit mehreren Generationen in den Golfmonarchien leben, konnten sie einflussreiche Diaspora-Communities und daher einen integralen Bestandteil der multiethnischen Gesellschaften herausbilden (Kathiravelu, 2016).

12.4 Auswirkungen auf die Lebenswirklichkeiten der Arbeitsmigrantinnen und -migranten: Strukturelle Ausbeutung und asymmetrische Machtverhältnisse

Im Zuge der FIFA-Fußballweltmeisterschaft 2022 in Katar wurden vor allem die strukturellen Benachteiligungen von süd- und südostasiatischen und afrikanischen Arbeitsmigrantinnen und -migranten zum Gegenstand einer öffentlichen Diskussion. Diese existieren bereits seit Jahrzehnten und werden durch systemische Gewalt gegen ausländische Arbeitskräfte im Niedriglohnbereich und asymmetrische Machtverhältnisse charakterisiert. Vielfach wird das sogenannte Kafala-System (▶ Kap. 3), ein Bürgschafts- oder Vormundschaftssystem, als Grundlage dieser Benachteiligungen gesehen.

Kafala-System und Arbeitsmigration
Das Kafala-System bietet den politischen und juristischen Hintergrund für das Arbeitsverhältnis zwischen der Bürgin oder dem Bürgen (*kafil*) und den ausländischen Arbeitskräften, die mithilfe von Rekrutierungsagenturen angeworben werden (vgl. Chaudoir, 2010; Diop et al., 2015). Die Verfügungsgewalt liegt bei den Bürgenden, denen es in vielen Fällen gestattet ist, den Migrantinnen und Migranten ihre Reisepässe abzunehmen und damit deren Bewegungsfreiheit zu kontrollieren. Weiterhin liegt das alleinige Kündigungsrecht in der Regel bei den Bürgenden (Dito, 2014, S. 82 f.), sodass die Migrantinnen und Migranten in eine Situation der einseitigen Abhängigkeit geraten und im Falle einer Kündigung auch ihr Aufenthaltsrecht verlieren und somit deportiert werden können (Winckler, 2010). Menschenrechtsorganisationen berichten regelmäßig von physischer und psychischer Gewalt an den Arbeitsmigrantinnen und -migranten, von Vergewaltigungen und Misshandlungen an weiblichen Hausangestellten sowie Schlaf- und Lohnentzug sowie der Verweigerung von medizinischen Leistungen im Krankheitsfall oder bei Unfällen. Das Kafala-System beruht in einer rentenbasierten Gesellschaft somit auf Exklusion, um den Kreis der Günstlinge staatlicher Zuwendungen zu limitieren und die Einnahmen aus den raren Ressourcen an exklusive Empfängerinnen und Empfänger zu verteilen (vgl. Kamrava, 2012, S. 9; Springborg, 2013, S. 302). Es hat sich somit ein intransparentes Netzwerk herausgebildet, in dem unterschiedliche Akteurinnen und Akteure von den im Kafala-System angelegten Ungleichgewichten profitieren, während die Migrantinnen und Migranten vielfach systemischer Diskriminierung unterworfen werden. Als Folge entstand ein semilegales Geschäftsmodell, welches golfarabische Staatsangehörige allein aufgrund ihrer Nationalität in die Lage versetzte, bei der Arbeitgebervermittlung attraktive Provisionen zu generieren. In der Forschung wird die Herkunft des Kafala-Systems zumeist auf beduinische Traditionen zurückgeführt, Fremden Schutz zu gewähren (Lucas & Richter, 2012, S. 5; Longva, 1997, S. 78). Diese wurden während der Protektoratszeit institutionalisiert und formalisiert, um die Kontrolle bei der Rekrutierung von Arbeitskräften zu kontrollieren und zu regulieren (AlShehabi, 2015, S. 19 f.). In den letzten Jahren wurden in allen Golfmonarchien Maßnahmen implementiert, um die arbeitsrechtliche Situation der Arbeitsmigrantinnen und -migranten zu verbessern. Insbesondere die kontroverse Debatte im Vorfeld der Fußballweltmeisterschaft führte in Katar dazu, einen Mindestlohn, umfangreicheren Hitzeschutz, rechtliche Regelungen für Hausangestellte, Erleichterungen beim Wechsel der Arbeitgeberinnen und Arbeitgeber oder umfassendere Beratungs- und Beschwerdemöglichkeiten einzuführen. Außerdem wurde 2018 in Katar das erste Büro der International Labour Migration (ILO) in den Golfmonarchien eröffnet. Trotz dieser Maßnahmen existieren jedoch weiterhin Diskrepanzen zwischen rechtlichen Regelungen und deren Implementierung (Human Rights Watch, 2020): Bürginnen und Bürgen können weiterhin aus relativ nichtigen Gründen die Arbeitsverträge einseitig kündigen. Trotz der Einführung eines Mindestlohns liegt die Garantiesumme zumeist unterhalb des Existenzminimums, Löhne werden vorenthalten und Beschwerdemechanismen sind oftmals kaum bekannt oder ineffizient.

Im Zuge des Migrationsprozesses geraten viele Migrantinnen und Migranten bereits vor der Auswanderung in eine dreifache Abhängigkeit (Sons, 2020, S. 173): Erstens müssen sie sich bei Familienangehörigen oder Bekannten hoch verschulden, um die anfallenden Migrationskosten aufbringen zu können. Zweitens werden damit die Rekrutierungsagenturen bezahlt, die für die Vermittlung der Arbeitskräfte zuständig sind und vielfach als nichtregistrierte Institutionen zur Ausbeutung der Migrantinnen und Migranten beitragen (Breeding, 2012). Drittens befinden diese sich nach ihrer Ankunft im Aufnahmeland unter der weitgehenden Kontrolle der Bürginnen und Bürger. Außerdem erwerben viele golfarabische Bürginnen und Bürger das Recht, mehr als für den Eigenbedarf benötigte Arbeitskräfte zu rekrutieren, um sie nach ihrer Ankunft für eine Gebühr weiter zu transferieren. Aufgrund dieser Praxis des Visahandels hat sich in den Golfstaaten ein lukrativer Markt entwickelt, in dem „Scheinbürginnen und -bürgen" (Hertog, 2010) über die Provisionen lukrative Gewinne generieren können. Um die bestehenden Schulden zu begleichen, muss vielfach Mehrarbeit geleistet werden, was die Belastung der Migrantinnen und Migranten weiter erhöht (Abella, 2018, S. 222 f.). Dieses multiple Abhängigkeitsverhältnis sorgt bei den Migrantinnen und Migranten für hohen sozialen und finanziellen Druck, trotz aller Benachteiligungen ihre Auswanderung fortzusetzen, um die Migrationskosten zurückzuzahlen und das von ihren Verwandten in sie gesetzte Vertrauen zu rechtfertigen. Für die daheimgebliebenen Familien stellen die Migrantinnen und Migranten eine kostspielige Investition dar, von der sie sich ihren wirtschaftlichen Aufstieg erhoffen. Durch die von den Auswanderinnen und Auswanderern geleisteten Rücküberweisungen ist in vielen Entsendestaaten eine migrantische Mittelschicht, die über Eigentum und bessere Schulbildung verfügt, entstanden (Seddon, 2004, S. 415). Für viele Entsendestaaten fungieren die Rücküberweisungen als relevante Einnahmequelle (Tab. 12.5 und 12.6), um ihre fragilen Ökonomien zu stabilisieren, sodass sie trotz struktureller Benachteiligungen ihrer Landsleute oftmals den offenen Konflikt mit den Aufnahmeregierungen scheuen, um Ausweisungswellen und damit einen Rückgang der Einnahmen zu vermeiden.

Außerdem wirkt sich die Migration auf die Lebenswirklichkeiten der Betroffenen aus, die sich in einer Situation der stetigen Unsicherheit befinden, da sie im Falle einer Kündigung ihrer Lebensgrundlage beraubt werden können und in ihre Heimat zurückkehren müssen, was direkte finanzielle Einbußen zur Folge hat. Außerdem

Tab. 12.5 Rücküberweisungen aus den Mitgliedsstaaten des Golfkooperationsrats (in Mio. US-Dollar). (Quelle: Eigene Zusammenstellung des Autors)

Land	2017	2018	2019	2020	2021	2022
VAE	44.753	46.085	44.976	43.240	47.543	k. A.
Katar	12.759	11.558	11.964	10.744	10.966	12.286
Kuwait	13.760	14.347	18.855	17.357	18.468	17.744
Oman	9815	9958	9134	8772	8118	k. A.
Bahrain	2466	3269	k. A.	k. A.	k. A.	k. A.
Saudi-Arabien	36.119	33.882	31.197	34.596	40.735	39.349
Gesamt	119.672	119.099	116.126	114.709	125.830	69.379
Weltweit	467.300	492.865	498.773	471.503	518.055	435.802

Tab. 12.6 Weltweite Rücküberweisungen in ausgewählten Entsendestaaten (in Mio. US-Dollar). (Quelle: Eigene Zusammenstellung des Autors)

Land	2018	2019	2020	2021	Anteil am BIP (in %)
Ägypten	25.516	26.781	29.603	33.333	8,4
Tunesien	1902	2050	2367	2195	5,1
Marokko	6919	6963	7419	9273	7,4
Pakistan	21.193	22.252	26.108	33.000	12,6
Sri Lanka	7043	6749	7140	6700	8,3
Nepal	8287	8244	8108	8500	24,8
Indien	78.790	83.332	83.149	87.000	3,0
Bangladesch	15.566	18.364	21.750	23.000	6,5
Philippinen	33.809	35.167	34.913	36.240	9,4

sind sie rechtlich in den Aufnahmestaaten nur temporär geduldet, obwohl sie mitunter einen Großteil ihres Lebens in den Golfmonarchien verbringen. Dies führt dazu, dass viele Migrantinnen und Migranten ihre Heimat verklären und ein „Mythos der Rückkehr" entsteht (Gupta & Ferguson, 1992, S. 11).

12.5 Fazit

Als transnationales Phänomen und historische Konstante prägt Arbeitsmigration die Gesellschaften der Golfmonarchien auf sozialer, wirtschaftlicher und soziokultureller Ebene und hat gleichzeitig zu Formen der Inklusion und Stigmatisierung, der Integration und Diffamierung sowie der multiethnischen Diversität und der nationalistischen Ausgrenzung geführt. Vor dem Hintergrund der fundamentalen Herausforderungen in der Arbeitsmarktpolitik wird die Omnipräsenz der Arbeitsmigration von Regierungen in den Golfmonarchien sowie in den relevanten Entsendestaaten instrumentalisiert, um wirtschaftliche und politische Ziele zu erreichen, Ungleichgewichte im internationalen Migrationssystem zu eigenen Zwecken zu nutzen und Einnahmequellen wie die Rücküberweisungen sicherzustellen. Auf dieser Grundlage basiert auch die trotz sichtbarer Reformmaßnahmen in der Arbeitsrecht- und Migrationspolitik die fortbestehende strukturelle Ausbeutung der Arbeitsmigrantinnen und Arbeitsmigranten.

Literatur

Abella, M. I. (2018). The high cost of migrating for work to the Gulf. In P. Fargues & N. M. Shah (Hrsg.), *Migration to the Gulf: Policies in sending and receiving countries* (S. 221–242). Dschidda: Gulf Research Center.

Al-Nakib, F. (2016). *Kuwait transformed. A history of oil and urban life*. Stanford: Stanford University Press.

Al-Otaibi, N. (2020). Vision 2030: Religious education reform in the kingdom of Saudi Arabia. King Faisal Center for Research and Islamic Studies. https://kfcris.com/pdf/cc53a3201f65554c400886325b5f715e5f577d35934f7.pdf. Zugegriffen: 30. Nov. 2023.

Al-Rasheed, M. (2015). Divine politics reconsidered: Saudi Islamists on peaceful revolution. LSE Middle East Centre Paper Series, 7. https://core.ac.uk/download/pdf/35435557.pdf. Zugegriffen: 30. Nov. 2023.

AlShehabi, O. (2015). Histories of migration to the Gulf. In A. Khalaf, O. AlShehabi & A. Hanieh (Hrsg.), *Transit states. Labour, migration and citizenship in the Gulf* (S. 3–38). London: Pluto Press.

Mimoune, B. N., & Kabbani, N. (2023). Women of the Gulf break labor market barriers: a journey in progress, Middle East Council. https://mecouncil.org/publication/women-of-the-gulf-break-labor-market-barriers-a-journey-in-progress/. Zugegriffen: 30. Nov. 2023.

de Bel Air, F. (2014). Demography, migration and labour market in Saudi Arabia, Gulf labour markets and migration. https://gulfmigration.grc.net/media/pubs/exno/GLMM_EN_2018_05.pdf. Zugegriffen: 30. Nov. 2023.

Bishara, F. A., Haykel, B., Hertog, S., Holes, C., & Onley, J. (2016). The economic transformation of the Gulf. In J. E. Peterson (Hrsg.), *The emergence of the Gulf states: studies in modern history* (S. 187–222). London: Bloomsbury.

Bose, S. (2006). *A hundred horizons: the Indian Ocean in the age of global empire*. Cambridge: Harvard University Press.

Breeding, M. (2012). India-Persian Gulf migration. Corruption and capacity in regulating recruitment agencies. In M. Kamrava & Z. Babar (Hrsg.), *Migrant labor in the Persian Gulf* (S. 137–154). London: Hurst & Company.

Chalcraft, J. (2010). Monarchy, migration and hegemony in the Arabian peninsula. https://core.ac.uk/download/pdf/17357.pdf. Zugegriffen: 30. Nov. 2023.

Chaudoir, D. C. (2010). Westerners in the United Arab Emirates: a view from Abu Dhabi. The Middle East Institute. https://www.mei.edu/publications/westerners-united-arab-emirates-view-abu-dhabi. Zugegriffen: 30. Nov. 2023.

Choucri, N. (1986). Asians in the Arab World: labor migration and public policy. *Middle Eastern Studies*, *22*(2), 252–273.

Commins, D. (2012). *The Gulf states. A modern history*. London: I.B. Tauris.

Diop, A., Johnston, T., & Le, K. T. (2015). Reform of the Kafala system: a survey experiment from Qatar. *Journal of Arabian Studies: Arabia, the Gulf & the Red Sea*, *5*(2), 116–137.

Dito, M. (2014). Kafala: foundations of migrant exclusion in GCC labor markets. In A. Khalaf, O. AlShehabi & A. Hanieh (Hrsg.), *Transit states. Labour, migration and citizenship in the Gulf* (S. 79–100). London: Pluto Press.

Dresch, P. (2013). Debates on marriage and nationality in the UAE. In P. Dresch & J. Piscatori (Hrsg.), *Monarchies and nations: globalization and identity in the Arab states of the Gulf* (S. 136–157). New York: I.B. Tauris.

Falk, D. (2016). *Migranten im Spiegel der arabischen Presse. Der Einwanderungsdiskurs der arabischen Golfstaaten am Beispiel der Vereinigten Arabischen Emirate*. Leipzig: Universität Leipzig. unveröffentlichte Dissertation.

Fargues, P. (2011). Immigration without inclusion: Non-Nationals in nation-building in the Gulf states. *Asian and Pacific Migration Journal*, *20*(3–4), 273–292.

Fargues, P., & Shah, N. M. (2018). Introduction: Migration policies, between domestic politics and international relations. In P. Fargues & N. M. Shah (Hrsg.), *Migration to the Gulf: Policies in sending and receiving countries* (S. 1–7). Dschidda: Gulf Research Center.

Foley, S. (2010). *The Arab Gulf states. Beyond oil and Islam*. Boulder: Lynne Rienner Publishers.

Fox, J. W., Mourtada-Sabbah, N., & Al-Mutawa, M. (2006). The Arab Gulf region: traditionalism globalized or globalization traditionalized? In J. W. Fox, N. Mourtada-Sabbah & M. Al-Mutawa (Hrsg.), *Globalization and the Gulf* (S. 3–60). London: Routledge.

Freitag, U. (2004). Islamische Netzwerke im Indischen Ozean. In D. Rothermund & S. Weigelin-Schwiedrzik (Hrsg.), *Der indische Ozean. Das afro-asiatische Mittelmeer als Kultur- und Wirtschaftsraum* (S. 61–82). Wien: Promedia.

Freitag, U. (2020). *A history of Jeddah: the gate to Mecca in the nineteenth and twentieth centuries*. Cambridge: Cambridge University Press.

Fromherz, J. F. (2012). *Qatar. Rise to power and influence*. London: I.B. Tauris.

Fromm, N. (2022). *Katar: Sand, Geld und Spiele – Ein Porträt*. München: C.H. Beck.

General Authority for Statistics (2023). Labor market statistics Q1/2023. https://www.stats.gov.sa/sites/default/files/LMS%20Q1_2023_PR_EN.pdf. Zugegriffen: 30. Nov. 2023.

Gomez Tamayo, S., Koettl, J., & Rivera, N. (2021). The spectacular surge of the Saudi female labor force. https://www.brookings.edu/articles/the-spectacular-surge-of-the-saudi-female-labor-force/. Zugegriffen: 30. Nov. 2023.

Graz, L. (1992). *The turbulent Gulf: people, politics and power*. London: I.B. Tauris.

Gulf Labour Markets and Migration (2022). GCC: Number of employed workers and percentage of non-nationals in employed population in GCC countries (2015–2021) (private sector). https://gulfmigration.grc.net/gcc-number-of-employed-workers-and-percentage-of-non-nationals-in-employed-population-in-gcc-countries-2015-2021-private-sector/. Zugegriffen: 30. Nov. 2023.

Gulf Labour Markets and Migration Program (2020). Percentage of nationals and non-nationals in GCC countries' employed populations. https://gulfmigration.grc.net/media/graphs/Graph%20Employment%202020%20by%20country%20-%202022-07-05.pdf. Zugegriffen: 30. Nov. 2023.

Gupta, A., & Ferguson, J. (1992). Beyond "culture": space, identity, and the politics of difference. *Cultural Anthropology*, 7(1), 6–23.

Hertog, S. (2010). *Princes, brokers, and bureaucrats: Oil and the state in Saudi Arabia*. Ithaca: Cornell University Press.

Hertog, S. (2014). Arab Gulf states: An assessment of nationalisation policies. Research Paper 1. Migration Policy Centre. https://cadmus.eui.eu/handle/1814/32156. Zugegriffen: 30. Nov. 2023.

Human Rights Watch (2020). Qatar: Significant labor and Kafala reforms. https://www.hrw.org/news/2020/09/24/qatar-significant-labor-and-kafala-reforms. Zugegriffen: 30. Nov. 2023.

Human Rights Watch (2021). Human Rights Watch submission to the Committee on Economic, Social, and Cultural Rights ahead of the review of the State of Qatar. https://www.hrw.org/sites/default/files/media_2021/09/Qatar%20CESCR%20August%202021%20Final%202.pdf. Zugegriffen: 30. Nov. 2023.

Jones, J., & Ridout, N. (2015). *A history of modern Oman*. London: Cambridge University Press.

Kamrava, M. (2012). The political economy of rentierism in the Persian Gulf. In M. Kamrava (Hrsg.), *The political economy of the Persian Gulf* (S. 39–68). New York: Hurst Publishers.

Kathiravelu, L. (2016). *Migrant Dubai. Low wage workers and the construction of a global city*. London: Palgrave Macmillan.

Kechichian, J. A. (2008). *Power and succession in Arab monarchies: a reference guide*. Boulder: Lynne Rienner.

Koch, C. (2014). Status und Aussichten der saudi-arabischen Wirtschaft. *Aus Politik und Zeitgeschichte*, 64(46), 34–39.

Longva, A. N. (1997). *Walls built on sand. Migration, exclusion, and society in Kuwait*. Oxford: Perseus.

Lucas, V., & Richter, T. (2012). Arbeitsmarktpolitik am Golf: Herrschaftssicherung nach dem „Arabischen Frühling". GIGA Focus Nahost, 12. https://www.giga-hamburg.de/de/publication/arbeitsmarktpolitik-am-golf-herrschaftssicherung-nach-dem-arabischen-fr%C3%BChling. Zugegriffen: 30. Nov. 2023.

Mann, M. (2012). *Sahibs, Sklaven und Soldaten. Geschichte des Menschenhandels rund um den Indischen Ozean*. Darmstadt: Wissenschaftliche Buchgesellschaft.

Nihal, M. (2022). Saudi Arabia: women in work has ‚doubled' to over 35 % of labour force. The National. https://www.thenationalnews.com/gulf-news/saudi-arabia/2022/05/18/saudi-arabia-women-in-work-has-doubled-to-over-35-of-labour-force/. Zugegriffen: 30. Nov. 2023.

Oxford Business Group (2020). Educational reforms to improve teaching quality in Saudi Arabia. https://oxfordbusinessgroup.com/reports/saudi-arabia/2020-report/economy/aiming-high-ongoing-reforms-to-improve-the-quality-of-teaching-are-coupled-with-a-focus-on-technology-and-vocational-skills. Zugegriffen: 30. Nov. 2023.

Palik, J. (2018). The challenges of dual-societies: The interaction of workforce nationalisation and national identity construction through the comparative case studies of Saudisation and Emiratisation. In P. Fargues & N. M. Shah (Hrsg.), *Migration to the Gulf: Policies in sending and receiving countries* (S. 105–125). Dschidda: Gulf Research Center.

Roberts, D. B. (2023). *Security politics in the Gulf monarchies. Continuity amid change*. New York: Columbia University Press.

Seccombe, I. J. (1983). Labour migration to the Arabian Gulf. Evolution and characteristics 1920–1950. *British Journal of Middle Eastern Studies*, 10(1), 3–20.

Seddon, D. (2004). South Asian remittances. Implications for development. *Contemporary South Asia*, 13(4), 403–420.

Sons, S. (2014). Saudi-Arabiens Arbeitsmarkt. Sozioökonomische Herausforderungen und steigender Reformdruck. *Aus Politik und Zeitgeschichte*, 64(46), 25–33.

Sons, S. (2020). *Arbeitsmigration nach Saudi-Arabien und ihre Wahrnehmung in Pakistan: Akteur*innen und Strategien der öffentlichen Sichtbarmachung*. Heidelberg: CrossAsia.

Springborg, R. (2013). GCC countries as ‚rentier states' revisited. *The Middle East Journal*, 67(2), 301–309.

Thompson, M., & Almoaibed, H. (2023). *Better jobs tomorrow: the appeal and increasing relevance of alternative credentials in Saudi Arabia*. Riad: King Faisal Center for Research and Islamic Studies. https://www.kfcris.com/pdf/7e763338da1071f285b5e309c26509a46437a861cd81e.pdf. Zugegriffen: 30. November 2023.

Valeri, M. (2017). *Oman. Politics and society in the Qaboos state*. London: Hurst.

Vassiliev, A. (2000). *The history of Saudi Arabia*. London: New York University Press.

Winckler, O. (2010). *Labor migration to the GCC states. Patterns, scale, and policies*. Washington D.C.: Middle East Institute. https://www.mei.edu/publications/labor-migration-gcc-states-patterns-scale-and-policies. Zugegriffen: 30. November 2023.

World Bank (2022a). Unemployment, youth total (% of total labor force ages 15–24) (modeled ILO estimate) Kuwait. https://data.worldbank.org/indicator/SL.UEM.1524.ZS?locations=KW&view=chart. Zugegriffen: 30. Nov. 2023.

World Bank (2022b). Unemployment, youth total (% of total labor force ages 15–24) (modeled ILO estimate) Saudi Arabia. https://data.worldbank.org/indicator/SL.UEM.1524.ZS?locations=SA&view=chart. Zugegriffen: 30. Nov. 2023.

World Bank (2022c). Labor force, female (% of total labor force) Saudi Arabia. https://data.worldbank.org/indicator/SL.TLF.TOTL.FE.ZS?locations=SA. Zugegriffen: 30. Nov. 2023.

World Bank (2022d). Labor force participation rate, female (% of female population ages 15+) (modeled ILO estimate) Oman. https://data.worldbank.org/indicator/SL.TLF.CACT.FE.ZS?locations=OM. Zugegriffen: 30. Nov. 2023.

World Bank (2022e). Labor force participation rate, female (% of female population ages 15+) (modeled ILO estimate) Bahrain. https://data.worldbank.org/indicator/SL.TLF.CACT.FE.ZS?locations=BH. Zugegriffen: 30. Nov. 2023.

World Bank (2022f). Labor force participation rate, female (% of female population ages 15+) (modeled ILO estimate) Kuwait. https://data.worldbank.org/indicator/SL.TLF.CACT.FE.ZS?locations=KW. Zugegriffen: 30. Nov. 2023.

World Bank (2022g). Labor force participation rate, female (% of female population ages 15+) (modeled ILO estimate) United Arab Emirates. https://data.worldbank.org/indicator/SL.TLF.CACT.FE.ZS?locations=AE. Zugegriffen: 30. Nov. 2023.

World Bank (2022h). Labor force participation rate, female (% of female population ages 15+) (modeled ILO estimate) Qatar. https://data.worldbank.org/indicator/SL.TLF.CACT.FE.ZS?locations=QA. Zugegriffen: 30. Nov. 2023.

Empowerment

Nora Derbal

© Jon Anders Wiken / Stock.adobe.com

Inhaltsverzeichnis

13.1 Einführung – 134

13.2 Empowerment aus historischer Perspektive – 135

13.3 Empowerment heute – 137

13.4 Fazit – 139

Literatur – 140

13.1 Einführung

In diesem Kapitel geht es um das soziale Gefüge auf der Arabischen Halbinsel, um das, was die Gesellschaften zusammenbringt, verbindet und bewegt, um Selbstwirksamkeit, Kreativität und Gestaltung, um Solidarität, Fürsorge und soziale Reform von unten – kurzum: Es geht um Empowerment. Der aus dem Englischen entlehnte Begriff steht auf der individuellen Ebene für Ermächtigung, Selbstbefähigung und die Stärkung von Eigenmacht und Selbstbestimmung. Im gesellschaftlichen Kontext geht es um Autonomie und Mitgestaltungsmöglichkeiten. Auch wenn Empowerment auf der gesellschaftlichen Ebene – im Sinne von Mobilisierung, Partizipation und Öffentlichkeit – bis zu einem gewissen Grad mit der Idee von Zivilgesellschaft einhergeht, so nimmt das hier besprochene Engagement oft Formen an, die nicht unbedingt liberalen Werten und Normen und damit der dominanten „westlichen" Idee von Zivilgesellschaft entsprechen. Bürgerschaftliches Engagement in Saudi-Arabien setzt sich zum Beispiel nicht unbedingt für mehr Demokratie oder für Gleichberechtigung zwischen den Geschlechtern ein, weshalb es lange Zeit von der Forschung entweder übersehen oder lediglich als schwache Ausprägungen von Zivilgesellschaft eingestuft wurde (Kanie, 2012; Kraetzschmar, 2015). Dementgegen macht neuere Forschung, die sich für eine Reformulierung der Zivilgesellschaftstheorie einsetzt, vielfältige Ausprägungen von Zivilgesellschaft in den arabischen Golfmonarchien sichtbar, etwa in dem Bereich der Fürsorge für Arme und gesellschaftliche Randgruppen, in Sport und Kultur und in Form von vielfältigen Jugendgruppen und Jugendinitiativen (Moritz, 2020; Derbal, 2022).

Zivilgesellschaft
Anstatt von Empowerment zu sprechen, wurde die Forschung zu gesellschaftlicher Teilhabe und Selbstbestimmung global lange Zeit von der Idee von Zivilgesellschaft angetrieben. Im Kanon der westlichen Literatur steht Zivilgesellschaft für einen Handlungsraum zwischen Staat und Privatsphäre, in dem sich Bürgerinnen und Bürger in einer Vielzahl von autonomen Initiativen freiwillig und ohne finanzielle Entlohnung für vielfältige Interessen engagieren. Typische europäische und nordamerikanische zivilgesellschaftliche Institutionen sind die NGOs (Nichtregierungsorganisationen), Gewerkschaften, Nachbarschaftshilfen, die Tafeln und Kirchengruppen sowie Sport-, Umwelt- und Tierschutzvereine. Obwohl in der Theorie die Sphäre zwischen Staat, Gesellschaft und Markt klar abgetrennt ist, sind die Grenzen in der Realität meist unscharf. Die deutsche Bundesregierung unterstützt jährlich zahlreiche NGOs in Deutschland finanziell und britische NGOs kultivieren Patronagebeziehungen mit der königlichen Familie. Auch in den Golfmonarchien erhalten viele NGOs Finanzhilfen vom Staat und kultivieren strategische Patronagebeziehungen mit Prinzen und Prinzessinnen der herrschenden Familien. Jedoch fehlen in den meisten Ländern der Arabischen Halbinsel darüber hinaus bis heute die rechtlichen Rahmenbedingungen, auf denen die autonome Zivilgesellschaft nach dem Modell „westlicher", liberaler Demokratien ruht. Beispielsweise sind bürgerliche und zivile Grundrechte wie etwa das Recht auf Versammlungsfreiheit und freie Meinungsäußerung nicht konstitutionell verankert und oft stark beschnitten.

Befeuert durch den oft exotisierenden Blick westlicher Medien hält sich bis heute die weitläufige Einschätzung, dass die Gesellschaften – und insbesondere die Frauen – auf der Arabischen Halbinsel wohlstandsverwöhnt, apathisch und/oder unterdrückt seien. In „orientalistischer" Tradition werden der Islam und das ausgeprägte Stammesdenken als Auslöser für den vermeintlich mangelnden Gestaltungsanspruch der Bevölkerung und die fehlende Mitsprache in der Region ausgemacht (▶ Kap. 17). Gestützt wurde diese Sicht lange Zeit durch die Annahmen der Rentierstaatstheorie (Mahdavy, 1970; Beblawi & Luciani, 1987). Glaubt man der Rentiertheorie, verzichtet die Bevölkerung am Golf – gemäß dem Motto „*no representation without taxation*" – im Gegenzug für einen hohen Lebensstandard auf gesellschaftliche Teilhabe, Mitgestaltung und politische Partizipation. Stattdessen bereichern sich einzelne Akteurinnen und Akteure durch klientelistische Netzwerke und Patronagebeziehungen, während andere Gruppen systematisch mithilfe der enormen Staatsressourcen kooptiert und unterdrückt werden, um so den „absoluten" Machtanspruch der Königsfamilien durchzusetzen. Auf den Punkt gebracht postuliert die Rentierstaatstheorie: Erdöl behindert Demokratie (Ross, 2001).

Forschung, die sich kritisch mit dem Sozialvertrag auf der Arabischen Halbinsel auseinandersetzt, korrigiert diese Sicht, indem sie aufzeigt, dass es einerseits keine direkte Kausalität zwischen Erdöl- und Erdgaseinnahmen und (mangelnder) politischer Mobilisierung gibt (Herb, 2005). Andererseits zeigt die Forschung, dass sich bestimmte gesellschaftliche Gruppen, Akteurinnen und Akteure stets innerhalb der existierenden (staatlichen) Strukturen einzubringen wussten und dabei vielfältige, sowohl individuelle, aber auch gesellschaftliche und gemeinwohlorientierte Interessen vertreten haben (Hertog, 2010; Moritz, 2018).

Das Kapitel nähert sich dem Phänomen des Empowerments aus zwei Perspektiven. Erstens historisch, denn oft stehen kollektive Formen von zeitgenössischem Empowerment wie philanthropische Praktiken und bürgerschaftliches Engagement in langer historischer und religiöser Tradition. Anstatt die Entdeckung von enormen Bodenschätzen auf der Arabischen Halbinsel als Zäsur zu verstehen, die philanthropisches Handeln erst ermöglichte oder bürgerschaftliches Engagement blockiert, eröffnet die historische Perspektive den Blick für Kontinuitäten und Brüche in der Geschichte der Arabischen Halbinsel. Zweitens umfasst es eine zeitgenössische Perspektive auf bestimmte Akteurinnen und Akteure, Formate und Themen, die sich auf der gegenwärtigen Arabischen Halbinsel als besonders aktiv und aktivierend hervorgetan haben oder zu Empowerment beitragen.

Das Kapitel wirft damit Schlaglichter auf lokale Formen von Mitgestaltung und Selbstbestimmung und zeigt hier strukturelle Tendenzen auf. Ausgespart werden (da sie an anderer Stelle behandelt werden, ▶ Kap. 18) islamistische und vornehmlich religiöse Räume (Moscheegruppen, Missionsaktivitäten, religiöse Jugendorganisationen wie WAMY) sowie explizit politische Instrumente und Formate (Gemeinderatswahlen, Schura-Räte, Petitionen an den König), obwohl ihnen ein hohes Maß an Empowerment innewohnt. Das bedeutet nicht, dass das hier beschriebene Engagement unpolitisch oder nichtreligiös ist – eher das Gegenteil ist der Fall, wie die folgenden Ausführungen zeigen. Geographisch gesehen liegt der Schwerpunkt des Kapitels auf dem bevölkerungsstärksten Land der Arabischen Halbinsel, Saudi-Arabien, jedoch zeigen sich viele der hier besprochenen Strukturen ähnlich in den benachbarten Golfmonarchien sowie im Jemen. Aufgrund seiner Ressourcenarmut und konflikträchtigen politischen Geschichte stellt der Jemen zu einem gewissen Grad einen Sonderfall dar. Nichtsdestotrotz – oder gerade deshalb – sind im Jemen Strukturen von bürgerschaftlichem Engagement und Zivilgesellschaft besonders stark ausgeprägt (Carapico, 1996, 1998; Clark, 2004, S. 115–145; Wedeen, 2007).

13.2 Empowerment aus historischer Perspektive

Im Kontext der relativen Armut und Ressourcenknappheit, welche die Arabische Halbinsel bis in die moderne Geschichte prägten, stellten religiös verankerte Formen von Wohltätigkeit, Großzügigkeit und Solidarität eine zentrale Triebfeder für gesellschaftliches Engagement dar. Religiös konnotierte Formen von Wohltätigkeit spielten in weiten Teilen der vormodernen islamischen Welt – ähnlich der christlichen Caritas – eine wichtige gesellschaftliche Rolle. Bis zur Herausbildung moderner Nationalstaaten und der industriellen Förderung von Bodenschätzen in der Mitte des 20. Jahrhunderts wurden Gemeinwohl und Infrastruktur auf der Arabischen Halbinsel zumeist aus semiprivaten beziehungsweise semikommunalen Initiativen bewältigt. Häufig gingen philanthropische Initiativen auf etablierte Händler und Händlerfamilien zurück, die aufgrund ihres Wohlstands aber auch ihrer gehobenen sozialen Stellung in den lokalen Gemeinschaften Verantwortung übernahmen, einen respektablen Ruf etablierten, Patronagebeziehungen auf- und damit ihren Status und ihre Stellung innerhalb der Gemeinschaft weiter ausbauten. In anderen Worten, „vorstaatliche" Krankenhäuser und Waisenhäuser, Brunnen und die Wasserversorgung, Gästehäuser und Hospize für gesellschaftliche Randgruppen wurden von lokalen Händlern und Notabeln in Form von Stiftungen für das Gemeinwohl gegründet. Musliminnen und Muslime aus aller Welt stifteten für den Erhalt der Heiligen Stätten, Mekka und Medina, und zum Wohl ihrer Bewohnerinnen und Bewohner (Behrens-Abouseif, 1998; Mortel, 1998). Mit der Entstehung moderner Nationalstaaten im 20. Jahrhundert gerieten jene religiösen und historisch gewachsenen Formen von gemeinwohlorientiertem Handeln zunehmend unter staatliche Kontrolle. Neugeschaffene Ministerien für Religion beziehungsweise für Soziales, denen Sozialverbände und islamische Stiftungen unterstellt wurden und die fortan registrierten, ordneten, kontrollierten und reglementierten, entwickelten sich dabei im Laufe des 20. Jahrhunderts oft zum Hindernis für zivilgesellschaftliches Engagement (Derbal, 2022).

Wohltätigkeit im Islam
Die Almosengabe, Zakat, gilt – neben dem Glaubensbekenntnis, dem Gebet, dem Fasten im Monat Ramadan und der Wallfahrt (Hajj) nach Mekka – als eine der Grundpflichten (fünf Säulen) des Islams. Bei der jährlichen Spende handelt es sich um eine islamrechtlich genau festgelegte Abgabe, die häufig als Armensteuer bezeichnet wird. Tatsächlich ist der Status der Spende umstritten. Saudi-Arabien gilt als eines der wenigen Länder weltweit, in dem der Staat seit den 1950er-Jahren eine Zakat-Steuer von Wirtschaftsunternehmen und Betrieben einzieht. Individuen hingegen verfügen in Saudi-Arabien wie in den anderen Golfländern frei über ihre Zakat, was viele Gläubige als eine Angelegenheit zwischen sich und Gott verstehen. Darüber hinaus ruft der Islam vielfach zu freiwilligem Spenden (*ṣadaqa*) und Barmherzigkeit mit den Armen und Bedürftigen auf. Über die Jahrhunderte haben islamische Traditionen verschiedene Formen von islamischen Stiftungen (*awqāf*, Sg. *waqf*) herausgebildet, die in der Geschichte der Arabischen Halbinsel wie in anderen Regionen der vormodernen islamischen Welt wichtige gesellschaftliche, kulturelle und religiöse Aufgaben innerhalb der Gemeinschaft der Musliminnen und Muslime erfüllt haben.

Neben der Infrastruktur und der Versorgung von Armen und Bedürftigen war das Streben nach Wissen – heute würde man sagen, der Bereich der Bildung – ein Gebiet, auf dem sich Gläubige engagierten. Philanthropinnen und Philanthropen stifteten Bücher und – besonders in Mekka und Medina – Bibliotheken. Moscheen und Koranschulen, die neben religiöser Bildung auch Grundlagen im Lesen, Schreiben und Rechnen vermittelten, entstanden im 19. Jahrhundert in den größeren Städten der westlichen Halbinsel, Mekka, Medina und Jiddah durch Stiftungen (*awqāf*) von wohlhabenden Kaufleuten und ausländischen Würdenträgern. Auch die ersten Schulen nach modernem Vorbild gehen in Saudi-Arabien, Bahrain und Kuwait auf private Initiativen zurück und wurden mithilfe von islamischen Stiftungen finanziell abgesichert (Bonnefoy & Zouache, 2019). Eine der ersten Mädchenschulen auf der Halbinsel, al-Sawlatiya, wurde in Mekka 1875 von einer wohlhabenden Muslimin aus Kalkutta ins Leben gerufen und nach dieser benannt. In Jiddah wurde die Falah-Schule 1905 vom wohlhabenden Kaufmann Muhammad Zaynal (1882/83–1969) als Koranschule gegründet; ihr Curriculum umfasste aber bereits bald Fächer wie Geschichte, Geographie, Sport, Hygiene und Englisch (Freitag, 2015). Philanthropie gilt unter Musliminnen und Muslimen als religiöse Pflicht und Investition für das Leben nach dem Tod. Gleichzeitig bot Philanthropie aber auch immer eine Möglichkeit, aktiv das Gemeinschaftsleben im Diesseits zu gestalten und damit den Elitestatus innerhalb der Gemeinschaften zu manifestieren.

In der ersten Hälfte des 20. Jahrhunderts breitete sich neben diesen individuellen, traditionellen Formen der Philanthropie ein neues Format von kollektiven, gemeinschaftsorientierten Initiativen auf der Arabischen Halbinsel aus: die Jamʿiya Khayriya, was als „wohltätige Organisation" oder „Wohlfahrtsverband" übersetzt werden kann. Wohlfahrtsverbände entstanden zunächst in der Mitte des 19. Jahrhunderts im Libanon, von wo aus sie sich in kurzer Zeit mit literarischer, wissenschaftlicher und politischer Ausrichtung in der arabischen Welt zu wichtigen Räumen der intellektuellen und bürgerlichen Eliten entwickelten. Sie bildeten wichtige öffentliche Räume, in denen Debatten angestoßen und ausgetragen wurden, und trugen so im weiteren Sinne zur politischen Ideenbildung und Meinungsäußerung bei. Einer der ersten Wohlfahrtsverbände auf der Arabischen Halbinsel, al-Isʿāf al-Ṭibbi al-Waṭani („die nationale medizinische Notfallhilfe"), entstand im Zuge der kriegerischen Auseinandersetzungen zwischen Saudi-Arabien und dem Jemen 1934. Der Verband wurde unter anderem von Muhammad Surur Sabban (1898–1971) und Muhammad Salih Jamal (1920–1991) gegründet, die später als führende soziopolitische Aktivisten auf der Halbinsel bekannt wurden. Nach dem Grenzkrieg setzte sich die Organisation für die medizinische Versorgung von Pilgernden in Mekka und Medina ein und sammelte Spenden für das nationale Krankenhaus in der Stadt Taif.

Ein anderes historisches Ereignis, das die Menschen auf der Arabischen Halbinsel in den 1930er-Jahren mobilisierte und zu spontanen Solidaritätsaktionen animierte, waren die Auseinandersetzungen zwischen Juden/Zionisten, Briten und Arabern/Palästinensern um Palästina (Zahlan, 1981, 2009; Haller, 2021). Von offizieller Seite wurde das Thema zwar aufgrund seiner antibritischen Natur gerade in den kleineren Golfstaaten, die sich in Abhängigkeitsverhältnissen mit den Briten befanden, tabuisiert. Bahrain, die Vereinigten Arabischen Emirate (VAE), Kuwait und Katar unterhielten bis in die Mitte des 20. Jahrhunderts Protektoratsverträge mit Großbritannien. Nichtsdestotrotz kam es entgegen offizieller Verordnungen 1936 in den Trucial States (▶ Kap. 6) und in Bahrain zu lokalen Aufrufen für Solidarität mit den Palästinensern und es wurden Geldspenden gesammelt, um den palästinensischen Generalstreik von 1936 zu unterstützen. In Kuwait bildete sich 1936 ein Komitee zur Hilfe der Palästinenser, in dem sich führende Kaufleute des Stadtstaats trafen. Die kuwaitische Jugendgruppe Shabāb al-Kuwait kam 1937 zusammen, um Protestbriefe in der palästinensischen Sache an das britische Unterhaus und den Völkerbund zu richten. In Mekka wurde zur gleichen Zeit der saudische Wohlfahrtsverband Jamiyat Qirsh li-l-Filasṭin („Groschen für Palästina") unter anderem vom oben erwähnten Muhammad Surur Sabban mit dem Ziel gegründet, Spenden zu sammeln, Kulturveranstaltungen zu organisieren und palästinensische Geflüchtete zu unterstützen. In den Kriegsjahren um 1948 reisten mehrere Hundert freiwillige Kämpfer aus Saudi-Arabien, Bahrain und Kuwait nach Palästina, um gegen die Gründung eines jüdischen Staats in Palästina zu kämpfen.

Der Impuls, sich für die Palästinenserinnen und Palästinenser einzusetzen, spiegelte zu einem gewissen Grad den einsetzenden Informationsfluss durch die sich entwickelnde arabische Presse und das Radio, die die Halbinsel zunehmend mit dem Rest der arabischen Welt verbanden (Ayalon, 1995, S. 101–105). Zeitungen aus Ägypten, dem Irak und Palästina sowie Radiosender aus Bagdad und Kairo, die an der Golfküste gelesen und gehört wurden, berichteten ausgiebig über die Situation in Palästina.

Ein weiterer wichtiger Faktor für Empowerment – damals wie heute – war der steigende Bildungsgrad der Bevölkerung und speziell die sich verbessernden Lese- und Schreibkenntnisse. Das wachsende kollektive Engagement seit der ersten Hälfte des 20. Jahrhunderts spiegelt sowohl den Ausbau von Bildungseinrichtungen auf der Arabischen Halbinsel (Bonnefoy & Zouache, 2019) als auch wachsende Netzwerke, die durch (Auslands-)Stipendien, Bildungsreisen und -aufenthalte sowie Arbeitsmigration in die Nachbarländer und nach Europa entstanden, wider (Matthiesen, 2014; Farquhar, 2017; Al-Rashoud, 2019). Neben panarabischen, sozialistischen/kommunistischen und religiösen Netzwerken brachten Lehrer und Schüler neue Ideen und Perspektiven von ihren Reisen in ihre Heimatländer ein. In den neuen, modernen Bildungseinrichtungen entwickelte sich unter anderem die Idee der Jugend als Lebensphase und eigenständige Akteursgruppe mit gesellschaftlichem Einfluss.

Für die Jugendemanzipation spielten Sport- und Kulturclubs wie etwa die Pfadfinderbewegung, al-Kishāfa oder al-Jawwāla, eine wichtige Rolle. Die Erlebnispädagogik der Pfadfinderbewegung, die auf den britischen General Robert Baden-Powell zurückgeht, dessen Klassiker „Scouting for Boys" (1908) 1934 in Damaskus ins Arabische übersetzt wurde, zielte von Beginn an darauf ab, Kinder und Jugendliche zu selbstermächtigtem und zu gemeinwohlorientiertem Handeln anzuleiten. Die Pfadfinderbewegung breitete sich nach dem Ersten Weltkrieg rasch in der arabischen Welt aus. Diplomaten und Kolonialbeamte sowie aus dem Ausland zurückkehrende Lehrer und Schüler gründeten die ersten lokalen Pfadfindergruppen (im Jemen 1927, in Kuwait 1935, Saudi-Arabien 1943, Bahrain 1953, Katar 1956 und den VAE 1972). Bis heute erfreuen sich die Pfadfinder auf der Arabischen Halbinsel großer Beliebtheit. Alljährlich engagieren sich mehrere Tausend saudische Pfadfinderinnen und Pfadfinder ehrenamtlich bei der Pilgerfahrt rund um Mekka und Medina, wo sie Pilgernden aus aller Welt zur Seite stehen. Pfadfinderinnen waren auf der Arabischen Halbinsel lange Zeit kaum sichtbar, obwohl bereits die erste Mädchenschule Saudi-Arabiens, Dar al-Ḥanān („Haus der Geborgenheit", gegr. 1955), in den 1960er-

Jahren unter der Leitung der Ägypterin Cecile Rushdie Pfadfinderaktivitäten in ihr Programm aufnahm. Auch in den Siedlungen der saudisch-amerikanischen Erdölfördergesellschaft Aramco in der Ostprovinz gehörten Pfadfindergruppen, an denen auch saudische Frauen teilnahmen, seit Mitte des 20. Jahrhunderts zum Alltag (Derbal, 2020b). Neben Pfadfindergruppen waren Sportclubs gerade für junge Männer in den Golfstaaten wichtige Erlebnisräume, die neben der Sportbegeisterung die Möglichkeit boten, Gemeinschaft zu leben. Leibesübungen und körperliche Ertüchtigung waren integraler Bestandteil der modernen Curricula von Bildungseinrichtungen wie der Falaḥ-Schule und Dar al-Ḥanān in Saudi-Arabien.

Sport- und Kulturclubs auf der Arabischen Halbinsel
Der älteste Sportclub der Arabischen Halbinsel, Nādī al-Tilāl („Club der Berge"), wurde 1905 in Aden gegründet. Der Fußball erreichte die Arabische Halbinsel in den 1920er-Jahren durch indonesische Pilgernde. Um 1930 wurden in Jiddah die ersten Fußballvereine, Al-Riad und Al-Ittiḥād („Die Vereinigung"), gegründet. In Manama gilt der 1936 gegründete Nādī al-Ahlī („Der Volksclub") als ältester Fußballverein, der bis heute besteht. Lange Zeit einflussreich waren in Bahrain außerdem die 1938 gegründeten Jugendclubs Nadi al-ʿUrūba („Club des Arabertums") und Nādī al-Baḥrain („Club Bahrains"). In Bahrain allein wurden zwischen 1918 und 1975 rund 141 Vereine, Clubs und Wohlfahrtsverbände gegründet. Obwohl Vereine und Jugendclubs zu Sport- und Kulturzwecken ins Leben gerufen wurden, waren sie weit darüber hinaus für ihre Mitglieder Orte des Empowerments, indem sie Netzwerke stifteten und Räume darstellten, in denen vielfältigste Interessen zur Sprache kamen. Im historischen Verlauf entwickelten sich Sportclubs, etwa in Bahrain und in Saudi-Arabien, als Nährboden für politische und nationale Bewegungen.

Eine Gruppe, die gerade in Sportclubs, Kulturvereinen und Gemeindezentren eine empowernde Gemeinschaft fand und findet, ist die schiitische Minderheit auf der Arabischen Halbinsel. In Kuwait, wo Schiiten 20 bis 30 % der Bevölkerung ausmachen, etablierte sich 1968 die Jamʿiya al-Thaqāfa al-Ijtimāʿiya (der „soziale Kulturverein"), die neben religiösen und sozialen Themen sowie Bildungsaufgaben zunehmend nach der iranischen Revolution 1979 auch politisch agierte. Für Schiiten bieten gerade Sportvereine einen Raum, in dem sie ihre religiöse Identität ausleben können. In Saudi-Arabien, wo die schiitische Minderheit rund 15 % der Gesamtbevölkerung beträgt, nutzen schiitische Gelehrte und Prediger Sportvereine gezielt, um gerade jene zu erreichen, die nicht die Moschee besuchen (Matthiesen, 2015, S. 171). Ein anderes zivilgesellschaftliches Format, in dem sich die schiitische Minderheit historisch organisierte, sind die sogenannten *matams*, Gemeinde- und Trauerzentren, die im Gegensatz zu Moscheen nicht von Imamen oder Richtern (*qadis*), sondern von privaten Haushalten getragen wurden. Die Errichtung „offizieller" Trauerhäuser als eigenständige Gebäude gegen Ende des 19. Jahrhunderts (im Gegensatz zu den informellen Zusammenschlüssen in Privathäusern in früheren Zeiten) symbolisierte die wirtschaftliche und politische Emanzipation der Schiiten in Manama (Fuccaro, 2009, S. 106–110).

Vereinssport blieb den meisten Frauen auf der Arabischen Halbinsel bis in die jüngste Zeit zwar verwehrt, aber Wohlfahrtsverbände und Clubs (*nawādī*, Sg. *nādī*) stellten auch für diesen Teil der Gesellschaft wichtige Aktionsräume dar. In wohltätigen Frauenorganisationen (Sg. *jamʿiya khayriya nisāʾiya*) fanden Frauen jeden Alters und sozialer Herkunft Kontakte und ein Sozialleben außerhalb der Familie. Die Netzwerke, die beim gemeinsamen Engagement „für die gute Sache" entstanden, prägten und stärkten die Frauen weit über den Verein hinaus.

Frauenverbände
Als erste wohltätige Frauenorganisation gelten in Jiddah die Jamʿiya al-Khairiya al-Nisāʾiya al-Ūla bi-Jiddah („der erste wohltätige Frauenverband in Jiddah") und in Riad die Jamʿiyat al-Nahḍa al-Khayriya („wohltätige Renaissanceorganisation"), die sich beide im Jahr 1962 registrierten. Die wohltätige Nahḍa-Organisation ist aus dem Nādī Fatāyāt al-Jazīra („Club der Mädchen der Halbinsel") entstanden. Neben Fürsorge für Arme und bedürftige Frauen umfasste das Angebot dieser Organisationen in Riad auch eine Bibliothek, Sportanlagen, Ballettunterricht, Französisch, Englisch und Computerkurse, Kinoabende und Events wie Basare und Modenschauen „für einen guten Zweck". In Kuwait kam es ebenfalls in den 1960er-Jahren zur Gründung des ersten Frauenkulturvereins, al-Jamʿiya al-Thaqafiya al-Ijtimāʿiya al-Nisāʾiya, der neben Kultur auch Rechtsbeistand für Frauen in Scheidungs- und Sorgerechtsangelegenheiten anbot. In Bahrain entstand sogar bereits 1955 eine Organisation junger bahrainischer Frauen, die Jamʿiyat Nahḍat Fatat al-Baḥrain („die Renaissance der Mädchen Bahrains"). Aktionen unter dem Motto „von Frauen für Frauen" dienten diesen Organisationen nicht nur dem geselligen Austausch, sondern stifteten wichtige Netzwerke und prägten die Selbstwirksamkeitswahrnehmung der Beteiligten in großem Maß. Es verwundert nicht, dass es sich bei den Gründerinnen der ersten Frauenorganisationen auf der Arabischen Halbinsel wie Samira Khashoggi (1935–1986) und Jihan al-Amawy um die erste Generation Frauen am Golf mit (ausländischer) Schulbildung handelte. Auch hier war Bildung der Schlüssel für Empowerment.

13.3 Empowerment heute

Viele der genannten Akteursgruppen (Philanthropinnen und Philanthropen, Kaufleute, Jugendliche, religiöse Minderheiten, Schiiten, gebildete Frauen) und Formate (Philanthropie, wohltätige Organisationen und Wohlfahrtsverbände, Sport- und Kulturvereine, Jugendclubs, Frauenorganisationen) prägen bis in die Gegenwart die Zivilgesellschaften der Arabischen Halbinsel. Grob lassen sich kollektive Formen von Engagement heute in formal registrierte Organisationen und in informelle Zusammenschlüsse einteilen.

Viele registrierte NGOs auf der Arabischen Halbinsel befinden sich in einem asymmetrischen Abhängigkeitsverhältnis mit den staatlichen Obrigkeiten, da sie sich zumindest anteilig aus Staatshilfen finanzieren und dafür einen Teil ihrer Autonomie aufgeben. Finanzielle Zuwendungen konnten in den Golfmonarchien in der Vergangenheit zum Teil relativ hoch ausfallen und neben monatlichen Gehältern, Land-, Immobilien- auch

Sachspenden umfassen. Im Gegenzug sind diese Organisationen der (zumindest in der Theorie) engmaschigen Kontrolle und möglichen Einflussnahme durch staatliche Behörden unterworfen. Ein klassisches Beispiel für das symbiotische Verhältnis von Staat und nichtstaatlichen Organisationen sind die Wohlfahrtsverbände (*jamʿiya khairiya*) in Saudi-Arabien, die administrativ und rechtlich bis 2015 dem Ministerium für Soziales unterstanden, das diese finanziell oft großzügig unterstützte. Von zivilgesellschaftlichen Akteurinnen und Akteuren wurde das Ministerium nichtsdestotrotz als größtes Hindernis der Zivilgesellschaft beschrieben. Es lag in dessen Ermessen, was als wohltätiges Engagement erlaubt war. Darüber hinaus konnten Staatsbeamte jederzeit auf Mitgliedertreffen und Vorstandsbeschlüsse einwirken. Unter König Salman wurde 2015 ein neuer Gesetzesrahmen geschaffen, der die *jamʿiya khairiya* in *jamʿiya ahliya* („zivilgesellschaftliche Organisationen") überführte und ihnen – zumindest in der Theorie – mehr Freiraum gewährt. Im Jahr 2023 zählt Saudi-Arabien rund 3150 registrierte Jamiyat Ahliya, in denen sich Saudis in den verschiedensten Bereichen, von gesellschaftlichen und sozialen Notlagen zu Umwelt-, Bildungs- und Gesundheitsthemen bis zum Bereich der Kultur und Freizeit, engagieren.

Ein Beispiel für die relative Stärke und Autonomie registrierter Nichtregierungsorganisationen sind die Industrie- und Handelskammern, unternehmerische Interessenverbände mit relativ langer Tradition. Die meisten Kammern Saudi-Arabiens wurden in den Jahren nach 1980 errichtet, wobei die Kammer von Jiddah bereits 1942 gegründet wurde (Kraetzschmar, 2013, 2015). Ein anderes Format, über das sich Wirtschaftsunternehmen seit jüngerer Zeit in gesellschaftliche Veränderungsprozesse einbringen, ist Corporate Social Responsibility (CSR), das sich extremer Beliebtheit in den Golfstaaten erfreut. Ein weites Spektrum von gemeinwohlorientierten Aktionen findet heute in der rechtlichen Grauzone von CSR statt (z. B. Umweltkampagnen und Events im Jugendkulturbereich).

Informelle Kampagnen können dementgegen oft kurzweilig und spontan, aber trotzdem sehr effektiv sein. Beispiele sind etwa die Kampagnen infolge der Flutkatastrophe in Jiddah 2009, die neben humanitärer Hilfe auch rechtlichen Beistand für die Flutopfer umfasste und in einer Bewegung gegen Korruption gipfelte (Hagmann, 2012), oder die Women2Drive-Bewegung, die mit spontanen Onlineaufrufen 2011 begann und in der Aufhebung des Frauenfahrverbots 2017 gipfelte. Viele Jugendgruppen wie die Young Initiative Group (YIG) und Muwatana, die sich 2009 an vorderster Front für die Flutopfer in Jiddah einsetzten, existierten über Jahre informell in einer rechtlichen Grauzone. Grundlage dieser losen Zusammenschlüsse sind oft bestehende Freundschaftsgruppen (*shilāl*, Sg. *shilla*), die ohnehin regelmäßig zusammenkommen. Freundschaftsgruppen bilden nicht nur solide Netzwerke, sondern auch Raum für Austausch und Debatten, die nicht nur persönlicher, sondern auch politischer, kultureller und gesellschaftlicher Natur sein können.

Während die *shilla* in einem Spektrum von privat bis öffentlich zum Privaten neigt, tendiert das Format der *diwaniya* beziehungsweise des *majlis* zum Öffentlichen, obwohl es streng genommen im Privaten stattfindet. Bei der *diwaniya* handelt es sich um einen traditionellen, stärker institutionalisierten regelmäßigen Austausch zwischen einem Gastgeber und Gästen, meist im privaten Salon (*diwan*) zu gesellschaftlichen Themen. In der Vergangenheit konnten Frauen bei manchen *diwaniyas* in getrennten Räumlichkeiten per akustische Übertragung (zumindest begrenzt) an Veranstaltungen teilnehmen. Einige wenige Frauen etablierten im Hijaz ihre eigenen Frauensalons, wie die Künstlerin Safia bin Sagr, die bereits 1991 eine *diwaniya* initiierte, und Maha al-Fitaihi, die 2005 einen monatlichen Salon ins Leben rief. Auch Schiiten bedienen sich des Diskussionsformats und so zählt seit den 1990er-Jahren fast jedes Dorf und jede Stadt in der Ostprovinz mindestens eine *diwaniya/muntada*, in welchen gesellschaftliche, kulturelle und politische Themen zur Sprache kommen.

Horizontale Netzwerke und die Pflege persönlicher Beziehungen sind zentrale Faktoren, die den Erfolg solcher Formate und, im weiteren Sinne, den Grad des Empowerments von Individuen bestimmen. Häufig überlappen dabei Zugehörigkeiten und einzelne Akteurinnen und Akteure und können über ihre individuellen Netzwerke verschiedene gesellschaftliche Bereiche mobilisieren. Beispiel hierfür sind etwa saudische Jugendgruppen, die ehrenamtlich – angetrieben von religiösen Traditionen der Armenfürsorge – Spenden für soziale Randgruppen sammeln und sich gleichzeitig unter ihren Mitgliedern für mehr Freiraum für Frauen im öffentlichen Raum einsetzen. Es gibt viele Beispiele von Wirtschaftsvertreterinnen und Wirtschaftsvertretern, die sich in den Handelskammern auf lokaler Ebene engagieren und diese Netzwerke gleichzeitig in ihr ehrenamtliches Engagement als Vorstand einer wohltätigen Organisation einbringen.

Die Grenzen zwischen *wasta* (dem gezielten Einsatz persönlicher Beziehungen), Klientelismus, Lobbyarbeit und Selbstermächtigung sind dabei oft schwammig. Die Rolle von Beziehungen und *wasta* ist nicht unumstritten. Gerade junge Männer aus schwachen sozioökonomischen Milieus und ländlichen Regionen, die kein *wasta* vorweisen können, kämpfen mit Chancenlosigkeit und Perspektivlosigkeit auf dem Arbeitsmarkt und darüber hinaus in Lebensbereichen wie Aus- und Weiterbildung, dem Arbeitsmarkt, aber auch dem sozialen Umfeld, etwa mit Blick auf Heiratsmöglichkeiten, und damit Selbstverwirklichung im weitesten Sinne. Das Gegenteil von Empowerment scheint deshalb heute die Perspektivlosigkeit zu sein, gepaart mit Langeweile, Entfremdung und sozialem Ausschluss, eine Gefühlsfamilie, die der arabische Begriff *ṭufshān* zusammenbringt (Thompson, 2019, S. 251–257).

Empowerment ist gegenwärtig dennoch kein Privileg der Ober- und Mittelschichten, wie in Saudi-Arabien das Beispiel des Autodriftens zeigt, das besonders beliebt bei jungen Männern der Unterschicht ist (Menoret, 2014). Beim Driften stellen junge Männer ihr Fahrgeschick bei lebensgefährlichen Manövern unter Beweis. Meist handelt es sich bei Driftingshows um illegale, spontane oft bei Nacht stattfindende Zusammenkünfte auf den Straßen und Boulevards der urbanen Zentren. Das Phänomen erreichte seinen Höhepunkt in den 2000er-Jahren, als erste Handyvideos und das Internet einigen Fahrern zu enormem Ruhm und Prestige verhalfen. Erfolg beim Driften zu erzielen, aber auch Teil einer Fangemeinschaft um einen erfolgreichen Fahrer zu sein, kann für junge Männer aus sozialen Brennpunkten eine empowernde Erfahrung sein. In jüngerer Zeit scheinen besonders junge Männer aus einfachen Verhältnissen in Saudi-Arabien von mehrtägigen Elektromusikfestivals angezogen zu sein, die mit billigen Tickets und dem weit verbreiteten Konsum illegaler Drogen wie Alkohol und Amphetaminen einen Rausch und damit zumindest kurzweilig das Gefühl von Empowerment bieten (Derbal, 2020a).

Gerade für halblegale und informelle Events und Netzwerke spielen neue Onlineformate und Onlinemedien eine große Rolle. In den reichen Golfmonarchien erfreuten sich Facebook, Instagram, WhatsApp und Twitter (X) von Beginn an extremer Beliebtheit (▶ Kap. 9). Soziale Medien werden von diversen Gruppen genutzt. Beispielsweise nutzen Stammesverbände soziale Medien, um Angehörige bei Lokalwahlen zu mobilisieren (Samin, 2008, 2012). Gerade zu Beginn der Onlineära entwickelten Jugendliche neue Medienformate, die mit viel Witz und Satire nicht nur lukrativ waren, sondern Einzelnen zu großer Bekanntheit verhalfen und sich oft kritisch mit sozialen Gegebenheiten auseinandersetzten (Fakih, 2021). Die zunächst große Beliebtheit der neuen Internetmedien lag zum Teil an dem hohen Maß an Meinungsfreiheit, das sie erlaubten, beziehungsweise der Zuschreibung, ein neues Freiheitsinstrument (*liberation technology*) zu sein. Humor, Satire und offene Kritik an gesellschaftlichen Missständen fanden ein weites Echo und wurden sichtbar rezipiert (Hamidaddin, 2019). Der anfängliche Enthusiasmus wird jedoch zunehmend durch aggressive Kommerzialisierung und staatliche Überwachung gedämpft (Fakih, 2021; Jones, 2022).

Nichtdestotrotz finden gerade Frauen nach wie vor im digitalen Raum Möglichkeiten der gesellschaftlichen und wirtschaftlichen Teilhabe – ohne den sozialen Raum der Familie zu verlassen und damit kulturelle und gesellschaftliche Tabus zu brechen. In Saudi-Arabien bilden sich zum Beispiel weit sichtbare Onlinekampagnen auf YouTube gegen das Frauenfahrverbot und auf Twitter unter dem Hashtag „I am my own guardian" gegen das bestehende Vormundschaftsprinzip, wonach Frauen ein Leben lang unter der Obhut eines männlichen, legalen Rechtsvormunds (*maḥram*) stehen (Doaiji, 2017, 2018). In Kuwait hat sich die Onlinekampagne Abolish 153 erfolgreich für eine Änderung des kuwaitischen Strafgesetzbuchs eingesetzt, das in der Vergangenheit gemäß Paragraph 153 Männern für Femizide, die als „Ehrenmorde" verstanden wurden, ein reduziertes Strafmaß in Aussicht stellte. Nach Jahren der Mobilisierung wurde im Jahr 2025 der umstrittene Paragraph 153 abgeschafft.

Sehr beliebt sind am Golf, besonders bei Frauen, außerdem Selbsthilfeangebote – Bücher, Kurse, Podcasts – die nach US-amerikanischem Vorbild zu Selbstermächtigung anleiten. Klassiker der amerikanischen Selbsthilfeliteratur wie Steven Coveys „The seven habits of highly effective people" (1989) und Rhonda Byrnes „The secret" (2006) sind in arabischer Übersetzung heute Bestseller in den lokalen Buchhandlungen der Golfmonarchien. In ähnlichem Stil und mit ähnlich großem Erfolg traten lokale Prediger um die Jahrhundertwende auf, wie der Saudi Aid al-Qarni (geb. 1959) mit seinen Bestsellern „La taḥzan" (2002; in Übersetzung erschienen als „Don't be sad") und „Asʿad imrāʾ fī-l-ʿalam" (2005; in Übersetzung erschienen als „You can be the happiest woman in the world"). Fast schon Superstarstatus bei Jugendlichen am Golf erfuhren islamische Televangelisten wie die Ägypter Amr Khalid (geb. 1967) und der Saudi Ahmad al-Shukeiri (geb. 1973) mit dem TV-Programm „Khawāṭir" („Gedanken") (2005–2015), das darauf abzielte, Jugendliche zu inspirieren, um für sich und die Gemeinschaft Verantwortung zu übernehmen.

Für Frauen sind außerdem Sport und Sportvereine wichtige Räume der Selbstermächtigung. Als ältester Frauenfußballclub gilt in Saudi-Arabien der Al Yamamah FC, der 2007 von Studentinnen der Yamamah-Universität gegründet wurde (Lysa, 2020). Katars erste nationale Frauenfußballmannschaft wurde 2010 ins Leben gerufen. Obwohl das Land Austragungsort der Fußballweltmeisterschaft 2022 war, ist Frauenfußball jedoch nach wie vor ein randständiges Phänomen in Katar (Lysa, 2019). Ähnlich in den VAE, wo 2009 das erste nationale Frauenfußballkomitee und 2012 eine Frauenfußballliga ins Leben gerufen wurden. Sportlerinnen sind in vielen Bereichen Pionierinnen in Sachen Emanzipation und gelten vielen Frauen in der arabischen Welt als Vorbilder für gesellschaftliche Veränderungen.

13.4 Fazit

Während die arabische Welt 2011 von massiven Demonstrationen und kollektivem Aufbegehren gezeichnet war, warfen die dynamischen Entwicklungen in der Region einmal mehr die Frage auf, ob die Arabische Halbinsel ein Sonderfall ist. Mit der Ausnahme Bahrains und des Jemens, wo es zu großflächiger Mobilisierung kam, war der Widerhall des sogenannten Arabischen Frühlings in den Golfmonarchien verhalten. Dies sollte aber nicht zu dem voreiligen Trugschluss verleiten, dass die Menschen auf der Arabischen Halbinsel passive, unterdrückte und unmündige Subjekte autoritärer Herrschaftsstrukturen seien. Auch wenn der Rechtsrahmen für Zivilgesellschaft nach westlichem Vorbild fehlt und Empowerment nicht unbedingt zu groß angelegten Demonstrationen führt, gibt es vielfältige Akteursgruppen (wie Jugendliche, Frauen, Wirtschaftsunternehmer u. a.), die in unterschiedlichen Formaten (Philanthropie, *self-help*, CSR, Vereinswesen, Sportclub, Wohlfahrtsverband, *diwaniya*, *majlis*) zu unterschiedlichen Themen Stellung beziehen, sich engagieren und Verantwortung übernehmen. Wichtige Faktoren für Empowerment sind Bildung (einschließlich Auslandserfahrung und Bildungsnetzwerke), Zugang zu Informationen (historisch Presse und Radio, heute Internet und soziale Medien) und horizontale Netzwerke, die auf persönlichen Beziehungen beruhen. Im Jemen füllen heute religiöse und humanitäre Gesellschaftsinitiativen das Vakuum an fehlenden staatlichen Wohlfahrtsleistungen und medizinischer Versorgung, die seit dem neuerlichen Kriegsausbruch 2014 weitgehend zusammengebrochen sind.

Viele der hier genannten Kampagnen und Formate setzen sich für gesellschaftliche Veränderungsprozesse ein, auch wenn sie sich „unpolitisch" gerieren. Die autoritären Monarchien unterstützen und dulden Reformbestrebungen, solange diese nicht auf das politische System abzielen. Kritik am bestehenden politischen System oder an den Königsfamilien wird hingegen repressiv geahndet. Wachsende staatliche Kontrolle und zunehmende Repression prägen die Realität der nach globalem Einfluss strebenden Golfmonarchien. Immer wieder kommt es dabei auch vor, dass zivilgesellschaftliche Initiativen und Erfolge Einzelner von staatlicher Seite aufgegriffen und kooptiert werden, um symbolisch für die progressive Natur von Staat und Gesellschaft herzuhalten. Als das Frauenfahrverbot in Saudi-Arabien 2018 aufgehoben wurde, sahen sich zeitgleich diejenigen Aktivistinnen, die sich zuvor prominent für das Recht zu fahren eingesetzt hatten, mit langjährigen Haftstrafen konfrontiert. Viele der hier beschriebenen Akteurinnen und Akteure um die asymmetrische Interdependenz von Staat und Zivilgesellschaft und können sich diese gezielt zunutze machen, um selbstbestimmt ihre eigenen Ziele zu erreichen.

Literatur

Al-Rashoud, T. (2019). From Muscat to the Maghreb: Pan-Arab networks, anti-colonial groups, and Kuwait's Arab scholarships (1953–1961). *Arabian Humanities*. https://doi.org/10.4000/cy.5004.

Ayalon, A. (1995). *The press in the Arab Middle East: a history*. Oxford: Oxford University Press.

Beblawi, H., & Luciani, G. (Hrsg.). (1987). *The rentier state*. London: Croom Helm.

Behrens-Abouseif, D. (1998). Sultan Qaytbay's foundation in Medina, the *madrasah*, the *ribat* and the *dashishah*. Mamluk Studies Review, *2*, 61–71.

Bonnefoy, L. & Zouache, A. (Hrsg.) (2019). Education in the Arabian peninsula during the first half of the twentieth century. *Arabian Humanities*, 12. https://doi.org/10.4000/cy.4842.

Carapico, S. (1996). Yemen between civility and civil war. In A. R. Norton (Hrsg.), *Civil society in the Middle East* (S. 287–316). Berlin: Brill.

Carapico, S. (1998). *Civil society in Yemen: the political economy of activism in modern Arabia*. Cambridge: Cambridge University Press.

Clark, J. A. (2004). *Islam, charity, and activism. middle-class networks and social welfare in Egypt, Jordan, and Yemen*. Bloomington: Indiana University Press.

Derbal, N. (2020a). Electronic dance music festivals in Riyadh: pop culture as a space of cooptation and contestation. *Arabian Humanities*. https://doi.org/10.4000/cy.6286.

Derbal, N. (2020b). Exercising the body, exercising citizenship: on the history of scouting in Saudi Arabia. *Sports, Ethics and Philosophy*, *14*(3), 303–319.

Derbal, N. (2022). *Charity in Saudi Arabia: civil society under authoritarianism*. Cambridge: Cambridge University Press.

Doaiji, N. (2017). Saudi women's online activism: one year of the „I am my own guardian" campaign. The Arab Gulf States Institute in Washington. https://agsiw.org/saudi-womens-online-activism-one-year-guardian-campaign/. Zugegriffen: 22. Apr. 2024.

Doaiji, N. (2018). From Hasm to Hazm: Saudi feminism beyond patriarchal bargaining. In M. Al-Rasheed (Hrsg.), *Salman's legacy. The dilemmas of a new era in Saudi Arabia* (S. 117–146). Oxford: Oxford University Press.

Fakih, E. (2021). The Saudi YouTube phenomenon: from anarchism to institutionalism. In E. Buscemi & I. Kaposi (Hrsg.), *Everyday youth cultures in the Gulf peninsula: changes and challenges* (S. 35–51). London: Routledge.

Farquhar, M. (2017). *Circuits of faith. Migration, education, and the Wahhabi mission*. Stanford: Stanford University Press.

Freitag, U. (2015). The Falah school in Jeddah: Civic engagement for future generations? Jadaliyya. http://www.jadaliyya.com/pages/index/21430/the-falah-school-in-jeddah_civic-engagement-for-fu. Zugegriffen: 22. Apr. 2024.

Fuccaro, N. (2009). *Histories of city and state in the Persian Gulf: Manama since 1800*. Cambridge: Cambridge University Press.

Hagmann, J. (2012). *Regen von oben, Protest von unten. Eine Analyse gesellschaftlicher Mobilisierung in Jidda, Saudi-Arabien, anhand von Presse, Petitionen und Facebook*. Arbeitsstelle Politik des Vorderen Orients, Freie Universität Berlin.

Haller, N. A. (2021). A call for solidarity: pro-Palestinian activity in the trucial states, 1936–39. *Journal of Arabian Studies*, *11*(1), 18–37.

Hamidaddin, A. (2019). *Tweeted heresies: Saudi Islam in transformation*. Oxford: Oxford University Press.

Herb, M. (2005). No representation without taxation? Rents, development, and democracy. *Comparative Politics*, *37*(3), 297–316.

Hertog, S. (2010). *Princes, brokers, and bureaucrats: Oil and the state in Saudi Arabia*. Ithaca: Cornell University Press.

Jones, M. O. (2022). *Digital authoritarianism in the Middle East*. London: Hurst.

Kanie, M. (2012). Civil society in Saudi Arabia: Different forms, one language. In P. Aarts & R. Meijer (Hrsg.), *Saudi Arabia between conservatism, accommodation and reform* (S. 33–56). Den Haag: Netherlands Institute of International Relations Clingendael.

Kraetzschmar, H. J. (2013). Empowerment through the ballot box? Women's suffrage and electoral participation in the Saudi chambers of commerce and industry. *Journal of Arabian Studies*, *3*(1), 102–119.

Kraetzschmar, H. J. (2015). Associational life under authoritarianism: the Saudi chamber of commerce and industry elections. *Journal of Arabian Studies*, *5*(2), 184–205.

Lysa, C. (2019). Qatari female footballers: negotiating gendered expectations. In D. Reiche & T. Sorek (Hrsg.), *Sport, politics, and society in the Middle East* (S. 73–92). London: Hurst.

Lysa, C. (2020). Fighting for the right to play: women's football and regime-loyal resistance in Saudi Arabia. *Third World Quarterly, 41*(5), 842–859.

Mahdavy, H. (1970). Patterns and problems of economic development in rentier states: the case of Iran. In M. A. Cook (Hrsg.), *Studies in the economic history of the Middle East* (S. 428–467). Oxford: Oxford University Press.

Matthiesen, T. (2014). Migration, minorities, and radical networks: Labour movements and opposition groups in Saudi Arabia, 1950–1975. *International Review of Social History, 59*(3), 473–504.

Matthiesen, T. (2015). *The other Saudis: Shiism, dissent and sectarianism*. Cambridge: Cambridge University Press.

Menoret, P. (2014). *Joyriding in Riyadh: Oil, urbanism, and road revolt*. Cambridge: Cambridge University Press.

Moritz, J. (2018). Reformers and the rentier state: re-evaluating the co-optation mechanism in rentier state theory. *Journal of Arabian Studies, 8*(sup1), 46–64.

Moritz, J. (2020). Re-conceptualizing civil society in rentier states. *British Journal of Middle Eastern Studies, 47*(1), 136–151.

Mortel, R. T. (1998). „Ribāṭs" in Mecca during the medieval period: a descriptive study based on literary sources. *Bulletin of the School of Oriental and African Studies, 61*(1), 29–50.

Ross, M. L. (2001). Does oil hinder democracy? *World Politics, 53*(3), 325–361.

Samin, N. (2008). Dynamics of internet use: Saudi youth, religious minorities and tribal communities. *Middle East Journal of Culture and Communication, 1*(2), 197–215.

Samin, N. (2012). Saudi Arabia, Egypt, and the Social Media moment. Arab Media & Society, 15. http://www.arabmediasociety.com/?article=785. Zugegriffen: 22. Apr. 2024.

Thompson, M. C. (2019). *Being young, male and Saudi. Identity and politics in a globalized kingdom*. Cambridge: Cambridge University Press.

Wedeen, L. (2007). The politics of deliberation: Qāt chews as public spheres in Yemen. *Public Culture, 19*(1), 59–84.

Zahlan, R. S. (1981). The Gulf states and the Palestine problem, 1936–48. *Arab Studies Quarterly, 3*(1), 1–21.

Zahlan, R. S. (2009). *Palestine and the Gulf states: the presence at the table*. London: Routledge.

Arabische Halbinsel im Wandel

Inhaltsverzeichnis

Kapitel 14 Ölabhängigkeiten und die Diversifizierung der Wirtschaft – 145
Eckart Woertz

Kapitel 15 Moderne und zeitgenössische Kunst – 155
Melanie Sindelar

Kapitel 16 Chancen und Herausforderungen der Tourismusentwicklung – 167
Hans Hopfinger und Nadine Scharfenort

Kapitel 17 Großereignisse: „Place Branding" – 183
Anton Escher und Marie Johanna Karner

Ölabhängigkeiten und die Diversifizierung der Wirtschaft

Eckart Woertz

© moofushi / Stock.adobe.com

Inhaltsverzeichnis

14.1 Einführung – 146

14.2 Stand der wirtschaftlichen Diversifizierung nach Ländern – 146

14.3 Petrochemie, Schwerindustrien und die Rolle von Erdgas – 147

14.4 Dubaimodell und die Entwicklung des Nicht-Öl-Sektors: Handel, Tourismus und Finanzen – 148

14.5 Wirtschaftskrisen – 149

14.6 Zukunftsvisionen – 150

14.7 Fazit – 152

Literatur – 152

© Der/die Autor(en), exklusiv lizenziert an Springer-Verlag GmbH, DE, ein Teil von Springer Nature 2025
T. Demmelhuber, N. Scharfenort (Hrsg.), *Die Arabische Halbinsel*,
https://doi.org/10.1007/978-3-662-70217-8_14

14.1 Einführung

Erdöl hat der Arabischen Halbinsel immensen Reichtum beschert, wird aber zunehmend auch als Problem wahrgenommen. Die Abhängigkeit von volatilen Einnahmen der Rohstoffexporte bereitet Schwierigkeiten, wenn die Preise fallen, und ist langfristig fragwürdig. Bahrain, das Emirat Dubai und der Oman haben das Hoch ihrer Erdöl- und Erdgasproduktion schon hinter sich, und Mitte der 2030er-Jahre könnte die globale Ölnachfrage im Zuge von Energietransitionen beginnen abzunehmen.

Der kapitalintensive Energiesektor ist nicht in der Lage, ausreichend Arbeitsplätze für die junge Bevölkerung zu schaffen. Deshalb ist wirtschaftliche Diversifizierung eine hohe Priorität in den Golfstaaten. Seit den 1970er-Jahren haben sie erfolgreich ihre Gasreserven entwickelt und in die Petrochemie diversifiziert, um die Wertschöpfungsketten ihrer Ölproduktion zu erweitern, vor allem Saudi-Arabien, Katar und die Vereinigten Arabischen Emirate (VAE). Lediglich in Kuwait sind solche Bemühungen weniger erfolgreich gewesen und Bahrain sowie der Oman hatten weniger Optionen wegen geringerer Ölvorkommen.

Länder des Golfkooperationsrats (GKR) haben in Reedereien, Lagereinrichtungen und Raffinerien im Ausland investiert, um Kundenbeziehungen zu pflegen, vor allem in Asien, wohin über zwei Drittel der Rohstoffexporte der Region gehen. Die Internationale Energieagentur (IEA) geht davon aus, dass bis 2050 fast die Hälfte des Wachstums der Erdölnachfrage auf die Petrochemie entfallen wird. Darüber hinaus erfreut sich das Dubaimodell der Diversifizierung in den Bereichen Tourismus, Handel und Logistik wachsender Beliebtheit, ist aber wegen seiner hohen Ressourcenintensität auch in die Kritik geraten. Um die nationale Energienachfrage zu stillen, investieren GKR-Staaten in Solar- und Windkraft sowie Nuklearenergie.

Das vorliegende Kapitel skizziert die Unterschiede und Ähnlichkeiten solcher Diversifizierungsanstrengungen im historischen Verlauf und diskutiert mögliche Zukunftsszenarien. Nach einer Übersicht der Diversifizierung nach Ländern werden die Diversifizierungspfade der Petrochemie und des Dubaimodells erörtert. Nach einer Schilderung jüngster Wirtschaftskrisen in Bahrain und Dubai, die eine fortwirkende indirekte Erdölabhängigkeit offenbarten, werden dann die ambitionierten Entwicklungsstrategien Saudi-Arabiens diskutiert, die diese in seiner Vision 2030 formuliert hat.

14.2 Stand der wirtschaftlichen Diversifizierung nach Ländern

Die GKR-Staaten haben den Anteil der Rohstoffrenten an ihrem Bruttoinlandsprodukt seit dem Ölboom in den 1970er-Jahren erheblich reduziert, als dieser Anteil oft weit über 50 % lag. Es gibt aber erhebliche Unterschiede unter ihnen, was den Stand der wirtschaftlichen Diversifizierung anbelangt. In den VAE liegt der Anteil der Rohstoffrenten am Bruttoinlandsprodukt heutzutage bei lediglich 18 %, in Bahrain bei 17 %. Dies ist im weltweiten Vergleich, wo der Durchschnitt bei drei Prozent liegt, immer noch sehr hoch, aber im Vergleich zu Saudi-Arabien (26 %), Katar (27 %) oder gar zu Kuwait und zum Oman (29 %) relativ niedrig (◘ Abb. 14.1). Auch gilt zu beachten, dass der Anteil der Ölrenten am Staatshaushalt und an den Gesamtexporten in allen Ländern noch einmal deutlich höher liegt.

Erdöl stellt den Löwenanteil der Rohstoffrenten in der Region, nur in Katar hat auch Gas eine vergleichbare Wichtigkeit. Die Ölrenten spielen eine erhebliche Rolle für den Gesellschaftsvertrag in der Region. Autoritäre Herrscher gewähren keine politische Partizipation, können aber umfangreiche staatliche Transferzahlungen und Beschäftigungspolitiken unternehmen, ohne auf

◘ **Abb. 14.1** Anteil der Rohstoffrenten am Bruttoinlandsprodukt

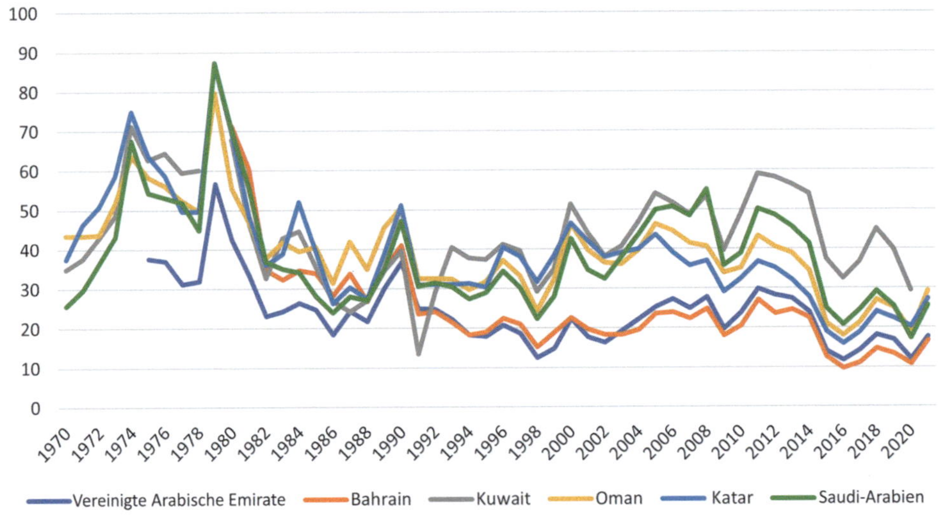

Steuereinnahmen zurückgreifen zu müssen. Umgekehrt werden solche Transferzahlungen von der einheimischen Bevölkerung aber auch erwartet. Sie sind entscheidend für politische Legitimität (Luciani, 1987). Der Gesellschaftsvertrag lautet *no representation without taxation* („keine Besteuerung und keine Vertretung"; ▶ Kap. 3, 4 und 13); der Staat leistet Transferzahlungen aus den Öleinnahmen und erwartet im Gegenzug Verzicht auf politische Mitsprache. Das verfügbare Pro-Kopf-Einkommen aus Ölrenten ist am höchsten in den bevölkerungsarmen Staaten der Region, mit Kuwait und Katar an der Spitze, wo dieser Wert um 12.000 US-Dollar schwankt, dahinter folgen die VAE und Saudi-Arabien und Oman mit 4500 bis 5500 US-Dollar, während Bahrain aufgrund begrenzter Ölvorkommen mit knapp 1000 US-Dollar am Ende des Felds rangiert (IMF, 2022; World Bank, 2023).

Aufgrund dieser erheblichen Unterschiede in der Golfregion und bei anderen Ölexporteuren weltweit hat Herb argumentiert, man solle zwischen, reichen, mittleren und armen Rentierstaaten unterscheiden (Herb, 2014). Die Letzteren mögen immer noch einen hohen Anteil des Ölsektors an Bruttoinlandsprodukt, Staatseinnahmen und Exporten haben, aber lediglich deshalb, weil ihre Ökonomien nicht viel anderes produzieren, während die reicheren Staaten bei oft ähnlich hohen Kenngrößen deutlich mehr Verteilungsspielraum haben.

Wirtschaftliche Diversifizierung ist nicht ganz einfach zu messen. Bei fallenden Ölpreisen steigt der Grad der Diversifizierung an, auch ohne die Erschließung neuer Nicht-Öl-Sektoren, während bei steigenden Preisen der Ölanteil an der Wirtschaft statistisch zunimmt, auch wenn es erhebliche Diversifizierungserfolge gibt. Aus diesem Grund empfiehlt es sich, Diversifizierungsanstrengungen nicht nur anhand statistischer Kennzahlen auf einer Makroebene zu betrachten, sondern auch eine qualitative Evaluierung auf der Ebene konkreter Projekte und Diversifizierungskonzepte vorzunehmen. Hier stechen vor allem zwei hervor: die Verlängerung von fossilen Wertschöpfungsketten in Petrochemie und Schwerindustrie und die Entwicklung von Nicht-Öl-Sektoren, die vor allem von Dubai und Bahrain popularisiert worden sind.

14.3 Petrochemie, Schwerindustrien und die Rolle von Erdgas

Saudi-Arabien begann in den 1970er-Jahren mit der Erschließung seiner Erdgasreserven im Rahmen des Gas-Masterplans. Ziel war es, das Abfackeln von assoziiertem Gas zu reduzieren, das bei der Erdölförderung als Begleitprodukt anfällt, und so für die wirtschaftliche Entwicklung des Landes verfügbar zu machen. Gleichzeitig wurde mit der Saudi Basic Industries Corporation (SABIC) als führende Firma eine petrochemische Industrie aufgebaut, die heute einen Weltmarktanteil von mehr als zehn Prozent hat. Auch die VAE haben mit Borouge einen nationalen petrochemischen „Champion" etabliert. In Katar mit seinen großen Erdgasvorkommen ist die Düngemittelindustrie besonders prominent vertreten. Auch andere Schwerindustrien wie Aluminium, Stahl und Zement machten sich den Energiereichtum der Region zunutze und haben ihren Anfang zu dieser Zeit. Aluminium Bahrain (Alba) wurde 1968 gegründet, Dubai Aluminium 1975, bevor es dann 2013 mit der Emirates Aluminium zur Emirates Global Aluminium verschmolzen wurde.

Derartiger Energiereichtum muss jedoch differenziert betrachtet werden und kommt angesichts der rapide steigenden Inlandsnachfrage an seine Grenzen. Das Fallbeispiel Saudi-Arabien ist hierfür symptomatisch. Das Königreich sieht sich mit einer Erdgasknappheit konfrontiert. Der Petrochemiegigant SABIC hat sich regelmäßig darüber beklagt, dass er nicht genügend Erdgas von der nationalen Ölgesellschaft Saudi Aramco erhält. Der Ausbau der Petrochemie verlagert sich von Ethan, das aus Erdgas gewonnen wird, zu Naphtha, welches Öl als Grundlage hat. Dies ist mit dem Bau von Deep-Conversion-Raffinerien verbunden, wie dem Petro-Rabigh-Joint-Venture von Aramco mit der japanischen Sumitomo. Abgesehen von der Rohstofffrage liefert die naphthabasierte Produktion auch Produkte mit höherem Mehrwert und stellt eine Höherentwicklung der saudischen petrochemischen Produktion dar.

Infolge der Erdgasknappheit werden Heizöl, Diesel oder sogar Rohöl zur Befeuerung neuer Kraftwerke und Industrieprojekte verwendet. Die Hälfte der gesamten Elektrizitätserzeugung wird heute aus Erdölprodukten gewonnen. Im Gegensatz zu den 1980er- und 1990er-Jahren, als die Ölpreise niedrig waren und große Kapazitäten stillgelegt wurden, ist eine solche Strategie heute mit hohen Opportunitätskosten verbunden, da Öl auf den Weltmärkten einen guten Preis erzielen würde. Abgesehen von den Opportunitätskosten ist die Entwicklung neuer Kapazitäten auch mit realen Kosten verbunden, da es nicht mehr ausreicht, einfach Produktionskapazitäten existierender Ölfelder weiter auszuschöpfen. Mit der Entwicklung von Deep-Conversion-Raffinerien am Golf wird auch weniger Heizöl für die Befeuerung von Kraftwerken zur Verfügung stehen, da wertvollere Produkte wie Benzin oder Diesel produziert werden.

Der damalige Chef der saudi-arabischen Aramco, Khalid al-Falih, warnte 2010, dass die Ölexportkapazität Saudi-Arabiens trotz Produktionssteigerungen bis 2028 um drei Millionen Barrel pro Tag sinken könnte, wenn die rasant steigende Inlandsnachfrage nicht durch effizientere Nutzung gedrosselt würde. In einem viel beachteten Forschungsbericht vertrat die Citigroup 2012 die Ansicht, dass Saudi-Arabien bis 2030 zu einem Netto-Ölimporteur werden könnte, wenn die derzeitigen Nachfragewachstumsmuster anhalten. In der Tat haben Saudi-Arabien und andere Golfländer inzwischen Energiesubventionen zurückgefahren, um den einheimischen Verbrauch zu drosseln, und arbeiten an der Förderung alternativer Energiequellen wie erneuerbaren Energien, Nuklearenergie und unkonventionelle Gasvorkommen, um die Ölexportkapazitäten zu erhalten.

14.4 Dubaimodell und die Entwicklung des Nicht-Öl-Sektors: Handel, Tourismus und Finanzen

Petrochemie und Schwerindustrie dienen der Verlängerung der Wertschöpfungsketten fossiler Energievorkommen. Daneben haben die Golfländer ihre Wirtschaften im Nicht-Öl-Bereich diversifiziert. Dubai und Bahrain waren dabei seit den 1970er-Jahren die Pioniere in der Region. Aufgrund ihrer geringen Ölvorkommen hatten sie auch die größten Anreize dazu. Der Ölreichtum der VAE befindet sich vor allem auf dem Territorium des Teilemirats Abu Dhabi, in Dubai hingegen nimmt die Ölproduktion seit Beginn der 1990er-Jahre ab. Neben Bahrain und Dubai sind in Katar, Abu Dhabi und jüngst auch Saudi-Arabien viele Lookalike-Projekte entstanden, die den Erfolg dieser beiden Stadtstaaten zu kopieren versuchen, was zu Duplikationsrisiken und Überangebot führen kann.

Dubai war schon immer geschäftstüchtiger als viele seiner Nachbarn. Es hat eine relativ starke lokale Händlerschicht und die Regierung hat den Handel durch die Gründung von Unternehmen wie der Fluggesellschaft Emirates und Dubai Aluminium gefördert. Schuldenfinanzierte Infrastrukturentwicklungen waren von Anfang an ein Kennzeichen von Dubais Entwicklungsbestrebungen, wie zum Beispiel in den 1950er-Jahren die Ausbaggerung des Dubai Creeks, um ihn für Hochseeschiffe zugänglich zu machen, oder der Bau des Jebel-Ali-Containerhafens im Jahr 1979. Unter der Führung von Scheich Muhammad von Dubai beschleunigte sich diese Entwicklung in den 2000er-Jahren durch einen beispiellosen Boom bei Immobilieninvestitionen, einschließlich der Errichtung von wirtschaftlichen Sonderzonen, die von Diamanten- und Rohstoffhandel über Medien, Finanzdienstleistungen und Bildungseinrichtungen reichten (Hvidt, 2009).

Dabei hat es Dubai immer verstanden, sich geschickt aus den Krisen der Region herauszuhalten oder sogar von diesen zu profitieren. Die 1984 gegründete Drydocks World konnte aus der Reparatur von Schiffen, die dem Tankerkrieg zwischen dem Iran und dem Irak zum Opfer gefallen waren, Kapital schlagen und Dubai hat sich oft als alternativer Umschlagplatz für von Sanktionen betroffene Geschäftsleute erwiesen, beispielsweise aus dem Iran oder in jüngerer Zeit aus Russland. Dubai hat es auch verstanden, zahlungskräftige Kundschaft für seine Luxusimmobilienprojekte zu gewinnen, und es ist bestrebt, einer solchen Klientel umfangreiche Unterhaltungs- und Shoppingangebote bereitzustellen.

Im Vergleich zu den anderen Golfstaaten verfügt Dubai über eine relativ diversifizierte Wirtschaft. Die Ölförderung ist seit Anfang der 1990er-Jahre zurückgegangen und macht heute nur noch einen kleinen Teil der Wirtschaft von weniger als ein Prozent aus. Auf den Immobilien- und Bausektor entfallen rund 15 % des BIP, auf den Handel ein weiteres Viertel. Industrie und der Finanzsektor tragen jeweils um die zehn Prozent bei (Kamel, 2022).

Am Beispiel von Bahrain lässt sich die Geschichte solcher Diversifizierungsanstrengungen paradigmatisch studieren. Ursprünglich hatte es einen Startvorteil gegenüber Dubai, welches ihm allerdings seit einiger Zeit den Rang abgelaufen hat. Bahrain war das erste Land auf der arabischen Seite des Persischen Golfs, in dem 1932 Erdöl entdeckt wurde. Das Öl verdrängte die traditionellen Wirtschaftstätigkeiten wie Handel und Dattelanbau als Hauptstütze der Wirtschaft. Wie anderswo in der Golfregion wurde diese Abhängigkeit vom Öl als Segen und Fluch empfunden. Seit den späten 1960er-Jahren bemüht sich Bahrain um eine Diversifizierung seiner Wirtschaft hin zu Nicht-Öl-Sektoren wie Finanzen, Dienstleistungen, Logistik, Tourismus und Industrie. Im Oktober 2008 bekräftigte die bahrainische Regierung solche Diversifizierungsstrategien in ihrem langfristigen Planungsdokument Vision 2030.

Der Finanzsektor in Bahrain erhielt mit dem Ausbruch des Bürgerkriegs im Libanon 1975, dessen Hauptstadt Beirut bis dahin das Finanzzentrum des Nahen Ostens war, einen unterstützenden Impuls. Viele Banken und Finanzdienstleister zogen im Zuge dessen nach Bahrain, das sich als neues Finanzzentrum innerhalb der Golfregion und der weiteren MENA-Region etablieren konnte. Im Jahr 2016 war der Finanzdienstleistungssektor mit einem Anteil von 16,5 % am realen BIP der größte Einzelbeitrag zur bahrainischen Wirtschaft außerhalb des Erdölsektors. Bahrain hat die größte Konzentration an islamischen Finanzinstituten in der GKR-Region, darunter islamische Banken und Takaful-Versicherungsunternehmen. Bahrain beherbergt auch die globale Aufsichtsbehörde der Branche, die Accounting and Auditing Organisation for Islamic Institutions, sowie die Islamic Rating Agency und den International Islamic Financial Market. Es ist umstritten, ob das Finanzwesen als Ziel der Diversifizierung oder nur als Mittel betrachtet werden sollte. In anderen Städten am Persischen Golf wie Dubai, Doha, Abu Dhabi und Riad wurden ebenfalls Finanzzentren errichtet. Dadurch hat Bahrain etwas von seiner Einzigartigkeit und seinem Erstanbietervorteil eingebüßt und es besteht das Risiko eines regionalen Überangebots.

Aluminium Bahrain (Alba) ist das Kronjuwel des bahrainischen Produktionssektors und eines der größten Aluminiumwerke der Welt. Alba wurde 1968 gegründet und war ein Pionier der Schwerindustrie in der Golfregion. Es markierte den Beginn von Diversifizierungsstrategien, die von der Verfügbarkeit billiger Energierohstoffe in der Region profitierten (Kvande, 2012; Luciani, 2012b). Dieser relative Vorteil erodiert tendenziell, da die Länder der Region – mit Ausnahme von Katar – zunehmend auf Gasimporte angewiesen sind und ihre sehr niedrigen, administrativ festgelegten Erdgaspreise überdenken müssen (Luciani, 2012a). Im Gegensatz zu Dubai Aluminium hat sich Alba schon früh um eine Expansion in die Aluminiumverarbeitung bemüht, um die Wertschöpfungskette seiner Aluminiumproduktion zu verbessern. Bahrain verfügt auch über Industrien für die Stahl- und Lebensmittelverarbeitung und hat versucht, seinen privilegierten Marktzugang zu den USA über ein Freihandelsabkommen zu nutzen, um asiatische Textilproduzenten anzuziehen, die Bahrain für die Verbesserung von Produktionsschritten und als Sprungbrett für den US-Markt nutzen könnten.

Bahrain ist ein altes Handelszentrum am Golf und hat sich bemüht, diese Position im regionalen Handel zu nutzen. Wie im Finanzbereich wurde es jedoch von Dubai verdrängt, dessen Hafen Jebel Ali auch ein wichtiger Anlaufhafen für die US-Marine ist, wenngleich er nicht offiziell als Stützpunkt gilt wie Bahrain, das die Fünfte US-Flotte beherbergt (▶ Kap. 23). Ein weiterer wichtiger Nicht-Öl-Sektor in Bahrain ist der Tourismus. Das nahegelegene Saudi-Arabien ist über eine Brücke mit der Insel verbunden und viele saudische Bürgerinnen und Bürger besuchen Bahrain, um den moralischen und kulturellen Strengen ihres Landes zu entkommen. Alkohol ist in Bahrain legal und das Land verfügt über ein breit gefächertes Angebot an Strandresorts und Nachtleben (▶ Kap. 16). Die bahrainische Fluggesellschaft Gulf Air hat im Wettbewerb mit anderen Golffluggesellschaften wie Emirates in Dubai, Qatar Airways oder Etihad in Abu Dhabi den Kürzeren gezogen und ist zu einer finanziellen Belastung für die Regierung geworden. Bahrain war aber erneut ein Pionier in der Region, als es 2004 das erste Rennen der Formel 1 in der Region ausrichtete. Abu Dhabi folgte mit seinem eigenen Grand Prix der Formel 1 im Jahr 2009, Jeddah und Lusail (Katar) einige Jahre später 2021 (▶ Kap. 17). Aufgrund der begrenzten Hotelkapazitäten findet ein erheblicher Teil des Hotelgeschäfts rund um das Rennen in Bahrain in Dubai statt, wobei die Besucherinnen und Besucher nur für die Veranstaltung ein- und ausfliegen. Im Jahr 2011 musste die Veranstaltung aufgrund politischer Unruhen im Land abgesagt werden, was signifikante politische Risiken für den Tourismussektor offenbarte.

14.5 Wirtschaftskrisen

Das Auf und Ab der Ölpreise kann zu volatilen Einnahmen in den Golfländern führen, die diese durch Schuldenaufnahme oder durch Repatriierung von Auslandsguthaben abzufedern versuchen. Aber auch die Diversifizierungssektoren ihrer Wirtschaft sind vor Krisen nicht gefeit. Im Zuge der globalen Finanzkrise 2007/08 platzte die Immobilienblase in Dubai 2009 und die Kreditwürdigkeit von Bahrain wurde 2016 durch alle drei großen Ratingagenturen auf Non-Investment Grade/Junk Status herabgestuft (S&P, Moody's, Fitch), was die Risiken des Finanzsektors als Diversifizierungsinstrument in den Fokus rückte.

Die Schuldenkrise in Dubai 2009 und die Schieflage bei Dubai World, dessen Tochterfirma Nakheel das Immobilienprojekt The Palm vorangetrieben hatte, warfen mehrere Fragen auf, einige davon wirtschaftlicher, einige rechtlicher und einige politischer Natur. Hierzu gehörten das Risiko eines Übergreifens auf andere Unternehmen als Dubai World und ob diese Unternehmen strategische Unterstützung durch die Regierung von Dubai erhalten würden. Auch regulatorische Schwachstellen wurden dabei sichtbar, wie die rechtliche Tragfähigkeit von Konkursverfahren und einigen Schuldtiteln wie der Nakheel-Sukuk-Anleihe, die Entwicklung der Refinanzierungsbedingungen für Dubai auf den internationalen Märkten und die Transparenz der Gremien und buchhalterischen Berichtsverfahren. Wie sich herausstellte, überforderte der Umfang der Krise die finanzielle Leistungsfähigkeit Dubais, weshalb es sich Hilfe vom ölreichen Nachbaremirat Abu Dhabi sichern musste, was Implikationen für die binnenpolitischen Machtrelationen hatte (Woertz, 2012). Nach Bereitstellung von 20 Mrd. US-Dollar frischem Geld wurde der damals im Bau befindliche Burj Dubai kurzerhand in Burj Khalifa umbenannt, der Name des damaligen Herrschers von Abu Dhabi. Die Immobilienpreise blieben bis 2011 in der Flaute, erholten sich dann aber. Im Jahr 2015 hatten sie das Vorkrisenniveau erreicht. Um erneute Spekulationswellen abzumildern, reagierte die Regierung mit strengeren Obergrenzen für die Vergabe von Hypothekenkrediten und mit Marktregulierungen wie der Anhebung der Gebühr für die Eintragung von Immobilien von zwei auf vier Prozent, um die weit verbreitete Praxis des Flippings von Immobilien zu verhindern, die oft noch nicht einmal fertiggestellt waren, sondern sich noch in der Entwicklung befanden oder nur als Off-Plan-Verkäufe existierten. In jüngerer Vergangenheit setzte erneut ein Immobilienboom ein, auch getragen durch Zuzüge russischer Geschäftsleute.

Eine wachsende Gesamtauslandsverschuldung und der Zufluss ausländischer Direktinvestitionen sind entscheidend für die Deckung von Bahrains Haushalts- und Leistungsbilanzdefizit. Die steigende Staatsverschuldung Bahrains besteht etwa zur Hälfte aus inländischen und zur Hälfte aus ausländischen Schulden und hat Besorgnisse ausgelöst, ob Bahrain seine Schulden bedienen und die Dollarbindung seiner Währung aufrechterhalten könne. Bei der Herabstufung von Bahrains Kreditwürdigkeit 2016 gab S&P dem Inselstaat nur deshalb einen „stabilen" Ausblick, weil es finanzielle Unterstützung von benachbarten Staaten erwartete, vor allem von Saudi-Arabien und den VAE. Die Bereitschaft Saudi-

Arabiens, Bahrain finanziell zu unterstützen, ist hoch, da es Einfluss in seinem Klientelstaat aufrechterhalten möchte. Auch die Stabilität des sunnitischen Königshauses, das über eine schiitische Bevölkerungsmehrheit regiert, liegt ihm am Herzen. Seine Transferzahlungen sind nachhaltiger und weniger transaktionsbezogen als beispielsweise die saudischen Zahlungen an Ägypten, wo man stärker auf eine projektbezogene Mittelvergabe pocht und um den politischen Gegenwert seiner Investments besorgt ist.

Bahrain profitiert auch vom GKR-Entwicklungsfonds, der 2011 mit dem Ziel eingerichtet wurde, 20 Mrd. US-Dollar für Infrastruktur- und Wohnungsbauinvestitionen in den beiden ressourcenarmen GKR-Staaten Bahrain und Oman zu finanzieren. Dies geschah lange vor der Ölpreiskorrektur im Jahr 2014 und weist auf strukturelle Probleme der Ölabhängigkeit hin, unabhängig vom Ölpreisniveau. Die wirtschaftlichen Herausforderungen von Bahrain und Dubai, den beiden Diversifizierungspionieren unter den GKR-Staaten, zeigen damit Risiken und Grenzen solcher Diversifizierungsbemühungen auf. In beiden Fällen waren monetäre Hilfen ölreicher Nachbarn notwendig, um finanzielle Krisen zu bewältigen, was eine nach wie vor bestehende indirekte Ölabhängigkeit offenbarte.

14.6 Zukunftsvisionen

Jeder GKR-Mitgliedsstaat hat ein Visionsdokument, in dem Zukunftsambitionen in manchmal blumigem Managementjargon beschworen werden. Verfasserinnen und Verfasser sind in der Regel internationale Consulting Unternehmen wie McKinsey, die dafür fürstlich entlohnt werden (Ansari & Werenfels, 2023). Die Vision 2030 von Saudi-Arabien hat dabei besonders viel mediale Aufmerksamkeit erfahren. Sie wurde 2016 öffentlichkeitswirksam als Saudi-Arabiens Masterplan für die wirtschaftliche Diversifizierung vorgestellt. Abgesehen vom Börsengang von Aramco enthielt sie keine wesentlich neuen Ideen, die nicht schon in früheren Jahren in Planungsdokumenten aufgetaucht wären: Aufbau eines Industriesektors durch Nutzung der billigen Energieressourcen Saudi-Arabiens, Entwicklung des Bergbaus von Metallen und Mineralien, Kürzung der Kraftstoff- und Stromsubventionen zur Eindämmung des ausufernden Energieverbrauchs im Land, Schaffung von Arbeitsplätzen im privaten Sektor für die wachsende junge Bevölkerung, Bildungsreform zur Schließung von Qualifikationslücken, Saudisierung der Arbeitskräfte und Entwicklung des Tourismus als arbeitsintensiver Sektor. All diese Vorschläge waren bereits in den vergangenen Jahren, wenn nicht Jahrzehnten gemacht worden. Neu war jedoch die Bereitschaft des ehrgeizigen Kronprinzen Mohammed bin Salman (MBS), seinen Worten Taten folgen zu lassen und auch unbeliebte Empfehlungen umzusetzen (Woertz, 2019a).[1] Der Rückgang des Ölpreises 2014 hat Saudi-Arabien hart getroffen. Das Land musste Vermögenswerte repatriieren und Schulden aufnehmen, um die laufenden Ausgaben zu finanzieren. Im Jahr 2018 führte das Land erstmals eine Mehrwertsteuer von fünf Prozent ein, die kurz darauf auf 15 % erhöht wurde. Um die Kosten im Zaum zu halten, kürzte es Subventionen und Leistungen des öffentlichen Sektors, vollzog aber 2017 aus Sorge vor den Auswirkungen auf die öffentliche Meinung teilweise eine Kehrtwende.

Aramco, SABIC und der Public Investment Fund (PIF)

Aramco ist das Kronjuwel der saudischen Wirtschaft. Das Unternehmen zahlt der saudischen Regierung eine von der Höhe des Ölpreises abhängige progressive Lizenzgebühr, die bei 20 % startet, und eine Steuer von 50 % auf seine Gewinne. Ohne die Öleinnahmen wären der moderne saudische Staat und seine Gesellschaft nicht denkbar (Hertog, 2010b; Vitalis, 2007). Mit den Öleinnahmen von Aramco finanziert der saudische Staat die Beschäftigung im öffentlichen Sektor und Sozialleistungen – vergibt aber auch Unteraufträge, die für private Unternehmen im Nicht-Öl-Sektor, etwa im Baugewerbe, entscheidend sind.

Aramco ist ein recht gut geführtes Unternehmen, eine sogenannte *pocket of efficiency*: Der saudische Staat hat es von aufgeblähten bürokratischen Strukturen der Rentenumverteilung und politischen Einmischung abgeschirmt, um ein professionelles Management sicherzustellen (Hertog, 2010a). Der Prozess der Verstaatlichung in den 1970er-Jahren verlief schrittweise und einvernehmlich. Er wies nicht die Merkmale eines abrupten Wandels, revolutionärer Rhetorik und Politisierung auf, die die Verstaatlichung von Ölgesellschaften in anderen Ländern wie dem Irak, Libyen und Venezuela begleiteten. Die Saudis behielten die Professionalität, die Arbeitsverfahren und einen Großteil des Personals des ehemals amerikanischen Unternehmens bei.

Seit den 1970er-Jahren hat Saudi-Arabien erfolgreich in die Petrochemie diversifiziert, um die Wertschöpfungsketten seiner Ölproduktion zu erweitern (Luciani, 2012b). Das Land hat in Reedereien, Lagereinrichtungen und Raffinerien im Ausland investiert, um Kundenbeziehungen zu pflegen. Die meisten davon befinden sich in Asien, wohin über 70 % der Ölexporte Saudi-Arabiens gehen. Im Jahr 2019 kaufte Aramco für 15 Mrd. US-Dollar einen Anteil von 20 % am Raffineriegeschäft des indischen Mischkonzerns Reliance. Seit der Jahrtausendwende hat Saudi-Arabien im eigenen Land eine Reihe neuer Deep-Conversion-Raffinerien gebaut und exportiert zunehmend veredelte Produkte wie Diesel statt nur Rohöl. Die Internationale Energieagentur (IEA) geht davon aus, dass bis 2050 fast die Hälfte des Wachstums der Ölnachfrage auf die Petrochemie entfallen wird.

Im saudischen Petrochemiesektor gibt es eine Arbeitsteilung zwischen Aramco und SABIC. Letztere wurde 1976 gegründet, um die großen Mengen an assoziiertem Gas zu vermarkten, das damals als unerwünschtes Nebenprodukt der Ölförderung abgefackelt wurde. Aramco konzentriert sich auf Erdölprodukte wie Naphtha, die dann in zwei Joint Ventures von Aramco zu Chemikalien verarbeitet werden: Sadara Chemical Company und Petro Rabigh. SABIC wiederum ist auf Produkte spezialisiert, die aus Gasen wie Methan, Ethan, Propan und Butan gewonnen werden, und verarbeitet diese zu einer Vielzahl von Chemikalien, darunter auch Düngemittel. SABIC hat sich, gemessen am Umsatz, zum viertgrößten Chemieunternehmen der Welt entwickelt, hat eine Reihe ausländischer Unternehmen übernommen und ist heute der größte Ethylenhersteller Europas (Seznec, 2019).

Im Jahr 2019 erwarb Aramco den 70-prozentigen Anteil an SABIC vom PIF zum Preis von 69 Mrd. US-Dollar (die restlichen 30 % werden

---

1 Teile dieses Abschnitts wurden von dem englischen Text von Woertz (2019a) adaptiert.

von Kleinanlegerinnen und Kleinanlegern sowie anderen Investorinnen und Investoren gehalten). Der Zusammenschluss ist Teil der Strategie von Aramco, die darauf abzielt, eine größere Rolle im Erdgasgeschäft zu spielen, die Synergien zwischen Raffinerie und Petrochemie zu erhöhen und in die Bereiche Spezialchemikalien und hoch entwickelte Kunststoffe zu expandieren, um im Wettbewerb mit den internationalen Ölgesellschaften besser bestehen zu können. Das fusionierte Unternehmen wird auch gegenüber Chemiegiganten wie BASF, Bayer oder DowDuPont wettbewerbsfähiger sein.

Der Kauf war auch Teil einer umfassenden Erweiterung und Umgestaltung des PIF. Früher war er ein schläfriger und passiver Fonds unter der Leitung des unpolitischen Finanzministeriums, ein Vehikel, um die großen inländischen Unternehmensbeteiligungen des saudischen Staats zu verwalten – wie die von SABIC, Maaden, Savola und mehreren Banken. Jetzt wurde er in einen MBS unterstellten, international tätigen Investitionsfonds umgewandelt, dessen verwaltetes Vermögen enorm gestiegen ist (Roll, 2019). Offizielles Ziel des PIF ist es, die Staatseinnahmen zu diversifizieren, ausländische Direktinvestitionen anzuziehen und in Schlüsseltechnologien zu investieren, beispielsweise in den Bereichen Dienstleistungen, Tourismus, Waffen, Fertigung und Bergbau.

In der Vision 2030 waren der Börsengang von Aramco und die Dividendenzahlungen der Firma als Hauptkapitalquelle für den PIF vorgesehen. Die Aramco-SABIC-Transaktion war somit Teil der wirtschaftlichen und politischen Stärkung des Kronprinzen und der Fraktionen, die ihn unterstützen – wie Yasir al-Rumayyan, der Vorstandsvorsitzende des PIF, der im September 2019 Khalid al-Falih als Vorsitzender von Aramco ablöste. Konservative Ölmänner innerhalb des Unternehmens könnten dies durchaus als eine Übernahme durch den notorisch undurchsichtigen PIF wahrgenommen haben, um Aramco-Gelder in riskante Lieblingsprojekte der Diversifizierungsstrategie des Kronprinzen wie Uber, Tesla und WeWork zu leiten, anstatt sie zur Entwicklung des Kerngeschäfts des Unternehmens zu benutzen. Kurz darauf wurde auch Khalid al-Falih seines Postens als Energieminister enthoben und durch Abdulaziz bin Salman, einen älteren Halbbruder von MBS, ersetzt.

Die Jahre 2017 bis Anfang 2018 waren eine Zeit der Flitterwochen zwischen der globalen Geschäftswelt und MBS, der im Juni 2017 Kronprinz wurde, als er seinen Cousin Muhammad bin Nayif zur Abdankung zwang. Gewiefte Markenstrategen tauften die Eröffnungskonferenz der saudischen Future Investment Initiative (FII), die im Oktober 2017 stattfand, „Davos in der Wüste". Sie war von hoffnungsvollen Erwartungen und ehrgeizigen Ankündigungen geprägt. Während des Treffens wurde das 500-Milliarden-US-Dollar-Resort NEOM im Norden des Landes vorgestellt. In einer hochkarätigen Veranstaltung, die technologischen Fortschritt und Offenheit signalisieren sollte, wurde dem Roboter Sophia die saudische Staatsbürgerschaft verliehen. Anstelle des Wahhabismus lagen dubaiähnliche Zukunftsvisionen in der Luft. Der internationalen Technologie- und Geschäftswelt gefiel, was sie sah, und sie rollte den roten Teppich für MBS während einer ausgedehnten US-Tour im Frühjahr 2018 aus. Ihre Vertreter waren bereit, wegzuschauen, wenn es um autoritäre Unterdrückung und die humanitären Folgen des von Saudi-Arabien geführten Jemenkriegs ging (▶ Kap. 20). Dies waren nur Statistiken, um das berühmte Diktum Stalins zu paraphrasieren, aber der grausame Mord an dem regimekritischen Journalisten Jamal Khashoggi im saudischen Konsulat in Istanbul im Oktober 2018 war eine Tragödie, die die Weltöffentlichkeit nicht ignorieren konnte. Die zweite Ausgabe der FII, die im selben Monat stattfand, war sodann ein Desaster für die saudische Öffentlichkeitsarbeit aufgrund des Fernbleibens zahlreicher namhafter Gäste. Die Flitterwochen waren vorbei. Nur ein Jahr später war MBS allerdings wieder wohlgelitten bei vielen. Populistische Politiker wie der indische Präsident Modi und der brasilianische Präsident Bolsonaro waren prominente Gäste bei der dritten Ausgabe des FII, ebenso wie der US-Finanzminister Mnuchin und Präsident Trumps Schwiegersohn Jared Kushner. Das Gleiche galt für die Chefs der internationalen Banken, die sich vom Börsengang von Aramco stattliche Gebühren erhofften. Nur internationale Medien, Technologieunternehmen und europäische Regierungen hielten sich weiterhin zurück, folgten dann aber in den Folgejahren auch einem zunehmenden Pragmatismus.

Einige Jahre nach dem Start der Vision 2030 zeigte sich, dass es beim Aramco-Börsengang mehr um die Umstrukturierung der wirtschaftlichen und politischen Machtstrukturen zugunsten des Kronprinzen und seiner Diversifizierungsagenda ging als um die Steigerung der Einnahmen. Der Einbruch des Ölpreises 2014 hatte Saudi-Arabien gezwungen, Vermögenswerte zu repatriieren und Schulden zu machen, um die laufenden Ausgaben zu finanzieren, aber mit 500 Mrd. US-Dollar verfügte das Land immer noch über eine Menge Devisenreserven und benötigte das Geld nicht unbedingt. Es ging nicht so sehr um die einmaligen Verkaufserlöse des Börsengangs, die für die Diversifizierungsbemühungen des Königreichs benötigt wurden, sondern vielmehr die Dividendenzahlungen, die nun in den PIF fließen konnten – der zu einem Investitions- und Machtinstrument des Kronprinzen umgewandelt wurde. Ein zweiter Effekt war, dass der Börsengang die Transparenz innerhalb des Unternehmens erhöhen und es der disziplinarischen Aufsicht und den Offenlegungspflichten der (internationalen) Kapitalmärkte aussetzen sollte, um das Unternehmen zu diversifizieren und zu internationalisieren und seine Wettbewerbsfähigkeit gegenüber Internationalen Ölfirmen sicherzustellen.

Der Börsengang von Aramco steht somit im Zusammenhang mit dem größeren Diversifizierungskonzept der saudischen Wirtschaft. Einerseits sind viele der ehrgeizigen Aussagen der Vision 2030 mit Vorsicht zu genießen, andererseits gibt es auch einige Erfolge, die sich in längerfristige historische Trends einfügen. Die Saudisierung der Arbeitskräfte hat in einigen Dienstleistungssektoren Fortschritte gemacht. Aufgrund der Präferenz für sichere Stellen im öffentlichen Dienst und der soziokulturellen Beschränkungen für weibliche Arbeitskräfte wird man wahrscheinlich nie einen saudischen Zimmer-/Reinigungsservice oder Bauarbeiter finden – aber es gibt jetzt eine wachsende Zahl saudischer Bürgerinnen und Bürger, die als Taxifahrer, Hotelrezeptionisten und im Kranken- und Pflegebereich arbeiten.

Die Diversifizierungsbemühungen im Bereich der Petrochemie reichen bis in die 1970er-Jahre zurück. Sie waren erfolgreich und haben Saudi-Arabien als internationalen Akteur in diesem Bereich mit zahlreichen Joint Ventures etabliert, die den Know-how-Transfer erleichtern würden. Der Börsengang und die Fusion von Aramco mit SABIC könnten die Synergien zwischen Raffinerie und Petrochemie erhöhen, auch wenn die Undurchsichtigkeit des PIF die größere Transparenz, die mit dem Börsengang einhergehen soll, zunichtemachen könnte.

Tourismus, Bergbau, alternative Energien und die Industrie, insbesondere die Rüstungsindustrie, sind Eckpfeiler der Vision 2030. Der Tourismus ist seit Langem ein Schwerpunkt der saudischen Entwicklungsplanung, da er mehr Arbeitsplätze schaffen kann als die kapitalintensive Petrochemie und Schwerindustrie. Die Vorgängerin der saudischen Kommission für Tourismus und Altertümer (SCTA) wurde bereits im Jahr 2000 gegründet. Der Bergbau geht auf die Gründung des staatlichen Unternehmens Maaden im Jahr 1997 zurück und hat sich erfolgreich auf Phosphate, Bauxit und die Aluminiumwertschöpfungskette ausgedehnt (Woertz, 2014). Saudi-Arabien möchte auch seine Uranreserven ausbeuten und anreichern, was Bedenken hinsichtlich der Proliferation aufwirft und die Verhandlungen mit den USA über ein Abkommen zur zivilen nuklearen Zusammenarbeit erschwert (El Gamal & Cornwell, 2019).

Das Interesse an der Kernenergie weist auf ein großes Problem hin, das den saudischen Entwicklungsplanern Kopfzerbrechen bereitet: Die rasant steigende Inlandsnachfrage bedroht die Ölexportkapazitäten. Das Land versucht auch, bis 2060 klimaneutral zu werden (Saudi & Middle East Green Initiatives, 2023). Um die Abhängigkeit von Kohlenwasserstoffen bei der Stromerzeugung zu verringern, wurden ehrgeizige Pläne zum Ausbau der erneuerbaren Energien auf den Weg gebracht, die inzwischen zu wettbewerbsfähigen Kosten mit den traditionellen Kohlenwasserstoffen konkurrieren können, aber immer noch mit dem Problem der Unterbrechungen und der Netzintegration zu kämpfen haben (IRENA, 2018). Bislang wurden diese hochgesteckten Ziele immer wieder verschoben. Der Anteil der erneuerbaren Energien am saudi-arabischen Energiemix ist nach wie vor verschwindend gering. Mittelfristig könnte er jedoch angesichts der verbesserten Wirtschaftlichkeit der erneuerbaren Energien steigen (Woertz, 2019b).

Schließlich ist Saudi-Arabien bestrebt, seine Produktionskapazitäten auszubauen – insbesondere bei Waffen, deren Einfuhr seit 2014 stark zugenommen hat. Von 2014 bis 2018 war Saudi-Arabien der größte Waffenimporteur der Welt, mit einem Anteil von zwölf Prozent am globalen Gesamtvolumen laut SIPRI (Wezeman et al., 2019). Saudi-Arabien war dabei mit einem Anteil von 22 % an den Exporten der größte Kunde der US-Rüstungsindustrie, welche 68 % der Waffenlieferungen des Königreichs bereitstellte – gefolgt vom Vereinigten Königreich (16 %) und Frankreich (4,3 %). Der Anteil Deutschlands lag bei lediglich 1,7 % und sank weiter nach 2018, als es nach dem Mord am Khashoggi ein Waffenembargo verhängte. Die Vision 2030 will die Abhängigkeit von Importen verringern, indem 50 % der Rüstungsaufträge an lokale Hersteller vergeben werden sollen, mit dem Ziel, Saudi-Arabien bis 2030 zu einem der 25 größten Waffenproduzenten der Welt zu machen (Roll, 2019). Wie Indien und die Türkei will Saudi-Arabien über die traditionellen Kaufverträge hinausgehen und eine industrielle Tiefe aufbauen, die über Wartungsarbeiten und den geringen Technologietransfer gelegentlicher Offsetprogramme hinausgeht (Hoyt, 2007).

14.7 Fazit

Die Staaten des GKR haben ihre Wirtschaften seit dem Ölboom der 1970er-Jahre erheblich diversifiziert. Dabei kann zwischen zwei Diversifizierungspfaden unterschieden werden: Petrochemie und Schwerindustrie versuchen, sich den Energiereichtum der Region zunutze zu machen und die Wertschöpfungskette der Öl- und Gasproduktion zu erweitern. Das Dubaimodell hingegen zielt auf Nicht-Öl-Sektoren in den Bereichen Handel, Dienstleistungen und Tourismus ab. Es hat in der Region viele Nachahmer gefunden, jüngste Wirtschaftskrisen in Bahrain und Dubai haben aber auch die Grenzen dieser Strategie aufgezeigt und seine fortdauernde indirekte Ölabhängigkeit, die sich in der Notwendigkeit von Finanzhilfen ölreicher Nachbarn wie Saudi-Arabien und Abu Dhabi offenbarte.

Energietransitionen könnten ab Mitte der 2030er-Jahre einen Scheitelpunkt der globalen Ölnachfrage mit nachfolgender Abnahme bewirken. Gleichzeitig sind die GKR-Staaten bemüht, Arbeitsplätze für ihre noch wachsende jugendliche Bevölkerung bereitzustellen (▶ Kap. 12). Aus diesem Grund stehen wirtschaftliche Diversifizierungsanstrengungen ganz oben auf der politischen Tagesordnung. Wie die saudische Vision 2030 zeigt, sehen Entscheidungsträger ein historisches Möglichkeitsfenster über die nächsten zwei Jahrzehnte, in denen es gilt, derartige Diversifizierungen in die Tat umzusetzen. Ob diese von Erfolg gekrönt sein werden, ist nicht garantiert und wird sich erst noch zeigen müssen.

Literatur

Ansari, D., & Werenfels, I. (2023). Akteure im Schatten: Westliche Consultancies in der arabischen Welt. SWP-Aktuell, 53. https://www.swp-berlin.org/publications/products/aktuell/2023A53_Consultancies_arabische_Welt.pdf. Zugegriffen: 16. Jan. 2024.

El Gamal, R., & Cornwell, A. (2019). Saudi Arabia flags plan to enrich uranium as U.S. seeks nuclear pact. Reuters. https://www.reuters.com/article/us-energy-wec-saudi-nuclearpower/saudi-arabia-flags-plan-to-enrich-uranium-as-u-s-seeks-nuclear-pact-idUSKCN1VU168. Zugegriffen: 16. Jan. 2024.

Herb, M. (2014). *The wages of oil: parliaments and economic development in Kuwait and the UAE*. Ithaca: Cornell University Press.

Hertog, S. (2010a). Defying the resource curse: explaining successful state-owned enterprises in rentier states. *World Politics, 62*(2), 261–301.

Hertog, S. (2010b). *Princes, brokers, and bureaucrats: oil and the state in Saudi Arabia*. Ithaca: Cornell University Press.

Hoyt, T. D. (2007). *Military industry and regional defense policy: India, Iraq and Israel*. Abingdon: Routledge.

Hvidt, M. (2009). The Dubai model: an outline of key development-process elements in Dubai. *International Journal of Middle East Studies, 41*(3), 397–418.

IMF (2022). World economic outlook dataset, October 2022. https://www.imf.org/en/Publications/WEO/weo-database/2022/October. Zugegriffen: 16. Jan. 2024.

IRENA (2018). Renewable power generation costs in 2017. http://www.irena.org/publications/2018/Jan/Renewable-power-generation-costs-in-2017. Zugegriffen: 16. Jan. 2024.

Kamel, D. (2022). Dubai economy well-positioned for next phase of growth, Emirates NBD says The National. https://www.thenationalnews.com/business/economy/2022/03/02/dubai-economy-well-positioned-for-next-phase-of-growth-emirates-nbd-says/. Zugegriffen: 16. Jan. 2024.

Kvande, H. (2012). The GCC aluminium industry. The development of aluminum production capacity in the Middle East. In G. Luciani (Hrsg.), *Resources blessed: Diversification and the Gulf development model* (S. 213–232). Berlin: Gerlach Press.

Luciani, G. (1987). Allocation vs. production states. A theoretical framework. In H. Beblawi & G. Luciani (Hrsg.), *The Rentier state. Nation, state, and integration in the Arab World* (S. 63–82). London: Croom Helm.

Luciani, G. (2012a). Domestic pricing of energy and industrial competitiveness. In G. Luciani (Hrsg.), *Resources blessed: diversification and the Gulf development model* (S. 95–114). Berlin: Gerlach Press.

Luciani, G. (2012b). GCC refining and petrochemical sectors in global perspective. In G. Luciani (Hrsg.), *Resources blessed: diversification and the Gulf development model* (S. 183–212). Berlin: Gerlach Press.

Roll, S. (2019). Ein Staatsfonds für den Prinzen: Wirtschaftsreformen und Herrschaftssicherung in Saudi-Arabien. Stiftung Wissenschaft und Politik Berlin. https://www.swp-berlin.org/publikation/ein-staatsfonds-fuer-den-prinzen/. Zugegriffen: 16. Jan. 2024.

Saudi & Middle East Green Initiatives (2023). Paving the way to net zero emissions by 2060. https://www.greeninitiatives.gov.sa/about-sgi/sgi-targets/reducing-emissions/reduce-carbon-emissions/. Zugegriffen: 16. Jan. 2024.

Seznec, J.-F. (2019). The Saudi Aramco-SABIC merger: how acquiring SABIC fits into Aramco's long-term diversification strategy. https://www.atlanticcouncil.org/in-depth-research-reports/issue-brief/the-saudi-aramco-sabic-merger-how-acquiring-sabic-fits-into-aramcos-long-term-diversification-strategy/. Zugegriffen: 16. Jan. 2024.

Vitalis, R. (2007). *America's kingdom: mythmaking on the Saudi oil frontier*. Stanford: Stanford University Press.

Wezeman, P. D., Fleurant, A., Kuimova, A., Tian, N., & Wezeman, S. T. (2019). Trends in international arms transfers, 2018. https://www.sipri.org/sites/default/files/2019-03/fs_1903_at_2018.pdf. Zugegriffen: 16. Jan. 2024.

Woertz, E. (2012). Repercussions of Dubai's debt crisis. In E. Woertz (Hrsg.), *GCC financial markets: the world's new money centers* (S. 137–164). Berlin: Gerlach.

Woertz, E. (2014). Mining strategies in the Middle East and North Africa. *Third World Quarterly, 35*(6), 939–957. https://doi.org/10.1080/01436597.2014.907706.

Woertz, E. (2019a). Aramco goes public: the Saudi diversification conundrum. GIGA focus Middle East, 5. https://www.giga-hamburg.de/en/publications/giga-focus/aramco-goes-public-the-saudi-diversification-conundrum. Zugegriffen: 16. Jan. 2024.

Woertz, E. (2019b). The energy politics of the Middle East and North Africa (MENA). In K. Hancock & J. Allison (Hrsg.), *The Oxford handbook of energy politics*. Oxford: Oxford University Press.

World Bank (2023). Total natural resources rents (% of GDP). https://data.worldbank.org/indicator/ny.gdp.totl.rt.zs. Zugegriffen: 16. Jan. 2024.

Moderne und zeitgenössische Kunst

Melanie Sindelar

© Marina Popova / Stock.adobe.com

Inhaltsverzeichnis

15.1 Einführung – 157

15.2 Forschungsstand – 157

15.3 Geschichte – 158

15.4 Infrastruktur – 159

15.5 Namhafte Künstlerinnen und Künstler der Arabischen Halbinsel – 160

15.6 Kunstmarkt – 162
15.6.1 Auktionshäuser – 162
15.6.2 Kunstgalerien – 163
15.6.3 Kunstsammlerinnen und Kunstsammler – 163
15.6.4 Kunstmessen – 164

© Der/die Autor(en), exklusiv lizenziert an Springer-Verlag GmbH, DE, ein Teil von Springer Nature 2025
T. Demmelhuber, N. Scharfenort (Hrsg.), *Die Arabische Halbinsel*,
https://doi.org/10.1007/978-3-662-70217-8_15

15.7 Unfreie Kunstszene und Zensur? – 164

15.8 Fazit – 165

Literatur – 165

15.1 Einführung

Jedes Jahr im März besucht der Scheich von Dubai die Kunstmesse Art Dubai. Während er durch die Ausstellung schlendert, eilen die Mitarbeiterinnen und Mitarbeiter der Art Dubai dem Konvoi voraus und kümmern sich um die letzten Details. Niemand weiß, wann genau diese Besuche stattfinden werden. Am ersten Tag der Messe im Jahr 2015 war eine allgemeine Aufregung zu spüren. Scheich Hamdan bin Muhammad bin Rashid Al Maktoum erschien anstelle seines Vaters, des Emirs von Dubai, Scheich Muhammad bin Rashid Al Maktoum. Hamdan ist nicht nur der zukünftige Herrscher von Dubai, sondern auch bei der jüngeren Generation sehr beliebt. Er gilt als besonders offen für die Kunst, die auf der Messe ausgestellt wurde. Während meines Praktikums bei der Art Dubai im März 2015 half ich am Tag des Besuchs an einem Informationsstand aus, als eine Kollegin Kaffee holen ging. In den wenigen Minuten, die sie brauchte, um zurückzukommen, eilten der Scheich, sein ganzer Konvoi und die dazugehörige Presse am Stand vorbei in Richtung der Ausstellungshallen. „Du wirst nicht glauben, wer gerade vorbeigekommen ist", sagte ich, als sie zurückkam. Ihre Augen weiteten sich. „Sag mir nicht, dass ich ihn verpasst habe!" Wir lachten beide und stellten fest, dass sie gerade das Ereignis verpasst hatte, auf das sie den ganzen Tag gewartet hatte. Meine Kollegin war eine der vielen Verehrerinnen von Scheich Hamdan.

Die Kunstszene der Länder der Arabischen Halbinsel hat in den letzten 20 Jahren zusehend internationale Sichtbarkeit erlangt. Kunstmessen wie die Art Dubai, das Museum of Islamic Art in Doha, aber auch der Bau des Louvre in Abu Dhabi hat die internationale Kunstwelt auf die kulturellen Initiativen der Arabischen Halbinsel aufmerksam gemacht. Auch Saudi-Arabien hat sich zu einer Destination für Kunst und Kultur gewandelt, etwa mit Biennalen und der Desert X, einem Kunstfestival in der Wüste von al-Ula. Der folgende Beitrag untersucht die Kunstszene der Arabischen Halbinsel in ihren historischen und zeitgenössischen Dimensionen, und widmet sich auch kontroversen Themen, wie zum Beispiel welche Rolle staatliche Zensuren tatsächlich in der Kunstwelt der Region spielen (▶ Kap. 8). Dabei gliedert sich der Beitrag in vier Hauptteile, um die Kunst der Arabischen Halbinsel in ihren wichtigsten Dimensionen zu erschließen. Dies umfasst die Geschichte der Kunst und die Infrastruktur der Kunstszene, aber auch einen Einblick in das Kunstschaffen namhafter Künstlerinnen und Künstler sowie eine Exkursion in den Kunstmarkt.

15.2 Forschungsstand

In den letzten 20 Jahren hat sich die Kunstszene ein internationales Renommee erarbeitet. Immer mehr Kunsthistorikerinnen und Kunsthistoriker, Forscherinnen und Forscher und Museumsarbeiterinnen und -arbeiter haben sich mit der Szene beschäftigt und sich somit einen guten Überblick und Forschungsstand erarbeitet. Dabei gibt es vier große Teilbereiche, in die sich die Forschungen zur Kunst der Arabischen Halbinsel zusammenfassen lassen. Der erste Teilbereich umfasst Forschungen zu Kunst und Migration. Zum einen wird Migration als solche in der Kunst oft thematisiert, zum anderen gibt es konkrete Verbindungen zwischen Kunstinitiativen und Kunstschaffenden, die selbst migrantische Herkunft haben (▶ Kap. 12). So argumentiert Leslie Gray, dass zeitgenössische Kunst eine bedeutende Rolle in der Ausformung moderner Identitäten am Golf hat (Gray, 2017), und Sarina Wakefield unterstreicht die Rolle, die Migrantinnen und Migranten in der Kunstszene und im Kultursektor spielen (Wakefield, 2017). Künstlerinnen und Künstler beschäftigen sich in ihrer Kunst auch intensiv mit der Rolle des Kafala-Systems (▶ Kap. 3 und 12) und den Arbeitsbedingungen in der Region (Sindelar, 2019). Für viele liest sich Deepak Unnikrishnans Roman „Temporary People" wie eine Autobiographie der eigenen Erlebnisse als zweite Generation (Unnikrishnan, 2017).

Der zweite große Teilbereich wissenschaftlicher Literatur beschäftigt sich mit dem Museumsboom der Arabischen Halbinsel. Dazu wurden in letzter Zeit gute Überblickswerke publiziert, wie „Museums of the Arabian Peninsula", in dem sich auch Beiträge zum Jemen, zum Oman und zu Bahrain finden, abgesehen von den großen Museumsstädten und -nationen (Wakefield, 2020). Außerdem hat Pamela Erskine-Loftus einige Sammelbände zur Museumslandschaft der Halbinsel herausgegeben (2014a, b). Ebenso zu nennen ist eine Monographie von Karen Exell, die selbst in einigen großen Museums- und Kunstprojekten in Katar und Saudi-Arabien mitgewirkt hat, zu „Modernity and the Museum in the Arabian Peninsula" (Exell, 2016).

Auch zur Kunstszene gibt es einige Beiträge. Sophie Brones und Amin Moghadam vergleichen die Galerienviertel in Dubai mit jenen in Beirut (Brones & Moghadam, 2016). Die Art Dubai hat sich als transnationale Ausstellung erfolgreich als Drehscheibe zwischen verschiedenen Weltregionen positioniert und zieht sowohl private als auch institutionelle Sammlerinnen und Sammler an (Sindelar, 2016). Yasser Elsheshtawy kritisiert, dass die Staaten der Arabischen Halbinsel bereits regelrecht ein Artwashing betreiben, während ihre Politik, Ökonomie, die Gentrifizierung und Marginalisierung von Migrantinnen und Migranten eine untergeordnete Rolle spielen (Elsheshtawy, 2020).

Die Arbeit von individuellen Künstlerinnen und Künstlern wurde noch nicht umfassend retrospektiv bearbeitet und findet sich hauptsächlich in Museumskatalogen oder Broschüren wieder. Nesrien Hamid zum Beispiel diskutiert die Arbeiten von Ahmed Mater und

Farah al-Qasimi in einem Kontext, in welchem Kunstschaffende der Arabischen Halbinsel zunehmend weltweite Aufmerksamkeit erlangen und durch ihre Kunst Vorstellungen von nationaler Identität, Staatsbürgerschaft, Religion, aber auch Landesgeschichte kritisch hinterfragen (Hamid, 2020). Sie veranschaulicht auch die Spannung zwischen ihrem proklamierten Kosmopolitismus und ihrer auf die Nation ausgerichteten künstlerischen Praxis (▶ Kap. 8). Diese und weitere Forschungen lassen darauf hoffen, dass sich Disziplinen wie die Kunstgeschichte, Kunstanthropologie und Museologie in Zukunft eingehender mit der faszinierenden Kunstgeschichte der Arabischen Halbinsel und ihren pulsierenden Kunstszenen beschäftigen werden und sich dadurch zeigen lässt, dass weder die Forschungen zur Kunst noch die Kunst selbst nur ein flüchtiger Boom sind.

15.3 Geschichte

Die Kunstgeschichte der Arabischen Halbinsel reicht weiter zurück, als es die wissenschaftlichen, journalistischen und kunsthistorischen Quellen annehmen lassen. Tatsächlich müsste man in der prähistorischen Felskunst ansetzen. Archäologische Ausgrabungen in Saudi-Arabien und den Vereinigten Arabischen Emiraten (VAE) haben beeindruckende Relikte vergangener Epochen ans Tageslicht befördert, die darauf hinweisen, dass die Region bereits in der Antike eine bedeutende Rolle in einem weitreichenden Netzwerk von Austausch und Handel spielte (Andreae et al., 2021; Bednarik & Khan, 2005). Dieser Beitrag wird sich jedoch auf die moderne und zeitgenössische Kunst konzentrieren und nicht den Anspruch erheben, die gesamte kunsthistorische Entwicklung der Region abzudecken.

Die Kunsthistorikerin Silvia Naef gliedert die Moderne im gesamtarabischen Raum in drei distinktive Phasen. Die erste Phase Ende des 19. Jahrhunderts beschäftigte sich hauptsächlich mit der Aneignung westlicher Kunst, bedingt durch die Entsendung vieler Künstlerinnen und Künstler ins Ausland zu Studienzwecken oder zur Auseinandersetzung mit neuen Kunststilen. Die zweite Phase, die Naef als die „Wiederentdeckung des Lokalen" bezeichnet, begann in den 1950er-Jahren. Man begann wieder vermehrt, sich mit der eigenen Geschichte, dem Kulturerbe und Kunsttradition künstlerisch zu beschäftigen. Die dritte Phase löste die zweite in den frühen 1990er-Jahren ab und zeichnete sich durch eine verstärkte Ausrichtung auf die globalisierte Kunstwelt und ihre Strömungen aus (Naef, 2017, S. 109 f.). Die Kunsthistorikerinnen Anneka Lenssen, Sarah Rogers und Nada Shabout definieren für die Moderne den Zeitraum von 1882 bis 1987, wie sie in dem Standardwerk „Modern Art in the Arab World: Primary Documents" darlegen (Lenssen et al., 2018, S. 18). 1987 ist dabei – so die Autorinnen – ein bedeutendes Jahr für den Abschluss dieser Moderne, denn der Kalte Krieg stand kurz vor seinem Ende, der Iran-Irak-Krieg befand sich in den letzten Zügen und mit Zine al-Abidine Ben Ali deutete sich in Tunesien ein Machtwechsel an. Außerdem markiert es den Beginn der ersten Intifada im Dezember 1987 (Lenssen et al., 2018, S. 23).

Die ersten bedeutenden modernen Kunstinitiativen auf der Arabischen Halbinsel entstanden in den 1960er-Jahren etwa zeitgleich mit dem Beginn der Erdölindustrie. Die OPEC, gegründet im September 1960 in Bagdad, spielte eine zentrale Rolle in dieser Ära des wirtschaftlichen Aufstiegs (▶ Kap. 3). Der Reichtum an Erdöl und Erdgas verhalf der Region nicht nur zu finanziellem Aufschwung, sondern ermöglichte auch eine kulturelle Öffnung für internationale Kunstströmungen. So beauftragte die Bahrain Petroleum Company den renommierten Künstler Abdullah al-Muharraqi damit, Ölbohrungen künstlerisch zu dokumentieren (Al Qassemi, 2013). Verstärkt wurde dieser Einfluss durch die Zuwanderung von palästinensischen und ägyptischen Kunstschaffenden, die seit den 1950er-Jahren an Kunstschulen in den Golfstaaten lehrten und somit die Kunstszene bedeutend beeinflussten und vorantrieben (Al Qassemi, 2013). Es wäre jedoch ein Trugschluss anzunehmen, dass vor diesem wirtschaftlichen Aufschwung keine Kunstinitiativen existierten. Die Arabische Halbinsel und der gesamte MENA-Raum haben eine einzigartige Kunstgeschichte, die weit vor dieser Ära beginnt. Aufgrund des begrenzten Rahmens dieses Beitrags wird jedoch nur ein Blick auf die Zeit nach den 1950er-Jahren geworfen.

In Saudi-Arabien nahm die Ölexploration einen besonderen Einfluss auf die Kunstszene. Die Einnahmen ermöglichten den Ausbau von Bildungsinitiativen, darunter die Gründung des Institute of Art Education im Jahr 1965. In den späten 1970er-Jahren wurden erste Versuche unternommen, die Kunstinfrastruktur auszubauen. Jedoch führten die Ereignisse von 1979 mit der Islamischen Revolution im Iran, der Besetzung der Großen Moschee in Mekka und ebenso strikterer Umsetzung religiöser Normen zu einer Marginalisierung der freien Kunstszene. Der Golfkrieg in den 1990er-Jahren ermutigte Künstlerinnen und Künstler hingegen dazu, sich künstlerisch und politisch zu äußern. Prinz Khaled al-Faisal, selbst ein Maler, gründete das al-Miftaha Arts Village im Jahr 1989 in der Bergstadt Abha, ein kulturelles Zentrum mit Künstlerstudios, Ausstellungsräumen, Geschäften, einem Theater und einer Moschee (Mater, 2023). Wichtig für die Kunstgeschichte der Arabischen Halbinsel sind auch die Archive des Erdölkonzerns Saudi Aramco, einer Firma, die zuerst als amerikanisch-saudische Kooperation gegründet worden war und später verstaatlicht wurde (▶ Kap. 3). Sie wurde in Dahran aufgebaut und einige bekannte Künstlerinnen und Künstler wie Manal al-Dowayan und Hajra Waheed wuchsen auf dem Mitarbeitergelände auf, da ihre Eltern bei dem Konzern angestellt waren (Travis, 2017).

In Kuwait entstanden bereits in den 1960er-Jahren Kunstinitiativen wie das Free Studio, welches durch das kuwaitische Bildungsministerium initiiert wurde. Die Association of Plastic Arts wurde 1967 ins Leben gerufen, gefolgt von der Eröffnung von Kuwaits erster Kunstgalerie, der Sultan Gallery, im Jahr 1969 (Hindelang, 2021, S. 64). Kuwaitische Kunstschaffende nahmen ab 1986 sogar an der Saddam-Biennale in Bagdad teil, die einen offenen Austausch an Kunst und Ideen bot, der in dieser Form nach den Golfkriegen nicht mehr möglich war. 1977 kam Andy Warhol auf Einladung des kuwaitischen National Council of Arts, Culture and Letters nach Kuwait und zeigte seine Werke (Wilson-Goldie & Al Qadiri, 2010). Auch der Oman erlebte in den 1970er-Jahren einen Aufschwung seiner Kunstszene, wobei Frauen in den 1980er- und 1990er-Jahren eine zunehmend wichtigere Rolle spielten. Anwar Sonya, als „Godfather of Modern Art" des Oman bekannt, prägte maßgeblich die moderne omanische Kunst (Alhinai, 2022).

In den VAE existierten künstlerische Zusammenschlüsse bereits vor der Gründung von Art Dubai (2007) und der Zweigstelle des Louvre (2017). 2026 soll das Guggenheim-Museum in Abu Dhabi eröffnen (Cascone, 2021). Bereits 1980 wurde die Emirates Fine Arts Society gegründet und die Gruppe der „ersten fünf Künstler" entwickelte eine konzeptuelle Kunstpraxis, die sich weniger mit den politischen Agenden des Staats auseinandersetzte, sondern vielmehr globale Kunstentwicklungen aufgriff (Al Qasimi, 2015, S. 29).

Gemäß der Kunstsoziologin Anahi Alviso-Marino haben die kuwaitischen Kunstschaffenden die Idee des Marsam al-Hurr aus dem Jemen übernommen. In Aden existierten seit den 1930er- und 1940er-Jahren die ersten Ansätze zur Etablierung einer Kunstszene, etwas später in den 1960er-Jahren auch in Ta'izz und Sanaa. Vor allem in den 1970er-Jahren erlebte Aden einen Aufschwung durch die Gründung einiger Vereinigungen wie zum Beispiel der Adeni Association (1956–1958), der Adeni Association for the Plastic Arts (1960–1965) und der Federation of Yemeni Plastic Artists (1972–1990) (Alviso-Marino, 2018, S. 424). Letztere war verantwortlich für die Gründung des Freien Ateliers Marsam al-Hurr, das zwar nur für drei Jahre existierte, aber laut Alviso-Marino einen bedeutenden Einfluss auf die Kunst des Jemens hatte. Das Atelier konstituierte die erste Ausbildungsmöglichkeit für Kunstschaffende im Südjemen. Diese wurde von dem ägyptischen Künstler Abdul Aziz Darwish geleitet. Währenddessen etablierte sich im Norden ein Kreis aus Kunststudierenden um den Künstler Hashem Ali, der als Vater der modernen jemenitischen Malerei gilt (Alviso-Marino, 2018, S. 424). Die Geschichte des Jemens ist auch insofern faszinierend, da während der 1970er- und 1980er-Jahre viele jemenitische Studierende mit Staatsstipendien in die Sowjetunion reisten, dort Russisch lernten, in Universitätsunterkünften lebten und nicht nur auf russische, sondern auch auf Kunststudierende aus dem Nordjemen trafen, darunter einige ehemalige Studentinnen und Studenten von Hashem Ali (Alviso-Marino, 2018, S. 425).

Die moderne Kunst auf der Arabischen Halbinsel spiegelt somit nicht nur die wirtschaftlichen Veränderungen durch den Erdölboom wider, sondern auch die kulturelle Öffnung für internationale Kunstströmungen und den Einfluss von Künstlerinnen und Künstlern aus anderen Regionen. Dabei hat jedes Land der Arabischen Halbinsel – trotz regionaler Gemeinsamkeiten – seine eigene distinktive Kunstgeschichte, eigene Pioniere der Moderne, eine zeitgenössische Kunstszene und Infrastruktur und Teilhabe am internationalen Kunstmarkt, auf welche im Folgenden eingegangen wird.

15.4 Infrastruktur

Der eigentliche Aufschwung der Kunstszenen der Arabischen Halbinsel begann in den letzten 30 Jahren mit der ersten Sharjah-Biennale im Jahr 1993 und den ersten Museen wie dem Sharjah Museum of Islamic Civilization, welches 1996 eröffnet wurde. Dieses Emirat, das enge Beziehungen zu Saudi-Arabien pflegt, war ein Vorreiter der Kunst, lange bevor Dubai sich als Zentrum für zeitgenössische Kunst und den Kunstmarkt etablierte.

Als Pionier der Museen der Arabischen Halbinsel kann das Museum of Modern Art in Kuwait betrachtet werden. Es beherbergt eine exquisite Sammlung moderner arabischer und internationaler Kunst. Das historische Gebäude des Museums diente zuvor lange als Bildungseinrichtung. Es wurde 1939 erbaut, um die Madrasa al-Sharqiya („östliche Schule") zu beherbergen, an der zahlreiche Generationen prominenter Kuwaitis studierten, darunter auch der Emir Sabah al-Ahmad, der 2020 verstarb. Bahrain zog 1998 nach und gründete den gemeinnützigen Kunstraum Al Riwaq. Er bietet Kunstschaffenden und Kreativen vielseitige Artists-in-Residence-Programme, beherbergt Co-Working-Spaces und Studios und veranstaltet Ausstellungen und Kunstevents.

In ihrer Berichterstattung liegt das Hauptaugenmerk westlicher Medien hauptsächlich auf Dubai und Katar. Jedoch war eine der ersten „Kunstveranstaltungen" in der Region die 1993 gegründete Sharjah-Biennale. Diese versammelt alle zwei Jahre eine gut kuratierte Auswahl an zeitgenössischer Kunst und besticht durch die hervorragenden Veranstaltungen und Diskussionen im Rahmen des March Meetings. Im Jahr 2007 folgten zwei Kunstmessen: Abu Dhabi Art und die heutige Art Dubai. Die Bedeutung der Art Dubai misst sich vor allem in ihrer Vorreiterrolle für den Kunstaustausch im Globalen Süden sowie ihre Profilierung moderner

◘ **Abb. 15.1** Der Stadtteil Bastakiya (al-Fahidi), im Hintergrund ein Neubauprojekt

nahöstlicher Kunst, die in dieser Form einzigartig ist (Sindelar, 2016). 2008 wurde die Creek Art Fair von einem Galeristen in Bastakiya, wie Dubais Altstadtviertel al-Fahidi früher hieß, gegründet (◘ Abb. 15.1).[1] Die Namen der Kunst- und Kulturerbeinitiativen änderten sich schnell: Aus der Creek Art Fair wurde die Bastakiya Art Fair und dann die SIKKA Art Fair. Diese letzte Änderung ging einher mit der arabisierten Umbenennung von dem Ortsteil Bastakiya in al-Fahidi. 2009 nahmen die VAE zum ersten Mal an der Biennale von Venedig teil. Das Thema des Pavillons des Landes, „It's not you, it's me", spielte mit der Idee des internationalen Kunstevents und einer nationalen Repräsentation der Kunst. Die folgenden Jahre waren von Ausstellungen emiratischer Künstlerinnen und Künstler geprägt, deren Kunst größtenteils mit den staatlichen Agenden übereinstimmte. Der Pavillon 2015 zeichnete zum Beispiel eine Geschichte der VAE, die sich ausschließlich auf nationale Künstlerinnen und Künstler fokussierte. Somit untergrub dies die Versuche des Kurators Tirdad Zolghadr aus dem Jahr 2009, eine kritische und ironische Selbstdarstellung der „Nation" zu schaffen, die eben nicht nur aus nationalen, staatsbürgerlichen Subjekten besteht. Der Pavillon von 2017 leitete sodann eine Wende ein: Obwohl das Thema „Rock, Paper, Scissors: Positions in Play" relativ unaufgeregt zu sein schien, war es das erste Mal, dass ausländische Künstlerinnen und Künstler, die im Land aufgewachsen sind und dort leben, vorgestellt wurden.

Auf der Insel Saadiyat in Abu Dhabi, die den Louvre und bald das Guggenheim beherbergt, befindet sich auch das Warehouse 421, ein Teil der Salama bint Hamdan al-Nahyan Foundation. Sharjah beherbergt außerdem die Barjeel Art Foundation. Der Eigentümer, Sultan Sooud al-Qasimi, ist Mitglied der Herrscherfamilie von Sharjah und begeisterter Kunstsammler und Zeitungskommentator. Sharjahs Kunstszene wird durch das Maraya Art Centre ergänzt, das Ausstellungsräume und Kunstprogramme bietet. Im Gegensatz zu Sharjah hat Dubai erst kürzlich mit dem Jameel Arts Centre einen ähnlichen zeitgenössischen Ausstellungsraum eröffnet. Dieses durch die saudi-arabische Jameel-Stiftung finanzierte Kunstzentrum beherbergt eine Bibliothek und organisiert neben Ausstellungen auch Programme zur Förderung der lokalen Kunstlandschaft. Die Präsentation des kulturellen Erbes, ein gemeinsames Anliegen von Sharjah und Abu Dhabi, steht auch in Dubai im Mittelpunkt. Die Stadt besitzt ein Museum für Kulturerbe (Dubai-Museum) sowie das Etihad-Museum, das die Geschichte der VAE erzählt. In Dubai befinden sich außerdem jene Institutionen, die sich dem Kunsthandel verschrieben haben: Die Auktionshäuser Christie's und Sotheby's nehmen eine Vorreiterstellung ein, die jährlich stattfindende Messe Art Dubai, durch die die Stadt beträchtliche Einnahmen generiert, und das Galerienviertel Alserkal Avenue, das sich in al-Quoz befindet, einem Industriegebiet zwischen Downtown Dubai und der Dubai Marina.

In Doha beherbergt das Museum für Islamische Kunst (MIA) eine beeindruckende Sammlung islamischer Kunst und Artefakte aus verschiedenen Regionen. Das in al-Rayan nahe der Education City gelegene Arabische Museum für moderne Kunst, Mathaf, zeigt moderne und zeitgenössische arabische Kunst. Die Fire Station, im Herzen von Doha gelegen, ist ein zeitgenössisches Kunstzentrum, das Studios sowie Artists-in-Residence-Aufenthalte anbietet und die lokale Kunstszene fördert.

Von Katar nach Saudi-Arabien wechselnd wäre zuerst die Diriyah-Biennale zu erwähnen, eine internationale Kunstbiennale, die alle zwei Jahre in der historischen Stadt Diriyah am Stadtrand von Riad stattfindet. Die Biennale wurde 2021 zum ersten Mal veranstaltet und hat sich schnell zu einem wichtigen Event entwickelt. In der Wüste Saudi-Arabiens wurde 2020 zudem ein Ableger der bekannten kalifornischen Desert X (aus dem Coachella Valley) veranstaltet, genannt Desert X AlUla nach dem Austragungsort al-Ula. Die Ausstellung findet alle zwei Jahre statt und präsentiert ortsspezifische Arbeiten internationaler Künstlerinnen und Künstler.

15.5 Namhafte Künstlerinnen und Künstler der Arabischen Halbinsel

Um die Vielfalt der künstlerischen Ausdrucksweisen der Arabischen Halbinsel aufzuzeigen, zeichnet dieses Kapitel Biographien ausgewählter Künstlerinnen und Künstler nach. Im Oman hat Anwar Sonya als „Godfather of Modern Art" die moderne Kunstszene maßgeblich geprägt. In den VAE zählt man unter den Pionie-

---

1 Bastakiya wurde nach einer Stadt im südlichen Iran, Bastak, benannt.

ren eine Gruppe von fünf Künstlern, zu die der unlängst verstorbene Hassan Sharif, sein Bruder Hussain Sharif, Mohammed Kazem sowie die beiden „Land-Art-Künstler" Mohamed Ahmed Ibrahim und Abdullah Al Saadi zählen. Außerdem wichtig sind die Künstlerin Ebtisam Abdul Aziz und der Künstler Abdul Qadr Al Rais. Unter diesen hat Hassan Sharif wahrscheinlich am meisten internationale Bekanntheit erlangt. Geboren im Jahr 1951 und 2016 gestorben, war Sharif ein Pionier der konzeptuellen Kunst. Sharif begann seine Karriere als politischer Karikaturist, zog dann nach Großbritannien für sein Kunststudium und entwickelte dort seinen Stil des Semisystems. Neben seinen künstlerischen Aktivitäten war Sharif 2007 Mitbegründer von The Flying House, das zeitgenössische emiratische Kunst fördert. Er unterstützte mehrere Generationen von Künstlerinnen und Künstlern und hinterließ einen nachhaltigen Einfluss auf die Kunstgemeinschaft in den Emiraten. Seine Werke befinden sich in bedeutenden Sammlungen auf der ganzen Welt, darunter das Guggenheim New York, das Centre Pompidou und die Tate Modern. Ein wichtiger Aspekt von Sharifs künstlerischer Praxis war seine „Webtechnik", bei der er aus billigen, massenproduzierten Materialien Assemblagen schuf, die den Status quo der schnell industrialisierten und konsumzentrierten VAE widerspiegeln sollten (Chaves, 2020).

Ahmed Mater, geboren 1979 in Tabuk, Saudi-Arabien, ist ein multidisziplinärer Künstler. Nach seinem Medizinstudium begann Mater verworfene Röntgenaufnahmen für seine Kunst zu verwenden. In seinem Werk „Evolution of Man" (2010) ist eine Röntgenaufnahme eines Mannes zu sehen, der sich zuerst eine Waffe an den Kopf hält, aber langsam zu einer Zapfsäule mutiert (◘ Abb. 15.2). Ein weiteres bekanntes Werk ist „Magnetism" (2021), ein fotografisches Triptychon (◘ Abb. 15.3). Es zeigt eine Installation mit einem kleinen quadratischen Magneten, umgeben von Eisenfeilspänen, die auf die Anziehungskraft des Magneten reagieren. Inspiriert von den Ritualen des Hajj – der Pilgerreise nach Mekka – wurde das Werk erstmals 2009 auf der Biennale in Venedig ausgestellt und anschließend in renommierten Institutionen gezeigt, um schlussendlich bei Christie's im Jahr 2023 für 189.000 Britische Pfund (ca. 221.700 €) versteigert zu werden (Christie's, 2023).[2] Mater ist außerdem Mitbegründer der Künstlerinitiative Edge of Arabia, die er gemeinsam mit Stephen Stapleton und anderen Kunstschaffenden aus dem Al Meftaha Art Village, darunter Abdulnasser Gharem, gegründet hat. Edge of Arabia versteht sich als unabhängige Kunstinitiative, die saudi-arabische Kunst einem internationalen Publikum bekannt machen möchte und den Austausch zwischen Saudi-Arabien und anderen Ländern fördern will. Saudi-Arabien hat außerdem herausragende Künstlerinnen und Künstler wie Abdulnasser Gharem und Manal al-Dowayan hervorgebracht. Gharem thema-

◘ **Abb. 15.2** Ahmed Mater, „Evolution of Man" (2010). Silkcreen. (Courtesy: The artist and Galleria Continua © Ela Bialkowska, OKNO Studio)

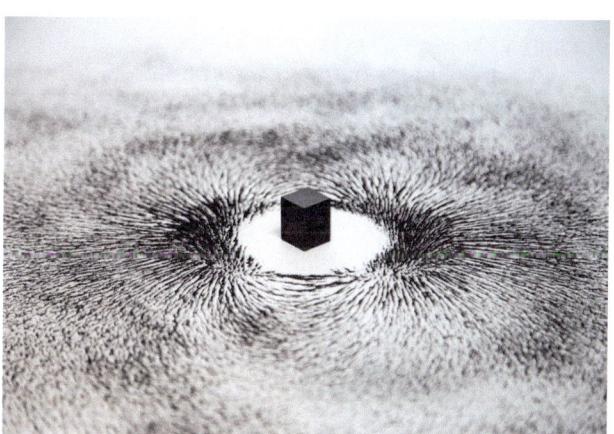

◘ **Abb. 15.3** Ahmed Mater, „Magnetism" (2009). Installation. (Courtesy: The artist and Galleria Continua, © Ivan D'ali)

tisiert in seinen Werken soziale, religiöse und politische Aspekte seines Heimlands. Al-Dowayan, eine Malerin und Fotografin, setzt sich in provokativen Arbeiten mit Identität, Gender und Religion auseinander.

Monira Al Qadiri, eine in Berlin lebende, kuwaitische Künstlerin, erkundet in ihrer Arbeit die kulturellen und politischen Auswirkungen von Erdöl in der Golfregion. Mit einer surrealen und dystopischen Ästhetik behandelt sie Themen wie Konsum, Technologie und Identität. Ihre Werke, darunter „Behind the Sun" (2013), eine Videoinstallation, die die brennenden Ölfelder Kuwaits während des Golfkriegs zeigt, und „Alien Technology" (2016), eine Serie futuristischer Skulpturen, tragen dazu bei, die Diskussion über die Zukunft der Golfregion zu prägen. „Deep Float" (2017) reüssiert die vergangenen,

---

2 Umrechnung von GBP in EUR am 30.01.2024.

aber vielleicht auch zukünftigen therapeutischen Methoden von Erdöl, lange nachdem es als Energiequelle ausgedient hat. Al Qadiri hat in renommierten Museen und Galerien weltweit ausgestellt und wurde mit Preisen wie dem Future Generation Art Prize (2013) und dem Abraaj Capital Art Prize (2014) geehrt. Sie ist auch Mitglied der Künstlergruppe GCC. In Anlehnung an das englische Akronym des Golfkooperationsrats GCC (von Gulf Cooperation Council) produziert diese Gruppe Kunst, die sich mit den soziopolitischen Entwicklungen der Region beschäftigt.

Ein weiterer bedeutender Künstler ist Lantian Xie, der in Dubai lebt und arbeitet. Xie erforscht in seiner Arbeit Identität, Migration und Kultur. Durch Medien der Malerei und Installation schafft er Werke wie „Woodland Fern No. 4" (2014), welches auf die Wandfarbe einer beliebten Restaurantkette mit kosmopolitischem Menü in Dubai anspielt, und „Chicago Beach Hotel" (2014/15), welches auf das Vorgängerhotel des Burj al-Arab verweist. Xie, dessen Werke in der 57. Venedig-Biennale, der elften Shanghai-Biennale und der dritten Kochi-Muziri-Biennale gezeigt wurden, nimmt eine provokative und herausfordernde Position in der aktuellen Diskussion über die Golfregion ein.

Sophia Al Maria, eine amerikanische Künstlerin mit katarischem Hintergrund, lebt in London und untersucht in ihrer vielseitigen Arbeit kulturelle und politische Identitäten der Golfregion. Mit einer surrealen und dystopischen Ästhetik erforscht sie Themen wie Geschlecht, Religion, Technologie und Konsum. Ihre Werke, darunter „Black Friday" (2017) und „Astral Bodies Electric" (2019), tragen dazu bei, komplexe soziale und politische Realitäten zu beleuchten (◘ Abb. 15.4). Sie ist auch die Autorin einer Autobiographie („The girl who fell to earth") sowie des Alter Egos „Sci-Fi Wahabi".

Diese Künstlerinnen und Künstler bieten durch ihre Werke nicht nur im ästhetischen Sinne neue Impulse, sondern liefern auch kritische Einblicke in die tiefgreifenden sozialen, politischen und kulturellen Dynamiken der Arabischen Halbinsel.

15.6 Kunstmarkt

15.6.1 Auktionshäuser

Die Auktionshäuser und Kunstsammlungen nehmen eine herausragende Position in der zeitgenössischen Kunstszene der Arabischen Halbinsel ein, indem sie nicht nur den Kunstmarkt beeinflussen, sondern auch eine entscheidende Rolle bei der Förderung und Erhaltung von Kunstwerken aus der Region spielen. Christie's hat seine Präsenz im Nahen Osten in den letzten Jahren maßgeblich ausgebaut. Die Niederlassung in Dubai fungiert als wichtiger Knotenpunkt für Auktionen von Kunstwerken aus der arabischen Welt. Diese Auktionen, die Malerei, Skulptur, Fotografie und Videokunst umfassen, finden halbjährlich entweder in London oder in Dubai statt. Die Werke von namhaften Kunstschaffenden wie Mahmoud Said, Fahr-Elnissa Zeid, Monir Farmanfarmaian, Shaker Hassan Al Said sowie zeitgenössischen Visionären wie Ali Banisader, Ahmad Mater und Ayman Baalbaki werden dabei prominent präsentiert. Christie's hat sich durch außergewöhnliche Ergebnisse und Rekordpreise für Künstlerinnen und Künstler aus der Region als weltweiter Marktführer für moderne und zeitgenössische Kunst aus der MENA-Region etabliert. Die Auktionen ziehen Bietende aus zahlreichen Ländern an, was auf eine wachsende globale Wertschätzung für Kunstwerke aus dieser Region hinweist.

Sotheby's, ein weiteres international bedeutendes Auktionshaus, hat ebenfalls in Dubai eine Niederlassung und trägt zur Verbreitung von Kunstwerken aus der arabischen Welt bei. Mit regelmäßigen Auktionen setzt Sotheby's auf eine breite Palette von Kunstformen, um die Vielfalt und den Reichtum der kulturellen Ausdrucksformen dieser

◘ **Abb. 15.4** Sophia Al Maria, „Black Friday" (2016), Digital video still. Courtesy: The artist and The Third Line, Dubai

Region zu präsentieren. Die Bedeutung dieser Auktionshäuser geht über den bloßen Handel hinaus; sie sind entscheidend für die Sichtbarkeit und Anerkennung von Künstlerinnen und Künstlern aus dem Nahen Osten auf internationaler Ebene. Durch ihre globalen Netzwerke bieten sie eine Plattform für Künstlerinnen und Künstler, die mit ihren Werken die kulturelle und künstlerische Vielfalt dieser Region reflektieren.

15.6.2 Kunstgalerien

Parallel zu den Auktionshäusern spielen auch Kunstgalerien eine zentrale Rolle bei der Förderung zeitgenössischer Kunst. Die Third Line Gallery, gegründet 2005 in Dubai, hat sich als eine der innovativsten Galerien der Region etabliert. Sie repräsentiert unter anderem die britisch-bangladeschische Künstlerin Rana Begum sowie die emiratische Photographin Lamya Gargash. Die Athr Gallery in Jeddah widmet sich der Förderung von Kunst aus Saudi-Arabien, während Carbon 12 in Dubai persische, deutsche und österreichische Kunst vereint. So vertritt sie die österreichischen Künstler Bernhard Buhmann und Monika Grabuschnigg genauso wie den iranischen Künstler Amir Kohjasteh. Eine wichtige Position im Portfolio der Galerie stellen die Arbeiten der deutsch-iranischen Künstlerin Anahita Razmi dar, die Ost-West-Dichotomien infrage stellt und ihren eigenen Hintergrund in den Arbeiten immer wieder thematisiert. Die Ayyam Gallery ist eine Galerie für zeitgenössische Kunst aus der MENA-Region. Sie wurde 2006 in Damaskus von Khaled und Jouhayna Samawi gegründet und hat ihre ständige Niederlassung nun in Dubai. Sie präsentiert Größen wie zum Beispiel Samia Halaby, eine palästinensisch-amerikanische Künstlerin, die als Pionierin der abstrakten Malerei in der Region gilt. Die Ayyam Gallery führt gelegentlich die Young Collector's Auction durch, die dazu dienen soll, eine jüngere Generation für das Kunstsammeln zu etablieren und begeistern.

15.6.3 Kunstsammlerinnen und Kunstsammler

Die Rolle von Kunstsammlerinnen und -sammlern ist in dieser dynamischen Szene nicht zu unterschätzen. Abdelmonem Bin Eisa Alserkal, ein emiratischer Geschäftsmann und Kunstsammler, ist der Gründer der Alserkal Avenue in Dubai, ein bedeutendes Kunst- und Kulturviertel. Sein Engagement für die Förderung zeitgenössischer Kunst aus der Region hat dazu beigetragen, Dubai als wichtiges Zentrum für Kunst zu etablieren. Als großer Förderer der Kunst und Kultur gilt auch Scheich Muhammad bin Rashid Al Maktoum, Emir von Dubai sowie Vizepräsident und Premierminister der VAE. Scheich Muhammad hat mehrere Kunstmuseen und Kunstgalerien in den VAE gegründet oder unterstützt. 2020 gründete er die Dubai Collection, welche online und im Etihad-Museum gezeigt wurde. Sie zeigt hauptsächlich die gesammelten Werke von Scheich Maktoum, aber auch jene anderer privater Kunstsammler.

Neben Scheich Maktoum sind auch weitere Mitglieder von Dubais Herrscherfamilie der Kunst verbunden. Seine Tochter Manal ist Namensgeberin für den „Sheikha Manal Young Artist Award", während sein Sohn Hamdan, Kronprinz von Dubai, auch ein leidenschaftlicher Kunstsammler und Förderer der Künste ist. Sultan bin Muhammad al-Qasimi, der Emir von Sharjah, hat entscheidende Beiträge zur Förderung der zeitgenössischen Kunst in der Region geleistet. Seine Unterstützung erstreckt sich über verschiedene Kunstprojekte und Initiativen, die die Kultur und Kreativität der Region fördern.

Eine besonders herausragende Persönlichkeit in der Kunstszene von Sharjah ist Hoor al-Qasimi, Tochter des Herrschers und Direktorin der Sharjah Art Foundation, die auch die Sharjah-Biennale organisiert. Als Kunstsammlerin und Förderin hat sie nicht nur die lokale Kunstszene diversifiziert, sondern auch mehrere Kunstinitiativen mitbegründet, die die kreative Entfaltung der Region unterstreichen. Sultan Sooud al-Qasimi, eine wichtige Persönlichkeit und ein Förderer der zeitgenössischen arabischen Kunst, begann seine Karriere als Journalist und Kommentator. In den 1990er-Jahren begann er seine Sammlung zur zeitgenössischen arabischen Kunst, die schließlich zur Gründung der Barjeel Art Foundation im Jahr 2010 führte. Diese Stiftung hat sich als führende Institution für zeitgenössische arabische Kunst etabliert und veranstaltet regelmäßig Ausstellungen, Vorträge und Veranstaltungen, um die Kunst der Region zu fördern.

Hamad bin Khalifa Al Thani, der ehemalige Emir, hat Katar zu einem bedeutenden Zentrum für arabische Kunst gemacht. Die von ihm unterstützten Kunstmuseen wie das Museum of Islamic Art und das Mathaf, das Arabische Museum für moderne Kunst, sind Zeugnisse seines Engagements. Sheikha al-Mayasa bint Hamad bin Khalifa Al Thani, die Schwester des Emirs und Vorsitzende der Qatar Museums Authority, ist ebenso Kunstsammlerin und Förderin der zeitgenössischen Kunst. Ihr Einfluss erstreckt sich über die Gründung und Unterstützung von Kunstmuseen und -galerien in der Region. Auch Kuwaits Herrscherfamilie al-Sabah ist ein Big Player in der Sammlung islamischer Kunst, die immer wieder Exponate an den Louvre in Paris leihen, vor allem für den von ihnen gestifteten Flügel zur islamischen Kunst. In Saudi-Arabien gibt es ebenso einige wichtige Kunstsammler, darunter Prinz Alwaleed bin Talal sowie die Jameel-Familie.

15.6.4 Kunstmessen

Die wichtigste und bekannteste Kunstmesse ist die Art Dubai. 2007 von den Briten Ben Floyd und John Martin als Gulf Art Fair gegründet, avancierte sie seither zu internationaler Bekanntheit (Sindelar, 2016, S. 3). Die Kunstmesse findet in der weitläufigen Hotelanlage der Madinat Jumeirah statt und läuft parallel mit der Art Week, einer Woche, in welcher Galerien, Kunsträume und Ateliers ihre Türen öffnen und neue Ausstellungen präsentieren, gemeinsam mit einem Programm an Veranstaltungen und Podiumsdiskussionen. Art Dubai hat regional und global eine tragende Rolle durch ihr Programm Modern. Im Jahr 2014 gegründet, zeigt Art Dubai Modern ausschließlich moderne Kunst aus dem Nahen Osten, Asien und Afrika. Dies wird begleitet von einem edukativen Programm mit Gesprächen, Round Tables und Vorträgen mit eingeladenen Expertinnen und Experten wie den Kunsthistorikerinnen Nada Shabout und Salwa Mikdadi zur modernen Kunst im Nahen Osten. Das Global Art Forum (GAF) findet parallel zur Kunstmesse statt und ähnelt dem Gesprächsprogramm der Art Basel. Kunstschaffende, Galerien und Kuratoren werden zu Podiumsdiskussionen eingeladen. Neben der Kunstmesse Art Dubai gibt es noch eine kleinere Messe, SIKKA, die in Dubais historischem Stadtviertel al-Fahidi stattfindet und sich auf lokale Kunst fokussiert. Weitere Kunstmessen sind die Abu Dhabi Art, die etwas kleiner ist als die Art Dubai. Erwähnenswert ist auch Jeddah Arts, eine Kunst- und Designmesse, die jährlich in der saudi-arabischen Stadt Jiddah stattfindet.

Insgesamt tragen Auktionshäuser, Galerien und Kunstsammler maßgeblich zur Entwicklung, Verbreitung und Anerkennung der Kunstszene auf der Arabischen Halbinsel bei. Ihre engagierte Unterstützung spiegelt sich nicht nur in wirtschaftlichen Förderungen wider, sondern auch in der Förderung kultureller Vielfalt und kreativer Entfaltung in der Region. Ihre Bemühungen tragen dazu bei, der modernen und zeitgenössischen arabischen Kunst ihren gerechten Anteil am globalen Kunstkanon zuzusprechen.

15.7 Unfreie Kunstszene und Zensur?

Nachdem die Geschichte der Kunst auf der Arabischen Halbinsel dargelegt wurde, gilt es, zwei Aspekte zu thematisieren, die in populären Medien zirkulieren. Das erste Vorurteil ist jenes einer Kunstszene, die durch ein Joch der Zensur – vor allem seit den arabischen Umbrüchen – zum Schweigen gebracht wurde. Während religiöse Sensibilitäten und Zensurfälle in den Staaten der Arabischen Halbinsel eine Rolle spielen, so bestehen auch starke Unterschiede. Kritik kann durch Kunst artikuliert werden, sowohl im Kontext einer Galerie als auch eines Kulturfestivals.

Bekanntere Zensurfälle wie zum Beispiel bei der Sharjah-Biennale oder der Art Dubai überschatten dabei die subversive und kritische Kunst der Arabischen Halbinsel. So sorgten im Jahr 2012 Zensurfälle bei der Kunstmesse Art Dubai international für Aufsehen. Eines der betroffenen Kunstwerke war „After Washing" des palästinensischen Malers Shadi Al Zaqzouq, das eine junge Protestierende zeigte (Lord, 2012). Ein weiteres zensiertes Werk von Zakaria Ramhani thematisierte die Misshandlung einer Frau während des sogenannten Arabischen Frühlings, wobei die Gesichter der Sicherheitskräfte durch Gorillaköpfe ersetzt wurden. Die Kunsthistorikerin Nancy Demerdash kritisierte die damalige Messeleiterin Antonia Carver für ihre undurchsichtige Erklärung dieser Zensur, die aufgrund von „kulturellen Sensibilitäten" geschah, wie Carver betonte. Demerdash deutete an, dass die Künstlerinnen und Künstler „stillschweigende" Mitwirkende der staatlichen Zensur geworden sind (Demerdash, 2017, S. 42). Eigene Feldforschungsarbeiten zeigen indes, dass viele Künstlerinnen und Künstler, trotz Anpassungen an staatliche Vorgaben, sich nicht als solche sehen. Dies gilt besonders für jene Kunstschaffenden, die die inhumanen Arbeitsbedingungen in den Golfstaaten kritisieren (Sindelar, 2019).

In einem weiteren Zensurvorfall im Jahr 2011 in Sharjah wurde das Werk „Maportaliche/Ecritures Sauvages" des algerischen Künstlers Mustapha Benfodil aufgrund religiöser Provokation entfernt (Masters, 2011). Auch dieser Vorfall löste eine Kontroverse aus und bedingte die Entlassung des damaligen Direktors Jack Persekian. Dies führte zu einem großen Aufschrei in der Kunstwelt, dem sich das konservative Emirat Sharjah – trotz seiner sonst innovativen und progressiven Kunstinitiativen – auszusetzen hatte (Kennedy, 2011; Saadawi, 2012; Toukan, 2011). Abgesehen von diesen Zensurvorfällen gab es jedoch keine nennenswerten Kontroversen, bis auf den Protest zum Bau des Guggenheims in Abu Dhabi. Eine Koalition internationaler Künstler, die sich Gulf Labor Artist Coalition nennt, versuchte mit der Leitung des Guggenheims über fairere Bedingungen für die Bauarbeiter in Abu Dhabi zu verhandeln, jedoch wurden diese Gespräche seitens des Museums abgebrochen. Dies führte zu Protestaktionen der Gruppe, unter anderem im New Yorker Guggenheim-Museum, an dessen Wand die Gruppe „Ultra Luxury Art, Ultra Low Wages" projizierte (Gulf Labor Artist Coalition, 2016).

Das zweite Vorurteil, das dieser Beitrag aufgreift, ist die Auffassung, dass es vor dem sogenannten Boom der Kunstszene keine nennenswerten Kunstinitiativen auf der Arabischen Halbinsel gab. Jegliche Infrastruktur sei staatlich finanziert und es gebe wenig organische künstlerische Entwicklungen, wie westliche Medien oftmals betonen. Im Gegenteil, dieses Kapitel zeigt deutlich, dass es bereits lange vor der Gründung bedeutender Kunstmessen wie der Art Dubai Kunstschaffende gab, welche intellektuellen Austausch betrieben, sich in

Künstlergruppen formierten und Kunstinitiativen vorantrieben. Leider ist dieser Teil der Kunstgeschichte noch nicht substanziell aufgearbeitet worden, daher besteht nur ein sehr eingeschränktes Verständnis dieser frühen Kunstinitiativen. Es ist nun Aufgabe der Kunstanthropologie und -geschichte, diesen Vorurteilen im Sinne einer tatsächlichen globalen Kunstgeschichte durch kritische Forschung entgegenzuwirken. Bestrebungen, die moderne Kunst in Ländern wie Ägypten, dem Libanon oder dem Irak durch Forschungen und Publikationen sichtbar zu machen, gibt es bereits (Bahrani & Shabout, 2009; Lenssen et al., 2018; Mikdadi et al., 1994; Shabout, 2007). Für die Arabische Halbinsel muss dies erst geschehen.

15.8 Fazit

Die Kunstszenen der Arabischen Halbinsel haben sich in den letzten Jahren zu einem faszinierenden Schmelztiegel kreativer Ausdrucksformen entwickelt. Geprägt von renommierten Künstlerinnen und Künstlern wie Ahmed Attar, Hassan Sharif oder Monira al-Qadiri sowie Kunstförderern wie den Familien der Herrscherhäuser Al Thani, al-Sabah, Al Maktoum und al-Qasimi spiegelt sie nicht nur die reiche kulturelle Geschichte der Region wider, sondern auch deren zeitgenössische Dynamik. Visionäre Persönlichkeiten wie Hoor al-Qasimi, die Leiterin der Sharjah Art Foundation, und Sultan Sooud al-Qasimi, Inhaber der Barjeel Foundation und einer der umfangreichsten Sammlungen moderner und zeitgenössischer nahöstlicher Kunst, haben dazu beigetragen, die Kunstszene auf internationalem Parkett zu etablieren. Keineswegs verschreibt sich die Kunstszene der Arabischen Halbinsel nur ihren eigenen Traditionen. Auch Künstlerinnen und Künstler aus Familien mit Migrationsgeschichten kommentieren die soziopolitischen Entwicklungen kritisch und auf vielfältige Weise durch ihre Kunst und sind damit ebenso integraler Bestandteil der Kunstszene der Arabischen Halbinsel.

Literatur

Al Qasimi, H. (2015). The past seen from a possible future: relationships between material objects and memories of a society. In H. Al Qasimi, K. Marta & I. Al Rifaai (Hrsg.), *1980-today: exhibitions in the United Arab Emirates* (S. 27–30). Venedig: National Pavillon United Arab Emirates.

Al Qassemi, S. S. (2013). Correcting misconceptions of the Gulf's modern art movement. Al Monitor. https://sultanalqassemi.com/articles/correcting-misconceptions-of-the-gulfs-modern-art-movement/. Zugegriffen: 22. Juli 2024.

Alhinai, S. (2022). A conversation with Anwar Sonya. Sada – Middle East Analysis. https://carnegieendowment.org/sada?lang=en. Zugegriffen: 22. Juli 2024.

Alviso-Marino, A. (2018). Yemen's free atelier: History and context in the Arabian peninsula. In A. Lenssen, S. Rogers & N. M. Shabout (Hrsg.), *Primary documents series. Modern art in the Arab World* (S. 424–425). New York: The Museum of Modern Art.

Andreae, M. O., Al-Amri, A., Al-Jibrin, F. H., & Alsharekh, A. M. (2021). Iconographic and archaeometric studies on the rock art at Musayqira, Al-Quwaiyah governorate, central Saudi Arabia. *Arabian Archaeology and Epigraphy*, 32(S1), 153–182.

Bahrani, Z., & Shabout, N. M. (2009). *Modernism and Iraq*. Miriam and Ira D. Wallach Art Gallery, Columbia University.

Bednarik, R. G., & Khan, M. (2005). Scientific studies of Saudi Arabian rock art. *Rock Art Research*, 22(1), 49–81.

Brones, S., & Moghadam, A. (2016). Beirut-Dubai: translocal dynamics and the shaping of urban art districts. In L. Vignal (Hrsg.), *The transnational middle east: people, places, borders*. London: Routledge.

Cascone, S. (2021). After delays, protests, and a pandemic, the Guggenheim Abu Dhabi has a new date for its debut: 2026. ArtNet News. https://news.artnet.com/art-world/guggenheim-abu-dhabi-2011351. Zugegriffen: 22. Juli 2024.

Chaves, A. (2020). A look back: the five UAE artists who shaped the country's contemporary art scene. The National. https://www.barjeelartfoundation.org/artist/uae/hassan-sharif/. Zugegriffen: 22. Juli 2024.

Christie's (2023). Artist Ahmed Mater: 'When you go to Mecca, it's as if you were inside a huge magnetic field'. Christie's. https://www.christies.com/en/stories/ahmed-mater-magnetism-9cd7babf76814f359b320d9e32c47314. Zugegriffen: 22. Juli 2024.

Demerdash, N. (2017). Of „gray lists" and whitewash: an aesthetics of (self-)censorship and circumvention in the GCC countries. *Journal of Arabian Studies*, 7(sup1), 28–48.

Elsheshtawy, Y. (2020). Beyond artwashing: an overview of museums and cultural districts in Arabia. *Built Environment*, 46(2), 88–101.

Erskine-Loftus, P. (2014a). *Museums and the material world: Collecting the Arabian peninsula*. Edinburgh: MuseumsEtc.

Erskine-Loftus, P. (2014b). *Reimagining museums: Practice in the Arabian peninsula*. Edinburgh: MuseumsEtc.

Exell, K. (2016). *Modernity and the museum in the Arabian peninsula*. London: Routledge.

Gulf Labor Artist Coalition (2016). Protests after Guggenheim ends negotiations. https://gulflabour.org/2016/g-u-l-f-protests-resume-after-guggenheim-ends-negotiations/. Zugegriffen: 22. Juli 2024.

Hamid, N. (2020). The nation and its artists: contemporary khaleeji artists between critique and capture. In M. Karolak & N. Allam (Hrsg.), *Gulf cooperation council culture and identities in the new millennium: resilience, transformation, (re)creation and diffusion* (S. 95–114). London: Palgrave Macmillan.

Hindelang, L. (2021). *Iridescent Kuwait. Petro-modernity and urban visual culture since the mid-twentieth century*. Berlin: De Gruyter.

Kennedy, R. (2011). Sharjah Biennial director fired over artwork deemed offensive. The New York Times. https://artsbeat.blogs.nytimes.com/2011/04/07/sharjah-biennial-director-fired-over-offensive-artwork/ (Erstellt: 07.04.). Zugegriffen: 22. Juli 2024.

Lenssen, A., Rogers, S., & Shabout, N. M. (Hrsg.). (2018). *Primary documents series. Modern art in the Arab World. Primary documents*. New York: The Museum of Modern Art.

Lord, C. (2012). Faceless but not voiceless: Shadi Alzaqzouq at artspace. The National. https://www.thenationalnews.com/arts-culture/art/faceless-but-not-voiceless-shadi-alzaqzouq-at-art-space-1.372596. Zugegriffen: 22. Juli 2024.

Masters, H. G. (2011). Director's ouster jeopardizes Sharjah Art Foundation's future. ArtAsiaPacific. http://artasiapacific.com/News/DirectorsOusterJeopardizesSharjahArtFoundationsFuture. Zugegriffen: 22. Juli 2024.

Mater, A. (2023). Al-Meftaha arts village. https://www.ahmedmater.com/organisations/al-meftaha-arts-village. Zugegriffen: 22. Juli 2024.

Mikdadi, S., Nader, L., & Etel, A. (1994). *Forces of change: artists of the Arab world*. International council for women in the arts National Museum of Women in the Arts.

Naef, S. (2017). Writing the history of modern art in the Arab World: Documents, theories and realities. In J. Allerstorfer-Hertel & M. Leisch-Kiesl (Hrsg.), *„Global art history": Transkulturelle Verortungen von Kunst und Kunstwissenschaft*. Linzer Beiträge zur Kunstwissenschaft und Philosophie, (Bd. 8, S. 109–126). Bielefeld: transcript.

Saadawi, G. (2012). Post-Sharjah Biennal 10: Institutional grease and institutional critique. e-flux, 26 (6). https://www.e-flux.com/journal/26/67970/post-sharjah-biennial-10-institutional-grease-and-institutional-critique/. Zugegriffen: 22. Juli 2024.

Shabout, N. M. (2007). *Modern Arab art: formation of Arab aesthetics*. Gainesville: University Press of Florida.

Sindelar, M. J. (2016). Local, regional, global: an investigation of Art Dubai's transnational strategies. *Arabian Humanities*. https://doi.org/10.4000/cy.3250.

Sindelar, M. J. (2019). When workers toil unseen, artists intervene: On the in/visibility of labor in the Arabian Gulf states. *Visual Anthropology, 32*(3–4), 265–286.

Toukan, H. (2011). Boat rocking in the Art islands: politics, plots and dismissals in Sharjah's tenth biennial. Jadaliyya. http://www.jadaliyya.com/pages/index/1389/boat-rocking-in-the-art-islands_politics-plots-and. Zugegriffen: 22. Juli 2024.

Travis, R. (2017). Interview with Hajra Waheed. The white review. https://www.thewhitereview.org/feature/interview-hajra-waheed/. Zugegriffen: 22. Juli 2024.

Unnikrishnan, D. (2017). *Temporary people*. Amherst: Restless Books.

Wakefield, S. (2017). Contemporary Art and Migrant Identity „Construction" in the UAE and Qatar. *Journal of Arabian Studies, 7*, 99–111.

Wakefield, S. (2020). *Cultural heritage, art and museums in the Middle East. Museums of the Arabian peninsula: historical developments and contemporary discourses*. London: Routledge.

Wilson-Goldie, K., & Al Qadiri, F. (2010). Culture in the wake of the Kuwaiti oil boom: a conversation with Farida Al Sultan. Bidoun, 20. https://www.bidoun.org/articles/farida-al-sultan. Zugegriffen: 22. Juli 2024.

Chancen und Herausforderungen der Tourismusentwicklung

Hans Hopfinger und Nadine Scharfenort

© Jag_cz / Stock.adobe.com

Inhaltsverzeichnis

16.1 Einführung – 169

16.2 Wirtschaftliche Relevanz der Tourismuswirtschaft – 169
16.2.1 Tourismuswirtschaftliche Weichenstellungen – 170
16.2.2 Räumliche Differenzierung des touristischen Angebots – 172
16.2.3 Strategien der touristischen Entwicklung bis 2030 – 175

16.3 Ökologische Nachhaltigkeit – 177

© Der/die Autor(en), exklusiv lizenziert an Springer-Verlag GmbH, DE, ein Teil von Springer Nature 2025
T. Demmelhuber, N. Scharfenort (Hrsg.), *Die Arabische Halbinsel*,
https://doi.org/10.1007/978-3-662-70217-8_16

16.4		Tourismus, Arbeitsmarkt und Arbeitslosigkeit unter jungen GKR-Staatsangehörigen – 177
	16.4.1	Arbeitsmarktintegration durch Nationalisierungsprogramme – 178
	16.4.2	Vorbehalte und Ambivalenzen gegenüber Tourismus – 179
	16.4.3	Geschäfts- und Beschäftigungsmöglichkeiten im Tourismus – 179
16.5		Fazit und Ausblick – 180
		Literatur – 181

16.1 Einführung

Aufgrund ihrer Erdöl- und Erdgasvorkommen sowie Dubais bedeutender und einflussreicher Position als Wirtschaftszentrum mit globaler Reichweite gelten die Staaten des Golfkooperationsrats (GKR) als wichtige wirtschaftliche und politische Partner mit Ausstrahlungskräften in alle Weltregionen (▶ Kap. 3). Seit den 1990er-Jahren haben sich einige Standorte zu internationalen Drehkreuzen und Kondensationspunkten der Logistik und des globalen Tourismus entwickelt und damit ihre Attraktivität für Geschäfts- und Freizeitreisende gesteigert. Es entstanden infolge weitere Tourismusformen für unterschiedliche Zielgruppen und Herkunftsmärkte, wie der in Dubai seit den 1980er-Jahren gezielt aufgebaute Golf- und Shoppingtourismus, der Kreuzfahrttourismus mit Hafendestinationen in den Vereinigten Arabischen Emiraten (VAE), Katar und im Oman, oder die zunehmende Tendenz, tourismusrelevante Megaevents wie die Weltausstellung (Expo), Fußballweltmeisterschaft oder Rennen der Formel 1 in die Region zu holen (vgl. Karolak, 2015; Scharfenort, 2012, 2018, 2023).

Die geographischen Voraussetzungen der Arabischen Halbinsel mit weitläufigen Wüstenlandschaften und Wasserknappheit haben zu einer Konzentration der Bevölkerung in wenigen, aber häufig großen (Küsten-)Städten geführt, die sich zu attraktiven Standorten für die Wirtschaft – und damit die Entwicklung von touristischen Aktivitäten – entwickelt haben. Aufgrund des kontinuierlichen Ausbaus von Flug- und Seehäfen sowie des Aufbaus einer Hotellerie mit breit gefächertem Angebot in allen Komfortkategorien fungieren vor allem die Hauptstädte der GKR-Staaten sowie einzelne Emirate der VAE als Gateways und Zentren des Konsums und des internationalen Tourismus.

Viele rohstoffarme Länder der MENA-Region wie Ägypten, Marokko und Tunesien haben bereits frühzeitig in den Aufbau einer touristischen Infrastruktur als alternative Wachstumsstrategie investiert. Tourismus bedeutet für diese Länder eine wichtige Einnahmequelle, die sie in volkswirtschaftlicher Hinsicht aber auch abhängig macht und ihre Vulnerabilität gegenüber Krisen erhöht (▶ Kap. 4). Auch die rohstoffreichen Länder Saudi-Arabien, Katar, Kuwait und die VAE haben ihre wirtschaftliche Abhängigkeit von der Preisvolatilität der internationalen Märkte erkannt, setzen ebenfalls auf ökonomische Diversifizierung und bauen die Tourismuswirtschaft mit enormen Investitionen in Infrastruktur, Ausbau von Kapazitäten und Etablierung von kulturellen Veranstaltungen auf (Hopfinger & Scharfenort, 2020).

Einige bedeutende Faktoren haben dem Flugzeug als Verkehrsträger für Personen und Fracht auch in den GKR-Staaten eine wichtige Rolle zugeschrieben. Neben der steigenden Mobilität von Personen, die sich durch die weltweite Arbeitsteilung im Zuge der Globalisierungsprozesse und durch die Zunahme touristischer Mobilität verstärkt hat, spielt auch die Liberalisierung des Luftverkehrs eine bedeutende Rolle. Seit Mitte der 1990er-Jahre haben sich die GKR-Staaten – wenn auch in sehr unterschiedlichem Maße – dem internationalen Markt geöffnet und ihre logistische Infrastruktur und Kapazitäten ausgebaut.

Die GKR-Staaten sind Ziel von Arbeitsmigrantinnen und -migranten aus Ländern Asiens, Afrikas, Europas, Nordamerikas und der islamisch-arabischen Welt (▶ Kap. 12), die eine enorme Mobilität und Nachfrage nach touristischen Aktivitäten und Angeboten generieren. Seit den 1970er-Jahren und verstärkt seit Mitte der 1990er-Jahre hat Tourismus als wichtige Säule der Wirtschaft und alternative Einnahmequelle im Zuge von wirtschaftlichen Diversifizierungsmaßnahmen (▶ Kap. 14) eine neue Dimension eingenommen: Dominierte zunächst der Geschäftstourismus (v. a. politische und geschäftliche Termine, Tagungs- und Kongressreisen), so hat inzwischen der Freizeittourismus an Bedeutung gewonnen.

Die Tourismuswirtschaft stellt in fast allen GKR-Staaten ein wesentliches Element ihrer wirtschaftlichen Diversifizierungsstrategien dar. Angesichts der volatilen Erdölpreise und der Notwendigkeit, alternative Einkommensquellen zu schaffen, wird Tourismus als Mittel zur Steigerung der Einnahmen, zur Schaffung von Arbeitsplätzen und zur Förderung des sozialen Zusammenhalts gesehen. Der Ausbau der touristischen Infrastruktur und Hotelkapazitäten, unterschiedlichste kulturelle Angebote und die Durchführung von Megaevents wie die Fußball-WM 2022 in Katar und die Expo 2020 in Dubai haben zu einem erheblichen Anstieg der Besucherzahlen geführt. Länder wie die VAE und Saudi-Arabien verzeichneten in den letzten Jahren – trotz starker Rückgänge während der Covid-19-Pandemie – hohe Zuwächse an internationalen Ankünften.

Vorliegender Beitrag analysiert die Entwicklung des Tourismus als strategisches Element der wirtschaftlichen Diversifizierung in den GKR-Staaten sowie die Herausforderungen, die mit dieser Entwicklung einhergehen (▶ Kap. 14). Nach der ökonomischen Relevanz wird die räumliche Differenzierung des touristischen Angebots vorgestellt, bevor Möglichkeiten und Herausforderungen des touristischen Arbeitsmarkts zur Integration junger GKR-Staatsbürgerinnen und -bürger vorgestellt und schließlich auch Fragen von ökologischer Nachhaltigkeit einbezogen werden.

16.2 Wirtschaftliche Relevanz der Tourismuswirtschaft

Die GKR-Staaten haben seit den Nullerjahren stark in die Entwicklung ihrer Tourismusinfrastruktur investiert und der Tourismus hat sich als bedeutender Wirtschaftszweig etabliert. Besonders die VAE haben sich zu einem

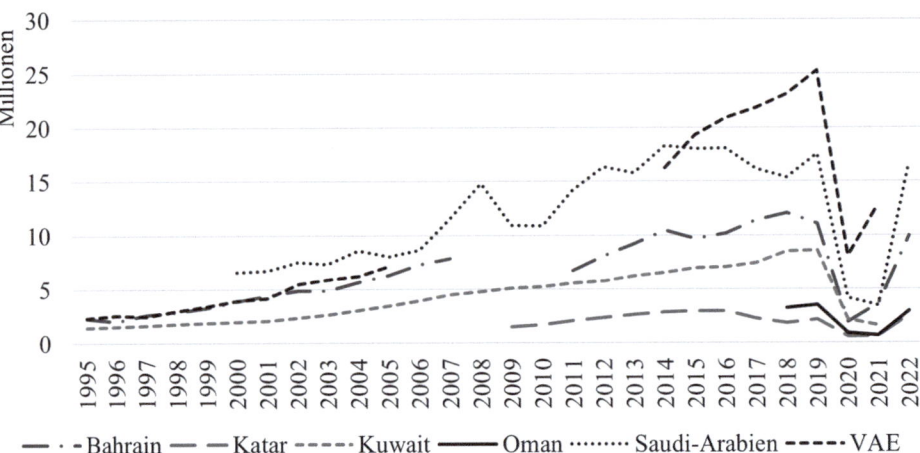

Abb. 16.1 Internationale touristische Ankünfte in den GKR-Staaten nach Herkunftsregionen 2021. (Quelle: UNWTO, 2023)

globalen Drehkreuz für Handel, Logistik und Tourismus entwickelt. Dubai mit seinem umfassenden Ausbau der Infrastruktur und seinen aggressiven Markenstrategien steht als Paradebeispiel für diese Entwicklung. Die Investitionen in touristische Infrastruktur, gepaart mit der Austragung von kulturellen und sportlichen (Mega-) Events, haben die Region international sichtbar gemacht und zu einem deutlichen Anstieg der internationalen Ankünfte durch Touristinnen und Touristen aus aller Welt geführt (vgl. Abb. 16.1).

Jedoch gibt es deutliche Unterschiede zwischen den GKR-Staaten hinsichtlich der touristischen Entwicklungspfade: Während die VAE und Katar aktiv in den Ausbau und die Diversifizierung ihrer touristischen Angebote investieren, blieben Länder wie Kuwait und Saudi-Arabien lange eher zurückhaltend. Kuwait hat beispielsweise nur rudimentär in den Tourismus investiert und fokussiert sich vorwiegend auf Geschäftsreisen. Erst seit 2019 zeigt Saudi-Arabien einen progressiven Ansatz, um sich insbesondere durch die Förderung von Luxustourismusprojekten als internationales Reiseziel zu etablieren, was auch mit einer nachhaltigen Erleichterung der Einreise- und Visabestimmungen einhergeht.

Im Jahr 2022 betrug der wirtschaftliche Beitrag des Tourismus insgesamt 171,4 Mrd. US-Dollar zur regionalen Wirtschaft bei, was eine beachtliche Steigerung von 29,7 % im Vergleich zum Vorjahr bedeutete. Der Anteil des Tourismus am BIP lag 2022 bei 8,3 % gegenüber 5,7 % im Jahr 2021 und bis 2030 wird ein weiterer signifikanter Anstieg aufgrund massiver Investitionen in die touristische Infrastruktur erwartet (vgl. ▶ Abschn. 16.2.3; GCCStat, 2023).

Die Covid-19-Pandemie hatte erhebliche Auswirkungen auf den Tourismus in der Region. Im Jahr 2020 verzeichnete die Region einen Rückgang der internationalen Ankünfte um bis zu 75 %. Die Länder nutzten die Krise, um den Inlandstourismus zu fördern und in digitale Lösungen zur Verbesserung des Besuchererlebnisses zu investieren. Mit dem Fortschritt der Impfkampagnen und einer schrittweisen Öffnung der Grenzen begannen die GKR-Länder, sich langsam von den pandemiebedingten Rückgängen zu erholen. Die Region verzeichnete 2021 einen Anstieg der touristischen Aktivitäten um 58 % im Vergleich zu 2020 beziehungsweise 2022 bereits 83 % im Vergleich zum Vorjahr (GCCStat, 2023).

16.2.1 Tourismuswirtschaftliche Weichenstellungen

Die sechs GKR-Staaten verfügen landschaftlich und infrastrukturell über unterschiedliche touristische Potenziale und verfolgen individuelle Entwicklungspfade. Während Geschäftsreisen (MICE, *meetings, incentives, congresses, events*) und der Besuch von Freunden und Verwandten (VFR, *visiting friends and relatives*) in allen Ländern als Hauptmotive für touristische Aktivitäten fungieren, konzentriert sich der Freizeittourismus auf die VAE, Bahrain, Katar und den Oman (Dallen, 2018, S. 46 f.), wobei der religiöse Tourismus für Saudi-Arabien nach wie vor eine wichtige Triebkraft der Wirtschaft bleibt (Richter, 2010, S. 2). Verschiedene Maßnahmen, wie der Ausbau von (touristischer) Infrastruktur, die Einführung neuer Flugrouten, die Lockerung von Einreise- und Visabestimmungen, Marketing- und Sponsoringinitiativen sowie die Austragung von (Mega-)Sport- und anderen Events von globalem Interesse (z. B. 2022 FIFA-Fußballweltmeisterschaft in Katar, Expo 2020 in Dubai) zur Hebung der internationalen Sichtbarkeit, haben ebenfalls zu einem Anstieg der internationalen Ankünfte und Besucherzahlen beigetragen (vgl. Abb. 16.2).

Durch Investitionen in die touristische Infrastruktur und neue Angebotsstrukturen haben Bahrain, Katar, der Oman, Saudi-Arabien sowie die VAE eine deutliche Vervielfachung der internationalen touristischen Ankünfte erfahren. Auf Saudi-Arabien (28,6 %) und die VAE (35,7 %)

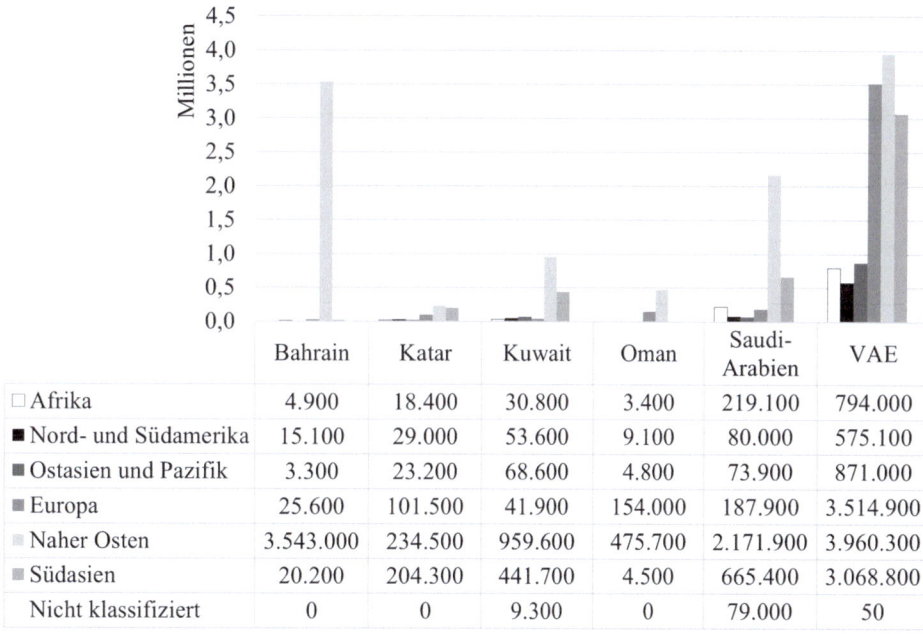

● **Abb. 16.2** Touristische Ankünfte in den GKR-Staaten zwischen 1995 und 2022. (Quelle: UNWTO, 2023. Für einzelne Länder vollständige Datenreihe verfügbar/Daten unvollständig; Aktualität der Daten endet mit 2022 [Stand: August 2024])

	Bahrain	Katar	Kuwait	Oman	Saudi-Arabien	VAE
☐ Afrika	4.900	18.400	30.800	3.400	219.100	794.000
■ Nord- und Südamerika	15.100	29.000	53.600	9.100	80.000	575.100
■ Ostasien und Pazifik	3.300	23.200	68.600	4.800	73.900	871.000
■ Europa	25.600	101.500	41.900	154.000	187.900	3.514.900
■ Naher Osten	3.543.000	234.500	959.600	475.700	2.171.900	3.960.300
■ Südasien	20.200	204.300	441.700	4.500	665.400	3.068.800
Nicht klassifiziert	0	0	9.300	0	79.000	50

entfielen 2019 gut 64 % aller internationalen touristischen Ankünfte der GKR-Region (World Bank, 2024).

Teil dieses Wachstums war auch die strategische Umwandlung der Standorte durch den Ausbau von Hafen- und Flughafenkapazitäten in Verkehrsknotenpunkte und die Gründung von nationalen Fluggesellschaften. Qatar Airways, Etihad Airways und Emirates haben sich innerhalb weniger Jahre zu passagierstarken Fluggesellschaften entwickelt und die Flughäfen in Doha (Hamad International Airport), Abu Dhabi (Abu Dhabi International Airport) und Dubai (Dubai International Airport, Al Maktoum International Airport) zählen weltweit zu den umsatzstärksten Knotenpunkten im Passagier- und Cargoverkehr (Dallen, 2018, S. 324). Diese rasche Expansion begünstigten im globalen Vergleich beispielsweise deutlich geringere Kosten für Kerosin, niedrigere Steuern und Personalkosten für Arbeitskräfte, großzügige Flughafenausbauten zur Steigerung der Kapazitäten sowie ein uneingeschränkter Flugbetrieb ohne Rücksichtnahme auf Nachtflugverbote (Scharfenort, 2014, S. 46) als Standortvorteile gegenüber der internationalen Konkurrenz.

Entwicklung des Luftfahrtwesens am Persischen Golf
Die Geschichte der Luftfahrt ist deutlich länger als die Unabhängigkeit der einzelnen Staaten, die fast alle bis Anfang der 1970er-Jahre zu den unter britischem Protektorat stehenden Vertragsstaaten (Trucial States) gehörten (▶ Kap. 6). Erste Landepisten entstanden bereits 1927 auf dem Hoheitsgebiet des heutigen Kuwaits und Bahrains, die als Tankstopp der Imperial Airways (später British Overseas Airways Corporation, BOAC) auf der Verbindung zwischen London und Karachi (Indien) fungierten. 1932 wurde Sharjah (heute VAE) als dritter strategischer Standort in der arabischen Golfregion in das Streckennetz aufgenommen und war bis zur Eröffnung des Flughafens in Dubai Ende der 1950er-Jahre der einzige Landeplatz in der südlichen Golfregion (Wilson, 1999, S. 54, Bahrain Airport Company, 2014).

Ende der 1940er-Jahre entstanden im Zuge der nach dem Zweiten Weltkrieg durch Großbritannien wieder aufgenommenen Suche nach Erdöl- und Erdgasvorkommen weitere Einrichtungen für die Zivilluftfahrt, wie zum Beispiel Passagierterminals, die den Ein- und Ausreiseverkehr der zunächst überwiegend im Erdölsektor beschäftigten Expatriates regelten (▶ Kap. 12). Aufgrund des steigenden Bedarfs wurden die vorhandenen Kapazitäten kontinuierlich erweitert. 1950 erfolgte die Gründung der Gulf Aviation Company, deren Hauptaktionär bis 1970 die BOAC mit Heimatstandort in Muharraq (Bahrain) war. Sie verkehrte in den ersten Jahren ihres Bestehens zunächst nur zwischen den größeren Städten der Arabischen Halbinsel und erweiterte mit steigendem Verkehrsaufkommen ihr überregionales Streckennetz.

Nach knapp zweijähriger Bauzeit wurde 1960 in Dubai der internationale Flughafen (DXB) eröffnet. Zuvor war Dubai lediglich über Bahrain, das benachbarte Sharjah, per Schiff oder mit dem unregelmäßig operierenden Flying-Boat-Service erreichbar (Scharfenort, 2009, S. 131). Die Entscheidung für den Bau eines Flughafens an einem Standort nur etwa sieben Kilometer von Sharjah entfernt lässt sich mit dessen begrenzten Kapazitäten begründen, aber auch mit Dubais Bestreben, die Abhängigkeit vom Nachbaremirat zu reduzieren.

Mit dem Aufkauf der Anteile der BOAC durch die Regierungen der 1971 unabhängig erklärten Staaten Bahrain, Katar, VAE sowie der Oman erfolgte im Jahr 1973 eine Multinationalisierung der Gulf Aviation Company und deren Umbenennung in Gulf Air. Das Unternehmen fungierte damit als gemeinsame staatliche Fluggesellschaft mehrerer, inzwischen unabhängiger Staaten, was eine starke Expansion der Luftverkehrsinfrastruktur sowie des operativen Netzwerks durch die Aufnahme neuer Destinationen zur Folge hatte. In den Hauptstädten der beteiligten Gesellschafter wurden die lokalen Basen ausgebaut und aufgrund der gestiegenen Nachfrage im internationalen Passagier- und Frachtverkehr in ihren Kapazitäten erweitert (z. B. Muharraq) und an neue Standorte verlegt (z. B. Doha, Abu Dhabi, Dubai). Diese Kooperation blieb bis zur Jahrtausendwende bestehen, als alle Teilhabenden, die inzwischen eigene Fluggesellschaften gegründet hatten, nach und nach ihre Anteile verkauften, sodass Gulf Air 2007 in vollständigen bahrainischen Besitz überging und restrukturiert wurde. Bereits 1981 wurde Oman Air gegründet, 1985 Emirates, 1993 Qatar Airways und 2003 nahm Etihad Airways in Abu Dhabi ihren Betrieb auf. 2002 verkauften Katar, 2005 Abu Dhabi und 2007 Oman die Anteile an Gulf Air.

16.2.2 Räumliche Differenzierung des touristischen Angebots

Seit Beginn des 21. Jahrhunderts haben einige Standorte auf der Arabischen Halbinsel als touristische Destinationen enorm an Bedeutung gewonnen und vor allem die VAE und Katar haben sich als globale Player in verschiedenen Sparten des Kongress-, Erholungs-, Erlebnis-, Kultur-, Sport- und Shoppingtourismus etabliert. Dubai hat sich durch den Ausbau seiner Infrastruktur mit Investitionen in Milliardenhöhe zu einer touristischen „State-of-the-Art-Destination" mit innovativen und zukunftsorientierten Rahmenbedingungen gewandelt und Maßstäbe für die globale Tourismuswirtschaft gesetzt. Andere Standorte wie Abu Dhabi und Doha setzen auf ähnliche Strategien und investieren seit den 2000er-Jahren mit individuellen Spezialisierungen und Akzentuierungen ebenfalls in den Tourismus. Während Tourismus als alternative Wachstumsstrategie von den Regierungen der VAE, Bahrain, Katar und Oman aufgenommen wurde, agierten Saudi-Arabien und Kuwait lange zurückhaltend im Ausbau von touristischer Infrastruktur: Kuwait hat seine Tourismuswirtschaft bislang nur rudimentär entwickelt und empfängt fast ausschließlich MICE-Reisende (Kelly, 2017), Saudi-Arabien verfolgt jedoch seit 2019 einen deutlich progressiveren Kurs.

Die VAE haben sich auf globaler Ebene als angesehene Tourismusdestination mit einem abwechslungsreichen Angebot aus Kultur, Abenteuer, Shopping und (Wasser-)Sport etabliert und zum größten und stärksten Reise- und Tourismusmarkt innerhalb der Region entwickelt, wobei Dubai nochmals eine herausragende Stelle einnimmt. Bis 2030 streben die VAE an, jährlich 25 Mio. Touristinnen und Touristen zu empfangen, während Dubai hierbei eine Verdopplung der Hotelkapazität plant (GCCStat, 2023).

Innerhalb der VAE trägt Dubai mit 66, Abu Dhabi mit 16 und Sharjah mit zehn Prozent zur Tourismuswirtschaft bei (Shadab, 2018, S. 2). Obwohl die VAE beim Aufbau einer sehr facettenreichen Tourismusinfrastruktur in der GKR-Region eine Vorreiterrolle spielen, verlief die Entwicklung zwischen den sieben föderalen Emiraten nicht einheitlich. Aufgrund der sehr unterschiedlichen Verteilung der nachgewiesenen Erdöl- und Erdgasressourcen besteht innerhalb der Föderation ein starkes Wohlstandsgefälle, da über 90 % der Ressourcen auf dem Hoheitsgebiet Abu Dhabis liegen. Dubai hat sich innerhalb der Region zum Drehkreuz von globaler Relevanz für Handel, Logistik, Banken und damit auch für den Tourismus gewandelt. Die Gründung der Fluggesellschaft Emirates, diverser Freihandelszonen, der Ausbau von touristischer Infrastruktur sowie der Aufbau einer aggressiven Markenstrategie zur Vermarktung des Emirats als attraktive Reisedestination haben im globalisierten Wirtschaftssystem Wirkung erzielt: Dubai wird daher oft als Prototyp für ein einzigartiges Verständnis neoliberal geprägter Urbanisierungspolitik bezeichnet, der zu einem Modell für die arabische Welt und darüber hinaus erwachsen ist (Elsheshtawy, 2008, S. 2) und neue, oft wiederholte Standards für Urbanisierung und touristische Infrastruktur setzt. Adham (2008, S. 218) bezeichnet dies als ein gelungenes Zusammentreffen von Strategien des Konsumismus, der Unterhaltung und des globalen Tourismus (▶ Kap. 17). Abu Dhabi war seit Staatsgründung als Hauptstadt der VAE vorwiegend Gastgeber politischer und wirtschaftlicher Treffen und damit Ziel von vorrangig MICE-Reisenden, hat seit den 2000er-Jahren seinen Fokus aber auch auf Kultur- und Sportinteressierte gerichtet (z. B. Louvre, Ferrari World, Formel 1). Das Emirat Sharjah hat wiederum aufgrund kaum vorhandener Rohstoffvorkommen bereits seit den 1970er-Jahren touristische Angebote zur Diversifizierung der Wirtschaft entwickelt. Bis Ende der 1970er-Jahre war Sharjah beliebtes Ziel von Pauschalreisenden mit einem breiten Angebot an Ressorts und Bars. Das 1979 eingeführte strikte Alkoholverbot sowie ein im Vergleich zu Dubai und Abu Dhabi deutlich wertkonservativerer Lebensstil adressiert seither vor allem Familien und gläubige Musliminnen und Muslime, die während ihrer Reise Wert auf ein mit dem Islam stimmiges Umfeld sowie auf ein Angebot an islamkonformen Produkten und -dienstleistungen (*halal*) legen (Scharfenort, 2019).

Katar investiert seit den frühen 2000er-Jahren im Zuge seiner langfristig angelegten Qatar Vision 2030 enorme finanzielle Mittel für die Entwicklung von Sektoren, die ein hohes Wachstum versprechen, wie beispielsweise Bildung, Kultur, Gesundheitswesen, Medien, Kommunikation und Tourismus (Khadri, 2018, S. 87 f.). Das kleine Land ist Gastgeber für politische Veranstaltungen, (Groß-)Sportevents, diverse Meisterschaften im Einzel- und Mannschaftssport und Ziel von Kulturinteressierten (z. B. Museum of Islamic Art, National Museum, kulturelle Events). Die Stärkung und Professionalisierung der Tourismuswirtschaft zur Entwicklung Katars zu einer Destination von globaler Wahrnehmung und Bedeutung ist eines von mehreren ehrgeizigen Zielen der nationalen Tourismusstrategie 2030 und stellt eine große Herausforderung im regionalen Wettbewerb – insbesondere mit Dubai und Abu Dhabi – dar. Im Zuge der politischen Krise (2017–2021; ▶ Kap. 19 und 20) wurde ein Embargo verhängt und die Landesgrenze zwischen Katar und Saudi-Arabien geschlossen, sodass der Zugang auf den Luft- und Seeverkehr beschränkt war. Katar erholte sich ab der zweiten Jahreshälfte 2018 von der diplomatischen Krise und verzeichnete dank Einreiseerleichterungen, Investitionen und einer offensiven Marketingstrategie in einer Reihe von Quellmärkten einen Anstieg der internationalen Ankünfte – mit Ausnahme von GKR-Staatsangehörigen und anderen arabischen Ländern. Infolge der eingeführten Politik des visumfreien Reisens für Staatsangehörige aus 102 Ländern mit einem Aufenthalt von bis zu 30 beziehungsweise 90 Tagen (GKR-Staatsbürger unbegrenzt) gilt Katar als Land mit der größten Visumfreiheit in der MENA-Region (Qatar Tourism, 2024).

Auch Bahrain investiert in die Entwicklung des Tourismus mit Schwerpunkt Kultur zur Diversifizierung der Wirtschaft. Das Land stellt einen Sonderfall in der Region dar, da die Erdölreserven bereits erschöpft sind und die Notwendigkeit einer wirtschaftlichen Diversifizierung und Liberalisierung sich viel akuter darstellte als in anderen Staaten (Karolak, 2014, S. 99). Bahrain galt daher mit seinen Privatisierungsbestrebungen sowie politischen und wirtschaftlichen Reformen seit den 1970er-Jahren als Pionier in der Region und etablierte sich durch den Auf- und Ausbau des Finanzsektors als regionales Bankenzentrum. Nach Dubai gilt Bahrain als das zweitbeliebteste Reiseziel in der Region und bietet sowohl umfangreiche MICE- als auch Freizeiteinrichtungen. Mit rund 45 % der Ankünfte von Bürgerinnen und Bürgern der GKR-Region konnte sich das Land bisher gut als Tourismusziel etablieren, hatte es aber bis Mitte der 2010er-Jahre versäumt, strategisch für Reisende außerhalb der GKR-Staaten zu werben (Karolak, 2014, S. 101). Bahrain verfügt über ein reiches kulturelles Erbe (u. a. drei UNESCO-Weltkulturerbestätten) und die Hauptstadt Manama, 2012 zur Arab Capital of Culture ernannt, ist neben MICE- und Kulturreisenden auch beliebtes Ziel von (vornehmlich männlichen) Wochenendtouristen aus Nachbarstaaten, die die – ähnlich wie in Dubai – vergleichsweise liberale Akzeptanz von Alkohol und Prostitution schätzen. Bahrain versucht, mit gezielten Investitionen eine noch facettenreichere Entwicklung des Tourismussektors als Teil seiner ökonomischen Diversifizierungsstrategie zu erreichen. Im Jahr 2008 wurde die Bahrain Vision 2030 ins Leben gerufen mit dem Ziel, die wirtschaftliche Produktivität durch die Förderung einiger unterentwickelter Sektoren zu verbessern, das Bank- und Finanzwesen, den Einzelhandel, den Tourismus und das verarbeitende Gewerbe zu den Haupteinnahmequellen zu transformieren sowie die Investitionen in Bildung und Gesundheitswesen zum Aufbau einer wissensbasierten Wirtschaft zu erhöhen (De Bel-Air, 2019a, S. 4; Khadri, 2018, S. 90).

Im Kontrast zu den Standorten am Persischen Golf und Saudi-Arabien steht der Tourismus im Oman, der ebenfalls Teil wirtschaftlicher Diversifizierungsmaßnahmen ist, jedoch dezidert Konzepten der Nachhaltigkeit folgt. Der Oman ist durch unterschiedliche, zum Teil sehr gegensätzliche Landschaften geprägt und reich an kulturellen Stätten, die touristisch in Wert gesetzt werden. Trotz moderner infrastruktureller und gesellschaftlicher Entwicklung ist die Wahrung von Traditionen, Normen und Werten essenziell. Auch wenn sich der Oman vom Massentourismus distanziert, ist es Ziel, die touristischen Ankünfte mit Investitionen in die Infrastruktur bis 2040 zu verdoppeln (EU-GCC, 2022). Der Oman hat sich seit den 2010er-Jahren zu einem immer attraktiveren Reiseziel für (Kurz-)Reisende aus den GKR-Staaten sowie Urlaubende außerhalb der Region gewandelt. Omans Landschaft ist im Gegensatz zu seinen Nachbarn auf der Arabischen Halbinsel sehr viel differenzierter und vielfältiger und mit seiner über 5000 Jahre alten Geschichte, von der historische Forts, kulturelle und natürliche Güter zeugen, verfügt der Oman über einen wertvollen Wettbewerbsvorteil gegenüber den benachbarten Destinationen. Insbesondere die Exklave Musandam ist ein beliebtes Ziel für Tages- und Wochenendausflügler aus dem Oman und den VAE. Auch liegen regelmäßig Kreuzfahrtschiffe in den Häfen von Muttrah und Khasab vor Anker (vgl. ◘ Abb. 16.3), die Tagestouristinnen und -touristen auf Landgang schicken. Insgesamt stellt die Konzentration

◘ **Abb. 16.3** Zwei Kreuzfahrtschiffe liegen am 27.12.2019 in Khasab/Musandam vor Anker

auf Kultur-, Umwelt- und Abenteuerangebote eine strategisch wichtige Ausrichtung in der touristischen Gesamtentwicklung dar (UNCTAD, 2014, S. 59). Zur Sichtbarwerdung und Steigerung der Besucherzahlen ist das Land inzwischen mit ansprechenden Marketingaktivitäten auf internationaler Ebene präsent (z. B. 2024 Gastland der Internationalen Tourismusbörse, ITB), die auf die landschaftliche und kulturelle Vielfalt verweisen. Laut der 2016 veröffentlichten Tourismusstrategie 2040 für den Oman bietet der Tourismus enorme Möglichkeiten zur Erreichung seiner wirtschaftlichen Entwicklungsziele und soll wichtige sozioökonomische Vorteile bringen, wie die Mobilisierung von Investitionen, einen höheren Beitrag der Tourismuseinnahmen zum BIP des Landes, eine verbesserte Lebensqualität, neue Beschäftigungsmöglichkeiten, um das Beschäftigungsniveau von Omanis im Privatsektor zu erhöhen, und die Einbeziehung lokaler Gemeinschaften sowie die Einbindung lokaler Unternehmen (Castelier, 2020; UNCTAD, 2014, S. 58f).

Eine interessante touristische Sonderstellung nimmt Saudi-Arabien ein: Aufgrund sehr restriktiver Einreisebeschränkungen erfolgten touristische Ankünfte bis 2019 sehr selektiv mit der Folge, dass die Tourismuswirtschaft fast ausschließlich durch geschäftliche Reisen und den Pilgertourismus nach Mekka und Medina als wichtigste Einnahmequellen für den Tourismus geprägt war. Das Königreich beherbergt die Große Moschee al-Masjid al-Haram in Mekka, die heiligste Stätte der Muslime, an der sich jedes Jahr rund 2,5 Mio. Menschen während des Hajj versammeln (Dallen, 2018, S. 323; Yusuf, 2014, S. 70). Obwohl Saudi-Arabien nach wie vor eine konservative Linie des Islams und der Scharia vertritt, hat sich mit dem Entwicklungsplan der Saudi Vision 2030 Grundlegendes verändert: Angetrieben vom Kronprinzen Mohammed bin Salman, der die Diversifizierungspläne des Königreichs steuert, hat die Regierung ernsthafte Absichten geäußert, das Land in ein bedeutendes internationales Ziel für (Luxus-)Tourismus zu verwandeln. Ziel ist es, bis 2030 150 Mio. Besuche pro Jahr zu empfangen, 1,6 Mio. Arbeitsplätze zu schaffen und damit Saudi-Arabien zum Drehkreuz für internationale und inländische Reisende zu etablieren (Koechling et al., 2024, S. 7; WTTO World Travel & Tourism Council, 2024). Forciert wird diese Entwicklung durch die Umsetzung von städtebaulichen Großprojekten wie beispielsweise Amaala auf einer Fläche von 4155 Quadratkilometern im Nordwesten des Landes an der Küste des Roten Meers mit über 3000 Hotelzimmern mit Wohnanlagen, Freizeiteinrichtungen sowie Sport-, medizinischen und diagnostischen Einrichtungen oder The Line (▶ Kap. 9), die mit ihren Angeboten sehr unterschiedliche touristische Zielgruppen ansprechen (Amaala, 2024; KSA, 2024).

Destination Mekka – Pilgerreisen im Islam

Religiös oder spirituell motivierte Pilgerreisen sind ein globales Phänomen mit langer Geschichte. Sie dienen nicht nur als Ausdruck individueller Religiosität, sondern tragen auch zur spirituellen Stärkung des Einzelnen und der Gemeinschaft sowie zur Förderung des kulturellen Erbes bei. An solchen Reisen, die in vielen Weltreligionen und Glaubenssystemen als Suche nach spiritueller Reinigung, Erleuchtung, Buße oder einem tieferen Verständnis der jeweiligen Glaubensüberzeugungen verankert sind, nehmen mehrere Millionen Menschen teil.

Religiöse Bedeutung im Islam

Die Pilgerfahrt nach Mekka und Medina, von wo aus der Prophet Muhammad seine Lehren verbreitete, zählt im Islam zu den fünf Säulen der Glaubensrichtung (▶ Kap. 11). Pilgerreisen von den verschiedenen Stämmen der Arabischen Halbinsel nach Mekka zum heiligen Kaaba-Tempel haben bereits in vorislamischer Zeit stattgefunden, doch erst unter dem Einfluss des Propheten entwickelten sich die Reisen zu einem festen Bestandteil des Glaubens. Es werden zwei Formen unterschieden:

Die „große" Pilgerreise (Hajj) erfolgt während der ersten fünf Tage des islamischen Monats Dhul-Hijjah. In diesem kurzen Zeitfenster halten sich Millionen Gläubige in Mekka und Medina auf, was eine enorme Herausforderung bedeutet, um die erforderliche Infrastruktur bereitzustellen sowie für Ordnung, Sicherheit und Gesundheit der Pilgernden zu sorgen. Die Teilnahme ist daher stark reguliert.

Die „kleine" Pilgerreise (Umrah) wird im Gegensatz zum Hajj ganzjährig ausgeführt und kann zusätzlich zum Hajj durchgeführt werden. Die Teilnehmendenzahlen liegen – wenn auch übers Jahr verteilt – um ein Vielfaches höher und tragen zu einem wesentlichen Teil zu den touristischen Einkünften bei.

Beide Formen beinhalten eine Reihe von Ritualen mit einer räumlich, zeitlich und religiös exakt festgelegten Abfolge. Es beginnt mit dem Eintritt in den rituellen Zustand der Reinheit, indem Pilgernde eine spezielle Kleidung – unvernähte weiße Tücher – tragen und bestimmte Verhaltensregeln befolgen. Zu den Ritualen gehört das siebenfache Umrunden der Kaaba, die im Koran als erstes Haus Gottes gilt, das von den Propheten Ibrahim (Abraham) und seinem Sohn Ismael errichtet worden sein soll und später von Prophet Muhammad zu einem zentralen Anbetungsort für Muslime ernannt wurde. Sie steht als heiliger Schrein im Zentrum der al-Masjid al-Haram. Die Kaaba dient weltweit als Richtung für die täglichen Gebete gläubiger Muslime und in ihr ist an einer Ecke ein als heilig geltender Meteorit eingebettet. Zu den Ritualen gehört weiterhin das Werfen von Steinen auf Säulen in der Nähe des Bergs Arafat, die den Teufel und seine Versuchungen symbolisieren. Höhepunkt ist ein Aufenthalt auf dem Berg selbst, wo sich die Gläubigen zum intensiven Gebet versammeln.

Logistik und Organisation

Weltweit bekennen sich etwa zwei Milliarden Menschen (ca. 25 % der Weltbevölkerung; Pew Research Center, 2015) zum Islam, daher ist die Teilnahme am Hajj aufgrund der hohen Nachfrage stark reglementiert. Aufgrund des Mekka umgebenden Gebirges Hijaz ist Raum nur begrenzt verfügbar, sodass Zahl und Aufnahmekapazität der Unterkünfte, Verpflegungseinrichtungen und Transportmittel limitiert sind. Hinzukommen Sicherheitsaspekte und Herausforderungen der Stadterweiterung, weshalb 1987 festgelegt wurde, die Obergrenze der Pilgernden auf je einen von 1000 Einwohnern jedes Herkunftslands zu beschränken (Barham, 2009). Bis 2022 fiel die Teilnahmeentscheidung in einem wenig transparenten Verfahren mithilfe von Lotterie-, Quoten- oder Qualifikationssystemen für die Visavergabe innerhalb der einzelnen Länder, seit 2022 erfolgt die Registrierung und Visumvergabe über eine saudische Webseite.

Anzahl und Herkunft der Hajj-Pilgerreisenden

Während die Zahl der ankommenden Gläubigen 1950 bei rund 100.000 lag, wurden zu Beginn der 1980er-Jahre die Millionengrenze, in den 2000er-Jahren die Zwei-Millionen-Grenze überschritten und 2012 der bisherige Höhepunkt mit über drei Millionen Pilgern – Mekka zählte damals knapp 1,7 Mio. Einwohner – erreicht, die die heiligen Stätten aufsuchten (MOH Ministry of Hadjj, 2017, vgl. ◘ Abb. 16.4).

Chancen und Herausforderungen der Tourismusentwicklung

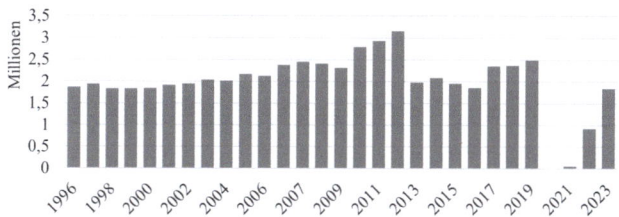

• Abb. 16.4 Hajj-Pilger-Zahlen und ihre Entwicklung zwischen 1995 und 2023. (Quelle: 1996–2009: MoH 2016/17; 2010–2019: GAStats, 2020, S. 13; 2021–2023: Statista, 2024; keine Angabe für 2020 verfügbar)

Der Anteil der Hajj-Pilgernden aus Saudi-Arabien schwankt zwar jährlich, erreicht im Durchschnitt aber etwa 25 % (2019: 634.379 Personen; GAStats, 2020, S. 18). 2019 stammten 385.395 Personen aus Mekka, von denen 98.814 eine ausländische Staatsbürgerschaft hielten (u. a. 35,5 % Ägypten, 12,2 % Pakistan, 10,1 % Jemen, 9,9 % Indien, 5,9 % Sudan; GAStats, 2020, S. 23). Der Anteil der Männer lag mit 68,3 % bei gut zwei Dritteln: Der erheblich geringere Anteil bei Frauen ist der Tatsache geschuldet, dass es sich bei den aus dem Inland stammenden Pilgernden zu einem großen Teil um männliche ausländische Staatsangehörige handelt, die als Vertragsarbeiter temporär in Saudi-Arabien leben (GAStats, 2020, S. 18, 23; ► Kap. 12).

• Abb. 16.5 zeigt die räumliche Verteilung der Hajj-Pilgernden aus dem Ausland. Die überwiegende Mehrheit stammt aus asiatischen Ländern, wo sich die weltweit größten muslimischen Gemeinden in Indonesien (244 Mio.), Pakistan (239 Mio.), Indien (198 Mio.) und Bangladesch (148 Mio.) befinden (CIA – The World Factbook, 2022).

Kuwait galt in jeglicher Hinsicht lange als das modernste Land unter den heutigen GKR-Ländern, zeigte aber wenige Ambitionen, seine Wirtschaft zu diversifizieren. Dies ist zum einen auf die stabile Finanzlage durch die Rohstoffeinnahmen zurückzuführen, die es dem Land ermöglicht hat, einen nicht nachhaltigen Weg fortzusetzen, und zum anderen auf die ständigen Meinungsverschiedenheiten zwischen der Nationalversammlung und der Regierung, die die wirtschaftliche Entscheidungsfindung über Jahrzehnte hinweg gelähmt und verzögert haben (Hvidt, 2013, S. 21 f.). Die Tourismuswirtschaft ist in Kuwait überschaubar und hauptsächlich auf MICE-Reisende ausgerichtet, weitere touristische Mobilität bezieht sich auf Familienbesuche. Im Jahr 2005 hatte Kuwait zwar einen nationalen Tourismus-Masterplan vorgelegt, in dem Tourismus als Mittel zur Diversifizierung der Wirtschaft, zur Schaffung von 30.000 Arbeitsplätzen bis 2025 und zur Förderung des Ziels der Regierung, ein Handels- und Finanzzentrum in der Region zu werden, genannt wird (De Bel-Air, 2019b, S. 4), jedoch wurden die avisierten Maßnahmen bisher nur marginal umgesetzt (Kelly, 2017, S. 116; Dallen, 2018, S. 47).

Historisch-kulturell und landschaftlich reich ausgestattet ist aufgrund seiner langen historischen Entwicklung der Jemen, dessen kulturelles Erbe mit vier UNESCO-Weltkulturerbestätten ausgezeichnet ist. Die touristischen Ankünfte im Land sind jedoch aufgrund des Stellvertreterkriegs zwischen Saudi-Arabien und dem Iran seit 2015 auf ein Minimum gesunken. Zudem ist ein Teil des touristischen Portfolios durch den Krieg unwiederbringlich zerstört (Hopfinger & Scharfenort, 2020, S. 10).

16.2.3 Strategien der touristischen Entwicklung bis 2030

Die GKR-Staaten haben ehrgeizige Pläne entwickelt, um die Tourismuswirtschaft bis 2030 weiter auszubauen und zu diversifizieren. Mit umfangreichen Investitionen in den Ausbau von Flughäfen, Hotels und touristischen Einrichtungen werden bestehende Kapazitäten erheblich erweitert und die Qualität von Dienstleistungen verbessert. Die geplanten Initiativen sollen einerseits die Tourismusbranche revolutionieren und ihre Attraktivität auf dem globalen Markt erheblich steigern. Sie stellen andererseits auch eine strategische Antwort auf die Herausforderungen der Covid-19-Pandemie dar und zielen darauf ab, die Tourismuswirtschaft widerstandsfähiger und nachhaltiger zu gestalten. Mit der Umsetzung dieser Infrastrukturprojekte und der Entwicklung neuer touristischer Attraktionen streben die Länder danach, ihr Angebot komplementär zu ergänzen und die Region

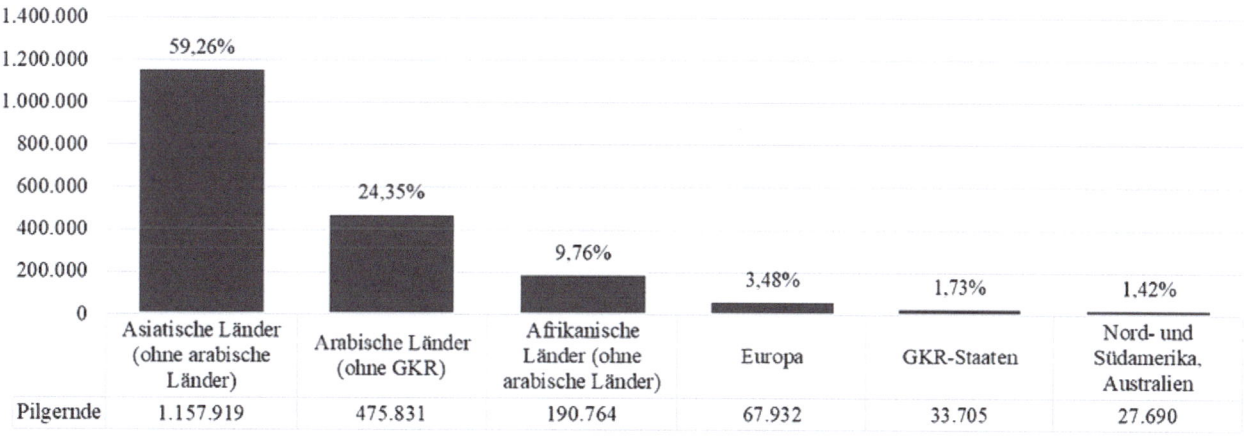

• Abb. 16.5 Herkunft der Hajj-Pilgerreisenden nach Ländergruppen (2019). (Quelle: GAStats, 2020, S. 16)

Tab. 16.1 Ausgewählte touristische Kennziffern der GKR-Staaten sowie Key Performance Indicators (KPI) bis 2030. (Quelle: Koechling et al., 2024)

Land	2022				Kennziffern (KPI) bis 2030*		
	Übernachtungsgäste	Hotelzimmer	Auslastungsrate	Beschäftigte	Übernachtungsgäste	Hotelzimmer	Beschäftigte
Bahrain	3,7 Mio.	17.000	39 %	75.000	14,1 Mio.	35.500	145.500
Katar	2,5 Mio.	37.500	57 %	78.100	7,1 Mio.	59.000	127.000
Kuwait	–	–	–	–	–	–	–
Oman	2,1 Mio.	30.200	45 %	155.000	11,7 Mio.	65.000	500.000
Saudi-Arabien	–	134.000	58 %	880.140	39 Mio.	450.000	1,6 Mio.
VAE	25,2 Mio.	203.000	71 %	751.100	40 Mio.	303.900	872.000

* KPI für Bahrain bis 2026 und den Oman bis 2040; keine Daten für Kuwait verfügbar

als globales Zentrum für Tourismus und Geschäftsreisen zu etablieren (vgl. Tab. 16.1). Diese Strategien tragen ebenfalls dazu bei, die wirtschaftliche Widerstandsfähigkeit der GKR-Staaten zu stärken und ihre Abhängigkeit von Erdöl- und Gasexporten perspektivisch zu verringern (GCCStat, 2023, S. 19–22; Koechling et al., 2024).

Die VAE haben ihre UAE Tourism Strategy 2031 formuliert, die darauf abzielt, bis 2030 40 Mio. Übernachtungsgäste anzuziehen. Um dieses Ziel zu erreichen, sollen die Hotelkapazitäten auf 303.900 Zimmer erweitert und 872.000 Arbeitsplätze im Tourismussektor geschaffen werden. Ein zentraler Bestandteil dieser Strategie ist die Stärkung der nationalen Tourismusidentität, die Diversifizierung des touristischen Angebots und die Förderung von Investitionen in den Tourismussektor.

Dubai strebt an, seine Position als führendes globales Touristenziel durch Investitionen in Infrastruktur, neue touristische Projekte und kulturelle Veranstaltungen (z. B. Expo 2020; ▶ Kap. 17) zu festigen und seine Besucherzahlen weiter zu steigern. Abu Dhabi plant, den Kulturtourismus durch Einrichtungen wie den Louvre Abu Dhabi weiter zu fördern.

Bahrain hat mit seiner Tourism Strategy 2022–2026 das Ziel formuliert, bis 2026 insgesamt 14,1 Mio. Besucher zu empfangen. Im Rahmen dieser Strategie soll die Zahl der Hotelzimmer auf 35.500 erhöht und die Beschäftigung im Tourismussektor auf 145.500 Arbeitsplätze gesteigert werden. Die Strategie konzentriert sich auf die Erhöhung des Beitrags des Tourismus von sechs auf elf Prozent zum BIP und richtet sich als bevorzugtes Reiseziel an Kurzurlaubende und Geschäftsreisende innerhalb der Region.

Nach der erfolgreichen Austragung der FIFA-Fußballweltmeisterschaft 2022 plant Katar, seinen Status als Zentrum für Sporttourismus und internationale Veranstaltungen auszubauen. Das Land hat im Rahmen seiner National Tourism Strategy 2030 das Ziel, bis 2030 rund 7,1 Mio. Übernachtungsgäste zu empfangen. Das Ziel ist es, die touristischen Einnahmen bis 2030 signifikant zu steigern, mit einem Schwerpunkt auf der Förderung von Geschäftsreisen und Konferenzen (MICE). Die Infrastruktur soll durch den Ausbau der Hotelkapazitäten auf 59.000 Zimmer gestärkt werden, während die Beschäftigung im Tourismussektor auf 127.000 Arbeitsplätze ansteigen soll. Ein wichtiger Aspekt dieser Strategie ist die Entwicklung urbaner Infrastrukturen, kultureller Einrichtungen und Sportveranstaltungen, wobei besonderer Wert auf die Verteilung der Tourismusangebote über das gesamte Land gelegt wird.

Saudi-Arabien verfolgt im Rahmen seiner Vision 2030 das Ziel, den Tourismusanteil am BIP von derzeit drei auf zehn Prozent zu erhöhen. Das Land plant, bis 2030 über 150 Mio. Touristinnen und Touristen anzuziehen. Dies soll durch den Ausbau der Hotelkapazitäten auf über 450.000 Zimmer und die Schaffung von 1,6 Mio. Arbeitsplätzen im Tourismussektor erreicht werden. Saudi-Arabien investiert dazu stark in den Ausbau der Infrastruktur, wobei sich geplante Investitionen in den Tourismussektor auf mehrere hundert Milliarden US-Dollar belaufen, um große Projekte wie NEOM, das Rote-Meer-Projekt und die Qiddiya Entertainment City zu realisieren. Diese Projekte sollen sowohl internationale als auch lokale Touristen anziehen.

Kuwait zielt darauf ab, den Tourismussektor durch umfangreiche Investitionen in die Infrastruktur zu stärken und den Geschäfts- und Luxustourismus zu fördern. Im Rahmen seiner Vision 2035 verfolgt Kuwait das Ziel, die Tourismusinfrastruktur signifikant auszubauen und sich als regionales Touristenzentrum zu etablieren. Bis 2030 plant das Land, seine touristische Anziehungskraft zu erhöhen, um mehr internationale Besucher zu gewinnen. Die Strategie Kuwaits legt dabei einen besonderen Schwerpunkt auf die Entwicklung von Sport- und Freizeiteinrichtungen sowie auf die Förderung der globalen Anerkennung als attraktives Reiseziel (GCCStat, 2023).

Der Oman setzt als einziges der sechs Länder dezidiert auf nachhaltigen Tourismus, um seine natürlichen und kulturellen Ressourcen zu bewahren und die Auswirkungen touristischer Mobilität und Aktivitäten auf die Umwelt zu minimieren. Bis 2030 soll der Beitrag des Tourismus zum BIP auf fünf Prozent erhöht werden. Der Oman investiert in die Entwicklung von Ökotourismusprojekten und die Verbesserung der Infrastruktur in weniger entwickelten Regionen (GCCStat, 2023). Er verfolgt mit seiner National Tourism Strategy 2040 das Ziel, bis 2040 insgesamt 11,7 Mio. Übernachtungsgäste anzuziehen. Dabei soll die Hotelkapazität auf 65.000 Zimmer verdoppelt und die Zahl der Arbeitsplätze im Tourismussektor auf 500.000 gesteigert werden. Diese Strategie legt besonderen Wert auf nachhaltigen Tourismus und die Entwicklung neuer touristischer Cluster im ganzen Land (Koechling et al., 2024).

Die geplanten Maßnahmen verdeutlichen die strategischen Ziele der GKR-Länder, den Tourismussektor zu einem wichtigen wirtschaftlichen Standbein auszubauen, Resilienz herzustellen, ihre kulturellen und natürlichen Ressourcen zu bewahren und zu fördern und gleichzeitig die Region als attraktives Ziel für nationale und internationale Reisende zu etablieren.

16.3 Ökologische Nachhaltigkeit

Ein wichtiges Thema der zukünftigen Positionierung und Entwicklung sowie insbesondere der Attraktivität für touristische Aktivitäten ist in allen Ländern die ökonomische, ökologische und soziale Nachhaltigkeit im Sinne eines schonenden Umgangs mit den vorhandenen Ressourcen. Aufgrund der geographischen Lage in einer hochariden Region mit einer minimalen Jahresniederschlagssumme, Tagestemperaturen in den Sommermonaten bis über 50 °C bei hoher Luftfeuchtigkeit und häufig auftretenden Sandstürmen stellen die naturräumlichen Voraussetzungen hohe Belastungen für Mensch und Umwelt dar. Sollte die Klimaveränderung weiterhin unvermindert fortschreiten – wovon auszugehen ist – und Tagestemperaturen die Grenze von 70 °C übersteigen, wie wissenschaftliche Studien bereits seit einigen Jahren prognostizieren, führt dies zu gravierenden gesundheitlichen Problemen bis zur Unbewohnbarkeit der Region (Pal & Eltahir, 2016).

Auswirkungen des anthropogen verursachten Klimawandels sind auch auf der Arabischen Halbinsel in Form von länger anhaltenden Hitze- und Trockenperioden spürbar und damit verbunden eine Wasserknappheit in einer Region, in der Wasserressourcen ohnehin begrenzt verfügbar sind. Neben dem Wasser- und Energieverbrauch, der durch extreme Nutzung, wie beispielsweise die weit verbreitete Klimatisierung oder künstliche Bewässerung zur Kultivierung von Grünflächen, steigt ebenso die zunehmende Müll- und Emissionsbelastung, die durch Tourismus noch verstärkt wird. Als Folgen der intensiven Nutzung des ökologisch sensiblen Raums attestiert der Living Planet Report den GKR-Staaten – vor allem Kuwait, Katar und den VAE – bereits seit 2016 (WWF, 2016, S. 26 f.) die weltweit höchsten ökologischen Fußabdrücke. Übernutzungs- und Überlastungserscheinungen der Kapazitäten haben nicht nur langfristig irreparable Schäden für Umwelt und Menschen zur Folge, sondern könnten sich auch negativ auf den Tourismus auswirken. Ambivalent diskutiert werden seit Langem städtebauliche – und damit auch touristische – Großprojekte hinsichtlich ihrer Dimensionen, Kapazitäten, Rentabilität sowie ihrer ökologischen Auswirkungen – und nicht zuletzt im Zusammenhang mit der Ausbeutung von Arbeitskräften (z. B. FIFA-Fußballweltmeisterschaft). Immerhin wurde in den vergangenen Jahren das Thema Nachhaltigkeit in den GKR-Staaten vermehrt aufgegriffen, um bestehende städtische Viertel unter ökologischen, ökonomischen und sozialen Gesichtspunkten zu modernisieren oder neu zu errichten (z. B. Msheireb/Doha, Masdar/Abu Dhabi, Abb. 16.6).

Der umfassende allgemeine infrastrukturelle Ausbau bei gleichzeitig anhaltender dynamischer Entwicklung der Bevölkerungszahlen, die eine zusätzliche Nachfrage nach Wohn- und Lebensraum generiert, führen zu einer (weiteren) Verdichtung von Stadträumen, Versiegelung der Böden sowie Verlust von Frei- und Grünflächen. In Kombination mit den natürlichen Bedingungen führen die anthropogenen Eingriffe zu temperaturbedingten Gesundheitsbeschwerden und negativen ökologischen Auswirkungen, die sich entsprechend auch auf die Umwelt- und Lebensqualität auswirken – und somit nicht nur das touristische Potenzial gefährden, sie konterkarieren damit auch sämtliche Maßnahmen einer nachhaltigen Entwicklung. Die Einschätzung der Gefahren aus dem Zusammenspiel von natürlichen Risiken, Auswirkungen des Klimawandels und Wasserknappheit und deren Auswirkungen auf die natürliche Umwelt, Wirtschaft und Gesellschaft erweist sich daher als eine der wichtigsten Herausforderungen der kommenden Jahre für alle Länder der Arabischen Halbinsel.

16.4 Tourismus, Arbeitsmarkt und Arbeitslosigkeit unter jungen GKR-Staatsangehörigen

Durchschnittlich hatte die Tourismuswirtschaft einen Anteil von 8,3 % des Bruttoinlandsprodukts der GKR-Länder (Abb. 16.7). Als wichtiger Wirtschaftszweig und beschäftigungsintensiver Sektor hat der Tourismus erhebliche direkte, indirekte und induzierte Auswirkungen auf die Wirtschaft und schafft eine beträchtliche Zahl von Arbeitsplätzen (z. B. Hotellerie, Gastronomie, Personenbeförderung, touristische Dienstleistungen und

Abb. 16.6 Neugestalteter Stadtteil Msheireb in Doha

Aktivitäten). Zugleich hat er das Potenzial, insbesondere inländischen Staatsangehörigen Beschäftigungsperspektiven zu verschaffen und dadurch die hohe Arbeitslosenquote bei jungen Menschen und Berufseinsteigenden zu senken (▶ Kap. 12).

16.4.1 Arbeitsmarktintegration durch Nationalisierungsprogramme

Die Regierungen der GKR-Staaten sehen sich seit vielen Jahren mit demographischen und migrationsbedingten Ungleichgewichten konfrontiert, wie beispielsweise eine hohe Abhängigkeit von ausländischen Arbeitskräften, steigende Arbeitslosigkeit unter jungen Staatsangehörigen, allgemeine Unterrepräsentation von Frauen in der Erwerbsbevölkerung sowie zu viele fehl- oder ungenutzte Bildungsressourcen, Kompetenzen und Fähigkeiten. Trotz der hohen Einnahmen aus dem Erdöl- und Erdgassektor, die den meisten GKR-Ländern jahrzehntelang zu Wohlstand verhalfen, wuchs seit den 2010er-Jahren die gesellschaftliche Unzufriedenheit über ein verlangsamtes Wirtschaftswachstum und den Anstieg der nationalen Arbeitslosigkeit (De Bel-Air, 2019b, S. 5). Während des sogenannten Arabischen Frühlings 2011 kam es auch in einigen GKR-Ländern zu Protesten, die sich gegen Arbeitslosigkeit, Korruption und „diskriminierenden Klientelismus" richteten (De Bel-Air, 2019b, S. 5). Besonders im Oman und Saudi-Arabien, die beide das niedrigste Pro-Kopf-Einkommen im GKR aufweisen, war die Arbeitslosigkeit ein Hauptgrund für offene Proteste (Forstenlechner & Rutledge, 2010, S. 38).

Die meisten Regierungen haben bereits seit den 1990er-Jahren auf die steigende Arbeitslosenquote unter den GKR-Bürgern einerseits mit der Einführung einer restriktiveren Einwanderungspolitik und der schrittweisen Abschaffung einer großen Zahl von Expatriates durch Einheimische und andererseits mit Maßnahmen zur direkten Beeinflussung des Privatsektors reagiert. Prominente Maßnahmen im Zuge von Nationalisierungsprogrammen (z. B. Emiratisierung, Omanisierung, Saudisierung) waren beispielsweise die Einführung von Quotensystemen für Unternehmen und Institutionen um mindestens 50 % der Belegschaft mit Staatsangehörigen zu besetzen sowie die Besetzung bestimmter Berufe ausschließlich mit Staatsbürgerinnen und -bürgern, wie zum Beispiel Beschaffungsmanager und Supermarktkassierer in Saudi-Arabien oder Taxi- und Lkw-Fahrer im Oman und in Bahrain (De Bel-Air, 2019b, S. 6, 8; Fargues & Shah, 2018, S. 2; Forstenlechner & Rutledge, 2011, S. 28, 43).

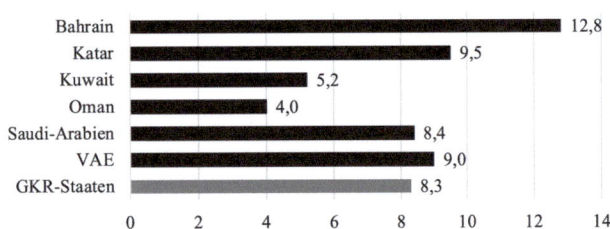

Abb. 16.7 Anteil der Tourismuswirtschaft am BIP der GKR-Staaten in Prozent (2022). (Quelle: Statista, 2024)

16.4.2 Vorbehalte und Ambivalenzen gegenüber Tourismus

Obwohl die Förderung des Tourismus als alternative Säule der Wirtschaft zwar eine wichtige Stärkung der Volkswirtschaften bedeutet, stehen dessen Wahrnehmung Vorbehalte gegenüber, die mit nationalen politischen und gesellschaftlichen Interessen kollidieren. Dies liegt einerseits in der Sorge vor steigender illegaler Arbeitsmigration begründet, andererseits vor erwarteten soziokulturellen Auswirkungen, die mit der Öffnung zum internationalen Tourismus einhergehen: Touristisches (Fehl-)Verhalten wie zum Beispiel die Missachtung von Bekleidungsformen, Bekundung von Zuneigung zwischen Paaren in der Öffentlichkeit sowie Alkohol- und Drogenkonsum stößt bei Teilen der Bevölkerung auf erhebliche Vorbehalte wenn nicht Ablehnung und gilt als respektlos und ignorant gegenüber den lokalen Lebensstilen, Traditionen, Normen und Werten sowie ethischen und moralischen Verständnissen (Maier & Scharfenort, 2022; Scharfenort, 2016).

Vorbehalte gibt es auch gegenüber Beschäftigungsmöglichkeiten im Tourismus, die häufig als schlecht bezahlte Dienstleistungspositionen und somit als minderwertig wahrgenommen werden (z. B. Hotelangestellte, Service- und Reinigungspersonal, Busfahrer, Autovermietung). Diese Positionen werden derzeit fast ausschließlich von gering oder nicht qualifizierten ausländischen Staatsangehörigen ausgeübt (Kelly, 2017, S. 114 f.). Eine jahrzehntelang in allen GKR-Staaten praktizierte Politik des dualen Arbeitsmarkts hat zudem die negative Wahrnehmung von Dienstleistungsberufen zusätzlich verstärkt und verlangsamt die Integration junger Staatsangehöriger in den privaten Arbeitsmarkt, da diese eine Beschäftigung in diesen Berufen ablehnen. Obwohl Nationalisierungsprogramme darauf zielen, neue Arbeitsplätze unter anderem in der wachsenden Tourismusbranche zu schaffen (Alaraby, 2019), betrachten viele GKR-Staatsangehörige die Arbeit im Tourismus als ihrem Status nicht entsprechend und aufgrund des schlechten Prestiges sogar rufschädigend. Obwohl sich diese Einstellung allmählich ändert, stellt das fehlende Interesse von GKR-Staatsangehörigen, im Gastgewerbe zu arbeiten, die Regierungen vor gesellschaftliche Herausforderungen (Stephenson & Ali-Knight, 2010; Yusuf, 2014, S. 65). Diametral zur geschilderten Wahrnehmung von Berufen im Tourismus oder Dienstleistungsbereich stehen hingegen Einschätzungen von Unternehmen, dass junge Berufseinsteigerinnen und -einsteiger nicht über die in der Privatwirtschaft notwendigen Fähigkeiten und Kompetenzen sowie Engagement im Kundenumgang verfügen (Aftandilan, 2017).

Neben den genannten Bedenken erweisen sich weitere soziokulturelle Gegebenheiten als Barriere, insbesondere für Frauen: Die Stärke der familiären Bindungen, die gesellschaftliche Definition der Rolle der Frau als Ehefrau und Mutter, die praktizierte Geschlechtertrennung zur Vermeidung sozialer Probleme, kulturell und religiös begründete Beschränkungen der Mobilität von Frauen sowie das vermeintliche Stigma, das einem Ehemann anhaftet, dessen Frau außer Haus arbeitet (Baum, 2013, S. 56) stellen weitere Herausforderungen dar, Frauen gleichberechtigt in den Arbeitsmarkt zu integrieren. Dies wird durch das strukturelle Problem der Geschlechterdisparität durch die erhebliche horizontale und vertikale Geschlechtersegregation im Tourismus zusätzlich erschwert: Frauen sind häufig in Berufen mit geringen Qualifikationsanforderungen und Aufstiegsmöglichkeiten beschäftigt (z. B. Reinigungskraft, Kellnerin, Rezeptionistin), während Männer Schlüssel- oder Leitungspositionen mit größerer Verantwortung innehaben (Baum, 2013, S. 7).

Von diesen Argumenten abgesehen, schmälert die hohe männliche Jugendarbeitslosigkeit in den GKR-Staaten die Chancen von Frauen auf eine Erwerbsbeteiligung, selbst wenn sie eine gleichwertige Ausbildung und höherwertige Abschlüsse absolviert haben. Obwohl sich auch die Geschlechterrollen in den GKR-Gesellschaften rasch verändern und immer mehr Frauen eine berufliche Beschäftigung anstreben, ziehen sich nach wie vor viele Frauen oft auf Drängen ihrer Familie oder ihres Ehemanns aus dem Berufsleben zurück, sobald sie eine eigene Familie gründen.

16.4.3 Geschäfts- und Beschäftigungsmöglichkeiten im Tourismus

Doch trotz der genannten Vorbehalte birgt die Tourismuswirtschaft ein erhebliches Potenzial, zum sozialen Zusammenhalt und zur nationalen Identität in den GKR-Ländern beizutragen (▶ Kap. 8). Geschäftsmöglichkeiten für GKR-Staatsbürgerinnen und -bürger bieten sich zum Beispiel durch die Gründung von Kleinbetrieben und Unternehmen einerseits für die Spezialisierung im gastronomischen Bereich (z. B. lokale Speisen, Getränke), für den Vertrieb von Lebensmitteln (◘ Abb. 16.8), im lokalen Handwerk, Kunsthandwerk oder andererseits das Angebot von maßgeschneiderten Reiseangeboten wie Tagesausflüge und Abenteuertouren, personalisierte Tourismusdienstleistungen oder im Bereich des Ökotourismus, die innovative und kreative Beschäftigungsmöglichkeiten schaffen.

Erste Unternehmen wurden bereits gegründet, viele nutzen Onlinevertriebskanäle und soziale Netzwerke, um Produkte und Dienstleistungen schnell und kostengünstig mit großer Reichweite zu präsentieren (z. B. via Instagram). Soziale Netzwerke eignen sich daher besonders für Unternehmerinnen, die durch diese Kanäle eine größere Sichtbarkeit erhalten und zugleich persönlichen physischen Kontakt zu potenziellen Kundinnen und Kunden vermeiden können.

Abb. 16.8 Verkauf von omanischem Halwa im Suq in Nizwa (links). Omanische Frauen bereiten Musanif Dajaj im Nizwa Fort zu (rechts)

16.5 Fazit und Ausblick

Tourismus hat sich in den GKR-Staaten zu einem dynamischen und schnell wachsenden Sektor entwickelt, der die Wirtschaft und das globale Image der Region stärkt, und stellt einen bedeutenden Pfeiler der wirtschaftlichen Diversifizierung dar, auch wenn zwischen den Ländern deutliche Diskrepanzen hinsichtlich der touristischen Entwicklung bestehen (▶ Kap. 14). Während die VAE und Katar umfassend in ihre touristische Infrastruktur investieren, blieb Kuwait in diesem Bereich bisher zurückhaltend. Die Entwicklung des Tourismus in Saudi-Arabien, die seit 2019 progressiv gefördert wird, steht wiederum im starken Kontrast zu seiner traditionell konservativen Haltung gegenüber internationalem Tourismus.

Angesichts der volatilen Ölpreise und der Notwendigkeit, alternative Einkommensquellen zu schaffen, wird der Tourismus als Mittel zur Steigerung der Einnahmen, zur Schaffung von Arbeitsplätzen und zur Förderung des sozialen Zusammenhalts gesehen. In allen GKR-Staaten wird Wachstum durch Investitionen, Konsum und Infrastrukturinvestitionen generiert, von denen die Tourismuswirtschaft in unterschiedlichem Maße profitiert. Diese Ökonomien orientieren sich stark am liberalisierten, globalen Markt des Waren- und Kapitalverkehrs und sind auf diesen ausgerichtet.

Die positive Bilanz des Tourismus sollte jedoch nicht darüber hinwegtäuschen, dass der Luftfahrtsektor und die Tourismuswirtschaft sehr krisenanfällig auf disruptive Ereignisse reagieren. Die diplomatische Krise zwischen Katar und seinen Nachbarstaaten (in den Jahren zwischen 2017 und 2021) zeigte unmittelbare Auswirkungen auf die touristische Mobilität: Aufgrund des Reiseverbots und der Handelsblockaden verzeichnete die in Dubai ansässige Fluggesellschaft Emirates in der ersten Hälfte 2018 einen starken Rückgang im Passagierverkehr zwischen den VAE und Katar. Der Ausbruch der Covid-19-Pandemie führte weltweit zu einem vorübergehenden Stillstand des Flugverkehrs, wovon auch die Destinationen in den GKR-Staaten betroffen waren. Neben hohen finanziellen Einbußen in allen Bereichen der touristischen Wertschöpfungskette mussten wichtige Messen und Großveranstaltungen abgesagt oder verschoben werden, wie der Arabian Travel Market 2020 und die Expo 2020 in Dubai.

Trotz der genannten zahlreichen wirtschaftlichen Erfolge stehen die GKR-Staaten auch vor signifikanten Herausforderungen, die eine nachhaltige touristische Entwicklung erschweren. Diese adressieren einerseits die ökologische Nachhaltigkeit, da der zunehmende Tourismus zu hohen ökologischen Fußabdrücken führt, sowie andererseits soziokulturelle Spannungen, die durch den Einfluss unterschiedlicher Lebensstile, Normen und Werte entstehen. Ein zentrales Problem ist die ökologische Nachhaltigkeit: Die Region leidet unter extremen klimatischen Bedingungen wie Hitze, Trockenheit und Wasserknappheit, die durch den Klimawandel weiter verschärft werden. Der massive Ausbau der Infrastruktur und der hohe Ressourcenverbrauch, insbesondere im Hinblick auf Wasser und Energie, führen zu erheblichen ökologischen Fußabdrücken. So haben die GKR-Staaten die weltweit höchsten ökologischen Fußabdrücke, was auf die intensive Nutzung der natürlichen Ressourcen und die daraus resultierenden Umweltbelastungen zurückzuführen ist.

Darüber hinaus besteht eine Diskrepanz zwischen der Nachfrage nach Arbeitskräften im Tourismussektor und der Akzeptanz solcher Arbeitsplätze durch einheimische Arbeitskräfte. Viele Staatsangehörige betrachten Berufe im Tourismus als weniger prestigeträchtig, was zu einer hohen Abhängigkeit von ausländischen Arbeitskräften führt. Die Integration junger Berufseinsteiger in die arbeitsintensive Tourismuswirtschaft wäre zwar ein gangbarer Weg, hat sich in den vergangenen Jahren jedoch als herausfordernd erwiesen. Auch wenn die Akzeptanz einer Beschäftigung im Privatsektor unter jungen GKR-Staatsbürgern gestiegen ist, fehlt es vielen an geeigneten Qualifikationen, Ausbildung und Erfahrung. Besonders für Frauen erweist sich die Situation als schwierig. Ihre Positionen in einem Umfeld zu finden, in dem familiäre Bindungen und Verpflichtungen, die Rolle der Frau als Ehefrau und Mutter, die Geschlechtertrennung zur Vermeidung sozialer Probleme, Einschränkungen der Mobilität und das gesellschaftliche Stigma, das einem Ehemann anhaftet, dessen Frau außerhalb des Hauses arbeitet, das soziale Zusammenleben im privaten und öffentlichen Raum definieren.

Dennoch weist die Tourismuswirtschaft ein erhebliches Potenzial an Geschäftsmöglichkeiten für Jungunternehmerinnen und -unternehmer auf, das durch die Nutzung sozialer Medien vermarktet werden könnte. Besonders für Frauen bietet dies ein attraktives Geschäftsmodell. Der Vertrieb von lokal und handwerklich produzierten Produkten, spezialisierten touristischen Dienstleistungen oder Angebote von Frauen für Frauen sind bislang noch nicht ausgeschöpfte Potenziale. Hier könnten sich gerade junge Staatsbürgerinnen auch außerhalb der klassischen Berufe in der Tourismuswirtschaft verwirklichen und so zum sozialen Zusammenhalt beitragen.

Für eine nachhaltige Entwicklung des Tourismussektors in den GKR-Staaten ist es entscheidend, ökologische und soziale Aspekte stärker zu berücksichtigen. Um das Potenzial des Tourismus voll auszuschöpfen, sind tiefgreifende Veränderungen im Bildungssystem und Restrukturierungen des Arbeitsmarkts notwendig. Es bedarf einer Veränderung der Einstellung zu Arbeit und einem Lebensstil, der tradierte konservative Normen, Werte und westliche Konsummuster zu vereinen versucht. Die junge und häufig hoch qualifizierte Bevölkerungsbasis stellt ein wertvolles Potenzial dar, um in die Zukunft zu investieren, die Volkswirtschaften langfristig wettbewerbsfähig auszubauen und die hohe Abhängigkeit von externen Arbeitskräften zu reduzieren.

Für die Zukunft ist daher entscheidend, dass die GKR-Staaten nachhaltige Praktiken in der Tourismusentwicklung fördern, um langfristige Umweltschäden zu vermeiden. Initiativen zur Förderung des Ökotourismus und zur Einbindung lokaler Gemeinschaften könnten hierbei eine wichtige Rolle spielen. Die erfolgreiche Umsetzung solcher Strategien wird maßgeblich dazu beitragen, den Tourismus als stabile wirtschaftliche Säule in der Region zu etablieren und die Abhängigkeit von fossilen Brennstoffen zu verringern.

Zudem sollten Maßnahmen zur besseren Integration der einheimischen Bevölkerung in den Arbeitsmarkt intensiviert werden, um die hohe Arbeitslosigkeit unter jungen Menschen zu reduzieren und den sozialen Zusammenhalt zu stärken. Es liegt daher in der Verantwortung der Regierungen, ein geeignetes Umfeld zu schaffen, in dem junge Menschen ihrer Sozialisation und Ausbildung entsprechend Beschäftigung finden können, um ihre Ziele zu verwirklichen, Frustration zu vermeiden und einen hohen Lebensstandard zu gewährleisten. Dies ist entscheidend, um langfristige soziale und politische Stabilität zu garantieren und die Tourismuswirtschaft als nachhaltige und stabile wirtschaftliche Säule in der Region zu etablieren.

Es ist daher wichtig, dass die GKR-Staaten ihre Anstrengungen zur Diversifizierung der Wirtschaft fortsetzen, um ihre Abhängigkeit von fossilen Brennstoffen zu verringern und langfristig nachhaltiges Wachstum zu sichern, um eine Balance zwischen wirtschaftlichem Fortschritt, ökologischer Verantwortung und gesellschaftlichem Zusammenhalt herzustellen.

Literatur

Adham, K. (2008). Rediscovering the island: Doha's urbanity form pearls to spectacle. In Y. Elsheshtawy (Hrsg.), *The evolving Arab city: tradition, modernity and urban development* (S. 218–257). London: Routledge.

Aftandilan, G. (2017). Youth unemployment remains the main challenge in the Gulf states. Arab Centre Washington D.C. http://bit.ly/3cP3cZR. Zugegriffen: 7. Aug. 2024.

Alaraby (2019). Saudi Arabia wants to be one of the worlds' most visited countries by 2030. The New Arab. http://bit.ly/2vddqm9. Zugegriffen: 7. Aug. 2024.

Amaala (2024). Discover Amaala. http://amaala.com. Zugegriffen: 7. Aug. 2024.

Bahrain Airport Company (2014). Bahrain International Airport. https://bit.ly/4fxLRFj. Zugegriffen: 1. Aug. 2024.

Barham, N. (2009). Mekka (Makkah al-Mukarramah) – Pilgerstadt. Diercke-Atlas, S. 164, Abb. 2. https://bit.ly/3I7vHD1. Zugegriffen: 1. Aug. 2024.

Baum, T. (2013). International perspectives on women and work in hotels, catering and tourism. ILO Working Paper, 1. http://bit.ly/2TXtC2W. Zugegriffen: 7. Aug. 2024.

Castelier, S. (2020). Is tourism the antidote to youth unemployment in Oman? Al-Monitor. http://bit.ly/3ccmng2. Zugegriffen: 2. Aug. 2024.

CIA – The World Factbook (2022). Religions. https://bit.ly/46DSfGW. Zugegriffen: 9. Aug. 2024.

Dallen, T. J. (2018). *Routledge handbook on tourism in the Middle East and North Africa*. London: Routledge.

De Bel-Air, F. (2019a). Demography, migration, and the labour market in Bahrain. Gulf labour markets, migration and population, GLMM 1. http://bit.ly/2WbGZ2c. Zugegriffen: 7. Aug. 2024.

De Bel-Air, F. (2019b). Demography, migration, and the labour market in Kuwait. Gulf labour markets, migration and population, GLMM 3. http://bit.ly/2U1pyPi. Zugegriffen: 3. Aug. 2024.

Elsheshtawy, Y. (2008). The great divide: struggling and emerging cities in the Arab world. In Y. Elsheshtawy (Hrsg.), *The evolving Arab city: tradition, modernity and urban development* (S. 2–26). London: Routledge.

EU-GCC (EU-Gulf Cooperation Council) (2022). Oman tourism future prospects. Summary report. https://bit.ly/46zcrtz. Zugegriffen: 7. Aug. 2024.

Fargues, P., & Shah, N. M. (2018). Migration policies, between domestic politics and international relations. In P. Fargues & N. M. Shah (Hrsg.), *Migration to the Gulf: policies in sending and receiving countries* (S. 1–8). Cambridge: Gulf Research Centre.

Forstenlechner, I., & Rutledge, E. (2010). Unemployment in the Gulf: time to update the „social contract". *Middle East Policy, 2*(17), 38–51.

Forstenlechner, I., & Rutledge, E. (2011). The GCC's „demographic imbalance": perceptions, realities and policy options. *Middle East Policy, 8*(4), 25–43.

GAStats (General Authority of Statistics) (2020). Hajj statistics 2019–1440. https://bit.ly/377BN38. Zugegriffen: 7. Aug. 2024.

GCCStat (2023). Tourism statistics in GCC countries in 2022 (Arabic). https://bit.ly/3ysk8oS. Zugegriffen: 7. Aug. 2024.

Hvidt, M. (2013). Economic diversification in GCC countries: Past record and future trends. The London School of Economics and Political Science. http://bit.ly/3866g0d. Zugegriffen: 1. Aug. 2024.

Hopfinger, H., & Scharfenort, N. (2020). Tourism geography of the MENA Region: potential, challenges and risks: Editorial. *Zeitschrift für Tourismuswissenschaft, 12*(2), 131–157.

Karolak, M. (2014). Tourism in Bahrain: challenges and opportunities of economic diversification. *Journal of Tourism Challenges and Trends, 7*(2), 97–114.

Karolak, M. (2015). Analysis of the cruise industry in the Arabian Gulf: the emergence of a new destination. *Journal of Tourism Challenges and Trends, 8*(1), 61–78.

Kelly, M. (2017). (No) tourism in Kuwait: Why Kuwaitis are ambivalent about tourism development. In M. L. Stephenson & A. Al-Hamarneh (Hrsg.), *International tourism development and the Gulf Cooperation Council states. Challenges and opportunities* (S. 111–123). London: Routledge.

Khadri, S. A. (2018). Highly-skilled professionals in the GCC: migration policies and government outlook. In P. Fargues & N. M. Shah (Hrsg.), *Migration to the Gulf: Policies in sending and receiving countries* (S. 81–103). Cambridge: Gulf Research Centre.

Koechling, J. G., Stolz, R., Aljafem, M., Beliaev, V., Shoukeir, A., Wehbi, N., & Alshaiba, S. (2024). Tourism in GCC. https://bit.ly/3WRjYAE. Zugegriffen: 5. Aug. 2024.

KSA (Kingdom of Saudi Arabia) (2024). Saudi Vision 2030. Kingdom of Saudi Arabia. https://bit.ly/3YAne4J. Zugegriffen: 3. Aug. 2024.

Maier, J., & Scharfenort, N. (2022in). Die Fußball-Weltmeisterschaft 2022 in Katar. Ein Wintermärchen aus 1001 Nacht? *Geographische Rundschau, 74*(11), 4–45.

MoH (Ministry of Hadjj) (2017). Hajj and Umrah statistics. https://bit.ly/3WRuhVx. Zugegriffen: 6. Aug. 2024.

Pal, J., & Eltahir, E. A. B. (2016). Future temperature in southwest Asia projected to exceed a threshold for human adaptability. *Nature Climate Change, 6*, 197–200.

Pew Research Center (2015). The future of world religions: population growth projections, 2010–2050. https://bit.ly/3WDto1m. Zugegriffen: 9. Aug. 2024.

Qatar Tourism (2024). Visa-free entry or Hayya e-visa. https://bit.ly/3UH2NBe. Zugegriffen: 7. Aug. 2024.

Richter, T. (2010). Tourismus. Das Ei des Kolumbus für die arabische Welt? GIGA Focus Nahost, 4. https://bit.ly/3LYSNOd. Zugegriffen: 1. Aug. 2024.

Scharfenort, N. (2009). *Urbane Visionen am Arabischen Golf. Die „Post-Oil-Cities" Abu Dhabi, Dubai und Sharjah*. Frankfurt am Main: Campus.

Scharfenort, N. (2012). Urban development and social change in Qatar: The Qatar National Vision 2030 and the 2022 FIFA World Cup. *Journal of Arabian Studies, 2*(2), 209–230.

Scharfenort, N. (2014). Dubais Flughäfen als Kernelemente einer integrierten Wirtschaftsstandortentwicklung. *Geographische Rundschau, 66*(1), 46–51.

Scharfenort, N. (2016). Gleichberechtigung, Freiheit, Selbstbestimmung? Partizipation von Frauen im Sport in der arabischen Golfregion. *Zeitschrift für Menschenrechte, 10*(2), 44–63.

Scharfenort, N. (2018). Standortkonkurrenz und nachhaltige Entwicklung in den Städten am Arabischen Golf. *Geographische Rundschau, 69*(6), 46–49.

Scharfenort, N. (2019). Halal-Tourismus: Relevanz für die Touristikbranche und wissenschaftliche Forschung. *Schriften zu Tourismus und Freizeit, 24*, 409–442.

Scharfenort, N. (2023). Nachhaltigkeitsziele von Sportgroßveranstaltungen auf der Arabischen Halbinsel: Die Fußball-Weltmeisterschaft der Männer 2022 in Katar. In P. Gans, M. Horn & C. Zemann (Hrsg.), *Sportgeographie. Ökologische, ökonomische und soziale Aspekte* (S. 137–153). Berlin: Springer.

Shadab, S. (2018). Tourism and economic growth in the United Arab Emirates: a granger causality approach. *IOSR Journal of Business and Management, 20*(4), 1–6.

Statista (2024). Contribution to the gross domestic product (GDP) from the travel and tourism industry in the Gulf Cooperation Council (GCC) in 2022, by country. https://bit.ly/3AcFTcG. Zugegriffen: 4. Aug. 2024.

Stephenson, M. L., & Ali-Knight, J. (2010). Dubai's tourism industry and its societal impact: social implications and sustainable challenges. *Journal of Tourism and Cultural Change, 8*(4), 278–292.

UNCTAD (2014). Science, technology & innovation policy review. Oman. http://bit.ly/33hc2Lw. Zugegriffen: 4. Aug. 2024.

Wilson, G. (1999). *Father of Dubai. Shaikh Rashid bin Saeed Al Maktoum*. Dubai: Media Prima.

World Bank (2024). International tourism, number of arrivals. https://bit.ly/2TtL1kU. Zugegriffen: 5. Aug. 2024.

WTTO (World Travel & Tourism Council) (2024). Saudi Arabia's travel & tourism breaks all records. https://bit.ly/3SD1dOM. Zugegriffen: 5. Aug. 2024.

WWF (2016). Living planet report. https://bit.ly/3mnIG7n. Zugegriffen: 4. Aug. 2024.

UNWTO (United Nations World Tourism Organisation) (2023). UNWTO tourism statistics database. https://bit.ly/4fABP67. Zugegriffen: 5. Aug. 2024.

Yusuf, N. (2014). Tourism development in Saudi Arabia. *Journal of Business and Retail Management Research, 8*(2), 65–70.

Großereignisse: „Place Branding"

Anton Escher und Marie Johanna Karner

© MSM / Stock.adobe.com

Inhaltsverzeichnis

17.1 Einführung – 184

17.2 Imagewandel am Golf: Vom traditionellen Märchenland zum modernen Stammesstaat? – 184

17.3 Regionaler Überblick: Die Golfmonarchien und sportliche Großereignisse – 185

17.4 Großereignisse und Place Branding in Dubai (VAE), Doha (Katar) und Abu Dhabi (VAE) – 187

17.4.1 Weltausstellung in Dubai: Expo 2020 vom 1. Oktober 2021 bis 31. März 2022 – 187

17.4.2 FIFA-Fußballweltmeisterschaft in Doha (Katar) vom 20. November bis 18. Dezember 2022 – 189

17.4.3 FIA-Weltmeisterschaft: Grand Prix Formel 1 in Abu Dhabi vom 24. bis 26. November 2023 – 191

17.5 Fazit und Ausblick – 193

Literatur – 193

© Der/die Autor(en), exklusiv lizenziert an Springer-Verlag GmbH, DE, ein Teil von Springer Nature 2025
T. Demmelhuber, N. Scharfenort (Hrsg.), *Die Arabische Halbinsel*,
https://doi.org/10.1007/978-3-662-70217-8_17

17.1 Einführung

In zunehmendem Ausmaß investieren die rohstoffexportierenden Golfstaaten hohe Summen in die Ausrichtung von Großereignissen. Fast alle Mitglieder des Golfkooperationsrats (GKR; Gulf Cooperation Council, GCC) versuchen, die Transformation ihrer Gesellschaften, ihrer Ökonomien und ihrer Images durch Megaevents wie Weltausstellungen und Weltmeisterschaften voranzutreiben. Bei der Vergabe derartiger Veranstaltungen durch internationale Organisationen wie dem Bureau International des Expositions (BIE), der Fédération Internationale de Football Association (FIFA) und der Fédération Internationale de l'Automobile (FIA) spielen die finanziellen Ressourcen, die politische Macht und die vorhandenen Rahmenbedingungen der sich bewerbenden Nationalstaaten eine ausschlaggebende Rolle. Die Vergabe der FIFA-Fußballweltmeisterschaft der Männer, die im Jahr 2022 erstmals in der arabischen Welt stattfand, beurteilt der Philosoph Peter Sloterdijk daher wie folgt: „The tournament is going where everything goes, it is following the money and following in the footsteps of the Formula 1 circus, cycling, tennis and golf" (Smoltzcyk, 2010).

Die Golfstaaten benutzen Großereignisse dazu, Auslandsinvestitionen, globale Firmen und billige Arbeitskräfte anzuziehen und sich als attraktiver Standort des internationalen Tourismus zu inszenieren (▶ Kap. 16). Auf diese Weise versuchen die Golfmonarchien, ihre staatliche Legitimität und internationale Anerkennung zu steigern (Cooper & Momani, 2009). Die internationale Aufmerksamkeit und die Betonung von Kultur und friedvollen Werten machen insbesondere Mega-Sportevents zu einem nützlichen Instrument für Länder, ihre Soft Power und diplomatischen Beziehungen auszubauen, um ihren weltweiten Einfluss auszubauen (Dubinsky, 2019, S. 156). Die Berichterstattung der globalen Medien trägt maßgeblich dazu bei, dass ein gezieltes Place Branding durch Megaevents gelingt (Govers & Go, 2009, S. 189).

Place Branding
Place Branding versucht laut Kaefer (2021, S. 8) auf drei Ebenen wirksam zu sein: Mit dieser Strategie soll (1) einer Gemeinschaft oder einem bestimmten Standort geholfen werden, seine Identität und Zukunftsvision zu finden. (2) Um diese zu fördern, müssen talentierte Arbeitskräfte und Kapital angezogen werden. (3) Darüber hinaus geht es darum, ein nachhaltiges Vermächtnis zu etablieren. Das übergeordnete Ziel ist die Förderung der ökonomischen und gesamtgesellschaftlichen Entwicklung durch die Steigerung der Attraktivität als Investitions- und Arbeitsstandort sowie als touristische Destination. Die Identifikation der Bürgerinnen und Bürger mit ihrem Wohnort wird idealerweise gesteigert, indem Bewohnerinnen und Bewohner in die Konzeption und Umsetzung von Place Brands einbezogen werden: „This is only possible if the community in question is fully engaged, and where a place's key stakeholders – its government, public/private sector organizations, and residents – are prepared to support a place brand as its ‚cheerleaders'" (Kaefer, 2021, S. 9). Auf diese Weise können langfristig wirksame Narrative für die Stadtplanung, Steuerung und Wirtschaftsförderung entstehen (Ginesta & de San Eugenio, 2021, S. 632, 636).

Diese Bemühungen sollen nicht nur die Transformation der erdöl- und erdgasproduzierenden Länder fördern, um das künftige wirtschaftliche Überleben und den Wohlstand in der Golfregion zu sichern, sondern zielen auch darauf ab, nationale Identitätsmuster und bestimmte nationale Marker zu stärken (Wippel et al., 2014, S. 1): „Die Ausrichtung von sportlichen Großveranstaltungen schafft […] Orte des nationalen Stolzes und der Gemeinsamkeit, soll die innere Resilienz der Herrscherhäuser stärken und Ablenkung in Zeiten der sozio-ökonomischen Krise bieten. Gleichzeitig soll die Loyalität der Untertanen zu ihren Herrscherhäusern aufrechterhalten werden. Für die Golfstaaten ist Sportpolitik somit zu einem wesentlichen Instrument ihrer Machtkonsolidierung geworden" (Sons, 2023, S. 322). Die Investitionen in sportliche Großereignisse dienen also der Unterhaltung und Identitätsbildung der eigenen fußball- und motorsportverrückten Bevölkerung. Als Instrument der Nationenbildung haben sie eine gesellschaftsintegrierende Funktion und sind daher innenpolitisch legitimiert. Vor diesem Hintergrund liefert die Auseinandersetzung mit Großereignissen und deren Einbettung in nationale Entwicklungspläne spannende Einblicke in die zukunftsorientierten Strategien der arabischen Golfstaaten (Koch, 2018, S. 154).

17.2 Imagewandel am Golf: Vom traditionellen Märchenland zum modernen Stammesstaat?

Die Wahrnehmung der Arabischen Halbinsel in der westlichen Welt ist durch die Märchen von 1001 Nacht sowie die historischen Schilderungen im Kontext des europäischen Kolonialismus (z. B. Lawrence von Arabien) geprägt. Erzählungen wie Ali Baba und die vierzig Räuber oder Aladin und die Wunderlampe sind aus den westlich-orientalistischen Zuschreibungen (Bayat & Herrera, 2021) – von Hollywood regelmäßig filmisch inszeniert – nicht wegzudenken. Diese neoorientalistischen Wissensbestände sind immer noch ein Referenzpunkt in der Wahrnehmung der Region. Gleichzeitig werden die Gesellschaften der Golfstaaten von westlichen Stimmen trotz ihrer modernen Fassade als sozial organisierte Stämme stigmatisiert (Cooke, 2014, S. 10). Govers (2012, S. 48 f.) bringt den Widerspruch der westlichen Fremdwahrnehmung zwischen Moderne und Tradition auf den Punkt: „[R]iding the waves of globalization […] has resulted in a schizophrenic image among the global audience combining Middle-Eastern stereotypes with images of a modern, rich, glamorous metropolis". In den Vordergrund treten gegensätzliche Bilder von Modernität und Verwurzelung. Sie kommen auf der einen Seite in schicken Hotels, moderner Architektur, Shopping, Reichtum und Luxus zum Ausdruck. Auf der anderen Seite spiegeln die arabisch-muslimische Kultur, die Wüste, die Kamele sowie die belebten Märkte (Souks) mit ihren vielfältigen

Gerüchen von Gewürzen und Duftessenzen traditionelle Elemente der Golfstaaten. Häufig wird die muslimische Bevölkerung arabischer Staaten auch als Gegenentwurf zur Globalisierung stereotypisiert (Calhoun, 2002, S. 870) und spätestens seit den Anschlägen vom 11. September 2001 mit Terrorismus in Verbindung gebracht. Schließlich verbleibt im Westen über die Staaten am Golf ein negatives, autokratisches und gefahrvolles Image (Cooper & Momani, 2009, S. 107, 113).

Orientalismus
Der Begriff Orientalismus umfasst nach Said (1978) die imaginative Konstruktion der Länder und der Gesellschaften Nordafrikas, Vorder- und Mittelasiens, welche als „Orient" durch die Kunst, Politik, den Tourismus und die Wissenschaft Europas über Jahrhunderte zum Gebrauch, Nutzen und Zweck für und durch den Westen geschaffen wurden. Nordafrika und Vorderasien sind die Regionen der reichsten und ältesten Kolonien Europas, die Quelle der Zivilisationen Europas und die Herkunft seiner Sprachen. Der „Orient" spiegelt den kulturellen Wettkampf Europas sowie seine ältesten und immer wiederkehrenden Bilder des Anderen wider. Zusätzlich half der imaginierte „Orient" dem Westen, sich als dessen kontrastierendes Bild, Idee und Persönlichkeit zu definieren (Said 1978). Orientalismus ist eine Strategie, mit den Menschen, Landschaften und Produkten des „Orients" umzugehen und sie zum eigenen Vorteil zu instrumentalisieren: „Das Prinzip des Orientalismus besteht darin, andere Kulturen negativ darzustellen, damit die Überlegenheit der eigenen Kultur umso deutlicher wird", meint Sardar (2002, S. 167). Orientalismus kann daher als „westlicher Stil" der Herrschaft und des Autoritätsbesitzes über den „Orient" bezeichnet werden (Said 1978). In anderen Worten: „Das Zusammenspiel zwischen Realität und Fiktion ist der zentrale Punkt, der Punkt, an dem der Orientalismus seine volle Wirkung entfaltet" (Sardar, 2002, S. 19).

Um derart ablehnenden Eindrücken entgegenzuwirken, präsentieren sich die Länder am Golf laut Cooke (2014) als „tribal modern". Sie projizieren eine unverwechselbare nationale und kulturelle Markenidentität, die verwurzelt, alt und stammesbezogen, aber auch transnational, modern und kosmopolitisch ist (Cooke, 2014, S. 164). Ziel ist es, sich insbesondere durch eindrucksvolle Großereignisse von den orientalistischen Klischees abzuheben. Sportereignisse wie die Olympischen Spiele, der Grand Prix der Formel 1 und die Fußballweltmeisterschaft werden von den Staats- und Regierungschefs nicht nur als finanzielle Einnahmequelle betrachtet, sondern auch als Gelegenheit, die Gastfreundschaft ihres Landes zu demonstrieren und dazu beizutragen, nationale Fremdzuschreibungen zu überwinden (Scharfenort, 2012, S. 218). Mit den Großereignissen bringen die Golfmonarchien gesellschaftliche Modernisierung und staatliche Effizienz zum Ausdruck. Sie nutzen die Aufmerksamkeit zudem, um eine eigenständige arabische Kultur zur Schau zu stellen (Amara, 2021, S. 196).

Gleichzeitig wird versucht, neuartige Praktiken mit lokalen Bräuchen zu verbinden. Eingebettet in nationale Gesundheitsstrategien werden Orte für sportliche Aktivitäten wie Lauf- und Radwege geschaffen. Dies soll der hohen Prävalenz von Adipositas und Diabetes in den GKR-Staaten entgegenwirken. Den eigenen Bürgerinnen und Bürgern wird auf diese Weise eine national verbindende und sozial verträgliche Zukunftsperspektive geboten (Amara, 2021, S. 192, 197, 201). Allerdings wird die Ausrichtung von Großereignissen als identitätspolitische Maßnahme von verschiedenen gesellschaftlichen Gruppen beziehungsweise sozialen Segmenten der Golfstaaten unterschiedlich bewertet (Koch, 2019).

17.3 Regionaler Überblick: Die Golfmonarchien und sportliche Großereignisse

Die Staaten des GKR bemühen sich mit ungleichem Elan um Großereignisse. Ihre Konkurrenz um die Megaevents und um ein individuelles Place Branding ist offensichtlich: „[H]ighlighting what is indigenously unique; grabbing the international spotlight but also developing a legacy; creating a distinctive image but also avoiding an exclusionary outlook" (Mishra, 2019, S. 140). Dieser Wettbewerb drückte sich im Jahr 2017 in politischen Verwerfungen aus, als Saudi-Arabien, die Vereinigten Arabischen Emirate, Bahrain und Ägypten die diplomatischen Beziehungen und den Handel mit Katar unterbrachen (▶ Kap. 19 und 20). Sie verhängten eine See-, Land- und Luftblockade mit der Begründung, das Land unterstütze den Terrorismus und stehe dem Iran zu nahe. Im Mittelpunkt dieser diplomatischen Krise stand jedoch das Bestreben Katars, neben seiner Rolle als regionalpolitischer Vermittler auch eine aktive Rolle in der internationalen Sportarena zu spielen (Amara, 2021, S. 197).

Inzwischen sehen sich die Golfstaaten genötigt, bei der Ausrichtung von Großereignissen zu kooperieren. Die Emirate Dubai und Abu Dhabi zogen seit Beginn der 1990er-Jahre die Aufmerksamkeit der Weltöffentlichkeit durch spektakuläre Veranstaltungen auf sich. Bahrain richtet seit dem Jahr 2004 das Rennen der Formel 1 in Sachir und die FIA World Endurance Championship aus. Dabei ist anzumerken, dass in Bahrain die Veranstaltung der Formel 1 jedes Jahr von Gegendemonstrationen begleitet wird: „Organisationen weisen Jahr für Jahr darauf hin, dass bahrainische Aktivisten, die während der Anwesenheit der Formel 1 auf Menschenrechtsverletzungen aufmerksam machten bei Demonstrationen oder im Netz, schweren Repressalien durch die Behörden ausgesetzt wurden und werden" (FAZ, 2024). Als weiterer Standort der Rennserie folgte seit 2009 der Große Preis von Abu Dhabi. In den letzten Jahren bekamen auch die Städte Lusail (2021) in Katar und Jiddah in Saudi-Arabien (2021) die jährliche Austragung der Großveranstaltung des Rennsports vom Dachverband FIA zugesprochen.

Die derzeit proaktivste Politik, sportliche Großereignisse zu organisieren und sportbezogene Investitionen zu tätigen, verfolgt Saudi-Arabien: „Saudi-Arabien: Der Sport im Dienst des Regimes", résumiert die französische

Zeitschrift CARTO (Le Magoariec, 2024, S. 48). Laut Berechnungen hat das Königshaus seit 2021 mehr als sechs Milliarden Euro in die Sportindustrie investiert (Blaschke, 2024). Dabei geht es nicht nur um Imagepflege mit dem Ziel, mehr internationale Wahrnehmung und Anerkennung zu erreichen und die Zusammenarbeit mit anderen Staaten in Diplomatie und Wirtschaft zu stärken, sondern auch darum, umfassende Infrastrukturmaßnahmen umzusetzen und über den Sport den internationalen Tourismus anzukurbeln und ausländische Unternehmen zwecks wirtschaftlicher Diversifizierung anzulocken. Auf diese Weise sollen der eigenen jungen Bevölkerung Unterhaltung und Arbeitsplätze mit folgendem Ziel geboten werden: „Die neue glamouröse Sportindustrie soll Ablenkung schaffen – und Identität stiften" (Blaschke, 2024). In Zeiten hoher Jugendarbeitslosigkeit von 24 % muss die Loyalität der eigenen Bevölkerung gesichert werden. Der Kronprinz versucht, über den Sport ein Gemeinschaftsgefühl zu kreieren, um die nationale Identität zu stärken (Sons, 2023, S. 253). Dazu dient der Public Investment Fund (PIF), der mit einem Volumen von geschätzt 700 Mrd. € einer der größten staatlichen Investitionsfonds der Welt ist (Blaschke, 2024; über den PIF ▶ Kap. 14). Im Jahr 2029 wird der Wüstenstaat die asiatischen Winterspiele in Trojena ausrichten, einer Gebirgsstadt mit Skiresort, die derzeit errichtet wird und anschließend bis zu 700.000 Reisende jährlich anlocken und 10.000 neue Arbeitsplätze schaffen soll (Sons, 2023, S. 285). Dieses Projekt zählt zu einer von zehn Regionen von NEOM (Akronym für „Neue Zukunft"), die Buchstaben neo stehen für neu und das „m" steht für den ersten Buchstaben des arabischen Wortes „mustaqbal" für Zukunft, dem futuristischen, digitalisierten und angeblich nachhaltigen Mega-Siedlungsprojekt (▶ Kap. 9). Es wird für umgerechnet 470 Mrd. € am Roten Meer gebaut und soll unter anderem mithilfe der Olympischen Winterspiele vermarktet werden. Angesichts der Klimakrise steht das Vorhaben Trojena, dessen Hauptskipiste auf 2400 Metern über dem Meer liegt, insbesondere aufgrund der Umleitung lokaler Wasserressourcen sowie des enormen Energie- und Wasserverbrauchs in der Kritik, da 75 % der Pisten mit Kunstschnee präpariert werden müssen (Matera, 2023).

Bereits seit einigen Jahren versucht die Monarchie, sich wirtschaftliche Potenziale im Sektor Sport und Unterhaltung zu erschließen und mit den beiden Nachbarn Katar und VAE gleichzuziehen: Saudi-Arabien ist nicht nur Gastgeber der Formel 1, sondern richtet seit 2020 die bedeutendste Langstrecken- und Wüstenrallye der Welt namens Dakar Rally aus. Hinzu kommen seit 2019 Boxkämpfe, die weltweit als Mega-Boxevents des Jahrs gelten, sowie Tennisturniere, Handballspiele und Wrestling-Shows. Bereits im Jahr 1999 fand zum ersten Mal das Straßenradrennen Alula Tour (ehemals Saudi Tour) in Saudi-Arabien statt. Selbst der Supercopa de España wird seit 2019 mit Ausnahme der ersten Corona-Saison 2020/21 in Saudi-Arabien ausgetragen. Gleichzeitig wird beabsichtigt, die Saudi Professional League zu einer der zehn größten Fußballligen der Welt aufzubauen. Dazu gibt Saudi-Arabien gigantische Ablösesummen (287 Mio. € bis Juli 2023) und Gehälter zur Verpflichtung internationaler Fußballstars aus, mit dem Ziel, die Attraktivität der eigenen nationalen Liga zu steigern (Sons, 2023, S. 247). Bekennende muslimische Fußballspieler wie Benzema werden dafür belohnt, ihren Wechsel als spirituell motiviert darzustellen. Sie betonen die Attraktivität Saudi-Arabiens als Land der heiligen Stätten beziehungsweise Sehnsuchtsorte Mekka und Medina, in dem sie nun endlich leben können (Sons, 2023, S. 250). Überdies finanziert der Staatsfonds PIF von Saudi-Arabien mit der Etablierung der neuen Golfprofiliga LIV Golf im Jahr 2022 eine professionelle Golftour mit den höchsten Preisgeldern weltweit. Nach anfänglicher Kritik der Konkurrenten aus USA und Europa, welche die Zukunft des Golfsports gefährdet sahen, wurde im Juni 2023 über eine Fusion der LIV Tour mit der PGA Tour (USA) verhandelt, die allerdings angesichts der veränderten weltpolitischen Lage seit den Hamas-Anschlägen am 7. Oktober 2023 auf Eis liegt. Saudi-Arabien versucht, als Investor ebenfalls Einfluss auf die US-amerikanische National Basketball Association (NBA), die Major League Baseball (MLB) und die Major League Soccer (MLS) zu nehmen (Sons, 2023, S. 269). Auch eine Bewerbung um die Ausrichtung der Fußballweltmeisterschaft 2034 war erfolgreich, zudem wird eine Eingabe um die Fußballweltmeisterschaft der Frauen 2035 vorbereitet. Noch zu erwähnen sind die Ambitionen der Regierung, die sportliche Fitness der Bevölkerung mithilfe von Laufgruppen, Fahrradwegen und Yogastudios zu fördern. Man versucht damit, den internationalen Spitzenwerten in Punkto Volkskrankheiten entgegenzuwirken, da fast 20 % der Bevölkerung in Saudi-Arabien mit Diabetes leben und mehr als jeder Zweite übergewichtig ist (Matera, 2023).

Eine einmalige Veranstaltung eines Großereignisses ist für den ausrichtenden Staat weder strategisch sinnvoll noch wirtschaftlich tragfähig. Aus diesen Gründen besteht die Notwendigkeit begleitender Events und der Institutionalisierung von Nachfolgeveranstaltungen. Diese sollen die Attraktivität der Großveranstaltung steigern und Besuchende motivieren, als Touristinnen und Touristen wiederzukommen. Auch Sightseeing-Bauten, spektakuläre und luxuriöse Freizeiteinrichtungen sowie kulturelle Veranstaltungen tragen zur Steigerung der Standortattraktivität bei. Fast alle Staaten des GKR koppelten die Großereignisse an den Auf- und Ausbau der erforderlichen Infrastruktur für Mobilität: Straßenbahnen, Metro, U-Bahnen, Straßen- und Autobahnen, Flughäfen, Schiffs- und Containerhäfen sowie Anlegestellen für Kreuzfahrtschiffe (▶ Kap. 16).

Um sich als Gastgeberland zu profilieren, betreiben viele Golfstaaten Sportsponsoring in umfangreichem Stil. Aktiv sind nicht nur staatliche Einrichtungen und Firmen, sondern auch Unternehmen mit Sitz in den Golfstaaten

(Koch, 2020). Besonders sichtbar im europäischen Fußball ist das Sponsoring der Fluggesellschaften Emirates, Etihad Airways, Qatar Airways und Riyadh Air: von der Trikot- und Bannerwerbung bis hin zu Namensrechten an Stadien oder Wettbewerben. Dies umfasst vor allem Motorsport, Fußball, Rugby, Tennis, Golf, Radrennsport und Cricket. Die katarische Airline konzentriert sich allerdings nicht ausschließlich auf Sportmärkte in Europa und den USA, sondern sponsert zum Beispiel auch die All Nepal Football Association (ANFA), eingedenk der zahlreichen Arbeitsmigrantinnen und Arbeitsmigranten aus Nepal, „denen mit dem Sponsoring eine Verbindung zur Heimat geboten wird, während gleichzeitig von den strukturellen Benachteiligungen in Katar abgelenkt werden sollte" (Sons, 2023, S. 274).

Hinzu kommt die finanzielle Übernahme bekannter Fußballclubs und anderer Partnerschaften. Bereits im Jahr 2011 übernahm die Qatar Investment Authority (QIA) die Mehrheit am Fußballclub Paris St. Germain (PSG). Der Kauf von Newcastle FC durch Saudi-Arabien erfolgte im Jahr 2021. Diese oft als Sportswashing bezeichnete Strategie ist die „Ausnutzung des Spitzensports zur Vermittlung eines freundlichen, inklusiven und weltoffenen Images" (Maier & Scharfenort, 2022, S. 44). Mit den sportbezogenen Aktivitäten sollen Korruption, soziale Ungerechtigkeit und politische „Machenschaften" sowie „die Verletzung von Menschenrechten, unwürdige Arbeitsbedingungen, eine fehlende Fußballkultur, […] konservative Bekleidungsvorgaben sowie mangelnde Toleranz gegenüber sexuellen Identitäten" (Maier & Scharfenort, 2022, S. 42) übertüncht werden.

17.4 Großereignisse und Place Branding in Dubai (VAE), Doha (Katar) und Abu Dhabi (VAE)

Bei Großereignissen in den Golfstaaten lassen sich drei Typen anhand folgender Kriterien unterscheiden: Attraktivität für und Anzahl der Touristinnen und Touristen, mediale Reichweite, Kosten zur Durchführung sowie Dauer und Effekte zur Transformation des Landes. Unter den ersten Typ fallen die meist alle fünf Jahre stattfindenden Weltausstellungen mit einer Dauer von einem halben Jahr. Durch sie entsteht meist ein neuer Stadtteil. Beim zweiten Typ handelt es sich um (sportliche) Weltmeisterschaften, die weltweit alle vier Jahre ausgerichtet werden und vier Wochen andauern. Schließlich sind die knapp einwöchigen und jährlich stattfindenden Serienmeisterschaften und internationalen Messen sowie kulturellen Festivals mit feststehender Infrastruktur zu nennen. Diese Typen von Großereignissen und deren Kontexte in Dubai, Doha und Abu Dhabi werden nachfolgend vorgestellt. Dabei werden die für den jeweiligen Staat als dominant identifizierten Zusammenhänge angesprochen.

> **Großereignisse**
> Großereignisse oder Megaevents werden in diesem Kapitel definiert als einmalige oder wiederkehrende Veranstaltungen von begrenzter Dauer, deren hohe Investitionskosten in Bauwerke und Verkehrsinfrastruktur sowie das Angebot an zusätzlicher Unterhaltung darauf ausgerichtet sind, eine große Anzahl an Besucherinnen und Besucher anzuziehen, internationale Aufmerksamkeit und die Formung eines gezielten Images zu erlangen. Die Berichterstattung der Medien soll die Identifikation mit den Gastgeberstädten beziehungsweise Heimatländern steigern, um langfristige positive ökonomische Effekte zu erzielen.

17.4.1 Weltausstellung in Dubai: Expo 2020 vom 1. Oktober 2021 bis 31. März 2022

Mit dem Slogan „Expo 2020 – Dubai ‚Join the making of a new world'" warb das Emirat Dubai für die „World Greatest Show" um Besucherinnen und Besucher anzusprechen. Weltausstellungen sind die größten internationalen Veranstaltungen, die derzeit auf dem Globus mit zuletzt 192 beteiligten Ländern organisiert werden. Das Großereignis Expo 2020 in Dubai musste aufgrund der Covid-19-Pandemie um ein Jahr mit Beginn am 1. Oktober 2021 verschoben werden. Die Ausstellungsfläche wurde in der Wüste, im Hinterland der Stadt Dubai, auf 438 ha angelegt. Im Zentrum des Areals diente das Herzstück, der Al Wasl Plaza, als Ausgangspunkt und Verbindungselement (◌ Abb. 17.1). In den Außenbereichen wurde das Mikroklima mit kostspieligen Technologien und schattenspendenden Konstruktionen gesteuert. Die Länderpavillons waren entsprechend den Leitlinien Connecting Minds und Creating the Future gestaltet. Zu den offiziellen Zielen der Expo 2020 zählten der „Aufbau internationaler Partnerschaften, die Förderung von kreativen, fortschrittlichen Innovationen und die Ermöglichung von Dialogen mit Menschen unterschiedlicher Herkunft, differenter sozialer Milieus und verschiedener Wissenschaftsdisziplinen" (Escher & Karner, 2021, S. 46). Dies sollte unter den strukturierenden Themen „Opportunity, Mobility und Sustainability" erfolgen.

Um die Teilnahme von Menschen aus aller Welt zu ermöglichen, wurden 25 Best-Practice-Projekte von 1175 weltweiten Bewerbungen ausgewählt und im Rahmen der Ausstellung eine Bühne gegeben. Mit 100 Mio. US-Dollar wurden 120 Start-ups, gemeinnützige Organisationen und soziale Unternehmen aus 65 Ländern gefördert. Hinzu kamen Ausbildungsprogramme, weltweite Expertenrunden, Preise für vorbildliche Arbeitnehmerstandards sowie Programme für Studierende. Durch die Präsentation digital vernetzter Mobilität und innovativer Mobilitätsformen zeigte Dubai seine Affinität zu modernster Technik (▶ Kap. 9). Das eher peripher zum Stadtzentrum gelegene Ausstellungsgelände wurde dem Metroverbundsystem von Dubai mit einer Kapazität von 46.000 Passagieren pro Stunde angeschlossen.

Abb. 17.1 Das Dubai Exhibition Center (*links*), Al Wasl Plaza (*Mitte*) und der VAE-Pavillon auf dem Expo 2020 Gelände

Nachhaltigkeit aller Aktivitäten hatte bei der Expo 2020 wie bei der anschließenden Verwendung des Ausstellungsgeländes einen besonderen Stellenwert. Bereits bei der Planung wurde als Folgenutzung die Expo City als die „menschenzentrierte Stadt der Zukunft" konzipiert: „Als integrierte gemischt genutzte Gemeinschaft wird er [der Standort] die Gründungsvision der Expo, ein Ökosystem zum Verbinden und Schaffen zu sein, weiterführen und erfüllen und innovativ sein" (Expo 2020 Dubai 2022). Während der Veranstaltung verkörperte die Halle „Terra – The Sustainability Pavilion" die energetische Vorstellung der zukünftigen Welt. Sie ist LEED Platinum zertifiziert und auf einen Nullverbrauch hinsichtlich Energie und Wasser ausgerichtet (Expo City Dubai, 2024). Dies gelingt mit neuesten Technologien zur Reduktion des Energiebedarfs und mittels Solarpanels; zudem werden Abfälle und Abrissbaumaterial recycelt. Der Wüstenstaat verleiht sich damit ein grünes Image nicht nur trotz, sondern aufgrund seiner Megaevents. Das ehemalige Expogelände bildet als globales Portal für Ausstellungen und Events einen Teil der „Dubai, the sustainable, smart city" (Al-Dabbagh, 2022; Abb. 17.2).

Während der 182 Tage andauernden Veranstaltung wurden über 24 Mio. Besuche aus 178 Ländern gezählt, darunter mehr als eine Million Besuche von Schulen. Dubai konnte im Jahr 2022 mit 14,4 Mio. Übernachtungsgästen wieder an die Zahlen vor der Pandemie (16,7 Mio. im Jahr 2019) anschließen und war im Jahr 2023 nach Istanbul und London die meistbesuchte Stadt der Welt. Die ausländischen Gäste der Expo 2020 kombinierten ihren Aufenthalt in Dubai mit dem Besuch zahlreicher Highlights der VAE: das als Dhau gestaltete Hotel Burj al-Arab, der bekannte Aussichtsplatz Dubai Frame, das höchste Bauwerk der Welt – der Wolkenkratzer Burj Khalifa – und Ain Dubai, das größte Riesenrad der Welt. Nahezu im Jahrestakt entstehen weitere Attraktionen wie das Tauchbecken Deep Dive Dubai oder das von der Dubai Future Foundation errichtete Museum der Zukunft.

Die innovative Verbindung von Ereignis und Ort gelang den Strategen von Dubai bereits am 22. Februar 2005. Auf dem Hubschrauberlandeplatz des Hotels Burj al-Arab trugen die weltbekannten Tennisstars Roger Federer und Andre Agassi 200 m über dem Meeresspiegel ein Freundschaftsspiel aus, das bis heute mediale Aufmerksamkeit erhält (Ilic, 2022). Inzwischen werden neben zahlreichen Tennisturnieren die ATP-Tour der Herren (seit 1993) und die WTA-Tour der Frauen (seit 2001) in Dubai abgewickelt. Auch die weltweit höchstdotierten Golfturniere finden in Dubai statt. Darunter die DP World Tour Championship Dubai und das Hero Dubai Dessert Classic mit Preisgeldern von bis zu neun Millionen US-Dollar. Bei den Pferderennen sind die Winter Racing Challenge, das Dubai International Racing Carnival und der Dubai World Cup (seit 1996) zu erwähnen: „It is the world's most spectacular race day with a total prize money of US\$ 30.5 million for the showcase of nine races, including US\$ 12 million at stake in the title contest", verkündet der Dubai Racing Club (Dubai Racing Club, 2024). Ebenfalls zu erwähnen sind die internationalen Cricketturniere Asia Cup 2018, T20 World Cup 2021 und Asia Cup 2022. Seit 1998 findet zudem der Dubai Marathon mit dem weltweit höchsten Preisgeld von 200.000 US-Dollar statt (Amara, 2021, S. 198). Ebenso können die jährlichen Festivals wie das Dubai Shopping Festival, Art Dubai, Dubai International Film Festival, Dubai International Jazz

Großereignisse: „Place Branding"

Abb. 17.2 Expo City bzw. District 2020, die menschenzentrierte Stadt der Zukunft in Dubai

Festival oder Taste of Dubai besucht werden oder man begibt sich in das Unterhaltungsviertel namens Festival City (Al Futtaim Group Real Estate, 2024). Insgesamt werden in Dubai von Januar 2024 bis Januar des Folgejahrs 129 Fachmessen mit mehreren Millionen Besuchern abgehalten (EventsEye, 2024).

Place Branding bedeutet in Dubai die Präsentation einzigartiger (kosmopolitischer) Exklusivität. Die Stadt vermarktet sich vorzugsweise als luxuriöser und weltoffener Knotenpunkt, das „Las Vegas des Nahen Ostens" (Govers, 2012, S. 56). Eine untergeordnete Rolle spielt vor Ort die Präsentation ethnischer Identitätsmarker, wie am Beispiel der Expo sichtbar wird. Während die ethnische Komponente des emiratischen Nationalismus im Laufe der gesamten Veranstaltung einen wichtigen Stellenwert einnimmt, war die kosmopolitische Komponente des emiratischen Nationalismus die dominierende Geschichte auf der Expo 2020 in Dubai (Koch, 2022). Mit diesem Event konnte sich das autokratische Gastgeberland als ökonomische und kulturelle Drehscheibe sowie als technischer Innovator und grüner Reformator der Welt profilieren (▶ Kap. 5 und 9).

17.4.2 FIFA-Fußballweltmeisterschaft in Doha (Katar) vom 20. November bis 18. Dezember 2022

„Katar nutzt bereits seit den 1990er-Jahren den Sport, um sich international bekannter zu machen, die Wirtschaft zu diversifizieren und sich als regionales Zentrum großer Sportveranstaltungen zu etablieren" (Sons, 2022, S. 10). Nach den Terroranschlägen vom 11. September 2001 wurden die Bemühungen im Sport ausgeweitet, um der anwachsenden Islamophobie entgegenzuwirken. Seit seiner Unabhängigkeit soll Katar mehr als 500 internationale Sportveranstaltungen ausgerichtet haben (Sons, 2023, S. 291 f.). So finden seit 1993 das ATP-Tennisturnier der Herren und seit 2011 permanent das WTA-Turnier der Damen in Doha statt. In Katar wurden zudem Weltmeisterschaften in zahlreichen Sportarten ausgetragen, unter anderem im Handball, in Leichtathletik oder im Turnen. Hinzu kommen die Fußballasienmeisterschaft, die ITTF World Tour im Tischtennis und mit dem Qatar Classic jährlich ein Turnier der Squash PSA World Series. Die Internetseite Qatar Olympic Committe (Qatar Olympic Committee, 2024) verzeichnet für das Jahr 2023 nahezu 100 internationale und nationale Sportereignisse. Im Jahr 2021 war Katar erstmals Gastgeber der Formel 1. Inzwischen hat das Land mit einem Zehnjahresvertrag ab 2023 einen festen Platz im Rennkalender, mit jährlichen Rennen auf dem in der Wüste gelegenen Lusail International Circuit. Den vorläufigen Höhepunkt für die Sportpolitik Katars markiert der 2. Dezember 2010: Die seit 1904 bestehende Fédération Internationale de Football Association (FIFA), die weltweit 211 Verbände repräsentiert, hatte die 22. FIFA-Fußballweltmeisterschaft an das Emirat vergeben. Damit konnte in Doha das größte und angeblich aufregendste Sportereignis der Welt stattfinden (Lundberg, 2023, S. 55) und „als Bühne und Mittel der strategischen Kommunikation, um die sportpolitische Professionalität, die wirtschaftliche Attraktivität und die politische Relevanz Katars zu demonstrieren" (Sons, 2023, S. 294), wirken.

Bevor das erste WM-Spiel angepfiffen wurde, kam es in mehreren europäischen Ländern zu Protesten. „Boycott Qatar" titelten die Zeitungen, unterstützt von Beiträgen in sozialen Medien. Angeprangert wurden die schlechten Bedingungen für die asiatischen Gastarbeiterinnen und Gastarbeiter, die auf den Baustellen der Fußballstadien arbeiteten. Bereits vorher hatte man die Durchführung der Spiele im europäischen Winter kritisiert. Die klimatischen Verhältnisse verboten jedoch eine andere Terminierung aus Sorgfaltspflicht für die Gesundheit der Fußballspieler. Entgegen aller Missbilligung glänzte der organisatorische Ablauf der Veranstaltung, weshalb der FIFA-Präsident Gianni Infantino das Turnier als „die beste Weltmeisterschaft aller Zeiten" bezeichnete. Im WM-Jahr verzeichnete die FIFA Einnahmen in Höhe von 5,8 Mrd. US-Dollar vor allem durch den Verkauf von TV-Rechten. In den Stadien wurden 3,4 Mio. Besuche bei 3,1 Mio. verkauften Eintrittskarten gezählt. Man rechnete mit 1,2 Mio. ausländischen Besuchern, allerdings flogen lediglich 765.000 Fans ein. Inwieweit die negativen Kampagnen in Europa, die erheblichen Kosten für eine Reise nach Katar oder das weitgehende Alkoholverbot im Land dazu beigetragen haben, bleibt unklar.

In Katar wurden im Zuge des Aufbaus der Infrastruktur für die FIFA-Fußballweltmeisterschaft ganze Stadtviertel neu gestaltet, wie am Beispiel des kulturellen Bezirks in Downtown Doha sichtbar: „[Dabei] [...] trägt das Msheireb-Projekt aufgrund seiner konzeptionellen und architektonischen Einzigartigkeit und seines Beitrags zur ökologischen Nachhaltigkeit als städtebauliches Großprojekt zum unverwechselbaren Image der Stadt bei" (Scharfenort, 2019, S. 289). Das größte Verkehrsprojekt war der Bau der gigantischen Metroinfrastruktur mit 82 Kilometern Tunnelbetrieb und 25 unterirdischen Stationen. Die gesamten Bauaktivitäten waren durch ein Streben nach Nachhaltigkeit geprägt (Talavera et al., 2019). Alle acht Stadien wurden laut offiziellen Angaben so gebaut, dass sie im Vergleich zu herkömmlichen Konstruktionen um 40 % wasser- und energieeffizienter sind (FIFA World Cup Qatar, 2022; Abb. 17.3). Die gesamte Infrastruktur in Katar wird nach den Spielen weiter genutzt, mit Ausnahme der Stadien, die partiell oder vollständig rückgebaut werden. Mit diesem Ziel wurde das aus Containern errichtete Fußballstadion Stadium 974 als erstes vollständig demontierbares Stadion in der Geschichte der FIFA-Fußballweltmeisterschaft errichtet (FIFA World Cup Qatar, 2022). Bereits während der Weltmeisterschaft kam Solarenergie zum Einsatz und soll weiter ausgebaut werden. Katar entwi-

Abb. 17.3 WM-Stadien und Metrolinien in Katar

ckelt derzeit ein großes Solarkraftwerk mit einer Leistung von 800 Megawatt auf einem zehn Quadratkilometer großen Grundstück in al-Kharsaah im Landesinneren (Lundberg, 2023, S. 65).

Das nächste Megaevent in Katar mit der Weltausstellung International Horticultural Expo 2023 fand vom 2. Oktober 2023 bis zum 28. März 2024 in Doha im Al Bidda Park statt. Der Veranstalter erwartete im Verlauf der Ausstellung ca. drei Millionen Besuche. Das ambitionierte Vorhaben wurde von der Regierung wie ein Märchen beworben: „Once upon a time, greening the desert was a challange. Nowadays a green desert is possible. To achieve it and maintain it is an important and increasingly urgent topic, because it can be an answer to global water, energy, and food security problems" (Expo 2023 Doha, Qatar 2022). Mit dieser Vermarktung agierte man gegen den Klimawandel und bediente die übergeordnete nationale Tourismusstrategie, die in nationale Entwicklungspläne eingebettet ist: „Development of the tourism sector represents one of the pillars of QNV [Qatar National Vision] 2030 to help develop the country into a competitive and recognizable economy of worldwide relevance" (Scharfenort, 2012, S. 214). Katar will auch in Zukunft Sportevents wie die Weltmeisterschaften in Judo (2023), Schwimmen (2024) und Basketball (2027) abhalten. Im Jahr 2030 sollen die Asienspiele und 2036 die Olympischen Spiele folgen.

Place Branding bedeutet in Katar die Gestaltung einer Sportnation auch im Einklang mit den Regeln der Religion. Dazu dienen spezielle Programme, eine nationale, sportbewusste Gesellschaft zu schaffen, wie die Tage des Sports zeigen. So hält man jährlich einen National Sports Day und einen World Olympic Day ab. Hinzu kommen jeweils ein Tag School Olympic Program für Jungen und für Mädchen sowie ein Tag für Fitness and Health. Der Sportkanal beINSports berichtet und verbreitet die staatlichen Strategien.

Die FIFA-WM diente innenpolitisch dazu, eine nationale Identität zu verfestigen, mit der sich alle gesellschaftlichen Gruppen identifizieren können: „Football is one of the many mirrors of a society and is able to mobilize ‚national feeling' within a population" (Scharfenort, 2012, S. 227; Abb. 17.4). Außenpolitisch konnte Katar der ganzen Welt mit der Ausrichtung der FIFA-Fußballweltmeisterschaft organisatorische und weltoffene Kompetenz zeigen, wie Lundberg (2023, S. 56) resümiert: „This event has an enormous global reach."

17.4.3 FIA-Weltmeisterschaft: Grand Prix Formel 1 in Abu Dhabi vom 24. bis 26. November 2023

Die Weltmeisterschaft der Formel 1 wird seit 1950 jährlich ausgetragen. Im Jahr 2023 wurden 23 Rennen des Grand Prix in unterschiedlichen Ländern veranstaltet. Das Megaevent wird von den Herrschenden der Golfstaaten sehr geschätzt, auch vor dem Hintergrund einer motorsportverrückten Bevölkerung.

Mit dem Spruch „Come & celebrate the 15th Edition of the biggest sporting event of the year!" (Abu Dhabi Motorsports Management LLC, 2023) warb Abu Dhabi um die 60.000 Besucherinnen und Besucher, die im Jahr 2023 in die Hauptstadt der VAE kamen, um dem Event beizuwohnen. Es wird behauptet, dass es sich um „The World's most talked about Event" (Abu Dhabi Motorsports Management LLC, 2023) handelt. Bei der Onlinevermarktung legt man Fans aus den USA, Großbritannien und den Niederlanden passende Formulierungen in den Mund: „My first #ADGP experience. Won't be my last! Somewhere between the fireworks finish & the podium bubbly celebration, it hit me – This is unreal!" oder „We love the Fanzones, each year the entertainment is reinvented and there's always something for everyone!" (Abu Dhabi Motorsports Management LLC, 2023). Diese Zitate verdeutlichen die Wunschvorstellungen der Veranstalter. Der Besuch eines Rennens der Formel 1 in Abu Dhabi soll als übernatürlich und wiederholenswert wahrgenommen werden.

Während die Rennstrecken anderer Golfstaaten abseits der Siedlungen in die Wüste gebaut wurden, haben die staatlichen Manager in Abu Dhabi eine räumliche Integration von Grand-Prix-Rennstrecke und Vergnügungswelt im Yas District geschaffen (Abb. 17.5). Dies ist zwar mit erheblichem Aufwand verbunden, hat sich jedoch bewährt (Mishra, 2019, S. 138 f.). Die Rennstrecke Yas Marina Circuit auf der Halbinsel Yas District ist mit Zuschauertribünen für 41.000 Personen ausgebaut. Der in unmittelbarer Nähe und in die Rennstrecke integriert gelegene Erlebnis- und Themenpark Ferrari World (Miral Experiences, 2024) vereint die für die Formel 1 typischen Phänomene Bewegung, Beschleunigung und Geschwindigkeit sowie Imagination. Er verfügt über zwölf unter-

Abb. 17.4 Fußball soll in Katar insbesondere der jungen Generation Identität stiften, wie dieses Grafitti verdeutlicht

Abb. 17.5 Yas Marina Circuit in Abu Dhabi mit der Ferrari World im Hintergrund

schiedliche Fahrgeschäfte, wobei die beschleunigungsintensive Formula Rossa und die turbulente Achterbahn Flying Aces hervorzuheben sind. Schließlich kommen die Vergnügungskomplexe Yas Waterworld, Clymb Abu Dhabi, Etihad Arena und der Yas-Strand zum Baden hinzu. Außerdem ist der Filmpalast Warner Bros. World Abu Dhabi zu erwähnen (Abb. 17.6).

Das Herzstück der nördlich von Yas Island gelegenen Saadiyat Island ist der Kulturdistrikt, ein Zentrum für Kunst und Kultur. Hier finden sich neben Manarat al-Saadiyat, einem Kulturzentrum mit einer festen sowie wechselnden Ausstellungen, zahlreiche Museen, die von renommierten Stararchitekten aufwendig gestaltet wurden und über einzigartige Ausstellungsstücke und herausragende Kulturgüter verfügen (EWTC GmbH, 2024; ▶ Kap. 15). Brillierend ist die im Jahr 2017 eröffnete Zweigstelle des Louvre. Mit diesen beiden Halbinseln wurde eine sportliche und kulturelle Freizeitlandschaft geschaffen: „Both Saadiyat and Yas Districts are on islands that enjoy good global connectivity. This favourably addresses logistic issues related to the staging of large-scale events and helps the island projects create an exclusive image" (Mishra, 2019, S. 138 f.). Das in der Innenstadt gelegene Freilichtmuseum Abu Dhabi Heritage Village und das Zayed Heritage Center dienen der lokalen Bevölkerung und den Gästen des Emirats hingegen zur historischen Aufklärung und zur nationalen Identitätsbildung.

Im Vergleich zu Katar ist Sportpolitik in Abu Dhabi weniger ausgeprägt. In lediglich zwei Fußballstadien, einem Cricketstadion und einem Eisstadion finden Meisterschaften statt. Im Jahr 2019 wurden die 15. Special Olympics World Summer Games mit einem Host Town Program und 7500 Teilnehmenden aus 192 Nationen ausgerichtet. Im Jahr 2008 übernahm Scheich Mansour, Mitglied der Herrscherfamilie des Emirats Abu Dhabi, Hauptanteile am Verein Manchester City für etwa 185 Mio. €. Überdies ist seine City Football Group bei anderen Clubs aktiv, unter anderem in New York und Melbourne.

Abu Dhabi hat sich einen ausgezeichneten Ruf zum Abhalten internationaler Messen geschaffen. Nach offiziellen Angaben werden 467 Messen (Neventum, 2024) im Jahresgang veranstaltet, davon 27 im Abu Dhabi National Exhibition Center. Die Messen decken nahezu alle Branchen ab. Als Beispiel sei die Waffenindustrie genannt: Auf der zweigeteilten Messe (International Defence Exhibition & Conference [Idex] und Naval Defence & Maritime Security Exhibition [Navdex]) sind mehr als 1350 Unternehmen aus 65 Ländern vertreten. In einer knappen Woche finden sich auf einer Fläche von 165.000 Quadratmetern mehr als 130.000 Besucherinnen und Besucher ein. Der Veranstalter bewirbt die Messe wie folgt: „IDEX is the premier platform which will position your organisation as an industry leader, grant access to global leaders, policy and decision makers, extend your reach to thousands of prime contractors, OEMs and international delegations and deliver global media coverage" (Abu Dhabi National Exhibition Centre, 2023).

Place Branding umfasst in Abu Dhabi die Gestaltung von kultureller und sportlicher Show mit politischer Vermittlung. Die Verantwortlichen versuchen sich mit dem Filmproduktions- und Medienunternehmen Image Nation Abu Dhabi (2007) national zu markieren und mit den medialen Konkurrenten in Doha und Dubai gleichzuziehen beziehungsweise sich davon abzusetzen. Abu Dhabi

◼ Abb. 17.6 Yas Island, die Freizeitinsel in Abu Dhabi

wird als kulturelles Zentrum nicht nur für die Menschen der VAE, sondern für die gesamte Region und Weltbevölkerung präsentiert (Elsheshtawy, 2008): „[…] Abu Dhabi is on to something – by continuing to search for ways to uphold tradition and local custom, while at the same time embracing globalization" (Hashim, 2012, S. 81). Durch den Fokus auf Tradition und Kultur soll sich ein konträres Image zum Wettbewerber Dubai festschreiben (Mishra, 2019, S. 140).

17.5 Fazit und Ausblick

Die Staaten des GKR, vor allem Saudi-Arabien und die Standorte Dubai (VAE), Doha (Katar) und Abu Dhabi (VAE), veranstalten Weltausstellungen und Großereignisse des Sports. Sie sehen darin eine Strategie, die physische Infrastruktur ihrer Städte zu verbessern, „neue Märkte zu erschließen […] und sich als unersetzlicher Partner der Welt zu präsentieren" (Sons, 2023, S. 323). Die vielseitigen Sportinvestments dienen auch der Nationenbildung, um den eigenen sportverrückten, jungen Gesellschaften Unterhaltung, Identität, Arbeitsplätze und physische Aktivität zu bieten. Ziel ist nicht nur, die Legitimität der eigenen Herrschaft zu sichern und die Macht zu konsolidieren, sondern auch gesundheitspolitische Effekte zu erzielen.

Großereignisse können nicht isoliert betrachtet werden, sondern müssen im Kontext von zusätzlichen Veranstaltungen und touristischen Highlights sowie Nachfolgeveranstaltungen interpretiert werden. Dazu zählt die Förderung von Freizeitparks und Sightseeing-Projekten sowie von kulturellen Einrichtungen. Die regelmäßige Etablierung von Megaevents dient dazu, den Strom des Tourismus zu initiieren und dauerhaft aufrechtzuerhalten sowie neue Unternehmen anzulocken (▶ Kap. 16). Maßnahmen des Auf- und Ausbaus von Stadtteilen und der Verkehrsinfrastruktur stehen für die ausrichtenden Staaten ebenfalls im Mittelpunkt. Im regionalen Vergleich sind die Golfstaaten bei der Veranstaltung von Weltausstellungen und sportlichen Großereignissen sowie bei den nationalen Politiken des Place Brandings sowohl Konkurrenten als auch Kooperationspartner.

Place Branding stärkt in den Staaten der Arabischen Halbinsel den Patriotismus und die nationale Identität und soll Offenheit gegenüber der Welt symbolisieren. Länder und Orte werden als technische Innovatoren gefeiert und als hypermoderne Freizeitparks präsentiert sowie als Integratoren von traditionellem Märchen und aufgeschlossener Moderne charakterisiert. Akzeptanz und Ansehen der politischen, autoritären und humanen Verhältnisse in den Golfstaaten sollen durch Weltausstellungen und Weltmeisterschaften verbessert werden. Die Golfstaaten sichern sich zudem durch weltweites Sportsponsoring erhebliche Einflussmöglichkeiten, um diese für politische Beziehungen und wirtschaftliche Verhandlungen zu nutzen. Die westlichen Medien sprechen von Sportswashing, da sich die autokratischen und unsozialen Verhältnisse in den Golfstaaten nicht ändern, sondern bei Protesten vielmehr verstärken.

Die Vergabe der Mega-Sportevents an Staaten des GKR sowie die internationale Rezeption und der Besuch derartiger Sportveranstaltungen sichern die Stabilität der Monarchien, die insbesondere wegen Menschenrechtsverletzungen, Vorwürfen von struktureller Gewalt gegen Arbeitsmigrantinnen und Arbeitsmigranten, der Inhaftierung politischer Gegner und patriarchalischer Strukturen kritisiert werden. Trotz dieser Kritik ist aufgrund der weltweiten politischen und ökonomischen Verhältnisse sowie der nationalen und finanziellen Bedingungen anzunehmen, dass auch zukünftig zunehmend Weltausstellungen und sportliche Großereignisse in den Staaten des GKR stattfinden werden.

Literatur

Abu Dhabi Motorsports Management LLC (2023). Start page. https://www.abudhabigp.com. Zugegriffen: 15. Juni 2023.

Abu Dhabi National Exhibition Centre (2023). The most important tri-service defence exhibition in the world. https://idexuae.ae. Zugegriffen: 28. Apr. 2024.

Al-Dabbagh, R. (2022). Dubai, the sustainable, smart city. *Renewable Energy and Environmental Sustainability*, 7(3), 1–12.

Al Futtaim Group Real Estate (2024). Dubai Festival City. Create, embrace, and enjoy your best life. https://www.dubaifestivalcity.com. Zugegriffen: 29. Apr. 2024.

Amara, M. (2021). Place and space of global sport in the Gulf region: promotion, development and identity narratives. In S. Azzali, S. Mazzetto & A. Petruccioli (Hrsg.), *Urban challenges in the globalizing Middle-East. Social value of public spaces* (S. 191–203). Berlin: Springer.

Bayat, A., & Herrera, L. (2021). *Global Middle East: into the twenty-first century*. Berkeley: University California Press.

Blaschke, R. (2024). Spiele für die Monarchie: Wie sich Saudi-Arabien durch den Sport wandelt. Deutschlandfunk Kultur. https://www.deutschlandfunkkultur.de/saudi-arabien-wandel-durch-sport-100.html. Zugegriffen: 23. Apr. 2024.

Calhoun, C. (2002). The class consciousness of frequent travelers: toward a critique of actually existing cosmopolitanism. *The South Atlantic Quarterly*, *101*(4), 869–897.

Cooke, M. (2014). *Tribal modern: Branding new nations in the Arab Gulf*. Berkeley: University California Press.

Cooper, A. F., & Momani, B. (2009). The challenge of re-branding progressive countries in the Gulf and Middle East: opportunities through new networked engagements versus constraints of embedded negative images. *Place Branding and Public Diplomacy*, *5*(2), 103–117.

Dubai Racing Club (2024). Dubai racing club. About us. https://dubairacingclub.com/about-us. Zugegriffen: 9. Apr. 2024.

Dubinsky, Y. (2019). From soft power to sports diplomacy. A theoretical and conceptual discussion. *Place Branding and Public Diplomacy*, *15*, 156–164.

Elsheshtawy, Y. (2008). Cities of sand and fog: Abu Dhabi's global ambitions. In Y. Elsheshtawy (Hrsg.), *The evolving Arab city: tradition, modernity and urban development* (S. 258–304). London: Routledge.

Escher, A., & Karner, M. (2021). EXPO 2020 in Dubai – die nachhaltigste Weltausstellung aller Zeiten? *Geographische Rundschau*, *9*, 46–51.

EventsEye (2024). Fachmessen in Dubai 2024–2025. https://www.eventseye.com/messen/vae-vereinigte-arabische-emirate/cy2_fach-messen-dubai.html. Zugegriffen: 29. Apr. 2024.

EWTC GmbH, E. W. T. C. (2024). Saadiyat Island Abu Dhabi: Der schönste Strand im Mittleren Osten. https://www.abu-dhabi.de/saadiyat-island/. Zugegriffen: 28. Apr. 2024.

Expo 2020 Dubai (2022). After Expo 2020. https://www.expo2020dubai.com/en/understanding-expo/after-expo2020. Zugegriffen: 29. Apr. 2024.

Expo 2023 Doha, Qatar (2022). Expo 2023 Doha Qatar. https://www.dohaexpo2023.gov.qa/en/green-tomorrow/expo-2023-doha-qatar/. Zugegriffen: 29. Apr. 2024.

Expo City Dubai (2024). Terra – The sustainability pavilion. https://www.expocitydubai.com/en/things-to-do/attractions/terra/. Zugegriffen: 29. Apr. 2024.

Frankfurter Allgemeine Zeitung (FAZ) (2024). Kritik an der Formel 1. „Verprügelt und bespuckt". Frankfurter Allgemeine Zeitung. https://www.faz.net/aktuell/sport/formel-1/kritik-an-der-formel-1-whitewashing-in-bahrain-19549603.html. Zugegriffen: 23. Apr. 2024.

Ginesta, X., & de San Eugenio, J. (2021). Rethinking place branding from a political perspective: urban governance, public diplomacy, and sustainable policy making. *American Behavioral Scientist*, *65*(4), 632–649.

Govers, R., & Go, F. (2009). *Place branding. Glocal, virtual and physical identities, constructed, imagined and experienced*. London: Palgrave Macmillan.

Govers, R. (2012). Brand Dubai and its competitors in the Middle East: an image and reputation analysis. *Place branding and public diplomacy*, *8*(1), 48–57.

Hashim, A. R. A. A. B. (2012). Branding the brandnew city: Abu Dhabi, travelers welcome. *Place branding and public diplomacy*, *8*(1), 72–82.

Ilic, J. (2022). When Roger Federer and Andre Agassi played on Burj Al Arab helipad. https://www.tennisworldusa.org/tennis/news/Roger_Federer/109320/when-roger-federer-and-andre-agassi-played-on-burj-al-arab-helipad/. Zugegriffen: 29. Apr. 2024.

Kaefer, F. (2021). *An insider's guide to place branding: shaping the identity and reputation of cities, regions and countries*. Cham: Springer.

Koch, N. (2018). *The geopolitics of spectacle: space, synecdoche, and the new capitals of Asia*. Ithaca: Cornell University Press.

Koch, N. (2019). Privilege on the pearl: the politics of place and the 2016 UCI Road Cycling World Championships in Doha, Qatar. In N. Wise & J. Harris (Hrsg.), *Events, places and societies* (S. 20–36). London: Routledge.

Koch, N. (2020). The geopolitics of Gulf sport sponsorship. *Sport, ethics, and philosophy*, *14*(3), 355–376.

Koch, N. (2022). The state fetish: producing the territorial state system at a world's fair. *FOCUS on Geography*. https://doi.org/10.21690/foge/2022.65.2p.

Le Magoariec, R. (2024). Arabie saoudite: le sport au service du regime. *CARTO*, *82*, 48.

Lundberg, O. (2023). FIFA World Cup 2022 as a catalyst for environmental sustainability in Qatar. In L. Cochrane & R. Al-Haba (Hrsg.), *Sustainable Qatar* (S. 55–71). Singapur: Springer.

Maier, J., & Scharfenort, N. (2022). Die Fußball-Weltmeisterschaft 2022 in Katar. Ein Wintermärchen aus 1001 Nacht? *Geographische Rundschau*, *11*, 4–45.

Matera, E. M. (2023). Klimaneutrale Wüstenstädte. Zukunft oder Größenwahn? Spektrum. https://www.spektrum.de/news/klimaneutrale-wuestenstaedte-ist-neom-die-zukunft-oder-groessenwahn/2201157. Zugegriffen: 23. Apr. 2024.

Miral Experiences LLC, M. L. L. C. (2024). A world of family fun. Park overview. https://www.ferrariworldabudhabi.com/en/park-overview. Zugegriffen: 29. Apr. 2024.

Mishra, A. (2019). Places in the making. Abu Dhabi's evolving public realm in the context of place-branding. Conference Paper: Gulf Research Meeting 2016. https://doi.org/10.3929/ethz-b-000339871. Zugegriffen: 29. Apr. 2024.

Neventum (2024). Messen in Abu Dhabi. https://www.nmessen.com/abu-dhabi#google_vignette. Zugegriffen: 28. Apr. 2024.

Qatar Olympic Committee (2024). Sport for Life. https://www.olympic.qa/events. Zugegriffen: 28. Apr. 2024.

Said, E. (1978). *Orientalism*. New York: Pantheon Books.

Sardar, Z. (2002). *Der fremde Orient. Geschichte eines Vorurteils*. Berlin: Klaus Wagenbach.

Scharfenort, N. (2012). Urban development and social change in Qatar: the Qatar national vision 2030 and the 2022 FIFA World Cup. *Journal of Arabian Studies*, *2*(2), 209–230.

Scharfenort, N. (2019). Revitalisierung und neue Zentrenbildung: Das Msheireb-Projekt in Doha. In A. Al-Hamarneh, J. Margraff & N. Scharfenort (Hrsg.), *Neoliberale Urbanisierung* (S. 255–297). Bielefeld: transcript.

Smoltzcyk, A. (2010). Gulf Goals. Qatar has high hopes for 2022 World Cup. Spiegel International. https://www.spiegel.de/international/world/gulf-goals-qatar-has-high-hopes-for-2022-world-cup-a-734610.html. Zugegriffen: 23. Apr. 2024.

Sons, S. (2022). Katar. *Informationen zur politischen Bildung*, *39*, 1–24.

Sons, S. (2023). *Die neuen Herrscher am Golf und ihr Streben nach globalem Einfluss*. Bonn: Dietz.

Talavera, A. M., Al-Ghamdi, S. G., & Koç, M. (2019). Sustainability in mega-events: beyond Qatar 2022. *Sustainability*, *11*, 6407. https://doi.org/10.3390/su11226407.

Wippel, S., Bromber, K., & Krawietz, B. (2014). *Under construction: logics of urbanism in the Gulf region*. London: Routledge.

Arabische Halbinsel in der Welt

Inhaltsverzeichnis

Kapitel 18   Religiöse Knotenpunkte und ihre politische Relevanz – 197
Philipp Bruckmayr

Kapitel 19   Regionale Kooperation auf der Arabischen Halbinsel – 209
Leonie Holthaus

Kapitel 20   Geopolitische Konflikte I: Innerhalb der Halbinsel – 219
Marius Bales

Kapitel 21   Geopolitische Konflikte II: Iran und das Narrativ des „Sunni-Schia-Konflikts" – 231
Alexander Weissenburger

Kapitel 22   Geopolitische Konflikte III: Afrika – 243
Jens Heibach

Religiöse Knotenpunkte und ihre politische Relevanz

Philipp Bruckmayr

© Kirk Fisher / Stock.adobe.com

Inhaltsverzeichnis

18.1 Einführung – 198

18.2 Wallfahrtsorte als transregionale Knotenpunkte religiösen Lebens – 198

18.3 Transnationale muslimische Organisationen, Bewegungen und Netzwerke – 200
18.3.1 Der staatliche Rahmen und seine transnationalen Aspekte – 200
18.3.2 Transnationale islamische Bewegungen und Organisationen aus der arabischen Welt – 202

18.4 Religiöse Bildungsinstitutionen der arabischen Welt – 205

18.5 Fazit: Funktion religiöser Knotenpunkte in der Region – 206

Literatur – 206

© Der/die Autor(en), exklusiv lizenziert an Springer-Verlag GmbH, DE, ein Teil von Springer Nature 2025
T. Demmelhuber, N. Scharfenort (Hrsg.), *Die Arabische Halbinsel*,
https://doi.org/10.1007/978-3-662-70217-8_18

18.1 Einführung

Der vorliegende Beitrag beschäftigt sich mit der Rolle der arabischen Welt und insbesondere der Arabischen Halbinsel als Knotenpunkt für religiöse, insbesondere muslimische Netzwerke. Hierbei wird die transnationale und transregionale Relevanz von Pilgerorten, islamischen Organisationen und Bewegungen sowie von religiösen Bildungsinstitutionen herausgestrichen (▶ Kap. 11). Neben ihrer religiösen Funktion werden dabei auch ihre politischen Implikationen berücksichtigt. In der Tat standen und stehen Pilgerorte oder religiöse Bildungseinrichtungen oft im Fokus staatlicher Innen- und Außenpolitik, während sie gleichfalls auch als Ausgangs- und Knotenpunkte für subversive lokale oder transnationale Aktivitäten und Netzwerke, etwa im Bereich islamistischer und dschihadistischer Gruppen, fungieren können (▶ Kap. 21).

18.2 Wallfahrtsorte als transregionale Knotenpunkte religiösen Lebens

Wallfahrtsorte spielten seit jeher eine große Rolle im religiösen und sozialen Leben von Musliminnen und Muslimen und somit auch in Politik und Wirtschaft der arabischen Welt. Immerhin befinden sich mit den beiden heiligen Stätten Mekka und Medina in Saudi-Arabien nicht nur die beiden wichtigsten Wallfahrtsorte aller Musliminnen und Muslime auf der Arabischen Halbinsel, sondern auch die beiden zentralen Anlaufpunkte für schiitische Pilgerfahrten, die irakischen Städte Najaf und Kerbela (Karbala), in der Region.

Die Pilgerfahrt nach Mekka, der Hajj, welche jede muslimische Person, der dies möglich ist, vollziehen muss, stellt eine der sogenannten fünf Säulen des Islams dar.[1] Insbesondere durch die Erfindung des Dampfschiffs und die Eröffnung des Suezkanals stieg die Anzahl der Teilnehmenden an der Pilgerfahrt ab Ende des 19. Jahrhunderts exponentiell. Mit der Zeit stellten Pilgernde aus Süd- und Südostasien die Mehrheit. In den letzten Jahrzehnten hat sich schließlich auch die zahlenmäßige Diskrepanz zwischen männlichen und weiblichen Pilgernden sukzessive verringert, wenngleich auch die Anzahl von Männern weiterhin größer ist (Bianchi, 2004, S. 68 f.). Generell vollzog sich der größte Anstieg ab den 1950er-Jahren. Vor dieser Periode erreichte die Gesamtzahl der Pilgernden selten mehr als 100.000 Menschen, im Jahr 1996 nahmen erstmals mehr als eine Million ausländischer Pilgernder teil (Bianchi, 2004, S. 49–58). Infolge der Stabilisierung der Zahlen nach der Covid-19-Pandemie waren es 2023 wiederum mehr als 1,6 Mio. (◘ Tab. 18.1, ▶ Kap. 16).

In der Kolonialzeit versuchten westliche Kolonialmächte einerseits am Pilgerwesen mitzuverdienen (Freitag, 2020, S. 242 f., 252). Andererseits betrachteten sie die damit verbundenen engen Kontakte von Musliminnen und Muslimen aus verschiedenen Weltgegenden mit Sorge, da sie diese als eine potenzielle Basis für antikoloniale Bestrebungen erachteten. Als Mechanismen für eine bessere Kontrolle und Einschränkung der Pilgerströme aus ihren kolonialen Besitzungen setzten westliche Mächte unter anderem auf vermeintlich gesundheitspolitische Maßnahmen zur Epidemiebekämpfung. Wenngleich Epidemien tatsächlich eine grundlegende Bedrohung für die Pilgernden und ihre Herkunftsländer darstellten, so ist es offensichtlich, dass insbesondere britische und holländische Interventionen in diesem Bereich auch der Absicherung ihrer machtpolitischen Interessen dienten (Roff, 1982).

Vor der Ausbeutung seiner Erdölreserven diente die Pilgerfahrt dem jungen Staat Saudi-Arabien als Haupteinnahmequelle (Freitag, 2020, S. 223 f.). Wenngleich sich dies durch die neue Rolle des Landes als einer der weltgrößten Mineralölexporteure ab den 1950er-Jahren rasch ändern sollte (▶ Kap. 3), so zieht das saudische Königshaus bis heute einen großen Teil seines Prestiges innerhalb der muslimischen Welt aus seiner selbsternannten Funktion als Hüter der beiden heiligen Stätten und Organisator der Pilgerfahrt. Angesichts stetiger Ausweitung des Pilgeraufkommens sah sich der Staat jedoch ab den 1980er-Jahren dazu gezwungen, den Ansturm zu reglementieren und einzudämmen. Dafür war auch eine internationale Politik der Kontingentierung von Pilgergruppen durch Quotenregelungen auf nationaler Basis notwendig, welche 1988 über die Organisation für Islamische Zusammenarbeit (Organisation of Islamic Cooperation, OIC) eingeführt wurde (Bianchi, 2004, S. 51 f.). Dies führte immer wieder zu Unzufriedenheit und Konflikten hinsichtlich der Größe der Pilgerkontingente einzelner Staaten.

Besonders virulent war dieses Problem im Falle des Irans, welcher sich ab der islamischen Revolution von 1979 in einem Machtkampf mit dem Königreich Saudi-Arabien um den Führungsanspruch über die muslimische Welt befand. Insbesondere in den 1980er-Jahren nützten iranische Pilgernde die Pilgerfahrt für Demonstrationszüge, welche oftmals von den saudischen Sicherheitskräften gewaltsam aufgelöst wurden. Im Jahr 1987 waren dabei 400 Todesopfer, überwiegend auf iranischer Seite, zu beklagen (Borszik, 2016, S. 46 ff.). Auf einer anderen Ebene diente der Hajj in den 1980er- und frühen 1990er-Jahren als Plattform für afghanische Mujahidin (Glaubenskrieger), um Spender für ihren Kampf gegen die Sowjetarmee und das afghanische Regime zu generieren beziehungsweise den Kontakt zu ihnen zu pflegen. Dies gilt insbesondere für den Milizenführer Jalaluddin Haqqani (gest. 2018), der später ein wichtiger Unterstützer der Taliban werden sollte (Rassler, 2017, S. 129 ff.).

---

1 Als fünf Säulen des Islams werden das islamische Glaubensbekenntnis, die täglichen Gebete, das Ramadanfasten, die Pilgerfahrt und die frommen Abgaben (Zakat) bezeichnet.

◘ Tab. 18.1 Pilgerzahlen 2010–2023 (pandemiebedingter Ausfall der Pilgerfahrt in 2020). (Quelle: General Authority of Statistics, 2023)

Jahr	Ausländische Pilgernde	Interne Pilgernde	Gesamt
2010	22.019.146	989.798	2.789.399
2011	1.828.195	1.099.522	2.927.717
2012	1.752.932	1.408.641	3.161.573
2013	1.379.531	600.718	1.980.249
2014	1.389.053	696.185	2.085.238
2015	1.384.941	567.876	1.952.817
2016	1.326.372	537.537	1.862.909
2017	1.752.014	600.108	2.352.122
2018	1.758.722	612.953	2.371.675
2019	1.855.027	634.379	2.489.406
2021	0	58.775	58.775
2022	781.409	144.653	926.062
2023	1.660.915	184.130	1.845.045

Trotz aller Regulierungsversuche und Sicherheitsmaßnahmen kam es in der Vergangenheit immer wieder zu Fällen von Massenpanik mit tödlichem Ausgang (Bianchi, 2004, S. 10 ff.), so zuletzt im Jahr 2015, als über 2400 Menschen starben (Gladstone, 2015). Jenseits solcher menschlichen Tragödien und der machtpolitischen Aspekte stellt die Pilgerfahrt nach Mekka für viele Gläubige einen Höhepunkt ihres Lebens dar. Der Kontakt mit Glaubensbrüdern und -schwestern aus aller Welt erweist sich oftmals als eine einschneidende, perspektivenverändernde Erfahrung, so etwa im Falle des US-amerikanischen Bürgerrechtlers Malcolm X (Malcolm Little, gest. 1965), der sich – seiner Darstellung nach – durch den während der Pilgerfahrt erlebten Kontakt mit Gläubigen aus aller Welt endgültig von den Rassenlehren der afroamerikanischen Nation of Islam lossagte (Breitman, 2010, S. 59f).

Jahrhundertelang besuchte ein großer Teil der nach Mekka Pilgernden als nächste Station die Stadt Medina, insbesondere die Prophetenmoschee, in der sich Muhammads Grab befindet, und den Al-Baqi-Friedhof, auf dem zahlreiche seiner Gefährten und Familienmitglieder begraben sind. Diese Praxis hat sich in ihrer Häufigkeit und ihrem Charakter seit der Eroberung der heiligen Stätten durch die saudische Herrscherfamilie im Jahr 1924 grundlegend verändert. Dafür zeichnet die Tatsache verantwortlich, dass die als saudische Staatsdoktrin fungierende wahhabitische Lehre, benannt nach dem Religionsgelehrten Muhammad ibn Abd al-Wahhab (gest. 1792), mit dem die Dynastie in der Mitte des 18. Jahrhunderts eine Allianz eingegangen war, den Besuch von Gräbern für rituelle Handlungen als eine unislamische Neuerung betrachtet (Beránek & Ťupek, 2018, S. 70–125). Durch die 1961 erfolgte Gründung der islamischen Universität von Medina ist die Stadt jedoch mittlerweile wieder zu einem zentralen Knotenpunkt muslimischen Lebens, wenngleich auch unter anderen Vorzeichen, geworden.

Obwohl mit Mekka und Medina die beiden wichtigsten Pilgerzentren der muslimischen Welt auf der Arabischen Halbinsel liegen, finden sich in der weiteren arabischen Welt noch etliche andere Orte, die eine ähnliche Funktion erfüllen. Während etwa, nicht zuletzt durch den Einfluss Saudi-Arabiens und der wahhabitischen Lehre, der Besuch von Gräbern innerhalb des sunnitischen Islams trotz anhaltender weiter Verbreitung zunehmend umstritten ist, stellt unter schiitischen Gläubigen die Pilgerfahrt zu den Schreinen beziehungsweise Grabmoscheen der schiitischen Imame eine wesentliche rituelle Praxis und ein grundlegendes Element der religiösen Identität, neben dem Hajj, dar (Haider, 2009, S. 168–174). Die wichtigsten derartigen Schreine, jener des ersten schiitischen Imams und Schwiegersohns des Propheten, Ali ibn Abi Talib (gest. 661), sowie jener seines Sohns und dritten Imams, al-Husain ibn Ali (gest. 680) in Najaf beziehungsweise Kerbela, befinden sich im Irak. Beide Orte sind daher mit lang etablierten Wallfahrten verbunden, welche Pilgernde aus aller Welt anziehen (Parsapajouh, 2021, S. 350–380). Unter der Herrschaft Saddam Husseins (reg. 1979–2003) und der Baath-Partei wurden diese Pilgerfahrten und andere Formen öffentlicher schiitischer Religiosität von staatlicher Seite stark eingeschränkt. Seit ihrem Sturz haben die Pilgerzahlen ungeahnte Ausmaße erreicht, was sich unter anderem in Massenprozessionen zu bestimmten Zeiten niederschlägt. In der Tat stellt die jährliche Wallfahrt anlässlich des 40. Kalendertags (*arba'in*) nach der Ermordung al-Husains mit mehr als zehnmal so vielen

Tab. 18.2 Anzahl der Pilgernden in Kerbela zu *arbaʿīn* (Zeitraum 2016–2023). (Quelle: Imam Hussein Holy Shrine, 2023)

Jahr	Pilgerndenanzahl
2016	11.210.367
2017	13.874.818
2018	15.322.949
2019	15.229.955
2020	14.553.308
2021	16.327.542
2022	21.198.640
2023	22.019.146

Teilnehmenden als beim Hajj die größte muslimische Pilgerfahrt überhaupt dar (Tab. 18.2).

Darüber hinaus fungieren die beiden Schreinstädte, insbesondere seit dem Ende des Baath-Regimes, durch ihre traditionellen schiitischen Seminare (*hawza*) wiederum auch als wichtige Bildungszentren, deren Lehrkörper ebenso international ist wie ihre studentische Klientel (Tabbaa & Mervin, 2014, S. 109–131). Nicht umsonst verbrachte der spätere iranische Revolutionsführer Ruhollah Khomeini (gest. 1989) die ersten Jahre seines Exils in Najaf, wo er seinen Führungsanspruch etablieren konnte, aber auch mit prominenten lokalen Gelehrten, welche seinen politischen Ideen skeptisch gegenüberstanden, konkurrieren musste (Corboz, 2015). Mit Ayatollah Ali al-Sistani (geb. 1930) residiert der aktuell einflussreichste schiitische Rechtsgelehrte der Welt ebendort. Durch seine explizite Parteinahme für demokratische Wahlen, seinen Aufruf zur Bekämpfung des Islamischen Staats (IS) und seine kritische Distanz zum Iran hat er, trotz seiner Vermeidung einer aktiven politischen Rolle, die Politik des Iraks nach 2003 mitgeprägt (Rizvi, 2018).

Wie stark die Entwicklung bestimmter Schreine durch geopolitische Faktoren beeinflusst werden kann, zeigt jener von Sayyida Zainab, der Schwester al-Husains, in Syrien. Bis Anfang der 1970er-Jahre weitgehend bedeutungslos, entwickelte sich dieser nahe Damaskus gelegene Ort, vor dem Hintergrund der wachsenden Annäherung des Al-Assad-Regimes an schiitische Kräfte in der Region, langsam zu einem Pilgerort sekundärer Relevanz mit eigener *hawza* (Pinto, 2007). Nach Ausbruch des syrischen Bürgerkriegs 2011 rechtfertigten vom Iran abhängige irakische Milizen sowie die aus schiitischen afghanischen Flüchtlingen im Iran zusammengesetzte Fatemiyun-Brigade und die libanesische Hisbollah ihren Kriegseintritt mit dem Schutz des Schreins (Bruckmayr, 2017, S. 73–76). Aufgrund seiner symbolischen Relevanz und der Tatsache, dass sich Stellungen iranischer Milizen in der Nähe des Schreins befinden, war er seit Beginn des Bürgerkriegs immer wieder Ziel von Bombenanschlägen, so zuletzt im Juli 2023 (Al-Jazeera, 2023).

Auf der lokalen Ebene ist – mit wenigen Ausnahmen wie etwa Saudi-Arabien – die gesamte arabische Welt von Schreinen heiliger Menschen verschiedener Konfessionen durchzogen, wobei die Mehrheit sunnitischen Sufiheiligen zuzuordnen ist. Viele davon haben nur lokale oder nationale Relevanz, wie zum Beispiel die Grabmoschee des ägyptischen „Nationalheiligen" Ahmad al-Badawi (gest. 1276), welche an jährlichen Festtagen nach wie vor über eine Million Pilgernde anzieht (Mayeur-Jaouen, 2019). Manche sind aber durchaus das Ziel transnationaler Pilgerfahrten, wie etwa jener Ahmad al-Tijanis (gest. 1815) in Fes (Marokko), der insbesondere von Personen aus Subsahara-Afrika besucht wird (Berriane, 2012). Geeint durch die überkonfessionelle Idee eines vom Grab des heiligen Menschen ausgehenden Segens (*baraka*) wurden insbesondere in Syrien bis zum Beginn des Bürgerkriegs viele kleinere Schreine gleichzeitig von Angehörigen verschiedener Religionsgruppen wie etwa sunnitischen Musliminnen und Muslimen, Christinnen und Christen, Drusinnen und Drusen sowie Alawitinnen und Alawiten besucht (Fartacek, 2011).

Für die Angehörigen der verschiedenen christlichen Konfessionen in der arabischen Welt sind naturgemäß Jerusalem und Bethlehem die erstrangigen Wallfahrtsorte. Damit sind sie gleichsam Symbol der Einheit als auch der Fragmentierung der orientalischen Kirchen und damit bisweilen auch Ziel politischer Interventionen. Beispielsweise ist die Oberhoheit über das auf dem Dach der Grabeskirche gelegene Deir-es-Sultan-Kloster seit Jahrzehnten ein Streitpunkt zwischen der koptisch-orthodoxen und der äthiopisch-orthodoxen Kirche. Seine Übernahme durch äthiopische Mönche wurde im Jahr 1970, vor dem Hintergrund des ägyptisch-israelischen Konflikts, mithilfe israelischer Sicherheitskräfte vollzogen (Bezie, 2011). Einen Sonderfall unter den Wallfahrtsorten der arabischen Welt stellt die el-Ghriba-Synagoge auf der Insel Djerba in Tunesien dar (Nicolas, 2010). Als älteste erhaltene Synagoge Nordafrikas zieht sie jährlich Pilgernde aus dem Ausland an, insbesondere ausgewanderte jüdische Gläubige aus der arabischen Welt. Sie war aber auch schon mehrmals Ziel von Anschlägen, zuletzt im Jahr 2023.

18.3 Transnationale muslimische Organisationen, Bewegungen und Netzwerke

18.3.1 Der staatliche Rahmen und seine transnationalen Aspekte

Die arabische Welt ist Ausgangspunkt beziehungsweise Sitz einer ganzen Reihe von transnationalen muslimischen Organisationen, Bewegungen und Netzwerken, von denen etliche direkt auf der Arabischen Halbinsel ihren Ausgang genommen beziehungsweise dort wesentliche Dreh- und Angelpunkte gefunden haben. Nach der Abschaffung des osmanischen Kalifats als symbolischer Führungsinstitution der muslimischen Welt im Jahr 1924 wurde zunächst über eine Reihe von international besetzten islamischen Kongressen in Kairo und Mekka (1926) sowie in Jerusalem (1931) versucht, das Kalifat durch einen neuen, regionsübergreifenden, islamisch geprägten politischen Rahmen zu ersetzen. Dieses Projekt scheiterte nicht zuletzt an den gegenläufigen Führungsansprüchen verschiedener involvierter Akteure und an der wachsenden Dominanz der nationalstaatlichen Idee (Schulze, 1990, S. 47–102). In der Ära der Dekolonisation und der unabhängigen Nationalstaaten spielten ab den 1950er-Jahren vor allem drei Länder eine weitreichende Rolle als Knotenpunkte für transnationale muslimische Netzwerke und mehr oder weniger stark religiös umrahmte Politik – nämlich Ägypten, Algerien und Saudi-Arabien.

In Ägypten etablierte sich mit der Herrschaft Gamal Abdel Nassers (gest. 1970), der das Land von 1954 (de facto 1952) bis 1970 regierte, ein einflussreiches Staatsmodell, das panarabische Ambitionen mit einer sozialistisch geprägten Sozial- und Wirtschaftspolitik und der Betonung eines gemeinsamen islamischen Erbes zur äußere Allianzbildung verband. Teil letzterer Bestrebungen waren nicht nur Stipendienprogramme für ausländische Studierende an der Al-Azhar-Universität in Kairo, seit Jahrhunderten eine der prestigereichsten islamischen Bildungsinstitutionen der Welt, sondern auch die Gründung eines „Amts für die Beziehungen zu den islamischen Völkern" im Jahr 1960, welches – alsbald umbenannt in „Oberster Rat für islamische Angelegenheiten" – mit der internationalen Propagierung eines islamischen Sozialismus ägyptischer Prägung beauftragt wurde (Schulze, 2016, S. 231 ff.).

Obwohl auch die algerische Nationalbewegung in ihrem langwierigen Kampf gegen die französische Kolonialmacht von 1954 bis 1962 die Relevanz des Islams für die nationale Identität betont hatte (Gadant, 1988) und die sozialistische Politik des ersten algerischen Präsidenten Ahmed ben Bella (reg. 1962–1965, gest. 2012) von islamischen Intellektuellen wie Malek Bennabi (gest. 1973) als authentischer Ausdruck des arabischen und muslimischen Erbes des Landes betrachtet wurde, nahm die junge Nation rasch eine federführende Rolle im Verbund der blockfreien Staaten ein. Angesichts dieser Solidaritätspolitik mit afrikanischen, arabischen, asiatischen, lateinamerikanischen und europäischen Staaten traten religiöse Marker klar in den Hintergrund. Gleichzeitig verwandelte sich Algerien durch seine Unterstützung für nationale Befreiungsbewegungen und seine Aufnahme von exilierten Rebellen aus aller Welt zwischenzeitlich in ein veritables „Mekka der Revolution" (Byrne, 2016). Dies umfasste auch Gruppen aus dem globalen Norden. So ließ sich beispielsweise die internationale Sektion der afroamerikanischen Black Panther Party (gegr. 1966) 1970 in Algier nieder und knüpfte dort Kontakte zu Gruppen wie der palästinensischen Befreiungsorganisation (PLO, gegr. 1964) oder dem südafrikanischen African National Congress (gegr. 1912) (Odinga, 2017, S. 87 ff.).

Zur gleichen Zeit kristallisierte sich immer stärker ein politischer Konflikt zwischen Nassers Ägypten und Saudi-Arabien heraus. In dieser bisweilen als Arabischer Kalter Krieg bezeichneten Auseinandersetzung, welche auch mit dem Aufstieg der republikanischen Staatsform als Gegenentwurf zu den Monarchien auf der Arabischen Halbinsel verbunden war, spielte unter anderem die Frage der Deutungshoheit über den Islam eine gewichtige Rolle. Als Antwort auf den wachsenden Einfluss Ägyptens innerhalb der muslimischen Welt gründete Saudi-Arabien 1962 auf Betreiben des späteren Königs Faisal (reg. 1964–1975) die muslimische Weltliga (Muslim World League, MWL) als Werkzeug seiner neuen transnationalen Soft-Power-Politik auf islamischer Basis. Über diese Funktion konnte auch der staatliche Unabhängigkeit suggerierende Name der in Mekka angesiedelten Organisation nicht hinwegtäuschen.

Für ihre Gründungs- bzw. Führungsgremien gelang es Saudi-Arabien, auch einflussreiche islamische Gelehrte und Intellektuelle aus verschiedenen Weltgegenden zu rekrutieren, welche sich nicht zur Lehre der Wahhabiten bekannten und zum Teil sehr unterschiedliche politische und religiöse Tendenzen repräsentierten, was der internationalen Anerkennung der MWL naturgemäß zuträglich war. Wenngleich auch saudische Wahhabiten und ihren Ansichten in vielen Dingen nahestehende Repräsentanten einer salafistischen Islamauslegung[2] wie etwa der nigerianische Großkadi Abu Bakr Gumi (gest. 1992) eine Mehrheit in diesen Gremien bildeten, inkludierten sie neben dem südasiatischen islamistischen Vordenker Abu l-Ala Maududi (gest. 1979) auch Proponenten des von wahhabitischen und salafistischen Gelehrten abgelehnten mystischen Islams, wie etwa den indischen Gelehrten Abu l-Hasan al-Nadwi (gest. 1999) oder den schon zu Lebzeiten als Heiligen verehrten senegalesischen Sufiordensführer Ibrahim Niass (gest. 1975) (Schulze, 1990, S. 181–265).

---

2 Es ist prinzipiell zwischen Salafi-Islam als Form der Religionsauslegung, welche nicht zwangsläufig mit einer bestimmten politischen Ausrichtung verbunden sein muss (in der Tat lehnen viele Angehörige der Strömung eine Einmischung in politische Prozesse ab), und dem Salafi-Islam als religiös geprägte politische Ideologie zu unterscheiden, wenngleich auch beide für sich in Anspruch nehmen, sich ausschließlich an den kanonischen Schriftquellen des Islams und der Praxis der frühesten Muslime (*salaf*) zu orientieren. Demgemäß ist auch eine begriffliche Unterscheidung zwischen Salafiten als Repräsentanten eines bestimmten Islamverständnisses und Salafisten, das heißt Personen, die aus diesem Islamverständnis eine islamistische Ideologie ableiten, ratsam (Bruckmayr & Hartung, 2020). Darauf wird jedoch aus Gründen der Einheitlichkeit des vorliegenden Buchs verzichtet und es werden durchwegs „Salafist" bzw. „salafistisch" verwendet.

Ziel der MWL war es nicht nur, dem kommunistischen und sozialistischen Einfluss in der muslimischen Welt entgegenzutreten, sondern auch den Aufstieg des säkularen Nationalismus und des republikanischen Modells zu bremsen. Dies beinhaltete den Kampf um die Deutungshoheit über den Islam und die Führerschaft in der muslimischen Welt. Ein wesentlicher Aspekt der Arbeit der MWL, insbesondere auch über die Grenzen der muslimischen Welt hinaus, ist die Mission, wobei hiermit sowohl die Verbreitung des Islams unter nichtmuslimischen Menschen als auch die Propagierung eines saudisch geprägten Religionsverständnisses unter Gläubigen gemeint ist. Als zentrale Unterorganisation fungierte dabei von 1975 bis 2017 der „Internationale Hohe Rat der Moscheen" (Schulze, 2022, S. 98). Ein Teilaspekt dieser Unternehmungen ist zum Beispiel die Verteilung islamischer Literatur in den jeweiligen Landessprachen.

Dahingehend kümmerte sich die MWL von 1965 bis zur Mitte der 1990er-Jahre auch um die Beauftragung beziehungsweise die Herausgabe von Koranübersetzungen (Schulze, 1990, S. 333 ff.). Danach ging diese Aufgabe vollständig an den in Medina beheimateten König-Fahd-Komplex für den Druck des glorreichen Korans (gegr. 1982) über. Als einer der größten Buchdruckbetriebe der Welt bietet dieser mittlerweile den Koran in 77 Sprachen an. Bis zum Jahr 2019 hatte der Komplex rund 317 Mio. Exemplare des Korans und seiner Übersetzungen gedruckt (Bruckmayr, 2024). Was andere islamische Literatur betrifft, so kann festgehalten werden, dass Texte mit eindeutiger wahhabitischer beziehungsweise salafistischer „Schlagseite" in erster Linie in muslimischen Ländern von der MWL verteilt werden, wohingegen in Westeuropa und den Amerikas das Hauptaugenmerk auf Einführungen zum Islam beziehungsweise Widerlegungen des Christentums liegt, welche zumeist keine spezifisch wahhabitische und salafistische Orientierung aufweisen (Bruckmayr, 2023).

Global betrachtet befand sich die MWL in den ersten Jahrzehnten ihrer Existenz auf einem steten Expansionskurs. Im Jahr 1986 verfügte sie über 27 Büros und 18 islamische Zentren weltweit. Gegen Ende der 2010er-Jahre hatte sich diese Zahl auf 18 beziehungsweise zwölf solcher Institutionen in 26 Ländern verringert, wobei der Fokus der Aktivitäten der MWL gemeinhin auf Europa liegt (Schulze, 2022, S. 98, 103). Anfang des 21. Jahrhunderts arbeiteten ungefähr 1000 Prediger in 94 Ländern für die MWL. Aufgrund lokaler Widerstände gegen die Verbreitung offizieller saudischer Glaubensvorstellungen, welche gemeinhin mit Kritik an der örtlichen Religionspraxis einherging, sowie ihrer Wahrnehmung als saudisches Projekt, konnte die MWL trotz ihres internationalen Einflusses ihrem Namen – im Sinne einer weltweiten Repräsentanz und Anerkennung – trotzdem niemals gerecht werden. Insbesondere die Arbeit von der MWL unterstellten Wohltätigkeitsorganisationen war jedoch für lokale muslimische Gemeinden oftmals sehr wichtig. Federführend war dabei die International Islamic Relief Organization (IIRO), die 1979 ihre Arbeit aufnahm und zu Beginn des 21. Jahrhunderts in ca. 90 Ländern aktiv war (Grundmann, 2005, S. 76–92). Über die IIRO wurden große Teile der in Saudi-Arabien erhobenen Almosensteuer (Zakat) im Ausland verteilt (Benthall & Bellion-Jourdan, 2009, S. 11).

Verstrickungen der IIRO mit Terrorverdächtigen sollten sich jedoch schließlich zu einem großen Problem für die MWL entwickeln. Durch die Ereignisse des 11. Septembers 2001 und die darauffolgenden verstärkten Überprüfungen von Finanzströmen und schwerwiegenden Einschränkungen des Spendenwesens in Saudi-Arabien geriet die Organisation zusehends in Misskredit und sah sich gezwungen, den Wildwuchs an subsidiären und zum Teil mit großer Autonomie agierenden Unterorganisationen zu beenden beziehungsweise zu revidieren. Spätestens ab 2003 operierte die MWL endgültig primär als eine staatliche Agentur mit geringer unabhängiger Entscheidungskompetenz. Inwieweit sich die in den letzten Jahren vom Kronprinzen Mohammed bin Salman betriebene Transformation des „Staatswahhabismus" in Veränderungen innerhalb der MWL niederschlagen wird, ist noch nicht abzusehen (Schulze, 2022, S. 103–110).

Ein weiteres relevantes, von Saudi-Arabien ausgehendes, transnationales Projekt ist die Organisation of Islamic Cooperation (OIC), welche 1969 unter ihrem ursprünglichen Namen Organisation of the Islamic Conference gegründet wurde und ihren Sitz in Jiddah hat. Die OIC ist eine zwischenstaatliche Organisation mit 57 Mitgliedern (inklusive Syrien, dessen Mitgliedschaft 2012 suspendiert wurde), welche sich als größter Staatenbund neben der UNO betrachtet und versucht, muslimische Interessen auf internationaler Ebene zu sichern. Aufgrund dieser Zusammensetzung befindet sich, im Gegensatz zur MWL, Saudi-Arabien innerhalb der OIC nicht in einer klaren Führungsposition, da auch Staaten wie Ägypten, die Türkei, der Iran, Pakistan oder Malaysia ihre Agenden in Gremien wie dem Rat der Außenminister vertreten. Eine wichtige, der OIC untergeordnete Institution ist die Islamic Development Bank, welche jährlich Hunderte Projekte innerhalb und außerhalb der Mitgliedsstaaten abwickelt. Hierbei sind die Einflussmöglichkeiten Saudi-Arabiens wiederum sehr groß, hält das Land doch ein Viertel des Gesamtkapitals der Bank (Ihsanoglu, 2010).

18.3.2 Transnationale islamische Bewegungen und Organisationen aus der arabischen Welt

Jenseits der internen und externen Religionspolitik verschiedener Staaten in der Region ist die arabische Welt auch Entstehungsort einer ganzen Reihe nichtstaatlicher transnationaler islamischer Bewegungen und Organisationen, deren lokale Ausprägungen sich, bedingt durch den jeweiligen Kontext, zeitweise beziehungsweise teilweise in Opposition zu ihren Regierungen befinden. Einfluss und Strahlkraft derartiger Strömungen und Organisationen reichen in vielen Fällen weit über die arabische Welt hinaus. Ebenso ist hier anzumerken, dass sie in ihrer Entwicklung häufig stark durch ihre Beziehungen zu muslimischen Gruppen und Orientierungen in anderen Regionen geprägt wurden.

Eine der einflussreichsten islamischen Bewegungen aus der arabischen Welt ist die 1928 vom Volksschullehrer Hasan al-Banna (gest. 1949) in Ägypten gegründete Muslimbruderschaft (MB). Als islamische Sozial- und Reformbewegung, welche früh auch eine politische Agenda zu verfolgen begann, gilt die Organisation als eine der ersten institutionalisierten Manifestationen des Islamismus als politische Ideologie. Dahingehend betonte schon ihr Gründer al-Banna, dass der Islam eben nicht nur eine Religion mit Glaubens- und Morallehren, spirituellen Aspekten und rituellen Praktiken sei, sondern vielmehr auch ein allumfassendes Ordnungssystem für rechtliche, politische und soziale Belange. Demgemäß stellt die Forderung nach einem islamischen Staat, in dem islamisches Recht angewandt wird, ein zentrales Element der Ideologie der MB dar. Nichtsdestotrotz sind beide Konzepte einigermaßen vage definiert geblieben (Krämer, 2022, S. 243–296). Ebenso bestanden innerhalb der Organisation von Anfang an verschiedene Meinungen darüber, wie dieses Ziel zu erreichen sei. Somit entwickelte sich innerhalb dieses ideologischen Rahmens eine Vielzahl unterschiedlicher praktischer Zugänge. Während die ideologische Grundlage der MB mit dem Ziel der Etablierung eines islamisch definierten Staatswesens eine klare Regierungsorientierung aufweist, war in ihrer nunmehr fast 100-jährigen Geschichte auf der praktischen Ebene eine Leitungsorientierung im Sinne einer Hinleitung der Bevölkerung zu diesem Ziel durch Predigt, Bewusstseinsbildung, Indoktrinierung und soziales sowie politisches Engagement dominant.

Bereits in den 1930er- und 1940er-Jahren entstanden die ersten offiziellen Ableger der MB in anderen Ländern, und zwar zunächst in Palästina, Jordanien und Syrien (Schulze, 2016, S. 195 f.). In der Folge etablierten sich lokale Zweige beziehungsweise vom ideologischen und/oder organisatorischen Vorbild der Muslimbruderschaft beeinflusste Gruppen in den meisten Ländern der arabischen Welt und darüber hinaus. Die Schriften von mit der MB verbundenen Denkern wie dem Gründer al-Banna, ihrem berühmtesten radikalen Exponenten Sayyid Qutb (exekutiert 1966) oder dem populären Rechtsgelehrten und TV- und Internetmufti Yusuf al-Qaradawi (gest. 2022) erreichten ab den 1960er-Jahren durch zahllose Übersetzungen ein globales Publikum, welches weit über die Anhängerschaft der Organisation hinausging (Gräf & Skovgaard-Petersen, 2008).

Beginnend in ihrem Ursprungsland Ägypten rückte die MB bereits früh von der Idee des Kalifats als Idealbild des islamischen Staats ab. Stattdessen hat sie sich der dominanten Idee des Nationalstaats untergeordnet und ab den 1940er-Jahren zunächst in Ägypten und Syrien versucht, sich an Prozessen der politischen Partizipation zu beteiligen, wobei ihre Anhänger oftmals, aber nicht zwingend, in Opposition zu den herrschenden Regimen standen. In der Periode von den späten 1940er- bis zur Mitte der 1960er-Jahre wendeten sich Teile der MB in Ägypten sowie in Syrien von den frühen 1960er- bis Anfang der 1980er-Jahre gewaltsamen Formen des Widerstands zu (Wagemakers, 2022, S. 73–89). Dieser Rückgriff auf Gewalt, welche sich mitunter auch auf terroristische Methoden stützte, ist jedoch vor dem Hintergrund massiver staatlicher Repression und der damit verbundenen Entstehung radikalisierter Strömungen innerhalb der Bewegung zu betrachten (Wagemakers, 2022, S. 96, 222).

Eine wichtige Rolle dabei spielte insbesondere das Gedankengut Sayyid Qutbs, demzufolge die arabischen Gesellschaften und ihre Herrscher aufgrund ihrer säkularen Staatsformen und Rechtssysteme in den Zustand vorislamischer Unwissenheit (*jahiliya*) zurückgefallen seien, was einen Umsturz zur Wiederherstellung der göttlichen Souveränität (*hakimiya*), ausgedrückt in erster Linie durch Einführung eines islamischen Staatswesens und Rechtssystems, notwendig mache. Die Grundideen der MB wurden somit durch die Komponente der Verketzerung der Herrschenden und all jener Musliminnen und Muslime, welche deren Herrschaft akzeptierten, deutlich radikalisiert (Damir-Geilsdorf, 2003, S. 61–203). Hierbei ist jedoch anzumerken, dass Qutbs Kernkonzepte der *jahiliya* und *hakimiya* auf seine Rezeption des oben bereits erwähnten indischen islamistischen Vordenkers Maududi zurückgehen (Hartung, 2013, S. 193–213).

Während sich der Großteil der MB in der Folge von der Gewaltoption distanzierte, führte genau dieser Standpunkt dazu, dass sich gewaltbereite dschihadistische Gruppen von ihr lossagten beziehungsweise in ihrem Umfeld neu entstanden. Unter diese Kategorie fallen insbesondere die ägyptischen Organisationen al-Jamaa al-Islamiya (Islamische Gemeinschaft, gegr. ca. 1973) und al-Jihad (gegr. ca. 1980), welche beide durch die Partizipation von führenden Mitgliedern am Afghanistankrieg und ihre Kontakte zu Osama bin Laden (getötet 2011) an der Entstehung von al-Qaida und somit – in der Langzeitperspektive betrachtet – auch an jener des Islamischen Staats (IS) beteiligt waren. Sowohl al-Qaida als auch der IS kritisierten die MB heftig für ihre Bereitschaft zur Teilnahme an demokratischen Wahlen, ihren Gewaltverzicht und ihre – aus salafistischer Sicht – mangelnde doktrinäre Reinheit (Wagemakers, 2022, S. 153–168).

Während die politischen Partizipationsmöglichkeiten der MB in Ländern wie Ägypten, Syrien und Tunesien aufgrund staatlicher Repression zumeist stark eingeschränkt waren, war dies in Jordanien und insbesondere in Kuwait über weite Strecken anders, da die dortigen Herrscherfamilien ihr innerhalb der von ihnen gesteckten Grenzen politischer Teilhabe größeren Handlungsspielraum gewährten (Wagemakers, 2022, S. 97–110). In Marokko konnte die von der MB beeinflusste Gerechtigkeits- und Entwicklungspartei (PJD) 2011 und 2016 die Wahlen gewinnen und in der Folge den Premierminister stellen, bevor sie 2021 ein Wahldebakel erlebte (Wagemakers, 2022, S. 131 ff.). Im Zuge des sogenannten Arabischen Frühlings und der damit verbundenen „demokratischen Zwischenspiele" in Tunesien und Ägypten konnten dort jeweils aus der MB hervorgegangene Parteien Regierungsverantwortung übernehmen. In Tunesien war die Ennahda-(„Wiedergeburt"-)Partei ab 2011 unter der Führung von Rached al-Ghannouchi gemeinsam mit säkularen Parteien durchgehend Teil der Regierungskoalitionen, wobei sie sich durch einen gemäßigten und konzilianten Kurs auszeichnete. In Ägypten gewann die von der MB gegründete Freiheits- und Gerechtigkeitspartei die Parlamentswahlen von 2012, ebenso wie ihr Kandidat Mohammed Mursi (gest. 2019) die folgenden Präsidentschaftswahlen. Mit dem Militärputsch von 2013 und der Machtübernahme Abdel Fatah al-Sisis setzte jedoch wieder eine Phase vehementer staatlicher Repression gegenüber der MB im Land ein. Auch in Tunesien wurde Ennahda schließlich 2021 durch die Entlassung der Regierung und die Aufhebung des Parlaments durch den Staatspräsidenten Kais Saied wiederum von ihren Regierungsaufgaben entbunden (Wagemakers, 2022, S. 79 ff., 140–143).

Im Gegensatz dazu diente der sudanesische Militärdiktator Omar al-Baschir dem dortigen Zweig der MB, welche dessen Putsch im Jahr 1989 unterstützte, als Steigbügel zur Macht. Dieser von der Unterstützung des Militärs abhängige Aufstieg einer islamistischen Gruppe stellt einen einmaligen Fall in der Region dar. Diese Konstellation zwang die lokale MB zur Machtteilung, bevor sie schließlich 1999 vor dem Hintergrund eines wachsenden Konflikts zwischen al-Baschir und dem MB-Führer Hasan at-Turabi (gest. 2016) den Kürzeren zog (Berridge, 2017, S. 77–115). Die einzige aus der MB hervorgegangene, politische Bewegung, die weiterhin Regierungsgewalt ausübt, ist die 1987 gegründete palästinensische Hamas, deren Name ein arabisches Akronym für „islamische Widerstandsbewegung" darstellt. Die Hamas beherrscht seit 2007 den Gazastreifen und befand sich seit dem darauffolgenden Jahr immer wieder in bewaffnetem Konflikt mit Israel (Wagemakers, 2022, S. 114–119), was ab 2023 in einen offenen Krieg zwischen der Hamas und Israel mündete (▶ Kap. 26).

Als Fortschreibung von Reformbewegungen in verschiedenen Teilen der muslimischen Welt des späten 19. und frühen 20. Jahrhunderts entwickelte sich ab der Mitte des Jahrhunderts eine Strömung, welche als Salafiya beziehungsweise Salafi-Islam weltweiten Einfluss gewinnen sollte. Entstanden aus der Interaktion von Gelehrtenzirkeln in Südasien, dem Irak, Syrien, dem Jemen, Ägypten und Westafrika sowie mit dem saudischen Wahhabismus zeichnet sich die salafistische Bewegung durch ihren Anspruch aus, sich in Glaubenslehre und Religionspraxis ausschließlich am Propheten und den ersten drei Generationen von Musliminnen und Muslimen zu orientieren (Lohlker, 2017, S. 25–45). In der Praxis schlägt sich dies vor allem in der strikten Ablehnung zahlreicher etablierter ritueller Praktiken sowie religiöser Lehren, Interpretationen und Institutionen nieder. So kritisieren Anhänger der Salafiya die Existenz der sunnitischen Rechtsschulen, die Feier des Prophetengeburtstags, den Besuch von Schreinen, mystische Sufilehren und -praktiken sowie den Einsatz philosophischer und rationaler Methoden der Koranauslegung und islamischen Theologie. Demgegenüber treten sie für ein wortwörtliches Verständnis der Texte und eine Reinigung der Religionspraxis von diesen sogenannten unislamischen Neuerungen (*bidʿa*) ein, welche sie als eine Aufweichung oder sogar Aufhebung der Lehre der göttlichen Eins- und Einheit (*tauhid*) betrachten (ebd., S. 113–128).

Insbesondere auch durch die Unterstützung Saudi-Arabiens für salafistische Bewegungen weltweit verbreitete sich die Strömung ab den 1960er-Jahren über weite Teile der muslimischen Welt, was auf der lokalen Ebene oftmals zu heftigen innermuslimischen Konflikten führte (Lauzière, 2016). War die Salafiya anfangs in erster Linie eine religiöse Reformbewegung, so kommt es auch hier, nicht zuletzt durch den Einfluss der MB beziehungsweise ihrer radikalen Absplaltungen, zu einer Politisierung von Teilen der Strömung. Diese Gruppen verbanden ab den 1960er-Jahren die Glaubenslehre und Religionspraxis der Salafiya mit islamistischem Gedankengut, was zur Entstehung des Salafi-Islam als politischer Ideologie führte (Bruckmayr & Hartung, 2020, S. 151–155). Dabei spielte unter anderem der Austausch zwischen exilierten radikalen Muslimbrüdern aus Ägypten und Syrien mit ihren Studierenden an saudischen Universitäten eine Rolle. So formierte sich etwa unter Schülern von Muhammad Qutb (Bruder von Sayyid Qutb, gest. 2014) die Bewegung Sahwa („Auferweckung"), welche vor dem Hintergrund der Stationierung von US-Truppen in Saudi-Arabien während des Golfkriegs von 1990 in offene Opposition zum Königshaus trat (Lacroix, 2011).

Während die Sahwa ihren politischen Kampf mit friedlichen Mitteln ausfocht, entstand in den 1980er-Jahren im Kontext des Afghanistankriegs die dschihadistische Spielart des Salafi-Islam. Waren deren Energien zunächst noch auf die sowjetischen Invasoren und das von ihnen gestützte Regime in Kabul konzentriert, so rückte nach dem Ende des Krieges schnell ein neues Feindbild in den Fokus: der Westen und insbesondere die USA als Schutzmacht der als unterdrückerisch und unislamisch betrachteten Regime in den Heimatländern der aus verschiedenen arabischen und nichtarabischen

Staaten kommenden Dschihadisten (Rougier, 2008). Das prominenteste Beispiel dieser Dynamiken ist bin Ladens al-Qaida, aus welcher sich später wiederum der IS entwickelte. So wie das afghanisch-pakistanische Grenzgebiet in den 1980er- und 1990er-Jahren als Knotenpunkt für dschihadistische Gruppen aus unterschiedlichen Regionen fungierte, entfaltete auch der Herrschaftsbereich des IS im Irak und in Syrien von 2014 bis 2019 eine Anziehungskraft für Sympathisanten aus aller Welt (Steinberg, 2015).

Es waren jedoch nicht nur die politisierten, salafistischen Spielarten der Salafiya, welche sich in den letzten Jahrzehnten ausgehend von der arabischen Welt global verbreiteten. Quantitativ noch erfolgreicher waren Strömungen, welche sich – unter weitgehender Enthaltung von politischen Diskursen und Prozessen – auf religiöse und soziale Aspekte konzentrieren oder aber sich gegenüber den Regierenden durch Loyalität beziehungsweise explizite Unterstützung auszeichnen. Ein prominentes Beispiel für ersteren Zugang sind Nasir ad-Din al-Albani (gest. 1999) und seine Anhänger. Der in Albanien geborene Syrer al-Albani entwickelte sich als weitgehender Autodidakt zu einem der einflussreichsten Salafigelehrten überhaupt. Hierbei war es letztlich der Verbreitung seiner Ideen durchaus zuträglich, dass er sich 1961 gezwungen sah, Syrien zu verlassen und fortan im saudi-arabischen und dann jordanischen Exil Schüler um sich zu scharen (Lacroix, 2009). Beispielgebend für den zweiten Zugang ist insbesondere die Gruppe der Madchaliya, benannt nach Rabi' al-Madchali (geb. 1931), welche ab den 1990er-Jahren vom saudischen Königshaus patroniert wurde, um die von der Sahwa und den Dschihadisten ausgehende Gefahr für ihre Herrschaft zu neutralisieren (Farquhar, 2017, S. 106 f.). Im Zuge der Proteste der arabischen Umbrüche taten sich al-Madchali und seine Anhänger als Verteidiger der bestehenden Regime in der Region und Gegner der Revolution hervor (Bonnefoy, 2016, S. 208–212).

Als Gegenbewegung sowohl zum Islamismus als auch zu Salafi-Islam und Salafismus, formierte sich in den letzten Jahren eine transnationale islamische Strömung, welche sich als traditioneller Islam versteht. Ihre Exponenten, welche gemeinhin eine große Nähe zu Sufitraditionen aufweisen, positionieren sich dabei sowohl als Verteidiger der von den Salafisten verdammten Praktiken, Lehren und Institutionen, als auch als Bollwerk gegenüber islamischen beziehungsweise islamistischen politischen Bewegungen. Trotz ihres großen gesellschaftlichen Rückhalts auf der religiösen Ebene erscheinen sie somit jedoch Teilen der Bevölkerung als willige Handlanger autoritärer Regime in der Region. Schlüsselfiguren dieser transnationalen Gruppe, welche bisweilen als „neotraditionalistisches Netzwerk" bezeichnet wird, waren beziehungsweise sind der syrisch-kurdische Gelehrte Said Ramadan al-Buti (2013 bei einem Terroranschlag getötet), der in den Vereinigten Arabischen Emiraten (VAE) ansässige Ail al-Jifri (geb. 1971), der einer Familie von jemenitischen Sufis entstammt, der ehemalige ägyptische Großmufti Ali Gomaa (geb. 1952), der jordanische Prinz Ghazi bin Muhammad (geb. 1966) und der ebenfalls in den VAE wohnhafte, mauretanische Rechtsgelehrte Abdallah bin Baiya (geb. 1935) (Sedgwick, 2020). Letzterer weist ein enges Verhältnis zur emiratischen Herrscherfamilie der Al Nahyan auf und hat sich insbesondere als Gegner der Protestbewegungen des „Arabischen Frühlings" und des ihnen zugeneigten MB-Gelehrten al-Qaradawi positioniert (Warren, 2021, S. 73–114).

18.4 Religiöse Bildungsinstitutionen der arabischen Welt

Sowohl die staatliche interne und externe Religionspolitik als auch die Agenden von transnationalen Organisationen und Bewegungen sind zumeist eng mit den wichtigsten islamischen Bildungsinstitutionen der Region verbunden. Dabei stehen Bildungszentren auf der Arabischen Halbinsel, insbesondere in Saudi-Arabien, in Konkurrenz mit ihren Pendants in Ägypten, im Irak und im Iran. In Ägypten ist die zentrale Instanz hierbei die Al-Azhar-Universität in Kairo, deren Geschichte bis ins zehnte Jahrhundert zurückreicht. Unter Präsident Nasser wurde sie 1961 verstaatlicht und Teil seiner Islampolitik. Dieser Unabhängigkeitsverlust tat der internationalen Anziehungskraft der Universität allerdings keinen Abbruch. Von ihren ca. 30.000 ausländischen Studierenden ist die überwiegende Mehrheit an den religiösen Fakultäten eingeschrieben, wobei Südostasien die quantitativ dominante Herkunftsregion darstellt. Obwohl die Führungsriege der Al-Azhar-Universität zumeist eine den Interessen der Regierenden entsprechende Islaminterpretation vertrat, wies sie doch eine beachtliche interne Diversität dahingehend auf, dass ihr Lehrkörper auch Proponenten der MB und der Salafiya gewissen Raum bot. Nichtsdestotrotz ist die Universität insbesondere für jene Studierenden aus anderen Ländern eine Anlaufstelle, welche aus religiösen Gründen nicht im wahhabitisch-salafistisch dominierten Saudi-Arabien studieren wollen (Bano, 2015).

Dort wurde nämlich 1961 – als Pendant zur Al-Azhar-Universität – die islamische Universität von Medina (IUM) gegründet, welche sich, unter anderem über großzügige Stipendienprogramme, von denen bisher Zehntausende Menschen profitiert haben, primär an ausländische Studierende wendet und rasch zu einer zentralen Institution in der globalen Ausbreitung eines salafistisch geprägten Islamverständnisses wurde. Im Jahr 2023 hatte die IUM über 16.000 Studierende aus über 170 Ländern. Auch ihr Lehrkörper ist sehr international. Nichtsdestotrotz stand die Universität stets unter saudischer Kontrolle und Leitung. Während einerseits gezielt ausländische Exponenten der Salafiya zur Lehre an der IUM rekrutiert wurden, wie etwa der Syrer al-Albani und etliche einschlägige mauretanische und südasiatische Gelehrte, spielen andererseits Absolventinnen und Absolventen eine große Rolle bei der Verbreitung salafistischer Lehren in ihren Heimatländern und der Anbindung lokaler Gemeinden an saudische Netzwerke und Organisationen. Somit fungieren sie auch als Teil des externen saudischen Projekts, die Religion als Soft-Power-Werkzeug zu verwenden (Farquhar, 2017).

Auf schiitischer Seite erfüllt, wie oben beschrieben, in erster Linie die *hawza* von Najaf im Irak, welche ca. 15.000 Studierende beherbergt (Tabbaa & Mervin, 2014, S. 128), die Funktion als prestigeträchtigste Bildungsinstitution. Konkurrenz hat sie hierbei in erster Linie durch ihr Pendant in Ghom im Iran und die dortige Internationale Al-Mustafa-Universität (IMU), welche 2008 mit einer der Zielsetzung der saudischen IUM sehr ähnlichen internationalen Ausrichtung gegründet wurde. Aufgrund der Kontrolle der Islamischen Republik über die *hawza* von Ghom und insbesondere die IMU werden beide stark mit dem Regime assoziiert, was wiederum eine Rolle bei der Entscheidung internationaler Studierender für oder gegen Najaf beziehungsweise Ghom als Studienort spielt (Sakurai, 2015).

Neben diesen dominanten Playern zogen bis zu den revolutionären Umwälzungen ab 2011 auch kleinere internationale islamische Universitäten in Libyen, Syrien und dem Sudan ausländische Studierende an. Auf der Arabischen Halbinsel ist es das Dar al-Mustafa in Tarim im Jemen, welches seit seiner Gründung im Jahr 1996 auch von Schülern aus dem Westen, Afrika und Südostasien frequentiert wird (Knysh, 2001, S. 406–411). Selbst angesichts des seit Jahren im Jemen tobenden Bürgerkriegs zieht es immer noch kleinere Zahlen ausländischer Studierender an, insbesondere aus Südostasien.

18.5 Fazit: Funktion religiöser Knotenpunkte in der Region

Pilgerorte, transnationale islamische Organisationen, Netzwerke und Bewegungen sowie internationale religiöse Bildungsinstitutionen in arabischen Staaten spielen nicht nur eine wesentliche Rolle im religiösen Leben der Region, sondern innerhalb der muslimischen Welt als Ganzes und für muslimische Gemeinden weltweit. Durch ihre wichtige soziale und oftmals auch wirtschaftliche Funktion ergibt sich selbstredend zusätzlich eine politische Relevanz, welche sich sowohl in staatlicher Intervention und Vereinnahmung für innen- und außenpolitische Zwecke als auch beizeiten in – aus staatlicher Sicht – subversiver Mobilisierung niederschlägt. Hierbei ist zu betonen, dass in der arabischen Welt religiöse Einflüsse unterschiedlicher Herkunft aufeinandertreffen und durch ihre Interaktion sowohl auf den lokalen Kontext als auch auf jenen der Heimatregionen wirken beziehungsweise geprägt werden. So wurde etwa die moderne Entwicklung der heiligen Stätten auf der Arabischen Halbinsel und im Irak sehr stark durch Pilger- und Finanzströme aus anderen Gebieten, insbesondere aus Süd- und Südostasien, beeinflusst. Ebenso ist sowohl die Genese der salafistischen als auch der islamistischen Bewegung ein Resultat überregionaler Verflechtungen, wobei wiederum südasiatische Denker und Gruppierungen deutliche Spuren bei arabischen Akteuren hinterlassen haben. Insbesondere die Pilgerstätten und Bildungsinstitutionen auf der Arabischen Halbinsel stechen hierbei als konstante Orte der Begegnung und Mobilisierung heraus, während etwa die Schreinstädte im Irak unter der Herrschaft der Baath-Partei diese Funktion über mehrere Jahrzehnte nicht erfüllen konnten.

Die religiösen Knotenpunkte der arabischen Welt sind demnach Ausgangspunkte multifokaler Diskurse und Entwicklungen, mit denen die Arabische Halbinsel als einer von mehreren Knotenpunkten eng verwoben ist, deren Konturen jedoch keineswegs nur von arabischen Akteuren geformt, geschweige denn vorgegeben werden. Es wäre somit eine Fehleinschätzung anzunehmen, dass die Ströme islamischen Denkens und muslimischer religiöser Mobilisierung stets in eine Richtung, nämlich von der Arabischen Halbinsel beziehungsweise der arabischen Welt in die vermeintlichen Peripherien, fließen würden. Vielmehr handelt es sich um ein dialogisches Verhältnis, in welchem die arabische Welt in erster Linie – im wahrsten Sinne des Wortes – als Knotenpunkt fungiert, an welchem verschiedene Ströme zusammenkommen, nicht jedoch als Zentrum, von dem jegliche geistesgeschichtliche oder sozioreligiöse Entwicklung in der muslimischen Welt zwangsläufig ihren Ausgang nimmt.

Literatur

Al-Jazeera (2023). Deadly bomb blast near Damascus Shia shrine ahead of Ashura. Aljazeera. https://www.aljazeera.com/news/2023/7/27/deadly-bomb-blast-near-damascus-shia-shrine-ahead-of-ashura. Zugegriffen: 18. Aug. 2023.

Bano, M. (2015). Protector of the „al-Wasatiyya" Islam: Cairo's al-Azhar University. In M. Bano & K. Sakurai (Hrsg.), *Shaping global Islamic discourses. The role of al-Azhar, al-Medina and al-Mustafa* (S. 73–90). Edinburgh: Edinburgh University Press.

Benthall, J., & Bellion-Jourdan, J. (2009). *The charitable crescent. Politics of aid in the Muslim World.* London: Tauris.

Beránek, O., & Ťupek, P. (2018). *The temptation of graves in Salafi Islam. Iconoclasm, destruction and idolatry.* Edinburgh: Edinburgh Univ. Press.

Berriane, J. (2012). Ahmad al-Tijani and his neighbors: the inhabitants of Fez and their perceptions of the Zawiya. In P. A. Desplat & D. E. Schulz (Hrsg.), *Prayer in the city. The making of Muslim sacred places and urban life* (S. 57–76). Bielefeld: transcript.

Berridge, W. J. (2017). *Hasan Al-Turabi. Islamist politics and democracy in Sudan.* Cambridge: Cambridge University Press.

Bezie, T. (2011). *Ethiopia's claim on Deir Es-Sultan Monastery in Jerusalem, 1850s–1994.* Saarbrücken: Lambert.

Bianchi, R. (2004). *Guests of God. Pilgrimage and politics in the Islamic world*. Oxford: Oxford University Press.

Bonnefoy, L. (2016). Quietist Salafis, the Arab spring and the politicisation process. In F. Cavatorta & F. Merone (Hrsg.), *Salafism after the Arab awakening. Contending with people's power* (S. 205–218). London: Hurst.

Borszik, O. (2016). *Irans Führungsanspruch (1979–2013). Mission, Anhängerschaft und islamische Konzepte im Diskurs der Politikelite*. Berlin: Schwarz.

Breitman, G. (2010). *Malcolm X speaks. Selected speeches and statements*. New York: Pathfinder.

Bruckmayr, P. (2017). Globale Verflechtungen: Der islamische Faktor in Syrien unter der Baath-Partei. In S. Binder & G. Fartacek (Hrsg.), *Facetten von Flucht aus dem Nahen und Mittleren Osten* (S. 54–79). Wien: Facultas.

Bruckmayr, P., & Hartung, J.-P. (2020). Introduction: Challenges from „the periphery"? Salafī Islam outside the Arab World. Spotlights on wider Asia. *Welt des Islams*, 60, 137–169.

Bruckmayr, P. (2023). Creole and indigenous Muslims in Venezuela. In A. Hussain (Hrsg.), *The Oxford Encyclopedia of Islam in North America*. Oxford: Oxford University Press. https://doi.org/10.1093/acrefore/9780199340378.013.1041.

Bruckmayr, P. (2024). Challenging the Cairo edition: The King Fahd Qur'ān complex, its Medina Qur'ān and its translations. *Mélanges de l'Institut dominicain d'études orientales*, 39, 211–257.

Byrne, J. J. (2016). *Mecca of revolution. Algeria, decolonization & the third world order*. Oxford: Oxford University Press.

Corboz, E. (2015). Khomeini in Najaf: the religious and political leadership of an exiled Ayatollah. *Welt des Islams*, 55, 221–248.

Damir-Geilsdorf, S. (2003). *Herrschaft und Gesellschaft. Der islamistische Wegbereiter Sayyid Qutb und seine Rezeption*. Würzburg: Ergon.

Farquhar, M. (2017). *Circuits of faith. Migration, education, and the Wahhabi mission*. Stanford: Stanford University Press.

Fartacek, G. (2011). „Kullnā miṯl baʿḏ"! Heilige Orte, ethnische Grenzen und die Bewältigung alltäglicher Probleme in Syrien. *Anthropos*, 106, 3–19.

Freitag, U. (2020). *A history of Jeddah. The gate to Mecca in the nineteenth and twentieth centuries*. Cambridge: Cambridge University Press.

Gadant, M. (1988). *Islam et nationalisme en Algérie d'après „El Moudjahid" organe central du FLN de 1956 à 1962*. Paris: L'Harmattan.

General Authority of Statistics (2023). Hajj Statistics. https://www.stats.gov.sa/en/statistics-tabs?tab=436312&category=124364. Zugegriffen: 3. Dez. 2023.

Gladstone, R. (2015). Death toll from Hajj stampede reaches 2,411 in new estimate. The New York Times. https://www.nytimes.com/2015/12/11/world/middleeast/death-toll-from-hajj-stampede.html. Zugegriffen: 20. Juli 2023.

Gräf, B., & Skovgaard-Petersen, J. (2008). *The global mufti. The phenomenon of Yusuf Al-Qaradawi*. London: Hurst.

Grundmann, J. (2005). *Islamische Internationalisten. Strukturen und Aktivitäten der Muslimbruderschaft und der Islamischen Weltliga*. Wiesbaden: Reichert.

Hartung, J.-P. (2013). *A system of life. Mawdūdī and the ideologisation of Islam*. London: Hurst.

Ihsanoglu, E. (2010). *The Islamic world in the new century. The organization of the Islamic Conference, 1969–2009*. London: Hurst.

Imam Hussain Holy Shrine (2023). Get to know the al-Arba'een pilgrimage final statistics. https://imamhussain.org/english/39099. Zugegriffen: 3. Dez. 2023.

Haider, N. (2009). Prayer, mosque, and pilgrimage: mapping Shīʿī sectarian identity in 2nd/8th century Kūfa. *Islamic Law and Society*, 16(2), 151–174.

Knysh, A. (2001). The Tariqa on a landcruiser: the resurgence of Sufism in Yemen. *Middle East Journal*, 55(3), 399–414.

Krämer, G. (2022). *Der Architekt des Islamismus. Hasan al-Banna und die Muslimbrüder*. München: Beck.

Lacroix, S. (2009). Between revolution and apoliticism: Nasir al-Din al-Albani and his impact on the shaping of contemporary Salafism. In R. Meijer (Hrsg.), *Global Salafism. Islam's new religious movement* (S. 58–80). New York: Columbia University Press.

Lacroix, S. (2011). *Awakening Islam. The politics of religious dissent in contemporary Saudi Arabia*. Cambridge: Harvard University Press.

Lauzière, H. (2016). *The making of Salafism. Islamic reform in the twentieth century*. New York: Columbia University Press.

Lohlker, R. (2017). *Die Salafisten. Der Aufstand der Frommen, Saudi-Arabien und der Islam*. München: Beck.

Mayeur-Jaouen, C. (2019). *The Mulid of al-Sayyid al-Badawi of Tanta. Egypt's legendary Sufi festival*. Cairo: American University in Cairo Press.

Nicolas, P. (2010). *La Ghriba, pèlerinage juif en terre d'Islam*. Carthage: MC-Editions.

Odinga, S. (2017). Still believing in land and independence. In D. Kioni-Sadiki & M. Meyer (Hrsg.), *Look for me in the whirlwind. From the panther 21 to 21st-century revolutions* (S. 87–94). Oakland: PM Press.

Parsapajouh, S. (2021). Pouvoir du lieu, mediation du texte: remarques anthropologiques sur la visite pieuse à Karbala. *Studia Islamica*, 116(2), 346–392.

Pinto, P. G. (2007). Pilgrimage, commodities, and religious objectification: the making of transnational Shiism between Iran and Syria. *Comparative studies of south Asia, Africa and the Middle East*, 27(1), 109–125.

Rassler, D. (2017). Multinational mujahidin: the Haqqani network between south Asia and the Arabian peninsula. In C. Jaffrelot & L. Louër (Hrsg.), *Pan-Islamic connections. Transnational networks between south Asia and the Gulf* (S. 117–139). Oxford: Oxford University Press.

Rizvi, S. (2018). The making of a Marja': Sīstānī and Shīʿī religious authority in the contemporary age. *Sociology of Islam*, 6, 165–189.

Roff, W. (1982). Sanitation and security: the imperial powers and the Hajj in the nineteenth century. *Arabian Studies*, 6, 143–160.

Rougier, B. (2008). Le jihad en Afghanistan et l'émergence du salafisme-jihadisme. In B. Rougier (Hrsg.), *Qu'est-ce que le salafisme?* (S. 65–86). Paris: Presses Universitaires de France.

Sakurai, K. (2015). Making Qom a centre of Shi'i scholarship: Al-Mustafa international university. In M. Bano & K. Sakurai (Hrsg.), *Shaping global Islamic discourses. The role of al-Azhar, al-Medina and al-Mustafa* (S. 41–72). Edinburgh: Edinburgh University Press.

Schulze, R. (1990). *Islamischer Internationalismus im 20. Jahrhundert*. Leiden: Brill.

Schulze, R. (2016). *Geschichte der islamischen Welt. Von 1900 bis zur Gegenwart*. München: Beck.

Schulze, R. (2022). Transnational Wahhabism: the Muslim World League and the World Assembly of Muslim Youth. In P. Mandaville (Hrsg.), *Wahhabism and the world: understanding Saudi-Arabia's global influence on Islam* (S. 93–113). Oxford: Oxford University Press.

Sedgwick, M. (2020). The modernity of neo-traditionalist Islam. In D. Jung & K. Sinclair (Hrsg.), *Muslim subjectivities in global modernity. Islamic traditions and the construction of modern Muslim identities* (S. 121–146). Leiden: Brill.

Steinberg, G. (2015). *Kalifat des Schreckens. IS und die Bedrohung durch den islamistischen Terror*. München: Knaur.

Tabbaa, Y., & Mervin, S. (2014). *Najaf: The gate of wisdom. History, heritage and significance of the holy city of the Shi'a*. Paris: UNESCO.

Wagemakers, J. (2022). *The Muslim brotherhood. Ideology, history, descendants*. Amsterdam: Amsterdam University Press.

Warren, D. (2021). *Rivals in the Gulf. Yusuf al-Qaradawi, Abdullah Bin Bayyah, and the Qatar-UAE contest over the Arab spring and the Gulf crisis*. London: Routledge.

Regionale Kooperation auf der Arabischen Halbinsel

Leonie Holthaus

© hamzeh / Stock.adobe.com

Inhaltsverzeichnis

19.1 Einführung – 210

19.2 Theoretische Perspektiven auf regionale Kooperation im GKR – 210

19.3 Institutioneller Aufbau des GKR – 211

19.4 Wirtschaftskooperation – 212

19.5 Sicherheitskooperation – 213

19.6 Fazit – 215

Literatur – 216

© Der/die Autor(en), exklusiv lizenziert an Springer-Verlag GmbH, DE, ein Teil von Springer Nature 2025
T. Demmelhuber, N. Scharfenort (Hrsg.), *Die Arabische Halbinsel*,
https://doi.org/10.1007/978-3-662-70217-8_19

19.1 Einführung

Regionale beziehungsweise subregionale Kooperation entwickelte sich auf der Arabischen Halbinsel durch die Gründung des Golfkooperationsrats (GKR). Diese zwischenstaatliche Organisation wurde 1981 von den sechs arabischen Golfmonarchien Saudi-Arabien, den Vereinigten Arabischen Emiraten (VAE), Kuwait, Katar, Bahrain und dem Oman ausgerufen. Der Zusammenschluss der Staaten zeigt, dass die Golfmonarchien innerhalb der MENA-Region eine weitere geographische und politische Abgrenzung vorantreiben wollten, auch wenn dies mit Blick auf die regionale Legitimität des GKR vorsichtig gehandhabt wurde.

An dem Gründungsgipfel und der Unterzeichnung der Charta des „Kooperationsrats für die arabischen Staaten am Golf" am 26. Mai 1981 nahmen auch die Generalsekretäre der Arabischen Liga (Chedli Klibi) sowie der Organisation der Islamischen Konferenz (Habib Chatty) teil, um Einigkeit zwischen den Golfmonarchien und dem Rest der arabischen Welt zu demonstrieren (vgl. Braun, 1986, S. 30). Offiziell wurde der GKR mit der Ähnlichkeit und den engen Beziehungen zwischen den teilnehmenden Staaten, kurz einer gemeinsamen subregionalen „Golfidentität" (Khaliji), begründet (▶ Kap. 8). Die meisten Mitgliedsstaaten wurden erst um 1970 politisch unabhängig, erlebten jedoch aufgrund ihrer Erdöl- und Erdgasvorkommen eine rasante Integration in die Weltwirtschaft und verfügen über ähnliche politische Systeme. Mit Verweis auf die Grundsätze der Arabischen Liga wurde subregionale Kooperation nicht als Behinderung, sondern Element weitreichenderer arabischer Kooperation gefasst (vgl. Nakhleh, 1986, S. vi). Dennoch provozierte der Zusammenschluss in den GKR andere arabische Staaten und führte 1989 unter anderem zur Gründung des kurzlebigen Arabischen Kooperationsrats, dem die abgelehnten GKR-Anwärter Irak, Ägypten, Jordanien und Nordjemen angehörten.

Eine Erweiterung des GKR beziehungsweise eine Aufnahme neuer Mitglieder bleibt unwahrscheinlich. Das Gründungsmotiv für den GKR war die Stabilisierung der konservativ-autoritären Monarchien entgegen den Auswirkungen der iranischen Revolution 1979 und der besonders auf Bahrains Schiitinnen und Schiiten zielenden antimonarchischen Rhetorik des Khomeini-Regimes. Eine Aufnahme nichtmonarchischer oder ressourcenarmer Länder wurde zu Anfang ausgeschlossen (vgl. Acharya, 1992; Laiq, 1986; Ramazani, 1988). Später verfolgte der GKR die Strategie, Assoziationen mit Ländern wie dem Irak einzugehen, ohne eine Vollmitgliedschaft anzustreben oder andere arabische Monarchien wie zum Beispiel Jordanien und Marokko durch Transferzahlungen und symbolische Anerkennung aufzuwerten. Diese Strategie wurde angesichts der Proteste 2011 kurz unterbrochen, als der GKR den Monarchien Jordanien und Marokko eine Vollmitgliedschaft anbot (Richter, 2011, S. 5). Die Erweiterung ist jedoch sowohl am dauerhaften Interesse der GKR-Mitglieder als auch an Partikularinteressen der zwei weiteren Monarchien gescheitert.

Ziel des Kapitels ist es, theoretische Perspektiven auf den GKR einzuführen und den institutionellen Aufbau des GKR sowie seine historische Entwicklung darzustellen. Obwohl der GKR lange als wohl erfolgreichste (sub-)regionale Organisation in der MENA-Region galt, legen jüngste Entwicklungen eine kritischere Begutachtung der regionalen Kooperation nahe. Zu diesen Entwicklungen gehören unter anderem nicht eingehaltene Kooperationsziele im wirtschaftlichen Bereich als auch Spannungen zwischen Katar und anderen GKR-Mitgliedsstaaten. Im Schlusswort des Kapitels wird detaillierter auf diese jüngsten Entwicklungen und ihre Bedeutung eingegangen.

19.2 Theoretische Perspektiven auf regionale Kooperation im GKR

Theoretische Perspektiven auf die regionale Kooperation im GKR wurden in der Disziplin der internationalen Beziehungen entwickelt. Die Theorien der Disziplin wurden allerdings mit Blick auf westliche Entwicklungen generiert und die Erklärungskraft der teils eurozentristischen Theorien und Integrationstheorien ist in Bezug auf den GKR als eher gering zu bewerten. Im Folgenden werden sie entlang ihrer limitierten Erklärungskraft skizziert.

Neorealistische Ansätze gehen von Sicherheitsbedrohungen in einer anarchischen Umwelt aus. Sie betonen das Hegemonialstreben des Irans und verstehen den GKR als Gegenallianz unter der Führung von Saudi-Arabien (vgl. Gariup, 2008; Cooper & Taylor, 2003; Walt, 1987, S. 270). Neorealistische Ansätze können jedoch nicht fassen, wie diese Sicherheitsbedrohungen mit dem internen Ziel, die Monarchie zu wahren, korrelieren. Der Staat bleibt in diesen Theorien eine Blackbox und innenpolitische Faktoren werden ausgeklammert. Innenpolitische und transnationale Entwicklungen werden in konstruktivistischen Sichtweisen, welche auch Normen, Werte und Perzeptionen als kausale Faktoren anerkennen, stärker berücksichtigt. Die konstruktivistische Sicht auf den GKR als Sicherheitsgemeinschaft ist somit gewinnbringender und umfasst sowohl Sicherheitsperzeptionen, subregionale Interpretationen der Souveränitätsnorm als auch monarchische Legitimationsstrategien. Aus dieser Perspektive ist der GKR jedoch keine vollwertige, an kollektiven Interessen orientierte Sicherheitsgemeinschaft, da Konflikte und Misstrauen zwischen Mitgliedsstaaten wie Saudi-Arabien und Katar weiter bestehen (vgl. Barnett & Gause, 2000; Barnett, 1995).

Jüngst wurde der GKR als „epistemic community" dargestellt (Yom, 2014). Dieses Konzept entstammt der konstruktivistischen Theoriebildung und bezeichnet moderne Glaubensgemeinschaften, bestehend aus Politikerinnen und Politikern, Bürokratinnen und Bürokraten, Wissenschaftlerinnen und Wissenschaftlern sowie Aktivistinnen und Aktivisten, welche Normen und Ursache-Wirkungs-Annahmen teilen (Haas, 1992). Yom erkennt im GKR eine solche Glaubensgemeinschaft, da die politischen Eliten an monarchischen Prinzipien festhalten und Annahmen zu Regimegefährdungen teilen. Schuhn (2021) weist die Anwendung des Konzepts jedoch zu Recht zurück; die Mitglieder einer „epistemic community" müssten diverser sein und auch wissenschaftsbasierte Annahmen teilen. Die Entwicklungen im GKR lassen sich ohne die Anwendung des Konzepts bereits durch das monarchische Herrschafts- und Legitimationsstreben erklären.

Neben den klassischen Theorien der internationalen Beziehungen wurden Integrationstheorien, die zunächst am Beispiel der Europäischen Union entwickelt wurden, auf den GKR angewandt. Zu diesen gehören neoliberale Ansätze und Integrationstheorien wie der Neofunktionalismus, doch sie sind ebenfalls in ihrer begrenzten Anwendbarkeit zu kritisieren. Der Neoliberalismus betont die Relevanz der ökonomischen Kooperation im GKR (vgl. Bearce, 2003), kann aber kaum erklären, warum Staaten mit sehr ähnlicher Wirtschaftsstruktur und geringem intraregionalen Handel Anreizen zu wirtschaftlicher Kooperation folgen. Der Neofunktionalismus versagt schlicht angesichts des neotraditionellen monarchischen Herrschaftstyps. Mit Ausnahme des Omans, in dem das politische System allein auf den Sultan zentriert ist, herrschen in den dynastischen Monarchien die Staatsoberhäupter mit einer breiten Allianz, bestehend aus der königlichen Familie und ihren Verbündeten (vgl. Herb, 1999; Yake, 2008). Ein Spill-over-Effekt von einem Integrationsbereich in einen anderen tritt nicht automatisch oder Sachzwängen folgend ein, sondern hängt von den Interessen der Herrscher ab, welche die Entscheidungsgewalt monopolisieren. Zu Recht wird die Relevanz dieser Interessen in komparativen Studien (Braibanti, 1987) oder Studien der jeweiligen Außenpolitiken betont (Baabood, 2003).

Anders als in der Europäischen Union fehlte in dem GKR stets das Interesse an supranationaler Kooperation, wie es unter anderem die gescheiterten Pläne zur gemeinsamen Währung zeigen. Allein die Wahl des Orts der Zentralbank erwies sich als problematisch, da mehrere Mitgliedsstaaten ihr Prestige durch die Beheimatung der Zentralbank aufwerten wollten. Dies wie auch die subregionale Isolation Katars von 2017 bis 2021 zeigen, dass Konflikte zwischen Mitgliedsstaaten sowie Differenzen auf die subregionale Kooperation rückwirken und supranationale Integrationsschritte unwahrscheinlich erscheinen lassen. Während der sogenannten Katarkrise rief Saudi-Arabien zur Isolation Katars auf und die GKR-Mitglieder VAE und Bahrain folgten diesem Aufruf durch den Abbruch der diplomatischen Beziehungen und der wirtschaftlichen Isolation Katars (▶ Kap. 20). Obwohl zwei weitere GKR-Mitglieder (Oman und Kuwait) neutral blieben, konnten die Schlichtungsmechanismen des GKR nicht zur Bewältigung der Krise aktiviert werden (Ulrichsen, 2020, S. 13).

Aus der kritischen Evaluierung der verfügbaren Theorien und ihrer Anwendung auf den GKR kann gefolgert werden, dass konstruktivistische und postkoloniale Theorien am besten in der Lage sind, den GKR wie auch andere nichtwestliche Organisationen zu fassen (Acharya, 2014). Postkoloniale Theorien warnen vor eurozentristischen Sichtweisen und stellen historische Analysen in den Vordergrund. Sie analysieren zum Beispiel die Staatsgründungen der GKR-Mitglieder im Kontext der globalen und kolonialen Machtbeziehungen (Mukoyama, 2024). Abduktive oder induktive Theorieentwicklungen weisen Vorteile auf, da sie die Integration von in den Regionalstudien generiertem Wissen oder historischem Wissen ermöglichen und fallspezifische Charakteristika in den Vordergrund rücken. Ein fallspezifisches Charakteristikum des GKR ist beispielsweise das gemeinsame Streben nach der Legitimation der monarchischen Herrschaft auf der Arabischen Halbinsel (Holthaus, 2019).

19.3 Institutioneller Aufbau des GKR

Der GKR ist eine zwischenstaatliche beziehungsweise intergouvernementale Organisation, deren Beschlüsse für die Mitgliedsstaaten nicht bindend, sondern Empfehlungen für das nationale Vorgehen sind. Die Souveränität der Staaten beziehungsweise der herrschenden Monarchen wird durch den GKR kaum eingeschränkt.

Der GKR besteht aus zwei intergouvernementalen Organen, dem Obersten Rat und dem Ministerrat, sowie dem GKR-Sekretariat. Die höchste Autorität ist der Oberste Rat, der von den sechs Staatsoberhäuptern gebildet wird. Alle richtungsweisenden Entscheidungen werden hier getroffen, ohne dass der Oberste Rat einem anderen GKR-Organ rechenschaftspflichtig ist. Der Oberste Rat legt die Ziele der Organisation sowie ihre Außenbeziehungen fest. Er trifft sich einmal jährlich zu ordentlichen Sitzungen, wobei außerordentliche Sitzungen von einem Land beantragt und einberufen werden können, wenn die Initiative von einem zweiten Staat unterstützt wird. Seit 1998 trifft sich der Oberste Rat zudem einmal jährlich zu informellen, „konsultativen" Sitzungen. Für seine Präsidentschaft gilt ein Rotationsverfahren, das den jährlichen Präsidentschaftswechsel entsprechend der alphabetischen Reihenfolge der Namen der Mitgliedsstaaten vorsieht (vgl. Braun, 1986, S. 35). Innerhalb des Obersten Rats herrscht Stimmgleichheit. Er gilt bei regulären Sitzungen als beschlussfähig, wenn zwei Drittel der Mitglieder teilnehmen. Bei allen, außer rein prozessualen, Fragen herrscht allerdings das Konsensprinzip (vgl. Bellamy, 2004, S. 137).

Dem Obersten Rat ist als nichtpermanentes Organ eine Schlichtungskommission angefügt, die prinzipiell aktiv werden kann, wenn in dringenden Fragen keine Entscheidungen erlangt werden oder ein Konflikt zwischen GKR-Staaten vorliegt (vgl. Peterson, 1988, S. 109). Die Charta sieht vor, dass die Entscheidungen der Kommission empfehlenden Charakter haben und mit den Zielen des GKR, dem internationalen Recht und der Scharia kompatibel sein sollen (wobei ein Normkonflikt zwischen den beiden letzteren Systemen wahrscheinlich wäre; vgl. Braun, 1986, S. 38). Entgegen der Hoffnung, dass die Schlichtungskommission zu einer formalisierten Form der Konfliktaustragung im GKR beitragen könnte, wurde die Kommission nie einberufen (vgl. Heard-Bey, 2006). Dies verdeutlicht die Weigerung der Monarchen, Kompetenzen an die subregionale Organisation abzugeben beziehungsweise die Entwicklung von Standards durch ein GKR-Gremium zuzulassen, an denen sie gemessen werden könnten. Die territorialen Konflikte zwischen Katar und Bahrain wurden, nach erfolglosen Mediationsversuchen anderer Staaten, durch Urteile des Internationalen Gerichtshofs (2001) beigelegt.

In der GKR-Hierarchie folgt auf den Obersten Rat der Ministerrat. Er wird von den Außenministerinnen und -ministern oder Ministerinnen und Ministern anderer Resorts gebildet. Für ihn gelten die gleichen Regeln in Bezug auf Präsidentschaft und Abstimmungsverfahren wie im Obersten Rat. Er trifft sich allerdings alle drei Monate, bereitet die Treffen des Obersten Rats vor beziehungsweise implementiert dessen Entscheidungen. Die Funktion des GKR-Generalsekretariats in Riad ist es, die Implementierung von Entscheidungen zu evaluieren und Vorschläge für weitere Kooperationsbereiche auszuarbeiten (vgl. Bellamy, 2004, S. 137; Dietl, 1991, S. 18). Sein Budget wird von allen Staaten zu gleichen Teilen bereitgestellt. Es wird von dem Generalsekretär geführt, der vom Obersten Rat für eine Amtszeit von drei Jahren ernannt wird, wobei eine zweite Amtszeit möglich ist. In der Regel rotiert auch dieses Amt zwischen den GKR-Staaten und wird mit Mitgliedern der königlichen Familien besetzt; 2014 bekleidet Abdul Latif bin Rashid al-Zayani aus Bahrain das Amt. Zu den Aufgaben des Generalsekretärs gehört ebenfalls die Repräsentation des GKR nach außen. Seinem Büro unterstehen weitere funktionale Abteilungen für zum Beispiel Wirtschaft und Umwelt. Das GKR-Sekretariat besitzt keinerlei supranationale Autorität.

Im Jahr 1997 beschloss der Oberste Rat die Einrichtung einer aus 30 Staatsbürgerinnen und -bürgern der GKR-Länder bestehenden Beratenden Versammlung. Die Mitglieder werden aufgrund besonderer Qualifikationen für drei Jahre einberufen und, so eine informelle Regel, dürfen nicht den Herrscherfamilien entstammen (vgl. Anthony, 1998). Die Stellung der Beratenden Versammlung innerhalb des GKR bleibt jedoch unpräzise. Ihre Arbeit besteht darin, Studien, die der Oberste Rat in Auftrag gibt, anzufertigen. Es ist anzunehmen, dass sie, in Analogie zu den kontrollierten innenpolitischen Liberalisierungen, eingerichtet wurde, um dem GKR einen demokratischeren Charakter zu verleihen. Die institutionelle Struktur des GKR, die Autorität des Obersten Rats sowie die Besetzung wichtiger GKR-Posten mit Mitgliedern der königlichen Familien zeigen dennoch, dass die Organisation nicht von den monarchischen Regimen zu trennen ist. Vielmehr ist die entscheidende Charakteristik der einzelnen politischen Systeme – die Anerkennung der Autorität der Monarchen – auch in der institutionellen Struktur des GKR zu finden.

19.4 Wirtschaftskooperation

Obwohl die GKR-Mitgliedsstaaten allesamt Öl und Gas fördern, findet die Koordinierung der Ölforderung primär in der Organisation erdölexportierender Länder (OPEC) statt (▶ Kap. 3). Im GKR kooperieren die Golfmonarchien im Bereich der Wirtschaft und der Sicherheit, wobei sich die Wirtschaftskooperation als erfolgreicher im Vergleich zur Sicherheitskooperation erwiesen hat. Kurz nach Gründung des GKR verabschiedete der Oberste Rat das Unified Economic Agreement (UEA, 1981). Das Abkommen definiert die Schaffung der Freizügigkeit von Personen und die Warenverkehrsfreiheit, die Errichtung einer Freihandelszone, einer Zollunion, eines gemeinsamen Markts, einer gemeinsamen Währung sowie die Koordinierung der industriellen Entwicklung und der Ölforderung als Ziele. Die Realisierung dieser Ziele würde auf wirtschaftliche Integration und die gemeinsame Führung von wirtschaftlichen Beziehungen nach dem Vorbild der EU hinauslaufen. Bis heute sind allerdings nicht alle Vorhaben umgesetzt worden.

Der freie Verkehr von Personen wurde schnell durch die Aufhebung von Visaanforderungen an Bürgerinnen und Bürger anderer GKR-Staaten sowie Lockerungen in den Eigentumsregelungen für Unternehmen dieser eingeleitet (vgl. Legrenzi, 2008, S. 111). Die Bewegungsfreiheit wurde als positive Leistung des GKR beziehungsweise seiner partizipierenden Regime in den Bevölkerungen wahrgenommen. Zudem gründete der Oberste Rat 1982 die Gulf Investment Corporation, um gemeinsam Projekte der Industrie, Landwirtschaft und Fischerei zu fördern. 2002 verwaltete sie beinahe sechs Milliarden US-Dollar und erstellte mit dem GKR-Sekretariat wichtige Evaluierungsstudien (vgl. Legrenzi, 2008, S. 118). Mit diesen Reformen wurden Bedingungen für die sozioökonomischen Annäherungen in den Gesellschaften geschaffen, die im Effekt sogar über den von den Staatsoberhäuptern intendierten Rahmen hinausgingen (vgl. Luciani, 2007, S. 166). Jedes Regime versucht, sich zum Beispiel über die Vergabe von Arbeitsplätzen in staatlichen Bürokratien zu legitimieren, wodurch der wirtschaftlichen und sozialen Freizügigkeit entgegengewirkt wird. Zudem ist zu beachten, dass ausländische Arbeitskräfte, die in den Golfstaaten zwischen 60 und 90 % der Bevölkerung ausmachen, nicht von den Freizügigkeitsregelungen profitieren. Sie unterliegen einem tradierten System (Kafala, ▶ Kap. 12), das die ausländischen Arbeitnehmer eng an die lokalen Arbeitgeberinnen und Arbeitgeber bindet, die die Aufenthaltsgenehmigung ermöglichen. Die Internationale Arbeitsorganisation kritisiert dieses System als moderne Sklaverei. Nachdem im Vorfeld der in Katar geplanten FIFA-WM 22 internationale Kritik an dem System laut wurde, hat Katar das Kafala-Prinzip als erster Mitgliedsstaat nominell abgeschafft (Human Rights Watch, 2020; Holthaus, 2016). Menschenrechtorganisationen begrüßen diesen Schritt, kritisieren jedoch die mangelnde Umsetzung der Reform in Katar.

Die GKR-Staaten schlossen sich 1983 zu einer Freihandelszone zusammen. Die Freihandelszone gilt für Produkte lokalen Ursprungs und diese lokale Herkunft muss von einem GKR-Komitee bestätigt werden (vgl. Legrenzi, 2008, S. 115). Viele Unternehmen lehnen dies aufgrund der notwendigen Angabe von angeblich vertraulichen Informationen ab. Zudem präferieren die Staatsoberhäupter bei staatlichen Investitionen oder Käufen nationale Produkte, auch wenn das UEA dies eigentlich untersagt. Dennoch gilt die Freihandelszone als eines der erfolgreichsten GKR-Projekte.

Schwieriger als die Realisierung der Freihandelszone erweist sich die Kreation einer Zollunion. Zunächst einigten sich die GKR-Staaten schneller als durch das UEA vorgesehen, doch die vom Ministerrat für 1983 empfohlene Adaption eines gemeinsamen Außenzolls scheiterte, da bis dato nur Bahrain und Katar ihre Systeme angepasst hatten (vgl. Lawson, 1999, S. 21). In den folgenden Jahren wurden aufgrund unterschiedlicher Interessen kaum Fortschritte erzielt. So versucht Dubai, sich aufgrund geringerer Öl- und Gasvorkommen als Handelsemirat zu etablieren, und präferiert somit einen niedrigen Außenzoll. Saudi-Arabien hingegen verfügt über enorme Öleinnahmen und möchte die hochsubventionierte heimische Wirtschaft durch hohe Außenzölle schützen. Der Oberste Rat reagierte auf die Schwierigkeiten mit einer Revision des UAE durch das Economic Agreement von 2001 und der Planung einer Zollunion für 2003. Sie wurde zwar in diesem Jahr mit einem einheitlichen Außenzoll von fünf Prozent deklariert, doch ihre Realisierung bleibt unvollständig. Bilaterale Freihandelsabkommen, zum Beispiel zwischen den USA und Bahrain, schwächen sie zusätzlich. Da die vollständige Implementierung der Zollunion eine Voraussetzung für die seit 1991 angestrebte Freihandelszone mit der EU ist, ist hier kaum mit Fortschritt zu rechnen.

Dem Integrationsverständnis des GKR folgend würde auf die 2003 eingeführte Zollunion und dem 2008 ausgerufenen Binnenmarkt eine Währungsunion folgen. 2006 verkündigte der Oman jedoch seinen Ausstieg aus der für 2010 angesetzten Währungsunion. Ihre Realisierung wurde ebenfalls erschwert, da Kuwait nicht wie alle anderen GKR-Staaten seine Währung an den US-Dollar gekoppelt hat. Zudem entstand 2009 ein Konflikt zwischen Saudi-Arabien und den VAE über die Verortung der Zentralbank, in dem Saudi-Arabien durchzusetzen versuchte, dass die für Abu Dhabi geplante Zentralbank ihren Sitz in Riad haben wird. Die VAE verkündeten daraufhin ihren Rückzug aus der Währungsunion. Dieses Debakel illustriert, in welch hohem Maße die Wirtschaftskooperation im GKR von nationalen Souveränitätsreflexen der Staatsoberhäupter abhängt. Anders als in der EU werden viele Projekte angestoßen, aber nicht vollständig realisiert, auch, da das GKR-Sekretariat über vergleichsweise geringe Kompetenzen verfügt.

19.5 Sicherheitskooperation

Es ist fraglich, ob Kooperation im Bereich der externen Sicherheit je eine Priorität gewesen ist, auch wenn die Kreation einer schnellen Eingreiftruppe bereits 1982 beschlossen wurde. Gemeinsame Übungen fanden 1983 und 1984 statt und mündeten in der Peninsular Shield Force (PSF) mit ca. 5000 Soldaten und Sitz in Hafr al-Batin (Saudi-Arabien). Der GKR begründete mit der PSF die Absicht zu einer „Golfisierung" der regionalen Sicherheit, ohne ausländische Militärbasen beizutragen. Es wurden von den Staaten jedoch wenige Truppen gestellt und es ist auch zu keiner hinreichenden Koordinierung der massiven Waffenankäufe gekommen (vgl. Barnett & Gause, 2000, S. 174). Vielmehr nutzten die Staaten den GKR zur symbolischen gegenseitigen Unterstützung.

In Bezug auf den Ersten Golfkrieg (1980–1988) behielt der GKR offiziell Neutralität, auch wenn er den Irak finanziell unterstützte (vgl. Peterson, 1988, S. 122). Als Kuwait in dem „Tankerkrieg" direkt von dem Krieg betroffen wurde, unterstützte der GKR die kuwaitische Entscheidung, Öltanker zum Schutz vor iranischen Übergriffen unter amerikanischer Flagge fahren zu lassen (vgl. Lawson, 1999, S. 11). Im Zweiten Golfkrieg sprachen die GKR-Staaten nach der irakischen Invasion Kuwaits ihre Solidarität und die Unterstützung des amerikanisch geführten Vorgehens zur Befreiung von Kuwait aus. Die PSF beteiligte sich an der internationalen Koalition, obwohl ihre verteidigungspolitische Bedeutung gering blieb (vgl. Bellamy, 2004, S. 139). Nach einem kurzen Versuch, mit Syrien und Ägypten zu kooperieren (Damaskus-Deklaration), traten seit 1991 bilaterale Sicherheitsabkommen vornehmlich mit den USA anstelle multilateraler Verteidigung. Westliche Staaten sind die bevorzugten Partner der GKR-Länder, da sie über große militärische Kapazitäten verfügen und von ihnen erwartet wird, im Gegensatz zu arabischen Staaten, die Souveränität der GKR-Staaten zu achten. Beachtlich ist dabei, dass diese bilateralen Verträge auch zum Schutz vor anderen GKR-Staaten gedacht sind. So ist die amerikanische Militärpräsenz aus Sicht der herrschenden Elite in Katar Schutz vor saudi-arabischen Übergriffen und ein Garant für Katars Staatlichkeit (vgl. Holthaus, 2010, S. 78). Erst 2000 bekannte sich der GKR offiziell zum Prinzip der kollektiven Verteidigung, der zufolge ein Angriff auf einen Staat als Angriff gegen alle Staaten gewertet wird.

Bezüglich interner Sicherheitsbedrohungen teilen die GKR-Staaten eher eine gemeinsame Perzeption sowie Mittel, gemeinsame Interessen zu folgen. Die Kooperation setzt hier bilaterale Verbindungen zwischen Saudi-Arabien und den benachbarten Monarchien angesichts steigender Zahlen ausländischer Arbeitenden vor dem GKR fort (vgl. Guazzone, 1988). Im Zuge des 1981 verhinderten Coups in Bahrain rückten dann einheimische Regimegegnerinnen und -gegner, Teile der schiitischen Bevölkerung und iranische Emigrantinnen und Emigranten in den Fokus. Im Rahmen des GKR institutionalisierten und erweiterten die Innenminister Kooperationsmöglichkeiten zwischen den Geheimdiensten und standardisierten die polizeiliche Zusammenarbeit (vgl. Lawson, 1999, S. 17). Das vergleichsweise liberale Kuwait stimmte allerdings aufgrund innenpolitischer Implikationen erst 1987 einem Sicherheitsabkommen zu.

Der GKR reagierte stets geschlossen auf die gegen die einzelnen Regime gerichteten Angriffe in den Mitgliedsstaaten wie zum Beispiel der Mordanschlag auf den kuwaitischen Emir 1985. Dabei nutzten die monarchischen Regime den GKR, um sich gegenseitig Rechtmäßigkeit zuzusprechen und gleichzeitig dem Terrorismus seine politische Dimension abzuerkennen (vgl. Ramazani, 1988, S. 42). Gleichfalls begegnete der GKR den in den 1990er-Jahren aufkommenden sunnitischen Terroristen. Seit 2001 und besonders aufgrund von Anschlägen durch al-Qaida in Saudi-Arabien (2003/4) erneuerte der GKR seine Anti-Terror-Maßnahmen. 2004 trat das GCC Counter-Terrorism Agreement in Kraft, das unter anderem einen schnelleren Informationsaustausch und kollektive Ausbildungsmaßnahmen für Antiterrorspezialisten vorsieht (vgl. Steinberg, 2007). Zudem wurde 2006 ein permanentes Anti-Terror-Komitee gegründet. Viel Informationsaustausch findet jedoch auf der bilateralen Ebene statt, um das GKR-Sekretariat von (aus Sicht der Herrschenden) der Übertragung „sensibler Daten" auszuschließen.

Im Zuge der 2010 beginnenden arabischen Umbrüche, einer transnationalen Protestwelle gegen die autokratischen Regime der MENA-Region, kam es auch in einzelnen arabischen Golfmonarchien wie dem Oman und Bahrain zu Massendemonstrationen. Anders als in den meisten GKR-Mitgliedsstaaten waren die Proteste im Oman auch teils ökonomisch motiviert; Forderungen nach dem Schutz nationaler Arbeitskräfte wurden laut. In Bahrain protestierten Teile der schiitischen Bevölkerung gegen das sunnitische Regime, welches Schiitinnen und Schiiten sozial und politisch diskriminiert und versucht, über die Einbürgerung von sunnitischen Gruppen eine sunnitische, promonarchische Bevölkerung zu schaffen. Im März 2011 marschierten Truppen Saudi-Arabiens und der VAE als Teile der PSF auf Anfrage der bahrainischen Führung über den King Fahd Highway ein (◻ Abb. 19.1), um bahrainische Sicherheitskräfte zu unterstützen. Dies war das erste Mal, dass die PSF gegen Regimekritikerinnen und -kritiker oder „interne Feinde" eingesetzt wurde.

Es kam zur Verhängung des Ausnahmezustands in Bahrain und zu gewaltsamen Auseinandersetzungen zwischen den Demonstrierenden und den Sicherheitskräften. Der Einsatz bestätigt die Vermutung, dass die PSF nie als Mittel der externen Verteidigung gegen den Iran oder den Irak gedacht war, sondern ein subregiona-

◻ **Abb. 19.1** King Fahd Highway zwischen Bahrain und Saudi-Arabien

les Instrument zur Unterdrückung von Regimekritikern darstellt. Dafür spricht auch die vereinbarte Kommandostruktur der Eingreiftruppe, der zufolge das Kommando während eines Einsatzes an das Regime des Einsatzorts übertragen wird (vgl. Guazzone, 1988, S. 143) – mit dieser Regelung sicherten sich die kleineren Golfmonarchien gegen die Möglichkeit ab, dass Saudi-Arabien die Truppe nutzen könne, um sich in die inneren Angelegenheiten der Nachbarstaaten einzumischen. Mit dem Einsatz der Truppe in Bahrain als auch mit dem vereinbarten Stabilisierungspaket für Bahrain und den Oman zeigt sich erneut, dass der GKR primär der Regimestabilisierung dient und je nach Lage zu „sanften" ökonomischen als auch „harten" militärischen Mitteln greift. Mit Blick auf die Niederschlagung der Proteste lässt sich konstatieren, dass sich die Menschenrechtslage in den GKR-Staaten zumindest kurzfristig verschlechtert hat. Aus Bahrain und dem Oman wurde von Folter, unfairen Gerichtsverhandlungen und politischer Inhaftierung berichtet (Amnesty International, 2021).

19.6 Fazit

Die Gründung des GKR und die subregionalen Kooperationsdynamiken in der Organisation folgen dem gemeinsamen Interesse der monarchischen Herrscher an Regimeerhalt und Legitimation. Gleichzeitig definieren die einzelnen monarchischen Herrschaftsstrategien auch die Grenzen der subregionalen Kooperation und Integration. So wirken die ökonomischen Legitimationsstrategien der Monarchien – die Vergabe von Arbeitsplätzen, die Bereitstellung einer quasi kostenlosen Gesundheitsversorgung, die Förderung nationaler Unternehmen und Produkte – der subregionalen wirtschaftlichen Integration und einer gemeinsamen Freihandelszone, Zollunion und einem Binnenmarkt entgegen. Die Parallelstruktur von wirtschaftlicher, subregionaler Integration und nationaler Patronage durch eine Erweiterung der Kompetenzen des GKR-Sekretariats aufzuheben, ist nie Intention der Monarchen gewesen und wird es in naher Zukunft auch nicht sein. Vielmehr zeigt der Eklat zwischen Saudi-Arabien und den VAE über die Verortung der Zentralbank bei Einführung einer gemeinsamen Währung, wie sehr die GKR-Projekte von den Willen der Monarchen abhängen und an nationalen Souveränitätsreflexen scheitern. Dabei erlaubt die hochpersonalisierte Entscheidungsstruktur der Monarchien Diskontinuitäten, während durch den Ölreichtum und den vergleichsweise geringen intraregionalen Handel der Anreiz zu wirtschaftlicher Integration als Wohlstandssicherung eher gering bleibt. Laut Richter (2011, S. 5) liegt der intraregionale Handel bei ca. neun Prozent.

Die arabischen Umbrüche haben auch die Beziehungen zwischen den Staaten und damit die Aussichten auf zukünftige subregionale Kooperation verändert.

2011 signalisierte der Oberste Rat Zustimmung zu dem saudi-arabischen Vorschlag, den GKR um die arabischen Monarchien Marokko und Jordanien zu erweitern. Dies zeigt einmal mehr, dass der GKR dazu dient, Monarchien sowohl auf subregionaler als auch regionaler Ebene durch reziproke internationale Anerkennung und Hilfe zu stabilisieren. Es ist allerdings auch nach 2011 nicht zu Erweiterungsvorbereitungen gekommen und diese bleiben unwahrscheinlich, auch aufgrund des mangelnden Interesses von Marokko und Jordanien an einer Vollmitgliedschaft. Gemäß den asymmetrischen Ökonomien wurden Transferzahlungen seitens der GKR-Staaten an Marokko und besonders Jordanien zur Stabilisierung der Regime gezahlt (vgl. Sunik et al., 2013, S. 5). Transferzahlungen innerhalb des GKR zielen ebenfalls darauf ab, die Monarchien in Bahrain und im Oman über Wohlfahrtsleistungen zu stabilisieren. Zudem hat der Einsatz der PSF in Bahrain 2011 bewiesen, dass diese Eingreiftruppe kaum zum Schutz vor externen Bedrohungen, sondern zur Repression von gewaltbereiten Regimegegnern im Inneren des GKR gedacht war. Trotz Differenzen zwischen den GKR-Staaten ist zu erwarten, dass sich diese im Falle von Regimekritik weiterhin militärisch unterstützen werden (vgl. Nuruzzaman, 2013).

Zu diesen zwei Entwicklungen, welche die monarchische Kooperationsbereitschaft und Solidarität beweisen, kommen jedoch Differenzen zwischen den GKR-Staaten, die besonders in der Außenpolitik deutlich werden (▶ Kap. 20 und 21). Zwar einigte sich der GKR 2011 auf eine gemeinsame Unterstützung der von den Vereinten Nationen eingeführten Flugverbotszone in Libyen, doch in Bezug auf viele regionale Konflikte werden von den GKR-Staaten konkurrierende Strategien verfolgt. Gerade Katars Außenpolitik ist hier zu nennen, da Katar sich in den letzten Jahren durch zahlreiche Mediationsbemühungen, zum Beispiel im Libanonkrieg 2006, zu einem internationalen Akteur mit Führungsanspruch profilierte. Besonders seine Politik, islamistische Rebellen in Libyen oder Syrien zu unterstützen, wird dabei als Angriff auf Saudi-Arabiens Rolle als Regionalmacht verstanden (vgl. Khatib, 2013). Im März 2014 werteten neben Saudi-Arabien auch Bahrain und die VAE Katars Förderung der Muslimbruderschaft in Ägypten als Gefährdung der subregionalen Sicherheit. Sie protestierten dagegen mit dem Abzug ihrer Botschafter aus Katar (Lev, 2014). Katars Außenpolitik und Streben nach internationalem Einfluss zeigen besonders deutlich, wie sehr die subregionale Kooperation von dem Prestige- und Legitimationsstreben der einzelnen GKR-Mitglieder beeinträchtigt wird. Im Zuge von Katars Isolation von 2017 bis 2021 wurde die subregionale Kooperation stark beeinträchtigt.

Die regionale Kooperation im GKR folgt kaum einem formellen, vorab festgelegten und linearen Integrationsplan und ist stärker von der Balance subregionaler Differenzen mit dem gemeinsamen Ziel der Herrschaftslegitimation bestimmt. Dennoch verdient die

Organisation weiterhin Aufmerksamkeit. Zum einen hat die Kooperation im GKR zur Schaffung und Aufrechterhaltung von geographischen Termini wie „Arabische Halbinsel" beigetragen, auch wenn Mitgliedsstaaten wie Katar nationale Distinktion betreiben (Alderman & Eggeling, 2024). Zum anderen bietet das Studium des GKR die Möglichkeit, nichtwestliche und neueste Entwicklungen zu fassen und zu theoretisieren. Zu diesen gehören beispielsweise die Kooperation zwischen dem GKR und der Volksrepublik China (Fulton, 2020). 2022 nahm der chinesische Präsident Xi Jingping am Gipfeltreffen des GKR teil und trug damit zu mehr als nur einer symbolischen Aufwertung der Organisation und Koordinierung gemeinsamer wirtschaftlicher Interessen bei.

Literatur

Acharya, A. (1992). Regionalism and regime security in the third world: comparing the origins of ASEAN and the GCC. In B. L. Job (Hrsg.), *The insecurity dilemma. National security in third world states* (S. 145–164). Boulder: Lynne Rienner.

Acharya, A. (2014). Global international relations (IR) and regional worlds: a new agenda for international studies. *International Studies Quarterly, 58*(4), 647–659.

Alderman, P., & Eggeling, K. A. (2024). Vision documents, nation branding and the legitimation of non-democratic regimes. *Geopolitics, 29*(1), 288–318.

Amnesty International (2021). Zehn Jahre „Arabischer Frühling": Die Forderung nach Menschenrechten bleibt! https://www.amnesty.de/informieren/aktuell/zehn-jahre-arabischer-fruehling-forderung-menschenrechte. Zugegriffen: 25. Jan. 2024.

Anthony, J. D. (1998). Special report: Consultation and consensus in Kuwait: the 18th GCC summit. *Middle East Policy, 6*(1), 137–156.

Baabood, A. (2003). Dynamics and determinants of the GCC states' foreign policy, with special reference to the EU. *Review of International Affairs, 3*(2), 254–282.

Barnett, M., & Gause, G. (2000). Caravans in opposite directions: society, state, and development of the community in the Gulf Co-operation Council. In E. Adler & M. N. Barnett (Hrsg.), *Security communities* (S. 161–197). Cambridge: Cambridge University Press.

Barnett, M. N. (1995). Sovereignty, nationalism, and regional order in the Arab states system. *International Organization, 49*(3), 479–510.

Bearce, D. H. (2003). Grasping the commercial institutional peace. *International Studies Quarterly, 47*(3), 347–370.

Bellamy, A. (2004). *Security communities and their neighbours. Regional fortresses or global integrators?* Gordonsville: Palgrave Macmillan.

Braibanti, R. (1987). The Gulf Cooperation Council. A comparative note. In J. A. Sandwick (Hrsg.), *The Gulf Cooperation Council. Moderation and stability in an interdependent world* (S. 205–216). Boulder: Westview Press.

Braun, U. (1986). *Der Kooperationsrat arabischer Staaten am Golf. Eine neue Kraft? Regionale Integration als Stabilitätsfaktor.* Baden-Baden: Nomos.

Cooper, S., & Taylor, B. (2003). Power and regionalism: explaining regional cooperation in the Persian gulf. In F. Laursen (Hrsg.), *Comparative regional integration. Theoretical perspectives* (S. 105–124). Aldershot: Ashgate.

Dietl, G. (1991). *Through two wars and beyond. A study of the Gulf Cooperation Council.* New Delhi: Lancers Books.

Fulton, J. (2020). Domestic politics as fuel for China's maritime silk road initiative: the case of the gulf monarchies. *Journal of Contemporary China, 29*(122), 175–190.

Gariup, M. (2008). Regionalism and regionalization: the state of the art from a neo-realistic perspective. In C. Harders & M. Legrenzi (Hrsg.), *Beyond regionalism? Regional cooperation, regionalism and regionalization in the Middle East* (S. 69–89). Aldershot: Ashgate.

Guazzone, L. (1988). Gulf Co-operation Council. The security politics. *Survival, 30*(2), 134–148.

Haas, P. M. (1992). Introduction: epistemic communities and international policy coordination. *International Organization, 46*(1), 1–35.

Heard-Bey, F. (2006). Conflict resolution and regional co-operation: the role of the Gulf Co-operation Council 1970–2002. *Middle Eastern Studies, 42*(2), 199–222.

Herb, M. (1999). *All in the family. Absolutism, revolution, and democracy in the Middle Eastern monarchies.* Albany: State University of New York Press.

Holthaus, L. (2010). *Regimelegitimität und regionale Kooperation im Golf-Kooperationsrat (Gulf Cooperation Council).* Frankfurt am Main: Peter Lang.

Holthaus, L. (2016). Zur Debatte über die Fußballweltmeisterschaft 2022 und moderne Sklaverei: Zwangsarbeit in Katar und anderen Golf-Kooperationsrats-Staaten. *Zeitschrift für Menschenrechte, 10*(2), 64–79.

Holthaus, L. (2019). Long live the neo-traditional kings? The Gulf Cooperation Council and legitimation of monarchical rule in the Arabian peninsula. *Middle East Critique, 28*(4), 381–403.

Human Rights Watch (2020). Qatar: Significant labor and Kafala reforms. https://www.hrw.org/news/2020/09/24/qatar-significant-labor-and-kafala-reforms. Zugegriffen: 25. Jan. 2024.

Khatib, L. (2013). Qatar's foreign policy: the limits of pragmatism. *International Affairs, 89*(2), 417–431.

Laiq, J. (1986). The Gulf-Cooperation-Council: royal insurance against pressures from within and without. *Economic and Political Weekly, 21*(35), 1553–1560.

Lawson, F. H. (1999). Theories of integration in a new context. The Gulf Cooperation Council. In K. P. Thomas & M. A. Tetrault (Hrsg.), *Racing to regionalize: Democracy, capitalism, and regional political economy* (S. 7–31). Boulder: Lynne Rienner Publishers.

Legrenzi, M. (2008). Did the GCC make a difference? Institutional realities and (un)intended consequences. In C. Harders & M. Legrenzi (Hrsg.), *Beyond regionalism? Regional cooperation, regionalism and regionalization in the Middle East* (S. 107–124). Aldershot: Ashgate.

Lev, D. (2014). Gulf States withdraw ambassadors from Qatar. Israel National News. https://www.israelnationalnews.com/news/178175. Zugegriffen: 25. Jan. 2024.

Luciani, G. (2007). Linking economic and political reform in the Middle East. The role of the bourgeoisie. In O. Schlumberger (Hrsg.), *Debating Arab authoritarianism. Dynamics and durability in nondemocratic regimes* (S. 161–176). Stanford: Stanford University Press.

Mukoyama, N. (2024). *Fueling sovereignty: colonial oil and the creation of unlikely states.* Cambridge: Cambridge University Press.

Nakhleh, E. (1986). *The Gulf Cooperation Council. Policies, problems and prospects.* New York: Praeger.

Nuruzzaman, M. (2013). Politics, economics and Saudi military intervention in Bahrain. *Journal of Contemporary Asia, 43*(2), 363–378.

Peterson, E. R. (1988). *The Gulf Cooperation Council. Search for unity in a dynamic region.* London: Westview Press.

Ramazani, R. K. (1988). *The gulf cooperation council. Record and analysis.* Charlottesville: University Press of Virginia.

Richter, T. (2011). 30 Jahre Golfkooperationsrat: Schützt Mitgliedschaft vor Revolution? GIGA Focus Nahost, 5. https://www.giga-hamburg.de/de/publikationen/giga-focus/30-jahre-golfkooperationsrat-schuetzt-mitgliedschaft-vor-revolution. Zugegriffen: 27. Apr. 2023.

Schuhn, L. (2021). Arab Gulf Monarchies as an epistemic (online) community revisited: diffusion, competition, and survival in the aftermath of the Arab uprisings. *Taiwan Journal of Democracy, 17*(2), 49–71.

Steinberg, G. (2007). Golfkooperationsrat: Deklatorische Terrorismusbekämpfung. In U. Schneckener (Hrsg.), *Chancen und Grenzen multilateraler Terrorismusbekämpfung* (S. 65–74). Berlin: SWP.

Sunik, A., Bank, A., & Richter, T. (2013). Nahöstliche Monarchien: Ein Auslaufmodell oder Zukunftsvision? GIGA Focus Nahost, 5. https://www.giga-hamburg.de/de/publikationen/giga-focus/nahoestliche-monarchien-auslaufmodell-oder-zukunftsvision. Zugegriffen: 27. Apr. 2023.

Ulrichsen, K. C. (2020). *Qatar and the Gulf crisis*. New York: Oxford University Press.

Walt, S. W. (1987). *The origins of alliances*. Ithaca, London: Cornell University Press.

Yake, Y. (2008). Theory and practice of regional integration: a comparative study on the cases of the Gulf Cooperation Council and ASEAN. *Journal of Current Southeast Asian Affairs, 27*(2), 41–73.

Yom, S. (2014). Authoritarian monarchies as an epistemic community. Diffusion, repression, and survival during the Arab spring. *Taiwan Journal of Democracy, 10*(1), 43–62.

Geopolitische Konflikte I: Innerhalb der Halbinsel

Marius Bales

© Postmodern Studio / Stock.adobe.com

Inhaltsverzeichnis

20.1 Einführung – 220

20.2 Klare Grenzen? Nicht im arabischen Raum! – 220
20.2.1 Konflikte um maritime Grenzen, Inseln und Ressourcen – 221
20.2.2 Straße von Hormus – 222

20.3 Die Blockade Katars – 222

20.4 Konflikt im Jemen: Mehr als ein Stellvertreterkrieg – 223

20.5 Drohnen und Raketen auf Saudi-Arabien und die VAE – 226

20.6 Ausblick: Annäherung am Golf: Auf dem Weg zu einer neuen Sicherheitsarchitektur? – 227

Literatur – 228

20.1 Einführung

Spätestens seit dem Ende des Osmanischen Reichs und der kolonialen Durchdringung vor allem durch Großbritannien bis in die 1970er-Jahre ist die Arabische Halbinsel auf der Suche nach Stabilität. Die enormen sozioökonomischen, politischen und geostrategischen Umbrüche des 20. Jahrhunderts bestimmen bis heute die regionale Ordnung im arabischen Raum.[1] 2011 mündeten diese in den Protesten des sogenannten Arabischen Frühlings, die den arabischen Raum durch den Zerfall staatlicher Strukturen erneut destabilisierten und zur Verschiebung der regionalen Machtordnung führten. Besonders ärmere Länder wie der Jemen waren stark von den Protesten betroffen, in denen gegen schlechte Lebensverhältnisse, hohe Korruption und für Meinungsfreiheit demonstriert wurde. Die reichen Monarchien wie Saudi-Arabien und die kleineren Golfstaaten hingegen hatten demgegenüber kaum Probleme, da sie lokale Protestbewegungen mittels Subventionen und Repression – auch in Nachbarstaaten wie Bahrain – unterbanden. Seither versuchen diverse Regionalmächte, eine neue Ordnung nach ihren Interessen zu installieren. Saudi-Arabien, die Vereinigten Arabischen Emirate (VAE) und Katar stießen in das durch die Proteste entstandene Machtvakuum in der MENA-Region und entwickelten sich zu Regionalakteuren, die ihre außen- und sicherheitspolitischen Interessen erstmals proaktiv (auch mit militärischen Mitteln) durchsetzen. Die Rivalität um geopolitischen Einfluss blieb jedoch nicht ohne Folgen und wirkte sich auf zahlreiche innerstaatliche Konflikte aus, auch weil mit der Türkei im Norden und dem Iran im Osten zwei mächtige Anrainer der Halbinsel ebenfalls versuchten, das Momentum zu nutzen, um sich als Führungsmächte zu etablieren (Lynch, 2017).

Sie alle vereint das strategische Ziel einer Revision der regionalen Ordnung gemäß den wirtschaftlichen, religiösen und geopolitischen Interessen ihrer Herrscher, hinter denen sich auch der Versuch verbirgt, die eigene autokratische Herrschaft zu sichern. Streitpunkte sind dabei unter anderem die Unterstützung der Muslimbruderschaft, die für viele autokratische Regime eine religiös-ideologische sowie sozialpolitische Konkurrenz darstellt, historisch bedingte Territorialansprüche sowie die seit der Islamischen Revolution 1979 bestehende konfessionell-ideologische wie geopolitische Hegemonialrivalität zwischen dem Iran und Saudi-Arabien, die sich mit dem Sturz des irakischen Diktators Saddam Hussein 2003 nochmals verschärfte. Dieser führte zu einer regionalen Neuordnung, die zu einer rasant zunehmenden Konfessionalisierung (entlang einer schiitisch-sunnitischen Achse, ▶ Kap. 21) der Region beitrug. Denn mit der Machtübernahme der Schiiten im Irak konnte der Iran seinen Einfluss auf den saudischen Nachbarstaat ausweiten und eine „Achse des Widerstands" (Steinberg, 2021) von Teheran über Bagdad und Damaskus bis nach Beirut aufbauen, die bis heute einen wesentlichen Bestandteil ihrer Militärstrategie darstellt.[2]

Die geopolitische Rivalität zwischen Saudi-Arabien und dem Iran hat das Schisma zwischen Schiiten und Sunniten politisiert, instrumentalisiert und die Spaltung sowohl innerhalb von Gesellschaften als auch auf regionaler Ebene vertieft (▶ Kap. 21). Wie der Konflikt im Jemen zeigt, hat dies maßgeblich zur Eskalation und Verlängerung innerstaatlicher Konflikte beigetragen. Doch die Folgen dieser Konflikte sind längst auch in anderen Staaten der Arabischen Halbinsel zu spüren.

20.2 Klare Grenzen? Nicht im arabischen Raum!

Bevor im Persischen Golf Erdöl gefunden wurde (▶ Kap. 3), unternahmen die Staaten der Arabischen Halbinsel kaum Anstrengungen, ihre Grenzgebiete zu sichern. Die Mitglieder der arabischen Stämme hielten sich an ihre Stammesführer oder Scheichs und zogen je nach den Bedürfnissen ihrer Herden umher. Offizielle Grenzen bedeuteten wenig und das Konzept der staatlichen Zugehörigkeit war nicht existent (▶ Kap. 2 und 6).

Die Abgrenzung der Territorien begann mit der Vergabe der ersten Erdölkonzessionen in den 1930er-Jahren. Unter dem Einfluss der Briten wurden nationale Grenzen gezogen (vgl. ◘ Abb. 20.1).[3] Viele dieser wurden jedoch nie richtig abgegrenzt, sodass es multiple Ansprüche auf bestimmte Erdölvorkommen gab. Nach dem Abzug der britischen Truppen und Beamtinnen und Beamten bis 1971 brachen viele der alten, ungelösten Gebietskonflikte wieder aus (Okruhlik & Conge, 1999). So erhob Bagdad beispielsweise bereits nach dem Abzug der britischen Truppen 1961 Anspruch auf Kuwait, das auf Basis der früheren Grenzen des Osmanischen Reichs zum Irak gehörte (der „vorstaatliche" Irak hatte damals drei osmanische Provinzen; Kuwait gehörte zur Vilayet Basra). Die Gebietsansprüche gipfelten 1990 in der Invasion Kuwaits,

---

1 Darunter die Einbindung ins kapitalistische Weltwirtschaftssystem, der Beginn der Förderung und wirtschaftlichen Abhängigkeit vom Erdöl, diverse inner- und zwischenstaatliche Konflikte sowie die Gesellschaftsentwicklung nach dem Erlangen staatlicher Unabhängigkeit (▶ Kap. 3, 4 und 6).

2 Im Zuge dieser wird eine direkte, konventionelle Konfrontation mit dem Feind vermieden. Stattdessen baut der Iran (neben einem Drohnen- und Raketenprogramm) enge Beziehungen zu substaatlichen Akteuren in der Region auf, die von den Quds-Korps – einer Eliteeinheit der iranischen Revolutionsgarde (IRGC) – geführt, trainiert, finanziert und ausgestattet werden. Das Ziel des Bündnissystems ist der Schutz der Republik durch eine Strategie der „Vorneverteidigung", die auch bei den Golfstaaten zum Aufbau „regionaler Proxys" geführt hat (Cordesman, 2020).

3 Diese waren jedoch nicht vergleichbar mit der künstlichen Parzellierung in der Levante im Zuge des Sykes-Picot-Abkommens 1916, sondern entsprachen (mit einigen Ausnahmen) den bereits bestehenden Einflusszonen der lokalen Stammesfamilien.

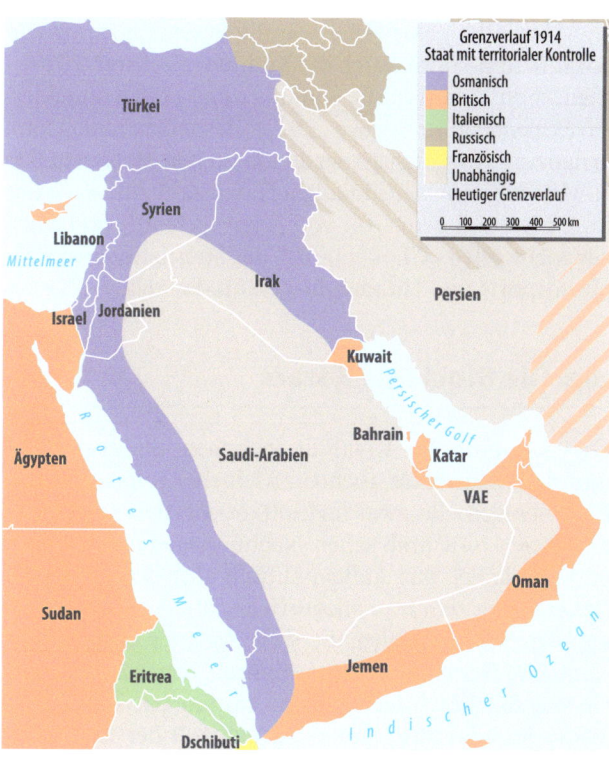

◘ Abb. 20.1   Veränderung der Grenzverläufe zwischen 1916 und heute

20.2.1 Konflikte um maritime Grenzen, Inseln und Ressourcen

Auch heute noch sind historische Besitzansprüche – insbesondere um Inseln und Seegebiete in der Nähe großer Öl- und Gasfelder – in der Region verantwortlich für diverse bilaterale Konflikte. Im Persischen Golf erkennt Saudi-Arabien die Inseln Qaruh und Umm al-Maradim, die von großen Ölfeldern umgeben sind, nicht als Gebiete Kuwaits an. Zwar verständigten sich die Länder 2000 auf einen Grenzverlauf; die genaue Aufteilung des Seegebiets ist jedoch weiterhin umstritten (Al-Rashidi, 2004). Auch zwischen Kuwait und dem Iran bestehen seit den 1960er-Jahren Grenzstreitigkeiten. Seit 2000 verhandeln die Länder über ihre maritime Grenze – bislang ohne Ergebnis. In den Verhandlungen geht es primär um das Dorra-Gasfeld, das vorwiegend in einem bilateral zwischen Kuwait und Saudi-Arabien geteilten Gebiet liegt. 2023 kam es im Zuge der diplomatischen Annäherung zwischen Teheran und Riad auch zu Gesprächen mit Kuwait. Eine Lösung der seit Langem bestehenden Demarkationsfrage könnte die Erschließung des Offshore-Gasfelds, dessen nördlicher Teil laut Teheran in seinen Hoheitsgewässern liegt, ermöglichen. Viele der iranischen Gebietsansprüche sind verknüpft mit ihrem historisch gewachsenen Selbstbild. Teheran sieht das Land als jahrtausendealte Kulturnation, das kein Produkt des Kolonialismus ist, woraus sich ein natürlicher Anspruch auf den Persischen Golf mitsamt seinen zahlreichen Ressourcen, der Straße von Hormus und diversen Inseln (u. a. die Abu-Musa-Insel und die Tunb-Inseln) ergibt. Aufgrund vermuteter Erdölvorkommen und ihrer militärisch vorteilhaften Lage werden Letztere vom Iran und den VAE beansprucht. Eine allgemeine Übereinkunft, zu welchem Land die Inseln gehören, existiert nicht. Bis in die 1960er-Jahre standen sie unter der Herrschaft des Emirats Sharjah. Nach dem Abzug der britischen Streitkräfte erhob der Iran Anspruch auf sie und begründete dies mit historischen Gegebenheiten: 1904 hatte Großbritannien mehrere iranische Inseln, darunter Abu Musa, besetzt und sie dann später unter die Hoheit von Sharjah gestellt, um den Iran (damals noch Persien) zu schwächen. Nach dem Abzug konnten sich beide Staaten nicht verständigen, woraufhin Teheran im November 1971 Truppen auf Abu Musa stationierte. Sharjah ging auf diplomatischer Ebene gegen das Verhalten vor, blieb dabei jedoch weitgehend erfolglos. 2002 übernahm der Iran die vormals autonome Zivilverwaltung. Heute ist die Insel militärisches Sperrgebiet, auf dem sich unter anderem ein iranischer Luftwaffenstützpunkt befindet. Die VAE erheben weiterhin Anspruch auf Abu Musa und die seit 1991 vom Iran besetzten und seither faktisch als Teil der Provinz Hormusgan verwalteten Tunb-Inseln (Al-Nahyan, 2013; Al-Mazrouei, 2015).

die zum Zweiten Golfkrieg führte. Im April 1991 beschloss der VN-Sicherheitsrat eine gemeinsame Land- und Seegrenze, die Bagdad nicht akzeptierte (Finnie, 1992). Regelmäßig führte die Grenzfrage zur Festsetzung irakischer Fischer durch die kuwaitische Küstenwache. Im Juli 2023 einigten sich die Außenminister beider Länder auf eine Landesgrenze; in weiteren Verhandlungen soll nun auch die Seegrenze geregelt werden. Ein Streitpunkt bleibt weiter die Erschließung grenznaher Erdöl- und Gasfelder.

Viele andere Grenzstreitigkeiten konnten in den 1990er- und 2000er-Jahren durch bilaterale Abkommen und Entscheidungen des Internationalen Strafgerichtshofs in Den Haag beigelegt werden; so beispielsweise zwischen Katar und Bahrain um die territoriale Zugehörigkeit von Zubara, Hawar und die angrenzenden Inseln (Wiegand, 2012). 2008 wurde die omanisch-emiratische Grenze offiziell geregelt. Trotz der Einigung besteht weiterhin eine subtile, aber anhaltende Rivalität zwischen dem Oman und den VAE. Zwei durchlässige Grenzgebiete stehen dabei im Mittelpunkt: al-Mahra, das östlichste Gouvernement des Jemens an der Grenze zum Oman, und Musandam, eine Halbinsel vor der iranischen Küste, die eine omanische Enklave in den VAE ist.[4]

---

[4] Jüngste Entwicklungen unterstreichen das weiterhin angespannte Verhältnis: Im November 2018 erließ Sultan Qabus einen königlichen Erlass, der es nichtomanischen Staatsbürgern verbietet, landwirtschaftliche Flächen und Immobilien in strategischen Grenzgebieten, einschließlich Musandam, zu besitzen.

20.2.2 Straße von Hormus

Die Straße von Hormus gilt als eine der weltweit wichtigsten maritimen Handelswege. Täglich fließen rund 20 % der globalen Ölversorgung durch diese Arterie des Welthandels, welche für die wirtschaftliche Prosperität der exportorientierten Golfstaaten essenziell ist (vgl. ◘ Abb. 20.2). Doch immer häufiger kommt es hier aufgrund territorialer Gebietsansprüche zu Zwischenfällen mit dem iranischen Militär, welches eine asymmetrische Seekriegsführung dazu nutzt, um auf politische Ereignisse zu reagieren. Während Donald Trumps Strategie des „maximalen Drucks" wurden 2019 diverse Öltanker beschlagnahmt und beschädigt. Gegenwärtig zeigt sich angesichts zunehmender regionaler Konflikte (▶ Kap. 26) erneut eine deutliche Zunahme maritimer Zwischenfälle. So hat der Iran seit 2021 fast 20 Handelsschiffe unter internationaler Flagge in der Straße von Hormus bedrängt, beschlagnahmt oder beschädigt. Darüber hinaus stellt der Waffenschmuggel aus dem Iran auf die Halbinsel ein wachsendes Problem dar. Denn auch nach der Unterzeichnung des Abkommens zwischen Saudi-Arabien und dem Iran in Peking im März 2023 hat Teheran nachweislich Waffen über den Golf von Oman und das Arabische Meer an die Huthis im Jemen geliefert (UN Panel of Experts on Yemen, 2023, S. 35), die damit seit der Internationalisierung des jemenitischen Bürgerkriegs im März 2015 – eine Folge war die Besetzung der Inseln Sokrota und Perim durch die Emirate (Al-Asrar, 2020) – wiederholt Kriegsschiffe, Öltanker und Häfen attackierten (Juneau, 2021; Spencer, 2022). Besonders häufig kam es dabei zu Angriffen an der 27 km breiten Meerenge Bab al-Mandab nahe der südlichen Hafenstadt Aden, die das Rote Meer mit dem Golf von Aden verbindet und einen der wichtigsten „Chokepoints" des internationalen Erdöltransports und Handels insgesamt darstellt.

20.3 Die Blockade Katars

Die geopolitische Rivalität zwischen Saudi-Arabien und dem Iran hatte auch für kleinere Golfstaaten wie Katar Folgen, das zwar im Golfkooperationsrat (GKR) mit seinen fünf arabischen Nachbarstaaten organisiert und verbündet war, außenpolitisch aber weiterhin gute Beziehungen zum Iran pflegte (Kap. 20). Am 5. Juni 2017 kappten Saudi-Arabien, die VAE, Ägypten und Bahrain sämtliche Beziehungen zum Emirat. Der Auslöser war ein angebliches Interview von Tamim bin Hamad Al Thani im Mai 2017. Im Gespräch soll der katarische Emir die konstruktive Rolle des Irans in der Region hervorgehoben, die Beziehungen Katars zu Israel als gut und die Hamas als legitime Vertretung der Palästinenser bezeichnet haben. Trotz des Verweises auf einen „Hack

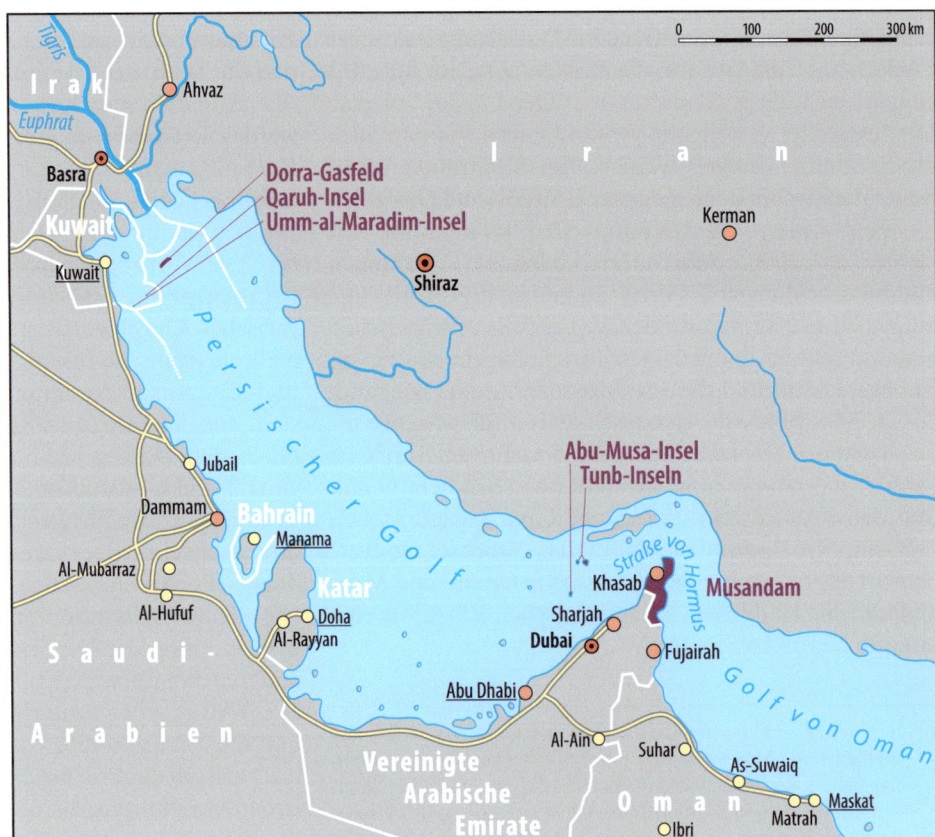

◘ Abb. 20.2 Territoriale Konflikte der Arabischen Halbinsel (Stand 2023)

der Webseite" der katarischen Nachrichtenagentur und der umgehenden Revision seiner Aussagen brachen die vier Staaten in der Folge ihre diplomatischen Beziehungen zu Doha ab, wiesen katarische Staatsangehörige aus und stellten alle Verkehrsverbindungen sowie bilateralen Handelsbeziehungen ein. Eine Normalisierung der Beziehungen wurde erst unter Erfüllung „nicht verhandelbarer" Forderungen in Aussicht gestellt. Dazu veröffentlichte das Quartett 13 Forderungen, die unter anderem den Abbruch der diplomatischen und wirtschaftlichen Beziehungen zu Teheran und allen islamistischen Organisationen (primär der Muslimbruderschaft), die Schließung des katarischen TV-Senders al-Jazeera sowie die Beendigung der türkischen Militärpräsenz im Land forderten; letztlich auf eine vollständige Rekalibrierung der eigenständigen katarischen Regionalpolitik abzielend (Ulrichsen, 2020).

Das kleine Emirat mit dem statistisch höchsten Pro-Kopf-Einkommen der Welt ging nicht auf die Forderungen ein. Die Konsequenzen der Isolation waren jedoch gravierend, denn die wirtschaftlichen und gesellschaftlichen Bindungen an seine Nachbarstaaten waren eng. 40 % der Lebensmittel wurden bis dato über die Landesgrenze zu Saudi-Arabien importiert (Steinberg, 2022). Nach wenigen Wochen jedoch hatte die katarische Führung bereits große Teile des Außenhandels neu organisiert – und damit die anfängliche Versorgungskrise überwunden.[5] In dieser zeigte sich, dass die Beziehungen zum Iran und der Türkei – die sich ab 2017 intensivierten – essenziell waren. Teheran lieferte Lebensmittel, stellte seine Häfen zur Verfügung und öffnete den Luftraum für Flüge von und nach Doha – der letzte freie Luftkorridor für Katar. Die seit den Angriffen auf die saudische Botschaft in Teheran im Januar 2016 aus Solidarität herabgestuften diplomatischen Beziehungen wurden wieder vollständig hergestellt.[6] Auch die Türkei näherte sich Katar durch die Blockade zunehmend an. Ihr gemeinsamer Nenner war bis dato das Verhältnis zur Muslimbruderschaft, deren Unterstützung mit den Umbrüchen des „Arabischen Frühlings" zunahm. Neben dem raschen Ausbau des Handels wurde auch die militärische Zusammenarbeit ausgeweitet und die türkische Militärpräsenz aufgestockt, die Ankara bereits seit 2014 unterhielt. Die Zahl der türkischen Soldatinnen und Soldaten erhöhte sich bis 2019 auf mehr als 1500, die sich nunmehr auf zwei Militärbasen verteilten (Riggs, 2021).

Die Blockade war letztlich ein Misserfolg und führte nicht zur gewünschten außenpolitischen Neuorientierung. Stattdessen wurde Katar wirtschaftlich und politisch unabhängiger. Die Handelsbeziehungen zum Iran vertieften sich und die Türkei wurde zur neuen Schutzmacht, die von der Partnerschaft primär finanziell profitierte. Bereits 2019 suchten Abu Dhabi und Riad deshalb durch Gespräche einen Ausweg aus der Krise. Die Gründe dafür lagen neben dem eigenen Misserfolg und dem anhaltenden Konflikt über das iranische Atomprogramm insbesondere in der Wahl Joe Bidens zum US-Präsidenten, der eine kritische Position gegenüber der konfrontativen Regionalpolitik Saudi-Arabiens und der VAE vertrat. Unter Vermittlung der USA und Kuwaits wurde der Konflikt auf dem Gipfeltreffen des GKR im Januar 2021 beigelegt und die dreijährige Blockade der Land- und Seegrenzen sowie des Luftraums beendet. Der Handel wurde wieder aufgenommen. Zudem tauschten Riad und Doha Botschafter aus und gründeten einen bilateralen Kooperationsrat. 2023 näherten sich auch die VAE und Katar einander an. Dennoch sind die Differenzen zwischen den Golfstaaten bis heute nicht ausgeräumt. Sollte sich die politische Situation verändern, könnte der Konflikt erneut eskalieren.

20.4 Konflikt im Jemen: Mehr als ein Stellvertreterkrieg

Der Jemenkrieg ist ein Beispiel für die Auswirkungen der geopolitischen und ideologischen Rivalität auf der Arabischen Halbinsel, auch wenn die Ursachen des Konflikts mit der Geschichte des Landes tief verwurzelt sind (Brandt, 2017). Schon lange vor dem „Arabischen Frühling" war der Jemen ein gescheiterter, gesellschaftlich gespaltener Staat, der nach dem Abzug der Briten 1967 bis zur Wiedervereinigung im Mai 1990 in eine Demokratische Volksrepublik im Süden und die Jemenitische Arabische Republik im Norden geteilt war, den Präsident Ali Abdallah Salih von 1978 bis 2012 trotz demokratischer Fassade autoritär beherrschte. Nachdem der Norden den kurzen Bürgerkrieg 1994 für sich entschieden hatte, festigte Salih seine Hegemonie in den Südprovinzen, indem er südjemenitische Staatsbedienstete und Soldaten durch loyale Klientel ersetzte. Neben der Kontrolle des Sicherheitsapparats basierte seine Macht auf einem Patronagenetzwerk unter starker Einbindung lokaler Stämme, deren Loyalität mit Geld, politischem wie wirtschaftlichem Einfluss erkauft wurde. Zu Beginn der 2000er-Jahre wurde es für Salih jedoch immer schwieriger, dieses System aufrechtzuerhalten. Die Erdölförderung, die 75 % des Staatshaushalts ausmachte, ging bei wachsender Bevölkerungszahl und dadurch bedingten Staatsausgaben stetig zurück. Zugleich

---

5 Schätzungen zufolge subventionierte die Regierung die kommerzielle Umorientierung mit 38 Mrd. US-Dollar allein in den ersten drei Monaten. Zudem kam Katar zugute, dass der Containerhafen Hamad Port, obgleich noch nicht offiziell eröffnet, bereits ab Dezember 2016 genutzt wurde. Dadurch konnten große Frachtschiffe Doha direkt anlaufen, statt wie bis dato in Jebel Ali in den VAE oder anderen großen Häfen zu entladen und die Waren anschließend auf kleineren Schiffen nach Katar zu transportieren.

6 Obgleich sunnitisch und auf den Schutz durch die USA angewiesen, ist Katar um ein pragmatisches bilaterales Verhältnis zum Iran bemüht. Beide teilen sich das weltweit größte Erdgasfeld North Dome/South Pars im Persischen Golf, das beide Seegrenzen überschneidet.

wuchs die Unzufriedenheit im Süden, der trotz der meisten Ölfelder nur marginal an den staatlichen Einnahmen beteiligt wurde. Die politische und wirtschaftliche Marginalisierung der südlichen Provinzen führte zum Erstarken von al-Qaida und Protesten, denen Salih mit Härte begegnete. In der Folge radikalisierte sich die Südliche Bewegung, auch Hirak genannt, die seit 2008 nach Unabhängigkeit strebte (Augustin, 2018; Steinberg, 2020).

Auch im stark von tribalen Normen und Traditionen geprägten Norden formte sich Ende der 1990er-Jahre mit den Huthis Widerstand gegen das Regime. Die auch als Ansar Allah („die Anhänger Gottes") bekannte Bewegung tritt als Vertreter der Zaiditen auf, die im Jemen 35 bis 40 % der Bevölkerung stellen (▶ Kap. 11). Neben sozioökonomischen Verbesserungen und mehr politischer Partizipation forderte sie vor allem die Bewahrung kultureller und religiöser Rechte, die sie durch die Annäherung an Saudi-Arabien und die Inkorporierung sunnitischer Praktiken in Saada – dem historischen Epizentrum der Zaiditen im Jemen – gefährdet sahen (Brandt, 2013). Im Sommer 2004 eskalierte der Konflikt, nachdem Husain al-Huthi, Anführer und Namensgeber der Bewegung, bei einer Polizeioperation in seinem Heimatdorf getötet wurde. Im tribalen Milieu des nördlichen Hochlands entwickelte der Konflikt schnell eine enorme Eigendynamik und wuchs in den folgenden Jahren zu einem Krieg aus. Bis 2010 kam es dabei zu sechs Offensiven der Regierung, im Zuge derer die Huthi-Bewegung nicht geschwächt werden konnte (Salmoni et al., 2010; Brandt, 2014). Stattdessen führte eine Strategie der „verbrannten Erde" zur Zerstörung weiter Teile des Nordens. Tausende Zivilpersonen starben, was bei vielen lokalen Stämmen, religiösen und radikalen Gruppen zur Solidarisierung mit der Bewegung führte, die nun über 5000 bis 8000 leicht bewaffnete Kämpfende verfügte. Diese bekämpften das jemenitische und später auch das saudische Militär, das in den letzten der sechs Saada-Kriege intervenierte, hauptsächlich mit klassischen Guerillataktiken im gebirgigen Norden (Knights, 2018). 2010 brachte ein brüchiger Waffenstillstand den Konflikt zum Stillstand. Zu diesem Zeitpunkt kontrollierten die Huthis bereits den größten Teil der Provinzen al-Jawf, Amran, Hajjah und Saada (Brandt, 2013).

Als die arabischen Umbrüche 2011 den Jemen erreichten, musste Salih ein Jahr später einer Übergangsregierung unter seinem vorherigen Stellvertreter Abd Rabbuh Mansur Hadi weichen. Die Huthis nutzten die Proteste, um neue Anhängerinnen und Anhänger zu mobilisieren, ihre Macht in der Provinz Saada zu konsolidieren und in den umliegenden Gegenden auszubauen. 2014 verfügte die Gruppe über mehr als 30.000 Kämpfende (Brandt, 2017). Im selben Jahr eskalierte der Konflikt erneut. Die Konferenz des nationalen Dialogs, die im März 2013 ins Leben gerufen wurde, um eine neue Verfassung auszuarbeiten, skizzierte im Januar 2014 eine Reihe von Strukturreformen. Dazu gehörte die Föderalisierung des Jemens, die die nördlichen Hochburgen der Huthis in verschiedene Provinzen mit begrenzten Ressourcen aufgeteilt und ihnen den Zugang zum Meer verwehrt hätte. Das Regime von Interimspräsident Hadi sah sich bald mit zunehmenden Protesten konfrontiert. Als der Jemen – auch aufgrund verringerter Treibstoffsubventionen – erneut in politische Unruhen geriet und sich die Sicherheitslage verschlechterte, weiteten die Rebellen ihre territoriale Kontrolle aus, indem sie zunächst die Provinz Amran einnahmen, im September in der Hauptstadt Sanaa einmarschierten und de facto die politische Macht im Land übernahmen. Die Huthis waren dazu nur in der Lage, weil sie vom ehemaligen Präsidenten Salih, ihm loyalen Militärs und Stämmen unterstützt wurden, was das militärische Gleichgewicht im Land erheblich veränderte. In den darauffolgenden Monaten führten sie groß angelegte Offensiven gen Westen und Süden durch. Im März 2015 stand die Huthi-Salih-Allianz kurz davor, sich auch der strategisch wichtigen Hafenstadt Aden im Süden des Landes vollständig zu bemächtigen. Daraufhin intervenierte eine von Saudi-Arabien und den VAE angeführte Militärkoalition mit landesweiten Luftangriffen, einer Seeblockade sowie dem partiellen Einsatz von Bodentruppen und Spezialeinheiten (Bales & Mutschler, 2019). Ziel der Koalition war es, der international anerkannten Regierung landesweit wieder zur Macht zu verhelfen. Speziell Riad befürchtete aufgrund der engen tribalen und religiösen Beziehungen zwischen dem Süden Saudi-Arabiens und dem Jemen, dass der Konflikt sich auch auf das eigene Landesgebiet ausweiten könnte.[7] Mit dem Verweis auf einen gemeinsamen schiitischen Hintergrund suggeriert Saudi-Arabien bereits seit 2004 eine konfessionelle Bindung zwischen den Huthis und dem Regime in Teheran – eine Ansicht, die nur partiell der Realität entspricht, da die Rebellen politisch, ideologisch und militärisch nie wie andere schiitische Gruppierungen an Teheran orientiert waren. Seit 2014 nimmt die Unterstützung durch die IRGC und die libanesische Hisbollah jedoch stetig zu und umfasst neben Geld, Waffen und Militärequipment nun auch Training und Knowhow zum Bau und Einsatz von Waffen (Bales, 2023; Mutschler et al., 2024).

Innerhalb der Militärkoalition kam es im Verlauf des Konflikts zu Meinungsverschiedenheiten. In der Folge verließ Katar die Militärkoalition im Juni 2017, Marokko folgte im April 2018. Den größten Beitrag leisteten aber Saudi-Arabien und die VAE, zwischen denen es im Verlauf der Intervention ebenfalls zu Konflikten kam (u. a.

---

7 Dass die Provinz Asir heute zum Königreich gehört, ist das Ergebnis einer Eroberungskampagne, die mit dem saudisch-jemenitischen Krieg von 1934 endete. Bereits in den 1960er-Jahren bewegte Riad die Furcht vor antisaudischen Einflüssen zur Intervention in den nordjemenitischen Bürgerkrieg, als sich Saudi-Arabien auf die Seite der Royalisten stellte, auch weil Ägypten die Republikaner unterstützte.

Geopolitische Konflikte I: Innerhalb der Halbinsel

über die Zusammenarbeit mit der Islah-Partei). Die Folge war nicht nur der partielle Truppenabzug der Emirate im Juli 2019, sondern auch die Unterstützung unterschiedlicher lokaler Akteure mit divergierenden Vorstellungen hinsichtlich der Zukunft des Landes. Während Riad die jemenitische Armee und sunnitische Stämme im Norden unterstützt, haben die VAE seit 2015 mehr als 90.000 Kämpfende im Süden ausgebildet, ausgestattet und finanziert. Ab 2018 mehrten sich die Zusammenstöße zwischen den südlichen Separatisten und Hadi-Loyalisten; mittlerweile haben sich weite Teile des Südens unter Führung des regierungsähnlichen Südübergangsrats de facto vom Norden abgespalten.

Die Konflikte innerhalb der Anti-Huthi-Koalition, die strategischen Divergenzen zwischen Riad und Abu Dhabi, die Abstinenz umfassender Bodentruppen und die externe Unterstützung durch den Iran haben dazu geführt, dass sich die Frontlinien seit 2016 kaum verschoben haben. Die Huthis sind weiterhin in der Offensive und sind de facto die Autorität in großen Teilen des jemenitischen Nordens und Westens (vgl. Abb. 20.3). Gewalt steht in vielen Teilen des Landes weiterhin an der Tagesordnung. Die Auswirkungen des jahrzehntelangen Konflikts und der inhumanen Kriegführung sind auf allen Seiten enorm – auch aufgrund der Seeblockade und der Ausweitung der Luftangriffe von rein militärischen Zielen auf die gesamte zivile Infrastruktur (Mutschler & Bales, 2024). Neben Häfen, Straßen und Elektrizitätswerken wurden auch Brunnen, Märkte, Lebensmittelfabriken, Krankenhäuser und Schulen bombardiert. In der Folge sind die Lebensmittelproduktion und Trinkwasserversorgung, der Bildungs- und Gesundheitssektor vollständig zusammengebrochen. Die Lebensmittelpreise sind um 150 % gestiegen. 17 Mio. Jemenitinnen und Jemeniten haben kein sauberes Trinkwasser mehr und sind von der größten Choleraepidemie der Neuzeit betroffen. Über 100.000 Jemenitinnen und Jeminiten sind in den vergangenen fünf Jahren bei den Kämpfen getötet worden. Die Zahl der Zivilpersonen, die an indirekten Kriegsfolgen wie Mangelernährung, Seuchen, Krankheiten und Verletzungen gestorben sind, ist um ein Vielfaches höher. Auch deshalb bezeichnen die Vereinten Nationen den Konflikt als gegenwärtig größte humanitäre Katastrophe der Welt.

Auch wenn im Oman 2018 Geheimgespräche zwischen Vertretern Saudi-Arabiens und den Huthis begannen, die mittlerweile offiziell miteinander verhandeln, hat die Internationalisierung des Konflikts für die Zukunft

Abb. 20.3 Territoriale Kontrolle im Jemen (Stand 2023)

des Landes und die Beilegung des ursprünglich lokalen Bürgerkriegs destruktive Folgen. Stellvertreterkriege wie im Jemen werden im Kampf um die Vorherrschaft in der Region instrumentalisiert, um den Systemkonkurrenten im interkonfessionellen Antagonismus zu schwächen und dennoch eine direkte militärische Konfrontation zu vermeiden – mit fatalen Folgen für den Frieden und die Menschen vor Ort.

20.5 Drohnen und Raketen auf Saudi-Arabien und die VAE

Wie zügig sich der Konflikt im Jemen durch seine Internationalisierung auch auf andere Staatsgebiete der Arabischen Halbinsel ausbreitete, spürte Saudi-Arabien gleich wenige Monate nach dem Beginn der Intervention. Die Huthis und Salih-loyalen Militärs der ehemaligen Missile Force nahmen die an das Gouvernement Saada angrenzenden, saudischen Provinzen Najran, Asir und Jazan ins Visier und attackierten dort Städte, Militärposten und kritische Infrastruktur. Mehrmals rückten Huthi-Einheiten weit auf saudi-arabisches Territorium vor (Horton, 2016). Allein zwischen März 2015 und August 2018 wurden über 66.000 Mörsergranaten, Artillerie- und Kurzstreckenraketen auf den Süden Saudi-Arabiens gefeuert, durch die teils schwere Schäden entstanden. Mehr als 100 Zivilpersonen starben, weitere 840 wurden verletzt (Knights, 2018). Saudi-Arabien reagierte auf die zunehmende Anzahl grenzüberschreitender Angriffe mit dem Bau einer erweiterten Grenzanlage und der Evakuierung diverser Städte, um weitere Opfer unter den Grenzposten und der Zivilbevölkerung zu vermeiden.

Ab Oktober 2016 jedoch ging die Huthi-Salih-Allianz dazu über, ballistische Raketen für grenzüberschreitende Angriffe einzusetzen, die über eine deutlich größere Reichweite verfügen. Startpunkt der Kurz- und Mittelstreckenraketen war speziell das dicht besiedelte Hochland im Norden. Zwischen Juli 2015 und 2019 wurden von dort aus über 230 ballistische Raketen auf das Königreich abgefeuert.

Wie ◘ Abb. 20.4 verdeutlicht, verfügen die Distanzwaffen im Arsenal der Huthis – speziell auch aufgrund der seit 2014 stark zugenommenen materiellen, technischen und strategischen Unterstützung aus Teheran – mittlerweile über eine Reichweite von bis zu 1950 Kilometern, womit viele wichtige zivile, wirtschaftliche und

◘ Abb. 20.4 Reichweite des Drohnen- und Raketenarsenals der Huthis (Stand 2023)

militärische Ziele im Landesinneren erreicht werden können (Williams & Shaikh, 2020). Saudische Großstädte wie Riad, Taif, Jiddah und Yanbu attackierten die Rebellen bereits mit ballistischen Raketen. Ab 2018 wurden dazu auch mit Sprengstoff beladene Drohnen und Marschflugkörper eingesetzt (Nevola, 2023). Rund 90 % der Huthi-Luftangriffe konnten von der saudischen Luftabwehr abgefangen werden, einige Angriffe auf kritische Infrastrukturen waren jedoch erfolgreich. Im Februar 2017 wurde beispielsweise ein Militärstützpunkt in Riad von einer Burkan-2H getroffen. Im Juli 2017 schlug derselbe Raketentyp in einer Ölraffinerie der staatlichen Ölgesellschaft Saudi Aramco in Yanbu ein und verursachte massive Schäden. 2019 kam es bei Angriffen auf den zivilen Flughafen in Abha zu einem Toten und über 50 Verletzten (Jones et al., 2021).

Die öffentlichkeitswirksamen Angriffe auf wichtige Öl- und Gasinfrastrukturen im Westen und Osten Saudi-Arabiens sowie zivile und militärische Flughäfen erreichten ihren Höhepunkt 2022. Im März 2022 beschossen die Huthis ein Öllager von Saudi Aramco während des Rennwochenendes der Formel 1 in Jiddah. Insgesamt sind seit Dezember 2021 laut Angaben der Militärkoalition mehr als 850 Drohnen auf Saudi-Arabien gefeuert worden. Auch die Emirate gerieten ab 2022 zunehmend unter Beschuss – eine Reaktion auf Geländegewinne von durch die VAE unterstützten Milizen an den Fronten im Jemen (Almeida & Knights, 2022).[8] Neben direkten finanziellen Kosten für den Wiederaufbau der zerstörten Infrastruktur verursachen die Luftangriffe Reputationskosten. Sie zeigen der Führung in Riad und Abu Dhabi und ihrer Bevölkerung, dass die Rebellen sie auf ihrem eigenen Territorium treffen können, was das Ansehen der Machthaber beeinträchtigt und die politische Botschaft vermittelt, dass die Unterstützung der Anti-Huthi-Kräfte mit Kosten verbunden ist (Mutschler & Bales, 2024).

Der von den Vereinten Nationen vermittelte Waffenstillstand, der am 2. April 2022 in Kraft trat und im Oktober des gleichen Jahres endete, führte dazu, dass die grenzüberschreitenden Angriffe der Huthis gegen Saudi-Arabien und die VAE fast vollständig eingestellt wurden. Die aus dem Waffenstillstand resultierende prekäre Stabilität hat den Rebellen jedoch die Möglichkeit gegeben, ihre Raketen- und Drohnenbestände aufzufüllen und neue Technologien zu entwickeln. Ein ähnliches Szenario wie nach den Kuwait-Gesprächen 2016 – ein Rückfall in grenzüberschreitende Raketenangriffe, die durch technologische Entwicklungen neu belebt wurden – ist durchaus denkbar. Auch könnten Angriffe in den Gesprächen mit Saudi-Arabien genutzt werden, um durch die Demonstration militärischer Stärke bessere Verhandlungsbedingungen zu erzielen. Dieser „escalate to de-escalate approach" (Nevola, 2023) ist ein gängiges Stilmittel der Huthis, auch um durch die Einstellung der Angriffe kurzfristig ihre Verpflichtung zu den Gesprächen und ausgehandelten Ergebnissen zu suggerieren. Nach mehr als neun Jahren Krieg, Milliarden von US-Dollar an Kriegskosten, Hunderten von toten Soldaten und Zivilisten infolge der Angriffe auf das eigene Staatsgebiet suchen die Golfstaaten, insbesondere Mohammed bin Salman (MBS), nun vermehrt nach einem gesichtswahrenden Weg, um den Krieg zu beenden.

20.6 Ausblick: Annäherung am Golf: Auf dem Weg zu einer neuen Sicherheitsarchitektur?

Ein Grund für die Suche nach einem Ausweg aus dem Krieg im Jemen sind auch die Beziehungen zum Westen, insbesondere zu den USA, die sich infolge der Intervention, den damit verbundenen Opferzahlen unter der Bevölkerung und der humanitären Katastrophe verschlechtert haben. Die fehlende militärische Reaktion der USA auf die Drohnen- und Raketenangriffe auf das Ölfeld in Khurais und die Ölverarbeitungsanlage in Abqaiq im Osten Saudi-Arabiens 2019 verdeutlichte den Golfstaaten nun die Grenzen der sicherheitspolitischen Kooperation mit den USA, die sich zunehmend auf die Pazifikregion konzentrieren.[9] Das Bündnis stellte über Jahrzehnte einen Grundpfeiler der regionalen Sicherheitsarchitektur dar und die USA stationierten ab den 1980er-Jahren vermehrt Truppen in den Anrainerstaaten des Persischen Golfs (▶ Kap. 23). Unmittelbar nach den Luftangriffen, der ersten direkten Attacke des Irans seit 1996, sprachen die USA zwar von einem kriegerischen Akt und Donald Trump drohte mit einem amerikanischen Militärschlag – eine unmittelbare Reaktion blieb jedoch aus. Die Angriffe vom 14. September 2019 verdeutlichten Saudi-Arabien und den VAE ihre Verwundbarkeit und trugen so wesentlich zu einem außenpolitischen Paradigmenwechsel bei, der möglicherweise eine neue Phase der Entspannung in der Region einleiten könnte.

Schon in der Regierungszeit von Barack Obama (2009–2017) setzte sich in Washington die Ansicht durch, dass die großen weltpolitischen Herausforderungen im 21. Jahrhundert in der Pazifikregion und China zu finden seien. Obama formulierte das Ziel eines Umschwenkens nach Asien („Pivot to Asia"), das auch unter seinen Nachfolgern Donald Trump und Joe Biden Grundlinie der amerikanischen Außenpolitik blieb (▶ Kap. 23). Erst-

---

8 Der erste grenzüberschreitende Angriff mit einer Samad-3 Drohne (◘ Abb. 20.4) auf den Flughafen in Abu Dhabi ereignete sich bereits im Juli 2018.

9 Für die Saudis waren die Folgen der Angriffe mit mindestens 19 iranischen Drohnen und Marschflugkörpern erheblich. Fast 50 % ihrer Ölproduktion musste für einige Wochen eingestellt werden, was rund fünf Prozent der Weltölproduktion entspricht.

mals sichtbar wurde diese Strategie in der Region im Abzug der US-Truppen aus dem Irak 2011. Der graduelle Rückzug aus der MENA-Region zeigte sich nach 2011 insbesondere dadurch, dass die USA trotz der zahlreichen Bürgerkriege nur noch dann militärisch intervenierten, wenn sie dies für unabdingbar hielten; so beispielsweise 2014, als der Islamische Staat (IS) große Teile des Iraks und Syriens eroberte. Im August 2021 folgte das Ende der Mission am Hindukusch, für dessen Logistik und Luftunterstützung der Großteil der US-Streitkräfte in der Region stationiert war. Ein vollständiger Rückzug aus Syrien könnte zeitnah erfolgen, denn auch die Regierung Trump will finanzielle, politische und militärische Ressourcen für die Auseinandersetzung mit China frei machen.

Das durch den Rückzug der USA – aber auch durch die arabischen Umbrüche – entstandene Machtvakuum wurde partiell von China und Russland gefüllt (▶ Kap. 25). Die politische Instabilität bewegte aber auch diverse Regionalmächte dazu, im Kampf um regionalen Einfluss ab 2011 aktiver aufzutreten. Der Iran schickte von den Revolutionsgarden und der libanesischen Hisbollah geführten Milizen in die Kriege im Irak, in Syrien und im Jemen und baute so seinen Einfluss aus. Israel versuchte, die iranische Machtexpansion zu stoppen, indem es seit 2017 in Syrien und Irak mehr als 1000 Luftangriffe gegen iranische Ziele und seine lokalen Verbündeten flog. Auf die Terrorattacke der Hamas im Oktober 2023 antwortete Israel mit einer massiven Militäroperation im Gazastreifen (▶ Kap. 26). Die Türkei bekämpfte in Syrien und im Irak die PKK und ihre dortigen Schwesterorganisationen, intervenierte 2020 in Libyen und schickte weitere Truppen an den Persischen Golf, um das Emirat Katar vor seinen Nachbarn zu schützen. Auch Saudi-Arabien und die VAE wurden regional konfrontativer, begannen den Krieg im Jemen und unterstützten lokale Konfliktparteien in Syrien und Libyen – letztlich auch der Annahme geschuldet, dass die USA ihre territoriale Integrität im Angriffsfall sicherstellen. Dass dies ein Trugschluss war, zeigte sich 2019. Die Golfstaaten waren nun selbst für ihre Sicherheit verantwortlich. Die Folge dieser Zäsur war jedoch kein weiteres Wettrüsten, sondern eine Rekalibrierung ihrer Außen- und Sicherheitspolitik. Ab 2020 führte die Neuordnung der bilateralen Beziehungen zu einer Annäherung am Persischen Golf. Gegenüber dem Iran setzten die Golfstaaten auf einen Entspannungskurs, der im März 2023 unter anderem in einem neuen diplomatischen Abkommen zwischen dem Iran und Saudi-Arabien mündete, maßgeblich initiiert durch chinesische Vermittlung. Die Saudis normalisierten ihre Beziehungen zum Irak – einem Verbündeten Irans – und beendeten damit drei Jahrzehnte gegenseitiger Entfremdung und Feindschaft. Auch mit Syrien führen saudische Offizielle Gespräche und befeuern damit Berichte über eine baldige Normalisierung der diplomatischen Beziehungen. Im Juli 2023 traf sich der türkische Präsident Erdogan mit MBS in Jiddah; mit den Huthis verhandelt Saudi-Arabien um eine Lösung im Jemen und auch der Iran scheint gewillt, seine diplomatischen Beziehungen zu seinen Nachbarn zu verbessern. Die Zeichen stehen also gegenwärtig weniger auf Konfrontation als auf Kooperation. Der Grund für die Entspannung liegt in der neuen Einschätzung des Kräftegleichgewichts und der konvergierenden Partikularinteressen. Durch den Rückzug Amerikas sind die Regionalmächte gezwungen, die Beziehungen zu ihren Nachbarn neu zu regeln, um einer direkten zwischenstaatlichen Konfrontation zu begegnen.

Ob wir uns nun in einer längeren Zeitspanne der Entspannung befinden oder diese nur temporär ist, wird die Zukunft zeigen. Es besteht die Hoffnung, dass eine konstante nahöstliche Entspannungspolitik viele der in diesem Kapitel skizzierten geopolitischen Konflikte auf der Arabischen Halbinsel beilegen könnte.

Literatur

Al-Asrar, F. (2020). Protracted conflict on Yemen's island of Socotra reflects rival geopolitical ambitions. Middle East Institute. https://www.mei.edu/publications/protracted-conflict-yemens-island-socotra-reflects-rival-geopolitical-ambitions. Zugegriffen: 16. Dez. 2023.

Al-Mazrouei, N. (2015). Disputed islands between UAE and Iran. Abu Musa, Greater Tunb, and Lesser Tunb in the Strait of Hormuz. Gulf Research Centre. https://www.files.ethz.ch/isn/194095/GRM_Noura_paper__30-09-15_new_7634.pdf. Zugegriffen: 16. Dez. 2023.

Almeida, A., & Knights, M. (2022). Breaking point. Consolidating Houthi military setbacks in Yemen. Policy Watch, 3565. https://www.washingtoninstitute.org/policy-analysis/breaking-point-consolidating-houthi-military-setbacks-yemen. Zugegriffen: 16. Dez. 2023.

Al-Nahyan, K. (2013). The three islands. Mapping the UAE-Iran dispute. Royal United Service Institute for Defence and Security Studies. https://static.rusi.org/201312_bk_the_three_islands_2.pdf. Zugegriffen: 16. Dez. 2023.

Al-Rashidi, M. (2004). The legal status of Garuh and Umm Al-Maradim islands. *Arab Law Quarterly*, 19(1), 125–146.

Augustin, A. (2018). Die Südbewegung. Aden und die politischen Umbrüche im Jemen. In B. Backe, T. Hanstein & K. Stock (Hrsg.), *Arabische Sprache im Kontext* (S. 411–430). Berlin: Peter Lang.

Bales, M. (2023). Yemen. Civil war as a driver of regional arms dynamic. In M. Eslami & A. G. Vieira (Hrsg.), *The arms race in the Middle East* (S. 209–224). Cham: Springer.

Bales, M., & Mutschler, M. (2019). Einsatz Deutscher Rüstungstechnik im Jemen. BICC Policy Brief, 2. https://www.bicc.de/Publikationen/BICC_Policy_Brief_2_2019_d.pdf~dr1041. Zugegriffen: 16. Dez. 2023.

Brandt, M. (2013). Sufyan's 'hybrid' war. Tribal politics during the Houthi conflict. *Journal of Arabian Studies*, 3(1), 120–138.

Brandt, M. (2014). The irregulars of the Sa'dah war. 'Colonel shaykhs' and 'tribal militias' in Yemen's Houthi conflict (2004–2010). In H. Lackner (Hrsg.), *Why Yemen matters. A society in transition* (S. 105–122). London: Saqi Books.

Brandt, M. (2017). *Tribes and politics in Yemen. A history of the Houthi conflict*. London: Hurst & Co.

Cordesman, A. (2020). The Gulf and Iran's capability for asymmetric warfare. Center for Strategic & International Studies. https://csis-website-prod.s3.amazonaws.com/s3fs-public/publication/200113_GULF_MILITARY_BALANCE.pdf. Zugegriffen: 16. Dez. 2023.

Finnie, D. (1992). *Shifting lines in the sand. Kuwait's elusive frontier with Iraq.* Cambridge: Harvard University Press.

Horton, M. (2016). An unwinnable war. The Houthis, Saudi Arabia and the future of Yemen. Terrorism Monitor, 14 (22). https://jamestown.org/program/unwinnable-war-houthis-saudi-arabia-future-yemen/. Zugegriffen: 16. Dez. 2023.

Jones, S., Thompson, J., Ngo, D., Bermudez, J., & McSorley, B. (2021). The Iranian and Houthi war against Saudi Arabia. Center for Strategic & International Studies. https://csis-website-prod.s3.amazonaws.com/s3fs-public/publication/211221_Jones_IranianHouthi_SaudiArabia.pdf?VersionId=fn1d98tAhj7yOUr.IncppMueLOC4kv83. Zugegriffen: 16. Dez. 2023.

Juneau, T. (2021). How war in Yemen transformed the Iran-Houthi partnership. *Studies in Conflict & Terrorism, 47*(3), 278–300.

Knights, M. (2018). The Houthi war machine. From guerilla war to state capture. *CTC Sentinel, 11*(8), 15–23.

Lynch, M. (2017). *The new Arab wars. Uprisings and anarchy in the Middle East.* New York: Public Affairs.

Mutschler, M., & Bales, M. (2024). Liquid or solid warfare? Autocratic states, non-state armed groups and the social-spatial dimension of warfare in Yemen. *Geopolitics, 29*(1), 319–347. https://doi.org/10.1080/14650045.2023.2165915.

Mutschler, M., Bales, M., & Meininghaus, E. (2024). The impact of precision strike technology on the warfare of non-state armed groups. Case studies on Daesh and the Houthis. *Small Wars & Insurgencies.* https://doi.org/10.1080/09592318.2024.2319216.

Nevola, L. (2023). Beyond Riyadh. Houthi cross-border aerial warfare 2015–2022. Armed Conflict and Event Data Project. https://acleddata.com/2023/01/17/beyond-riyadh-houthi-cross-border-aerial-warfare-2015-2022/. Zugegriffen: 16. Dez. 2023.

Okruhlik, G., & Conge, P. (1999). The politics on border disputes. On the Arabian peninsula. *International Journal, 52*(2), 230–248.

Riggs, R. (2021). The Qatar-Iran-Turkey nexus. Shifts in political alliances and economic diversification in the Gulf crisis. In M. Zweiri, M. Rahman & A. Kamal (Hrsg.), *The 2017 Gulf crisis. An interdisciplinary approach* (S. 181–191). Singapur: Springer.

Salmoni, B., Loidolt, B., & Wells, M. (2010). Regime & periphery in northern Yemen. The Houthi phenomenon. RAND Corporation. https://www.rand.org/content/dam/rand/pubs/monographs/2010/RAND_MG962.pdf. Zugegriffen: 16. Dez. 2023.

Spencer, J. (2022). Hybrid warfare – lessons from the Saudi-led coalition's intervention in Yemen 2015–2020. In A. Hamidaddin (Hrsg.), *The Huthi movement in Yemen. Ideology, ambition, and security in the Arab Gulf* (S. 235–258). London: I.B. Tauris.

Steinberg, G. (2020). *Krieg am Golf. Wie der Machtkampf zwischen Iran und Saudi-Arabien die Weltsicherheit bedroht.* München: Droemer Knaur.

Steinberg, G. (2021). Die „Achse des Widerstands". Irans Expansion im Nahen Osten stößt an Grenzen. SWP-Studie, 8. https://www.swp-berlin.org/10.18449/2021S08/. Zugegriffen: 16. Dez. 2023.

Steinberg, G. (2022). Katars Außenpolitik. Entscheidungsprozesse, Grundlinien und Strategien. SWP-Studie, 12. https://www.swp-berlin.org/publications/products/studien/2022S12_katar_aussenpolitik.pdf. Zugegriffen: 16. Dez. 2023.

Ulrichsen, K. (2020). *Qatar and the Gulf crisis.* Oxford: Oxford University Press.

UN Panel of Experts on Yemen (2023). *Final report of the panel of experts on Yemen established pursuant to Security Council resolution 2140 (S/2023/130).* New York: United Nations.

Wiegand, K. (2012). Bahrain, Qatar, and the Hawar islands. Resolution of a Gulf territorial dispute. *Middle East Journal, 66*(1), 79–96.

Williams, I., & Shaikh, S. (2020). The missile war in Yemen. Center for Strategic and International Studies. http://missilethreat.csis.org/wp-content/uploads/2020/06/The-Missile-War-in-Yemen_June-2020.pdf. Zugegriffen: 16. Dez. 2023.

Geopolitische Konflikte II: Iran und das Narrativ des „Sunni-Schia-Konflikts"

Alexander Weissenburger

© alexlmx / Stock.adobe.com

Inhaltsverzeichnis

21.1 Einführung – 232

21.2 Schiitentum und seine Verbreitung auf der Arabischen Halbinsel – 232

21.3 Narrativ des „Sunni-Schia-Konflikts" – 233

21.4 Saudi-Arabien und Iran in der Region – 235

21.5 Saudi-Arabien, der Iran und der Konflikt im Jemen – 238

21.6 Fazit – 240

Literatur – 240

© Der/die Autor(en), exklusiv lizenziert an Springer-Verlag GmbH, DE, ein Teil von Springer Nature 2025
T. Demmelhuber, N. Scharfenort (Hrsg.), *Die Arabische Halbinsel*,
https://doi.org/10.1007/978-3-662-70217-8_21

21.1 Einführung

Die Islamische Republik Iran stellt in vielerlei Hinsicht einen Gegenpol zum Großteil der Staaten der Arabischen Halbinsel dar. Mit beinahe 90 Mio. Einwohnerinnen und Einwohnern hat der Iran eine größere Bevölkerung als alle Staaten der Halbinsel zusammen und ist in Bezug auf Sprache beziehungsweise Ethnie persisch, nicht arabisch, geprägt. Der Iran ist eines der an Erdöl reichsten Länder der Erde, hat allerdings aufgrund internationaler Sanktionen Probleme, dieses zu exportieren. Anders als die anderen Golfstaaten ist der Iran keine Monarchie, sondern – zumindest nominell – eine Republik mit demokratischen Elementen, wird allerdings von einem religiösen Gelehrten, dem Obersten Führer, geleitet. Der Staat verschreibt sich einer religiös begründeten, antiwestlichen, antiimperialistischen[1] Außenpolitik, was ihn beinahe zwangsläufig in Konfrontation, wenn nicht gar in Konflikt mit den tendenziell am Erhalt des regionalen Status quo interessierten arabischen Golfstaaten bringt. Diese Konfrontation wird durch das Faktum, dass der Iran einem schiitisch-klerikalen Regime unterliegt und die außenpolitisch bedeutendsten arabischen Staaten am Golf sunnitisch geprägt sind, zusätzlich begünstigt, wenn zeitweise nicht gar gefördert.

Dieses Kapitel widmet sich dem regionalpolitischen Antagonismus zwischen dem Iran und den Staaten der Arabischen Halbinsel, beschränkt sich in Bezug auf Letztere jedoch auf Saudi-Arabien. Obwohl vor allem auch die Vereinigten Arabischen Emirate (VAE) seit den 2010er-Jahren zunehmend selbstbewusst in der Region auftreten, ist es das saudische Königreich, das in Bezug auf den Iran in außenpolitischer Hinsicht am relevantesten ist. Das Kapitel teilt sich in vier Abschnitte, deren erster sich dem Schiitentum im Allgemeinen widmet (▶ Kap. 11). Der zweite Abschnitt behandelt das Erklärungspotenzial des Narrativs des „Sunni-Schia-Konflikts", welches sich gerade in journalistischen und populärwissenschaftlichen Publikationen großer Beliebtheit erfreut. Der dritte Abschnitt skizziert das Verhältnis zwischen Saudi-Arabien und dem Iran und wird im vierten mit einem Abriss des Konflikts im Jemen vertieft (▶ Kap. 20), in dem sich zahlreiche der zuvor angerissenen Muster und Strategien erkennen lassen.

21.2 Schiitentum und seine Verbreitung auf der Arabischen Halbinsel

Das Schiitentum, oder die Schia (*shi'a Ali*, Anhängerschaft Alis), ist nach dem Sunnitentum und vor den Charidschiten, die heute als Ibaditen nur noch im Oman und einigen Gebieten Afrikas anzutreffen sind, die zweitgrößte der in der Frühzeit des Islams gewachsenen Untergruppen des Islams (▶ Kap. 11 und 18). Der Anteil an Schiitinnen und Schiiten wird dabei meist auf zehn bis 15 % aller Musliminnen und Muslime geschätzt, wobei sie im Irak, im Iran, in Bahrain und in Aserbaidschan die Bevölkerungsmehrheit stellen und auch in Teilen der Arabischen Halbinsel stark verbreitet sind (Haider, 2014).

Die Schia selbst wird gewöhnlich in drei Unterströmungen, die 12er-Schia, die Zaiditen und die Ismailiten, unterteilt. Alle drei sind auf der Arabischen Halbinsel vertreten und im Wesentlichen durch zwei zentrale Elemente geeint. Ersteres dreht sich um die Frage der Auswahl des Imams, des geistigen und religiösen Führers der Umma. Schiitinnen und Schiiten sind der Überzeugung, dass Muhammad seinen Cousin und Schwiegersohn Ali als Imam designiert habe und dass in weiterer Folge männliche Nachfahren Alis und Fatimas, Muhammads Tochter, diese Position innehaben sollten. Die Nachfahren aus dieser Linie, die unter anderem als Ahl al-Bayt (Leute des Hauses), Sadah (Sg. Sayyid) oder Aschraf (Sg. Scharif) bezeichnet werden, genießen daher vor allem unter Schiitinnen und Schiiten großes Ansehen.

Der zweite wichtige, allen Schiitinnen und Schiiten gemeine Bezugspunkt ist die Schlacht von Kerbela im Jahr 680. Bei dieser Schlacht zwischen der schiitischen Opposition zum sunnitischen Kalifat der Umayyaden im heutigen Irak wurde Husain, der Sohn Alis und Fatimas und zugleich schiitische Prätendent auf das Amt des Imams, sowie ein Großteil des Rests der Ahl al-Bayt getötet (◘ Abb. 21.1). Die Erzählung vom Martyrium Husains und seiner Gefolgsleute für den „wahren Islam" stellt eines der Hauptelemente schiitischer Identität dar und manifestiert sich in einem Hang zu Opfernarrativen. Die Niederlage bei Kerbela ist ins kollektive schiitische Gedächtnis eingesunken und wird im religiös-politischen Denken, in metaphorischer Form, auf kontemporäre, als ungerecht empfundene, politische Situationen umgelegt. Auch in Anbetracht ihres Minderheitenstatus in Bezug auf die Gesamtheit der Muslime ist die Schia daher qua ihrer historischen Tradition prädestiniert, revisionistische politische Ideen zu akkommodieren (Shehadeh, 2003, S. 3; Haider, 2014, S. 66–81).

Alle drei Zweige des Schiitentums sind auf der Arabischen Halbinsel heimisch, spielen aber in politischer Hinsicht unterschiedlich große Rollen. Die Ismailiten, oft auch als 7er-Schiiten bezeichnet, sind dabei in den letzten Jahrhunderten von eher geringer politischer Bedeutung. Gemeinden existieren heute im Süden Saudi-Arabiens und im Norden des Jemens. Die Bezeichnung „7er-Schiiten" bezieht sich auf den siebten Imam dieses Zweigs, der von besonderer eschatologischer Bedeutung für die Ismailitinnen und Ismailiten ist.

Auch bei den 12er-Schiitinnen und -Schiiten sowie den Zaiditinnen und Zaiditen, welche auch als 5er-Schiiten

---

[1] „Antiimperialistisch" wird hier und in weiterer Folge nicht affirmativ verwendet, sondern bezieht sich rein deskriptiv auf ein Ideengebäude, das „dem Westen" imperialistische Intentionen unterstellt, diese vehement ablehnt und zu bekämpfen sucht.

• Abb. 21.1   Schrein von Husain im irakischen Kerbela

bezeichnet werden, bezieht sich die Zahl auf die Zählung der Imame. Im Verständnis der 12er-Schiiten, die auch unter der Bezeichnung „Imamiten" bekannt sind, ist der zwölfte Imam nicht verstorben, sondern lediglich entrückt, um dereinst zusammen mit dem Messias zurückzukehren, um die Apokalypse einzuleiten. Durch die Entrückung des Imams ist die Position des Imams vakant. In der Abwesenheit religiöser und politischer Leitung in Form des Imamats, entwickelte sich eine Hierarchie von islamischen Rechtsgelehrten (Fuqaha, Sg.: Faqih), welche sich spätestens ab dem 19. Jahrhundert im persischen Qadscharenreich zusehends auch in politischer Macht manifestierte. In den 1970er-Jahren entwickelte der iranische Gelehrte Ayatollah Ruhollah Khomeini das Konzept der Herrschaft des Rechtsgelehrten (Wilayat al-Faqih), welches im Kern besagt, dass in der Abwesenheit des Imams die religiöse und politische Herrschaft über die Umma in den Händen des anerkanntesten Rechtsgelehrten liegen sollte. Im Zuge der Revolution gegen den persischen Schah 1979 wurde diese Idee im Iran institutionalisiert. Bis heute hat der Oberste Führer – bis 1989 Ayatollah Khomeini, seitdem Ayatollah Ali Khamenei – weiteichende exekutive, legislative und judikative Befugnisse und stellt somit das politische Gravitationszentrum im Iran dar. Auf der Arabischen Halbinsel findet sich das Gros der 12er-Schiitinnen und Schiiten in den erdölreichen Regionen im Nordosten Saudi-Arabiens, in Kuwait und in Bahrain. In Saudi Arabien stellen sie dabei etwa 10 % der Gesamtbevölkerung. Aufgrund von Konfession und geographischer Nähe zum Iran wurden die 12er-Schiitinnen und Schiiten Saudi-Arabiens von Seiten des Regimes regelmäßig der Disloyalität bezichtigt und unterdrückt (zur Schia in Saudi-Arabien siehe Matthiesen, 2015).

Die Zaiditinnen und Zaiditen, als dritte der innerschiitischen Hauptströmungen, finden sich vornehmlich im Südwesten der Arabischen Halbinsel und dort vor allem im Jemen. Die Bezeichnung „Zaiditen" bezieht sich dabei auf Zaid bin Ali Zain al-Abidin, den fünften Imam in der Zählung dieser Strömung. Im Gegensatz zu den 12er-Schiiten wird das Amt des Imams nicht von Vater auf Sohn übertragen, sondern soll auf den geeignetsten Kandidaten übergehen. Hierfür muss ein Kandidat verschiedene Bedingungen erfüllen. Die Anzahl dieser Bedingungen variierte im Laufe der Geschichte, wird aber meist mit ungefähr 14 angegeben. Die wichtigsten Bedingungen sind, dass der Kandidat ein Mann aus der Linie der Ahl al-Bayt, körperlich und geistig gesund, gebildet und tapfer zu sein hat. Ein solcher Mann muss sich als Imam deklarieren, Anhängende um sich scharen und die Herrschaft an sich reißen. Obgleich es innerhalb des Zaiditentums verschiedene Strömungen gab und die Position des Imams in verschiedene Neuauslegungen im Laufe des 20. Jahrhunderts auch grundsätzlich zur Disposition gestellt wurde, steht es in der traditionellen Form bis heute jedem männlichen Nachfahren Muhammads, der von sich behauptet, der geeignetste Kandidat zu sein, offen das Imamat für sich zu beanspruchen. Für die meiste Zeit zwischen dem Ende des neunten Jahrhunderts und 1962 war das Imamat das dominierende politische System im nordwestlichen Hochland des Jemens. 1962 wurde der letzte Imam gestürzt und die Republik ausgerufen (Dresch, 1993).

21.3 Narrativ des „Sunni-Schia-Konflikts"

Die Existenz größerer schiitischer Minderheiten – und im Falle Bahrains einer schiitischen Mehrheit – erregt seit Langem das Misstrauen sunnitischer Monarchen am Golf. Schiitinnen und Schiiten werden dabei häufig als von der iranischen Revolution inspirierte, zumindest aber ungenügend loyale Bürgerinnen und Bürger betrachtet, denen vorgeworfen wird, sich mehr der transnationalen Gemeinschaft der Schiiten als dem eigenen Staat zugehörig zu fühlen (Louër, 2008, S. 4). Vor allem vor dem Hintergrund der eskalierenden Gewalt zwischen Sunniten und Schiiten im Irak im Zuge der Besetzung durch die Vereinigten Staaten und ihrer sogenannten Koalition der Willigen sowie der aggressiveren iranischen Außenpolitik unter Präsident Ahmadinedschad ab 2005 begann sich spätestens in der zweiten Hälfte der 2000er-Jahre das Narrativ eines konfessionellen Konflikts innerhalb des Islams als Erklärung für die zunehmende Instabilität in der MENA-Region auch in westlicher akademischer und journalistischer Literatur wachsender Beliebtheit zu erfreuen. 2004 prägte König Abdullah II. von Jordanien den Begriff des „schiitischen Halbmonds", einer von Bahrain am Golf, über den Iran, den Irak, Syrien und den Libanon ans Mittelmeer reichenden, in großen Teilen schiitisch geprägten Region, in der der Iran seinen regionalpolitischen Einfluss geltend machen würde.

Auf wissenschaftlicher Ebene war es in erster Linie Vali Nasrs 2006 erstmals erschienenes Buch „The Shia revival", das dieses Narrativ popularisierte. Nuancierter, als ihm vielfach zugestanden wird, analysiert Nasr darin, wie in der islamischen Welt transregionale konfessionelle Identitäten infolge des Niedergangs säkular geprägter nationalistischer Bestrebungen ab den 1970er- und speziell ab den frühen 2000er-Jahren zu dominierenden Faktoren in den diversen Konfliktherden der Region avancierten.

Gerade in den Medien erfreut sich die simple und, in Bezug auf die Kongruenz zwischen konfessioneller Zugehörigkeit und politischer Nähe zum Iran, auf den ersten Blick hinreichend akkurate Beschreibung der Konfliktlinien und Machtblöcke der Region bis heute großer Beliebtheit. In Bezug auf den Konflikt im Jemen beispielsweise reicht die Analyse der Hintergründe und Bestrebungen der Huthi-Bewegung dabei vielfach kaum über einen Verweis auf den schiitischen Charakter der Bewegung sowie die Unterstützung, die sie aus dem Iran erfährt, hinaus. Wie weiter unten anhand dieses Konflikts genauer ausgeführt wird, verschleiert die Reduktion komplexer Sachverhalte auf eine gemeinsame konfessionelle Zugehörigkeit und deren De-facto-Gleichsetzung mit einer Allianz mit dem Iran jedoch mehr, als sie offenbart.

Gleichwohl ist es nicht zu leugnen, dass die Spaltung in Sunna und Schia, vor allem seit den frühen 2000er-Jahren, eine zunehmend prominente Rolle sowohl auf nationaler als auch auf transnationaler Ebene spielt. Die Frage ist, ob und inwieweit religiöse Differenzen als eigenständig treibende Faktoren und somit als ursächlich für diese scheinbar entlang konfessioneller Linien verlaufenden Konflikte aufgefasst werden können. Einer Einteilung Mabons (2023, S. 30 f.) folgend, bewegt sich die wissenschaftliche Literatur in Bezug auf diese Frage, je nachdem, ob sie sich eher eines primordialen, eines instrumentalistischen oder eines konstruktivistischen Erklärungsansatzes bedient, grob zwischen drei Polen.

Die Anhängerinnen und Anhänger eines eher primordialen Ansatzes, zu denen Mabon auch Vali Nasr zählt, beschränken sich, überspitzt gesagt, auf einen simplifizierenden Dualismus. Dieser spielt ethnische, sozioökonomische, ideologische und andere Faktoren zugunsten rein auf der Sunni-Schia-Dichotomie aufbauender Erklärungen herunter, wenn er diese nicht gar völlig ausklammert. Faktoren wie das iranische und saudi-arabische Streben nach regionalem Einfluss, Diskriminierungserfahrungen und lokale ethnoreligiöse Spannungen wie die zwischen Ahl al-Bayt und dem Rest der Bevölkerung im Jemen finden dabei ebenso wenig Beachtung wie die Erkenntnis, dass Allianzen und Einflüsse konfessionelle Grenzen durchaus überschreiten können, wie etwa Irans Unterstützung für die sunnitische Hamas sowie der Einfluss der Schriften sunnitisch islamistischer Vordenker wie Sayyid Qutb oder Hasan al-Banna auf schiitische Kreise im Irak und im Iran zeigen. Auch fällt es eingedenk der Annahme eines primordialen, das heißt in der Natur des innerislamischen Konfessionalismus selbst angelegten Antagonismus zwischen Sunna und Schia schwer, Varianzen im Verhältnis der beiden Konfessionen zu erklären.

Der instrumentelle Erklärungsansatz fasst Religion beziehungsweise Konfession als bloßes Mittel auf, dessen sich politische Akteurinnen und Akteure pragmatischen politischen Überlegungen folgend bedienen können. Während es zweifellos schwierig ist, das Gegenteil zu beweisen, beruht dieser Ansatz auf der Annahme, die wahren Intentionen islamistischer Akteure besser zu kennen, als diese selbst zu konstatieren bereit sind; dass man also mehr über den tatsächlichen Charakter besagter Akteure wisse, als aus deren öffentliche Selbstdefinition ableitbar ist (Maghen, 2023, S. XIII). In der Tat scheint es vermessen anzunehmen, eine Person wie Ayatollah Khomeini habe sich Jahrzehnte ihres Lebens dem Studium des Islams gewidmet, lediglich um das so erlangte Wissen ohne wahre Überzeugung profanem Machtstreben unterzuordnen. Selbst wenn dem so gewesen sein sollte, erklärt es nicht, warum ihm seine Anhängerinnen und Anhänger glaubten.

Das heißt jedoch nur, dass eine Erklärung, die die Verwendung eines religiösen Referenzrahmens lediglich aufgrund seiner Funktionalität annimmt, ungenügend – wenn nicht gar arrogant – scheint. Nicht jedoch ist damit impliziert, dass ein instrumentelles Herangehen in gewissen Aspekten gänzlich in Abrede gestellt werden kann. Ein gutes Beispiel für den instrumentellen Gebrauch von Religion ist Saddam Husseins Rhetorik im Zuge des Golfkriegs 1991, welchen er, um ihn in den Augen der muslimischen Allgemeinheit zu rechtfertigen, als islamischen Jihad gegen den Westen verstanden haben wollte. Ähnliches gilt auch für den primordialen Ansatz. Zu leugnen, dass intrakonfessionelle beziehungsweise intrareligiöse Loyalitäten keine Rolle spielten, würde der Fülle menschlicher Emotionen und daraus resultierender identitätsbasierter Affiliationen wohl nicht gerecht. Als religiös verstandene Sprache, Symbole und Werte sind integrale Elemente muslimischen politischen Denkens und Handelns und zählen so zu dem, was Eickelmann und Piscatori (2004) mit der Phrase „muslim politics" zu beschreiben suchen.

Der dritte, konstruktivistische Erklärungsansatz ist differenzierter als die beiden anderen, vermag es jedoch weniger generalisierende Aussagen hervorzubringen. Diese Herangehensweise geht davon aus, dass die Verhältnisse zwischen Religionsgemeinschaften und Konfessionsgruppen keinen Gesetzmäßigkeiten unterliegen, sondern dass sie vielmehr in einem konstanten Aushandlungsprozess verschiedener Faktoren und Einflüsse ständig neu definiert werden. Das Verhältnis von Sunna und Schia ist demnach ein Amalgam aus historischen, geographischen, identitätsbezogenen, ideologischen, religiösen, sozioökonomischen und politischen Einflüssen sowie deren gegenseitiger Beeinflussung untereinander, das in die Analyse miteinbezogen werden muss, um Aussagen über die Ursache und die Art interkonfessioneller Phänomene treffen zu können.

Organisationen wie Amal oder Hisbollah im Libanon – beziehungsweise die politischen und religiösen Haltungen in der dortigen schiitischen Gemeinschaft – lassen sich nur vor dem Hintergrund der multikonfessionellen Gesellschaft, des konfessionalisierten politischen Systems des Libanons und der Bürgerkriegserfahrung zwischen 1975 und 1990 analysieren. Der Erfolg der iranischen Revolution und ihr überregionaler Einfluss ist ohne die starken Einflüsse durch sozialistische Versatzstücke nicht denkbar, wie beispielsweise die Schriften Ali Shariatis oder auch Ayatollah Khomeinis zeigen. Dass solche Ideen formuliert werden und Anklang finden, ist allerdings keine Selbstverständlichkeit, sondern oft Resultat konkreter Unterdrückungserfahrungen auf persönlicher oder, wie im Irak oder in Saudi-Arabien, gesellschaftlicher Ebene. Diese Unterdrückungserfahrungen müssen sich jedoch nicht zwangsläufig auf religiöse Differenzen zurückführen lassen, um konfessionelle Spannungen zu verursachen. Das Verhältnis von Schiiten und Sunniten in Bahrain lässt sich nicht ohne Einbeziehung des von vielen Schiiten empfundenen Gefühls der Fremdherrschaft durch eine aus dem Ausland stammende, weitgehend von Saudi-Arabien abhängige und sunnitische Dynastie verstehen. Dem gegenüber pflegt das Herrscherhaus des wie Saudi-Arabien ebenfalls wahhabitisch dominierten Katars verhältnismäßig gute Beziehungen sowohl zum schiitischen Teil der eigenen Bevölkerung als auch zum Iran, mit dem man sich ein Erdgasfeld im Golf teilt.

Mit anderen Worten, die Faktoren, die das Zusammenleben zwischen Sunniten und Schiiten in der MENA-Region beeinflussen, sind äußerst vielgestalt und vielschichtig. Der reine Verweis auf die Existenz religiöser Differenzen beziehungsweise die Annahme eines Versuchs, diese zu instrumentalisieren, kann daher nicht genügen, um konfessionelle Spannungen und Konflikte zu erklären. Welcher Grad an Abstraktion der Analyse jedoch für angemessen gehalten wird, richtet sich aufgrund der Möglichkeit zur schier unbegrenzten Atomisierung der Sachlage daher unter anderem nach dem zur Verfügung stehenden Raum, den Erwartungen der avisierten Leserschaft und der wissenschaftlichen Disziplin der jeweiligen verfassenden Person.

21.4 Saudi-Arabien und Iran in der Region

Eng mit dem Narrativ des „Schia-Sunni-Konflikts" verwoben ist die Tendenz, konfessionell aufgeladene Konflikte in der MENA-Region auf die Einflüsse Saudi-Arabiens und des Irans zu reduzieren, die je nach Deutung ihrer eigenen Konfession zur Vorherrschaft verhelfen wollten oder aber religiöse Differenzen für eigenes Machtstreben ausnützen würden. Auch hier offenbart sich die Nützlichkeit von Mabons Einteilung in primordiale und instrumentalistische Erklärungsansätze. Die zahlreichen konfessionell beeinflussten Konflikte und Spannungen der arabischen Welt, sei es im Irak, im Libanon, in Bahrain oder im Jemen, werden dabei auf Auswirkungen eines Stellvertreterkriegs reduziert. Den zahlreichen schiitisch-islamistischen Bewegungen in der islamischen Welt wird in diesem Narrativ eines „Kalten Kriegs" zwischen dem Iran und dem saudischen Königreich dabei wenig bis gar kein eigener Handlungsspielraum eingeräumt. Auch hier schafft ein nuancierterer Ansatz ein deutlich differenzierteres Bild, das die nationalen und regionalen Spezifika im jeweiligen Einzelfall genauso miteinbezieht wie die Intentionen und Einflüsse des Irans und Saudi-Arabiens, als die in der Tat in nicht unbeträchtlichem Ausmaß für interkonfessionelle Spannungen mitverantwortlichen Mächte.

Saudi-Arabiens Außenpolitik wird häufig als der Aufrechterhaltung des regionalpolitischen Status quo verpflichtet beschrieben, während das Auftreten des Irans als revisionistisch bezeichnet wird. Implizit in diesen Zuschreibungen ist die Auffassung, Saudi-Arabiens Außenpolitik sei reaktiv beziehungsweise defensiv orientiert, wohingegen die der Islamischen Republik offensiv wäre. Dementsprechend besteht in der Fachliteratur vielfach die Tendenz, Spannungen zwischen Sunniten und Schiiten lediglich im Kontext der iranischen Außenpolitik zu analysieren und den Einfluss und die Hintergründe des in der gesamten islamischen Welt selbstbewusster auftretenden, sunnitischen Fundamentalismus auszublenden. Wie ein Analyst es ausdrückt:

„Saudi-Arabiens jahrzehntelange finanzielle Unterstützung für seine intolerante Form des Sunnitentums, sowohl im Nahen Osten als auf globaler Ebene, ist ein unbestreitbarer Faktor. Die Unterstützung, die arabische Staaten islamistischen sunnitischen Organisationen in der gesamten Region angedeihen lassen – ganz zu schweigen von den konfessionsgebundenen Politiken [*sectarian policies*] dieser Länder gegenüber ihren eigenen schiitischen

Bevölkerungsteilen und darüber hinaus – hat konfessionelle Spaltungen ebenfalls verschlimmert" (Ostovar, 2016, S. 25, Übersetzung des Autors aus dem Englischen).

Der so unterstützte Aufstieg von Organisationen wie al-Qaida oder der Terrororganisation Islamischer Staat habe die Konflikte in der Region demnach „in gleichem Maße beeinflusst wie die Klienten des Irans", argumentiert Ostovar (2016, S. 25) weiter.

Gerade auch aufgrund seiner engen wirtschaftlichen Bindung an den Westen sowie US-amerikanischer Sicherheitsinteressen war die saudische Außenpolitik nach dem Niedergang der Strahlkraft der säkularen, sozialistisch geprägten Republiken in den 1970er-Jahren, allen voran Ägypten unter Gamal Abdel Nasser, über Jahrzehnte auf den Erhalt des Machtgefüges in der MENA-Region ausgerichtet. Gleichzeitig wurde das Königreich der fundamentalistischen Geister, die man durch den Export salafistisch-wahhabitischen Gedankenguts rief, nicht mehr Herr. Zur Unterminierung der sowohl politischen als auch ideellen regionalen Vormachtstellung Ägyptens begann sich Saudi-Arabien ab den 1950er-Jahren als Führer der islamischen Welt zu präsentieren. Man förderte nationale und transnationale religiöse Netzwerke wie ab den 1950er-Jahren die in Ägypten verfolgte Muslimbruderschaft, schuf internationale Institutionen wie die Organisation für Islamische Zusammenarbeit oder – auch als Reaktion auf die Revolution im Iran – den Golfkooperationsrat, bildete Kleriker aus der gesamten Welt an eigenen Universitäten aus und führte in den 1980er-Jahren den Titel des Khadim al-Haramayn (Diener der beiden heiligen Stätten) für den saudischen König wieder ein, um das religiöse Prestige des Landes weiter zu heben. All dies trug zur Verbreitung einer intransigenten, ambiguitätsfeindlichen (Bauer, 2011) und damit zumindest implizit antischiitischen Auslegung des Islams bei. Gleichzeitig verhalf diese strikte Auslegung des Islams auch einem dezidiert religiösen Register im politischen Diskurs der islamischen Welt zum Aufstieg.

Im Gegensatz zu seinem beträchtlichen religiösen Einfluss war der realpolitische Fußabdruck des Königreichs – mit der möglichen Ausnahme des Mitverursachens der Ölkrise 1973, um ein Ende des Jom-Kippur-Kriegs herbeizuführen – bis in die 2000er-Jahre eher klein. Während man im Ersten Golfkrieg den Irak gegen den Iran, im Zweiten Golfkrieg die USA gegen den Irak und in Afghanistan den antisowjetischen Widerstand sowie vor dem 11. September 2001 die Taliban unterstützte, war es im Zuge der Auswirkungen des US-amerikanischen „Kriegs gegen den Terrorismus" und vor allem des sogenannten Arabischen Frühlings deutlich erkennbar, dass Saudi-Arabien in realpolitischer Hinsicht zu einem bedeutenden regionalen Akteur avancierte und zusehends mit dem Iran in Konflikt geriet.

Seit der Revolution 1979 war die iranische Außenpolitik, zumindest in rhetorischer beziehungsweise ideologischer Hinsicht, vom Wunsch getragen, die islamische Welt von westlichen, unislamischen kulturellen und politischen Einflüssen zu befreien. Eine besondere Rolle spielt hier der Antagonismus zu den USA und Israel, der regelmäßig mit antisemitischen oder zumindest antizionistischen Narrativen unterlegt ist. In pragmatischer Fasson werden, je nach Adressaten, unterschiedliche Ideologien und deren Versatzstücke bedient, die von säkularem Antiimperialismus über Beschwörungen der Notwendigkeit des kollektiven muslimischen Aufbegehrens zu konfessionell schiitischen und iranisch-nationalistischen Narrativen reichen (Posch, 2017, S. 78 f.). Vor allem antiimperialistische und religiöse Narrative ergänzen einander dabei. Beide messen dem Kampf gegen die kulturellen, ökonomischen und politischen Abhängigkeiten der Region größere Bedeutung bei als nationalen oder subnationalen Anliegen. Sie lehnen eine westlich dominierte globale Ordnung ab und stehen dem Staat Israel generell feindlich gegenüber (Hinnebusch, 2004, S. 69).

Irans Außenpolitik ist generell auf den Erhalt des eigenen Regimes ausgelegt. Während man im unmittelbaren Anschluss an die Revolution versuchte, auf informellem Weg, häufig über transnationale religiöse Netzwerke, die Ideologie und das Modell einer islamischen – nicht notwendigerweise schiitischen – Revolution zu exportieren, ging man in der ersten Hälfte der 1980er-Jahre zu einem pragmatischeren Ansatz über, ohne allerdings die revisionistisch-revolutionäre Grundhaltung aufzugeben. Obwohl die Revolution nicht nur unter Schiitinnen und Schiiten Bewunderung fand und es unter ihrem Eindruck 1979 tatsächlich zu schiitischen Aufständen im Osten Saudi-Arabiens kam, war der Versuch, eine regionale Welle des Aufstands zu entfachen, weit davon entfernt, erfolgreich zu sein. Stattdessen fand man sich durch die Geiselnahme von über 50 US-Diplomaten international weitgehend isoliert und, unabhängig davon, in den Ersten Golfkrieg (1980–1988) mit dem von der Mehrheit der arabischen Staaten als auch den USA unterstützten Irak verstrickt. Aus dieser Erfahrung der Verwundbarkeit und Isolation, die gleichzeitig das Narrativ des imperialistischen Einflusses des Westens und damit gleichzeitig der Schwäche der islamischen Welt sowie die moralische Überlegenheit der eigenen Sache zu bestätigen schien, setzte sich die Erkenntnis durch, eine aktivere, interessenorientierte und weniger stark ideologiegeleitete Außenpolitik betreiben zu müssen.

Dieser pragmatische Trend wurde durch den politischen Aufstieg Ali Akbar Rafsandshanis und Ali Khameneis – Ersterer zwischen 1989 und 1997 Staatspräsident, Letzterer seit 1989 als Nachfolger Ayatollah Khomeinis Oberster Führer – in den frühen 1980er-Jahren begünstigt und hält im Wesentlichen bis heute an. Einerseits gibt man vor, die internationale Ordnung und deren Regeln zu respektieren, unterhält diplomatische Beziehungen und ist Teil internationaler Verträge und Organisationen. Andererseits sucht man zum eigenen Vorteil in intrastaatliche Konflikte einzugreifen und unterhält zu diesem Zweck neben staatlichen Verbündeten – allen voran Syrien – ein Netzwerk substaatlicher Akteure, welches in Reaktion auf die Inklusion des Irans in die „Achse des Bösen", seit den 2010er-Jahren als „Achse des Widerstands" (*mehwar-e moqawameh*) bezeichnet wird. Bekanntheit erlangte diese Strategie des Kooptierens ausländischer Bewegungen und der strategischen Bildung von Allianzen mit ausländischen staatlichen Akteuren unter der Bezeichnung „offensive Verteidigung" oder auch „Vorwärtsverteidigung". Sie basiert darauf, die eigenen Gegner in anderen Teilen der Welt in Konflikte zu verstricken beziehungsweise dies glaubhaft androhen zu können und so von direkter Aggression dem Iran gegenüber abzuhalten (zur Doktrin der offensiven Verteidigung siehe Vatanka, 2021).

Von Anfang an war das vorrangig einende Element zwischen dem Iran und seinen Alliierten die antiimperialistische Ideologie und, daraus resultierend, der revisionistische Zugang zum globalen Machtgefüge. Beispielsweise unterstützte der Iran säkulare, kurdische Sunniten im Zuge des Ersten Golfkriegs im Irak, die sunnitische Nordallianz im Kampf gegen die Taliban, wie schon angesprochen die sunnitische Hamas, christliche Armenier gegen schiitische Aserbaidschaner im Bergkarabachkonflikt in den 1990er-Jahren und bildete eine Allianz mit dem syrischen sozialistischen Baath-Regime, das, obgleich von der schiitischen Minderheit der Alawiten getragen, säkular-panarabisch orientiert war. Auch die Tatsachen, dass man bis in die 1990er-Jahre über einen Mittelsmann Erdöl an Israel verkaufte und zu Beginn des „Kriegs gegen den Terrorismus" Informationen über die Taliban mit den USA teilte, unterstreichen das Bild des – abseits islamistisch-revolutionärer Rhetorik – auf internationaler Ebene realpolitisch von Eigeninteresse geleiteten Irans.

Dennoch nahmen seit der ersten Hälfte der 2000er-Jahre die Spannungen zwischen Sunna und Schia signifikant zu. Es ist kein Zufall, dass König Abdullah II. just zu dieser Zeit erstmals vor dem „schiitischen Halbmond" warnte. Verantwortlich für diesen Trend waren zu großen Teilen die Auswirkungen des verstärkten regionalen Engagements der USA. Die Niederlage der Taliban 2001 und vor allem der Fall des irakischen Baath-Regimes zwei Jahre darauf bedeuteten für den Iran die Neutralisierung zweier feindlicher Nachbarn. In Bezug auf den Irak gewann man den Eindruck, über die schiitische Bevölkerungsmehrheit die Post-Baath-Ära mitprägen zu können, und eingedenk der wachsenden Abneigung dem „Krieg gegen den Terrorismus" gegenüber sah man sich in der Lage, Spannungen zwischen den den USA loyal gegenüberstehenden Regimen der Region und deren Bevölkerungen auszunutzen. Gleichzeitig fürchtete das iranische Regime, das nächste Ziel US-amerikanischer Ambitionen zu werden, zumal man sich nun förmlich von US-Militärpräsenz umzingelt fand – in Turkmenistan im Norden, den arabischen Golfstaaten im Süden, dem Irak und der Türkei im Westen sowie Afghanistan und Pakistan im Osten. Vor dem Hintergrund dieser Gemengelage – aus der Chance auf mehr Einfluss im Irak einerseits und der zumindest gefühlten Notwendigkeit zu handeln andererseits – erschließt sich Irans offensiveres Auftreten ab den 2000er Jahren und vor allem nach den arabischen Umbrüchen. Während sich die arabischen Umbrüche und der zeitgleiche Abzug der USA aus dem Irak für den Iran zur Chance entwickelten, fasste Saudi-Arabien die Umbrüche nicht nur als Bedrohung für die Stabilität der Region, sondern in Anbetracht der Rufe nach politischer Partizipation und Transparenz auch für das eigene Regime auf. Zusätzlich fürchtete man – im Nachhinein nicht unbegründet –, schiitische und der Muslimbruderschaft zuzurechnende Akteure könnten im Fahrwasser der Revolution an Einfluss gewinnen. Sowohl die Islamische Republik als auch das saudische Königreich intensivierten daraufhin ihre internationalen Aktivitäten und gerieten zusehends in Konflikt miteinander.

Von saudischer Seite wurde diese Tendenz auch durch die Ambitionen Mohammed bin Salmans (MBS), der 2015 als Verteidigungsminister die internationale politische Bühne betrat und, zur Zeit des Verfassens dieses Kapitels Ende 2023, die Ämter des Premierministers und Kronprinzen bekleidet, befördert. Durch ein gewisses Maß an gesellschaftlicher Liberalisierung und ein Zurückdrängen des religiösen Einflusses in Gesellschaft und Politik versuchte MBS Saudi-Arabien zu modernisieren – nicht jedoch zu demokratisieren – und so gleichzeitig das internationale Image des Landes zu heben. Während man diese Bestrebungen jedoch durch internationale Skandale wie das Erzwingen der Abdankung des libanesischen Premierministers und die Ermordung Jamal Khashoggis unterminierte, distanzierte man sich vom islamistischen Extremismus und gab vor, diesen, auch stellvertretend für den Westen, in Gestalt der Muslimbruderschaft und des Irans zu bekämpfen. Dies resultierte unter anderem in einer Annäherung an Israel, die Anfang 2023 Hoffnungen auf eine Normalisierung der Beziehungen der beiden Staaten laut werden ließ. Gleichzeitig nahm Saudi-Arabien im März 2023 unter chinesischer Vermittlung erneut diplomatische Beziehungen mit dem Iran auf. Während es zur Zeit des Verfassens dieses Kapitels aufgrund des Fehlens zeitlicher Distanz sowie der Tatsache, dass die diplomatischen Beziehungen erst 2016 abgebrochen worden waren, wenig seriös erscheint, diese Entwicklungen beurteilen zu wollen, deuten sie doch auf die wachsende Rolle Chinas in der MENA-Region hin und erleichterten sicher den als weitere Annäherung gedeuteten Besuch des iranischen Präsidenten Ebrahim Raisi in Saudi-Arabien im November 2023 (▶ Kap. 25). Dieser Besuch fand im Rahmen eines gemeinsamen Treffens der Arabischen Liga und der Organisation für Islamische Zusammenarbeit zum geeinten Vorgehen in Bezug auf den erneut aufflammenden Nahostkonflikt statt, welcher auch die Verhandlungen über die Normalisierung der Beziehung zwischen Israel und Saudi-Arabien vorerst zum Erliegen brachte (▶ Kap. 26).

Generell kann gesagt werden, dass abseits der diplomatischen Arena sowohl Saudi-Arabien und in zunehmendem Maße die VAE als auch der Iran durch das Ausnützen lokaler Konflikte versuchen, ihre nationalen Interessen auf regionaler Ebene durchzusetzen. Die Tatsache, dass man sich im Zuge dessen sowohl von iranischer als auch saudischer Seite vorrangig auf religiös ähnlich orientierte Akteurinnen und Akteure stützte, führte zu einer steigenden Politisierung des konfessionellen Gefüges der MENA-Region. Einerseits verhärteten sich bestehende konfessionelle Fronten, was auch zu zusätzlichen religiösen Spannungen auf lokaler und nationaler Eben führte. Andererseits wurden nationale soziale, ethnische beziehungsweise politische Konflikte zusehends in den Kontext des Narrativs eines Konflikts zwischen Sunna und Schia gerückt, was dieser Konfliktebene zusätzlichen Auftrieb gibt. Dieses Einbetten nationaler Konflikte in Narrative transnationaler Antagonismen – sei dies in Form antiimperialistischer Ideologien, religiöser Deutungsmuster oder von beidem in Kombination – internationalisiert Konflikte und fördert transnational ausgerichtete Identitäten und damit Affinitäten, die den eigenen nationalen Konflikt als Teil eines größeren Kampfs erscheinen lassen und so zusätzlich legitimieren.

Dem Iran ist es so möglich, sowohl schiitische als auch nichtschiitische und nichtmuslimische Akteurinnen und Akteure zu erreichen und die Zusammenarbeit mit diesen ideologisch zu rechtfertigen. Der Iran agiert dabei weitgehend pragmatisch, um im Rahmen der Doktrin der „offensiven Verteidigung" den Fortbestand des Regimes zu gewährleisten und auszubauen. Dies heißt im Umkehrschluss jedoch nicht, dass iranische Entscheidungsträger nicht aus tiefer persönlicher Überzeugung handelten. Insofern als sich das iranische Regime selbst als zentraler Verfechter einer als gerechter verstandenen globalen Ordnung und entscheidendes Bollwerk des „wahren Islams" begreift, ist das Sichern des eigenen Fortbestands religiöse Pflicht. Pragmatismus ist dementsprechend nur in einem gewissen Rahmen möglich und auch Angehörige des liberaleren Flügels des Regimes wie der 2017 verstorbene Ayatollah Rafsandshani stellen die Notwendigkeit des geopolitischen Revisionismus und die religiöse Legitimität des Regimes daher nicht grundsätzlich in Abrede.

21.5 Saudi-Arabien, der Iran und der Konflikt im Jemen

Einer der oft als Stellvertreterkonflikt zwischen dem Iran und Saudi-Arabien beschriebenen Konflikte ist der Krieg im Jemen, in dem Saudi-Arabien an der Spitze einer Koalition mehrerer muslimischer Staaten, bis 2019 auch mit den VAE, seit 2015 direkt eingreift (▶ Kap. 20). Der Hauptgegner Saudi-Arabiens ist die Huthi-Bewegung, auch bekannt unter der Bezeichnung Ansar Allah, die in einem längeren Coup ab 2014 die Macht im Westen des Landes errang und derzeit über einen Großteil der jemenitischen Bevölkerung herrscht. Die Bewegung entstand Anfang der 2000er-Jahre, als Husain al-Huthi, ein aus einer prominenten zaiditischen Gelehrtenfamilie aus den Reihen der Ahl al-Bayt stammender Aktivist und früherer Politiker, begann, unter dem direkten Einfluss des beginnenden „Kriegs gegen den Terrorismus" Vorträge im Norden des Landes zu halten. In diesen Vorträgen, die immer noch die zentrale ideologische Referenz der Bewegung darstellen, mischte al-Huthi hauptsächlich – oft ins Antisemitische abgleitende – antiimperialistische und zaiditisch-revivalistische Narrative und forderte seine Anhängerinnen und Anhänger auf, den Slogan der Bewegung, „Gott ist groß, Tod für Amerika, Tod für Israel, verflucht seien die Juden und Sieg dem Islam", zu skandieren. Als die Bewegung wuchs, geriet man zusehends mit dem Regime um Präsident Ali Abdallah Salih in Konflikt, das sich den USA als Verbündete im „Krieg gegen den Terrorismus" andiente. Husain al-Huthi wurde im ersten von sechs Kriegen, die das Regime zwischen 2004 und 2010 gegen die Bewegung führte, getötet, woraufhin sein Halbbruder, Abd al-Malik al-Huthi, die Führung der Bewegung übernahm.

Von Anfang an wurde der Bewegung vom Regime unterstellt, vom Iran beeinflusst und unterstützt zu sein. Dies diente dazu, die Bewegung zu delegitimieren und den Konflikt in das Schema des „Sunni-Schia-Konflikts" einzuordnen, um so Unterstützung aus den USA und Saudi-Arabien zu erhalten. Da die Vorwürfe Beweise vermissen ließen, gelang dies nur bedingt – so zum Beispiel, als Saudi-Arabien in begrenztem Ausmaß in die letzte der sechs Konfliktrunden eingriff. Dies markierte jedoch keineswegs den Beginn des saudischen Einflusses im Jemen. Im direkt nach dem Fall des Imamats ausgebrochenen Bürgerkrieg unterstützte das Königreich die Seite des gestürzten zaiditischen Imams gegen die ägyptisch unterstützten, republikanischen Revolutionäre, ab den 1970er-Jahren gingen Hunderttausende Männer als Gastarbeiter nach Saudi-Arabien, durch über Saudi-Arabien rekrutiertes Lehrpersonal und von Saudi-Arabien unterstützte Bildungseinrichtungen machten sich wahhabitisch-salafistische Ideen breit und die Tatsache, dass das Königreich weitreichende Patronagenetzwerke im Land unterhielt, unterminierte den jemenitischen Staat genauso wie die saudischen Bestrebungen, die politische Einheit des Jemens zu untergraben. Generell war es das Ziel von saudischer Seite, den Jemen stabil, jedoch fragmentiert und schwach zu halten (zur Geschichte des Jemens im 20. Jahrhundert siehe Dresch, 2000; für den Huthi-Konflikt bis etwa 2015 siehe Brandt, 2017).

Der Iran hingegen spielte in der Geschichte des Jemens im 20. Jahrhundert so gut wie keine Rolle. Zwar war Husain al-Huthi von Ayatollah Khomeini und Hasan

Nasrallah persönlich beeindruckt und bewunderte die Erfolge des Irans und der Hisbollah, blieb dabei jedoch in religiöser Hinsicht konsequent in einem zaiditischen Rahmen. Auch lässt sich vor 2014 keine nennenswerte iranische Einmischung im Jemen konstatieren. Der Grund für den Erfolg der Huthi-Bewegung lag in lokalen Faktoren. Einerseits drückte al-Huthi in seiner Ablehnung des Umsichgreifens des fundamentalistischen Sunnitentums, des Staats und der Politik Israels sowie des US-amerikanischen Anti-Terror-Kampfs die Überzeugungen eines großen Teils der Gesellschaft aus, andererseits stärkten die Forderungen Husain al-Huthis, die Ahl al-Bayt sollten wieder die gesellschaftliche Führung übernehmen, zu einem Wiedererstarken des Selbstbewusstseins der Nachfahren Muhammads, welche nach 1962 viel ihres Prestiges und ihrer Privilegien eingebüßt hatten. Nach Husain al-Huthis Tod waren es zudem die Brutalität der sechs Kriege und die Tatsache, dass diese zunehmend vom Aufbrechen tribaler Konflikte geprägt waren, die der Bewegung Anhängerinnen und Anhänger zutrieb.

Während man sich im Zuge des Arabischen Frühlings von Seite der Huthi-Bewegung ruhig verhielt, nützte man den medialen Fokus auf die Hauptstadt, um im Norden des Landes die Herrschaft an sich zu reißen, um dann, unterstützt vom ehemaligen Feind Ali Abdallah Salih, der 2012 als Präsident zurückgetreten war, sowie dessen Loyalisten in Staats-, Partei- und Militärapparat, 2014 große Teile des westlichen Jemens zu erobern. Die Bewegung nützte dabei den weit verbreiteten Unmut der Bevölkerung, der man versprach, die Forderungen der Revolutionäre von 2011 und 2012 gegen die als korrupt und untätig empfundene Übergangsregierung durchzusetzen. Inwieweit die Bewegung zu diesem Zeitpunkt mit dem Iran zusammenarbeitete, lässt sich von außen kaum eruieren. Iranische Stellen dürften den Huthis jedoch davon abgeraten haben, Aden zu erobern. Wenngleich man diesem Rat nicht folgte, zeigt diese Gegebenheit doch, dass Kontakte bestanden. Intensiv wurde die iranische Unterstützung erst mit der endgültigen Machtübernahme in Sanaa im April 2015 und der unmittelbar darauffolgenden Intervention der von Saudi-Arabien geführten Koalition.

Über die internen Entscheidungsfindungsprozesse in dem von der Huthi-Bewegung übernommenen Staatsapparat beziehungsweise in den neu eingeführten politischen Institutionen ist wenig bekannt. Sicher ist jedoch, dass Abd al-Malik al-Huthi, ähnlich dem Obersten Führer im Iran, eine über die formalen staatlich-republikanischen Organe und Ämter erhabene Stellung einnimmt. Wenngleich das politische System strukturell Ähnlichkeiten zum Iran hat, erkennt die Bewegung die Theorie der Herrschaft des Rechtsgelehrten, im Gegensatz beispielsweise zur libanesischen Hisbollah, nicht an. Die Bewegung entsandte einen „Botschafter" in den Iran und bekräftigt, Teil der „Achse des Widerstands" zu sein, negiert aber in der Regel eine direkte Einmischung des Irans in innerjemenitische Angelegenheiten. Außenpolitisch scheint man sich allerdings bis zu einem gewissen Grad abzusprechen, was sich beispielsweise daran zeigt, dass sich die Huthis 2019 zu den Angriffen auf saudische Ölanlagen bei Abqaiq und Churais bekannten. Untersuchungen der UN, USA und europäischer Länder identifizierten hingegen den Iran als Urheber, was dieser jedoch mit Verweis auf die Huthis bestreitet.

Die einschlägige Literatur ist sich mittlerweile weitgehend darüber einig, dass die Bewegung neben diplomatischer und medialer auch materielle Unterstützung erhält. Wie weit diese jedoch genau reicht, ist nicht bekannt. Der Jemen war schon vor der Entstehung der Huthi-Bewegung eines der Länder mit der höchsten Schusswaffendichte der Welt. Im Regelfall handelt es sich hierbei um automatische Gewehre aus der AK-47-Familie. Nach 20-jähriger Erfahrung hat die Bewegung wohl auch genügend eigene Expertise angehäuft, die sie befähigt, militärisch zu bestehen. Dies gilt jedoch nicht unbedingt für komplexere Waffensysteme. Die Huthi-Bewegung ist einer der professionellsten nichtstaatlichen Anwender von Drohnen und ballistischen Raketen und scheint sowohl Expertise als auch Technologie aus dem Iran erhalten zu haben. Auch in medialer Hinsicht scheint man von externer Expertise profitiert zu haben. Die Hauptmedienplattform der Bewegung, al-Masirah, operiert aus Beirut und scheint dem Sender der Hisbollah, al-Manar, nachempfunden zu sein. Generell scheinen sowohl Unterstützung als auch Einfluss des Irans auf die Huthi-Bewegung geringer zu sein als im Falle der Hisbollah. Die Unterstützung der Huthis ist für den Iran „ein kostengünstiger Weg, Saudi-Arabien zu schaden, auf der Arabischen Halbinsel zu binden und in der Defensive zu halten" (International Crisis Group, 2018, S. 24, Übersetzung des Autors aus dem Englischen).

Es ist jedoch auch die geopolitisch extrem bedeutsame Lage der von den Huthis kontrollierten Gebiete, die die Unterstützung für den Iran attraktiv macht. Saudi-Arabien erhöhte in den letzten Jahren seinen Erdölexport über die Westküste, um so die vom Iran immer wieder bedrohte Passage durch die Straße von Hormus, die Meerenge zwischen der Arabischen Halbinsel und dem Iran, zu umgehen. Teile des saudischen Erdöls werden nun über die 2019 angegriffene Ost-West-Pipeline ans Rote Meer gepumpt und von dort auch nach Ostasien exportiert. Dafür müssen sie nun den de facto von der Huthi-Bewegung kontrollierten Bab al-Mandab, die Meerenge zwischen dem Jemen und dem Horn von Afrika, passieren. Zusammen mit dem Schiffsverkehr, der abgesehen davon die Meerenge am südlichen Ende des Roten Meers passiert, sowie den ebenfalls dort verlaufenden Unterseekabeln, macht dies die geopolitische Position der Huthi-Bewegung extrem bedeutsam wie gerade auch im Zuge der Angriffe auf Schiffe im Kontext des wieder aufgeflammten Israelisch-palästinensischen-Konfliktes nach den Anschlägen des 7. Oktobers 2023 offenbar wurde.

Dass die strategische Bedeutung des Jemens betreffende Überlegungen auch für Saudi-Arabien ein Grund waren, in die Krise einzugreifen, zeigt, dass Saudi-Arabien die Intervention nutzte, um in den ersten Jahren des Konflikts Vorbereitungen für den Bau einer Pipeline von den Erdölgebieten im Nordosten der Halbinsel an den Indischen Ozean zu bauen, um so die beiden Meerengen im Osten und Westen zu umgehen. Allein die Geschwindigkeit, mit der das Königreich und seine Koalition in den Konflikt im Jemen eintraten, sowie seine traditionell eher antirepublikanische und antidemokratische Haltung in der Innen- und Außenpolitik, erwecken Zweifel daran, dass es Saudi-Arabien lediglich um die Unterstützung der von den Huthis vertriebenen international anerkannten republikanischen Regierung geht. Neben den schon angesprochenen Ambitionen von MBS, der sich im Kampf gegen die Huthis einen schnellen regionalpolitischen Erfolg erhofft haben dürfte, spielten sicherlich auch Ängste vor einer schiitischen Umzingelung eine Rolle. Dies gilt insbesondere angesichts des Wahlerfolgs der schiitischen Sadristen-Bewegung im Irak 2014. Inwieweit Saudi-Arabien in dieser Hinsicht auf eine reale Gefahr reagierte oder Opfer des eigenen Narrativs des „Sunni-Schia-Konflikts" wurde, sei dahingestellt. Fakt ist jedoch, dass die Intervention in ein Debakel für den saudischen Staat mündete.

Anstelle eines schnellen Siegs ist man in einen mit militärischen Mitteln für Saudi-Arabien offensichtlich nicht zu gewinnenden Krieg verstrickt, der die Huthi-Bewegung stärkt, indem er es ermöglicht, die Verantwortung für innere Probleme, vor allem solcher wirtschaftlicher Natur, auf die „Aggression" (adwan) des nördlichen Nachbarstaats zu schieben. Weiters bindet der Konflikt saudische Kräfte im Jemen und bringt dem Königreich aufgrund der brutalen Härte, mit welcher der Konflikt auch auf dem Rücken der Zivilbevölkerung ausgetragen wird, international wachsende Kritik ein. Gleichzeitig kann sich Saudi-Arabien nicht ohne ein Abkommen und damit bis zu einem gewissen Grad der Anerkennung der Huthi-Bewegung als legitimer Akteur, wenn nicht gar legitime Vertretung der jemenitischen Bevölkerung, aus dem Konflikt zurückziehen (▶ Kap. 20).

Dass der Krieg im Jemen signifikant weniger internationales Medieninteresse erfuhr als andere Konflikte in der Region, kann nicht davon ablenken, dass seit 2014 im Jemen an die 400.000 Menschen durch den Konflikt, die meisten davon in indirekter Weise wie etwa durch Hunger und Seuchen zu Tode kamen. Das Machtspiel, in dem die Huthi-Bewegung und der Iran einander gleichzeitig sowohl unterstützen als auch benützen und Saudi-Arabien mittlerweile mehr und mehr gefangen scheint, führte laut UN zur größten menschgemachten humanitären Katastrophe der Gegenwart. Der Mangel an Medieninteresse resultiert einerseits aus der Tatsache, dass Europa, anders als beispielsweise im Syrienkonflikt, weder durch Terrorismus noch Flüchtlinge direkt von der Krise betroffen ist. Andererseits ist Saudi-Arabien, trotz aller Verwerfungen, einer der einflussreichsten Partner des Westens in der Region und auf den Export westlicher Expertise und Technologie angewiesen und somit wirtschaftlich relevant. Zusätzlich zu allen bisher aufgezählten individuellen, lokalen, nationalen, regionalen und geopolitischen Interessen ist es auch das Desinteresse der internationalen Gemeinschaft, das lokale und nationale Konflikte durch externe Einmischung eskalieren lässt.

21.6 Fazit

Das Beispiel des Jemenkriegs, welcher hier lediglich in den für das Kapitel relevantesten Aspekten behandelt wurde, zeigt, wie das Ineinandergreifen verschiedener internationaler, regionaler und nationaler Ambitionen Konflikte und Kriege in der MENA-Region befeuert. Einer auf einer monokausalen Erklärung aufbauende Analyse, die religiöse beziehungsweise konfessionelle Differenzen lediglich in instrumenteller Hinsicht beleuchtet, ist dementsprechend genauso mit Vorsicht zu begegnen wie dem Narrativ des „Sunna-Schia-Konflikts", welches genau diese Differenzen zum Kern der Erklärung erhebt.

Die Existenz eines Konflikts zwischen dem schiitischen Iran und dem sunnitischen Saudi-Arabien um regionale Vormacht darf somit nicht darüber hinwegtäuschen, dass der Verweis auf konfessionelle Unterschiede als Erklärung nicht genügt. Da es unmöglich ist zu bestimmen, was relevante Akteurinnen und Akteure tatsächlich antreibt, kann die Relevanz konfessioneller Antagonismen nicht in Abrede gestellt werden. Sie ist in ihrer Bedeutung anderen, beispielsweise ethnischen, nationalistischen, wirtschaftlichen oder politischen Faktoren jedoch auch nicht übergeordnet.

Vor allem seit dem Arabischen Frühling stehen sich der Iran und Saudi-Arabien in ihrem von unterschiedlichen regionalpolitischen Imperativen geleiteten Streben nach Einfluss in der MENA-Region gegenüber. Durch die Unterstützung substaatlicher Akteurinnen und Akteure greifen beide Länder in nationale und lokale Konflikte ein und befeuern diese. Da beide Länder auf Akteurinnen und Akteure mit ähnlichen Zielen und Einstellungen setzen, verwundert es nicht, dass sich in vielen Konfliktregionen Sunniten und Schiiten gegenüberstehen. Dies sagt allerdings per se weder etwas über die Hintergründe der jeweiligen Konflikte, noch über die Gründe externer Involvierung aus.

Literatur

Bauer, T. (2011). *Die Kultur der Ambiguität: Eine andere Geschichte des Islams*. Berlin: Verlag der Weltreligionen.
Brandt, M. (2017). *Tribes and politics in Yemen: a history of the Houthi conflict*. London: Hurst.
Dresch, P. (1993). *Tribes, government, and history in Yemen*. Oxford: Oxford University Press.

Dresch, P. (2000). *A history of modern Yemen*. Cambridge: Cambridge University Press.

Eickelman, D., & Piscatori, J. (2004). *Muslim politics*. Princeton: Princeton University Press.

Haider, N. (2014). *Shiʿi Islam: an introduction*. New York: Cambridge University Press.

Hinnebusch, R. (2004). *The international politics of the Middle East*. Manchester: Manchester University Press.

International Crisis Group (2018). Iran's priorities in a turbulent Middle East. Middle East Report, 184. https://www.crisisgroup.org/middle-east-north-africa/gulf-and-arabian-peninsula/iran/184-irans-priorities-turbulent-middle-east. Zugegriffen: 5. Febr. 2024.

Louër, L. (2008). *Transnational Shia politics: religious and political networks in the Gulf*. London: Hurst & Company.

Mabon, S. (2023). *The struggle for supremacy in the Middle East: Saudi Arabia and Iran*. Cambridge: Cambridge University Press.

Maghen, Z. (2023). *Reading revolutionary Iran: the worldview of the Islamic Republic's religio-political elite*. Berlin: De Gruyter.

Matthiesen, T. (2015). *The other Saudis: Shiism, dissent and sectarianism*. New York: Cambridge University Press.

Nasr, V. (2006). *The Shia revival: how conflicts within Islam will shape the future*. New York: Norton.

Ostovar, A. (2016). *Sectarian dilemmas in Iranian foreign policy: when strategy and identity politics collide*. Washington: Carnegie Endowment for International Peace.

Posch, W. (2017). Ideology and strategy in the Middle East: the case of Iran. *Survival, 59*(5), 69–98.

Shehadeh, L. R. (2003). *The idea of women under fundamentalist Islam*. Gainesville: University Press of Florida.

Vatanka, A. (2021). Whither the IRGC of the 2020s? Is Iran's proxy warfare strategy of forward defense sustainable? New America. https://www.newamerica.org/future-security/reports/whither-irgc-2020s/. Zugegriffen: 5. Febr. 2024.

Geopolitische Konflikte III: Afrika

Jens Heibach

© Oleksandr / Stock.adobe.com

Inhaltsverzeichnis

22.1 Einführung – 244

22.2 Afrika und die Arabische Halbinsel – 244

22.3 Stellenwert Afrikas im Zuge des Nahostkonflikts – 246

22.4 Afrika im Kontext aktueller Konflikte im Nahen Osten – 247

22.5 Fazit und Ausblick – 249

Literatur – 249

22.1 Einführung[1]

Im März 2019 verkündete der britische „Economist" den Beginn eines „neuen Wettlaufs um Afrika". Waren es im 19. Jahrhundert die europäischen Großmächte und im Kalten Krieg die beiden Supermächte USA und Sowjetunion, die den afrikanischen Kontinent in Kolonien beziehungsweise Einflusssphären aufzuteilen suchten, beeilten sich heute, so das Blatt, „Regierungen und Unternehmen aus aller Welt, ihre diplomatischen, strategischen und kommerziellen Beziehungen [mit afrikanischen Staaten] zu stärken." Dabei sei das derzeitige „Ausmaß externen Engagements beispiellos" (The Economist, 2019).

Auch die Staaten der Arabischen Halbinsel – allen voran Katar, Saudi-Arabien und die Vereinigten Arabischen Emirate (VAE) – können zu den Akteuren gezählt werden, die zuletzt verstärkt versuchten, ihre Interessen in Afrika geltend zu machen (Todman, 2018). Wenngleich sich deren Afrikapolitiken hinsichtlich ihres Umfangs und ihrer Intensität zuletzt grundlegend gewandelt haben, sind sie keineswegs neue Akteure auf dem afrikanischen Kontinent. In unmittelbarer geographischer Nachbarschaft gelegen, teilen die Staaten und Gesellschaften auf beiden Seiten des Roten Meers vielmehr eine lange gemeinsame Geschichte, die reich an kultureller und wirtschaftlicher, aber auch politischer und militärischer Interaktion ist (Hasan, 1985; Wilkinson, 2015). Dennoch gilt insbesondere für die Zeit nach dem Zweiten Weltkrieg, dass es in erster Linie geopolitische Konflikte innerhalb der „eigenen Region" waren, die auf arabischer Seite den Anstoß für die Intensivierung der Beziehungen gaben – ein Umstand, der einige Parallelen zur europäischen Expansion in Afrika im 19. Jahrhundert aufweist (Barnhart, 2016). Wie im Folgenden gezeigt wird, waren dies zunächst der Nahostkonflikt in den 1970er-Jahren sowie in jüngerer Zeit die Konflikte mit dem Iran und der Türkei, der Krieg im Jemen sowie die Katarkrise (2017–2021).

Einige einschränkende Bemerkungen sind an dieser Stelle erforderlich. Erstens stellt diese Annahme nicht die grundsätzliche Kontinuität der bilateralen Beziehungen infrage, die die Staaten der Arabischen Halbinsel seit ihrer Aufnahme diplomatischer Beziehungen mit afrikanischen Staaten unterhielten. Vielmehr ist damit gemeint, dass Afrika im Zuge der oben genannten, geopolitischen Konflikte in der MENA-Region (▶ Kap. 20 und 21) in mehrfacher Hinsicht einen wichtigeren Stellenwert in deren nationalen Sicherheitsstrategien einzunehmen begann, was dann auch eine umfassendere Politik gegenüber dem Kontinent bedingte; eine Politik also, die diverse strategisch bedeutsame Politikfelder bediente und auf mehr als nur eine afrikanische Subregion abzielte. So ist zum Beispiel der emiratische Hafenbetreiber DP World, der sich in staatlichem Besitz befindet und ein Kernelement in der wirtschaftlichen Diversifizierungspolitik der VAE darstellt, schon seit über zwei Jahrzehnten in Afrika aktiv, wobei er durch emiratische Außenpolitik flankiert wurde. Zu einer deutlichen Intensivierung und vor allem Militarisierung des außenpolitischen Engagements der VAE, die ihren Ausdruck etwa in der Gründung von Militärbasen in Dschibuti, Eritrea und Somalia oder in der Unterstützung von Konfliktparteien in Libyen oder dem Sudan finden, kam es jedoch erst nach 2011 und vor allem im Zuge des Jemenkriegs seit 2015.

Zweitens sind Regionen ebenso wie die ihnen gegenüber formulierten nationalen Sicherheitsinteressen soziale Konstrukte (Kuus, 2017). So ist Nordafrika in geographischer Hinsicht zweifellos ein integraler Bestandteil Afrikas, unterscheidet sich aber von den anderen afrikanischen Subregionen insofern, als es in historischer, kultureller, politischer, sprachlicher und wirtschaftlicher Hinsicht der arabischen Welt und oft auch dem MENA-bezogenen „Sicherheitskomplex" zugeordnet wird (z. B. Buzan & Wæver, 2003, S. 187–218). Demgemäß unterscheiden sich die Beziehungen, die die Staaten der Arabischen Halbinsel mit denen Nordafrikas unterhalten, qualitativ von denjenigen, die sie mit Staaten anderer afrikanischer Subregionen pflegen. Dies kommt auch im Sprachgebrauch zum Ausdruck (Heibach, 2018, S. 307). In diesem bezeichnet *ifriqiya* im Allgemeinen eher Subsahara-Afrika, dessen wörtliche Übertragung ins Arabische (*ifriqiya janub as-ṣaḥra*) kaum gebräuchlich ist. Ist hingegen Nordafrika gemeint, wird dies häufig mit *shimal ifriqiya* präzisiert. Zumeist wird jedoch vom Arabischen Maghreb (*al-maghrib al-ʿarabi*) gesprochen, obwohl beide Begriffe nicht deckungsgleich zu verstehen sind. Daher beschäftigt sich dieses Kapitel, sofern nicht anders genannt, ausschließlich mit der arabischen Politik gegenüber Subsahara-Afrika, auch wenn aus Gründen der besseren Lesbarkeit nur von Afrika die Rede sein wird.

Drittens, und in Einklang mit dem Thema des Handbuchs, befasst sich dieser Beitrag mit den Afrikapolitiken der Staaten der Arabischen Halbinsel – und innerhalb dieser Gruppe fast ausschließlich mit den arabischen Golfstaaten beziehungsweise mit den Staaten des Golfkooperationsrats. Der Fokus liegt entsprechend auf den Fragen, wann, weshalb und wie sich diese in Afrika betätigten, und nicht darauf, welche Interessen afrikanische Staaten hierbei verfolgten und wie sie auf arabische Vorstöße reagierten, auch wenn zu diesem Thema bislang kaum Forschung in nennenswertem Umfang vorliegt.

22.2 Afrika und die Arabische Halbinsel

Bevor in den beiden folgenden Abschnitten die geopolitischen Konflikte behandelt werden, die in jüngster Ver-

---

[1] Gefördert durch die Deutsche Forschungsgemeinschaft (DFG) – Projektnummer 463159331.

Tab. 22.1 Wasser- und Ernährungssicherheit Arabische Halbinsel. (Quelle: nach World Bank, 2023; Economist Impact, 2022; World Resources Institute, 2023)

Land	Landwirtschaftlich nutzbares Land (% der Gesamtbodenfläche 2021)	Global Food Security Index (allg. Platzierung unter 113 begutachteten Staaten 2022)	Erneuerbare interne Trinkwasserressourcen (in Mrd. m3 2020)	Allgemeines Wasserrisiko (Water Risk Atlas 2023)
Bahrain	2,7	38 (Wert insg. 70,3)	0	Extrem hoch (4–5)
Jemen	2,2	111 (Wert insg. 40,1)	2	Extrem hoch (4–5)
Katar	1,8	30 (Wert insg. 72,4)	0	Hoch (3–4)
Kuwait	0,4	50 (Wert insg. 65,2)	0	Hoch (3–4)
Oman	0,3	35 (Wert insg. 71,2)	1	Hoch (3–4)
Saudi-Arabien	1,6	41 (Wert insg. 69,9)	2	Extrem hoch (4–5)
Vereinigte Arabische Emirate	0,7	23 (Wert insg. 75,2)	0	Extrem hoch (4–5)

gangenheit einzelne Golfstaaten zu einer Intensivierung ihrer Afrikapolitiken bewogen, sollen an dieser Stelle einige allgemeine Anmerkungen zum Verhältnis zwischen Afrika und der Arabischen Halbinsel gemacht werden, wobei hierbei die Grenze zwischen Letzterer und der arabischen Welt als Ganzes nicht immer trennscharf sein kann. Wie bereits erwähnt, besitzen beide Regionen aufgrund ihrer räumlichen Nähe eine lange gemeinsame Geschichte, die sowohl verbindende (z. B. Islam und Islamisierung; geteilte Erfahrung des europäischen Kolonialismus) als auch trennende Elemente (z. B. arabischer Sklavenhandel, Wohlstandsgefälle und ungleiche Teilhabe am globalen Markt) bereithält. Naturgemäß rücken Vertreterinnen und Vertreter arabischer Staaten zu offiziellen Anlässen für gewöhnlich das Gemeinschaftsstiftende in den Vordergrund, wohingegen beispielsweise die Diskriminierung der afrikanischstämmigen Bevölkerung[2] oder afrikanischer Arbeitsmigrantinnen und -migranten in den Staaten der Arabischen Halbinsel von Vertreterinnen und Vertretern afrikanischer Staaten nur selten offiziell thematisiert werden. Zu hoch ist oft der Anteil von Kapitalüberweisungen der in den Golfstaaten arbeitenden afrikanischen Migrantinnen und Migranten am Bruttoinlandsprodukt ihrer Herkunftsländer, als dass man diese durch offene Kritik gefährden könnte (Laiboni, 2019).

Dieses Beispiel verdeutlicht sowohl die oft vorhandenen ungleichen Machtverhältnisse in den transregionalen Beziehungen als auch, dass die Staaten auf beiden Seiten des Roten Meers häufig sehr unterschiedliche Interessen verfolgen. Hinsichtlich der arabischen Golfstaaten werden hierbei in der Regel die folgenden Motive in der Literatur diskutiert, wobei diese nicht immer klar von den macht- und sicherheitspolitischen Interessen zu trennen sind, die weiter unten thematisiert werden: Erstens verfolgen die Golfstaaten wirtschaftliche Interessen in Afrika. Hierbei unterscheiden sie sich nicht von der Mehrheit anderer internationaler Akteure, die sich in den letzten Jahrzehnten auf dem Kontinent betätigt haben. Tatsächlich wird die Bedeutung Afrikas insbesondere für die Umsetzung der wirtschaftlichen Diversifizierungsprogramme (z. B. Saudi Vision 2030, Abu Dhabi Economic Vision 2030 usw.; ▸ Kap. 14) in den öffentlichen Diskursen am Golf regelmäßig betont (z. B. ʿUkaẓ, 2016). Wenngleich die ausländischen Direktinvestitionen der Golfstaaten in Afrika vor allem im Bereich der technischen Infrastruktur und der Landwirtschaft in den letzten Jahren rasant angestiegen sind, wuchs deren Handel mit Afrika im gleichen Zeitraum bislang nur geringfügig (Hodder, 2022). Dies dürfte vor allem darin begründet liegen, dass die wichtigsten Exportprodukte beider Seiten Rohstoffe wie Erdöl und Erdgas sind, die entsprechenden Volkswirtschaften sich also eher kompetitiv als komplementär zueinander verhalten (Lechini & Dussort, 2016, S. 236; Peel, 2013).

Zweitens ist Afrika in puncto Ernährungssicherheit von einiger Bedeutung für die Golfstaaten, die im weltweiten Vergleich über den geringsten Anteil landwirtschaftlich nutzbaren Landes verfügen, unter enormer Wasserknappheit leiden (◻ Tab. 22.1) und deren Bevölkerungen bei einem jährlichen Wachstum von 2,4 % bis 2025 wahrscheinlich auf 57 Mio. anwachsen werden (Townsend, 2020). Neben zum Beispiel Zentralasien ist Afrika daher zunehmend zum Schauplatz von Investitionen der Agrarindustrien der Golfstaaten geworden, wobei sich Saudi-Arabien unter anderem auf Äthiopien, Sambia und den Sudan, die VAE auf Sambia und

---

2 Im Jemen, in Katar, im Oman und in Saudi-Arabien sind signifikante Bevölkerungsteile afrikanischer Herkunft, die auch heute noch politisch, sozial und wirtschaftlich marginalisiert werden. Im Jemen, wo Schätzungen zufolge bis zu vier Millionen Menschen afrikanischen Ursprungs leben, werden sie bestenfalls auch als solche bezeichnet (al-muhammashun, „die Marginalisierten"), gebräuchlicher ist jedoch der Begriff akhdam, was mit „Diener" oder „Dienstbote" übersetzt werden kann.

Uganda und Katar auf Kenia und den Sudan konzentrieren (ebd.; Farrar, 2014; Woertz, 2012).

Drittens werden einzelnen Golfstaaten – allen voran Saudi-Arabien und Katar – oft Missionsbestrebungen in Afrika vorgeworfen (Boucek, 2009), wobei nicht immer ganz klar wird, ob diese Selbstzweck oder Mittel zum Zweck (z. B. Einflusssteigerung innerhalb afrikanischer Gesellschaften) sind. Dass diese letzte Frage nicht eindeutig zu beantworten ist, liegt an der unzureichenden Informationslage, der Vielzahl beteiligter (staatlicher wie nichtstaatlicher) Akteure sowie den wechselnden außenpolitischen Interessen im Laufe der letzten Jahrzehnte. Naheliegend ist, dass der afrikanische Kontinent, auf dem mindestens 500 Mio. Musliminnen und Muslime leben (US Commission on International Religious Freedom, 2021), für Saudi-Arabien, das für sich die Führerschaft in der islamischen Welt beansprucht, auch in religionspolitischer Hinsicht von Bedeutung sein dürfte. Umstritten allerdings ist, in welchem Ausmaß der saudische Staat in der Vergangenheit direkt zur Verbreitung der in Saudi-Arabien praktizierten Auslegung des Islams (Wahhabismus) in Afrika beitrug. Einige Forschende stellen fest, dass Afrika im Vergleich mit anderen Weltregionen bei der globalen Verbreitung des Wahhabismus nie oberste Priorität genoss (Pérouse de Montclos, 2018; Schulze, 1993). Andere wiederum verweisen darauf, dass sich der Wahhabismus in Afrika vor allem indirekt durch Arbeitsmigration, vor Ort tätige saudische karitative Organisationen, die Rückkehr von an saudischen Universitäten ausgebildeten afrikanischen Gelehrten oder den Bau von Moscheen im Kontext saudischer Entwicklungshilfe ausbreitete (Freitag, 2022; Kaag & Soumaya, 2020; Kobo, 2009). Zudem ist es wichtig festzustellen, dass die Unterstützung jihadistischer Gruppen, wie sie zum Beispiel im Sahel Saudi-Arabien, vor allem aber auch Katar vorgeworfen wird (Thurston, 2022, S. 249), ein zweischneidiges Schwert ist, da sich diese Gruppen oft gegen die Herrscherhäuser der Golfstaaten selbst richten.

Abschließend sei noch etwas zum regionalen Schwerpunkt des Afrikaengagements der Golfstaaten gesagt. Von Nordafrika abgesehen, konzentrierten sich deren Außenpolitiken seit dem Zweiten Weltkrieg zumeist auf Ostafrika, wobei innerhalb dieser Subregion wiederum das Horn von Afrika im Fokus stand (Donelli & Gonzalez-Levaggi, 2021; Huliaras & Kalantzakos, 2017). Neben den intensiveren politischen Beziehungen, die zu den Staaten Ostafrikas im Allgemeinen unterhalten werden (Dschibuti, die Komoren, Somalia und der Sudan sind ebenfalls Mitglieder der Liga der arabischen Staaten), sind es vor allem auch Fragen des militanten Islamismus, der Piraterie, des organisierten Verbrechens und des Menschenhandels, die die Interessen der Golfstaaten unmittelbar tangieren und zu einem vergleichsweise starken Engagement in Ostafrika führen.

22.3 Stellenwert Afrikas im Zuge des Nahostkonflikts

In der politikwissenschaftlichen Forschung wird geltend gemacht, dass Staaten sich in anderen Weltregionen engagieren, um sich materielle Vorteile im Wettbewerb mit anderen Staaten zu erarbeiten (in unserem Kontext z. B. den Zugang zum vielbeschworenen Ressourcenreichtum Afrikas) oder um sich größeres Gehör auf internationaler Ebene zu verschaffen (z. B. durch Unterstützung der insgesamt 54 afrikanischen Mitgliedsstaaten der Vereinten Nationen, VN). Wie wir gesehen haben beziehungsweise noch sehen werden, trieben (und treiben) solche Erwägungen auch die Afrikapolitiken der Golfstaaten an. Was hierbei allerdings oft ins Hintertreffen gerät, ist der Umstand, dass andere Weltregionen auch aufgrund von geopolitischen Konflikten innerhalb der eigenen Region in den Fokus außenpolitischen Handels rücken können (Heibach, 2020). So war es der Konflikt mit Israel, der im Falle der Arabischen Halbinsel dazu führte, dass deren mächtigster Staat, Saudi-Arabien, zu Beginn der 1970er-Jahre erstmals begann, sich dem gesamten afrikanischen Kontinent zu widmen.

Seit dem ersten arabisch-israelischen Krieg (1947–1949) im Dauerkonflikt mit den arabischen Staaten, verfolgte Israel seit Ende der 1950er-Jahre die sogenannte Doktrin der Peripherie, der zufolge der regional isolierte Staat den Aufbau bilateraler Beziehungen mit Staaten außerhalb der MENA-Region forcieren sollte (Levey, 2008, S. 207). Afrika stand hier von Beginn an im Mittelpunkt der israelischen Außenpolitik, die darauf abzielte, den arabischen Einfluss auf dem Kontinent einzudämmen, die wirtschaftlichen Beziehungen mit afrikanischen Staaten zu stärken und politische Unterstützung gegen die arabischen Staaten in den VN und der Organisation für Afrikanische Einheit (OAE) zu gewinnen (Sankari, 1979, S. 270). Diese Politik war recht erfolgreich. Während Israel bis zur Suezkrise 1956 lediglich über eine Botschaft in Südafrika und ein Generalkonsulat in Kenia verfügte, unterhielt Tel Aviv bis zum Sechstagekrieg 1967 diplomatische Beziehungen mit 32 afrikanischen Staaten.

Das erklärte Ziel der arabischen Staaten wiederum war es, Israel in Afrika zurückzudrängen und diplomatisch zu isolieren. Federführend waren hierbei zunächst die arabischen Mitgliedsstaaten der OAE und vor allem Ägypten, das in den 1950er- und 1960er-Jahren versuchte, afrikanische Staaten unter anderem mithilfe von Wirtschaftshilfen, technischer und kultureller Unterstützung und dem Vorantreiben der wirtschaftlichen Integration Afrikas dauerhaft im arabischen Lager zu verankern (Levey, 2008, S. 215; Sankari, 1979, S. 277). Unter dem Eindruck der arabischen Niederlage 1967 und des zunehmenden diplomatischen Erfolgs Israels begann auch Saudi-Arabien, sich verstärkt in Afrika zu betätigen – eine Neuorientierung, die sicher auch vor dem Hintergrund des sogenannten Arabischen Kalten Kriegs und der Rivalität mit Ägypten zu verstehen ist.

Als Wendepunkt der saudischen Afrikapolitik wird für gewöhnlich der November des Jahres 1972 angesehen, als König Faisal (reg. 1964–1975) Mauretanien, Niger, Senegal, Tschad und Uganda einen Staatsbesuch abstattete – also mithin Staaten, deren Bevölkerungen (mit Ausnahme Ugandas) mehrheitlich muslimisch und frankophon geprägt sind und die (mit Ausnahme Mauretaniens) Israel über lange Zeit hinweg wohlwollend gegenüberstanden (Sankari, 1979, S. 275 f.). Als Oberhaupt eines Staats, der als Geburtsort des Islams gilt und die zwei heiligsten Stätten der Musliminnen und Muslime beheimatet, konnte Faisal wesentlich glaubhafter als etwa der ägyptische Staatspräsident Gamal Abdel Nasser (reg. 1952–1970) auf islamische Solidarität der mehrheitlich muslimischen Staaten Afrikas dringen. Wohl in der Hoffnung, die erst kurz zuvor entkolonialisierten afrikanischen Staaten zusätzlich gegen Israel einzunehmen, verband er den Appell an die islamische Solidarität häufig mit dem antisemitischen Vorwurf, die Juden seien für den europäischen Kolonialismus verantwortlich zu machen (eine Strategie, die Nasser bereits zuvor verfolgt hatte). So behauptete er beispielsweise im November 1972 vor der nigrischen Nationalversammlung: „Trotz all der Unterdrückung und der Willkür, der unsere muslimischen Brüder in Afrika durch den globalen Zionismus – der sich des Kolonialismus in Afrika bediente – ausgesetzt waren, halten [sie] weiterhin an ihrem Glauben fest" (Faysal, 1972). Mit im Gepäck nach Niamey hatte Faisal auch ein Darlehen von umgerechnet zehn Millionen US-Dollar, das, wie zeitgenössische Zeitungsberichte mutmaßen, die nachfolgende nigrische Kehrtwende im Verhältnis zu Israel nicht minder beeinflusst haben dürfte (Smith, 1973).

Die konzertierte arabische Afrikapolitik unter Führung Ägyptens und Saudi-Arabiens führte letztlich dazu, dass insgesamt 25 afrikanische Staaten ihre diplomatischen Beziehungen zu Israel abbrachen – einige wenige (wie Niger, Mali, Republik Kongo, Tschad, Uganda) vor, zehn während und weitere zehn Staaten unmittelbar nach dem Jom-Kippur-Krieg (bzw. Oktober- oder Ramadankrieg) im Oktober 1973. Letztendlich dürfte es eine Kombination aus mehreren Gründen gewesen sein, die sie zu diesem Schritt veranlassten, einschließlich der zu befürchtenden inneren Unruhen in mehrheitlich muslimischen Staaten im Falle einer Aufrechterhaltung diplomatischer Beziehungen mit Israel (Levey, 2008, S. 220). Von zentraler Bedeutung hierbei war sicher auch, dass ölreiche arabische Staaten wie unter anderem Bahrain, Kuwait, Libyen und nicht zuletzt Saudi-Arabien während der Konferenz der blockfreien Staaten in Algier im September 1973 umfangreiche Hilfsgelder in Aussicht stellten – und dass diese nach der von der Organisation erdölproduzierender Länder (OPEC) am 17. Oktober 1973 verkündeten Ölpreissteigerung um 70 % von vielen erdölimportierenden Staaten Afrikas umso dringlicher benötigt wurden. Manche Forschende gehen daher davon aus, dass das sogenannte Ölembargo entscheidend zur Isolation Israels in Afrika beitrug (Le Vine & Luke, 1979, S. 14 ff.).

Faisal gilt heute als Begründer einer umfassenden saudischen Afrikapolitik (Al-Ṭarīfī, 2006), was sich auch eindrücklich in Zahlen nachweisen lässt. So unterhielt das Königreich bis Ende der 1960er-Jahre lediglich vier Botschaften auf dem Kontinent (Ägypten, Mali, Niger und Tunesien). Allein 1970 wurden dann saudische Botschaften in Algerien, Libyen, Mauretanien, Marokko, Senegal, Sudan und Somalia gegründet, 1972 und 1973 folgten weitere Botschaften im Tschad beziehungsweise in Niger. Ebenfalls im Tschad wurde 1972 mit saudischer Hilfe das Islamische Zentrum König Faisal in N'Djamena gegründet, 1974 die vor allem mit saudischen Geldern finanzierte Islamische Universität in Say, Niger (Demirdirek et al., 2023). Wenngleich sich die Summe saudischer Entwicklungshilfe unter Faisal nicht genau beziffern lässt – der saudische Fonds für Entwicklung nahm seine Arbeit erst im Todesjahr Faisals auf –, zahlten die arabischen Erdölstaaten, allen voran Saudi-Arabien, Kuwait und Libyen, den subsaharischen Staaten Afrikas im Zeitraum von 1973 bis 1981 Hilfsgelder im Umfang von insgesamt 1,67 Mrd. US-Dollar (Kanaan, 1985, S. 414).

22.4 Afrika im Kontext aktueller Konflikte im Nahen Osten

Nach Faisals Ermordung im März 1975 wurde der Ansatz einer umfassenden saudischen Afrikapolitik bald wieder aufgegeben. Die Außenpolitik Riads konzentrierte sich stattdessen wie zuvor auf die Staaten Ostafrikas und, vor allem unter Faisals Nachfolger König Khalid (reg. 1975–1982), auf die punktuelle Eindämmung kommunistischer Bewegungen in Afrika in Zusammenarbeit mit unter anderem den USA, Frankreich und dem Iran (bis 1979).[3] Ein strategisches Interesse an ganz Afrika wurde vonseiten Saudi-Arabiens

---

[3] Sinnbildlich für den neuen Ansatz war die saudische Beteiligung in dem im Jahr 1976 gegründeten, sogenannten Safari Club, in dessen Rahmen die Geheimdienste Ägyptens, Frankreichs, des Irans, Marokkos und Saudi-Arabiens in verdeckten Operationen kooperierten, um die Ausbreitung des Kommunismus in Afrika zu verhindern. Eine informelle Zusammenarbeit erfolgte mit der US-amerikanischen Central Intelligence Agency (CIA), aber auch mit israelischen, südafrikanischen und rhodesischen Diensten (Miglietta, 2002, S. 20). Finanziert vor allem mit saudischen Geldern, führte der Safari Club zum Beispiel Operationen in Zaire (heute Demokratische Republik Kongo) oder in Somalia durch.

beziehungsweise der Golfstaaten im Allgemeinen erst wieder infolge des sogenannten Arabischen Frühlings 2011 formuliert – zu einer Zeit also, als die Bedeutung, die die Regierung Faisals dem Kontinent einst beigemessen hatte, nahezu in Vergessenheit geraten war. So schrieb ein ehemaliger saudischer Mitarbeiter bei der Arabischen Liga im Jahr 2012 folgerichtig, dass Afrika „vielleicht […] mit Ausnahme Südamerikas die [Weltregion] ist, die am wenigsten auf der Landkarte unserer allgemeinen Außenpolitik zu finden" sei; und dies angesichts eines neu entfachten internationalen „Wettbewerbs", den Saudi-Arabien „aufgrund unserer langen Abwesenheit in Afrika" zu verlieren drohe (Kāblī, 2012). Obwohl sich Saudi-Arabien bereits zu dieser Zeit als aufstrebende globale Macht verstand, die ihre dortigen Interessen auch gegen China, Europa oder die USA durchsetzen müsse (Heibach, 2018), waren es erneut Konflikte mit einzelnen Staaten im Nahen und Mittleren Osten, die die neue Afrikapolitik Saudi-Arabiens und die seines engsten Verbündeten, der VAE, von nun an bestimmten.

Unter der Vielzahl innerstaatlicher, bilateraler und regionaler Konflikte, die die MENA-Region infolge des sogenannten Arabischen Frühlings und der veränderten US-Politik in der Region unter Präsident Barack Obama erschütterten, waren es vor allem die folgenden beiden Gegensätze, die sich in den internationalen Beziehungen Afrikas niederschlugen: erstens der saudisch-arabische Konflikt mit dem Iran und zweitens der Konflikt zwischen Saudi-Arabien und den VAE auf der einen und Katar und der Türkei auf der anderen Seite (▶ Kap. 20 und 21).

Im Zuge der regionalen geopolitischen Umbrüche seit 2011 und aufgrund des 2015 zwischen dem Iran und den P5+1 (China, Frankreich, Russland, USA, Vereinigtes Königreich und Deutschland) geschlossenen Atomabkommens (Joint Comprehensive Plan of Action) spitzte sich der Konflikt zwischen dem Iran und Saudi-Arabien sowie den VAE erneut zu. Saudische und emiratische Medienberichte in dieser Zeit stellen daher auch auf die Gefahr ab, die die iranische Präsenz in Afrika im Allgemeinen und am Horn von Afrika im Besonderen für die eigenen Sicherheitsinteressen bedeutet (Heibach, 2018). Wie oben erwähnt, waren beide Staaten bereits vor 2011 am Horn aktiv, die VAE zum Beispiel im Rahmen der internationalen Kontaktgruppe zur Bekämpfung der Piraterie vor der Küste Somalias. Der im März 2015 unter saudischer und emiratischer Führung lancierte Militäreinsatz im Jemen führte beiden Staaten aber nochmals dringlicher die Gefahr vor Augen, die vom Iran und der mit Teheran verbündeten jemenitischen Huthi-Bewegung (Anṣār Allāh) in den Staaten des Horns ausging – vor allem in Eritrea, wo Berichten zufolge Anhängerinnen und Anhänger der Huthi-Bewegung mit iranischer Unterstützung militärisch ausgebildet wurden (Young & Khan, 2022, S. 112).

In den folgenden Jahren versuchten daher sowohl Saudi-Arabien als auch die VAE, iranischen Einfluss unter Aufwendung massiver finanzieller und politischer Mittel zurückzudrängen. Im Jahr 2016 brachen nach Offerten beider Staaten mehrere afrikanische Staaten ihre diplomatischen Beziehungen mit dem Iran ab, darunter Dschibuti, die Komoren, der Sudan und Somalia. Weitere Staaten, die wie der Sudan enge Beziehungen zum Iran gepflegt hatten, wechselten zudem ins saudisch-emiratische Lager, so zum Beispiel Eritrea, aber auch Äthiopien (Heibach, 2020). Neben Ostafrika rückten darüber hinaus die restlichen Subregionen Afrikas verstärkt ins Blickfeld. Ausdruck der neuen Bedeutung, die Riad dem Kontinent nun insgesamt beimaß, war die Neuschaffung der Stelle eines Staatsministers für Afrika im Jahr 2018, die seitdem der saudische Karrierediplomat Ahmad Qattan ausfüllt, sowie die Etablierung diplomatischer Beziehungen mit weiteren Staaten (Äquatorialguinea, 2018; Burundi, 2022; Eswatini, 2015; Guinea-Bissau, 2020; Kap Verde, 2019; Lesotho, 2021; Namibia, 2015; Togo, 2021; Sambia, 2013; Südsudan, 2011; Zentralafrikanische Republik, 2017; Simbabwe, 2021; siehe Demirdirek et al., 2023).

Die Neuausrichtung saudischer und emiratischer Afrikapolitik war allerdings nicht nur dem Ziel der Eindämmung des Irans geschuldet. So beäugten beide Staaten die türkische Afrikapolitik unter Recep Tayyib Erdogan von Beginn an äußerst kritisch, insbesondere, als diese ab 2010 an Fahrt aufnahm. Anlässlich des Besuchs Erdogans in mehreren afrikanischen Staaten im Januar 2013 leitete zum Beispiel der damalige Außenminister Saud al-Fayṣal einen entsprechenden Bericht der saudischen Botschaft in Ankara direkt an den Privatsekretär König Abdullahs weiter mit der Anmerkung, dass „die Türkei ihre Beziehungen zum afrikanischen Kontinent derart zu stärken versucht, dass dies ihre traditionellen Beziehungen zu Europa um ein Vielfaches überschreiten würde". „Dieser Schritt" sei auch deswegen „politisch schlau", so al-Faysal, da die Türkei „mit der Unterstützung ihrer afrikanischen Freunde in den VN rechnen" könne (Al-Faysal, 2013).

Tatschlich scheint der Konflikt mit Ankara für den Wandel saudischer Afrikapolitik nicht weniger bedeutsam gewesen zu sein als der mit Teheran, zumal die Regierung Hassan Rohani (2013–2021) dem Kontinent deutlich weniger Aufmerksamkeit schenkte als die Regierung Mahmud Ahmadinedschad in den beiden Amtsperioden zuvor (Lob, 2022, S. 84–88). Dies dürfte vor allem während der Katarkrise der Fall gewesen sein, als Ankara und Doha ihre Aktivitäten auch in Afrika zunehmend aufeinander abstimmten (▶ Kap. 20). Ziel Riads und Abu Dhabis war es entsprechend, den türkischen und katarischen Einfluss dort zurückzudrängen. Im Falle Katars gelang dies zunächst, als beispielsweise die Komoren, Mauretanien, Niger, Senegal und Tschad im Sommer 2017 ihre Botschafter aus Doha abzogen, nachdem man diesen (und anderen) Staaten teils unverhohlen mit der Kürzung von Entwicklungshilfe oder mit der Beschränkung der Kontingente für die Pilgerfahrt (Hajj) gedroht hatte (Augé, 2017).

Hinsichtlich der Türkei, die nach dem Regierungsantritt der Partei für Gerechtigkeit und Aufschwung (Adalet ve Kalkınma Partisi, AKP) Afrika zu einem Schwerpunkt ihrer Außenpolitik gemacht und massiv in den Ausbau ihrer Beziehungen zu afrikanischen Staaten investiert hatte (Heibach & Taş, 2023), geriet die Eindämmungspolitik hingegen schnell an die Grenzen des politisch Machbaren. In Dschibuti, Somalia und auch dem Sudan, in denen Riad und Abu Dhabi zuvor an Einfluss gewonnen hatten, büßten sie diesen zugunsten der Türkei sogar wieder ein, was es Katar wiederum ermöglichte, dort mit türkischem Geleit erneut Fuß zu fassen (Maziad, 2022).

22.5 Fazit und Ausblick

Wie die allermeisten Staaten dieser Welt betonen auch diejenigen der Arabischen Halbinsel, dass ihr außenpolitisches Engagement der Schaffung und dem Erhalt regionaler Stabilität und Sicherheit dient. Und tatsächlich spielten die Vermittlungsbemühungen Riads und Abu Dhabis eine positive Rolle bei der Beilegung des jahrzehntealten Konflikts zwischen Äthiopien und Eritrea, die im Jahr 2018 in der Unterzeichnung eines Friedensabkommens mündeten.[4] Jedoch ist nicht von der Hand zu weisen, dass die Austragung von Konflikten der MENA-Region in Afrika oft unmittelbare Auswirkungen auf die Sicherheit vor Ort hat. So drohte zum Beispiel der während der Katarkrise erzwungene Abzug katarischer Friedenssicherungstruppen von der zwischen Dschibuti und Eritrea umstrittenen Insel Doumeira im Juni 2017, den Konflikt beider Staaten weiter eskalieren zu lassen. Zwar wurde die Katarkrise zuletzt offiziell für beendet erklärt und auch die Konflikte, die Saudi-Arabien mit dem Iran oder der Türkei über Jahre hinweg austrug, konnten jüngst beigelegt werden. Allerdings ist es wenig wahrscheinlich, dass die derzeitige Entspannung in den Beziehungen dieser Staaten von Dauer sein wird. Sollte es aber wieder zu einer Eskalation der Lage kommen, kann man davon ausgehen, dass sich die Konflikte im MENA-Raum erneut auf die Sicherheit in Afrika auswirken werden.

---

4 Wenngleich das eritreische Informationsministerium Riad im Nachhinein beschuldigte, seine Bedeutung bei dessen Zustandekommen zu übertreiben und dadurch „Afrika und seine Errungenschaften herabzusetzen" (zitiert nach Alfa Shaban, 2020). Zuvor hatte der saudische Staatsminister für Afrika, Qattan, öffentlich die zentrale Bedeutung Riads sowie die des von Saudi-Arabien im Februar 2020 gegründeten Rats der an das Rote Meer und den Golf von Aden angrenzenden arabischen und afrikanischen Staaten in den Vermittlungen zwischen beiden Staaten betont.

Literatur

Al-Faysal, S. (2013). Barqīya ṣādira 7/3, 3/1434 (Document Doc#10247). WikiLeaks. https://wikileaks.org/. Zugegriffen: 8. Aug. 2023.

Al-Ṭarīfī, (2006). Al-ʿalāqāt al-saʿūdīya al-ifrīqīya ḫilāl ʿahd al-malik Fayṣal, 1964–1975. *Maǧalla Dirāsāt al-Ḫalīǧ wa al-Ǧazīra al-ʿArabīya*, (123), 363–368.

Augé, B. (2017). Quand l'Arabie saoudite somme l'Afrique de lâcher le Qatar. Le Monde. http://www.lemonde.fr/afrique/article/2017/06/12/quand-l-arabie-saoudite-somme-l-afrique-de-lacher-le-qatar_5143209_3212.html#jr84M4hVBdDWOYDK.99. Zugegriffen: 20. Juli 2023.

Barnhart, J. (2016). Status competition and territorial aggression: evidence from the scramble for Africa. *Security Studies*, 25(3), 385–419.

Boucek, C. (2009). Saudi extremism to Sahel and back. Carnegie Endowment for International Peace. https://carnegieendowment.org/2009/03/26/saudi-extremism-to-sahel-and-back-pub-22891. Zugegriffen: 20. Juli 2023.

Buzan, B., & Wæver, O. (1972). *Regions and powers: the structure of international security*. Cambridge: Cambridge University Press.

Demirdirek, M., Heibach, J., & Talebian, H. (2023). Explaining middle-power engagement in external regions: a comparison of Iranian, Saudi, and Turkish sub-Saharan Africa policies. MPEX. https://mpex.giga-set.info. Zugegriffen: 8. Aug. 2023. unveröffentlichter Datensatz.

Donelli, F., & Gonzalez-Levaggi, A. (2021). Crossing roads: the Middle East's security engagement in the Horn of Africa. *Global Change, Peace & Security*, 33(1), 45–60.

Economist Impact (2022). Global food security index 2022. https://impact.economist.com/sustainability/project/food-security-index/explore-countries. Zugegriffen: 9. Dez. 2023.

Farrar, S. (2014). Arab acquisitions in sub-Sahara Africa. *The Law and Development Review*, 7(2), 243–274.

Fayṣal (1972). *Al-malik Fayṣal b. ʿAbd al-ʿAzīz yartaǧil ḫiṭāban fī al-ǧamʿīya al-waṭanīya al-nıgarīya*. Umm al Qurā, Nr. 2449.

Freitag, U. (2022). The projection of Saudi Arabian influence in West Africa. In A. Sounaye & A. Chappatte (Hrsg.), *Islam and Muslim life in West Africa* (S. 173–205). Berlin: De Gruyter.

Hasan, Y. F. (1985). The historical roots of Afro-Arab relations. In K. E.-D. Haseeb (Hrsg.), *The Arabs and Africa* (S. 27–43). New York: Routledge.

Heibach, J. (2018). Transregionale Beziehungen unter hegemonialen Vorzeichen: Der Stellenwert Subsahara-Afrikas in der neuen Geopolitik Saudi-Arabiens. In S. Wippel & A. Fischer-Tahir (Hrsg.), *Jenseits etablierter Meta-Geographien: Der Nahe Osten und Nordafrika in transregionaler Perspektive* (S. 307–324). Baden-Baden: Nomos.

Heibach, J. (2020). Sub-Saharan Africa: a theater for Middle East power struggles. *Middle East Policy*, 27(2), 69–80.

Heibach, J., & Taş, H. (2023). Beyond the soft-hard power binary: resource control in Turkey's foreign policy towards sub-Saharan Africa. *Journal of Balkan and Near Eastern Studies*, 26(3), 311–326.

Hodder, G. (2022). Africa and the Gulf states herald a new era in trade and investment relations. White & Case. https://www.whitecase.com/insight-our-thinking/africa-focus-winter-2022-africa-and-gulf-states. Zugegriffen: 20. Juli 2023.

Huliaras, A., & Kalantzakos, S. (2017). The Gulf states and the Horn of Africa: a new hinterland? *Middle East Policy*, 13(4), 63–73.

Kaag, M., & Soumaya, S. (2020). Reflections on trust and trust making in the work of Islamic charities from the Gulf region in Africa. In H. Weiss (Hrsg.), *Muslim faith-based organizations and social welfare* (S. 61–84). London: Palgrave Macmillan.

Kāblī, S. (2012). Siyāsatnā al-ḫārijīya fī ifrīqīyā. al-Waṭan. http://al-watan.com.sa/Articles/Detail.aspx?ArticleId=11889. Zugegriffen: 20. Juli 2023.

Kanaan, T. H. (1985). The economic dimension of contemporary Afro-Arab relations. In K. E.-D. Haseeb (Hrsg.), *The Arabs and Africa* (S. 391–424). New York: Routledge.

Kobo, O. (2009). The development of Wahhabi reforms in Ghana and Burkina Faso, 1960–1990: elective affinities between Western-educated Muslims and Islamic scholars. *Comparative Studies in Society and History*, 51(3), 502–532.

Kuus, M. (2017). *Critical geopolitics*. Oxford Research Encyclopedias. https://doi.org/10.1093/acrefore/9780190846626.013.137.

Laiboni, N. (2019). A job at any cost: Experiences of African women migrant workers in the Middle East. GAATW Consolidated Report. https://gaatw.org/resources/publications/1009-a-job-at-any-cost-experiences-of-african-women-migrant-domestic-workers-in-the-middle-east. Zugegriffen: 20. Juli 2023.

Lechini, G., & Dussort, M. N. (2016). The GCC and the BRICS in sub-Saharan Africa: Is China the main driver? In T. Niblock (Hrsg.), *The Arab states of the Gulf and BRICS: New strategic partnerships in politics and economics* (S. 223–241). Berlin, London: Gerlach.

Levey, Z. (2008). Israel's exit from Africa: the road to diplomatic isolation. *British Journal of Middle Eastern Studies*, 35(2), 205–226.

Le Vine, V. T., & Luke, T. W. (1979). *The Arab-African connection: political and economic realities*. Boulder: Westview Press.

Lob, E. (2022). Iran's foreign policy and developmental activities in Africa: Between expansionist ambitions and hegemonic constraints. In R. Mason & S. Mabon (Hrsg.), *The Gulf states and the Horn of Africa: Interests, influences, and instability* (S. 68–98). Manchester: Manchester University Press.

Maziad, M. (2022). The Turkey-Qatar alliance: Through the Gulf into the Horn of Africa. In R. Mason & S. Mabon (Hrsg.), *The Gulf states and the Horn of Africa: Interests, influences, and instability* (S. 127–150). Manchester: Manchester University Press.

Miglietta, J. P. (2002). *American alliance policy in the Middle East, 1945–1992: Iran, Israel, and Saudi Arabia*. Lanham: Lexington Books.

Peel, M. (2013). Africa and the Gulf. *Survival*, 55(4), 143–154.

Pérouse de Montclos, M.-A. (2018). La politique africaine de l'Arabie Saoudite, entre conservatisme et prosélytisme. *Questions Internationales*, 8(9), 105–111.

Sankari, F. A. (1979). The costs and gains of Israeli pursuit of influence in Africa. *Middle Eastern Studies*, 15(2), 270–279.

Schulze, R. (1993). La da'wa saoudienne en Afrique de l'Ouest. In R. Otayek (Hrsg.), *Le radicalisme islamique au sud du sahara* (S. 21–35). Paris: Karthala.

Shaban, A. A. R. (2020). Ethio-Eritrea peace deal: Asmara cautions Saudi minister to stick to facts. Africa News. https://www.africanews.com/2020/01/15/ethio-eritrea-peace-deal-asmara-cautions-saudi-minister-to-stick-to-facts/. Zugegriffen: 20. Juli 2023.

Smith, T. (1973). An Arab campaign is damaging Israel's standing in black Africa. The New York Times. https://www.nytimes.com/1973/01/12/archives/an-arab-campaign-is-damaging-israels-standing-in-black-africa.html. Zugegriffen: 20. Juli 2023.

The Economist (2019). The new scramble for Africa: This time, the winners could be Africans themselves. https://www.economist.com/leaders/2019/03/07/the-new-scramble-for-africa. Zugegriffen: 20. Juli 2023.

Thurston, A. (2022). Wahhabi compromises and „soft salafization". In I. P. the Sahel & Mandaville (Hrsg.), *Wahhabism and the world: Understanding Saudi Arabia's global influence on Islam* (S. 238–254). Oxford: Oxford University Press.

Todman, W. (2018). The Gulf scramble for Africa: GCC states' foreign policy laboratory. CSIS Brief. https://www.csis.org/analysis/gulf-scramble-africa-gcc-states-foreign-policy-laboratory. Zugegriffen: 20. Juli 2023.

Townsend, S. (2020). Seeds of Gulf-Africa agribusiness. *The Cairo Review of Global Affairs*, 36(1), 56–64.

ʿUkaẓ (2016). Al-Fāliḥ: „Ruʾya 2030" munṭalaq taʿāwun bayna al-saʿūdīya wa ifrīqiyā. http://www.okaz.com.sa/article/1509641. Zugegriffen: 20. Juli 2023.

US Commission on International Religious Freedom (2021). Muslims in Africa. Factsheet. https://www.uscirf.gov/sites/default/files/2021-10/2021%20Muslims%20in%20Africa%20Factsheet.pdf. Zugegriffen: 20. Juli 2023.

Wilkinson, J. C. (2015). *The Arabs and the scramble for Africa*. London: Equinox.

Woertz, E. (2012). *Oil for food: the global food crisis and the Middle East*. Oxford: Oxford University Press.

World Bank (2023). World Bank open data. https://data.worldbank.org/. Zugegriffen: 9. Dez. 2023.

World Resources Institute (2023). AQUEDUCT water risk atlas. https://www.wri.org/aqueduct. Zugegriffen: 9. Dez. 2023.

Young, K. E., & Khan, T. (2022). Extended states: the politics and purpose of United Arab Emirates economic statecraft in the Horn of Africa. In R. Mason & S. Mabon (Hrsg.), *The Gulf states and the Horn of Africa: Interests, influences, and instability* (S. 99–126). Manchester: Manchester University Press.

Alte und neue Allianzen

Inhaltsverzeichnis

Kapitel 23   Rolle der USA im MENA-Raum – 253
Stefan Fröhlich

Kapitel 24   Indien als aufsteigender Akteur in der Golfregion – 263
Stefan Lukas und Leo Wigger

Kapitel 25   China-Golf Beziehungen: Eine Partnerschaft auf Augenhöhe? – 273
Julia Gurol-Haller

Kapitel 26   „Abraham Accords": Israel und die Arabische Halbinsel – 281
Jan Busse und Anna Reuß

Rolle der USA im MENA-Raum

Stefan Fröhlich

© valya82 / Stock.adobe.com

Inhaltsverzeichnis

23.1 Einführung – 254

23.2 US-amerikanische Außenpolitik unter veränderten globalen Rahmenbedingungen – 254

23.3 Aufkündigung der Grundprinzipien amerikanischer Nahostpolitik unter Obama – 255

23.4 Neue strategische Unsicherheit im MENA-Raum und Rückkehr der Großmächtepolitik – 257

23.5 Neue regionale Machtkämpfe – 258

23.6 Fazit – 260

Literatur – 261

23.1 Einführung

Zum Selbstverständnis der USA gehört bis heute, dass US-amerikanische Präsidenten, gleichgültig ob Republikaner oder Demokrat, sich zugleich als „Führer der freien Welt" inszenieren. Erst unter Präsident Trump (der zum Zeitpunkt der Verschriftlichung dieses Beitrags noch nicht ein weiteres Mal ins Präsidentenamt gewählt wurde) schien diese Grundprämisse erstmals insofern infrage gestellt, als für viele Beobachtende diese „freie Welt" ohne US-amerikanische Führung aufgehört hatte zu existieren. Das ändert jedoch nichts an der Tatsache, dass sich die USA auch unter Trump unverändert in der Rolle des Garanten internationaler Stabilität und als unentbehrliche Ordnungsmacht sahen. Damit unterschied sich seine Agenda trotz unbestrittener Abkehr von den Grundprinzipien des liberalen Internationalismus zumindest in einem Punkt gar nicht so erheblich von der seines Amtsvorgängers. Seit der zweiten Amtszeit Obamas ist der Trend einer größeren Zurückhaltung in Bezug auf Amerikas globales Engagement unverkennbar; davon sind nicht zuletzt der Nahe Osten und Nordafrika (MENA) unmittelbar betroffen. Auch unter der Administration von Joe Biden setzt sich „America First" unter dem Label „Buy American" fort und spiegelt den Willen wider, künftig amerikanische und nicht globale Interessen in den Mittelpunkt zu stellen. Das heißt aber nicht, dass Washington den Führungs- und Gestaltungsanspruch der USA in einer multipolaren Welt aufgegeben hätte.

23.2 US-amerikanische Außenpolitik unter veränderten globalen Rahmenbedingungen

Die Welt und die Machtverhältnisse haben sich spätestens seit der globalen Finanz- und Wirtschaftskrise radikal verändert. Die Jahrzehnte währende US-Hegemonie, die vor allem auf Amerikas überragender Wirtschaftsmacht (bis weit in die zweite Hälfte des 20. Jahrhunderts generierte diese rund ein Drittel des globalen BIP) und seiner militärischen Überlegenheit gründete, neigt sich dem Ende zu, auch wenn sich der Abgesang auf das Land einmal mehr als verfrüht erweisen könnte. Vor allem China ist zum großen Herausforderer und strategischen Rivalen Washingtons avanciert. Das Land war in den letzten Jahren für ein Drittel des globalen Wirtschaftswachstums verantwortlich und gemessen an der Wirtschaftsleistung in Kaufkraftparitäten hat das „Reich der Mitte" als aufstrebende Supermacht die USA und die EU-27 bereits überholt, auch wenn der Pro-Kopf-Wert mit knapp 45 % des EU-Niveaus noch erheblich hinterherhinkt. Die Modernisierung des Landes und sein unaufhaltsamer Aufstieg als ebenbürtiges Kraftzentrum der Weltwirtschaft neben den USA und der EU wird nicht zuletzt dadurch deutlich, dass mit ca. 1,5 Mio. Patenten fast die Hälfte der weltweiten Patentanmeldungen in 2019 auf China entfiel und seine Innovationsinvestitionen im Volumen mittlerweile in etwa denen der USA entsprechen.

Schon während der Amtszeit Obamas sahen Beobachtende im eigenen Land die Welt daher auf ein – mit Ausnahme der militärischen Dimension – „postamerikanisches Zeitalter" zusteuern, in dem sich der politische, finanzielle, soziale wie kulturelle Einfluss auf verschiedene Zentren und Akteure verteile (Zakaria, 2008, S. 18–43; Robel et al., 2012, S. 116–151). Künftig, so die nicht wirklich neue Beobachtung, würde es eben drei Supermächte oder Imperien geben – neben den schwächer werdenden USA das unaufhaltsam aufsteigende China und die EU. Demnach sei allenfalls in einem gleichberechtigten Konzert mit Europa und Japan die künftige Stärke und Weltrolle der USA gegenüber den aufstrebenden BRIC-Staaten (Brasilien, Russland, Indien und China) garantiert (Gat, 2007, S. 59–69; Ikenberry & Wright, 2007; Khanna, 2008; Kupchan, 2003).

Der Tenor solcher Einschätzungen – ungeachtet der globalen Finanz- und Wirtschaftskrise 2008/9 – lautete übersetzt in etwa so: Die reale Schwäche der Weltmacht offenbart sich bereits seit Längerem. Je mehr die USA sich verschulden und dafür anlegen müssen, das eigene Wirtschaftssystem zu stabilisieren, desto schwerer fällt es Washington, die selbst gewählte Rolle der Weltordnungsmacht auszuüben. Durch die Kriege im MENA-Raum, welche die US-amerikanischen Truppen an die Grenzen der Belastbarkeit geführt haben, ist nicht nur der Ruf der USA in der Welt nachhaltig beschädigt, sondern es sind auch immense humanitäre, finanzielle und diplomatische Kosten entstanden (Haas, 2008, S. 44–56). Entsprechend groß ist der Unmut der Bevölkerung und weiter Teile der politisch Verantwortlichen in beiden Parteien. Nach dem Scheitern der „humanitären Interventionen" im Irak und in Afghanistan in den beiden vergangenen Dekaden will die Mehrheit des Landes nicht weiter an der kostspieligen Rolle der globalen Interventionsmacht festhalten – mit erheblichen geopolitischen Konsequenzen für den MENA-Raum im Allgemeinen und die anhaltenden Krisen vor allem in Syrien, aber auch im Jemen (▶ Kap. 20 und 21).

All dies heißt im Umkehrschluss nicht, dass die sich herausbildende neue globale Ordnung zwangsläufig eine neue bipolare (USA, Europa und ihre Verbündeten auf der einen, China und Russland auf der anderen Seite) beziehungsweise eine gegen die USA und Europa gerichtete sein muss. Zwischen beiden Blöcken stehen zu viele unentschlossene bedeutende Akteure, deren Positionierung wahlweise wechselt. Dies zeigen auch die jüngsten Balanceakte der wichtigsten regionalen Akteure in der MENA-Region zwischen den Großmächten. Die Idee der liberalen Ordnung ist aus Sicht der Biden-Administration nicht am Ende, ihre Errungenschaften aber müssen an die neuen Gegebenheiten angepasst werden, und zwar nach innen wie nach außen (Neumann, 2022). Amerika bleibt auf absehbare Zeit die stärkste Macht in der sich herausbildenden neuen Ordnung, in fast allen Machtdimensionen (militärisch, ökonomisch, politisch und kulturell) dem Rest, mit Ausnahme von China (und in Teilen Europa), weit voraus, aber längst nicht mehr in der Lage, das Weltgeschehen so zu kontrollieren, wie es das noch bis zur Jahrhundertwende getan hat. Als weltweit größter Gasproduzent profitieren die USA allerdings von steigenden Energiepreisen im Gegensatz zu ihrem größten Konkurrenten China. Schließlich dürfte Washington aus Chinas heikler ambivalenter Haltung zum Krieg in der Ukraine geopolitischen Nutzen ziehen, indem es Europa zwingt, sich wieder stärker an die USA zu binden und seine bisherige Äquidistanzpolitik zwischen China und den USA aufzugeben (Fröhlich, 2021).

Die Wahrscheinlichkeit aber ist dennoch groß, dass Biden mit seinem Anspruch der Wiederherstellung Amerikas machtpolitischer wie moralischer Dominanz an den Erwartungen einer Gesellschaft scheitert, die den Erfolg der neuen Administration ungebrochen an der Durchsetzung der von Trump praktizierten Logik des „America Firsts" festmacht. Die USA befinden sich an einem Punkt, da der an den Zielen einer aktiven Demokratieförderung orientierte globale Führungsanspruch der beiden vergangenen Dekaden hinter eine an den Interessen der US-Bevölkerung orientierten Politik zurückgetreten ist. Damit sind nicht nur die Grundprinzipien des Multilateralismus wie des Freihandels als Kernprinzipien der liberalen Ordnung in Gefahr. Damit besteht auch die Gefahr des Kontrollverlusts und der Aufgabe wichtiger strategischer Partner der USA, die sich auf die traditionelle Sicherheitsgarantie der USA nicht mehr verlassen können und nach Alternativen suchen. Amerika ist nicht länger bereit, sein Militärpotenzial auch künftig zur globalen Projektion stabiler Verhältnisse zu nutzen, wie es das in der Vergangenheit getan hat. Die jetzige Bedrohungslage durch den Krieg in der Ukraine erfordert aus Sicht Washingtons die Rückbesinnung auf die Bündnisverteidigung bei gleichzeitiger Einhegung der chinesischen Herausforderung im Indopazifik (Taiwanfrage). Der Großmächtekonflikt mit Russland und China ist das dominierende geostrategische Szenario in Washington, wie sich auch in der neuen Sicherheitsstrategie der Biden-Administration zeigt (The White House, 2022) – allerdings unter anderen Vorzeichen als zu Zeiten der Kalten Kriegs.

Hingegen scheint die Ära der Stabilisierungseinsätze mit dem Abzug aus Afghanistan zunächst vorüber. Dieser Trend wird sich aufgrund der größeren Energieunabhängigkeit gerade mit Blick auf die MENA-Region womöglich verstärken. Statt um militärische Sicherung der freien Ölzufuhr beziehungsweise der geostrategisch relevanten Netzwerke und Transportwege wird es künftig vor allem um die Aufrechterhaltung des jeweiligen regionalen Kräftegleichgewichts in der Region gehen, ohne dass man sich dieser mit seinen ordnungspolitischen Vorstellungen weiter als nötig aufdrängt. Die zentrale Frage für jede Administration in Washington ist vor diesem Hintergrund, inwieweit die USA weiterhin attraktive Alternative für die Staaten bleiben, die sich von Südost- über Zentralasien und den Mittelmeerraum bis hin nach Europa in der vergangenen Dekade vor allem aus ökonomischen, aber auch sicherheitspolitischen Motiven zunehmend an China (Seidenstraßenprojekt) oder Russland gebunden haben (▶ Kap. 25).

23.3 Aufkündigung der Grundprinzipien amerikanischer Nahostpolitik unter Obama

Spätestens seit dem Zweiten Weltkrieg steht die Region im Fokus US-amerikanischer Außenpolitik. Geoökonomische (50 bis 60 % der globalen Ölreserven; zentrale Handelsrouten: Suezkanal, Straße von Hormus) und geostrategische Interessen (Instabilitäten, Konflikthaftigkeit – Bürgerkriege mit Spill-over-Effekten auf Europa) spielten dabei die zentrale Rolle. Hinzu kamen aber auch geopolitische Motive, wie der Machtkampf mit der Sowjetunion während des Kalten Kriegs, der Schutz Israels im Kontext des Nahostkonflikts als langjähriger Kernkonflikt der Region sowie der schiitisch-sunnitische Machtkampf seit den Terroranschlägen von 2001 (▶ Kap. 21). Alles zusammen machte die Region neben Europa bis Ende des 20. Jahrhunderts zum Dreh- und Angelpunkt globaler amerikanischer Machtprojektion. Während die Phase des Kalten Kriegs dabei aber von einem Großmächtepatt mit Stellvertreterkonflikten zwischen den USA und der Sowjetunion geprägt war, dominierten die USA die Region seit 1989/90 als unbestrittene Ordnungsmacht und schickten sich an, die Idee des Westens nunmehr in den Rest der Welt zu tragen, vor allem in die MENA-Region. Dabei führten die Terroranschläge vom 11. September 2001 und das fortan dominierende Narrativ vom „Krieg gegen den Terror" zu einem weiteren Ausbau der US-Präsenz in der Region, die seit Anfang der 1990er-Jahre unter dem Begriff des Greater Middle East firmierte und neben der MENA-Region nunmehr auch Teile Zentral- und zeitweise sogar Südasiens (Pakistan) einschloss. Erst die Hinwendung zum Indopazifik seit der Obama-Administration (2008) führte zu einem allmählichen Bedeutungsverlust der Region im geostrategischen Denken Washingtons.

Um diese Interessen durchzusetzen und zu wahren, entwickelten die USA seit Ende des Zweiten Weltkriegs ein strategisches Konzept, das vor allem auf vier Grundpfeilern ruhte: (1) der Aufrechterhaltung des regionalen Kräftegleichgewichts; (2) dem Ausbau strategischer Partnerschaften über bilaterale Verträge (Saudi-Arabien seit 1945, Griechenland und Türkei seit 1947, Israel seit 1948, Iran von 1953 bis 1979, Libanon von 1957 bis 1975, Jordanien seit 1963, Tunesien seit 1974, Ägypten seit 1978,

Kuwait, Bahrain und Oman seit 1991/92) zur Verhinderung einer Konstellation, die die Existenz Israels als demokratisches Bollwerk in der Region bedroht; (3) einer starken militärischen Präsenz durch die Einrichtung von Stützpunkten (v. a. seit dem 1973er-Krieg und schließlich der Revolution im Iran 1979 haben die USA ihre Basen über die gesamte Region ausgebaut); und (4) der selektiven wirtschaftlichen und sicherheitspolitischen Unterstützung wichtiger strategischer Partner (im Gegenzug für den Zugang zu den Ölreserven insbesondere von Bahrain seit 1929, Kuwait seit 1934 und Saudi Arabien 1947 über die Ölkonsortien Arabian American Oil Company [Aramco] und Standard Oil of California [SoCal]).

US-Kommandostruktur im MENA-Raum
Verantwortlich für die Region ist das Zentralkommando der Vereinten Staaten (United States Central Command, CENTCOM), eines von vier Kommandos, mit denen die USA beziehungsweise das US-Militär quasi die Welt aufgeteilt haben. Sein Zuständigkeitsgebiet reicht von Syrien im Westen bis Pakistan im Osten sowie von Kasachstan bis Äthiopien auf der Nord-Süd-Achse. Das CENTCOM-Hauptquartier befindet sich auf der MacDill Air Force Base bei Tampa in Florida, seit den Anschlägen vom 11. September 2001 gibt es aber in Katar eine zusätzliche Kommandobasis. Von hier aus werden zum Beispiel Operationen in Syrien und im Irak befehligt.

Seit den Umbrüchen der Jahre 1989/90 und schließlich den Terroranschlägen 2001 hat sich die amerikanische Präsenz dabei zunächst weiter verstärkt und führte insbesondere in der Phase des „unipolaren Moments" (Krauthammer, 1990) zu einer unangefochtenen Hegemonialstellung der USA in der Region. Wohl kaum eine andere Weltregion wurde vor allem in dieser Phase so maßgeblich von einer externen Globalmacht dominiert und geprägt wie die MENA-Region. Während das Ende der Blockkonfrontation überall auf der Welt zum Aufschwung von regionalen Unabhängigkeits- und Autonomiebestrebungen führte, blieb die MENA-Region das, was neben anderen Hinnebusch als „subordinated regional state system" bezeichnete, eine Region, der vor allem die Supermacht USA ihre regionale Ordnungsvorstellung aufoktroyierte, ohne dass sich eine regionale Sicherheitsarchitektur auch nur in Ansätzen hätte entwickeln können (u. a. Hinnebusch, 2020).

Spätestens aber während der zweiten Obama-Administration spürten die USA die Konsequenzen des *imperial overstretch*. Nachdem al-Qaida in Afghanistan besiegt und bin Laden getötet war, zogen sich die USA sukzessive aus den Konflikten in Syrien, Libyen und im Jemen zurück, bauten ihre Truppenpräsenz in Afghanistan und im Irak ab und entfremdeten sich bisweilen von Saudi-Arabien und Israel im Zuge der Nuklearverhandlungen mit dem Iran, die beide diese Verhandlungen kritisch sahen (▶ Kap. 26). Der partielle Rückzug war auch mit einem Strategiewechsel verbunden, bei dem es Washington nunmehr um drei wesentliche Ziele ging: (1) die militärische Ertüchtigung (*enabling*) der wichtigsten strategischen Partner, allen voran Saudia-Arabien und die übrigen Golfstaaten sowie Israel; (2) den damit verbundenen Willen der Eindämmung der aus Washingtoner Sicht Hauptbedrohung für die Region, den regionalen Vormachtambitionen Irans; (3) die Sicherung der zentralen Transportrouten für Öl und den übrigen (Welt)handel vom Persischen Golf westwärts um das Kap der Guten Hoffnung oder durch den Suezkanal sowie von Afrika nord- und westwärts nach Europa oder Nordamerika.

Der Versuch, der Region die eigenen Wert- und Ordnungsvorstellungen anzudienen, scheiterte am Ende hingegen kläglich – nicht nur am Widerstand der dortigen Gesellschaften, sondern auch an taktisch-strukturellen Schwächen des westlichen Konfliktmanagements. Die Abkehr von der Idee der Demokratisierung durch Regimewechsel, eine Verzerrung der Wilson'schen Logik im Sinne von Demokratisierung als ein aus den Zivilgesellschaften heraus entwickelter Prozess, bedeutete die Hinwendung Amerikas zur klassischen Realpolitik in der Region, gleichzeitig aber auch größere strategische Unsicherheit. Fortan führte diese dazu, dass sich ehemals traditionelle Partner nicht länger auf Washingtons Sicherheitsgarantie verlassen wollten und sich stattdessen Peking und Moskau annäherten (▶ Kap. 25).

Über die Motive für den Rückzug ist viel spekuliert worden, sicherlich aber erfolgte der Rückzug nicht allein aus geoökonomischen Gründen. Fracking beziehungsweise die sogenannte Schiefergasrevolution haben die USA zwar weitgehend ressourcenunabhängig von der Region gemacht, an deren geopolitischer Bedeutung im Sinne der strategischen Partnerschaften vor allem zu Israel und Saudi-Arabien, der oben genannten zentralen Knotenpunkte für den globalen Handel und der notwendigen US-Präsenz zur Aufrechterhaltung des globalen (Mit)Führungsanspruchs aber nichts geändert.

Entscheidend für den partiellen Rückzug ist vielmehr die seit Jahren deutlich spürbare Kriegsmüdigkeit vor allem in der US-Bevölkerung. Die Militärinterventionen seit den Terroranschlägen 2001 haben das geopolitische Kräftegleichgewicht zwischen Sunniten und Schiiten in der Region zunächst zugunsten Letzterer verschoben, amerikanische Steuerzahlerinnen und Steuerzahler jährlich dreistellige Milliardenbeträge gekostet und keine nachhaltigen politischen Lösungen in den betroffenen Ländern gebracht (▶ Kap. 21). Das Konzept der „humanitären Interventionen" gilt auch in Washington parteiübergreifend zunehmend als gescheitert.

Die Konsequenzen dieser Entwicklungen auf globaler Bühne sind offensichtlich. Russland und China nutzten die Unentschlossenheit Washingtons und testen sie seither in ihren Nachbarschaften immer wieder aufs Neue. Beide unterstreichen damit ihren Anspruch, dass die Welt eine multipolarere geworden ist (Beck & Richter, 2020; Lons et al., 2019; Kasapoglu & Ülgen, 2021). Gleichzeitig wird gerade im MENA-Raum die Ausbreitung des islamistischen Terrors von der Politik der Regionalmächte

Saudi-Arabien und Iran, aber auch der Türkei oder Katar begünstigt, die ebenfalls in das Machtvakuum hineinstoßen und die Konflikte in Syrien, im Irak, im Jemen oder in Libyen durch Unterstützung von verschiedenen Terrorgruppen für ihre Zwecke anheizen.

23.4 Neue strategische Unsicherheit im MENA-Raum und Rückkehr der Großmächtepolitik

Mit Amerikas Rückzug aus der Region und gleichzeitiger Hinwendung Richtung Indopazifik (spätestens unter Obama) und, seit dem Ukrainekrieg, erneut Europa verbindet Washington auch die Idee einer neuen transatlantischen Lastenteilung. Die Biden-Administration hat von Beginn an deutlich gemacht, dass sie an der Grundhaltung der beiden Vorgängeradministrationen festhalten will: Seit dem Libyeneinsatz der NATO 2011 erwartet Washington die Übernahme größerer Verantwortung durch die europäischen Bündnispartner nicht nur in Europa und im Indopazifik, sondern vor allem an der Südflanke der EU und der NATO in der (erweiterten) MENA-Region. Wie seine beiden Vorgänger will Biden die „ewigen Kriege" in der Region (Afghanistan, Irak, Syrien und Jemen) beenden und es ist fraglich, ob es, gleich unter welchem Präsidenten, in naher Zukunft wieder eine Erhöhung der US-Truppenpräsenz geben wird.

Wie Amerika dennoch eine annähernde Kontrolle über die Region behalten will beziehungsweise welche Strategie Washington dabei verfolgen soll, ist allerdings nicht zuletzt aufgrund der unterschiedlichen parteipolitischen Vorstellungen in Bezug auf den Umgang mit wichtigen strategischen Partnern und vor allem dem Iran umstritten. Gleich zu Beginn seiner Amtszeit lösten Bidens Vorschläge einer Rückkehr zum Atomabkommen mit dem Iran sowie der Einstellung der US-Unterstützung für den Militäreinsatz Saudi-Arabiens und verbündeter Staaten gegen die Huthi-Bewegung im Jemen heftige Kritik aus. Die Gefahr, so Kritikerinnen und Kritiker des Kurses, ist groß, dass die USA, ähnlich wie unter der Obama-Administration mit ihrer Äquidistanzpolitik zwischen Riad und Teheran, erneut zwischen die Stühle der wichtigsten regionalen Protagonisten geraten. Einen Vorgeschmack dafür liefert vor allem der bekundete Wille der neuen Administration, wieder eine konsequentere Haltung in Menschenrechtsfragen einnehmen, gleichzeitig aber an unter diesem Aspekt fragwürdigen strategischen Partnerschaften festhalten zu wollen. Welcher Gratwanderung ein solcher Spagat gleicht, bekam Biden unmittelbar zu spüren, als die USA den saudischen Kronprinzen Mohammed bin Salman zunächst beschuldigten, den Mord an Jamal Khashoggi in Auftrag gegeben zu haben, in Konsequenz aber keine Sanktionen gegen Salman, sondern nur gegen eine saudische Eliteeinheit verhängten, die an dem Mord beteiligt gewesen sein soll.

Infolge solcher Ambivalenz verstärken sich die strategischen Unsicherheiten in der Region weiter und begünstigen diejenigen, die das durch den US-Rückzug entstandene Machtvakuum konsequent füllen (Russland, China und die Türkei) und ihre dortigen Positionen festigen. Vor allem Russland und China haben ihren Einfluss in der Region in den letzten Jahren konsequent ausgebaut (Fulton, 2017; Hinnebusch, 2020) und bieten sich vor allem den traditionellen US-Verbündeten Saudi-Arabien, Israel und Türkei als alternative Allianzpartner an (▶ Kap. 25).

China hat seine Verbindungen in die Region zunächst unter der Devise „Öl für Handel" ausgebaut, in der vergangenen Dekade aber auch die (sicherheits)politischen Beziehungen konsequent weiterentwickelt. Über das Seidenstraßenprojekt ist die Verbindung zwischen Peking und der MENA-Region zu einer der zentralen geoökonomischen Achsen in der Region geworden (Sariolghalam, 2020). Zwischen 2010 und 2020 investierte China etwa 165 Mrd. US-Dollar vor allem in Infrastrukturprojekte in der Region, davon allein 105 Mrd. in der zweiten Hälfte der Dekade. Gleichzeitig schickte sich Peking an, über Konfuzius-Institute und andere Einrichtungen eine prochinesische politische Koalition in der MENA-Region zu schaffen. Partnerschaftsabkommen mit Saudi-Arabien, Ägypten und dem Iran (seit 2014) sowie der Ausbau der diplomatischen und wirtschaftlichen Beziehungen zu Israel und der Türkei folgen dabei nicht zuletzt dem geopolitischen Motiv, den Einfluss der USA als einstige Hegemonialmacht in der Region zu schwächen. Anders sind die zunehmende militärische Präsenz des strategischen Herausforderers in den regionalen Gewässern, die Einrichtung von Stützpunkten wie in Dschibuti (2017), gemeinsame Ausbildungsübungen und Militärmanöver und der Anstieg von Waffenlieferungen in die Region nicht zu deuten (Honrada, 2023).

Auch Russland ist in der MENA-Region nach langer Abstinenz zurückgekehrt. Obwohl schon Washingtons Debakel im Irak dazu geführt hatte, dass Moskau seine Fühler Anfang der 2000er-Jahre wieder in die Region ausstreckte, war es vor allem die Intervention im Syrienkonflikt, die Russlands Anspruch als zentraler externer Akteur in der Region untermauerte. Moskau avancierte seit 2015 nicht nur zum größten Unterstützer des traditionell wichtigsten strategischen Partners und Stützpunkts in der Region, sondern provozierte über das Astana-Bündnis (Russland, Türkei und Iran) zur Beilegung des Konflikts darüber hinaus auch eine empfindliche Störung im zwischen Verhältnis Ankara und Washington. Zusätzlich gestärkt wurde Russlands Position in der Region durch die Energiepartnerschaft mit den Golfstaaten (OPEC+), Investitionen in neue Pipelineprojekte (Turkstream) und Nuklearkraftwerke (Ägypten, Türkei) und die annähernde Verdopplung seiner Waffenverkäufe in die Region allein zwischen 2016 und 2018. Vor allem aber ist es Moskau wie Peking gelungen, ihr erklärtes Ziel einer Schwächung der US-Position in der Region vor allem dadurch zu erreichen, dass es ihre Beziehungen nicht nur zu Syrien und zum Iran, sondern vor allem zu den traditionellen Verbündeten Washingtons, Saudi-Arabien, Türkei, Israel und Ägypten, haben festigen können. Nirgendwo zeigt sich dies deutlicher als im Falle der russischen Invasion in der Ukraine. Viele traditionelle Verbündete vermeiden es bis heute, die Invasion offen zu verurteilen, um die sensiblen Beziehungen zu Moskau nicht zu gefährden.

23.5 Neue regionale Machtkämpfe

Vor diesem Hintergrund lautet die alles beherrschende Frage für die Regionalmächte daher, wie verlässlich amerikanische Sicherheitsgarantien vor dem Hintergrund eines wahrgenommenen US-Rückzugs aus der MENA-Region, globaler Machtverschiebungen und eines neuen Großmächtewettbewerbs sowie innenpolitischer und geoökonomischer Herausforderungen für Washington noch sind; dies gilt insbesondere für die traditionell wichtigsten strategischen Partner Washingtons in der Region, Saudi Arabien, die Türkei und Israel. Immer deutlicher wird für sie der Konflikt zwischen dem Bekenntnis zur *special relationship* mit den USA einerseits und den sicherheitspolitischen und ökonomischen Interessen gegenüber Moskau und Peking andererseits.

Die Folge: Nahezu alle drei genannten regionalen Schwergewichte entwickeln ein neues außenpolitisches Bewusstsein, schaffen neue unabhängige Kommunikationskanäle und diversifizieren ihre außenpolitischen Beziehungen (▶ Kap. 25). Für Washingtons Rolle in der MENA-Region wie für die regionale Sicherheitsarchitektur hat dies insofern bedeutsame Konsequenzen, als neben dem Iran vor allem die engsten Verbündeten der USA, Saudi-Arabien, Israel und die Türkei, sich neu positionieren müssen, um ihre regionalen Vormachtambitionen durchzusetzen. Die einzigen Staaten, die traditionell auch zu diesen Anwärtern zählten, mittlerweile aber in ihrer Position erheblich geschwächt sind, sind Ägypten und der Irak. Gleichzeitig aber eröffnen sich für Washington hinter den Kulissen auch Möglichkeiten, regionale Allianzen zu unterstützen, die lange Zeit ausgeschlossen waren und dem Ziel einer Einhegung Irans förderlich sein können. So hat Israel seine Beziehungen nicht nur zu Jordanien und Ägypten wiederbelebt, sondern darüber hinaus auch das Verhältnis zu den VAE verbessert (über das vielbeachtete „Wasser für Solarstrom"-Abkommen 2021) und sich vor allem aber der Türkei und Saudi-Arabien angenähert. Dabei wurde Washington im Falle der Türkei unfreiwillig zum Auslöser einer Wiederannäherung: Nach der US-Absage einer Unterwasserpipeline von Israel und Ägypten nach Europa zielt Ankara nunmehr auf eine Partnerschaft mit Israel, um zum regionalen Umschlagplatz für den Transport von Erdgas beider Länder nach Europa zu werden, ein Plan der im Zuge des Kriegs zwischen Israel und der Hamas seit Oktober 2023 bis auf Weiteres auf Eis liegt.

Ebenso gelegen dürfte Washington die Verbesserung des saudisch-israelischen Verhältnisses sein. So nehmen die inoffiziellen Kontakte zu und Riad hat stillschweigend der Stärkung der Beziehungen zwischen Israel und Bahrain zugestimmt. Im Februar 2022 war die erste gemeinsame Marineübung zwischen Israel, Saudi-Arabien und Oman ein weiteres Anzeichen dafür, dass die Aussichten für eine Stabilisierung der arabisch-israelischen Beziehungen besser denn je stehen. Bei aller Zuversicht aber gibt man sich in Washington nicht der Illusion hin, dass sich aus solchen Allianzen eine stabile regionale Sicherheitsarchitektur ergeben könnte. Dazu sind die ideologisch-religiösen Gräben unverändert zu tief, bleibt die wechselseitige Skepsis vor den jeweiligen hegemonialen Ansprüchen der Protagonisten zu ausgeprägt. Eher sind es das kollektive Gefühl der Erschöpfung nach einem Jahrzehnt verschärfter Konfrontationspolitik, der enorme Reformdruck auf den Ökonomien infolge der Covid-19-Pandemie, das gestiegene Bewusstsein vor allem der Petrostaaten, dass Klimawandel ein regionales Sicherheitsrisiko darstellt, da mit ihm das Ende des fossilen Zeitalters gekommen ist, welche das Bedürfnis nach pragmatischer Annäherung verstärkt haben.

Der Preis solcher Annäherungspolitik ist aber auch eine größere strategische Unabhängigkeit von und damit der Kontrollverlust für Washington. Gerade Saudi-Arabien hat in den vergangenen Jahren eine ausgeprägt interventionistische Außenpolitik in der Region betrieben, die auch als Absetzbewegung von Washington gedeutet werden muss. Das ändert nichts, dass die fehlende Vision Riads für eine regionale Sicherheitsstruktur unverändert als Zeichen von Unsicherheit und unveränderter Abhängigkeit gegenüber den USA zu verstehen ist. Bei aller Konfrontation mit dem Iran ist Riad nicht in der Lage, Gegenmacht (*balancing*) systematisch über die Bildung von Allianzen (z. B. im Rahmen des Golfkooperationsrats, GKR) zu entfalten. Stattdessen blockiert es Katar als einen weiteren wichtigen Verbündeten der USA und provoziert Washington mit seinen Avancen Richtung Moskau wie Peking (Demmelhuber, 2019), obwohl beide Länder gleichzeitig enge Beziehungen zu den Erzfeinden Iran und Syrien unterhalten.

Von gleicher strategischer Ambivalenz sind mittlerweile Washingtons Beziehungen zur Türkei geprägt. Ankara hat lange Zeit eine eher nachgeordnete Rolle in der Region gespielt. Unter Erdogan aber hat Washingtons Reaktion auf die Unruhen im Zuge des „Arabischen Frühlings" in der Türkei zu einem strategischen Umdenken und einer proaktiveren Rolle in der MENA-Region geführt (Beck & Richter, 2020; Hazbun, 2018). Vor allem die Aufstände in Tunesien und Ägypten nährten in Ankara die Hoffnung, die Türkei könne mit einem „moderaten Islamismus" zur regionalen Führungsmacht avancieren.

Die dortigen Führungswechsel, vor allem die Machtübernahme der Muslimbruderschaft in Kairo, und die Allianz mit den Oppositionskräften in Syrien zulasten der traditionell guten Allianz mit dem Assad-Regime, schienen zunächst die Voraussetzungen dafür zu schaffen, währten allerdings nicht lange. Schon kurze Zeit später führte ein von Saudi-Arabien und den VAE unterstützter Militärputsch unter Führung von Militärchef al-Sisi zum erneuten Machtwechsel in Kairo (2013) und zum raschen Ende der ersten demokratisch gewählten Regierung Ägyptens unter Staatspräsident Mursi, während zeitgleich Washingtons Zögern in Syrien die russische Intervention zugunsten des Assad-Regimes ermöglichte (Hinnebusch, 2020). Nach anfänglichem Zögern erkannte Ankara schließlich die Aussichtslosigkeit eines Regimewechsels in Damaskus an und arrangierte sich mit Moskau, nicht zuletzt im Interesse einer für die Türkei durchaus nützlichen Energie- und Wirtschaftspartnerschaft mit Russland – und der Erreichung des strategischen Minimalziels einer von Moskau tolerierten militärischen Kontrolle über den von Kurden verwalteten Nordteil Syriens (Lund, 2019).

Ankaras Rapprochement Richtung Moskau hat zu erheblichen Verstimmungen im türkisch-amerikanischen Verhältnis geführt. Verstärkt wurde diese Entwicklung in den letzten Jahren vor allem durch die türkische Bestellung des russischen Luftverteidigungssystems S-400, dessen Verwendung die Kommunikation der NATO kompromittieren und zu Interoperabilitätsproblemen führen könnte. Zu einem Zeitpunkt, da das Verhältnis zwischen NATO und Russland infolge des Ukrainekriegs auf einem Tiefpunkt angelangt ist, gelten mögliche Waffengeschäfte zwischen Moskau und Ankara nicht nur als Brüskierung, sondern empfindliche Verletzung der Sicherheitsinteressen des Bündnisses, und verstärken die offenen Sanktionsdrohungen Washingtons gegenüber Ankara in Bezug auf eine mögliche Teilnahme der Türkei am F35-Programm.

Im Vergleich zur Türkei und Saudi-Arabien hat Israel zunächst eher vorsichtig bis defensiv auf die geopolitischen Umwälzungen in der Region reagiert. Als regionale „Großmacht" war es vor allem am Erhalt des Status quo interessiert, erkannte aber auch die Risiken, die in der Dynamik der Konvulsion durch Amerikas partiellen Rückzug unter Obama und die regionalen Führungsansprüche sowohl durch Teheran wie auch durch Riad lagen (Aran & Fleischmann, 2019). Die vorübergehende Machtübernahme der Muslimbruderschaft und Amerikas damit verbundene Abkehr vom Prinzip „Stabilität vor Demokratie" durch die Anerkennung der Mursi-Regierung waren der Auslöser für Israels Bedenken hinsichtlich der künftigen Sicherheitsgarantie des wichtigsten Verbündeten, die sich nicht zuletzt auch an Obamas gleichzeitiger Öffnungspolitik gegenüber dem Iran festmachten. Infolgedessen intensivierten sich auch die Beziehungen zu Russland, vollzog Israel unter Netanjahu zunehmend die Abkehr von der durch die USA unterstützten Zweistaatenlösung im Israel-Palästina-Konflikt, forcierte die Siedlungspolitik und erhöhte schließlich den Druck auf die vom Iran unterstützten Hamas und Hisbollah durch gezielte Anschläge in den Grenzregionen. Erst Trumps zwischenzeitliche Rückkehr zum traditionell klaren Bekenntnis zu Israel und Saudi-Arabien führte zu einer Wiederannäherung und eröffnete Israel sogar die Möglichkeit, seinem Langfristziel einer israelisch-arabischen Allianz gegen den Iran als vermeintlicher Hauptkonflikt in der Region (gegenüber dem klassischen Nahostkonflikt) ein Stück näher zu kommen, nachdem Washington zum entscheidenden Broker von Friedensabkommen zwischen Israel und den VAE und Bahrain wurde (▶ Kap. 26; Kershner & Rasgon, 2020).

Mit Biden aber ist aus Sicht aller drei Partner die strategische Unsicherheit der Obama-Jahre zurückgekehrt. Schon Bidens geplante Rückkehr zu Atomverhandlungen mit dem Iran verstärkt diesen Reflex. Dabei ist der Spielraum der Administration in dieser Frage begrenzt. Zwar kann der Präsident auch in diesem Fall Trumps Maximalforderungen als Verhandlungspfund gegenüber Teheran wie Europa nutzen, inwieweit Teheran aber den Bedingungen des Einbezugs der Fragen nach seiner „destruktiven" Rolle in der Region sowie seinem ballistischen Raketenprogramm nachgibt, bleibt offen. Sollte Biden jedoch in diesen Punkten Abstriche machen, wird er nicht nur bei den Falken im Republikanerlager und in der eigenen Partei auf Widerstand stoßen, sondern auch bei den verbündeten Golfstaaten und Israel. Biden wird die berechtigten Befürchtungen vieler arabischer Staaten nicht ignorieren können und wird sie bei einer möglichen Neuverhandlung des Abkommens berücksichtigen müssen. Dabei kann er nur darauf hoffen, dass die desolate wirtschaftliche Lage infolge der US-Sanktionen und der Covid-19-Pandemie die iranische Führung zu Kompromissen zwingen könnte.

Ähnlich schwierig dürfte sich die Positionierung der neuen Administration schließlich im klassischen Nahostkonflikt gestalten. Trumps uneingeschränkte Unterstützung Israels für die Annexion großer Teile des Westjordanlands ist in den Augen Bidens nicht nur ein klarer Verstoß gegen das Völkerrecht gewesen, sondern auch gegen die Resolutionen der Vereinten Nationen, denen die Vereinigten Staaten einst selbst zugestimmt hatten. Im Übrigen bedeutete die Umsetzung des „Deals" das Ende der Zweistaatenlösung und eine nicht hinnehmbare Gefährdung der Sicherheit Jordaniens, wie die Administration von Beginn an signalisierte. Die Beziehungen zu Israel blieben unter diesen Bedingungen zunächst angespannt. Die Regierung Biden stellte sich allein aufgrund ihres Anspruchs einer konsequenteren Haltung in Menschenrechtsfragen und der Anerkennung der Prinzipien des Völkerrechts gegen den Versuch Israels, selbige zu missachten und die Errichtung eines lebensfähigen palästinensischen Staats zu verhindern.

Seit den Terroranschlägen der Hamas im Oktober 2023 aber hat sich der Spielraum der US-Regierung als „strategischer Balancer" im Konflikt zwischen Israel und der arabischen Welt wieder verringert und zwingt die Administration zu einem gefährlichen Spagat. Gleichwohl der Präsident unmissverständlich darauf hinwies, dass Israels Sicherheit amerikanische Staatsräson sei und das Land jedes Recht auf Selbstverteidigung habe, verknüpfte er diese Botschaft wenig später mit dem Signal, dass die dauerhafte Besetzung des Gazastreifens ein Fehler und eine Zweistaatenlösung nach wie vor alternativlos sei. Der innenpolitische Druck auf den Präsidenten nimmt zu. Mit jedem neuen Bombenangriff auf Ziele in Gaza wächst das Unbehagen beim linken Flügel der Demokraten über die bedingungslose Unterstützung Israels. Gleichzeitig wächst die Gefahr, dass Bidens bisherige Erfolge, zwischen allen Konfliktparteien eher auf Deeskalation denn auf Konfrontation zu setzen, zunichte gemacht werden. Es bleibt die Hoffnung, dass alle Seiten am Ende dennoch zur Einsicht gelangen, dass die Durchsetzung eigener regionaler Ambitionen ohne die bedingungslose Unterstützung der Großmächte kaum möglich ist. Genau diese Einsicht hatte in jüngster Vergangenheit auch dazu geführt, dass die lange von ideologischen Interessen geleiteten außenpolitischen Prioritäten zugunsten eines ökonomischen Pragmatismus und unbedingten Willens zur Stabilisierung der jeweiligen Herrschaftsverhältnisse in den Hintergrund getreten waren. Nichts dokumentierte das deutlicher als die Annäherungsversuche zwischen dem Iran und Saudi-Arabien sowie den VAE, die „Rückkehr" des Assad-Regimes in die arabische Welt sowie die Aufhebung der Blockade Katars durch den GKR oder die neuerliche Dialogbereitschaft zwischen der Türkei auf der einen und Ägypten, Saudi-Arabien und den VAE auf der anderen Seite. Hedging, so lautet die Strategie aller. Gemeint ist damit die Flankierung der politischen und ökonomischen Kooperation untereinander durch eine beträchtlich verstärkte gegenseitige strategische Risikoabsicherung. Das eigene politische Überleben zielt darauf ab, die regionale Konstellation so zu strukturieren, dass ein Kosten-Nutzen-Kalkül die langfristig kooperative Beziehung zum Antagonisten nahelegt.

23.6 Fazit

Die MENA-Region hat seit der Obama-Administration sukzessive an strategischer Bedeutung für die USA verloren. Dies ist sowohl der reduzierten Abhängigkeit vom arabischen Öl durch die eigenen Schiefergasvorkommen geschuldet wie auch den Lehren aus dem Irak- und Afghanistankrieg. Hinzu kommt die Erfahrung der Mehrheit der Amerikanerinnen und Amerikaner, dass auch eine Unterstützung autoritärer Regime, wie die arabischen Aufstände in den Jahren ab 2011 zeigten, die Region nicht stabilisieren konnten. Auch deswegen richteten die USA bereits ihren Blick seit 2008/09 zunehmend auf die aufstrebende wirtschaftliche Supermacht und den großen strategischen Herausforderer China. Die Folge dieser Entwicklungen für die USA war ein Strategiewechsel zu klassischer Gegenmachtbildung gegenüber regionalen (Iran und Syrien als Speerspitze der schiitischen Ambitionen) wie globalen (China und Russland) Akteuren bei gleichzeitigen Appellen zum Aufbau von Formen regionaler Sicherheitskooperation. Die Folge in der arabischen Welt wiederum war, dass einige Regierungen, mit Ausnahme während der Trump-Jahre, den wachsenden wirtschaftlichen und politischen Einfluss Chinas und Russlands in der Region zu ihren Gunsten nutzten und Washingtons vormals hegemoniale Stellung herausforderten.

Dabei ist das Motiv keinesfalls die Übertragung eines wie auch immer gearteten globalen Systemwettbewerbs im Sinne von „Demokratie versus Autokratie" auf die Region, sondern Ausdruck klassischen geopolitischen Ringens um Macht. Die Länder der Region werden von Bidens vorgeblicher Rückkehr zu den Prinzipien von Demokratie, Menschenrechten und Multilateralismus wenig beeindruckt sein und richten ihr außenpolitisches Handeln ausschließlich nach handfesten eigenen Interessen des Machterhalts aus. Angesichts des Scheiterns des moralischen Anspruchs des Westens in der Region seit der völkerrechtswidrigen US-Invasion im Irak verwundert diese Haltung nicht. Auch die Biden-Regierung stößt in der arabischen Welt unverändert auf die weit verbreitete Wahrnehmung, dass Washington vor allem dann auf die Einhaltung des Völkerrechts und einer regelbasierten Ordnung pocht, wenn es selbst betroffen ist oder seine Interessen berührt werden.

Die Biden-Regierung ist sich dessen bewusst. Bei allem vordergründigen Eintreten für Systemveränderung sieht sie die MENA-Region mehr denn je als eine Bühne für geopolitische Machtspiele und Machtverschiebungen der Groß- und Regionalmächte, auf der die Zahl der Akteure erheblich zugenommen hat. Dass dies vor allem dem relativen Rückzug der USA aus der Region und der wachsenden Präsenz Chinas, Russlands und der Türkei geschuldet ist, ändert nichts an diesem Sachverhalt und wird so schnell auch keinen Sinneswandel in Washington hervorrufen. Für die arabischen Länder und Israel aber bedeuten die aktuellen Entwicklungen das vorläufige Ende einer Ära, da die US-Macht für die Sicherheit und den Schutz kleiner Staaten und mittlerer Mächte, wie es die Staaten in der Region allesamt sind, garantierte. Für sie geht es daher um die existenzielle Frage, wie man die zunehmende Konfrontation zwischen den Großmächten unter Wahrung der eigenen nationalen Interessen am besten überlebt, ohne zwischen die Fronten zu geraten.

Literatur

Aran, A., & Fleischmann, L. (2019). Framing and foreign policy – Israel's response to the Arab uprisings. *International Studies Review, 21*(4), 614–639.

Beck, M., & Richter, T. (2020). Fluctuating regional (dis-)order in the post-Arab uprising Middle East. *Global Policy, 11*(1), 68–74.

Demmelhuber, T. (2019). Playing the diversity card: Saudi-Arabia's foreign policy under the Salmans. *The International Spectator, 54*(4), 109–124.

Fröhlich, S. (2021). Comeback der Diplomatie, aber nicht der US-Dominanz. *Politikum, 2*, 22–31.

Fulton, J. (2017). The GCC countries and China's belt and road initiative (BRI): Curbing their enthusiasm. Middle East Institute. https://www.mei.edu/publications/gcc-countries-and-chinas-belt-and-road-initiative-bri-curbing-their-enthusiasm. Zugegriffen: 5. Febr. 2024.

Gat, A. (2007). The return of authoritarian great powers. *Foreign Affairs, 86*(4), 59–69.

Haas, R. (2008). The age of nonpolarity. What will follow U.S. dominance. *Foreign Affairs, 87*(2), 44–56.

Hazbun, W. (2018). Regional powers and the production of insecurity in the Middle East. Middle East and north Africa Regional Architecture (MENARA), Working Papers, 11. https://www.iai.it/sites/default/files/menara_wp_11.pdf. Zugegriffen: 5. Febr. 2024.

Hinnebusch, R. (2020). The battle over Syria's reconstruction. *Global Policy, 11*(1), 113–123.

Honrada, G. (2023). China seizes US arms markets in the Middle East. Asia Times. https://asiatimes.com/2023/05/china-seizing-us-arms-markets-in-the-middle-east/. Zugegriffen: 5. Febr. 2024.

Ikenberry, J., & Wright, T. (2007). *Rising powers and global institutions*. New York: The Century Foundation.

Kasapoglu, C., & Ülgen, S. (2021). Russia's ambitious military-geostrategic posture in the Mediterranean. Carnegie Europe. https://carnegieeurope.eu/2021/06/10/russia-s-ambitious-military-geostrategic-posture-in-mediterranean-pub-84695. Zugegriffen: 5. Febr. 2024.

Kershner, I., & Rasgon, A. (2020). For Palestinians, Israel-U.A.E. deal swaps one nightmare for another. New York Times. https://www.nytimes.com/2020/08/14/world/middleeast/palestinians-israel-uae-annexation-peace.html. Zugegriffen: 5. Febr. 2024.

Khanna, P. (2008). *The second world. World empires and influence in the new global world order*. New York: Penguin Books.

Krauthammer, C. (1990). The unipolar moment. *Foreign Affairs, 70*(1), 23–33.

Kupchan, C. (2003). *The end of the American era*. New York: Vintage Books.

Lons, C., Fulton, J., Sun, D., & Al-Tamimi, N. (2019). China's great game in the Middle East. Policy Brief. European Council on Foreign relations. https://ecfr.eu/publication/china_great_game_middle_east/. Zugegriffen: 5. Febr. 2024.

Lund, A. (2019). Russia in the Middle East. The Swedish Institute of International Affairs. Utrikespolitiska institutet paper, 2. https://www.ui.se/globalassets/ui.se-eng/publications/ui-publications/2019/ui-paper-no.-2-2019.pdf. Zugegriffen: 5. Febr. 2024.

Neumann, P. (2022). *Die neue Weltordnung. Wie sich der Westen selbst zerstört*. Berlin: Rowohlt.

Robel, S., Prys, M., & Brand, A. (2012). Empire or Hegemony? Konzeptionelle Überlegungen zur Analyse der Sonderrolle der Vereinigten Staaten in den Internationalen Beziehungen. In J. Hils, J. Wilzewski & R. Wolf (Hrsg.), *Assertive multilateralism and preventive war. Die Außen- und Weltordnungspolitik der USA von Clinton zu Obama aus theoretischer Sicht* (S. 116–151). Baden-Baden: Nomos.

Sariolghalam, M. (2020). The new emerging geo-economics of the Middle East. *International Journal of Economics and Politics, 1*(1), 37–45.

The White House (2022). National Security Strategy. https://bidenwhitehouse.archives.gov/wp-content/uploads/2022/11/8-November-Combined-PDF-for-Upload.pdf. Zugegriffen: 5. Febr. 2024.

Zakaria, F. (2008). The future of American power: how America can survive the rise of the rest. *Foreign Affairs, 87*(3), 18–43.

Indien als aufsteigender Akteur in der Golfregion

Stefan Lukas und Leo Wigger

© Yann Forget / Wikimedia Commons
https://commons.wikimedia.org/wiki/File:Taj_Mahal,_Agra,_India_edit3.jpg

Inhaltsverzeichnis

24.1 Einführung – 264

24.2 Indiens Beziehungen zur Golfregion – 264

24.3 Neue Bereiche wirtschaftlicher Vernetzung – 267

24.4 Indien als sicherheitspolitischer Akteur in der Region – 268

24.5 Ausblick: Indien im neuen Großmachtduell am Golf – 271

Literatur – 272

© Der/die Autor(en), exklusiv lizenziert an Springer-Verlag GmbH, DE, ein Teil von Springer Nature 2025
T. Demmelhuber, N. Scharfenort (Hrsg.), *Die Arabische Halbinsel*,
https://doi.org/10.1007/978-3-662-70217-8_24

24.1 Einführung

Delhi, 24. Januar 2017. Indien feiert unter seinem nunmehr seit fast drei Jahren regierenden Premierminister Narendra Modi seinen 68. Republic Day. Zum alljährlichen Nationalfeiertag darf der indische Staatspräsident einen Ehrengast auf der Staatstribüne willkommen heißen, was jedes für Jahr für besondere Aufmerksamkeit sorgt, da es ein Zeichen für die zukünftige Ausrichtung Indiens ist. Doch in diesem Jahr sitzt, anders als sonst üblich, kein Staatsoberhaupt auf der Bühne neben Modi, sondern Muhammad bin Zayed Al Nahyan – zum damaligen Zeitpunkt Kronprinz und de facto Herrscher der Vereinigten Arabischen Emirate (VAE). Es ist in doppelter Hinsicht ein geschicktes Zeichen Modis an die Welt, denn es zeigt, dass Indiens Regierung realpolitisch denkt und nicht nur in bloßen Formalitäten – und es zeigt zudem auf, dass Indiens Blick nicht mehr nur gen Osten und Norden ausgerichtet ist (Kushal, 2017).

Riad im Oktober 2019. Als der „rote Teppich" für den nächsten Staatsgast in Saudi-Arabien ausgerollt wird, war dies kein gewöhnlicher Staatsbesuch. Erstmalig seit Jahren besuchte mit Modi ein indischer Premier das Königreich Saudi-Arabien. Was folgte, war ein geradezu euphorisches Fest im diplomatischen Sinne. Nicht nur bemühte sich der saudische Kronprinz, den hohen Gast aus Indien mit militärischen Ehren zu begrüßen, er bezeichnete Modi gar als „älteren Bruder, während er der jüngere sei" und lud ihn zu einer Reihe an gemeinsamen Festivitäten ein, welche sich über zwei Tage hinzogen (Asian News International, 2022).

Es sind Szenen wie diese, die aufzeigen, dass Indien von seiner langen außenpolitischen Zurückhaltung im MENA-Raum abrückt und insbesondere in den Staaten auf der Arabischen Halbinsel neue Potenziale und Partner sieht. Denn während der europäische Einfluss nach und nach zurückgeht und auch sicherheitspolitisch neue Leitlinien durch den allmählichen Rückzug der USA gelegt werden (▶ Kap. 23), drängt insbesondere mit China ein Akteur in die Region, welcher für Indien auf vielen Ebenen zu einer übermächtigen Konkurrenz wird (▶ Kap. 25). Will Neu-Delhi mit dem großen Rivalen im Norden mithalten, so muss es neue Partnerschaften mit anderen globalen und regionalen Akteuren knüpfen und einen deutlich flexibleren Umgang auf der internationalen Bühne pflegen. Der seit Mai 2014 regierende Modi ist sich dieser Tatsache bewusst und positionierte sein Land bereits zu Beginn seiner Amtszeiten vollkommen neu. Vor allem die Staaten auf der Arabischen Halbinsel, welche man jahrelang vernachlässigt hatte, sollten eine stärkere Rolle in der indischen Außen- und Sicherheitspolitik spielen. Die alten Motive der indischen Außenpolitik am Golf sollten bestehen bleiben und um neue Aspekte ausgebaut werden. So musste der rasant steigende Energiehunger der indischen Industrie gestillt werden, und auch die Millionen von indischen Gastarbeiterinnen und -arbeitern in den Golfstaaten sollten weiterhin ihre Rücküberweisungen (*remittances*) in die Heimat in zweistelliger Milliardenhöhe leisten (Wagner, 2016, S. 25 f.). Vor dem Hintergrund der Konkurrenz durch die chinesische Seidenstraßeninitiative (Chinas Belt and Road Initiative, ▶ Kap. 25) musste sich Indien in seiner Nahostpolitik allerdings zusätzlich neu erfinden. Indische Unternehmen sollten nun deutlich stärker in der Golfregion aktiv sein und beim Aufbau von Infrastruktur und Energiekapazitäten miteinbezogen werden. Gleiches sollte im Kultur-, Medien- und Nahrungsmittelsektor geschehen. Mit Initiativen wie dem North-South Transport Corridor (NSTC), der International Solar Alliance oder der Indian Ocean Rim Association (IORA) bemüht sich die indische Nahostpolitik, neue Akzente in der Region zu setzen und chinesischen Ambitionen zu begegnen. Das Indien unter Modi ist damit für die europäischen und westlichen Akteurinnen und Akteure von herausragender Bedeutung, will man Chinas Einfluss in der gesamten MENA-Region im Allgemeinen und auf der Arabischen Halbinsel im Besonderen eindämmen und den Regierungen vor Ort Alternativen schaffen.

Das vorliegende Kapitel will somit aufzeigen, wie sich Indiens Beziehungen mit der Region, und hier vor allem mit der Arabischen Halbinsel, geschichtlich entwickelt und sich insbesondere seit den 2000er-Jahren verändert haben. So wird zunächst dargelegt, welchen Wandel die indische Außenpolitik vollzog, um daraufhin die wirtschaftlichen Verflechtungen zwischen Neu-Delhi und den Staaten auf der Arabischen Halbinsel zu skizzieren (◘ Abb. 24.1). Es zeigt sich dabei deutlich, dass Indiens Interessen – ähnlich wie die Chinas – zunehmend auch sicherheitspolitische Aspekte umfassen. Durch Rüstungskooperationen und einer weiteren Vernetzung in den Bereichen Ernährung, Energie und digitale Infrastruktur drängt Indien auch hier auf das internationale Parkett vor Ort. Im letzten Abschnitt werden schließlich Ansatzpunkte für europäische Akteurinnen und Akteure gezeigt: Wo bieten sich Chancen für wirtschaftliche Kooperationen und wie kann auf die sicherheitspolitischen Initiativen Indiens eingegangen werden?

24.2 Indiens Beziehungen zur Golfregion

Die engen Beziehungen zwischen dem indischen Subkontinent und dem Gebiet der heutigen Arabischen Halbinsel reichen bereits mindestens 4000 Jahre zurück. Eine der ältesten Handelsrouten der Welt verlief zwischen der Industalzivilisation um Städte wie Mohenjo Daro im Nordwesten des Subkontinents und dem antiken Dilmun (heute Bahrain und Saudi-Arabien). Händlern aus der Dilmunhochkultur war es um das Jahr 2000 vor Christus gelungen, den Handel zwischen den Zivilisationen Mesopotamiens und dem Indus-Tal zu monopolisieren und die Nachfrage nach indischen Rohstoffen und Gewürzen zu

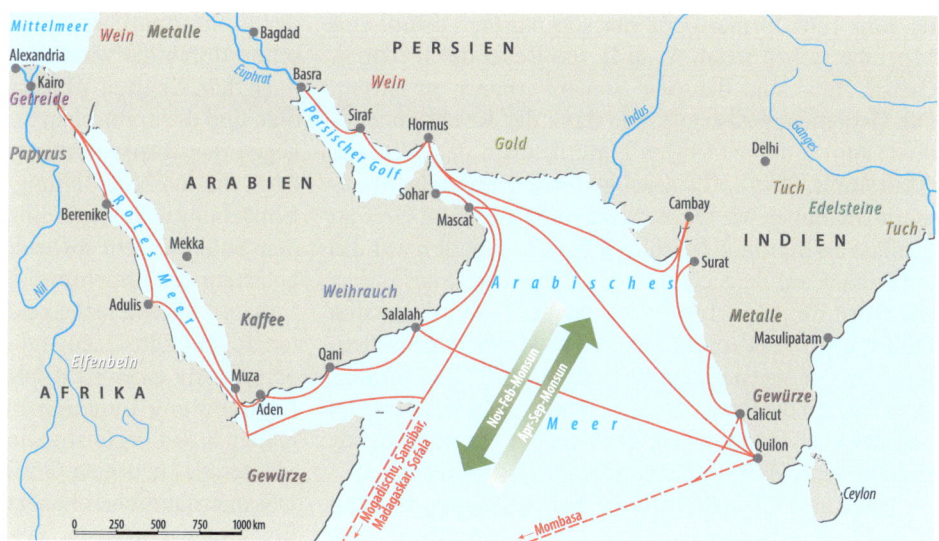

Abb. 24.1 Historische Entwicklung von Handelsrouten

befriedigen (Abb. 24.1). Historische Funde legen zu der Zeit einen intensiven Austausch zwischen beiden Regionen nahe (▶ Kap. 2).

Zu Zeiten des Römischen Reichs gelangten indische Gewürze zum Beispiel in den Jemen. Später machten sich Seefahrer aus der ostjemenitischen Region Hadramaut auf, den Indischen Ozean zu erkunden. Sie etablierten Handelsposten in Sindh, Kerala und der Koromandelküste und brachten den Islam über den Indischen Ozean bis nach Indonesien. Arabische Missionare hinterließen mit der im Jahr 629 (nach anderen Angaben 624) in ihrer ersten Form erbauten Cheraman-Moschee in Kodungallur im südindischen Kerala noch zu Lebzeiten des Propheten Muhammad (571–632) das erste islamische Bauwerk auf dem Subkontinent. Im frühen achten Jahrhundert eroberte dann die arabische Ummayaden-Dynastie mit Sindh einen Teil Südasiens.

Der Islam fand somit schon fast 900 Jahre vor dem Beginn der islamischen Mogulherrschaft ab 1526 seinen Weg aus Arabien auf den Subkontinent. Seefahrer aus dem Oman, der mythischen Heimat des legendären Sindbad, stärkten hingegen den Handel zwischen Indien und Ostafrika. Dabei deutet schon die Bedeutung des Namens Sindbad (wörtlich: „Wind des Indus") auf die zentrale Bedeutung Indiens für den arabischen Seehandel hin. Um das Jahr 1000 nach Christus dürfte der Handel zwischen Indien und der arabischen Welt einen Großteil des Außenhandels der Arabischen Halbinsel ausgemacht haben. Zeitgenossen sahen darin keinen Zufall. In seinem Werk „Kitab al-Milal wa an-Nihal" („Buch der Weltanschauungen und Glaubensrichtungen") beschwor der mittelalterliche Philosoph al-Shahrastani die kulturelle und weltanschauliche Nähe der Araber und Inder und sah sie im Gegensatz zu den Griechen und Persern. Am Hof der Abbasiden-Kalifen wie al-Mansur (754–775) erfreute sich indische Philosophie großer Beliebtheit. Zahlreiche Werke der indischen Wissenschaft fanden breite Rezeption (Al-

waleh, 1964). Das gegenseitige Interesse spiegelt sich auch in Reiseberichten wie denen des arabischen Weltreisenden Ibn Battuta (1304–1369), der als islamischer Richter Anstellung am Hof des Sultans von Delhi fand.

Meist flossen die Warenströme vom indischen Subkontinent auf die Arabische Halbinsel. Doch ein arabisches Handelsgut erfreute sich auch in Indien großer Beliebtheit: Perlen. Die Wirtschaften der heutigen Golfstaaten waren bis in die Neuzeit von der Perlenfischerei geprägt, die der dünn besiedelten Region einen bescheidenen Wohlstand ermöglichte (▶ Kap. 6). Der indische Subkontinent wurde zu einem der wichtigsten Absatzmärkte (Podany, 2012).

In der frühen Neuzeit sahen sich arabische Händler auf den Seewegen des Indischen Ozeans zunehmend mit bisher unbekannter Konkurrenz konfrontiert: dem Aufstieg der Portugiesen als Seemacht auf dem Indischen Ozean. Neben bedeutenden Handelsposten auf dem Subkontinent (z. B. Goa) gelang es den Portugiesen, auch am Persischen Golf Fuß zu fassen, beispielsweise im heutigen Bahrain und in Katar. Doch der Aufstieg der Portugiesen stellte nur die Ouvertüre zu einer unweit einschneidenderen Erfahrung dar, nämlich der Dominanz Großbritanniens als maritime Weltmacht. Mit dem Aufstieg der britischen Ostindienkompanie ab Mitte des 18. Jahrhunderts und dem britischen Raj (1857–1947), also der Herrschaft Großbritanniens über Indien, verdichteten sich die Beziehungen zwischen der Arabischen Halbinsel und dem indischen Subkontinent. Und neben der wirtschaftlichen und kulturellen Komponente erlangten sie nun auch eine geopolitische und militärische Dimension.

Die privatwirtschaftliche Ostindienkompanie mit Sitz in London hatte durch einen Sieg in der Schlacht von Plassey 1757 ein Handelsmonopol über die reichsten Provinzen des Mogulreichs gewonnen, das damals weite Teile Indiens beherrschte. Indien erwirtschaftete Mitte des 18. Jahrhunderts rund 30 % des weltweiten Wirtschaftsprodukts.

Im Jahr 1765 formalisierte der sogenannte Diwani von Mogulherrscher Schah Alam II. das Recht der Briten, in Orissa, Bihar und Bengalen Steuern erheben zu dürfen. Die Ostindiengesellschaft stieg dank der Reichtümer Indiens zum umsatzstärksten Unternehmen der Welt auf (Dalrymple, 2019). Zeitgleich gewannen arabische Stammesformationen wie die al-Qasimi am Persischen Golf an Einfluss als maritime Mächte (▶ Kap. 6). London war das in Hinblick auf die Sicherheit der Handelswege aus Indien ein Dorn im Auge. Immer wieder kam es in der ersten Hälfte des 19. Jahrhunderts zu bewaffneten Zwischenfällen an der sogenannten Piratenküste am Golf. Im Jahr 1819 führten die Briten schließlich unter dem Vorwand des Schutzes der Handelswege nach Indien vor angeblichen Piraten[1] eine Militärintervention am Golf durch.

Im Jahr 1820 schlossen die Briten Frieden mit den Herrscherfamilien am unteren Golf. Emirate wie Abu Dhabi und Ajman wurden britisches Protektorat. 1833 schloss sich auch Dubai den Trucial States an, die später als VAE unabhängig werden sollten (▶ Kap. 6). 1839 folgte die südjemenitische Hafenstadt Aden, die später zu einem der zentralen Knotenpunkte des britischen Weltreichs aufstieg. Auch über den Oman, Kuwait, Bahrain und Katar etablierten die Briten Protektoratsstatus. Im Jahr 1853 folgte mit dem Perpetual Maritime Truce ein weiterer Vertrag zwischen dem britischen Empire und den Herrscherfamilien am Golf, der den Status quo stärkte. Im Gegenzug erkannten die Briten die lokalen Herrscherfamilien an. Viele der Herrscherdynastien in der Region sind seitdem im Amt; so regieren die al-Qasimi bis heute das Emirat Ras al-Khaimah und auch der Al-Thani-Familie in Katar gelang es, ihren Herrschaftsanspruch durch geschickte Diplomatie mit den Briten gegen lokale Rivalen zu konsolidieren (Chatterjee & Wigger, 2022).

Die britischen Protektorate am Golf wurden als Teil der Bombay Presidency von britischen Bürokraten in Indien verwaltet und von indischen Soldaten der Krone gesichert. Zahlungsmittel am Golf war die indische Rupie. Auch nach der Unabhängigkeit Indiens änderte sich daran erst einmal wenig, bis Indien im Jahr 1959 eine unabhängige Golfrupie einführte. Nach deren Abwertung 1966 führten die Golfstaaten ihre eigenen Währungen ein. Lediglich der Oman schaffte erst im Jahr 1970 als letztes Land die Golfrupie ab.

Mit dem wirtschaftlichen Aufstieg der Golfstaaten durch die Öl- und Gasförderung nach der Unabhängigkeit der britischen Protektorate (Marozzi, 2020) veränderten sich die Machtverhältnisse zwischen dem Subkontinent und der Arabischen Halbinsel drastisch zugunsten der Golfmonarchien. Dabei hatte sich das Verhältnis schon durch die veränderte geopolitische Gemengelage nach dem Zweiten Weltkrieg abgekühlt. Zwar waren Indien und die arabischen Staaten vereint in ihrem Kampf gegen den fortdauernden europäischen Kolonialismus, doch die indische Teilung und die daraus resultierende Entstehung des mehrheitlich muslimischen Pakistans auf dem Subkontinent sowie der ungelöste Kaschmirkonflikt belastete die Beziehung zwischen den Golfstaaten und Indien, während insbesondere Saudi-Arabien und Pakistan außenpolitisch eng miteinander kooperierten. Neben dem Motiv einer panislamischen Solidarität wurde die Entfremdung Indiens von den Golfstaaten durch den Kalten Krieg begünstigt, indem Pakistan und die meisten Staaten des heutigen Golfkooperationsrats (GKR) dem US-amerikanischen Lager zuneigten, während das blockfreie Indien lange enge Beziehungen mit Moskau pflegte. So verblieben die Beziehungen zwischen Indien und der arabischen Welt zwischen 1947 und dem frühen 21. Jahrhundert distanziert und größtenteils auf den Import von Öl und den Export von Arbeitskräften beschränkt.

In der zweiten Hälfte des 20. Jahrhunderts gewannen die aufstrebenden Golfmetropolen, insbesondere Dubai, als Rückzugsort der indischen Oberklasse an Bedeutung (▶ Kap. 14). Aufbauend auf seiner Rolle als Drehscheibe des Goldhandels konnte Dubai sich zudem als wichtiges Finanzzentrum für Eliten vom Subkontinent etablieren. Dies spiegelte sich selbst im Bereich der organisierten Kriminalität wider. So ließ sich mit Dawood Ibrahim einer der bekanntesten Kriminellen Indiens in Dubai nieder. Ibrahims Verwicklung in die verheerenden Terroranschläge von Mumbai im Jahr 1993 mit über 250 Todesopfern sowie eine mögliche logistische Beteiligung bei den Anschlägen auf das Hotel Taj Mahal und weitere Sehenswürdigkeiten Jahr 2008 mit über 160 Todesopfern belastete die bilateralen Beziehungen zwischen den VAE und Indien. Mittlerweile wird Dawood in Pakistan vermutet (Zaidi, 2012; Glenny, 2008).

Seitdem haben sich die Beziehungen zwischen Indien und den Golfstaaten stark verbessert. Nach dem Ende des Kalten Kriegs und der wirtschaftlichen Liberalisierung Indiens nach umfassenden Reformen im Jahr 1993 gewann die Zusammenarbeit zwischen Delhi und der Golfregion bis zur Jahrtausendwende langsam an Auftrieb, bevor der vorsichtige Aufwärtstrend im Laufe der 2010er-Jahre an Fahrt gewann. Insbesondere in der zweiten Dekade der 2010er-Jahre konnte Indien dabei auch von der zunehmenden Verärgerung in den Machtzentren von Riad oder Abu Dhabi über Indiens Rivalen Pakistan profitieren. Gründe dafür lassen sich in Pakistans fehlender Unterstützung des saudisch-emiratischen Bündnisses gegen die jemenitischen Huthis im Jahr 2015 ausmachen sowie in unterschiedlichen Auffassungen über die pakistanische Afghanistanpolitik. Ausbleibende Verbesserungen des Investitionsklimas in Pakistan machten eine verstärkte wirtschaftliche Zu-

---

1 Das vor allem durch die britische Kolonialgeschichtsschreibung geprägte Narrativ von arabischen Piraten, gegen die sich das britische Empire zu Wehr setzen musste, wird seit Mitte des 20. Jahrhunderts vermehrt von Autorinnen und Autoren aus den Golfstaaten kritisch hinterfragt und die Angriffe auf britische Schiffe vielmehr als Akt legitimer Selbstverteidigung lokaler Herrscher gegen imperiale Machtinteressen verstanden (vgl. Al-Qasimi, 1986).

sammenarbeit für die Golfstaaten im Vergleich zu Indien zudem weniger attraktiv.

Heute sind die Beziehungen von starken Migrationsbewegungen geprägt (▶ Kap. 12). Der Anteil von Menschen mit südasiatischen Wurzeln liegt beispielsweise in den VAE, Katar und im Oman bei 20 bis rund 45 % der Gesamtbevölkerung. In den VAE lebten nach Angaben des indischen Außenministeriums im Jahr 2022 rund 3,4 Mio. Menschen aus Indien. Sie stellen damit die größte indische Exilgemeinde der Welt. In Saudi-Arabien beträgt die Zahl 2,6 Mio., in Kuwait rund eine Million, im Oman und in Katar rund 750.000 sowie in Bahrain rund 320.000 Menschen. Neben der wirtschaftlichen und sicherheitspolitischen Verflechtung hinterließ der Zuzug von Menschen vom indischen Subkontinent auch kulturelle Spuren. Zahlreiche Gerichte aus der indischen Küche fanden Einzug in die kulinarische Welt der Staaten auf der Arabischen Halbinsel und es waren nicht zuletzt pakistanische und indische Gastarbeiter, die den Fußball Mitte der 1950er-Jahre in den Golfstaaten popularisierten (Chatterjee & Wigger, 2022).

Die schlechten Arbeitsbedingungen südasiatischer Migrantinnen und Migranten im Niedriglohnsektor und das sogenannte Kafala-System (▶ Kap. 3 und 12) steht dabei international zunehmend in der Kritik, so beispielsweise auf den Großbaustellen im Zuge der Fußballweltmeisterschaft 2022 in Katar. Dabei sind die Probleme keinesfalls auf Katar beschränkt, sondern vielmehr in der gesamten Region zu finden (Kuttappan, 2021).

Abschließend lässt sich festhalten, dass die heute engen wirtschaftlichen, kulturellen und sicherheitspolitischen Verflechtungen zwischen der Arabischen Halbinsel und dem indischen Subkontinent keinesfalls eine historisch neuartige Entwicklung darstellen, sondern auf einen breiten Erfahrungsschatz gemeinsamer Geschichte aufbauen. Nach einer Phase der problembehafteten Beziehungen in der zweiten Hälfte des 20. Jahrhunderts zeigt der Trend in den bilateralen Beziehungen mittlerweile wieder stark in Richtung weiterer Vertiefung.

24.3 Neue Bereiche wirtschaftlicher Vernetzung

Die heute über acht Millionen indischen Staatsbürgerinnen und Staatsbürger in den Golfstaaten[2] tragen einen gewichtigen Teil zur Wirtschaftskraft beider Regionen bei. Sie finden sich am Golf nicht nur im Niedriglohnsektor wie auf Baustellen, im Gastgewerbe oder im weiteren Dienstleistungssektor, sondern auch im Hochtechnologiesektor, im Finanzwesen oder in Führungspositionen von Milliardenunternehmen wie dem Mischkonzern Lulu Group oder der Ghassan Abboud Group. Selbst an der Spitze der Dubai Islamic Bank lässt sich ein indischer CEO finden (Arabian Business, 2023). Im Gegenzug tragen Rücküberweisungen indischer Gastarbeiterinnen und Gastarbeiter in den Golfstaaten einen gewichtigen Teil zur indischen Wirtschaftskraft bei, die rund 30 bis 40 Mrd. € pro Jahr betragen dürften (Bichara, 2019; ▶ Kap. 12).

Doch es ist insbesondere der Außenhandel zwischen Indien und der Arabischen Halbinsel, der durch die geopolitischen Verschiebungen in der zweiten und dritten Dekade des 21. Jahrhunderts an Auftrieb gewinnt und dabei zusammen mit dem Aufstieg Chinas auch die vormals dominante Stellung Europas als Handelspartner der Wahl unter Druck setzt. Die indische Wirtschaft ist heute bereits die weltweit fünftgrößte Volkswirtschaft und könnte Deutschland und Japan bis zum Ende der Dekade überholen. Im April 2023 löste Indien zudem China bereits als bevölkerungsreichstes Land der Welt ab. Das indische Wirtschaftsvolumen konnte sich nach Angaben der Weltbank zwischen 2002 und 2022 mehr als verdreifachen, zuletzt betrug das Wirtschaftswachstum rund sieben Prozent pro Jahr.

Das Außenhandelsvolumen mit der arabischen Welt lag bei rund 200 Mrd. US-Dollar, dem dritthöchsten nach der EU und China. Im Jahr 2017 waren es noch rund 140 Mrd. US-Dollar. Rund 15 % der indischen Exporte gehen an die Arabische Halbinsel. Unter den Handelspartnern auf der Halbinsel liegen die VAE auf dem ersten Platz. Mit 11,5 % sind sie der zweitgrößte Exporteur von Waren nach Indien und der drittwichtigste Importeur indischer Waren. Das jährliche Handelsvolumen betrug im Jahr 2022 rund 72 Mrd. €. Zudem fließen beträchtliche Direktinvestitionen aus den VAE nach Indien – allein im Nahrungsmittelsektor rund sieben Milliarden US-Dollar. Auch in den indischen Start-up-Sektor und in grüne Technologien fließen Milliardensummen. Hinzu kommt, dass allein in Dubai Inderinnen und Inder rund 30 % aller Start-up-Gründerinnen und -Gründer ausmachen und auch in der Immobilienbranche in Dubai sind sie überproportional vertreten. Um den Handel zwischen beiden Ländern weiter zu vereinfachen, gaben beide Staaten im Sommer 2023 bekannt, den bilateralen Handel künftig nicht mehr in US-Dollar, sondern in indischen Rupien abzuwickeln (Chaturvedi, 2023). Auch die Wirtschaft der VAE konnte zuletzt stark wachsen: Im Jahr 2022 erreichte das Land nach Angaben der Weltbank ein Wirtschaftswachstum von rund 7,4 %.

Obwohl ungleich größer und bevölkerungsreicher als die VAE, steht Saudi-Arabien nur auf dem zweiten Platz

---

2 Die einstmals große indische Gemeinde in Aden und im Südjemen, zur Zeit der britischen Kolonialherrschaft – bis 1965 machten Inderinnen und Inder rund zehn Prozent der Bevölkerung aus – ist infolge des Jemenkriegs und der schlechten Wirtschaftslage mittlerweile fast komplett ausgewandert beziehungsweise wurde durch die indische Armee ausgeflogen. In der Operation Rahaat im Frühjahr 2015 gelang es der indischen Armee, noch fast 5000 zurückgebliebene indische Staatsbürgerinnen und Staatsbürger sowie rund 1000 verbliebene Ausländerinnen und Ausländer zu repatriieren.

der wichtigsten Handelspartner Indiens am Golf, erreicht mit rund 42 Mrd. US-Dollar aber dennoch einen im regionalen Vergleich hohen Wert. Anders als im Falle der VAE besteht stärkeres Ungleichgewicht zwischen saudischen Exporten und Importen aus Indien, sodass Saudi-Arabien einen deutlichen Handelsüberschuss erwirtschaftet. Zu den wichtigsten Exportgütern von Indien nach Saudi-Arabien zählen technische Güter, Reis, Erdölprodukte, Chemikalien, Textilien, Lebensmittel und Keramikfliesen. Die wichtigsten Importgüter Indiens aus Saudi-Arabien sind Rohöl, Flüssiggas, Düngemittel, Chemikalien sowie Kunststoffe. Saudi-Arabien steht an 17. Stelle der wichtigsten Investoren in Indien. Dabei setzt das Königreich auf ein diverses Portfolio, das unter anderem Infrastruktur- und Energieprojekte, Landwirtschaft, Mineralien und Bergbau sowie den Bildungs- und Gesundheitssektor umfasst. Auch indische Investitionen in Saudi-Arabien sind zuletzt signifikant gewachsen und umfassen Projekte mit einem Volumen von mehr als zwei Milliarden Euro.

Katar steht mit einem Handelsvolumen von rund 15 Mrd. US-Dollar auf dem vierten Platz, wobei insbesondere die Gasexporte ins Gewicht fallen. Geopolitische Verschiebungen wie die zwischenzeitliche Blockade Katars durch eine von Saudi-Arabien und den VAE angeführte Allianz arabischer Staaten oder Irritationen über die zeitweiligen Todesurteile gegen acht ehemalige indische Marinesoldaten infolge eines möglichen Spionagefalls hatten nur geringen Einfluss auf die wirtschaftliche Zusammenarbeit. Indien plant einen weiteren Ausbau der Importkapazitäten von katarischem Flüssiggas. Mit Kuwait befindet sich noch ein weiterer Golfstaat unter den 25 wichtigsten Handelspartnern Indiens. Der Oman (Handelsvolumen 2022: 9,9 Mrd. US-Dollar) und Bahrain (1,7 Mrd. US-Dollar) fallen aus indischer Sicht dagegen weniger ins Gewicht, weisen aber im Vergleich zu anderen arabischen Staaten wie Ägypten (7,3 Mrd. US-Dollar), Algerien (1,7 Mrd. US-Dollar) oder Marokko (3,2 Mrd. US-Dollar) ein durchaus beachtliches Handelsvolumen mit Indien auf (BAKS, 2024).

Ein neues Großprojekt könnte die Kooperation zwischen der Arabischen Halbinsel und Indien nun auf eine neue Basis stellen. Am Rande des G20-Gipfels im September 2023 in Neu-Delhi unterzeichneten Indien, Saudi-Arabien, die VAE, die USA und mehrere EU-Staaten, darunter Deutschland, eine Absichtserklärung für einen India-Middle East-Europe Economic Corridor (IMEC). Das Gesamtvolumen der Investitionen könnte bis zu 20 Mrd. US-Dollar umfassen. Das Infrastrukturvorhaben, das auch Projekte in Jordanien und Israel umfassen soll, sieht zwei voneinander unabhängige Korridore zwischen dem MENA-Raum und Asien sowie zwischen dem MENA-Raum und Europa vor, die erst zusammen ihren vollen Nutzen entfalten. Es soll mehrere Projekte zur Verbesserung der Infrastruktur für Datenkommunikation sowie den Waren- und Energietransport (insbesondere von Wasserstoff) umfassen und den Handel zwischen Europa und Indien um bis zu 40 % beschleunigen. Der Krieg zwischen Israel und der Hamas ab Oktober 2023 ließ die Implementierung von IMEC verzögern und könnte zumindest die Umsetzung des europäischen Teils des Transportkorridors langfristig beeinträchtigen (Murray, 2024). Auf der anderen Seite verstärkte die Beeinträchtigung des internationalen Warenverkehrs im Roten Meer durch Angriffe der jemenitischen Huthi-Milizen nicht nur in Europa, sondern auch in Indien (Acharya, 2024) die Analyse, dass eine Diversifizierung der Transportwege langfristig von großer Bedeutung für die Wirtschaftsentwicklung ist.

Abschließend lässt sich festhalten, dass sich der Handel zwischen den Wachstumsmärkten Indien und den Golfstaaten seit dem Ende des Kalten Kriegs äußerst robust entwickelt hat. Angesichts des weiterhin zunehmenden Energiebedarfs Indiens und positiver Wachstumsprognosen auf beiden Seiten ist davon auszugehen, dass der Handel zwischen beiden Wirtschaftsregionen auch mittelfristig zu den Wachstumstreibern der Weltwirtschaft gehören dürfte.

24.4 Indien als sicherheitspolitischer Akteur in der Region

Spätestens seit dem russischen Überfall auf die Ukraine im März 2022 ist deutlich geworden, dass Wirtschaftspolitik niemals losgelöst von sicherheitspolitischen Interessen funktionieren kann. Gleichzeitig konnten sowohl Indien als auch die Golfstaaten beobachten, wie Energieengpässe als Mittel im Rahmen eines Konflikts zum Einsatz gebracht wurden und wie vulnerabel die Abnehmerländer oftmals sind. Während sich Indien wie bereits beschrieben um eine breite Diversifizierung im Bereich seiner Öl- und Gaslieferanten bemüht, um eine potenzielle Schwachstelle in seiner sicherheitspolitischen Agenda einzudämmen, verfolgt Indien als Atommacht auch in anderen Segmenten der Sicherheitspolitik eine neue Agenda. Ähnlich wie die Volksrepublik China vor nunmehr zehn Jahren, drängt Indien, aufbauend auf seiner wirtschaftlichen Verflechtung in der Region, auch abseits der Handelsbeziehungen auf die Arabische Halbinsel.

Spätestens mit dem Machtantritt Modis 2014 und der ein Jahr zuvor ausgerufenen Seidenstraßeninitiative (Belt and Road Initiative, BRI; ▶ Kap. 25) durch Chinas Staatspräsidenten Xi Jinping deutete sich relativ schnell an, dass Indiens Kontakte in die Golfregion nur marginal ausgeprägt waren. Anders als China oder gar Russland konnte man nicht auf eine lange Tradition im Bereich der Rüstungspolitik zurückschauen und verfügte nur bedingt über direkte Kanäle zu den jeweiligen Sicherheitsapparaten in den Golfstaaten (Ahmad, 2018,

S. 34 f.). Die zurückhaltende Nahostpolitik Indiens forderte zudem ihren Tribut, als deutlich wurde, dass die USA bereits ab der ersten Obama-Administration ihr Engagement in der MENA-Region zurückgefahren haben und das bestehende Vakuum durch regionale Akteure wie Saudi-Arabien, die VAE, der Iran und die Türkei gefüllt wurde und auch China vor Lancierung der Seidenstraßenprojekte 2013 immer stärker vor Ort aktiv wurde. So schloss China bereits ab 2010 strategische Partnerschaften mit den Staaten in der MENA-Region und kooperierte so in den Bereichen Rüstung, Militärausbildung, Nachrichtendiensten und digitale Kriegsführung mit den Machthabern vor Ort. Peking verstand es insbesondere ab der Regierungszeit von Xi Jinping (seit 2013) außerordentlich gut, Kontakte zu allen Akteurinnen und Akteuren zu knüpfen, egal wie verfeindet diese auch miteinander waren. So wurde der Iran schnell in die neue Seidenstraßeninitiative miteinbezogen, während zeitgleich neue Projekte mit israelischen Sicherheits- und Techfirmen ins Leben gerufen wurden (Lukas, 2019, S. 31 f.).

Der neue sicherheitspolitische Berater Modis, Ajit Doval, war es schließlich, der eine neue Strategie gegenüber den Staaten auf der Arabischen Halbinsel konzipierte. Doval, welcher zuvor Direktor des indischen Nachrichtendiensts IB war, rückte von der alten Zurückhaltung ab und baute im Rahmen seiner Kampagne für die MENA-Region nicht mehr nur auf die Palästinafrage und den Iran als Partner vor Ort. Erste breit angelegte Delegationsreisen von Regierungsmitgliedern sollten für die indische Sache werben und dabei nicht mehr nur auf die Aspekte Energieversorgung und Arbeitsmigration Bezug nehmen. Wenngleich es bereits ab 2003 erste strategische Partnerschaften mit den Staaten auf der Arabischen Halbinsel gab (Singh, 2020, S. 166), so wurden diese ab 2014 mit den VAE und Saudi-Arabien und 2015 mit dem Oman ausgebaut und die sicherheitspolitische Agenda vor Ort erweitert (Quamar, 2022, S. 6).

Neben gemeinsamen Projekten im Rüstungsbereich unterstützte Indien die VAE bei der Konzeption seines Weltraumprogramms – 2017 startete hierdurch schließlich der erste arabische Nanosatellit zur Weltraumüberwachung vom indischen Sriharikota aus ins All (Geospatial World, 2017). Zudem tauschten sich Unternehmen und Ministerien im Bereich Cyberwarfare aus und unterschrieben im März 2016 eine Absichtserklärung zur Stärkung der gemeinsamen Cyberkapazitäten (The Economic Times, 2016). Besonders die Machthaber am Golf versprachen sich hierdurch einen Zuwachs der eigenen digitalen Kapazitäten, ohne dabei nur auf US-amerikanische oder chinesische Expertise bauen zu müssen. Gleiches galt für die Ausbildung der eigenen regulären Truppen. So verbrachten emiratische Offiziere der Marine erste Ausbildungsmissionen an indischen Militärakademien und vertieften somit die maritimen Kapazitäten beider Seiten. Besonders für Indien ist es hierbei maßgeblich, auf neue Partner im Arabischen Meer und im Indischen Ozean zurückgreifen zu können, sollte es zu einem erweiterten Konflikt zwischen Neu-Delhi und Peking beziehungsweise zwischen Washington und Peking kommen. Vor dem Hintergrund der zunehmenden Ausbreitung chinesischer Infrastruktur- und Dual-Use-Projekte im Indischen Ozean fühlt sich Neu-Delhi bereits in der eigenen direkten Umgebung bedrängt. Zu groß ist hier die Angst indischer Akteure vor der militärischen Einkreisung durch China. Unter Modi wurde daher auch die Indian Ocean Rim Association (IORA) erweitert – ein loser Verbund von Anrainerstaaten des Indischen Ozeans –, um vor allem die maritime Sicherheit auszubauen. Wenngleich China nur als Dialogpartner fungiert, ist es offensichtlich, dass es Indien vor allem darum geht, einen verlässlichen sicherheitspolitischen Rahmen in seiner direkten Einflusssphäre zu schaffen, welcher idealerweise nur bedingt durch Pekings Einfluss tangiert wird (Meng, 2018, 170 f.). Im Zuge dessen versteht sich Indien auch als Partner im Rahmen des US-geführten Quadrilateral Security Dialogue (Quad), in dem Indien genauso wie Australien und Japan aktiv ihre Position gegenüber China behaupten wollen.

Vor allem die Jahre nach 2010 waren somit durch den Ausbau der eigenen sicherheitspolitischen Kapazitäten am Golf geprägt. Erste Erfolge ergaben sich schnell. Im Zuge der Unruhen während des sogenannten Arabischen Frühlings ab 2011 und hervorgerufen durch den Aufstieg und die Ausbreitung des Islamischen Staats ab 2014 war Indien in kurzer Zeit zweimal gefordert, seine zahlreichen Staatsbürgerinnen und Staatsbürger aus den betroffenen Gebieten zu evakuieren. Hatte man auf indischer Seite bereits im Zweiten Golfkrieg (1991) im Irak erste Evakuierungen seiner Staatsbürgerinnen und Staatsbürger stemmen müssen, so wurden diese nun deutlich effizienter und zügiger möglich: Alleine im Rahmen der indischen Evakuierung aus Libyen, dem Irak und dem Jemen zwischen 2011 und 2015 mussten über 32.000 Inderinnen und Inder kurzfristig aus den Konfliktgebieten evakuiert werden. Aufgrund der Unterstützung durch regionale und lokale Partnerschaften konnten diese Missionen zumeist reibungslos durchgeführt werden.

Ähnlich verhält es sich im Bereich der Bekämpfung der organisierten Kriminalität (Wagner, 2016, S. 27). Da vor allem das Emirat Dubai seit mehreren Jahren Zuflucht für diverse in Indien gesuchte, kriminelle oder terroristische Vereinigungen war, bestand bereits früh der Wunsch in Neu-Delhi, dass die emiratischen Behörden härter gegen diese Gruppierungen vorgehen mögen. Wenngleich die Regierung der VAE bereits 2013 härtere Maßnahmen gegen gesuchte indische Vereinigungen veranlasste, so wurden diese erst ab 2014 deutlich stärker umgesetzt (Samaan, 2019).

Zeitgleich waren die Folgejahre durch die Katarblockade und die ambivalente US-Nahostpolitik unter Donald Trump geprägt. Sowohl für die Machthaber am Golf als auch für Neu-Delhi eröffnete sich mit der sehr speziellen Denkweise der Trump-Administration, wenn es um die Nahostpolitik ging, jedoch ein gutes Momentum. Denn wenngleich die gegenseitigen Beziehungen bereits ein hohes Level erreicht hatten, so bestand nach wie vor in der Iran- und Palästinafrage eine anhaltende Barriere, die den weiteren Ausbau der indischen Beziehungen zum Golf verhinderte. Vor dem Hintergrund der politischen Neuausrichtung in Riad und Abu Dhabi gegenüber Israel ab 2018 sah man in Neu-Delhi die Chance für eine diplomatische Initiative gekommen. Unter Vermittlung Washingtons und Neu-Delhis konnte im Rahmen der sogenannten Abraham Accords eine neue Phase der Beziehungen zwischen den Staaten am Golf und Israel eingeleitet werden (▶ Kap. 26). Für die indische Regierung unter Modi bot sich damit eine vollkommen neue Chance der Kooperation, da man bereits seit mehr als zehn Jahren enge Beziehungen zum israelischen Rüstungssektor unterhielt, israelische Rüstungsexporte nach Indien mehr als 40 % der israelischen Rüstungsgeschäfte ausmachten und 2023 ein Volumen von 122 Mrd. US-Dollar erzielten (Knipp, 2023). Mit den neuen Beziehungen in der Region ab 2019 konnte Neu-Delhi somit neue Synergien im Rüstungs-, Tech- und Cyberbereich schaffen. Unter Beteiligung der Unternehmen Hindustan Aeronautics Limited (HAL) und Israel Aerospace Industries (IAI) kooperiert man seit 2022 beispielsweise bei der Entwicklung von Drohnensystemen (UAVs) und im Bereich digitale Kriegsführung. Außerdem arbeitet das israelische Unternehmen Rafael in der Weiterentwicklung seines SPYDER-Flugabwehrsystems mit den VAE und Indien zusammen (Dangwal, 2022). Insbesondere für Letztere ergeben sich hierdurch neue Möglichkeiten der technologischen Weiterentwicklung im Rüstungsbereich, da besonders die indische Rüstungsindustrie technologisch der chinesischen Konkurrenz unterlegen ist und Indien daher bis dato weitestgehend auf auswärtige Technologie aus Israel, Russland oder Frankreich zurückgegriffen hat (Wagner, 2016, S. 30).

Für die US-amerikanische Seite wiederum ergab sich indirekt ein weiterer Vorteil: Washington beäugte sehr argwöhnisch die enge Kooperation zwischen Israel und China im High-Tech-Sektor und befürchtete, dass modernere Technologie so leichter nach China abfließen könnte. Im Rahmen mehrerer Besuche von US-Regierungsvertretern, zuletzt durch US-Präsident Joe Biden 2021, wurde schließlich deutlich gemacht, dass diese chinesisch-israelische Kooperation deutlich zurückgefahren werden sollte. Als Ausgleich für die entstandenen finanziellen Verluste sollten neue Kooperationen mit indischen Unternehmen angebahnt werden. Washington konnte somit nicht nur eine weitere Hürde für China beim eigenen technologischen Fortschritt erzeugen, sondern zugleich die Beziehungen zu Neu-Delhi vertiefen – eine Vorgehensweise, die sich zunehmend auch im Umgang mit den VAE und Saudi-Arabien zeigt (Kasnett, 2022).

Als weiteres Ergebnis dieser neuen Weichenstellung vertieften die neuen Partner unter Federführung der USA und Indien ihre Beziehungen im Juli 2022. Mit dem neuen I2-U2-Format wollen die Staaten Indien, Israel, VAE und die USA eine stärkere Verbindung in Bereichen Energie, Wasserinfrastruktur und Ernährungssicherheit aufbauen (Alhasan & Solanki, 2022). Vor allem aus Sicht der USA und Indiens ist auch dies ein weiterer Schritt, um dem Einfluss Chinas in der MENA-Region allgemein und auf der Arabischen Halbinsel im Besonderen entgegenzuwirken und den Partnern vor Ort mit eigenen Initiativen Alternativen anzubieten. Speziell in Fragen der Nahrungsmittelsicherheit und Nachschubketten bietet die neue Allianz weitere Möglichkeiten, da die VAE innerhalb der letzten Jahre massiv in den Nahrungsmittelmarkt investiert haben und Indien wiederum einer der größten Produzenten von Mais, Reis und Weizen ist. Mithilfe der israelischen Technologie zur Entwicklung einer digitalisierten Landwirtschaft lassen sich hierdurch neue Synergien herbeiführen.

Nach Abschluss der Abraham Accords waren es somit nur noch die Beziehungen Neu-Delhis zu Teheran, die ein Hindernis zur vollkommenen Entfaltung der sicherheitspolitischen Beziehungen darstellten. Für Indien war der Iran eine der entscheidenden Säulen innerhalb der letzten Jahrzehnte gewesen, da man so eine Landbrücke in den Nahen Osten und nach Afghanistan unter Umgehung des Rivalen in Pakistan aufrechterhalten konnte (Wessler, 2012, S. 58 f.). Mit dem Ausrufen neuer Sanktionen durch die Trump-Administration im Jahr 2018 gerieten diese Beziehungen jedoch massiv unter Druck. Auch die anderen Staaten auf der Arabischen Halbinsel sahen die wirtschaftliche und sicherheitspolitische Kooperation zwischen Indien und dem Rivalen Iran kritisch, zumal man insbesondere seitens Saudi-Arabiens ein enger Verbündeter und finanzieller Förderer Pakistans war. Nur widerwillig beugte sich Indien dem Druck aus Washington und beendete erst 2018 seine Öl- und Gaseinfuhr aus dem Iran. Als Ersatz sprangen sofort die VAE und Saudi-Arabien ein, die Indien 2019 zu besonderen Konditionen neue Kontrakte anboten (Samaan, 2019). Das ausgerechnet von China mitverhandelte Rapprochement zwischen dem Iran und Saudi-Arabien vom März 2023 war dann das zweite besondere Momentum für die Regierung Modis. Nun konnte Indien seine Beziehungen auch zu Saudi-Arabien deutlich stärker ausbauen, da man die Partner in Teheran weniger stark brüskierte. Auch der Druck aus den USA, die iranisch-indischen Handelsbeziehungen zu unterbinden, bestand zwar weiterhin fort, jedoch tolerierte Washington diesen Umstand bis zu einem gewissen Grad. Zu wichtig war

Indien als neuer Gegenpol in der Region zu China (Asian News International, 2022).

Seit dem Amtsantritt Modis und dem Aufkommen einer jüngeren Herrschergeneration in den Golfstaaten haben sich die grundlegenden sicherheitspolitischen Verbindungen zwischen den jeweiligen Akteuren deutlich ausgebaut. Indien unterhält inzwischen mit nahezu allen Staaten des GKR strategische Partnerschaften und baut diese regelmäßig durch neue Absichtserklärungen aus – zuletzt auch mit Bahrain im Jahr 2021 (Hindustan Times, 2021). Als Folge dessen werden regelmäßig gemeinsame militärische Übungen wie etwa zwischen Streitkräften des Oman und Indiens im August 2022 abgehalten und auch die nachrichtendienstliche Kooperation im Kampf gegen Terrorismus und in der digitalen Kriegsführung deutlich ausgebaut. Auf rüstungstechnischer Ebene stärken beide Seiten durch die gegenseitige Kooperation ihre Kapazitäten und streben vermehrt in der High-Tech-Kriegsführung neue Projekte an. So unterschrieben auf der Rüstungsmesse IDEX in Abu Dhabi im Februar 2023 das VAE-Unternehmen EDGE und die indische Rüstungsfirma Hindustan Aeronautics Limited (HAL) eine Absichtserklärung zur Entwicklung neuer unbemannter Drohnensysteme (UAV). Saudi-Arabien kooperiert wiederum im Bereich der Luftfahrt und Lenkflugkörper mit indischen Unternehmen wie BEL und dem indischen Militär, um hier gegenseitige Synergien zu schaffen (Ningthoujam, 2023).

24.5 Ausblick: Indien im neuen Großmachtduell am Golf

Die Beziehungen zwischen Indien und den Golfstaaten haben sich innerhalb der letzten 30 Jahre massiv gewandelt. Grundlage hierfür war nicht nur der Aufstieg Indiens zur neuen wirtschaftspolitischen Macht in Südasien und darüber hinaus, sondern auch die neue Gemengelage auf der Arabischen Halbinsel. Die arabischen Umbrüche ab 2011, der Aufstieg und Fall des IS und die veränderte langfristige Ausrichtung der US-amerikanischen Nahostpolitik haben dazu geführt, dass in der Region ein Vakuum entstand, das durch regionale und internationale Akteurinnen und Akteure ausgefüllt werden musste (▶ Kap. 23). Da ab den 2010er-Jahren besonders die Volksrepublik China dieses Vakuum auszufüllen versuchte und zunächst wirtschaftlich und schließlich sicherheitspolitisch immer stärker in die Region drängte, bedarf es aus Sicht Washingtons und der westlichen Akteurinnen und Akteure neuer Partner vor Ort, um dem Einfluss Pekings entgegenzuwirken. Mit dem aufkommenden neuen Selbstbewusstsein in Abu Dhabi und Riad boten sich für die westlichen und indischen Partner neue Herausforderungen, aber auch Chancen. Zeitgleich bemühte sich die neue Regierung unter Modi um eine neue Nahoststrategie, um die eigene Position am Golf zu stärken und somit der Konkurrenz aus Peking entgegenzutreten. Mit neuen Initiativen schaffte es Indien seit 2014, Akzente am Golf zu setzen und im Umgang mit den globalen Playern auf eine Politik der Äquidistanz zu setzen. Besonders seit dem Angriffskrieg Russlands in der Ukraine bemüht sich Indiens Regierung, die alten Beziehungen zu Moskau nicht abreißen zu lassen und diese zugleich langsam zurückzufahren, um auf Verbündete in West- und Südostasien umzuschwenken (Wulf, 2022). Die weiterhin bestehende wirtschaftliche Abhängigkeit von China und der eigene Anspruch, zu den führenden Globalmächten zu gehören, werden die indische Politik auch fortan vor große Herausforderungen stellen (Cook, 2023).

In seinen Beziehungen zu den Golfstaaten kann Indien jedoch positiv in die Zukunft schauen, da es zu nahezu allen Seiten gute Beziehungen unterhält und es durch eigene und internationale Initiativen fest in den regionalen Sicherheits- und Wirtschaftsstrukturen verankert ist. Insbesondere im Bereich der Rüstungskooperationen, der Energiesicherheit und im Nahrungsmittelsektor werden die Beziehungen zukünftig noch stärker ausgebaut werden, da hier die größten Abhängigkeiten existieren, zugleich aber auch das größte Potenzial für die Schaffung neuer Synergieeffekte besteht (Chikermane, 2023, S. 23 f.).

Für europäische und westliche Akteurinnen und Akteure bieten sich hier neue Chancen der Kooperation an. Da auch Indien und die Staaten am Golf an das Pariser Klimaabkommen von 2015 gebunden sind, müssen sie innerhalb der kommenden Jahrzehnte fossilfrei werden und vor allem auf die Verwendung von Kohle und Erdöl zur Energiegewinnung verzichten (Lukas, 2023). Ähnlich wie auch die GKR-Staaten, steht Indien damit vor einer gewaltigen Herausforderung durch die Energiewende (▶ Kap. 4 und 5).

Auf politischer Ebene bleiben sowohl Indien als auch die Staaten am Golf ambivalente Partner. So sorgen Äußerungen durch Modi oder die seiner Parteianhänger für regelmäßige religiöse und ethnische Übergriffe und Unruhen in Regionen wie Manipur, in denen christliche oder muslimische Minderheiten leben. Besonders für die regionalen Partner mit einer muslimisch geprägten Bevölkerung könnte die neue innenpolitische Agenda Modis für Komplikationen sorgen. So führte eine Reihe an Äußerungen Modis schon des Öfteren zu antiindischen Protesten in Indonesien, den Malediven oder Malaysia. Gleichzeitig lässt sich jedoch konstatieren, dass nahezu alle regionalen Akteure ein großes Interesse haben, die bilateralen wirtschaftlichen Beziehungen mit der aufsteigenden Großmacht Indien in den Vordergrund zu rücken. Das gemeinsame Interesse, einen Gegenpol zu Chinas neuem Selbstbewusstsein in der Region zu bilden, und das Streben nach ökonomischer Prosperität sorgten bisher zumindest stets dafür, dass tiefere Zerwürfnisse ausblieben (Wagner et al., 2022).

Literatur

Acharya, S. (2024). India holding talks with Iran over Houthis' Red Sea attacks – government source. Reuters. https://www.reuters.com/world/india/india-holding-talks-with-iran-over-houthis-red-sea-attacks-government-source-2024-01-17/. Zugegriffen: 29. Jan. 2024.

Ahmad, T. (2018). Integrating the GCC countries and Iran in a new Indian ocean economic and security architecture: an Indian diplomatic initiative. In T. Niblock (Hrsg.), *The Gulf states, Asia and the Indian ocean: Ensuring the security of the sea lanes* (S. 33–70). Berlin: Gerlach Press.

Alhasan, H., & Solanki, V. (2022). The I2U2 minilateral group. International Institute for Strategic Studies (IISS). https://www.iiss.org/online-analysis/online-analysis//2022/11/the-minilateral-i2u2-group. Zugegriffen: 24. Juli 2023.

Al-Qasimi, M. (1986). *The myth of Arab piracy in the Gulf*. London: Routledge.

Alwaleh, M. (1964). The development of Arab-Indian cultural relations. In al-Risālah (Hrsg.), 1083, 15–17, 20. http://mulosige.soas.ac.uk/the-development-of-arab-indian-cultural-relations/. Zugegriffen: 30. Juli 2023.

Arabian Business (2023). Revealed: Indian business power list 2022. https://www.arabianbusiness.com/gcc/uae/revealed-arabian-business-indian-power-list-2022. Zugegriffen: 27. Juli 2023.

Asian News International (2022). Beginning of important visit aimed at strengthening ties with valued friend: PM Modi visits Saudi Arabia. https://www.indiatoday.in/india/story/pm-modi-arrives-saudi-arabia-for-2-day-visit-1613546-2019-10-28. Zugegriffen: 23. Juli 2023.

BAKS – Bundesakademie für Sicherheitspolitik (2024). Indien als aufstrebender Akteur im Nahen Osten: Entwicklungslinien, Herausforderungen und Handlungsmöglichkeiten. https://www.baks.bund.de/sites/baks010/files/arbeitspapier_sicherheitspolitik_2024_1.pdf. Zugegriffen: 25. März 2025.

Bichara, K. (2019). India takes the Arab and Mediterranean markets by storm. In European Institute of the Mediterranean (Hrsg.), *IEMED yearbook 2019* (S. 223–227). https://www.iemed.org/wp-content/uploads/2021/01/India-Takes-the-Arab-and-Mediterranean.pdf. Zugegriffen: 27. Juli 2023.

Chatterjee, R., & Wigger, L. (2022). *So eine WM gab es noch nie: Katar 2022: Das Land, die Teams, Fußballkultur und Affären*. Berlin: Deutscher Levante Verlag.

Chaturvedi, A. (2023). India ties up with UAE to settle trade in rupees. https://www.reuters.com/world/india-ties-up-with-uae-settle-trade-rupees-2023-07-15/. Zugegriffen: 27. Juli 2023.

Chikermane, G. (2023). A rising India in the crossfire of competing grand strategies. In S. Beretta, A. Berkofsky & G. Iannini (Hrsg.), *India's foreign policy and economic challenges – friends, enemies and controversies* (S. 7–25). Cham: Springer Nature.

Cook, S. (2023). India has become a Middle Eastern power. Foreign Policy. https://foreignpolicy.com/2023/06/30/india-middle-east-power/. Zugegriffen: 27. Juli 2023.

Dalrymple, W. (2019). *The anarchy: the East India Company, corporate violence, and the pillage of an empire*. London: Bloomsbury.

Dangwal, A. (2022). UAE to buy „India's infamous missiles" from Israel as Tel Aviv surges ahead to arm ‚big players' like US, Germany. Eurasian Times. https://www.eurasiantimes.com/uae-to-buy-indias-infamous-missiles-from-israel-as-tel-aviv/. Zugegriffen: 1. Juli 2024.

Geospatial World (2017). ISRO to launch UAE's first-ever nanosatellite Nayif1 from Sriharikota. https://www.geospatialworld.net/news/isro-launch-uaes-first-ever-nanosatellite-nayif1-sriharikota/. Zugegriffen: 1. Juli 2024.

Glenny, M. (2008). *McMafia: a journey through the global criminal underworld*. New York: Random House.

Hindustan Times (2021). India, Bahrain agree to bolster defence and security cooperation. https://www.hindustantimes.com/india-news/india-bahrain-agree-to-bolster-defence-and-security-cooperation-101617818189266.html. Zugegriffen: 13. Aug. 2024.

Kasnett, I. (2022). Israels Schwenk weg von China hin zu Indien. Mena-Watch. https://www.mena-watch.com/israels-schwenk-weg-von-china-hin-zu-indien-signalisiert-verstaendnis-fuer-u-sorgen/. Zugegriffen: 13. Aug. 2024.

Knipp, K. (2023). Indien verstärkt Verbindungen nach Nahost. Deutsche Welle. https://www.dw.com/de/indien-verst%C3%A4rkt-verbindungen-nach-nahost/a-64957014. Zugegriffen: 13. Aug. 2024.

Kushal, R. (2017). Republic day 2017: Prime Minister Narendra Modi receives chief guest Sheikh Mohamed bin Zayed Al Nahyan. India.com. https://www.india.com/news/india/republic-day-2017-prime-minister-narendra-modi-to-receive-chief-guest-sheikh-mohamed-bin-zayed-al-nahyan-1779727/. Zugegriffen: 13. Aug. 2024.

Kuttappan, R. (2021). *Undocumented: Stories of Indian migrants in the Arab Gulf*. New York: Random House.

Lukas, S. (2019). Neue Perspektiven in Nahost – Wie Chinas Initiativen politische Verhältnisse in der Region grundlegend verändern. *SIRIUS – Zeitschrift für Strategische Analysen, 3*(1), 21–34.

Lukas, S. (2023). The impacts of climate change in the Eastern Mediterranean. Approaches for action by European actors. In Konrad-Adenauer-Foundation & M. S. Policy Research Center (Hrsg.), *Environmental challenges as catalysts for regional conflict and cooperation in the eastern Mediterranean* (S. 103–112). Haifa: KAS.

Marozzi, J. (2020). *Islamic empires. The cities that shaped civilization*. New York: Pegasus Books.

Meng, S. (2018). *The Indian Ocean Rim Association (IOR): Achievement, potential and limitations, the Gulf states, Asia and the Indian ocean: Ensuring the security of the sea lanes*. Berlin: Gerlach Press.

Murray, B. (2024). Plans for an India-to-Europe trade route get shelved. Bloomberg. https://www.bloomberg.com/news/newsletters/2024-01-23/supply-chain-latest-india-middle-east-europe-economic-corridor. Zugegriffen: 1. Juli 2024.

Ningthoujam, A. (2023). India's defense diplomacy in the Gulf is growing. The Diplomat. https://thediplomat.com/2023/05/indias-defense-diplomacy-in-the-gulf-is-growing/. Zugegriffen: 1. Juli 2024.

Podany, A. (2012). *Brotherhood of kings. How international relations shaped the ancient Near East*. London: Oxford University Press.

Quamar, M. (2022). India and the Persian Gulf: Bilateralism, regional security and the China factor. Institute for Security and Development Policy (ISDP). https://www.isdp.eu/content/uploads/2022/05/India-and-the-Persian-Gulf-Bilateralism-Regional-Security-and-the-China-Factor.pdf. Zugegriffen: 1. Juli 2024.

Samaan, J.-L. (2019). Wiederannäherung zwischen Indien und den Golfstaaten: Die Realpolitik von Modi und MbS. Qantara. https://de.qantara.de/inhalt/wiederann%C3%A4herung-zwischen-indien-und-den-golfstaaten-die-realpolitik-von-modi-und-mbs?nopaging=1. Zugegriffen: 1. Juli 2024.

Singh, M. (2020). India-Persian Gulf relations: from transactional to strategic partnerships. *CLAWS Journal, 13*(1), 157–173.

The Economic Times, T. (2016). India-UAE sign pact for cooperation in combating cyber-crime. https://economictimes.indiatimes.com/news/defence/india-uae-sign-pact-for-cooperation-in-combating-cyber-crime/articleshow/51347012.cms?from=mdr. Zugegriffen: 1. Juli 2024.

Wagner, C. (2016). Indiens erweiterte Nachbarschaft. SWP-Studie, 20. https://www.swp-berlin.org/publications/products/studien/2016S20_wgn.pdf. Zugegriffen: 1. Juli 2024.

Wagner, C., Lemke, J., & Scholz, T. (2022). Mehr Indien wagen – Dreieckskooperation als nächster Schritt der strategischen Partnerschaft. SWP-Aktuell, 17. https://www.swp-berlin.org/publications/products/aktuell/2022A17_MehrIndienWagen.pdf. Zugegriffen: 1. Juli 2024.

Wessler, H. W. (2012). Indien und der Iran: Delhi hält an seiner Freundschaft mit Teheran fest. *Südasien, 1*, 57–59.

Wulf, H. (2022). Ausgerüstet – Steht das indisch-russische Verhältnis vor einer Zäsur? IPG. https://www.ipg-journal.de/regionen/asien/artikel/ausgeruestet-5823/. Zugegriffen: 1. Juli 2024.

Zaidi, H. (2012). *From Dongri to Dubai, six decades of the Mumbai mafia*. New Delhi: Roli Books.

China-Golf Beziehungen: Eine Partnerschaft auf Augenhöhe?

Julia Gurol-Haller

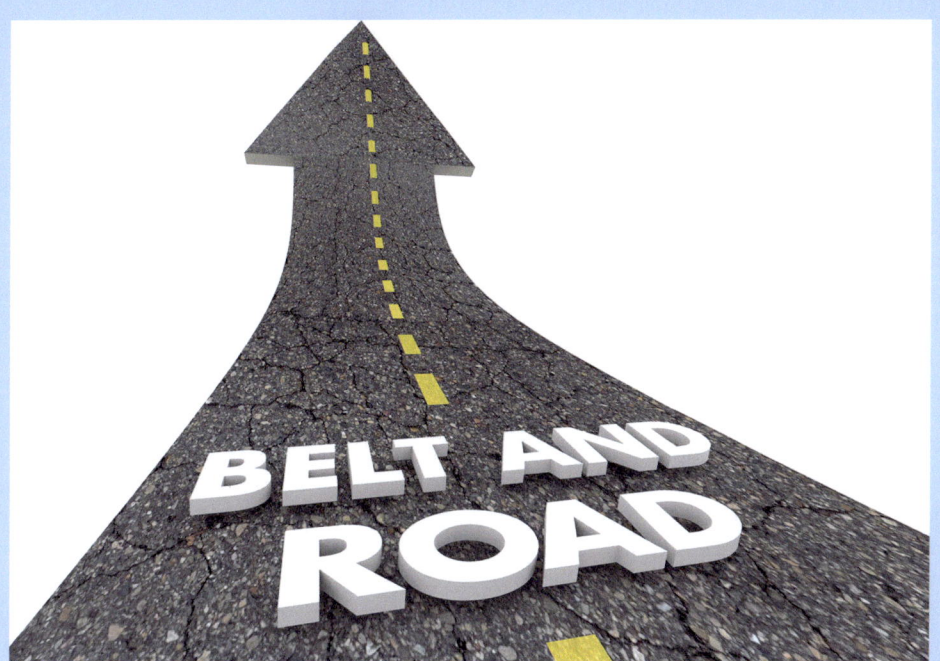

Inhaltsverzeichnis

25.1 Einführung – 274

25.2 Bedeutung der Golfmonarchien für Chinas Seidenstraßeninitiative – 274

25.3 Energie als Eckpfeiler der China-Golf-Beziehungen – 275

25.4 Smarte Partner? China-Golf-Technologiekooperation – 276

25.5 China als möglicher Sicherheitsakteur in der Region: Eine Trendwende? – 277

25.6 Implikationen für regionale Ordnung – 277

25.7 Fazit – 278

Literatur – 279

25.1 Einführung

Als relativ neue, aber dennoch stetig wachsende extraregionale Macht im Nahen Osten und Nordafrika (MENA) ist die Volksrepublik China auch für die arabischen Golfmonarchien zu einem wichtigen Partner geworden. Nicht zuletzt seit dem Beginn der Implementierung der chinesischen Seidenstraßeninitiative (Belt and Road Initiative, BRI) im Jahr 2013 haben sich die transregionalen Verbindungen in den Bereichen Wirtschaft, Politik, kultureller Austausch und zuletzt auch Sicherheit zwischen China und den arabischen Golfmonarchien intensiviert (Young, 2019; Bin Huwaidin, 2021; Demmelhuber et al., 2022; Mogielnicki, 2022). In den vergangenen Jahren standen die Länder des Golfkooperationsrats (GKR) an vorderster Front der außenpolitischen Prioritäten Pekings, da China plant, seine Energiesicherheit zu stärken, sein Wirtschaftswachstum zu beschleunigen und die wirtschaftlichen Beziehungen zu den Golfstaaten durch den Bau von Infrastruktur und die Entwicklung der Telekommunikation zu vertiefen – beides entscheidende Bereiche für Chinas BRI. Interessant ist dabei, dass im Gegensatz zu bilateralen Beziehungen zwischen China und Ländern Afrikas oder Lateinamerikas China-Golf-Beziehungen auf Augenhöhe stattfinden. Kurz: China braucht die Golfmonarchien ebenso wie diese China. Die strategische Bedeutung der Region für Peking ergibt sich aus zwei Faktoren: zum einen durch die umfangreichen Energieexporte und zum anderen durch die geopolitische Bedeutung der Golfmonarchien für die BRI als Drehscheibe, die China mit Europa und anderen Regionen sowohl auf dem Land- als auch auf dem Seeweg verbindet. Für die Golfmonarchien wiederum stellt die wachsende Präsenz Chinas eine ideale Gelegenheit dar, dem innenpolitischen Druck zur wirtschaftlichen Diversifizierung (▶ Kap. 14) zu begegnen und die unilateralen Abhängigkeiten von den USA zu reduzieren (▶ Kap. 23).

Lange Zeit war Chinas Strategie in der Region fokussiert auf den Aufbau und die Vertiefung bilateraler Wirtschaftsbeziehungen, die oft in der Unterzeichnung einer (Comprehensive) Strategic Partnership mündeten, sprich in einer vertieften und zudem formalisierten Kooperation (Bin Huwaidin, 2021). Mittlerweile unterhalten alle GKR-Länder eine strategische Partnerschaft mit China (◘ Tab. 25.1).

Jenseits von Wirtschaftsbeziehungen und Energiepartnerschaften hat sich China jedoch lange zurückgehalten, was tatsächliches politisches oder gar sicherheitspolitisches Engagement in der Region angeht. Chinesische Außenpolitik versuchte, weitgehend apolitisch zu agieren und in regionalen Konflikten neutral zu bleiben. Dennoch gehen die wachsenden wirtschaftlichen Verknüpfungen zwischen China und den Golfmonarchien auch mit einer gewissen Ausweitung von Chinas sicherheitspolitischer Rolle einher. Die zentrale Rolle, die China als Plattform für die Annäherung zwischen dem Iran und Saudi-Ara-

Tab. 25.1 Übersicht über bilaterale Partnerschaften der Golfmonarchien mit China (eigene Zusammenstellung)

Land	Jahr	Art der Partnerschaft
Saudi-Arabien	2016	Comprehensive Strategic Partnership
Vereinigte Arabische Emirate	2018	Comprehensive Strategic Partnership
Bahrain	2024	Comprehensive Strategic Partnership
Oman	2018	Strategic Partnership
Kuwait	2018	Strategic Partnership
Katar	2014	Strategic Partnership

bien im März 2023 spielte, macht daher deutlich, dass die Zeit der chinesischen Zurückhaltung vorbei ist und gleichzeitig Länder aus der Region die Volksrepublik nicht mehr ausschließlich als Wirtschaftspartner, sondern auch als politischen/diplomatischen Akteur wahrnehmen.

Worin liegt die wechselseitige Anziehungskraft Chinas und der Golfmonarchien und in welchen Politikfeldern äußert sie sich besonders deutlich? Welche Rolle spielt China für die Golfmonarchien jenseits von Wirtschaftsbeziehungen und Energiepartnerschaften? Und welche Implikationen hat Chinas wachsende Präsenz in der Region für die regionale (Sicherheits-)Ordnung? Vor dem Hintergrund dieser Fragen gibt dieses Kapitel einen Überblick über die Entwicklung der bilateralen Beziehungen zwischen China und den arabischen Golfmonarchien, ordnet die Bedeutung der Golfstaaten für die BRI ein und diskutiert die Implikationen des wachsenden Einflusses Chinas auf die regionale Ordnung am Persischen Golf.

25.2 Bedeutung der Golfmonarchien für Chinas Seidenstraßeninitiative

Chinas BRI, 2013 als umfassende Infrastrukturinitiative ins Leben gerufen und mittlerweile eines der wichtigsten außenpolitischen Elemente der Politik Xi Jinpings, umfasste in ihrer ursprünglichen Version zwei komplementäre Vorhaben (National Development & Reform Commission, 2015; MFA, 2017). Das erste ist die Herstellung von Konnektivität über den Landweg, die sich im Silk Road Economic Belt (SREB) widerspiegelt. Das zweite ist die Maritime Silk Road (MSR), die die maritimen Handelswege Afrikas, Europas, Ozeaniens sowie Süd- und Südostasiens miteinander verbindet. Dazu kamen später die Digital Silk Road (DSR) sowie, auf dem Höhepunkt der ersten Covid-19-Infektionswelle verkündet, die Health Silk Road (HSR). Die HSR soll, wie von der chinesischen Regierung angekündigt, mit der DSR als Tandem funktionieren und so digitale und physische Infrastrukturen mit dem Ziel der globalen Gesundheitsversorgung zusammenführen. Das Konzept der HSR ist zwar alles andere als neu – die ersten Hinweise auf die Entwicklung einer HSR stammen aus dem Jahr 2015 – doch der politische Kontext ihrer offiziellen Einführung auf dem Höhepunkt der ersten globalen Infektionswelle im Frühjahr 2020 war für China äußerst vorteilhaft und bot die einmalige Chance, sich als „Retter" in der globalen Krise zu positionieren und digitale und physische Infrastrukturen unter der Schirmherrschaft der globalen Gesundheitsversorgung zu fördern. Praktisch von einem Tag auf den anderen wurden sowohl die Gesundheit als auch das Digitale zu den wichtigsten Elementen der BRI erhoben (Rudolf, 2021). Für alle vier Komponenten (Land, See, Digitales, Gesundheit) der übergeordneten BRI spielen die arabischen Golfmonarchien eine zentrale Rolle.

Aus der Perspektive Chinas macht die geographisch strategische Lage der GKR-Staaten und ihr Reichtum an natürlichen Ressourcen sie sehr wichtig für die Umsetzung der BRI (Qanas, 2023; Qian & Fulton, 2017). Die Golfmonarchien wiederum beteiligen sich aktiv an BRI-Projekten, um ihre eigene Entwicklungsagenda zu unterstützen, was die Initiative zu einem nützlichen Mittel macht, um dem innenpolitischen Druck zur wirtschaftlichen Diversifizierung zu begegnen. Als Quelle des digitalen Fortschritts und Zentrum der Technologie- und Infrastrukturentwicklung spielt China zudem eine entscheidende Rolle beim Ausbau der digitalen Infrastruktur der Golfmonarchien. Jeder der GKR-Staaten hat sich eine „Vision" im Sinne nationaler Entwicklungspläne gegeben – Saudi Vision 2030, New Kuwait 2035, Abu Dhabi 2030, Katar National Vision 2030, Oman Vision 2040 und Bahrains Economic Vision 2030 (▶ Kap. 14). Zwischen diesen nationalen Visionen und der chinesischen BRI bestehen starke Synergien, da die Priorität von Konnektivität, politischer Koordinierung und Infrastrukturausbau komplementär zu den chinesischen BRI-Zielen steht. Viele führende Politikerinnen und Politiker aus der Region haben den Link zwischen nationalen Visionen und der BRI deutlich gemacht. Der saudische Kronprinz Mohammed bin Salman (MBS) bezeichnete die BRI beispielsweise als eine „der Hauptsäulen der saudischen Vision 2030" (Arab News, 2016).

Darüber hinaus kommt insbesondere dem Oman, den Vereinigten Arabischen Emiraten (VAE) und Saudi-Arabien eine geographisch strategische Position für die MSR zu, bedingt durch die Nähe zum Roten Meer, dem Persischen Golf und dem Golf von Oman – und damit zu einigen der bedeutsamsten Seekommunikationswegen für den Handel zwischen Europa, dem MENA-Raum und Asien (Fulton, 2019; Chaziza, 2019). Das Arabische Meer, als wichtiger Ausläufer des Indischen Ozeans, ist ein zentraler Baustein in Chinas maritimer Strategie (Chan, 2022). Insbesondere die Seestraßen von Hormus und Bab al-Mandab sind zwei der entscheidensten „Flaschenhälse der Weltwirtschaft" und verleihen der Arabischen Halbinsel ein großes geostrategisches Gewicht (Gresh, 2017).

Während der Covid-19-Pandemie wurden die besonderen Beziehungen zwischen China und den Golfmonarchien besonders deutlich im Kontext der DSR und der HSR. Auch wenn Gesundheitsdiplomatie lange Zeit im strategischen Portfolio der Volksrepublik der offensichtlicheren Diversifizierung an Wirtschaftsbeziehungen untergeordnet war, hat der Ausbruch der Pandemie im Jahr 2020 zu einem Bedeutsamkeitsboost des Gesundheitssektors geführt – so auch in den Beziehungen zwischen China und den Golfmonarchien. In diesem Kontext nutzte China die Pandemie auch dazu, die eigene Soft Power und den immateriellen Einfluss in der Golfregion auszubauen, nicht zuletzt durch Diffusion kraftvoller Narrative, die China als „globalen Retter", „Freund in der Not" oder als den Golfmonarchien besonders loyal zugetanen Partner darstellten (Fulton, 2020a; Gurol, 2023). Infolgedessen wurden die Golfmonarchien zu einer der wichtigsten Zielgruppen für Chinas Bemühungen, sich als verantwortungsbewusste, globale Großmacht darzustellen. Dieses Bemühen schlug sich auch in verschiedenen Kooperationen zwischen China und den Golfmonarchien während der Pandemie nieder. Beispielsweise beteiligte sich Bahrain im August 2020 an den ersten globalen klinischen Studien zur Entwicklung des Sinopharm-Impfstoffs aus China. Die Testung, an denen mehrere Tausend Freiwillige teilnahmen, wurde von einem Konglomerat des Firmenkollektivs G42 und dem chinesischen Konzern BGI/Sinopharm geleitet.

25.3 Energie als Eckpfeiler der China-Golf-Beziehungen

Dank des wirtschaftsorientierten Ansatzes Pekings hat sich das Handelsvolumen zwischen China und den Golfstaaten im Laufe der Jahre explosionsartig erhöht. Peking ist mittlerweile zum größten Investor der Region und zum führenden Handelspartner der GKR-Länder geworden. Zwischen 2005 und 2021 wuchs die Summe chinesischer Investments und Bauprojekte in den Golfmonarchien eine Höhe von 43,5 Mrd. US-Dollar in Saudi-Arabien, 36,2 Mrd. US-Dollar in den VAE, 11,8 Mrd. US-Dollar in Kuwait, 7,8 Mrd. US-Dollar in Katar, 6,6 Mrd. US-Dollar im Oman und 1,4 Mrd. US-Dollar in Bahrain (American Enterprise Institute, 2022). Im Jahr 2010 löste China damit die USA als größten Handelspartner der Region ab (Akcay, 2023).

Einer der wichtigsten Eckpfeiler der wirtschaftlichen Beziehungen der Golfstaaten zu China ist die Energiefrage. Nicht zuletzt der russische Angriffskrieg in der Ukraine und die darauffolgende globale Energiekrise machten die Golfstaaten zu gefragten Partnern für die Volksrepublik China. Die Energiefrage spiegelt auch die wechselseitigen Abhängigkeiten wider (Qanas, 2023). Trotz Chinas Bemühungen, seine Energiequellen zu diversifizieren und gleichzeitig das Portfolio an Öllieferanten zu erweitern, bezieht die Volksrepublik weiterhin 40 % ihrer Ölversorgung aus den GKR-Staaten. Mittlerweile ist China das mit Abstand wichtigste Importland für Rohöl aus Saudi-Arabien, allein im Jahr 2020 exportierte Saudi-Arabien Rohöl in Höhe von 24,7 Mrd. US-Dollar nach China. Auch Oman (Exporte 2020: 11,3 Mrd. US-Dollar), Kuwait (Exporte 2020: 7,9 Mrd. US-Dollar) und die VAE (Exporte 2018: 8,6 Mrd. US-Dollar) sind in der Liste der wichtigsten Öllieferanten für China zu finden (OEC, 2023a, b, c, d), während Katar im Jahr 2019 Erdgas im Wert von ca. 7,8 Mrd. € nach China lieferte. Im November 2022 unterzeichneten China und Katar zudem ein 60 Mrd. US-Dollar umfassendes Geschäft für die Lieferung von verflüssigtem Erdgas (LNG), mit einer Laufzeit von 27 Jahren (Dargin, 2022). Der Deal sieht den Export von ca. vier Millionen Tonnen LNG pro Jahr nach China vor und gilt als langfristigster bislang unterzeichneter LNG-Liefervertrag.

Doch die Energiepartnerschaften zwischen China und den Golfmonarchien spiegeln sich nicht nur in Exporten von Öl und Gas wider, sondern auch im Ausbau kritischer Infrastruktur wie Pipelines oder Terminals. So vergaben beispielsweise die VAE in den vergangenen Jahren weitere Ölkonzessionen und Bohrlizenzen an chinesischen Unternehmen (Cahill, 2021). Die saudische Ölfirma Saudi Aramco ging 2022 zudem mehrere Joint Ventures mit dem chinesischen Unternehmen China Petroleum & Chemical Corporation (Sinopec) ein, um in Raffinerien im gesamten Königreich zu investieren. Beide Vertragspartner unterzeichneten zudem eine Absichtserklärung für den Ausbau ihrer Kooperation (Gulf Business, 2022).

Die Energiefrage spiegelt nicht nur die reziproken Abhängigkeiten wider, in denen sich China und die Golfstaaten befinden, sie sind auch ein gutes Beispiel, um die Implikationen des wachsenden chinesischen Einflusses für die Region zu erklären. Durch das Konkurrieren um Export an die Volksrepublik verstärkten sich zuletzt intraregionale Spannungen im Bereich der Rohstoffexporte. Im Jahr 2021 wurde das besonders deutlich, als die VAE die von Saudi-Arabien initiierte OPEC-Entscheidung anfochten, die Produktionsdeckelung von Rohöl fortzusetzen, die als Reaktion auf die Covid-19-Pandemie eingeführt wurde, um den Ölpreis zu stabilisieren. Diese Spannungen konnten erst beigelegt werden, als Saudi-Arabien einer höheren Produktionsquote zustimmte (BBC World, 2021).

25.4 Smarte Partner? China-Golf-Technologiekooperation

Ein wachsender Faktor in den bilateralen Beziehungen vieler Golfmonarchien zu China stellt digitale Infrastruktur bzw. Technologie dar (▶ Kap. 9). Für die Golfmonarchien ist die Digitalisierung für den Erfolg der nationalen Visionen und Entwicklungspläne von entscheidender Bedeutung. Gleichzeitig ist der wachsende Fokus auf Technologieinnovation und Digitalisierung auch als wirtschaftliche Diversifizierung zu verstehen (Chaziza, 2022). Die Rolle Chinas als globaler Technologieexporteur hat somit sowohl eine wirtschaftliche als auch eine sicherheitspolitische Komponente, die für regionale Akteure von Interesse ist (Gurol et al., 2023; Gurol & Schütze, 2022). Für China wiederum ist die Förderung technologischen Fortschritts und das Ankurbeln digitaler Entwicklung ein zentraler Bestandteil der DSR. Im Rahmen der DSR bauen chinesische Technologieunternehmen eine digitale Infrastruktur auf, die das Sammeln, den Transport, die Speicherung und die Verarbeitung großer Datenmengen aus den Partnerländern erleichtert. Zu dieser Infrastruktur gehören E-Commerce-Plattformen, mobile Zahlungssysteme, intelligente Datenzentren, 5G-Netzwerke, Unterseekabel, Satelliten, Cloud-Speicher, intelligente Städte und Künstliche Intelligenz (KI). So haben beispielsweise verschiedene Telekommunikationsunternehmen in Bahrain, Kuwait, Katar, Saudi-Arabien und den VAE umfangreiche 5G-Verträge mit Huawei unterzeichnet (Calabrese, 2019).

Bahrain war einer der Vorreiter bei der Einführung der 5G-Infrastruktur. Während Bahrains Telekommunikationsbetreiber Batelco und Zain mit Ericsson kooperierten, suchte VIVA Bahrain den Schulterschluss mit Huawei und legte damit den Grundstein für die weitere Entwicklung des Landes in Bezug auf KI und Überwachungstechnologien (Demmelhuber et al., 2022). Ähnliche Entwicklungen lassen sich in den Beziehungen zwischen China und den VAE verzeichnen. Als erstes Land in der arabischen Region haben die VAE 2017 ihre KI-Strategie ins Leben gerufen, um die KI-Governance in wichtigen Bereichen wie Transport, Gesundheit, Raumfahrt, erneuerbare Energien, Wasser, Technologie, Bildung, Umwelt und Verkehr auszubauen. Im Jahr 2019 verabschiedete die emiratische Regierung eine aktualisierte Initiative, die sogenannte Nationale Strategie für künstliche Intelligenz, die eine „KI-Vorherrschaft" bis 2031 vorsieht. Um dieses Ziel zu erreichen, stützen sich die VAE neben Israel stark auf die chinesische Technologieindustrie und KI-Fähigkeiten (Araz, 2020).

Insbesondere im Kontext der Covid-19-Pandemie erfuhr Chinas DSR an Bedeutungszuwachs und damit auch Politikfelder wie technologischer Fortschritt, Digitalisierung, Innovation und KI in China-Golf-Beziehungen. So kam es beispielsweise zu vertieften Kooperationen zwischen der emiratischen Holding Group 42 (kurz: G42) und chinesischen Tech-Unternehmen wie Beijing YeeCall Technology Interactive in Bezug auf die Entwicklung von Tracking Apps während der Pandemie. Ein weiteres Beispiel für eine entstehende Kooperation im Rahmen der Pandemie stellt die Kollaboration zwischen der Saudi Data and Artificial Intelligence Authority (SDAIA) und den chinesischen Firmen Alibaba und Huawai dar. SDAIA war aktiv an der Entwicklung der saudischen digitalen Tracking Apps Tawakkalna und Tabaud beteiligt. Gleichzeitig verabschiedeten beide Kooperationspartner gemeinsam ein Programm zur Weiterentwicklung und Forschung an KI, das sogenannte National Artificial Intelligence Capability Development Program (Saudi Press Agency, 2020).

25.5 China als möglicher Sicherheitsakteur in der Region: Eine Trendwende?

Während sich die langjährige Dominanz der USA als wichtigster Sicherheitsgarant im MENA-Raum wandelt, gewinnt China zunehmend an Bedeutung – nicht mehr nur wirtschaftlich, sondern auch sicherheitspolitisch (▶ Kap. 23). Lange Zeit basierten die regionalen sicherheitspolitischen Arrangements, insbesondere in der Golfregion, auf einem gewissen „Gleichgewicht der Kräfte" zwischen Ländern wie dem Iran und den USA (Garlick & Havlová, 2020). Entsprechend war die chinesische sicherheitspolitische Strategie in der Golfregion lange von vorsichtigen Balanceakten gekennzeichnet (Gurol & Scita, 2020; Ehteshami & Horesh, 2020), die eine direkte Involvierung in regionale Spannungen und Konflikte vermeiden sollte. Gleichzeitig war Chinas Herangehensweise an Beziehungen mit der Golfregion zumeist an der Vorherrschaft der USA als Sicherheitsgarant in der Region orientiert. Die von den USA aufrechterhaltene regionale Sicherheitsarchitektur bot China die kostengünstige Möglichkeit zur Ausweitung wirtschaftlicher Beziehung, ohne eine aktive, eigene Rolle als Sicherheitsakteur einnehmen zu müssen (Sun, 2022). Ohne dem Narrativ, dass China in ein von den USA hinterlassenes Vakuum treten könnte, zu viel Bedeutung beizumessen, zeigen sich jedoch nun sehr deutlich zwei Tendenzen: Zum einen wird deutlich, dass die Volkrepublik ihre rein apolitische, auf Wirtschaftsbeziehungen ausgerichtete Strategie nicht länger beibehalten kann, sondern selbst aktiv werden muss, um eine stabile Umgebung für chinesische Projekte und Investitionen zu schaffen. Zum anderen zeigt es, dass die Golfmonarchien China nicht mehr nur als Wirtschaftspartner ansehen, sondern zunehmend auch als Sicherheitsakteur und diplomatische Kraft. Chinas wachsende Präsenz hat somit zu einer stärkeren Entschlossenheit geführt, sich stärker in die regionale Sicherheit und Politik einzubringen, was sich auch in der Global Security Initiative (MFA, 2023) widerspiegelt.

Wie sich diese Trendwenden in der Golfregion vollziehen, lässt sich an einigen empirischen Beispielen illustrieren. So hat China in den vergangenen Jahren erste Schritte in Richtung einer größeren sicherheitspolitischen Rolle unternommen. Auf gemeinsame Übungen mit der saudischen Marine im November 2019 folgten einen Monat später trilaterale Übungen mit dem Iran und Russland, die im Juni 2023 erneut stattfanden (Al-Jazeera, 2023). Chinesische und saudi-arabische Spezialeinheiten führten 2016 erstmals gemeinsame Übungen durch, kurz nachdem sie ihre umfassende strategische Partnerschaft angekündigt hatten. Auch Waffenverkäufe sind seit Langem Bestandteil der bilateralen Beziehungen, wenn auch in bescheidenem Umfang im Vergleich zu den USA (SIPRI, 2021). So gibt es bereits erste Beispiele für Kooperationen im Bereich Rüstungsexporte und Technologietransfer. Beispielsweise ist China beteiligt am Bau einer Produktionsstätte für CH-4-UAV-Drohnen in Saudi-Arabien, die der amerikanischen MQ-1 Predator ähneln (Defense News, 2022). Saudi-Arabien, ebenso wie die VAE, kaufte außerdem das chinesische Wing-Loong-Modell und auf der saudischen Verteidigungs- und Waffenmesse im Februar 2022 dominierten chinesische Aussteller das Bild. Auch wenn China perspektivisch nicht die US-Waffenverkäufe in die Region ersetzen wird, passt Chinas Unterstützung im militärischen Bereich gut in die Diversifizierungsstrategien der Golfmonarchien. Einen ähnlichen Trend zeichnet auch die chinesische Unterstützung der vom Iran ebenfalls im Juni 2023 angekündigten regionalen Marineallianz mit Saudi-Arabien und den VAE (Reuters, 2023).

Ein weiterer Indikator für ein proaktiveres Vorgehen im Kontext von Konfliktmediation oder Diplomatie stellt die von China unterstützte Annäherung zwischen dem Iran und Saudi-Arabien im März 2023 dar – ein symbolischer und diplomatischer Gewinn für die Volksrepublik, da dieser Deal in Peking ausgehandelt wurde (Haghirian & Scita, 2023). Die Wandlung von einem Akteur auf der Nebenbühne der regionalen Sicherheitsarchitektur zu einer prominenteren Figur, vollzog sich bereits schleichend seit 2019. Die Drohnenangriffe auf die Einrichtungen von Saudi Aramco im Jahr 2019 machten deutlich, dass die Spannungen zwischen dem Iran und Saudi-Arabien die Kerninteressen Chinas treffen könnten – die Energiesicherheit. Doch nicht nur der Bedarf nach einer stabilen Umgebung für Chinas Öl- und Gasimporte förderte diese Trendwende. Auch Pekings wachsendes politisches, finanzielles und wirtschaftliches Engagement hat einen Wendepunkt erreicht, ab dem die Rolle als Trittbrettfahrer den Schutz der eigenen Interessen nicht mehr vollständig garantiert. Folglich hat sich Chinas Verhalten gegenüber den Golfstaaten in den vergangenen drei Jahren stark gewandelt, hin zu proaktiverem Verhalten im Sicherheitsbereich. Die Vermittlung des Abkommens zwischen dem Iran und Saudi-Arabien passt zu Chinas umfassender Strategie und seinen Interessen am Golf (Ignatius, 2023).

25.6 Implikationen für regionale Ordnung

Die regionale Ordnung am Persischen Golf ist geprägt von einem intensiven Wettbewerb zwischen regionalen Akteuren sowie extraregionalen Akteuren, allen voran China und die USA (Fulton, 2022). Die passive Abhängigkeit der Golfmonarchien von den USA als Sicherheitsgarant ist seit vielen Jahrzehnten ein Thema lebhafter akademischer Debatten (▶ Kap. 23). Die USA spielten eine führende Rolle bei der Gestaltung der regionalen Ordnung in der MENA-Region, insbesondere in der Zeit nach dem Zweiten Weltkrieg. Und nicht zuletzt seit der Operation Desert Storm während des Zweiten Golfkriegs galten die USA als dominierender Sicherheitsakteur in der Region. Die sicherheitspolitische Zusammenarbeit der USA mit den GKR-Staaten hielt lange Zeit einen Status quo aufrecht, der es den anderen extraregionalen Akteuren ermöglichte, ihre Interessen durchzusetzen ohne einen wesentlichen Beitrag zur regionalen Stabilität zu leisten (Fulton, 2020b). Mit einem zunehmenden Rückzug der USA aus der Region verschiebt sich dieser Status quo (Garver, 2016). Bereits während der Obama-Administration begann das langjährige Vertrauen der Golfmonarchien in die USA als regionalen Sicherheitsgaranten zu schwinden, was in der bereits angesprochenen Diversifizierung außerregionaler Partnerschaften resultiert (Fulton, 2018).

Angetrieben wurde diese Entwicklung auch durch die Wahrnehmung, dass die Partnerschaft mit den USA stark asymmetrisch sei und die unilaterale Abhängigkeit schnell zu einem Sicherheitsdilemma bei einem möglichen Rückzug der USA werden könnte (ebd.). Die mangelnde strategische Kontinuität der US-Außenpolitik in der Region sowie die neuesten geopolitischen Geschehnisse verstärkten diesen Trend. So führte beispielsweise der russische Angriffskrieg gegen die Ukraine zu einer veränderten globalen Rolle Russlands, die sich auch auf die Golfregion auswirkt. Und nicht zuletzt legt die chinesische Förderung der Annäherung zwischen dem Iran und Saudi-Arabien die Vermutung nahe, dass die wachsende und proaktivere Präsenz Chinas in der Region Implikationen für die regionale Ordnung haben könnte. Mit dem Aufstieg Chinas und der verstärkten Präsenz in der Region besteht für die Golfmonarchien plötzlich die Option einer strategischen Wahl externer Partner, die zu einem veränderten regionalen Selbstbewusstsein und mehr Handlungsfähigkeit geführt hat (Demmelhuber, 2019).

Die regionale aber auch geopolitische Bedeutung einer wachsenden und proaktiveren Rolle Chinas in der Golfregion kann also nur vor dem Hintergrund sich wandelnder Beziehungen zu den USA sowie genereller Transitionsprozesse in der Golfregion verstanden werden (Fulton, 2022; Ghiselli, 2023). Die USA sind zwar nach wie vor wichtigster Akteur in der Golfregion, haben jedoch bei Weitem nicht mehr das, was Martin Wight als „justification of power" (1991) bezeichnet – die Legitimität, die Regeln einer hegemonialen Ordnung festzulegen. Der folgende Abschnitt diskutiert daher die Auswirkungen der sich vertiefenden China-Golf-Beziehungen auf die regionale Ordnung und Sicherheitsarchitektur.

Das geeignetste Konzept, um Chinas Vorgehen am Golf zu erklären und gleichzeitig die Reaktion der Golf- monarchien auf China darzustellen, ist das Konzept der strategischen Absicherung (*strategic hedging*; u. a. Garlick & Havlová, 2020; Chaziza, 2015; Tessman, 2012; Guzansky, 2015). Diese Strategie impliziert, dass eine politische Macht an Einfluss gewinnt, ohne die dominante Macht, den Hegemon, offen herauszufordern. Stattdessen erweitert sie ihre regionalen Fähigkeiten – meist mit wirtschaftlichen Mitteln – und entwickelt zeitgleich langsam die eigenen militärischen Kapazitäten. Chinas ausgewogene, lange Zeit rein auf Wirtschaftskooperation ausgelegte Strategie in der Golfregion ist ein Musterbeispiel für Hedging. Die zuvor beschriebenen Schritte in Richtung einer sicherheitspolitischen Trendwende sowie das während der Covid-19-Pandemie forcierte narrative Machtspiel der chinesischen Staatsführung, das auch durch die aktive Dissemination antiwestlicher und anti-US-amerikanischer Narrative gekennzeichnet war (Gurol, 2023), ist Evidenz dafür. Gleichzeitig kann die gezielte Diversifizierung ihrer außerregionalen Partner durch die Golfmonarchien auch als Hedgingstrategie verstanden werden (Demmelhuber, 2019). Es kann also zusammengefasst werden, dass sich die regionale Ordnung am Persischen Golf in einer Phase des Wandels befindet, in der sowohl regionale Akteure als auch extraregionale Player ihre Rollen sowie ihre Einflusssphären neu ordnen. Auch wenn nicht abzusehen ist, dass China die USA als dominierender Sicherheitsakteur in der Region in absehbarer Zeit ablösen wird (Ghiselli, 2023), so führt der wachsende chinesische Einfluss auch jenseits von Investitionen und Wirtschaftspartnerschaften doch bereits zu einer wahrnehmbaren Machtverschiebung in der Region.

25.7 Fazit

Als vergleichsweise „neuer" extraregionaler Akteur in der Golfregion ist Chinas Bedeutung für die Golfmonarchien innerhalb kürzester Zeit stark gewachsen. Nicht zuletzt seit 2013 hat die Anzahl transregionaler Verbindungen, der Kooperationsformate und Interaktionen stetig zugenommen und umfasst mittlerweile zahlreiche Politikfelder wie Wirtschaft, Energie, Kulturbeziehungen, Technologie und Sicherheit. Interessant ist dabei die wechselseitige Dependenz, die sich insbesondere im Bereich der Öl- und Gasexporte niederschlägt.

Abschließend sind drei Punkte konkludierend festzuhalten. Erstens hat das Kapitel aufgezeigt, dass die Bedeutung der Golfregion für China – wie auch umgekehrt im Zeitverlauf – stark zugenommen hat. Zweitens lässt sich 2022 eine gewisse Trendwende in Bezug auf Inhalt und Tiefe der bilateralen Beziehungen feststellen. So wird China nicht mehr nur als wirtschaftlicher Partner und interessanter Absatzmarkt für regionale Rohstoffe gesehen, sondern anders als zuvor zunehmend auch als diplomatischer Partner und möglicher Sicherheitsakteur. Und drittens lässt sich festhalten, dass die verstärkte chinesische Präsenz bereits erste Auswirkungen auf die regionale Ordnung hat. Nicht nur verändert sich die Wahrnehmung Chinas durch regionale Akteure, auch verändert China das eigene, lange als apolitisch und rein auf wirtschaftliche Kooperation ausgerichtet angesehene Verhalten in der Golfregion hin zu einer proaktiveren Strategie auch in Bereichen der Mediation und Diplomatie. Auch wenn diese Entwicklungen bereits vor der Covid-19-Pandemie begonnen haben, kann festgehalten werden, dass die Pandemie doch als Booster für die transregionalen Partnerschaften zwischen China und den Golfmonarchien gewirkt und zu einer signifikanten Ausweitung der bilateralen Beziehungen geführt hat. Nicht zuletzt kann festgehalten werden, dass China-Golf-Beziehungen in fluide, globale Machtgefüge im internationalen System eingebettet sind und deutlich von globalen Transitionsprozessen und Machtverschiebungen beeinflusst werden.

Literatur

Akcay, N. (2023). Beyond oil: a new phase in China-middle east engagement. The diplomat. https://thediplomat.com/2023/01/beyond-oil-a-new-phase-in-china-middle-east-engagement/. Zugegriffen: 11. Juli 2023.

Al-Jazeera (2023). China, Russia and Iran hold joint naval drills in Gulf of Oman. https://www.aljazeera.com/news/2023/3/15/china-russia-iran-hold-joint-naval-drills-in-gulf-of-oman. Zugegriffen: 11. Juli 2023.

American Enterprise Institute (2022). China global investment tracker. https://www.aei.org/china-global-investment-tracker/. Zugegriffen: 14. Apr. 2023.

Araz, S. (2020). The UAE eyes AI supremacy: a key strategy for the 21st century. Middle East Institute. www.mei.edu/publications/uae-eyes-ai-supremacy-key-strategy-21st-century. Zugegriffen: 11. Juli 2023.

Arab News (2016). Fusing Vision 2030 with belt road initiative. http://www.arabnews.com/node/979346/saudi-arabia. Zugegriffen: 15. Apr. 2023.

BBC World, B. B. C. (2021). The growing Gulf rivalry that's pushing up oil prices. https://www.bbc.com/news/world-middle-east-57753667. Zugegriffen: 20. Mai 2023.

Bin Huwaidin, M. (2021). China and the Gulf region: from strangers to partners. In J. Fulton (Hrsg.), *Routledge handbook on China-Middle East relations* (S. 81–92). London: Routledge.

Cahill, B. (2021). Everything at once: transformation of Abu Dhabi's oil policy. Arab Gulf States Institute Washington. https://agsiw.org/everything-at-once-transformation-of-abu-dhabis-oil-policy/. Zugegriffen: 20. Apr. 2023.

Calabrese, J. (2019). The Huawei wars and the 5G revolution in the Gulf. Middle East Institute. https://www.mei.edu/publications/huawei-wars-and-5g-revolution-gulf#_ftn1. Zugegriffen: 1. Mai 2023.

Chan, E. S. Y. (2022). *China's maritime security strategy: the evolution of a growing sea power. Corbett Centre for Maritime Policy Studies Series*. London: Routledge.

Chaziza, M. (2015). Strategic hedging partnership: a new framework for analyzing Sino-Saudi relations. *Israel Journal of Foreign Affairs*, 9(3), 441–452.

Chaziza, M. (2019). The significant role of Oman in China's maritime silk road initiative. *Contemporary Review of the Middle East*, 6(1), 44–57.

Chaziza, M. (2022). China-GCC digital economic cooperation in the age of strategic rivalry. Middle East Institute. https://www.mei.edu/publications/china-gcc-digital-economic-cooperation-age-strategic-rivalry. Zugegriffen: 15. Mai 2023.

Dargin, J. (2022). What's at stake in the massive China-Qatar gas deal. Carnegie Endowment for International Peace. https://carnegieendowment.org/2022/12/29/what-s-at-stake-in-massive-china-qatar-gas-deal-pub-88696. Zugegriffen: 1. Mai 2023.

Defense News (2022). Chinese and Saudi firms create joint venture to make military drones in the kingdom. https://www.defensenews.com/unmanned/2022/03/09/chinese-and-saudi-firms-create-joint-venture-to-make-military-drones-in-the-kingdom/. Zugegriffen: 15. Mai 2023.

Demmelhuber, T. (2019). Playing the diversity card. Saudi-Arabia's foreign policy under the Salmans. *The International Spectator*, 54(4), 109–124.

Demmelhuber, T., Gurol, J., & Zumbrägel, T. (2022). The COVID-19 temptation? Sino-Gulf relations and autocratic linkages in times of a global pandemic. In J. Völkel, L.-M. Möller & Z. Hobaika Khoury (Hrsg.), *The MENA region and COVID-19: Impact, implications and future prospects* (S. 19–35). London:: Routledge.

Ehteshami, A., & Horesh, N. (2020). *How China's rise is changing the Middle East*. London: Routledge.

Fulton, J. (2018). The Gulf between the Indo-Pacific and the belt and road initiative. *Rising Powers Quarterly*, 3(2), 175–193.

Fulton, J. (2019). Domestic politics as fuel for China's maritime silk road initiative: the case of the Gulf monarchies. *Journal of Contemporary China*, 29(122), 1–16.

Fulton, J. (2020a). China's soft power during the coronavirus is winning over the Gulf states. Atlantic Council. https://www.atlanticcouncil.org/blogs/menasource/chinas-soft-power-during-the-coronavirus-is-winning-over-the-gulf-states/. Zugegriffen: 1. Mai 2023.

Fulton, J. (2020b). China in the Persian Gulf: hedging under the US umbrella. In M. Kamrava (Hrsg.), *Routledge handbook of Persian Gulf politics* (S. 492–505). New York: Routledge.

Fulton, J. (2022). Systemic change and regional orders: Asian responses to a Gulf in transition. *The International Spectator*, 57(4), 1–19.

Garlick, J., & Havlová, R. (2020). China's „belt and road" economic diplomacy in the Persian Gulf: strategic hedging amidst Saudi-Iranian regional rivalry. *Journal of Current Chinese Affairs*, 49(1), 82–105.

Garver, J. W. (2016). *China's quest. The history of the foreign relations of the People's Republic of China*. Oxford: Oxford University Press.

Ghiselli, A. (2023). China and the United States in the Middle East: Policy continuity amid changing competition. Middle East Institute. https://www.mei.edu/publications/china-and-united-states-middle-east-policy-continuity-amid-changing-competition. Zugegriffen: 14. Apr. 2023.

Gresh, G. (2017). A vital maritime pinch point: China, the Bab al-Mandeb, and the Middle East. *Asian Journal of Middle Eastern and Islamic Studies*, 11(1), 37–46.

Gulf Business (2022). Saudi Aramco, China's Sinopec sign MoU to boost strategic collaboration. https://gulfbusiness.com/saudi-aramco-chinas-sinopec-sign-mou-to-boost-strategic-collaboration/. Zugegriffen: 30. März 2023.

Gurol, J. (2023). The authoritarian narrator: China's power projection and its reception in the Gulf. *International Affairs*, 99(2), 687–705.

Gurol, J., & Schütze, B. (2022). Infrastructuring authoritarian power: Arab-Chinese transregional collaboration beyond the state. *International Quarterly for Asian Studies*, 53(2), 231–249.

Gurol, J., & Scita, J. (2020). China's Persian Gulf strategy: keep Tehran and Riyadh content. MENA Source Atlantic Council. https://atlanticcouncil.org/blogs/menasource/chinas-persian-gulf-strategy-keep-tehran-and-riyadh-content/. Zugegriffen: 30. März 2023.

Gurol, J., Zumbrägel, T., & Demmelhuber, T. (2023). Elite networks and the transregional dimension of authoritarianism: Sino-Emirati relations in times of a global pandemic. *Journal of Contemporary China*, 32(139), 138–151.

Guzansky, Y. (2015). The foreign policy tools of small powers: strategic hedging in the Persian gulf. *Middle East Policy*, 22(1), 112–122.

Haghirian, M., & Scita, J. (2023). The broader context behind China's mediation between Iran and Saudi Arabia. The Diplomat. https://thediplomat.com/2023/03/the-broader-context-behind-chinas-mediation-between-iran-and-saudi-arabia/. Zugegriffen: 25. März 2023.

Ignatius, D. (2023). How China is heralding the beginnings of a multipolar Middle East. The Washington Post. https://www.washingtonpost.com/opinions/2023/03/16/china-saudi-arabia-iran-middle-east-change/. Zugegriffen: 25. Apr. 2023.

MFA (2017). Vision for maritime cooperation under the belt and road initiative. http://english.www.gov.cn/archive/publications/2017/06/20/content_281475691873460.htm. Zugegriffen: 15. Apr. 2023.

MFA (2023). The global security initiative. https://www.fmprc.gov.cn/mfa_eng/wjbxw/202302/t20230221_11028348.html. Zugegriffen: 15. Apr. 2023.

Mogielnicki, R. (2022). Growing China-Gulf economic relations have limits. Arab Gulf States Institute Washington. https://agsiw.org/growing-china-gulf-economic-relations-have-limits/. Zugegriffen: 24. Apr. 2023.

National Development and Reform Commission (2015zt). Vision and actions on jointly building silk road economic belt and 21st century maritime silk roa. https://www.fmprc.gov.cn/eng/topics_665678/2015zt/xjpcxbayzlt2015nnh/201503/t20150328_705553.html. Zugegriffen: 29. Apr. 2023.

OEC (2023a). Crude petroleum in Saudi-Arabia. https://oec.world/en/profile/bilateral-product/crude-petroleum/reporter/are. Zugegriffen: 29. März 2023.

OEC (2023b). Crude petroleum in United Arab Emirates. https://oec.world/en/profile/bilateral-product/crude-petroleum/reporter/are. Zugegriffen: 29. März 2023.

OEC (2023c). Crude petroleum in Oman. https://oec.world/en/profile/bilateral-product/crude-petroleum/reporter/omn. Zugegriffen: 29. März 2023.

OEC (2023d). Crude petroleum in Kuwait. https://oec.world/en/profile/bilateral-product/crude-petroleum/reporter/kwt. Zugegriffen: 29. März 2023.

Qanas, J. (2023). China and the Gulf states: Economic relationship, challenges and future. In N. Kozhanov, K. Young & J. Qanas (Hrsg.), *GCC hydrocarbon economies and COVID* (S. 283–310). Singapore: Springer Nature.

Qian, X., & Fulton, J. (2017). China-Gulf economic relationship under the 'belt and road' initiative. *Asian Journal of Middle Eastern and Islamic Studies*, *11*(3), 12–21.

Reuters (2023). Iran says to form naval alliance with Gulf states to ensure regional stability. https://www.reuters.com/world/middle-east/iran-says-form-naval-alliance-with-gulf-states-ensure-regional-stability-2023-06-03/. Zugegriffen: 11. Juli 2023.

Rudolf, M. (2021). China's health diplomacy during Covid-19. German Institute for International and Security Affairs. https://www.swp-berlin.org/fileadmin/contents/products/comments/2021C09_ChinaHealthDiplomacy.pdf. Zugegriffen: 29. März 2023.

Saudi Press Agency (2020). NCAI, HUAWEI announce MoU to develop AI capabilities. https://www.spa.gov.sa/viewfullstory.php?lang=en&newsid=2147393. Zugegriffen: 29. März 2023.

SIPRI (2021). International arms transfers level off after years of sharp growth. https://www.sipri.org/media/press-release/2021/international-arms-transfers-level-after-years-sharp-growth-middle-eastern-arms-imports-grow-most. Zugegriffen: 29. März 2023.

Sun, D. (2022). China's 'zero-enemy policy' in the Gulf. In I. J. Fulton & L.-C. Sim (Hrsg.), *Asian perceptions of Gulf security* (S. 30–49). London: Routledge.

Tessman, B. F. (2012). System structure and state strategy: adding hedging to the menu. *Security Studies*, *21*(2), 192–231.

Wight, M. (1991). *International theory. The three traditions*. Leicester: Leicester University Press.

Young, K. (2019). The Gulf's eastward turn: the logic of Gulf-China economic ties. *Journal of Arabian Studies*, *9*(2), 236–252.

„Abraham Accords": Israel und die Arabische Halbinsel

Jan Busse und Anna Reuß

© digitalsaint / Stock.adobe.com

Inhaltsverzeichnis

26.1 Einführung – 282

26.2 Krieg und Frieden: Beziehungen zwischen Israel und arabischen Staaten seit 1948 – 282

26.2.1 Durch die arabisch-israelischen Kriege gekennzeichnete Beziehungen – 282

26.2.2 Arabisch-israelische Friedensbemühungen – 283

26.3 Arabisch-israelische Beziehungen vor dem Hintergrund der Abraham Accords – 284

26.3.1 Regionale Machtverschiebung und veränderte Bedrohungswahrnehmungen vor den Abraham Accords – 284

26.3.2 Abraham Accords und ihre Folgen für die regionale Ordnung – 286

26.4 Fazit und Ausblick – 288

Literatur – 288

© Der/die Autor(en), exklusiv lizenziert an Springer-Verlag GmbH, DE, ein Teil von Springer Nature 2025
T. Demmelhuber, N. Scharfenort (Hrsg.), *Die Arabische Halbinsel*,
https://doi.org/10.1007/978-3-662-70217-8_26

26.1 Einführung

Die Abraham Accords markierten einen historischen Durchbruch in den Beziehungen zwischen Israel und den arabischen Staaten und eine Neuausrichtung der jeweiligen bilateralen Beziehungen. Die Abkommen, welche 2020 zunächst zwischen Israel einerseits und den Vereinigten Arabischen Emiraten (VAE) und Bahrain und später Marokko und dem Sudan andererseits geschlossen wurden, waren von den USA vermittelt worden. Sie sind kein einzelnes Vertragswerk, sondern vielmehr eine Reihe von tri- und bilateralen Erklärungen, Verträgen und Abkommen. Zum Verständnis ist zunächst eine Auseinandersetzung mit der wechselvollen Geschichte der Beziehungen zwischen Israel und zentralen arabischen Staaten unerlässlich. Dieser Blick auf die israelisch-arabischen Beziehungen erklärt, warum die Abraham Accords insbesondere aufgrund einer veränderten machtpolitischen Konstellation im MENA-Raum zustande kamen. Dieser Verschiebung ging ein Paradigmenwechsel in der außenpolitischen Orientierung arabischer Staaten voraus (▸ Kap. 23).

Für die arabischen Staaten hat seit der israelischen Staatsgründung 1948 die Palästinafrage – also aus arabischer Sicht die Befreiung des historischen Mandatsgebiets Palästina von israelischer Kontrolle – nicht nur im Zentrum der Ausgestaltung der – oftmals kriegerischen – Beziehungen zu Israel gestanden. Vielmehr war auch der Kampf um regionale Vorherrschaft im Nahen Osten eng mit der Positionierung in der Palästinafrage verbunden. Insbesondere nach der Jahrtausendwende fanden zentrale Entwicklungen statt, die der Unterzeichnung der Abkommen 2020 vorausgegangen waren. Angesichts des iranischen Atomprogramms und einer seit dem Sturz Saddam Husseins 2003, vor allem aber seit dem sogenannten Arabischen Frühling ab 2011, aggressiven revisionistischen Regionalpolitik des Irans, kam es außerdem zu einer zunehmenden Interessenkonvergenz zwischen den arabischen Golfmonarchien und Israel. Zudem nahm die Bedeutung des Iraks und Ägyptens als Regionalmächte durch die US-geführte Militärintervention im Jahr 2003 beziehungsweise den Sturz Husni Mubaraks im Jahr 2011 erheblich ab.

Diese Veränderungen gingen mit einem Bedeutungsgewinn der arabischen Golfmonarchien einher, die angesichts der arabischen Umbrüche eine zunehmend aktivere Rolle in der gesamten MENA-Region spielten. Vereinfacht gesprochen, hat sich das arabische Machtzentrum zur Arabischen Halbinsel hin verschoben. Aufgrund der Wahrnehmung des Irans als zentrale Bedrohung für die nationale und regionale Sicherheit hatte insbesondere für die Golfmonarchien die Palästinafrage nicht mehr den Stellenwert wie in den vorangegangenen Jahrzehnten. Anzumerken ist allerdings, dass der Status der Palästinenser sowie der besetzten Gebiete seit dem Angriff der Hamas auf Israel am 7. Oktober 2023 und dem anschließenden Gazakrieg wieder stärker in den Fokus regionaler Politik gerückt ist. Neben der Analyse des historischen Kontexts und den veränderten Sicherheitsinteressen bietet das Kapitel einen Überblick über die Abraham Accords und einen Ausblick auf die mögliche Fortentwicklung der Abkommen.

26.2 Krieg und Frieden: Beziehungen zwischen Israel und arabischen Staaten seit 1948

Die arabisch-israelischen Beziehungen waren seit der Staatsgründung Israels 1948 vor allem durch Kriege und kriegerische Auseinandersetzungen gekennzeichnet. Als sich Großbritannien als Mandatsmacht aus Palästina zurückzog und Israel am 14. Mai 1948 seine Unabhängigkeit erklärte, reagierten die umliegenden arabischen Staaten mit einer Kriegserklärung. Während Israel siegreich aus diesem Krieg hervorging, stellt er auf arabischer Seite – vor allem aufgrund der Besetzung arabischen Landes – eine katastrophale Niederlage (*nakba*) dar. Fortan stand – zumindest deklaratorisch – für die arabischen Staatschefs die Befreiung Palästinas im Zentrum regionalpolitischer Bemühungen und Israel wurde als Fremdkörper in der Region betrachtet.

26.2.1 Durch die arabisch-israelischen Kriege gekennzeichnete Beziehungen

Die Feindschaft mit Israel dominierte auch von Beginn an die 1945 gegründete Arabische Liga. Bereits im Dezember 1945, also noch vor der israelischen Staatsgründung, initiierte die Arabische Liga einen Boykott des Jischuv, also der im Mandatsgebiet Palästina lebenden jüdischen Gemeinschaft. Bei ihrem Gipfeltreffen im Januar 1964 erklärte die Arabischen Liga Israel zur „grundlegenden Bedrohung der arabischen Nation" und rief zur „endgültigen Beseitigung Israels" auf (Shlaim, 2014, S. 244). Zudem beschloss sie die Gründung der Palestine Liberation Organisation (PLO), um so den von Ägypten propagierten Gedanken der arabischen Einheit mit der Befreiung Palästinas zu verbinden. Entsprechend inszenierte sich der ägyptische Staatspräsident Nasser in dieser Frage als Vorreiter und setzte auf die Konfrontation mit Israel.

Die Spannungen zwischen Israel und seinen unmittelbaren arabischen Nachbarn mündeten 1967 erneut in kriegerischer Gewalt. Der Sechstagekrieg beziehungsweise Junikrieg genannte Waffengang von 1967 fügte den arabischen Staaten eine schwere Niederlage zu. Israel gelang es, mit der Eroberung des Sinai, der Golanhöhen, des Gazastreifens, Ostjerusalems und des Westjordanlands sein kontrolliertes Territorium zu verdreifachen. Diese Naksa („Rückschlag") trug dazu bei, dass die

Auseinandersetzung mit Israel verstärkt eine religiöse Dimension erhielt: Denn während aus israelischer Sicht durch die Eroberung des Ostteils der Stadt Jerusalem wiedervereinigt wurde, befand sich der Haram al-Scharif (Tempelberg) mit Al-Aqsa-Moschee und Felsendom als drittheiligster Ort des Islams nach Mekka und Medina fortan nicht mehr unter direkter muslimischer Kontrolle. Auf die Niederlage im Krieg von 1967 reagierte die Arabische Liga mit ihren berüchtigten „drei Neins" von Khartum, also Nein zu einem Frieden mit Israel, Nein zu einer Anerkennung Israels und Nein zu Verhandlungen mit Israel (Shlaim, 2014, S. 274 ff.).

Der Krieg von 1967 war auch insofern ein Wendepunkt, als er nicht nur den ägyptischen Führungsanspruch im Nahen Osten dämpfte, sondern auch Saudi-Arabiens Position in der Rivalität mit Ägypten stärkte und Saudi-Arabien erstmals als Akteur im arabisch-israelischen Konflikt auf den Plan rief. Zuvor teilten die Saudis zwar die Ablehnung gegenüber Israel. Regionalpolitisch stand für Saudi-Arabien jedoch die Sorge vor einer Ausbreitung des sowjetischen Einflusses im Nahen Osten im Vordergrund (Bahgat, 2007, S. 50). Angesichts Ägyptens Niederlage im Sechstagekrieg gelang es dem saudischen König Faisal, die Bedeutung der islamischen Einheit gegenüber der von Ägypten propagierten arabischen Einheit hervorzuheben. Gerade aufgrund der israelischen Kontrolle über die heiligen islamischen Stätten in Jerusalem versuchte sich Saudi-Arabien so als Führungsmacht der islamischen Welt in der Palästinafrage zu profilieren (Mansfield & Pelham, 2019, S. 312).

In Reaktion auf die feindlich gesinnte unmittelbare Nachbarschaft entwickelte Israel eine Doppelstrategie aus einer „eisernen Mauer" und einer „Allianz der Peripherie", die seit der Staatsgründung 1948 eine maßgebliche Doktrin israelischer Regierungspolitik bildet (Lustick, 1996, 2008; Shlaim, 2014). Im Kern beinhaltet diese Strategie die Notwendigkeit der Gewaltanwendung, um den arabischen Widerstand gegenüber der Existenz des jüdischen Staats zu brechen, da die Aussicht auf Frieden zwischen Arabern und Juden grundsätzlich ausgeschlossen wurde (Shlaim, 2014, S. 13–17).

Um die Umzingelung durch feindliche arabische Staaten auszugleichen, Israels regionale Isolation zu verringern und sein Abschreckungspotenzial zu stärken, entwickelte Israel unter der Führung von Ministerpräsident Ben-Gurion nach dem Suezkrieg von 1956 eine „Allianz der Peripherie". Diese hatte das Ziel, gute Beziehungen zu Staaten im weiteren regionalen Umfeld – einem äußeren Ring jenseits der arabischen Staaten – zu unterhalten. Hierzu zählten der Iran, die Türkei und Äthiopien (▶ Kap. 22). Einig waren sich diese Staaten mit Israel darin, das als Bedrohung wahrgenommene Hegemoniestreben des ägyptischen Präsidenten Nasser zurückzudrängen und den sowjetischen Einfluss auf die Region einzudämmen (Guzansky, 2021, S. 89–92).

26.2.2 Arabisch-israelische Friedensbemühungen

Für Ägypten hatte die Rückgewinnung des seit 1967 israelisch besetzten Sinais oberste Priorität in der Regionalpolitik. Der arabische Überraschungsangriff im Zuge des Jom-Kippur-Kriegs im Oktober 1973 brachte Israel vorübergehend an den Rand einer Niederlage und ermöglichte in der Folge eine erste arabisch-israelische Annäherung. Diese mündete 1979 in den ägyptisch-israelischen Friedensvertrag auf der Grundlage des 1967 in der UN-Sicherheitsratsresolution formulierten Prinzips „Land für Frieden". Israel musste zwar Territorium aufgeben, konnte aber Frieden mit seinem größten Nachbarstaat schließen (◘ Abb. 26.1). Strategisch war damit die südliche Grenze Israels gesichert. In der arabischen Welt war dieser Friedensschluss umstritten; auch, weil er un-

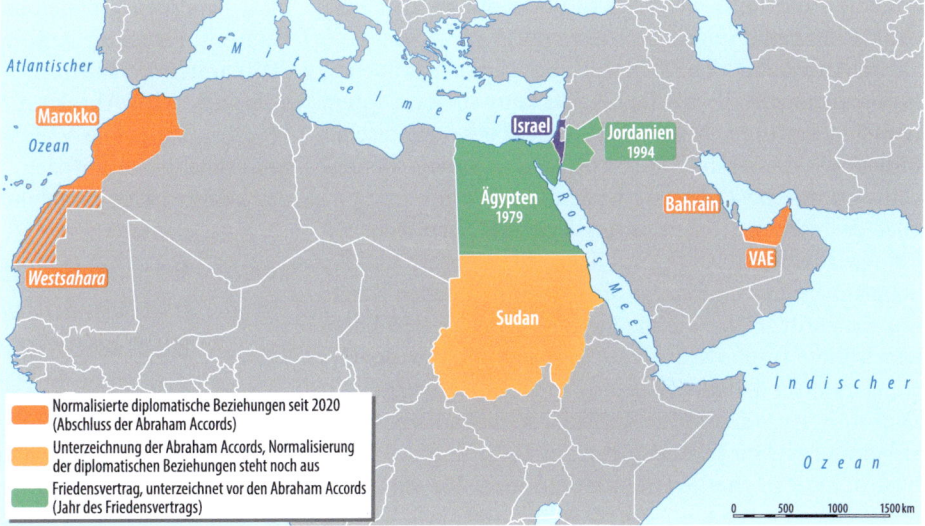

◘ Abb. 26.1 Übersicht der diplomatischen Beziehungen vor und nach den Abraham Accords

abhängig von der Palästinafrage geschlossen wurde. Zwar bekam Ägypten den Sinai zurück und erhielt fortan Militärhilfe von den USA. Aber die eigene Bevölkerung lehnte den Frieden ab, der bis heute ein „kalter Frieden" bleibt. Regional war Ägypten bis 1989 aus der Arabischen Liga ausgeschlossen.

Jordanien wiederum koppelte seinen Friedensschluss mit Israel 1994 bewusst an substanzielle Fortschritte in den israelisch-palästinensischen Beziehungen, nachdem es hier 1993 in Form der Prinzipienerklärung (Oslo I) eine Anerkennung zwischen Israel und der PLO gegeben hatte. Auch hier handelte es sich um einen „kalten Frieden". Die Dynamik der Osloabkommen veranlasste zudem Katar, Marokko, Mauretanien, Oman und Tunesien dazu, Mitte der 1990er-Jahre diplomatische Vertretungen in Israel zu eröffnen (Podeh, 2021, S. 63).

Im Angesicht des regionalen Bedeutungsverlusts Ägyptens entwickelte sich ab Beginn der 1980er-Jahre Saudi-Arabien auch hinsichtlich der Möglichkeit einer friedlichen Regelung der Palästinafrage zum führenden arabischen Akteur. Neben regionalpolitischen Erwägungen sahen die Saudis darin auch eine Gelegenheit, engere Beziehungen zu den USA zu knüpfen und so strategisch wichtige Rüstungsgüter zu erhalten (Podeh, 2015, S. 158–159). 1981 legte der saudische Kronprinz Fahd einen Achtpunkteplan vor, der neben der Forderung eines Endes der Besatzung und der Schaffung eines palästinensischen Staats durch die Formulierung „all states in the region should be able to live in peace" (Podeh, 2015, S. 159) eine indirekte Anerkennung Israels enthielt. Nachdem dieser Vorschlag zwar ursprünglich auf Widerstand gestoßen war, bildete er letztlich die Grundlage für den 1982 von der Arabischen Liga angenommenen arabischen Friedensplan. Letzterer enthielt keinerlei implizite Anerkennung Israels mehr und betonte zudem die Bedeutung der PLO als legitime Vertretung des palästinensischen Volks. Zwar wurde der Friedensplan einstimmig von der Arabischen Liga angenommen. Weder Saudi-Arabien noch andere arabische Staaten waren allerdings bereit, politisches Kapital zu riskieren, um eine Führungsrolle dabei zu übernehmen, den Plan voranzutreiben (Podeh, 2015, S. 167 ff.).

Im Angesicht der gewaltsamen Eskalation der zweiten Intifada legte die Arabische Liga 20 Jahre später auf dem Gipfel in Beirut im März 2002 – erneut unter saudischer Führung – die Arabische Friedensinitiative vor. Bemerkenswert daran ist, dass sie Israel die Normalisierung zu allen arabischen Staaten in Aussicht stellt, im Gegenzug für eine Friedensregelung mit den Palästinensern und die Schaffung eines unabhängigen palästinensischen Staats auf Grundlage der Grenzen von 1967. In der Folge wurde diese Initiative auch auf die 57 Mitglieder der Organisation für Islamische Zusammenarbeit ausgeweitet. Die Initiative orientierte sich ausdrücklich an zentralen völkerrechtlichen Grundsätzen zur Regelung des Nahostkonflikts (Sicherheitsratsresolutionen 242 und 338) und stellte eine eindeutige Abkehr der 1967 in Khartum beschlossenen Linie dar. Die PLO unterstützte die Initiative, während Israel sie im Wesentlichen ignorierte. Aus israelischer Sicht stellt insbesondere das Rückkehrrecht palästinensischer Flüchtlinge ein nicht zu überwindendes Hindernis dar. Bei weiteren Gipfeltreffen 2007 bekräftigte die Arabische Liga die Gültigkeit der Arabischen Friedensinitiative und auch angesichts der nach 2011 begonnenen Umbrüche betonte die Liga 2013 erneut ihre Verpflichtung zur Initiative.

Nachdem US-Präsident Trump Anfang 2017 angekündigt hatte, den Nahostkonflikt mit einem „ultimativen Deal" lösen zu wollen, versuchten die Führungen Ägyptens, Jordaniens und der Palästinenser zunächst, Trump dazu zu bewegen, die Arabische Friedensinitiative als Grundlage hierfür zu verwenden.

26.3 Arabisch-israelische Beziehungen vor dem Hintergrund der Abraham Accords

Im Zuge regionaler Machtverschiebungen seit den 2000er-Jahren erfolgte eine grundlegende Veränderung in der Wahrnehmung regionalpolitischer Prioritäten aus Perspektive der Golfmonarchien (▶ Kap. 20 und 21). Insbesondere die Bedeutung der Palästinafrage, die noch bis vor einigen Jahren den sicherheitspolitischen Diskurs der Golfstaaten beherrschte, geriet in den Hintergrund. Stattdessen dominierten der Iran und, spätestens seit den Wahlerfolgen der Muslimbruderschaft in Ägypten und der Ennahda-Partei in Tunesien nach dem sogenannten Arabischen Frühling, der sunnitische politische Islam zunehmend diesen Diskurs. Insbesondere der Iran wurde aufgrund seiner expansionistischen Außenpolitik als existenzielle Bedrohung für die Regimesicherheit der arabischen Golfmonarchien betrachtet (Kirkpatrick, 2019). Auch vor dem Hintergrund einer geteilten Bedrohungswahrnehmung eines expansiv agierenden und potenziell nuklear bewaffneten Irans entwickelten sich zunächst informelle Beziehungen und schließlich ein strategisches Bündnis einzelner arabischer Staaten mit Israel, die 2020 unter Vermittlung der USA mit offiziellen Abkommen – den Abraham Accords – formalisiert wurden (◘ Abb. 26.1). Die VAE waren der zentrale Akteur auf arabischer Seite auf dem Weg zur Normalisierung, der dazu führte, dass Israel nicht mehr regional isoliert ist.

26.3.1 Regionale Machtverschiebung und veränderte Bedrohungswahrnehmungen vor den Abraham Accords

Der geopolitische Schwerpunkt des MENA-Raums war bereits seit den 1970er-Jahren nach Osten gewandert und den arabischen Golfstaaten kam eine größere Bedeutung zu (Steinberg, 2020, S. 37). In dieser Zeit hatte insbesondere die irakische Invasion Kuwaits im Jahr 1990 das Ausmaß offenbart, in dem sich die Regime der Region in den vorangegangenen zwei Jahrzehnten mit der Integration in eine von den USA dominierten, liberalen Weltordnung arrangiert hatten, denn fast alle Staaten der Region befürworteten die US-Intervention (Stein, 2021, S. 133). Zudem verdeutlichte der irakische Angriff auf Kuwait die militärische Schwäche der kleinen Golfstaaten und die Volatilität ihrer unmittelbaren Nachbarschaft (Salisbury, 2020, S. 8). Diese Entwicklungen prägten die Bedrohungswahrnehmungen der Staaten des Golfkooperationsrats (GKR) nachhaltig, insbesondere die Ablehnung hegemonialer Ambitionen einzelner Staaten in der Golfregion, die das bestehende Machtgefüge infrage stellten. Die Jahre nach dem Sturz Saddam Husseins 2003 und die arabischen Umbrüche ab 2011 haben abermals zu tiefgreifenden Veränderungen in der regionalen Ordnung geführt. Eine zentrale Folge dessen war die Machtverschiebung zugunsten des Irans einerseits und der arabischen Golfmonarchien andererseits.

Die US-Intervention im Jahr 2003 führte zunächst dazu, dass sich die regionale Rolle des Iraks veränderte: Hatte Saddam Hussein noch nach einer regionalen Vormachtstellung gestrebt, hinterließen die Amerikaner einen dysfunktionalen Staat. Dies ebnete den Weg für Teheran, das nach dem Abzug der US-Truppen seine Rolle in der Region ausbauen konnte. Diese geopolitischen Verschiebungen erschienen aus Sicht der Golfstaaten angesichts der zunehmenden Dominanz des Irans im Irak nach Saddam Hussein bedrohlich (Salloukh, 2013, S. 34). Die zweite Determinante in den Jahren vor den Abraham Accords war der „Arabische Frühling", eine Periode des Umbruchs und der Unsicherheit in der arabischen Welt, die bis heute andauert. Die Proteste, die vor allem auf Demokratisierung und politischen Wandel abzielten, destabilisierten die Region. Ägypten war beispielsweise nach dem Sturz Husni Mubaraks 2011 mit innenpolitischen Herausforderungen konfrontiert und spielte keine übergeordnete regionale Rolle mehr. Im Gegensatz dazu gelang es den meisten arabischen Golfmonarchien, aufkommende Proteste schnell einzudämmen. Die Herrscherhäuser setzten dabei innenpolitisch auf eine Mischung aus finanzieller Unterstützung und verstärkter Repression. Die VAE und die benachbarten Golfmonarchien fürchteten die Konsequenzen einer erstarkenden schiitischen Achse, mit dem Iran in ihrer Mitte (▶ Kap. 21).

Außenpolitisch profitierten indes die arabischen Golfmonarchien von diesen Entwicklungen. Insbesondere die VAE haben in dieser Umbruchsphase eine ambitionierte Außenpolitik betrieben, die auf Machtprojektion und eine neue regionale Ordnung abzielte (Ulrichsen, 2018, S. 2), mit dem Ziel, dem politischen Islam in der Region Einhalt zu gebieten, was unweigerlich die Unterstützung autoritärer Regime bedeutete (Sunik, 2017, S. 5). Durch die militärischen Interventionen in Konflikten, etwa in Libyen oder im Jemen, hatte Abu Dhabi großen Einfluss auf das geopolitische Gleichgewicht in der Region und stärkte dadurch zudem die eigene regionale Bedeutung.

Einen besonderen Status nahm in dieser Phase der regionalen Neuordnung außerdem Katar ein. Trotz Abhängigkeiten von den anderen Golfmonarchien (über die Landesgrenze mit Saudi-Arabien importierte Katar im Jahr 2017 etwa rund 40 % der Lebensmittel; Steinberg, 2020, S. 32), konnte Doha eine eigene politische Agenda verfolgen. Katar unterhielt beispielsweise enge Verbindungen zum Iran, insbesondere aufgrund eines geteilten Gasfelds. Israel wiederum tolerierte Katars finanzielle Unterstützung der Hamas, um einen Kollaps des Gazastreifens zu verhindern. Im Jahr 2017 gipfelte der Konflikt um Dohas eigenständige und aus Sicht der anderen Golfstaaten eigenwillige Regionalpolitik in einer Blockade zu Land, zur See und des Luftraums durch Saudi-Arabien, die VAE, Bahrain und Ägypten, die jedoch letztlich 2021 endete, ohne dass die Blockadestaaten Erfolge erzielen konnten (▶ Kap. 20). Vielmehr führte sie indirekt dazu, dass sich Katar und der Iran weiter annäherten. Insgesamt verdeutlicht diese Episode einerseits die veränderten Bedrohungswahrnehmungen in der Region und andererseits die daraus resultierende Spaltung innerhalb des GKR.

Der Iran konnte in der Phase nach 2011 seine Bedeutung durch eine expansionistische Regionalpolitik abermals stärken. Teheran hatte, wie bereits angedeutet, seit 2003 versucht, die Destabilisierung des Iraks zu nutzen. Auch nach 2011 und dem Beginn des Bürgerkriegs in Syrien nutzte der Iran seine Verbindungen zu schiitischen Gruppen in anderen Ländern wie Libanon, Jemen oder Irak sowie zum Assad-Regime in Syrien, um seinen Einfluss in der Region auszudehnen (Vakil, 2018, S. 2). Irans Atomprogramm wird als existenzielle Bedrohung für die Sicherheit Israels und zahlreicher arabischer Staaten betrachtet. Dabei ist anzumerken, dass insbesondere die VAE eine komplexe und komplizierte Beziehung zum Iran haben, welche die Binnendynamik zwischen den einzelnen sieben Emiraten widerspiegelt. So ist etwa der traditionell enge Austausch zwischen dem Iran und Dubai aufgrund ihrer direkten Nachbarschaft und Dubais Status als wichtiger Hafen hervorzuheben. Diplomatische Gespräche mit Teheran seit 2022 unterstreichen, dass die VAE offenbar einen pragmatischen Kurs eingeschlagen haben, um Spannungen zu mindern und einen weiteren Vorfall wie den Drohnenangriff auf Ölfördereinrichtungen in Abu Dhabi 2022, für den die Huthi-Milizen verantwortlich gemacht wurden, zu verhindern.

Israel nahm die arabischen Umbrüche vor allem angesichts des zeitweisen Erstarkens islamistischer Kräfte, der Destabilisierung benachbarter Staaten und des verstärkten Einflusses des Irans im benachbarten Syrien als Sicherheitsbedrohung wahr. Premierminister Netanjahu erklärte im Februar 2016, dass um ganz Israel Zäune und Sperranlagen errichtet werden sollen, um Israel vor „wilden Bestien" zu schützen. Entsprechend hatten Israel und die Golfmonarchien mit dem Islamismus und dem Iran ein gemeinsames Feindbild, das eine Annäherung erleichterte. Auch in Israel gab es zudem eine intensive Debatte über den Umgang mit den iranischen Nuklearambitionen. So wurde in den Jahren vor dem Abschluss des Atomabkommens 2015, des Joint Comprehensive Plan of Action (JCPOA), offen über einen möglichen Militärschlag gegen das iranische Atomprogramm diskutiert. Israel wollte verhindern, dass der Iran eine vom damaligen israelischen Verteidigungsminister Barak so bezeichnete *zone of immunity* erreicht, über deren Schwelle hinaus es nicht mehr möglich sein würde, das iranische Atomprogramm zu stoppen (Brom et al., 2012).

Vor diesem Hintergrund war die Unterzeichnung des JCPOA ein entscheidender Faktor auf dem Weg zu den Abraham Accords, da sowohl Israel als auch die Golfmonarchien das Abkommen grundsätzlich ablehnten. Die Golfstaaten waren aus den Verhandlungen des Abkommens trotz ihrer Nachbarschaft zum Iran nicht beteiligt, was sie in den Jahren danach deutlich beklagten. In den Hauptstädten des GKR stellte sich Ernüchterung ein und die Wahrnehmung, bei den Verhandlungen der Rahmenbedingungen des Abkommens außen vor gewesen zu sein (DeYoung & Sly, 2021; Vakil, 2018, S. 7). Die Aufkündigung des JCPOA durch die USA unter Präsident Trump im Mai 2018, vor allem aber Washingtons Weigerung, auf die Angriffe auf Saudi-Arabien im September 2019, für die der Iran verantwortlich war, zu reagieren, untergrub das Vertrauen der Golfstaaten in Washingtons Engagement für ihre Sicherheit und bereitete endgültig den Boden für eine Neuausrichtung der Beziehungen zwischen Israel und den Golfstaaten. In der Phase der sukzessiven Annäherung unterschieden sich die Positionen der Golfmonarchien. Vor allem die VAE unter dem damaligen Kronprinzen und heutigen Präsidenten Muhammad bin Zayed (seit 2022) spielten eine aktive regionale Rolle und setzten in ihrer, von Saudi-Arabien zunehmend unabhängigen, Außenpolitik eigene Akzente (▶ Kap. 20 und 21).

26.3.2 Abraham Accords und ihre Folgen für die regionale Ordnung

Die Abraham Accords markierten einen historischen Durchbruch in den Beziehungen zwischen Israel und den arabischen Staaten und eine Neuausrichtung der jeweiligen bilateralen Beziehungen. Das Abkommen, welches im September 2020 zunächst zwischen Israel einerseits und den VAE und Bahrain andererseits geschlossen wurde, legte die Normalisierung der diplomatischen und wirtschaftlichen Beziehungen zwischen den Staaten fest und war von den USA vermittelt worden. Es handelt sich dezidiert nicht um Friedensverträge, weil sich Israel mit den arabischen Unterzeichnerstaaten – anders als mit seinen unmittelbaren Nachbarstaaten – zuvor nicht im Kriegszustand befunden hatte, wobei der Sudan im Krieg von 1967 gegen Israel gekämpft hatte..

Abraham Accords
Die Abraham Accords sind kein einzelnes Vertragswerk, sondern vielmehr eine Reihe von tri- und bilateralen Erklärungen, Verträgen und Abkommen. Am 15. September 2020 unterzeichneten der israelische Premierminister und die Außenminister der VAE und von Bahrain in Washington die Abraham Accords Declaration, die zur Förderung von Frieden und Zusammenarbeit im Nahen Osten aufruft. Gleichzeitig erfolgte die Unterzeichnung eines umfangreichen israelisch-emiratischen Abkommens mit dem Titel Abraham Accords Peace Agreement: Treaty of Peace, Diplomatic Relations and Full Normalization sowie die Unterzeichnung der Erklärung Abraham Accords: Declaration of Peace, Cooperation, and Constructive Diplomatic and Friendly Relations, in der Bahrain und Israel ihre Absicht erklärten, friedliche Beziehungen zu etablieren und eine Reihe von Normalisierungsabkommen zu schließen. Implementiert wurde diese Absichtserklärung am 18. Oktober 2020 in Manama in Form der Unterzeichnung des Joint Communique on the Establishment of Diplomatic, Peaceful and Friendly Relations. In der Folge einigten sich Israel und Bahrain zudem auf sieben und Israel und die VAE auf vier Absichtserklärungen zur Vertiefung der jeweiligen bilateralen Beziehungen. Am 22. Dezember 2020 erfolgte zudem die Unterzeichnung einer gemeinsamen Erklärung durch Marokko, Israel und die USA, in der die Normalisierung der marokkanisch-israelischen Beziehungen verkündet wurde. Am 6. Januar 2021 trat schließlich der Sudan formal den Abraham Accords bei, nachdem die Normalisierung der Beziehungen zwischen Israel und dem Sudan bereits im Oktober angekündigt worden war. Um Anreize für beide Staaten zu schaffen, sich dem Abkommen anzuschließen, haben die USA im Gegenzug die Westsahara als Teil Marokkos anerkannt und den Sudan von der sogenannten *state sponsors of terror*-Liste gestrichen, aufgrund derer das Land über Jahrzehnte diplomatisch und wirtschaftlich isoliert war.

Die VAE spielten für den Abschluss der Abraham Accords eine entscheidende Rolle und waren der erste arabische Staat, der diplomatische Beziehungen zu Israel aufnahm. Hauptsächlich sieht das Abkommen eine vollständige Normalisierung der Beziehungen zwischen den Staaten vor. Im israelisch-emiratischen Abkommen wird außerdem der Friedensplan der Trump-Administration für Israel und die palästinensischen Gebiete erwähnt, zudem verpflichteten sich die unterzeichnenden Staaten dazu, auf eine Lösung im israelisch-palästinensischen Konflikt hinzuarbeiten, welche die Bedürfnisse und Wünsche beider Völker berücksichtigt. Sie bekräftigten durch das Abkommen zudem, dass Frieden und die vollständige Normalisierung dazu beitragen könnten, den Nahen Osten zu verändern (Singer, 2021, S. 453). Ein zentraler Anreiz, vor allem für die VAE und Bahrain, das Abkommen mit Israel zu schließen, waren die gemeinsamen strategischen Interessen in Bezug auf den Iran (Evental, 2021). Bereits in den Jahren zuvor hatten die VAE mit Israel kooperiert, um den Einfluss Teherans in der Region zurückzudrängen. 2010 besuchte erstmals ein israelischer Minister das Land. Zudem fanden 2017 gemeinsame Militärübungen der israelischen und emiratischen Luftwaffe unter US-Führung statt (Ahronheim, 2017). Kurz nach der Unterzeichnung teilte die Trump-Administration dem Kongress offiziell mit, dass sie den Verkauf von F35-Kampfjets und Militärdrohnen an die VAE im Rahmen eines umfassenderen Rüstungsdeals im Wert von 23 Mrd. US-Dollar plane. Bahrain, der zweite Mitgliedsstaat des GKR, soll im Gegenzug zugesagt bekommen haben, dass die bahrainische oppositionelle Gruppierung Saraya al-Mokhtar nach US-Recht als terroristische Vereinigung eingestuft werde (Singer, 2021, S. 450).

Seit der Unterzeichnung haben sich die Beziehungen zwischen Israel und den unterzeichnenden Staaten verbessert, vor allem die VAE wollen einen wirtschaftlichen Nutzen aus dem Abkommen ziehen: Israel bietet den VAE sowohl Zugang zu bestimmter Technologie und dient gleichzeitig als Brücke zu strategischen Bündnissen wie dem I2-U2-Format mit den USA und Indien (Smith Diwan, 2022). Auch auf politischer Ebene ist die deutliche Abkehr von der aggressiven Rhetorik der vorigen Jahrzehnte spürbar. So sprach der damalige israelische Premierminister Naftali Bennett beispielsweise 2022 von einem „warmen Frieden", was die Hoffnung beinhaltete, dass sich die Beziehungen zwischen den VAE und Israel auch auf gesellschaftlicher Ebene vertiefen und nicht, wie im Falle der Abkommen mit Ägypten bzw. Jordanien, ein „kalter Frieden" bleiben (The Times of Israel, 2021). Dies ist allerdings bislang weniger der Fall. Hoffnungen der israelischen Tourismuswirtschaft, die Normalisierung würde mehr arabische Urlauber ins Land locken, haben sich nicht erfüllt. Während zum Zeitpunkt der Unterzeichnung noch rund 47 % der Emiratis die Abkommen positiv sahen, sank dieser Anteil innerhalb von rund zwei Jahren auf 25 % (The Economist, 2023a). Dabei hatte die emiratische Seite immer wieder betont, das Abkommen ziele darauf ab, die formelle Annexion von Teilen des Westjordanlands durch Israel zu verhindern (Jacobs, 2021).

In den ersten drei Jahren nach Unterzeichnung sind keine weiteren Golfstaaten dem Abkommen beigetreten. Der Oman hatte zwar seit Anfang der 2000er-Jahre inoffizielle Handelsbeziehungen zu Israel aufgebaut, doch eine Normalisierung hatte offenbar keine Priorität, obwohl Maskat zeitweise als möglicher Kandidat gehandelt wurde. Dessen Zögern liegt einerseits an Omans Rolle als neutraler Vermittler in der Region; in diesem Kontext sind auch die traditionell freundschaftlichen Beziehungen zum Iran aufgrund der Lage auf der Arabischen Halbinsel in direkter Nachbarschaft zu nennen. Andererseits dürften Bestrebungen nach engeren Beziehungen mit Israel, sollte es sie gegeben haben, durch die politische Ausrichtung des Kabinetts Netanjahu VI, welches seit Ende 2022 die Regierung Israels bildet, erstickt worden sein (Klein, 2023). Ein ebenfalls im Selbstverständnis neutraler Regionalakteur ist Kuwait. Allerdings hat sich das Parlament wiederholt entschieden gegen jegliche Schritte der Annäherung ausgesprochen, was auch an der großen palästinensischen Bevölkerungsgruppe in Kuwait liegt (Guzansky, 2022b). Ähnliche Äußerungen kamen von der katarischen Regierung, die die Abraham Accords scharf kritisierte und diese als Verrat an den Palästinensern bezeichnete. Doha würde sich dem Abkommen nicht anschließen, solange es nicht zu einer Einigung zwischen Israel und den Palästinensern komme (Guzansky, 2022a).

Die entscheidende Frage für die künftige Entwicklung der Abraham Accords ergibt sich also mit Blick auf den größten Staat im GKR: Israels Premierminister Netanjahu machte seinen Wunsch nach einer Normalisierung der Beziehungen zu Riad öffentlich deutlich, indem er 2023 erklärte, ein mögliches diplomatisches Abkommen mit dem saudischen Königreich könnte den israelisch-palästinensischen Konflikt beenden und „monumentale Folgen" für die Region haben (Al Arabiya, 2023). Saudi-Arabiens amtierender greiser König Salman bin Abdulaziz Al Saud fühlt sich wie seine Vorgänger weiterhin der Palästinafrage verpflichtet. Allerdings erlaubt Riad israelischen Maschinen seit 2020, den Luftraum für Flüge in die VAE zu passieren (Debre, 2020). Bereits 2015 gab es Hinweise darauf, dass Saudi-Arabien bereit gewesen wäre, der israelischen Luftwaffe einen Überflug über saudisches Territorium auf den Weg zu einem Angriff auf den Iran zu ermöglichen (Lewis, 2015). Lange Zeit gab es Hinweise dafür, dass nach König Salmans Tod die Chancen für eine Normalisierung der Beziehungen mit Israel unter dem jetzigen und de facto regierenden Kronprinz Mohammed bin Salman besser stünden, da sich dieser offener für eine Zusammenarbeit mit Israel zeigte. Er sagte 2018 in einem Interview den bemerkenswerten Satz, ein Friedensabkommen zwischen den Parteien im israelisch-palästinensischen Konflikt sei notwendig, außerdem sei er der Überzeugung, die Palästinenser und das jüdische Volk hätten das Recht auf ihr eigenes Land, was eine eindeutige Abkehr vom bisherigen staatlichen Diskurs bedeutete (Goldberg, 2018). Im September 2023 erklärte er zudem in einem Interview mit dem US-Fernsehsender Fox News, dass eine Normalisierung der größte historische Deal seit dem Kalten Krieg wäre. Dennoch dürfte eine mögliche Normalisierung entscheidend von der politischen Ausrichtung der israelischen Regierung abhängen, beansprucht Riad doch weiterhin eine traditionelle Führungsrolle in der arabisch-islamischen Welt, welche auch nicht zuletzt auf der Verteidigung der palästinensischen Rechte beruht (Cafiero, 2023). Zwar sagte der saudische Außenminister Faisal bin Farhan 2021, das Königreich habe „keine Absicht", sich den Abkommen anzuschließen, allerdings erklärte er im Juni 2023, dass eine Normalisierung im Interesse der Region liege und „dass sie allen erhebliche Vorteile bringen würde". In der Zwischenzeit hatte sich die US-Regierung unter Präsident Biden im Hintergrund aktiv für eine saudisch-israelische Normalisierung eingesetzt. Im Zuge dessen sickerte durch, dass aus saudischer Sicht vor allem ein Verteidigungspakt mit den USA und die Ermöglichung eines zivilen Atomprogramms Voraussetzungen für die

Zustimmung zu einer Normalisierung mit Israel sind. Riad dürfte jedoch außerdem in der Palästinenserfrage erhebliche Zugeständnisse von Israel verlangen (The Economist, 2023b). Diese sind angesichts der amtierenden rechtsgerichteten israelischen Regierung auf absehbare Zeit nicht zu erwarten. Der am 7. Oktober 2023 verübte Überfall der Hamas auf Israel hat die Aussichten auf eine rasche Normalisierung der Beziehungen zwischen Saudi-Arabien und Israel erheblich getrübt. Zwar hatten die USA unter Präsident Biden ein großes – auch in Anbetracht der Präsidentschaftswahlen 2024 innenpolitisch motiviertes – Interesse daran, ein Normalisierungsabkommen zwischen beiden Staaten zu vermitteln. Allerdings teilte Saudi-Arabien im Februar 2024 mit, dass eine Normalisierung aus Sicht Riads an eine Zweistaatenregelung und einen Waffenstillstand gekoppelt sein muss. Israels Vorgehen, insbesondere die hohe Zahl ziviler Opfer im Gazakrieg nach dem 7. Oktober, wurde nicht nur in der saudischen Öffentlichkeit, sondern in den arabischen Staaten insgesamt verurteilt. Sollte Riads Position Bestand haben, wäre dies faktisch eine Rückkehr zu den Rahmenbedingungen der Arabischen Friedensinitiative. Durch die in den Abraham Accords vorgenommene Entkopplung der Normalisierung der Beziehungen mit Israel von der Palästinafrage war diese hinfällig geworden.

Während die Beendigung der regionalen Isolation Israels einen wichtigen Beitrag zur Stabilisierung der gesamten MENA-Region leistet, geht durch die Abkommen in Hinblick auf die Perspektive der Regelung des israelisch-palästinensischen Konflikts ein wichtiger Anreiz gegenüber Israel verloren. Während Ägypten nach dem Frieden mit Israel 1979 regional isoliert war, hatten die Abraham Accords keine negativen Konsequenzen für die arabischen Unterzeichnerstaaten. Das Gegenteil war der Fall – denn die Palästinenser sind regional zumindest teilweise isoliert und fühlen sich von den arabischen Unterzeichnern der Abkommen verraten. Aus Protest dagegen, dass die Arabische Liga die Abkommen nicht verurteilte, legten die Palästinenser den Vorsitz bei Gipfeltreffen, den sie noch sechs Monate lang innegehabt hätten, im September 2020 nieder.

26.4 Fazit und Ausblick

Im Zuge regionaler Machtverschiebungen seit dem Beginn der 2000er-Jahre erfolgte eine grundlegende Veränderung in der Wahrnehmung regionalpolitischer Prioritäten auf Seiten der arabischen Staaten. Die Palästinafrage rückte in den Hintergrund und die Wahrnehmung des Irans und des sunnitischen politischen Islams als existenzielle Bedrohung für die Regimesicherheit der arabischen Golfmonarchien rückte ins Zentrum. Vor allem die Dynamiken in den Jahren nach dem sogenannten Arabischen Frühling und die Bedrohung durch den Iran – einerseits aufgrund der expansionistischen Außenpolitik und der Unterstützung bewaffneter Gruppen in der Region und andererseits wegen des Szenarios einer nuklearen Bewaffnung – führte zu einer Interessenkonvergenz: Da Israel diese Wahrnehmung des Irans als existenzielle Bedrohung für seine nationale Sicherheit teilte, wurde eine Annäherung zwischen den Golfmonarchien und Israel vor allem angesichts des iranischen Nuklearprogramms für beide Seiten opportun. Diese Annäherung mündete unter US-Vermittlung in der Normalisierung der Beziehungen zwischen Israel einerseits und den VAE, Bahrain, Marokko und dem Sudan andererseits. Allerdings war der Weg hin zur Normalisierung nicht nur durch diese geteilte Bedrohungswahrnehmung geebnet worden: Im Juni 2020 warnte der emiratische Botschafter in den USA in einem Kommentar in der israelischen Tageszeitung „Yedioth Ahronoth" unter der Überschrift „Annexion oder Normalisierung" davor, dass die zu diesem Zeitpunkt weitreichenden Pläne in der israelischen Regierung, das Westjordanland oder Teile davon zu annektieren, einer Normalisierung der politischen Beziehungen zwischen Israel und den VAE sowie weiteren arabischen Staaten im Wege stehen würden (Al Otaiba, 2020). Mit den Abraham Accords rückten die Annexionspläne für die israelische Regierung, zumindest vorläufig, wieder in den Hintergrund. Als Konsequenz war Israel nicht mehr regional isoliert. Angesichts des Überfalls der Hamas auf Israel am 7. Oktober 2023 und dem sich daran anschließenden israelischen Krieg im Gazastreifen stellt sich allerdings die Frage einer Neubewertung der Perspektiven der bestehenden Abraham Accords einerseits und der Aussichten auf eine saudisch-israelische Normalisierung andererseits.

Literatur

Ahronheim, A. (2017). Israel pilots flying alongside pilots from the UAE in week-long Greek drill. The Jerusalem Post. https://www.jpost.com/israel-news/israel-air-force-launches-joint-drill-exercises-with-arab-greek-forces-485391. Zugegriffen: 30. Nov. 2023.

Al Arabiya (2023). Netanyahu says peace with Saudi Arabia is key to ending Arab-Israeli conflict. Alarabiya News. https://english.alarabiya.net/News/middle-east/2023/04/17/Netanyahu-says-peace-with-Saudi-Arabia-is-key-to-ending-Arab-Israeli-conflict. Zugegriffen: 30. Nov. 2023.

Al Otaiba, Y. (2020). Annexation will be a serious setback for better relations with the Arab world. Yedioth Ahronoth. https://www.ynetnews.com/article/H1Gu1ceTL. Zugegriffen: 30. Nov. 2023.

Bahgat, G. (2007). Saudi Arabia and the Arab-Israeli peace process. *Middle East Policy, 14*(3), 49–59.

Brom, S., Feldman, S., & Stein, S. (2012). A real debate about Iran. Foreign Policy. http://mideast.foreignpolicy.com/posts/2012/01/27/a_real_debate_about_iran. Zugegriffen: 30. Nov. 2023.

Cafiero, G. (2023). Though normalization unlikely, Saudi relations with Israel continue to flourish. Amwaj.media. https://amwaj.media/article/though-normalization-unlikely-saudi-relations-with-israel-continue-to-flourish. Zugegriffen: 30. Nov. 2023.

Debre, I. (2020). Saudi Arabia says flights to, from UAE can fly over kingdom. Toronto Star. https://www.thestar.com/news/world/middleeast/2020/09/02/saudi-arabia-to-allow-all-countries-to-fly-over-its-skies.html. Zugegriffen: 30. Nov. 2023.

DeYoung, K., & Sly, L. (2021). Gulf Arab states that opposed the Iran nuclear deal are now courting Tehran. The Washington Post. https://www.washingtonpost.com/world/uae-saudi-iran-diplomacy-nuclear-deal/2021/12/11/8c51edae-586c-11ec-8396-5552bef55c3c_story.html. Zugegriffen: 30. Nov. 2023.

Evental, U. (2021). A coordinated Israel-Gulf policy on Iran. Opportunities and challenges. Arab Gulf States Institute in Washington. https://agsiw.org/a-coordinated-israel-gulf-policy-on-iran-opportunities-and-challenges/. Zugegriffen: 30. Nov. 2023.

Goldberg, J. (2018). Saudi crown prince: Iran's supreme leader „makes Hitler look good". The Atlantic. https://www.theatlantic.com/international/archive/2018/04/mohammed-bin-salman-iran-israel/557036/. Zugegriffen: 30. Nov. 2023.

Guzansky, Y. (2021). Israel's periphery doctrines: then and now. *Middle East Policy*, *28*(3–4), 88–100.

Guzansky, Y. (2022a). Qatar's regional and international standing is on the rise. INSS Insight, 1564. https://www.inss.org.il/publication/qatar-on-a-rise/. Zugegriffen: 30. Nov. 2023.

Guzansky, Y. (2022b). The last Gulf state to normalize relations with Israel. INSS. https://www.inss.org.il/social_media/the-last-gulf-state-to-normalize-relations-with-israel/. Zugegriffen: 30. Nov. 2023.

Jacobs, A. L. (2021). Abraham Accords bring stronger trilateral ties for Israel, UAE, and Morocco. Arab Gulf States Institute in Washington. https://agsiw.org/abraham-accords-bring-stronger-trilateral-ties-for-israel-uae-and-morocco/. Zugegriffen: 30. Nov. 2023.

Kirkpatrick, D. D. (2019). The most powerful Arab ruler isn't M.B.S. It's M.B.Z. The New York Times. https://www.nytimes.com/2019/06/02/world/middleeast/crown-prince-mohammed-bin-zayed.html. Zugegriffen: 30. Nov. 2023.

Klein, D. I. (2023). Oman, once thought to be next Abraham Accords signer, criminalizes ties with Israel. The Times of Israel. https://www.timesofisrael.com/oman-once-thought-to-be-next-abraham-accords-signer-criminalizes-ties-with-israel/. Zugegriffen: 30. Nov. 2023.

Lewis, A. (2015). Saudis would let Israeli jets use their air space to attack Iran. The Times of Israel. https://www.timesofisrael.com/saudis-said-to-mull-air-passage-for-israeli-jets-to-attack-iran/. Zugegriffen: 30. Nov. 2023.

Lustick, I. (1996). To build and to be built by: Israel and the hidden logic of the iron wall. *Israel Studies*, *1*(1), 196–223.

Lustick, I. (2008). Abandoning the iron wall: Israel and „the Middle Eastern muck". *Middle East Policy*, *15*, 30–56.

Mansfield, P., & Pelham, N. (2019). *A history of the Middle East*. München: Penguin.

Podeh, E. (2015). *Chances for peace: missed opportunities in the Arab-Israeli conflict*. Austin: University of Texas Press.

Podeh, E. (2021). Secret histories: Israel's road to normalization. *The Jewish Quarterly*, *245*, 57–69.

Salisbury, P. (2020). Risk perception and appetite in UAE foreign and national security policy. Chatham House. https://www.chathamhouse.org/2020/07/risk-perception-and-appetite-uae-foreign-and-national-security-policy. Zugegriffen: 30. Nov. 2023.

Salloukh, B. F. (2013). The Arab uprisings and the geopolitics of the Middle East. *The International Spectator*, *48*(2), 32–46.

Shlaim, A. (2014). *The iron wall: Israel and the Arab World*. New York: W.W. Norton.

Singer, J. (2021). The Abraham Accords: normalization agreements signed by Israel with the U.A.E., Bahrain, Sudan, and Morocco. *International Legal Materials*, *60*(3), 448–463.

Smith Diwan, K. (2022). Khalifa bin Zayed's succession in the UAE. An old new course? https://www.ispionline.it/en/publication/khalifa-bin-zayeds-succession-uae-old-new-course-35084. Zugegriffen: 25. März 2025.

Stein, E. (2021). *International relations in the Middle East: hegemonic strategies and regional order*. Edinburgh: Cambridge University Press.

Steinberg, G. (2020). Regional power United Arab Emirates: Abu Dhabi is no longer Saudi Arabia's junior partner. SWP Research Paper, 10. https://www.swp-berlin.org/publications/products/research_papers/2020RP10_UAE_RegionalPower.pdf. Zugegriffen: 30. Nov. 2023.

Sunik, A. (2017). Die VAE: Vom Juniorpartner zur aufsteigenden Regionalmacht. *GIGA Focus Nahost*, *6*, 1–10.

The Economist (2023a). Arab tourism to Israel is still thwarted by politics and Palestine. The Economist. https://www.economist.com/middle-east-and-africa/2023/04/20/arab-tourism-to-israel-is-still-thwarted-by-politics-and-palestine. Zugegriffen: 30. Nov. 2023.

The Economist (2023b). Saudi Arabia may accept normal relations with Israel. The Economist. https://www.economist.com/middle-east-and-africa/2023/06/15/saudi-arabia-may-accept-normal-relations-with-israel. Zugegriffen: 30. Nov. 2023.

The Times of Israel (2021). Bennett makes landmark visit to UAE for meeting with crown prince. The Times of Israel. https://www.timesofisrael.com/bennett-to-make-historic-visit-to-uae-on-sunday-for-meeting-with-crown-prince/. Zugegriffen: 30. Nov. 2023.

Ulrichsen, K. C. (2018). Fire and fury in the Gulf. *IndraStra Global*, *4*(2), 8.

Vakil, S. (2018). Iran and the GCC. Hedging, pragmatism and opportunism. Chatham House. https://www.chathamhouse.org/publication/iran-and-gcc-hedging-pragmatism-and-opportunism. Zugegriffen: 30. Nov. 2023.

Serviceteil

Stichwortverzeichnis – 292

Stichwortverzeichnis

A

Abraham Accords   282, 286
– Bedeutung für Israel und die arabischen Staaten   286
Abraham Accords, Declaration 2020   286
Abu-Dhabi-Abkommen   120
Abu Dhabi Future Energy Company (Masdar City)   50
Ägypten   282, 283
Ägyptisierung   125
Almosengabe   135
al-Qaida   236
Al-Qasimi-Dynastie   64
America First   255
Arabische Friedensinitiative 2002   284
Arabische Golfmonarchien   285
Arabische Halbinsel
– Bedeutung ab dem 19. Jahrhundert   2
– demographische Besonderheit im 20. Jahrhundert   2
– Fläche   2
– Geographie   2
– Transformationsprozess   4
Arabische Liga   30, 282
Arabischer Frühling   5, 29, 178, 220, 284
Arabischer Kalter Krieg   247
Aramco   23, 24
– Börsengang   151
Art Dubai   157
Artwashing   157
Astana-Bündnis   257
Ausbau erneuerbarer Energien   36
Auslandsinvestition   184

B

Bahrain
– Al Khalifa-Dynastie   60
Beduine   59, 64, 103
Beduinentum   81, 84
Ben-Gurion   283
Bruttoinlandsprodukt   39, 146

C

Christentum   115
Cloud-Computing   91
Computer Emergency Response Team   95
Corporate Social Responsibility   138
Covid-19-Pandemie   128, 170
Cyberangriff   95
Cybersicherheit   95

D

Demographisches Geschlechterungleichgewicht   127
Digitale Infrastruktur   276
Digital Government Authority   94
Digitalisierung   90
Digital Repression Index   90
Diskriminierung von Arbeitskräften   41
Diversifizierungsprogramm   245
Dubaimodell   146
Dynastie   59

E

East India Company (EIC)   17
E-Government   94
Empowerment   134
Energiewende
– Herausforderungen   35
Erdgasknappheit   147
Erdöl   146
– Kontrolle des Preisniveaus   26
– Preisentwicklung   36
– staatliche Einnahmequelle   35
Erdölexport   22
Erdölpreis
– Anpassungsstrategie   39
Erdölrente   24
Erdölrevolution   26, 30
Erdölsektor
– Rolle der USA   23
Eroberungskampagne   224
Expo 2020   187

F

Familienzusammengehörigkeit
– väterliche   60
Fédération Internationale de Football Association   184
Fédération Internationale de l'Automobile   184
FIFA-Fußballweltmeisterschaft   190
Fiskalische Größe   37
Fossiles Zeitalter   22
Freihandelsabkommen   149
Freihandelszone   213
Fußballweltmeisterschaft 2022   27

G

Gas-Masterplan   147
Globaler Norden   22
Global Security Initiative   277
Golfkooperationsrat (GKR)   5, 22, 30, 120
– Bevölkerung   27
– Einführung der Mehrwertsteuer   40
– erwerbstätige Bevölkerung   29
Golfmonarchie   2, 46
Greater Middle East   255
Greenwashing   50, 51

H

Hamas   204, 285
– Angriff auf Israel 2023   288
Handelsroute
– historische   12
Hegemonialmacht   22
Herrscherfamilie
– autoritäre   35
Huthi-Bewegung   285

I

Identität   82
Imam   77

India-Middle East-Europe Economic Corridor   268
Indian Ocean Rim Association   269
Indien   12, 13, 16, 61, 64, 74, 125, 175, 264, 287
Indien, Austausch mit   12
Indien, Handel mit   13, 14, 265
Informations- und Kommunikationstechnologie   90
International Islamic Relief Organization   202
Iran
– Atomprogramm   285
– expansionistische Regionalpolitik   285
Islam   85, 114
– Anfänge   16
Islam, Aufkommen des   16
Islamische Revolution   220
Islamischer Staat   200, 236
Israel
– Unabhängigkeit 1948   282

J

Jährliche Produktion
– von Erdöl   35
– von Naturgas   36
Jeddah Heritage Festival   86
Jemen   116
– Huthi-Bewegung   4
– Kaffeehandel   16
Jemenkrieg   223
Jihad   74
Jom-Kippur-Krieg 1973
– Rolle Ägyptens   283
Judentum   115

K

Kafala-System   28, 41, 128, 267
Kalif   77
Kalifat   201
Kamel
– Einführung in den arabischen Raum   12
Katar
– Al Thani-Dynastie   61
– größter Produzent von Naturgas   36
Khaliji   82
Klimaeffekt
– Temperaturanstieg   47
– Wasserknappheit   47
– Wüstenbildung   47
Klimaschutz   46
Klimawandel   177
– negative Folgen für die Arabische Halbinsel   35
– schädliche Folgen in der Region   47
Klimawende   46
Königreich Saudi-Arabien   59
Königsdilemma   72
Krieg zwischen Israel und der Hamas   4
Kryptowährung   91
Künstliche Intelligenz   90
Kunstmarkt   162
Kunstmesse   164
Kunstszene   157
Kuwait
– al-Sabah-Dynastie   60
– Perlenhandel   60
– Produzent von Rohöl   35

L

Luftfahrt   171

M

Maktoum-bin-Buti-Dynastie   63
Malcolm X   199
Markenidentität   185
Meeresspiegel   2, 188
Meeresspiegel, Anstieg des   35, 47
Mega-Sportevent   184
Mekkakontroverse   15
MENA-Raum   5, 284
Middle East and Saudi Green Initiative   48
Middle Eastern Exceptionalism   73
Migrationsbewegung   124, 267
Mohammed bin Salman   227
Monarchie   72
Museum für Islamische Kunst   160
Museum of Modern Art   159
Museumsboom   157

N

Nahostkonflikt   244
National Artificial Intelligence Capability Development Program   277
National Development and Reform Commission   274
Nationalisierung   124
National Liberation Front   116
NEOM-Projekt   48

O

OAPEC (Organization of Arab Petroleum Exporting Countries)   24
Öffentliche Verschuldung   37
Ökotourismusprojekt   177
Ölembargo   247
Ölexport   18
Ölpreisrevolution   25
Ölpreisschock 2014   29
Oman   116
– Dynastien   64
– Nizwa   117
OPEC (Organization of the Petroleum Exporting Countries)   24
– Stabilisierung des Ölpreises   42
Organisation der Islamischen Konferenz   118
Organisation für Afrikanische Einheit   246
Organisation of Islamic Cooperation   202
Orientalismus   185
Orientalismus-Debatte   5
Osmanen   16
Ostindienkompanie   265
Ozean, Erwärmung des   47

P

Palästinafrage   282, 284, 287, 288
Palestine Liberation Organisation (PLO)   282
Perlenfischerei   14
Petrostaat   22
– Preispolitik   25
Pilgerfahrt   198
Pilgerreise   174
Place Branding   184
Prophet   115
Public Investment Fund   186

R

Religion 114
Rentierstaat
– strukturelle Verwundbarkeit 36
Rentierstaatlicher Sozialvertrag 50
Rentierstaatstheorie 29
Rentiersystem 27
Rent-Seeking 26
Republik 74
Rohstoffexport 146
Rohstoff, fossiler
– Bedeutung für den Handel 17
Rohstoffrente 22
– pro Kopf 26
Ruler 66
Rüstungsindustrie 152

S

Saddam Hussein 285
Salafiislam 201
Saudi-Arabien
– Al Saud-Dynastie 65
– Erdöl 26
– gewaltsame Machtausübung 30
– größter Produzent von Rohöl 35
Saudi Green Initiative 46
Schia 232
Schiitentum 232
Sechstagekrieg 1967
– Folgen 282
Seidenstraßeninitiative 264
Smart City 92
Soziale Medien 94
Sportclub 137
– Frauenverband 137
Sportsponsoring 186
Sportswashing 187
Stammesaristokratie 108
Stammesverband 59
Stammeszugehörigkeit 103
Straße von Hormus 2
Sykes-Picot-Abkommen 74, 220

T

Taiwanfrage 255
Taliban 237
Terrorismus 185
Tourismuswirtschaft 169
Tribalstruktur 77
Trucial State 63, 66

U

Unified Economic Agreement 212
USA
– reduziertes Engagement in der Region 30

V

Vereinigte Arabische Emirate (VAE) 22, 284
– Dynastien 63
– Produzent von Rohöl 35
– Rolle bei den Abraham Accords 286

Versammlungsbrauch 105
Verschuldung und Devisenreserve nach Ländern 39

W

Wahhabismus 246
Wallfahrtsort 198
Weihrauchstraße 12

Z

Zaidit 233
Zivilgesellschaft 134
Zweiter Golfkrieg 269

If you have any concerns about our products,
you can contact us on
ProductSafety@springernature.com

In case Publisher is established outside the EU,
the EU authorized representative is:
**Springer Nature Customer Service Center GmbH
Europaplatz 3, 69115 Heidelberg, Germany**

Printed by Libri Plureos GmbH
in Hamburg, Germany